Win-Q

초음파비파괴검사 기능사 필기+실기

시대에듀

합격에 윙크[Win-Q]하다

Win-Q

[초음파비파괴검사기능사] 필기+실기

Always with you

사람이 길에서 우연하게 만나거나 함께 살아가는 것만이 인연은 아니라고 생각합니다.
책을 펴내는 출판사와 그 책을 읽는 독자의 만남도 소중한 인연입니다.
시대에듀는 항상 독자의 마음을 헤아리기 위해 노력하고 있습니다.
늘 독자와 함께하겠습니다.

PREFACE

머리말

초음파비파괴검사 분야의 전문가를 향한 첫 발걸음!

우리나라를 돌이켜 보면 참 많은 희생을 거쳐 현재에 머물러 있다. 성수대교 붕괴, 삼풍백화점 붕괴, 대구 지하철 참사, 세월호 침몰 등 참 많은 재난재해가 있었다. 더욱 안타까운 것은 이 사고를 모두 사전에 예방하고 막을 수 있었다는 점이다. 안전에 대해 무심하고, '겨우 이 정도는 괜찮겠지?' 란 생각은 더 큰 사고를 낼 수 있는 발단이 되기 마련이다.

'잊혀 가는 사고를 영원히 기억하고, 안전사고가 일어나지 않는 대한민국이 되었으면 한다.'
비파괴검사는 우리에게 품질과 안전의 진단을 내릴 수 있는 중요한 검사 방법이다. 철강, 조선, 우주, 항공 등 여러 분야의 부품을 파괴하지 않은 상태에서 검사를 하여 앞으로의 사용 유무를 알 수 있다. 그러므로 현재뿐만 아니라 앞으로 그 효용 가치는 더 높아질 것으로 보인다.

초음파탐상을 공부하다 보면 새로운 단어와 더불어 알아야 할 규격도 많아 수험생 여러분들이 어려움을 겪었을 것이라 생각된다. 저자 역시도 광범위한 이론적 부분과 규격들을 어떻게 압축하면 수험생에게 도움이 될까 많은 고민을 하였다. 또한 실기 부분 역시 아날로그 타입과 디지털 타입 그리고 여러 종류의 기기들 중 무엇을 기준으로 작성할까 어려운 부분이 많았다. 이는 아마 수험생들도 공부하며 겪는 어려움이 아닐까 생각한다.

본 교재는 세 가지 목표를 가지고 집필하였다.
첫 번째, 비파괴검사에서 꼭 알아야 하는 이론들에 대해 정리하는 것으로 비파괴검사의 초석을 다질 수 있도록 하였다.
두 번째, 15년간의 기능사 출제 문제를 분석하여 중복되는 이론과 규격, 내용들이 필수적으로 포함되도록 하였고, 최대한 이해하기 쉽도록 설명하였다.
세 번째, 초음파탐상은 현장에서 주로 사용되므로, 휴대용 디지털 탐상기 기준에 맞추어 작업이 가능하게끔 작성하였다.

특히 다른 비파괴검사와 달리 초음파비파괴검사기능사의 경우 기본적인 이론이 밑거름되어야만 이해도가 높아, 실기에서도 적용 및 검사하기가 수월하다. 단순히 기능사 합격이 목표가 아닌 전문성 신장을 위해 기초 이론을 튼튼히 다져 놓은 다음, 실기를 공부한다면 더욱 수월하게 자격증을 취득할 수 있을 것이라 생각한다.

끝으로 우리나라에서 힘들게 작업하며 안전을 책임지는 비파괴 전문가들께 감사의 말씀을 드리며, 이 책을 기초로 수험생 여러분의 기능이 더욱 발전할 수 있길 바란다.

편저자 씀

시험안내

개 요

모든 금속 및 비철금속에 적용이 가능한 초음파비파괴검사의 신뢰성과 정확성을 높이고자 금속재료, 용접 등 관련 분야에 대한 자격검정을 거쳐 숙련기능인력을 양성하기 위해 자격제도를 제정하였다.

진로 및 전망

초음파를 이용한 비파괴검사에 대한 현장실무를 주로 담당하는데, 검사방법 및 절차에 따라 적절한 도구를 이용하여 실제적인 비파괴검사업무를 수행한다. 비파괴전문용역업체, 공인검사기관, 자체 검사시설을 갖춘 조선소, 정유회사, 유류저장시설 시공업체, 반도체 생산업체, 항공기 생산업체의 비파괴검사부서 혹은 각종 업체의 품질관리부서에 진출할 수 있다. 적용범위가 점차 넓어지고 있어 초음파비파괴검사의 기능적인 업무를 실제 수행할 수 있는 숙련기능인력의 수요는 꾸준할 전망이다.

시험일정

구 분	필기원서접수 (인터넷)	필기시험	필기합격 (예정자)발표	실기원서접수	실기시험	최종 합격자 발표일
제1회	1.6~1.9	1.21~1.25	2.6	2.10~2.13	3.15~4.2	4.11
제2회	3.17~3.21	4.5~4.10	4.16	4.21~4.24	5.31~6.15	6.27
제3회	6.9~6.12	6.28~7.3	7.16	7.28~7.31	8.30~9.17	9.26

※ 상기 시험일정은 시행처의 사정에 따라 변경될 수 있으니, www.q-net.or.kr에서 확인하시기 바랍니다.

시험요강

❶ 시행처 : 한국산업인력공단

❷ 시험과목

㉠ 필기 : 비파괴검사 총론, 초음파비파괴검사, 초음파비파괴검사 규격, 금속재료 및 용접

㉡ 실기 : 초음파비파괴검사 실무

❸ 검정방법

㉠ 필기 : 객관식 60문항(60분)

㉡ 실기 : 작업형(30~60분 정도)

❹ 합격기준

㉠ 필기 : 100점을 만점으로 하여 60점 이상

㉡ 실기 : 100점을 만점으로 하여 60점 이상

검정현황

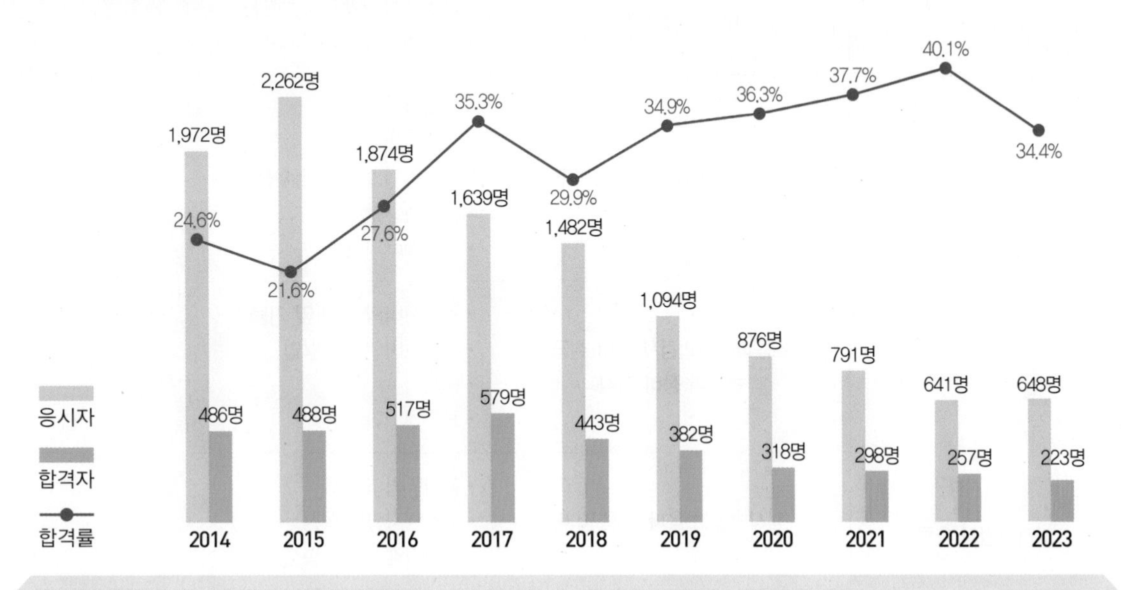

필기시험

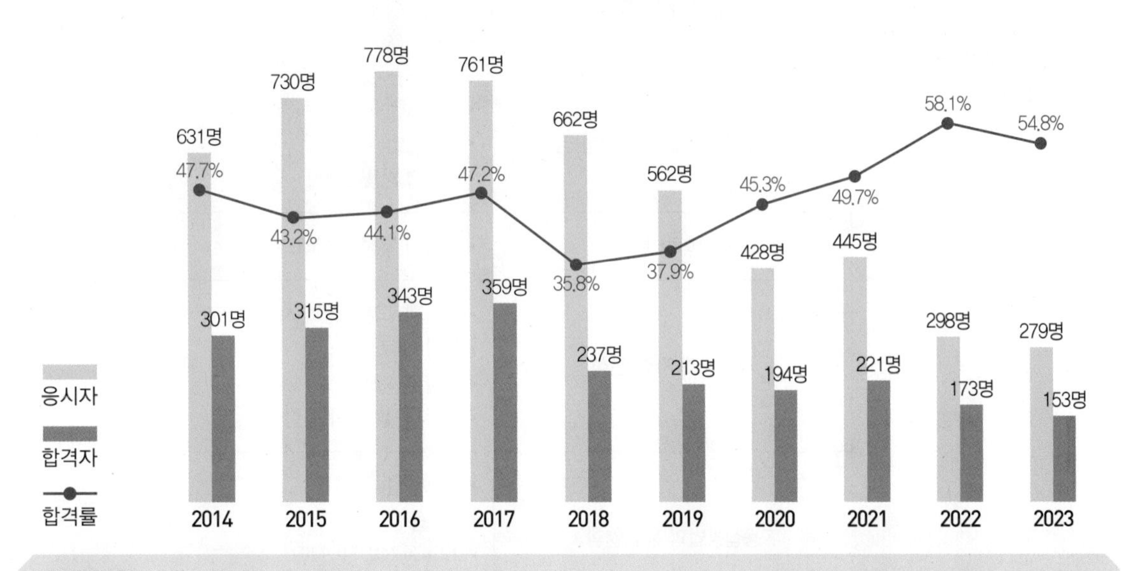

실기시험

시험안내

출제기준(필기)

필기과목명	주용항목	세부항목
비파괴검사 총론 · 초음파비파괴검사 · 초음파비파괴검사 규격 · 금속재료 및 용접	비파괴검사 총론	• 비파괴검사의 기초원리 • 비파괴검사의 종류와 특성
	초음파비파괴검사 기초이론	• 초음파 • 초음파의 성질 • 초음파의 발생과 송수신 • 음장과 지향성 • 지시에코의 높이
	초음파비파괴검사 장비 취급 초음파 장비 점검	• 검사장비의 구성 및 기능 • 검사장비의 조정방법 • 탐촉자 • 표준 및 대비시험편
	검사방법 초음파 지시 평가	• 검사방법의 종류 • 수직검사법의 특징 • 경사각검사법의 특징
	초음파비파괴검사의 실제 초음파 두께 측정	• 두께 측정 • 판재의 검사 • 용접부의 검사 • 기타 검사
	관련 국내표준 초음파 장비 점검	• 검사조건 • 검사방법 • 검사결과 및 분류
	합금함량 분석	• 금속의 특성과 상태도
	재료설계 자료 분석	• 금속재료의 성질과 시험 • 철강 재료 • 비철 금속재료 • 신소재 및 그 밖의 합금
	용접방법과 용접결함	• 아크용접 • 가스용접 • 기타 용접법 및 절단 • 용접시공 및 검사

출제기준(실기)

실기과목명	주요항목	세부항목
초음파비파괴검사 실무	초음파 장비 점검	• 초음파 장비 성능 측정하기 • 수직 탐촉자 성능 측정하기 • 경사각 탐촉자 성능 측정하기
	초음파 두께 측정	• 초음파 두께 측정 준비하기 • 초음파 두께 측정 실시하기
	맞대기 용접부 초음파 스캔	• 맞대기 용접부 초음파 스캔 준비하기 • 맞대기 용접부 수직 스캔하기 • 맞대기 용접부 경사각 스캔하기 • 맞대기 용접부 탠덤 스캔하기
	필릿 용접부 초음파 스캔	• 필릿 용접부 초음파 스캔 준비하기 • 필릿 용접부 수직 스캔하기 • 필릿 용접부 경사각 스캔하기 • 필릿 용접부 탠덤 스캔하기
	곡률 용접부 초음파 스캔	• 곡률 용접부 초음파 스캔 준비하기 • 곡률 용접부 수직 스캔하기 • 곡률 용접부 경사각 스캔하기

출제비율

비파괴검사 일반	초음파탐상 일반	KS 규격 정리	금속재료 일반 및 용접 일반
23%	20%	25%	32%

CBT 응시 요령

기능사 종목 전면 CBT 시행에 따른

CBT 완전 정복!

"CBT 가상 체험 서비스 제공"

한국산업인력공단
(http://www.q-net.or.kr) 참고

시험장 감독위원이 컴퓨터에 나온 수험자 정보와 신분증이 일치하는지를 확인하는 단계입니다. 수험번호, 성명, 생년월일, 응시종목, 좌석번호를 확인합니다.

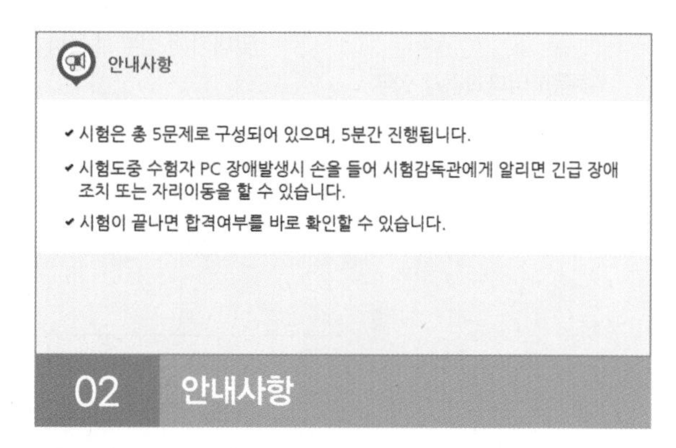

안내사항
시험은 총 5문제로 구성되어 있으며, 5분간 진행됩니다.
시험도중 수험자 PC 장애발생시 손을 들어 시험감독관에게 알리면 긴급 장애 조치 또는 자리이동을 할 수 있습니다.
시험이 끝나면 합격여부를 바로 확인할 수 있습니다.
02 안내사항

시험에 관한 안내사항을 확인합니다.

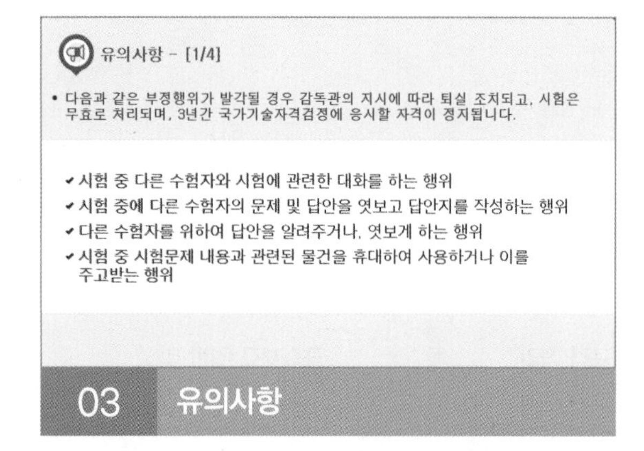

유의사항 - [1/4]
다음과 같은 부정행위가 발각될 경우 감독관의 지시에 따라 퇴실 조치되고, 시험은 무효로 처리되며, 3년간 국가기술자격검정에 응시할 자격이 정지됩니다.
시험 중 다른 수험자와 시험에 관련한 대화를 하는 행위
시험 중에 다른 수험자의 문제 및 답안을 엿보고 답안지를 작성하는 행위
다른 수험자를 위하여 답안을 알려주거나, 엿보게 하는 행위
시험 중 시험문제 내용과 관련된 물건을 휴대하여 사용하거나 이를 주고받는 행위
03 유의사항

부정행위에 관한 유의사항이므로 꼼꼼히 확인합니다.

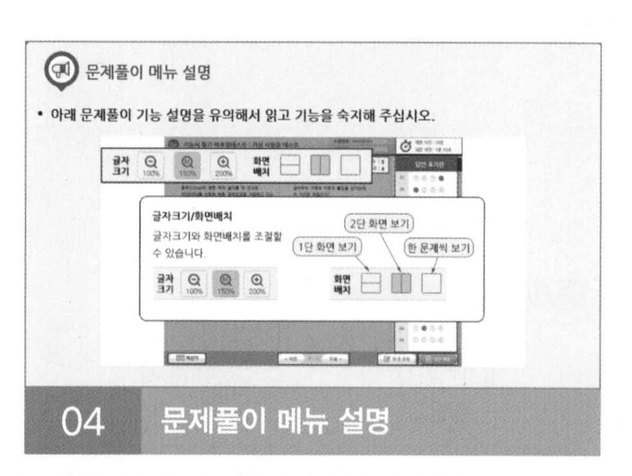

문제풀이 메뉴의 기능에 관한 설명을 유의해서 읽고 기능을 숙지해 주세요.

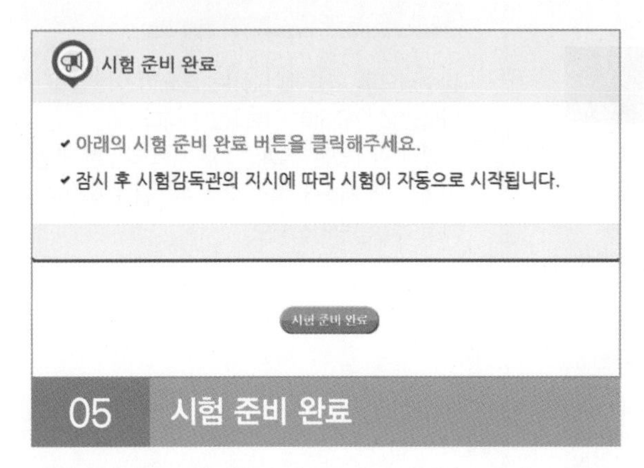

05 시험 준비 완료

시험 안내사항 및 문제풀이 연습까지 모두 마친 수험자는 시험 준비 완료 버튼을 클릭한 후 잠시 대기합니다.

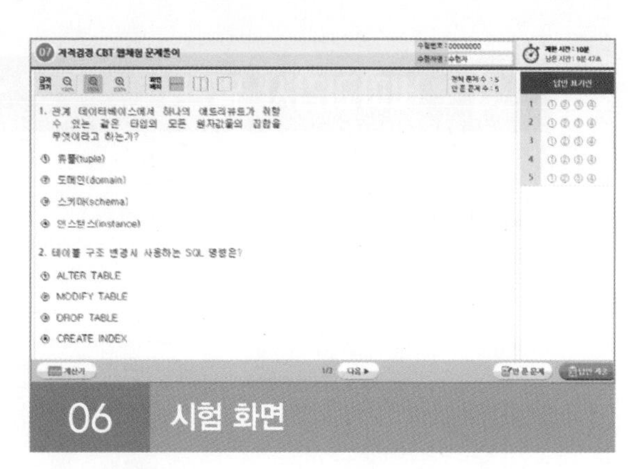

06 시험 화면

시험 화면이 뜨면 수험번호와 수험자명을 확인하고, 글자크기 및 화면배치를 조절한 후 시험을 시작합니다.

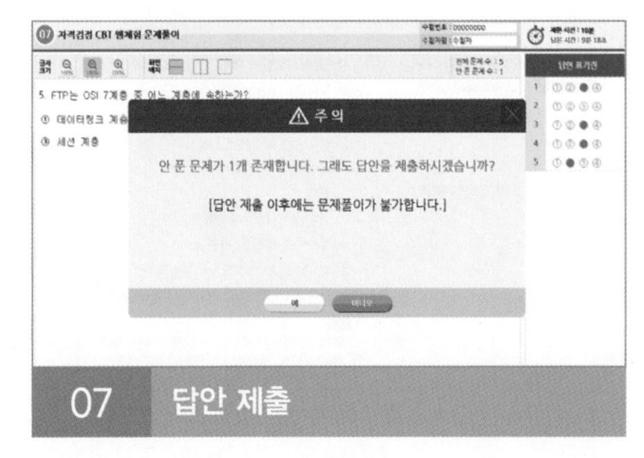

07 답안 제출

[답안 제출] 버튼을 클릭하면 답안 제출 승인 알림창이 나옵니다. 시험을 마치려면 [예] 버튼을 클릭하고 시험을 계속 진행하려면 [아니오] 버튼을 클릭하면 됩니다. 답안 제출은 실수 방지를 위해 두 번의 확인 과정을 거칩니다. [예] 버튼을 누르면 답안 제출이 완료되며 득점 및 합격여부 등을 확인할 수 있습니다.

CBT 완전 정복 Tip

내 시험에만 집중할 것
CBT 시험은 같은 고사장이라도 각기 다른 시험이 진행되고 있으니 자신의 시험에만 집중하면 됩니다.

이상이 있을 경우 조용히 손을 들 것
컴퓨터로 진행되는 시험이기 때문에 프로그램상의 문제가 있을 수 있습니다. 이때 조용히 손을 들어 감독관에게 문제점을 알리며, 큰 소리를 내는 등 다른 사람에게 피해를 주는 일이 없도록 합니다.

연습 용지를 요청할 것
응시자의 요청에 한해 연습 용지를 제공하고 있습니다. 필요시 연습 용지를 요청하며 미리 시험에 관련된 내용을 적어놓지 않도록 합니다. 연습 용지는 시험이 종료되면 회수되므로 들고 나가지 않도록 유의합니다.

답안 제출은 신중하게 할 것
답안은 제한 시간 내에 언제든 제출할 수 있지만 한 번 제출하게 되면 더 이상의 문제풀이가 불가합니다. 안 푼 문제가 있는지 또는 맞게 표기하였는지 다시 한 번 확인합니다.

구성 및 특징

핵심이론

필수적으로 학습해야 하는 중요한 이론들을 각 과목별로 분류하여 수록하였습니다.
시험과 관계없는 두꺼운 기본서의 복잡한 이론은 이제 그만! 시험에 꼭 나오는 이론을 중심으로 효과적으로 공부하십시오.

CHAPTER 01 비파괴검사 일반

핵심이론 01 | 비파괴검사 개요

① 파괴검사와 비파괴검사의 차이점
㉠ 파괴검사 : 시험편이 파괴될 때까지 하중, 열, 전류, 전압 등을 가하거나, 화학적 분석을 통해 소재 혹은 제품의 특성을 구하는 검사이다.
㉡ 비파괴검사 : 소재 혹은 제품의 상태, 기능을 파괴하지 않고 소재의 상태, 내부 구조 및 사용 여부를 알 수 있는 모든 검사이다.
② 비파괴검사 목적
㉠ 소재 혹은 기기, 구조물 등의 품질관리 및 평가
㉡ 품질관리를 통한 제조 원가 절감
㉢ 소재 혹은 기기, 구조물 등의 신뢰성 향상
㉣ 제조 기술의 개량
㉤ 조립 부품 등의 내부 구조 및 내용물 검사
㉥ 표면처리 층의 두께 측정
③ 비파괴검사 시기
품질 평가를 실시하기 적정한 때로 사용 전, 가동 중, 상시검사 등이다.
④ 비파괴검사 평가
설계의 단계에서 재료의 선정, 제작, 가공방법, 사용 환경 등 종합적인 판단 후 평가한다.
⑤ 비파괴검사의 평가 가능 항목
시험체 내의 결함검출, 내부 구조 평가, 물리적 특성 평가 등이다.
⑥ 비파괴검사의 종류
육안, 침투, 자기, 초음파, 방사선, 와전류, 누설, 음향방출, 스트레인측정 등이다.
⑦ 비파괴검사의 분류
㉠ 내부결함검사 : 방사선(RT), 초음파(UT)
㉡ 표면결함검사 : 침투(PT), 자기(MT), 육안(VT), 와전류(ET)
㉢ 관통결함검사 : 누설(LT)
㉣ 검사에 이용되는 물리적 성질

물리적 성질	비파괴시험법의 종류
광학적 및 역학적 성질	육안, 침투, 누설
음향적 성질	초음파, 음향방출
전자기적 성질	자분, 와전류, 전위차
투과 방사선의 성질	X선 투과, γ선 투과, 중성자 투과
열적 성질	적외선 서모그래픽, 열전 탐촉자
분석 화학적 성질	화학적 검사, X선 형광법, X선 회절법

1-1. 시험체의 표면... 파괴검사법은?
① 침투탐상시험
② 초음파탐상시...
③ 방사선투과시...
④ 중성자투과시...

1-2. 두께가 일정... 결함을 검출할 수...
① 방사선투과검...
② 자분탐상검사...
③ 초음파탐상검...
④ 와전류탐상검...

1-3. 각종 비파괴...
① 방사선투과검...
② 초음파탐상검...
③ 자분탐상검사
④ 와전류탐상검...

2 ■ PART 01 핵심이론

과년도 기출문제

지금까지 출제된 과년도 기출문제를 수록하였습니다. 각 문제에는 자세한 해설이 추가되어 핵심이론만으로는 아쉬운 내용을 보충 학습하고 출제경향의 변화를 확인할 수 있습니다.

2010년 제1회 과년도 기출문제

01 기체방사성 동위원소법에는 Kr-85를 추적가스로 많이 사용한다. 이때 방출되는 이온으로 옳은 것은?
① X선 ② 알파선
③ 베타선 ④ 감마선

해설
Kr-85(크립톤-85)는 방사성 동위원소로 β 붕괴를 하며 반감기는 108년이다.

02 초음파탐상검사의 진동자 재질로 사용되지 않는 것은?
① 수 정
② 황산리튬
③ 할로겐화은
④ 타이타늄산바륨

해설
초음파 탐촉자는 일반적으로 압전효과를 이용한 탐촉자이며, 수정, 유화리튬, 타이타늄산바륨, 황산리튬, 니오비움산납, 니오브산리튬 등이 있다. 할로겐화은의 경우 감광성이 있어 방사선 탐상에서 사진 유제(Photographic Emulsion)로 사용된다.

03 자분탐상시험법에 대한 설명으로 옳은 것은?
① 잔류법은 시험체에 외부로부터 자계를 준 상태에서 결함에 자분을 흡착시키는 방법이다.
② 연속법은 시험체에 외부로부터 주어진 자계를 소거한 후에 결함에 자분을 흡착시키는 방법이다.
③ 잔류법은 시험체에 잔류하는 자속밀도가 결함누설자속에 영향을 미친다.
④ 연속법은 결함누설자속을 최소로 하기 위해 포화자속밀도가 얻어지는 자계의 세기를 필요로 한다.

해설
• 연속법은 시험체에 외부로부터 자계를 준 상태에서 자분을 적용하는 방법이며, 잔류법보다 강한 자계에서 탐상하여 미세 균열의 검출 감도가 높다.
• 잔류법은 시험체에 외부로부터 자계를 소거한 후 자분을 적용하는 방법이며, 잔류 자속밀도가 결함누설자속에 영향을 미친다.

04 두께 100mm인 강판 용접부에 대한 내부균열의 위치와 깊이를 검출하는 데 가장 적합한 비파괴검사법은?
① 방사선투과시험
② 초음파탐상시험
③ 자분탐상시험
④ 침투탐상시험

해설
내부균열탐상의 종류에는 방사선탐상과 초음파탐상이 있으며, 방사선탐상의 경우 투과에 한계가 있어 너무 두꺼운 시험체는 검사가 불가하므로 초음파탐상시험이 가장 적합하다.

76 ■ PART 02 과년도+최근 기출복원문제

1 ③ 2 ③ 3 ③ 4 ② 정답

2024년 제1회 최근 기출복원문제

01 다음 중 초음파 비파괴 검사에서 사용되는 파형이 아닌 것은?
① 종 파 ② 횡 파
③ 방사파 ④ 표면파

해설
초음파 비파괴 검사에는 종파, 횡파, 표면파의 파형을 사용한다.

02 다음 중 가장 작은 결함도를 감지할 수 있는 민감도를 가진 비파괴 검사 기법은?
① 침투비파괴검사
② 초음파탐상검사
③ 자기비파괴검사
④ 방사선비파괴검사

해설
초음파탐상검사는 매우 높은 민감도를 가져 작은 결함도 감지할 수 있다.

정답 1 ③ 2 ② 3 ① 4 ①

03 매질 내에서 초음파의 전달 속도에 가장 큰 영향을 미치는 것은?
① 밀도와 탄성계수
② 지속밀도와 소성
③ 선팽창계수와 투과율
④ 침투력과 표면장력

해설
매질 내에서 초음파의 전달 속도는 음속을 의미한다.
$C=\sqrt{\frac{E(\text{탄성계수})}{\rho(\text{밀도})}}$

04 초음파 검... 원리는?
① 압전효...
② 마이크...
③ 도플러...
④ 자기유...

해설
압전 효과 : ... 가하면 기계... 가하였을 경... 소자가 이동...

최근 기출복원문제

최근에 출제된 기출문제를 복원하여 가장 최신의 출제경향을 파악하고 새롭게 출제된 문제의 유형을 익혀 처음 보는 문제들도 모두 맞힐 수 있도록 하였습니다.

CHAPTER 01 초음파비파괴검사기능사 실기(작업형)

KEYWORD 본 편에서는 기능사 수준의 결함 탐상방법에 한하여 설명하며, 결함 및 흠의 분류에 대한 정보는 포함하지 않는다. 초음파 탐상기는 아날로그, 디지털로 나뉘지며, 본 교재에서는 디지털을 주로 조작하며 아날로그 탐상기에 대한 방법을 덧붙여 설명한다.

1 초음파탐상작업 과제

(1) 수직탐상 – 스텝웨지 측정

[수직탐상]

수직탐상에서는 주로 스텝웨지를 이용한 높이 측정을 하며, 탐상 순서는 기기 세팅 → STB-A1을 이용한 탐상기 및 탐촉자 보정 → 두께 측정의 순으로 비교적 간단하다.

(2) 사각탐상 – 평판 맞대기, T이음, 곡률 용접부 탐상

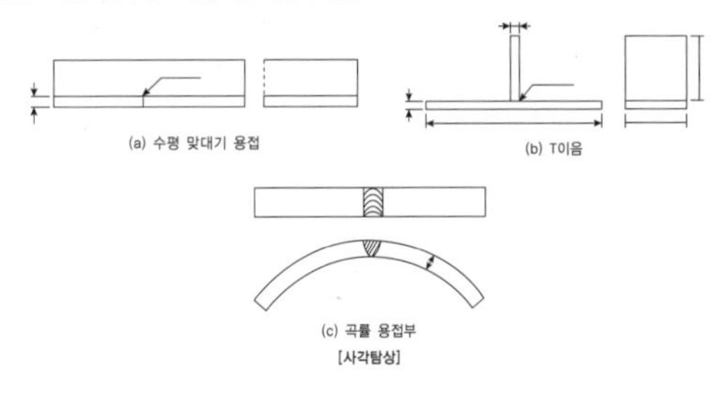

[사각탐상]

실기(작업형)

실기(작업형)에서는 작업형 과제를 올컬러로 수록하고 답안지 작성방법을 예시와 함께 수록하여 실기시험에 대비할 수 있도록 하였습니다.

최신 기출문제 출제경향

2018년 2회

- KS B 0831 표준시험편의 표준 구멍 치수 및 배율
- KS D 0233 자동경보장치가 없는 탐상장치 사용 시 주사 속도
- 크리프 시험, 용체화 처리, 탄소강에 함유된 원소의 영향
- 고온 탈아연 현상, 상온 취성

2019년 1회

- 원형 자화법의 소요전류
- 소인지연회로
- 초음파 두께 측정 시 음극선 진공관 영상막
- KS B 0817 탐상도형 표시 : 부대 기호 표시방법
- KS B 0817 초음파탐상기의 조정
- KS B 0896 탐상장치의 점검
- 철-탄소계 상태도 조직
- 금형에서의 칠드현상

2020년 1회

- 헬륨질량분석방법
- 절대압력
- 후유화성 침투탐상검사
- 탐촉자의 기본 구성
- 경사각 탐상에 대한 설명
- KS B 0534 시간축 직선성의 성능 측정방법
- 구상흑연주철의 조직 형태
- 전기저항용접의 종류

2020년 2회

- 적외선 열화상법
- 극간법의 특징
- 초음파탐상 시 결정입자의 영향
- 음향 임피던스
- 경사각 탐상방법
- A스코프 표시식 탐상기 불감대 측정 표준시험편
- 흠 지시 길이 분류
- 금속간 화합물
- 구리 합금의 종류

2021년 1회

- 적열취성
- 빔의 분산각
- KS D 0223 수직탐촉자의 탐상 두께
- 입사점 측정 시험편
- 흑연구상화제
- 결정입자와 지시의 관계
- 거리진폭곡선
- 설퍼프린트시험

2022년 1회

- 자기포화, 비파괴검사의 평가항목, 전리작용
- 탐촉자면의 폴리우레탄 사용 시 문제점
- 탐촉자의 음향렌즈 영향
- 펄스에코법에 의한 금속재료의 초음파탐상검사에 대한 일반규칙(KS B 0817)에 따라 공칭주파수 선정
- 페라이트계 강용접 이음부에 대한 초음파탐상검사(KS B 0896) 중 흠의 분류
- 알루미늄 판의 맞대기용접 이음부에 대한 횡파 경사각 빔을 사용한 초음파탐상검사(KS B 0897) 중 흠의 분류

2023년 1회

- 피로균열검사 – 자분탐상검사
- 헬륨질량분석기의 구성 요소 – 이온포집장치, 필라멘트, 자장영역
- 침투탐상시험법의 종류 및 특성
- 수침법의 기준방법 – 접촉방법에 의한 분류
- 초음파 대역폭의 이해
- KS B 0896 시험결과의 분류
- KS B 0831 초음파탐상 감도

2024년 1회

- 초음파비파괴검사 의 파형
- 압전효과
- 초음파의 특성
- 음향 임피던스의 특징
- 흠집의 치수 측정 항목
- KS B 0896에 의한 흠 분류
- 스넬(Snell)의 법칙
- KS D 0233 결함의 정도에 따른 분류
- 베어링 합금의 특징

D-27 스터디 플래너

27일 완성!

D-27	D-26	D-25	D-24
✰ CHAPTER 01 비파괴검사 일반 핵심이론 01~핵심이론 03	✰ CHAPTER 01 비파괴검사 일반 핵심이론 04~핵심이론 05	✰ CHAPTER 01 비파괴검사 일반 핵심이론 06~핵심이론 07	✰ CHAPTER 01 비파괴검사 일반 핵심이론 08~핵심이론 10

D-23	D-22	D-21	D-20
✰ CHAPTER 01 비파괴검사 일반 핵심이론 11~핵심이론 12	✰ CHAPTER 02 초음파탐상 일반 핵심이론 01~핵심이론 03	✰ CHAPTER 02 초음파탐상 일반 핵심이론 04~핵심이론 06	✰ CHAPTER 02 초음파탐상 일반 핵심이론 07~핵심이론 09

D-19	D-18	D-17	D-16
✰ CHAPTER 03 KS 규격 정리 핵심이론 01	✰ CHAPTER 03 KS 규격 정리 핵심이론 02~핵심이론 03	✰ CHAPTER 03 KS 규격 정리 핵심이론 04~핵심이론 05	✰ CHAPTER 03 KS 규격 정리 핵심이론 06~핵심이론 07

D-15	D-14	D-13	D-12
✰ CHAPTER 04 금속재료 일반 및 용접 일반 핵심이론 01~핵심이론 02	✰ CHAPTER 04 금속재료 일반 및 용접 일반 핵심이론 03~핵심이론 04	✰ CHAPTER 04 금속재료 일반 및 용접 일반 핵심이론 05~핵심이론 07	✰ CHAPTER 04 금속재료 일반 및 용접 일반 핵심이론 08~핵심이론 10

D-11	D-10	D-9	D-8
✰ CHAPTER 01 복습	✰ CHAPTER 02 복습	✰ CHAPTER 03 복습	✰ CHAPTER 04 복습

D-7	D-6	D-5	D-4
2010~2011년 과년도 기출문제 풀이	2012~2013년 과년도 기출문제 풀이	2014~2016년 과년도 기출문제 풀이	2017~2019년 과년도 기출복원문제 풀이

D-3	D-2	D-1
2020~2023년 과년도 기출복원문제 풀이	2024년 최근 기출복원문제 풀이	✰ 빨간키 점검 및 최종 복습

합격 수기

저도 합격 수기를 쓰는 날이 오네요.

회사 다니면서 만족스러운 연봉도 아니고, 미래도 없어 보였어요..
그래서 퇴근하고 공부해서 다른 직종 알아보려고 하다가 관심 있던 비파괴검사에 도전하게 되었습니다!
입사할 때 가장 알아주는 비파괴검사가 초음파비파괴검사라고 해서, 바로 책 사서 공부 시작했습니다.
야근이 많은 회사여서 공부할 시간이 진짜 없어서 강의 듣거나 학원은 생각도 못했고요. 바로 기출문제 밑에 있는 해설부터 외웠습니다. 그렇게 몇 회 돌리니까 자주 나오는 개념이 보여서 따로 정리했고, 그 다음에서야 이론 봤습니다. 바쁘신 분은 이렇게 기출 해설부터 보면 시간 절약이 가능하실 거예요. 제가 본 책은 윙크 초음파비파괴검사 기능사 필기 + 실기 이거예요.
해설에 잘 풀어놓아서 단기 완성 가능했고, 기출문제 구하기 어려운데 많이 실려 있어서 진짜 좋아요. 실기 내용도 마지막에 함께 들어있어서 같이 공부하기 편합니다.. 퇴근하고 집에 도착하면 8시고, 그 때부터 3시간 공부한 게 전부인데 이게 합격이 가능하네요.
이제 곧 사표 내고, 제 능력 인정받으면서 재미있게 일하려고 합니다! 모두 힘내세요.

2021년 초음파비파괴검사기능사 합격자

제가 중학생 때 반 40명 중 38등한 사람입니다.

와.. 제가 합격했네요.. 심지어 준비 기간도 짧아요. 딱 윙크 책에 나온 스터디 플래너대로 27일 공부했어요.
진짜 윙크 감사합니다!!!
운전면허증 필기도 한 번에 합격 못했는데.. 공부 방법을 공유하는 게 참 낯설지만.. 이 책 보면 이론 바로 밑에 핵심예제 있어요. 저는 이론 외우고, 다음 날 빈출문제를 모아서 풀었어요. 한 번에 같이 외우고 푸는 것보다 다음 날 문제를 푸니까 암기가 제대로 되었는지 확인이 가능해서요~ 그리고 또 하나! 빨간키!! 시험 일주일 앞두고 기출문제 보면서 빨간키라고 요점정리 되어있는 부분에다가 다시 요약해서 정리했거든요. 빨간키 계속 보면서 정리 완벽하게 했습니다! 빨간키 내용이 시험에 진짜 많이 나와서 행복... 저 다른 기능사도 준비하는데 또 윙크 책으로 하려구요! 다시 합격수기 쓰러 올게요!

2022년 초음파비파괴검사기능사 합격자

이 책의 목차

빨리보는 간단한 키워드

빨간키

#합격비법 핵심 요약집 #최다 빈출키워드 #시험장 필수 아이템

CHAPTER 01

비파괴검사 일반

파괴검사와 비파괴검사의 차이점

- 파괴검사 : 시험편이 파괴될 때까지 하중, 열, 전류, 전압 등을 가하거나, 화학적 분석을 통해 소재 혹은 제품의 특성을 구하는 검사
- 비파괴검사 : 소재 혹은 제품의 상태, 기능을 파괴하지 않고 소재의 상태, 내부 구조 및 사용 여부를 알 수 있는 모든 검사

비파괴검사 목적

소재 혹은 기기, 구조물 등의 품질관리, 품질관리를 통한 제조 원가 절감, 구조물 등의 신뢰성 향상, 제조 기술의 개량

비파괴검사 시기

품질 평가 실시하기 적정한 때로 사용 전, 가동 중, 상시 검사 등

비파괴검사 평가

설계 단계에서 재료의 선정, 제작, 가공방법, 사용 환경 등 종합적인 판단 후 평가

비파괴검사의 평가 가능 항목

시험체 내의 결함 검출, 내부구조 평가, 물리적 특성 평가 등

비파괴검사의 종류

침투, 자기, 초음파, 방사선, 와전류, 누설, 음향방출 등

비파괴검사의 분류

- 내부결함검사 : 방사선, 초음파,
- 표면결함검사 : 침투, 자기, 육안, 와전류
- 관통결함검사 : 누설

▌침투탐상검사

모세관 현상을 이용하여 표면에 열려 있는 개구부(불연속부)에서의 결함을 검출하는 방법

▌침투탐상의 측정 가능 항목

불연속의 위치, 크기(길이), 지시의 모양

▌침투탐상의 적용대상

용접부, 주강부, 단조품, 세라믹, 플라스틱 및 유리(비금속 재료)

▌침투탐상의 주요 순서

- 일반적인 탐상 순서 : 전처리 - 침투 - 제거 - 현상 - 관찰
- 후유화성 형광침투액(기름베이스 유화제)-습식현상법 : FB-W
  전처리 - 침투 - 유화 - 세척 - 현상 - 건조 - 관찰 - 후처리
- 수세성 형광침투액-습식형광법(수현탁성) : FA-W
  전처리 - 침투 - 세척 - 현상 - 건조 - 관찰 - 후처리

▌자기탐상검사

강자성체 시험체의 결함에서 생기는 누설자장을 이용하여 표면 및 표면 직하의 결함을 검출하는 방법

▌자기탐상검사의 특징

- 강자성체의 표면 및 표면 직하의 미세하고 얕은 결함 검출 중 감도가 가장 높음
- 시험체의 크기, 형태, 모양에 큰 영향을 받지 않고 육안 관찰이 가능
- 시험면에 비자성 물질(페인트 등)이 얇게 도포되어도 검사가 가능
- 검사 방법이 간단하며 저렴함
- 강자성체에만 적용 가능
- 직각 방향으로 최소 2회 이상 검사해야 함
- 전처리 및 후처리가 필요하며 탈자가 필요한 경우도 있음
- 전기 접촉으로 인한 국부적 가열이나 손상이 발생 가능

▌자화방법의 분류

자화방법 : 시험체에 자속을 발생시키는 방법

- 선형자화 : 시험체의 축 방향을 따라 선형으로 발생하는 자속
  - 종류 : 코일법, 극간법
- 원형자화 : 환봉, 철선 등 전도체에 전류를 흘려 주위에 발생하는 자력선이 원형으로 형성하는 자속
  - 종류 : 축통전법, 프로드법, 중앙전도체법, 직각통전법, 전류통전법

▌자기탐상검사의 절차

- 연속법 : 전처리 - 자화개시 - 자분적용 - 자화종류 - 관찰 및 판독 - 탈자 - 후처리
- 잔류법 : 전처리 - 자화개시 및 종료 - 자분적용 - 관찰 및 판독 - 탈자 - 후처리

▌방사선탐상검사

X선, γ-선 등 투과성을 가진 전자파로 대상물에 투과시킨 후 결함의 존재 유무를 필름 등의 이미지(필름의 명암도의 차)로 판단하는 비파괴검사방법

▌방사선의 발생

- X선 : 고속으로 움직이는 전자가 표적에 충돌하여 나오는 에너지의 일부가 전자파로 방출
- γ-선 : 원자핵이 분열하거나 붕괴 시 핵 내의 잉여에너지가 전자파의 형태로 방출
  - 방사선 동위원소 붕괴 형태 : α입자의 방출, β입자의 방출, 중성자 방출

▌방사선 물질과의 상호작용

광전효과, 톰슨산란, 컴프턴산란, 전자쌍생성, 투과작용, 사진작용, 형광작용 등

▌와전류탐상

코일에 고주파 교류 전류를 흘려주면 전자유도현상에 의해 전도성 시험체 내부에 맴돌이 전류를 발생시켜 재료의 특성을 검사

▌와전류탐상시험 코일의 분류

관통코일, 내삽코일, 표면코일

▌누설탐상검사

관통된 결함을 검사하는 방법으로 기체나 액체와 같은 유체의 흐름을 감지해 누설 부위를 탐지하는 것

누설탐상검사의 보일-샤를의 법칙

온도와 압력이 동시에 변하는 것으로 기체의 부피는 절대 압력에 반비례하고 절대 온도에 비례함

$\frac{PV}{T}$= 일정, $\frac{P_1 V_1}{T_1} = \frac{P_2 V_2}{T_2}$

음향방출검사

재료의 결함에 응력이 가해졌을 때 음향을 발생시키고 불연속 펄스를 방출하게 되는데 이러한 미소 음향방출 신호들을 검출·분석하는 시험

카이저효과(Kaiser Effect)

재료에 하중을 걸어 음향방출을 발생시킨 후, 하중을 제거했다가 다시 걸어도 초기 하중의 응력 지점에 도달하기까지 음향방출이 발생되지 않는 비가역적 성질

CHAPTER 02 초음파탐상 일반

초음파

물질 내의 원자 또는 분자의 진동으로 발생하는 탄성파로 20kHz~1GHz 정도의 주파수를 발생시키는 영역대의 음파

초음파의 특징

- 지향성이 좋고 직진성을 가짐
- 동일 매질 내에서는 일정한 속도를 가짐
- 온도 변화에 대해 속도가 거의 일정
- 경계면 혹은 다른 재질, 불연속부에서는 굴절, 반사, 회절을 일으킴
- 음파의 입사조건에 따라 파형 변환이 발생

음 속

음파가 한 재질 내에서 단위시간당 진행하는 거리

주요 물질에 대한 음파 속도								
물 질	알루미늄	주강(철)	유 리	아크릴수지	글리세린	물	기 름	공 기
종파 속도(m/s)	6,300	5,900	5,770	2,700	1,920	1,490	1,400	340
횡파 속도(m/s)	3,150	3,200	3,430	1,200	–	–	–	–

음향 임피던스

재질 내에서 음파의 진행을 방해하는 것으로 재질의 밀도(ρ)에 음속(ν)을 곱한 값으로 두 매질 사이의 경계에서 투과와 반사를 결정짓는 특성

물 질	알루미늄	강	아크릴수지	글리세린	물	기 름	공 기
음향 임피던스	16.9	46	3.2	2.4	1.5	1.3	4×10^{-4}

감 쇠

초음파가 진행하며 결정구조에 의해 산란, 반사, 흡수 등의 영향으로 음압이 손실되는 현상

▮ 음파의 종류

- 종파(Longitudinal Wave) : 입자의 진동 방향이 파를 전달하는 입자의 진행 방향과 일치하는 파로 압축파, 고체와 액체에서 전파됨
- 횡파(Transverse Wave) : 입자의 진동 방향이 파를 전달하는 입자의 진행 방향과 수직인 파로 종파의 $\frac{1}{2}$ 속도, 전단파, 고체에만 전파되고 액체와 기체에서 전파되지 않음
- 표면파(Surface Wave) : 고체 표면을 약 1파장 정도의 깊이로 투과하여 표면을 따라 진행하는 파

▮ 근거리 음장과 원거리 음장

- 근거리 음장 : 진동자에서 가까운 영역 거리의 음장으로 정확한 검사가 불가능
- 원거리 음장 : 근거리 음장을 벗어난 부분으로 지수함수적으로 음압이 감소

▮ 초음파 빔의 분산

분산각은 진동자의 직경과 파장에 의해 결정되고, 반비례하는 성질을 가짐

▮ 사각탐상 – 스넬의 법칙

음파가 두 매질 사이의 경계면에 입사하면 입사각에 따라 굴절과 반사가 일어나는 것

$$\frac{\sin\alpha}{\sin\beta} = \frac{V_1}{V_2}$$

α = 입사각, β = 굴절각 또는 반사각, V_1 = 매질 1에서의 속도, V_2 = 매질 2에서의 속도

▮ 스넬의 법칙에서의 임계각

- 1차 임계각 : 입사하는 매질보다 매질 2에서의 음속이 큰 경우 입사각보다 굴절각이 커지며, 이때 입사각을 크게 하였을 경우 굴절각이 90°가 되는 것
- 2차 임계각 : 입사각이 1차 임계각보다 커지게 되면 횡파의 굴절각도 커져 횡파의 굴절각이 90°가 되는 것

▮ 파형 변환

초음파가 매질 내에 비연속적 부위에 부딪혔을 경우 종파에서 다른 파형으로 달라지는 것

▮ 초음파탐상기

초음파탐상기는 전원공급회로, 타이머회로, 펄스회로, 수신·증폭회로, 소인회로, 음극선관, DAC 회로, 게이트회로 등이 있으며 조절기로는 스위치 조절기, 송·수신 연결부, 측정범위 조절기, 증폭기, 시간축 조절기, 게이트 조절기, 리젝션 조절기 등이 있음

▮ 압전 효과

기계적인 에너지를 가하면 전압이 발생하고, 전압을 가하면 기계적인 변형이 발생하는 현상으로, 어떤 소재에 힘을 가하였을 경우 표면에 전압이 발생하고, 반대로 전압을 걸어주면 소자가 이동하거나 힘이 발생하는 현상

▮ 탐촉자의 종류

탐촉자에는 수직용, 경사각용 두 종류로 구분되며, 용도로는 직접 접촉용, 국부 수침용, 수침용 등이 있음

▮ 탐상기의 성능

- 증폭 진선성(Amplitude Linearity) : 입력에 대한 출력의 관계가 어느 정도 차이가 있는가를 나타내는 성능
- 감도여유치 : 탐상기에서 조정 가능한 증폭기의 조정 범위(최소, 최대 증폭치 간의 차)
- 시간축 진선성(Horizontal Linearity) : 탐상기에서 표시되는 시간축의 정확성을 의미하며, 다중 반사 에코의 등간격이 얼마인지 표시할 수 있는 성능
- 분해능(Resolution) : 가까이 위치한 2개의 불연속부에서 탐상기가 2개의 펄스를 식별할 수 있는지에 대한 능력

▮ 탐촉자의 성능

- 감도 : 작은 결함을 어느 정도까지 찾을 수 있는지를 표시
- 분해능 : 근접한 2개의 불연속부에서 2개의 펄스를 식별할 수 있는 능력
- 주파수 : 탐촉자에 표시된 공칭 주파수와 실제 시험에 사용하는 주파수
- 불감대 : 초음파가 발생할 때 수신을 할 수 없는 현상
- 회절 : 음파가 탐촉자 중심으로 나가지 않고, 비스듬히 진행하는 것

▮ 접촉매질

초음파의 특성상 공기층에서 진행이 어렵기 때문에 접촉 매질을 사용함. 종류로는 물, 기계유, 글리세린, 물유리, 글리세린 페이스트 등이 있음

▮ 표준시험편(Standard Test Block)

KS에 의거 규정된 재질 및 모양, 치수로 제작한 시험편으로 탐상기 혹은 탐촉자의 성능 측정, 감도 조정 등에 사용됨. 종류로는 STB-A1, STB-A2, STA-A22, STB-A3, STB-G, STB-N 등이 있음

▮ 대비시험편(Reference Block)

KS에 의거 규정된 재질 및 모양, 치수로 제작한 시험편으로 탐상감도 조정, 성능측정 등에 사용되며, 시험하려는 시험체와 같은 재질로 제작함. 종류로는 RB-4, RB-5, RB-6, RB-7, RB-8, ARB, RB-D 등이 있음

▮ 초음파탐상의 송·수신 방식

초음파탐상 시 송·수신 방식으로는 송신과 수신을 함께하는 반사법, 송·수신 탐촉자가 따로 있어 투과 후 수신되는 투과법, 재료의 공진 현상을 이용하는 공진법이 있음

▮ 탐촉자의 접촉방식

초음파탐상 시 탐촉자를 시험체에 직접 접촉시키는 직접접촉법, 시험체와 탐촉자를 물속에 넣어 검사하는 수침법이 있으며, 수침법은 국부수침법 및 전몰수침법이 있음

▮ 표시방법에 의한 분류 - A-Scope법

횡축은 초음파의 진행시간, 종축은 수신신호의 크기를 나타내며 펄스의 높이, 위치, 파형을 나타내는 대표적인 시험법

▮ 진동방식에 의한 분류

탐촉자는 수직탐촉자 및 사각탐촉자가 주로 사용되며, 수직탐촉자는 종파를 사용, 사각탐촉자는 횡파를 사용하여 검사

▮ 초음파탐상의 저면 지시

초음파의 입사 시 CRT 화면상에 에코를 볼 수 있는데 보정이 되어 있는 탐상기 및 탐촉자의 경우 저면지시는 시험편 바닥에서 반사된 신호를 수신한 것으로 두께를 측정할 수 있음

▮ 초음파 주파수에 의한 특성

일반적으로 용접부에는 2~5MHz의 주파수를 많이 사용하며, 파장이 짧을수록, 즉 주파수가 높을수록 미세한 결함의 검출이 쉬우며, 지향성은 예리해짐

▮ 탐촉자의 진동자 치수에 의한 특성

진동자 크기가 크면 근거리 음장이 길어지고, 표면 근처의 결함탐상에는 부적합하게 됨

▮ 감 도

결함의 검출능력을 말하며, 미세한 결함의 검출 여부를 결정

▮ 데시벨(decibel, dB)

음파의 에너지 강도 비를 대수적으로 표시한 것

▮ 게인(gain)

수신기의 입력파의 증폭 단위

▮ 리젝션(Rejection)

에코 혹은 노이즈 등의 잡음을 억제하는 것

▮ 마 커

CRT 상의 빔행정의 표시 눈금

▮ 스킵 거리(Skip Distance)

사각탐촉자를 사용할 경우 입사점에서부터 1스킵이 지난 탐상면까지의 거리

CHAPTER 03 KS 규격 정리

초음파탐상 규격의 종류

- KS B 0521 – 알루미늄 관 용접부의 초음파경사각탐상시험방법 :
  알루미늄 및 알루미늄 합금에 적용하며 펄스반사법으로 바깥지름 100mm 이상, 1,500mm 이하, 두께 5mm 이상인 원둘레 이음용접부, 바깥지름 300mm 이상, 1,500mm 이하, 두께 5mm 이상인 길이 방향 이음용접부에 적용
- KS B 0534 – 초음파탐상장치의 성능측정방법 :
  펄스반사법으로 탐상기와 탐촉자를 조합하여 초음파탐상장치의 성능을 측정
- KS B 0535 – 초음파탐촉자의 성능측정방법 :
  공칭 주파수 1MHz~15MHz의 탐촉자 성능을 측정
- KS B 0536 – 초음파펄스반사법에 의한 두께 측정방법 :
  직접 접촉법에 의한 구조물의 두께 측정에 대한 규정
- KS B 0550 – 비파괴시험 용어 :
  비파괴에 사용되는 시험 용어에 대한 정의
- KS B 0817 – 금속재료의 펄스반사법에 따른 초음파탐상시험방법 통칙 :
  펄스반사법으로 A-Scope법을 이용한 결함을 측정하는 방법
- KS B 0831 – 초음파탐상시험용 표준시험편 :
  STB를 이용하여 초음파탐상시험기의 교정, 조정 및 탐상감도 조정을 측정
- KS B 0896 – 강 용접부의 초음파탐상시험방법 :
  페라이트계 강의 6mm 이상 용접부를 펄스반사법으로 탐상하는 방법
- KS B 0897 – 알루미늄의 맞대기 용접부의 초음파경사각탐상시험방법 :
  알루미늄 및 알루미늄 합금의 두께 5mm 이상 용접부를 펄스반사법으로 탐상하는 방법
- KS D 0040 – 건축용 강판 및 평강의 초음파탐상시험에 따른 등급분류와 판정기준 :
  구조 건축물의 두께 13mm 이상인 강판, 너비 180mm 이상의 평가의 탐상에 대한 등급분류와 판정기준
- KS D 0233 – 압력용기용 강판의 초음파탐상검사방법 :
  보일러, 압력용기 등 두께 6mm 이상의 킬드강의 탐상방법

■ 표준 시험편 및 대비 시험편의 종류와 용도

명 칭	수직탐상			사각탐상			비 고
	측정범위 조정	탐상감도 조정	성능특성 측정	측정범위 조정	탐상감도 조정	성능특성 측정	
STB-A1	○		○	○	○	○	
STB-A2					○	○	
STB-A3				○	○	○	
STB-G		○	○				
STB-N	○	○	○				
RB-4		○	○		○	○	
RB-5					○		
RB-6, 7, 8					○	○	

CHAPTER 04 금속재료 일반 및 용접 일반

금속의 특성

고체상태에서 결정구조, 전기 및 열의 양도체, 전·연성 우수, 금속 고유의 색

경금속과 중금속

비중 4.5(5)를 기준으로 이하일 때는 경금속(Al, Mg, Ti, Be), 이상일 때는 중금속(Cu, Fe, Pb, Ni, Sn)

비 중

물과 같은 부피를 갖는 물체와의 무게 비

Mg : 1.74, Cr : 7.19, Sn : 7.28, Fe : 7.86, Ni : 8.9, Cu : 8.9, Mo : 10.2, W : 19.2,
Mn : 7.43, Co : 8.8, Ag : 10.5, Au : 19.3, Co : 8.8, Al : 2.7, Zn : 7.1

용융 온도

고체 금속을 가열시켜 액체로 변화되는 온도점

W : 3,410℃, Cr : 1,890℃, Fe : 1,538℃, Co : 1,495℃, Ni : 1,455℃, Cu : 1,083℃, Au : 1,063℃
Al : 660℃, Mg : 650℃, Zn : 420℃, Pb : 327℃, Bi : 271℃, Sn : 231℃, Hg : −38.8℃

열전도율

물체 내의 분자 열에너지의 이동(kcal/m·h·℃)

융해 잠열

어떤 물질 1g을 용해시키는 데 필요한 열량

비 열

어떤 물질 1g의 온도를 1℃ 올리는 데 필요한 열량

▮ 선팽창 계수

어떤 길이를 가진 물체가 1℃ 높아질 때 길이의 증가와 늘기 전 길이와의 비

- 선팽창 계수가 큰 금속 : Pb, Mg, Sn 등
- 선팽창 계수가 작은 금속 : Ir, Mo, W 등

▮ 자성체

- 강자성체 : 자기포화 상태로 자화되어 있는 집합(Fe, Ni, Co)
- 상자성체 : 자기장 방향으로 약하게 자화되고, 제거 시 자화되지 않는 물질(Al, Pt, Sn, Mn)
- 반자성체 : 자화 시 외부 자기장과 반대 방향으로 자화되는 물질(Hg, Au, Ag, Cu)

▮ 금속의 이온화

K > Ca > Na > Mg > Al > Zn > Cr > Fe > Co > Ni(암기법 : 카카나마 알아크철코니)

▮ 금속의 결정구조

체심입방격자(Ba, Cr, Fe, K, Li, Mo), 면심입방격자(Ag, Al, Au, Ca, Ni, Pb), 조밀육방격자(Be, Cd, Co, Mg, Zn, Ti)

▮ 철 – 탄소 평형상태도

철과 탄소의 2원 합금 조성과 온도와의 관계를 나타낸 상태도

▮ 변 태

- 동소변태 : A_3변태(910℃ 철의 동소변태), A_4변태(1,400℃ 철의 동소변태)
- 자기변태 : A_0변태(210℃ 시멘타이트 자기변태점), A_2변태(768℃ 순철의 자기변태점)

▮ 불변 반응

- 공석점 : 723℃ $\gamma - Fe \Leftrightarrow \alpha - Fe + Fe_3C$
- 공정점 : 1,130℃ $Liquid \Leftrightarrow \gamma - Fe + Fe_3C$
- 포정점 : 1,490℃ $Liquid + \delta - Fe \Leftrightarrow \gamma - Fe$

▮ 기계적 시험법

인장시험, 경도시험, 충격시험, 연성시험, 비틀림시험, 마모시험, 압축시험 등

▮ 현미경 조직 검사

시편 채취 → 거친 연마 → 중간 연마 → 미세 연마 → 부식 → 관찰

▮ 열처리 목적

조직 미세화 및 편석 제거, 기계적 성질 개선, 피로응력 제거

▮ 냉각의 3단계

증기막 단계 → 비등 단계 → 대류 단계

▮ 열처리 종류

• 불림 : 조직의 표준화
• 풀림 : 금속의 연화 혹은 응력 제거
• 뜨임 : 잔류응력 제거 및 인성 부여
• 담금질 : 강도, 경도 부여

▮ 탄소강의 조직의 경도 순서

시멘타이트 → 마텐자이트 → 트루스타이트 → 베이나이트 → 소르바이트 → 펄라이트 → 오스테나이트 → 페라이트

▮ 특수강

보통강에 하나 또는 2종의 원소를 첨가해 특수 성질을 부여한 강

▮ 특수강의 종류

강인강, 침탄강, 질화강, 공구강, 내식강, 내열강, 자석강, 전기용강 등

▮ 주 철

2.0~4.3%C는 아공정주철, 4.3%C는 공정주철, 4.3~6.67%C는 과공정주철

▮ 마우러 조직도

C, Si 양과 조직의 관계를 나타낸 조직도

구리 및 구리합금의 종류

7 : 3황동(70%Cu-30%Zn), 6 : 4황동(60%Cu-40%Zn), 쾌삭황동, 델타메탈, 주석황동, 애드미럴티, 네이벌, 니켈황동, 베어링청동, Al청동, Ni청동

알루미늄과 알루미늄합금의 종류(암기법)

Al-Cu-Si : 라우탈(알구시라), Al-Ni-Mg-Si-Cu : 로엑스(알니마시구로), Al-Cu-Mn-Mg : 두랄루민(알구망마두), Al-Cu-Ni-Mg : Y-합금(알구니마와이), Al-Si-Na : 실루민(알시나실)

용접의 극성

- 직류 정극성 : 모재에 (+)극을, 용접봉에 (-)극을 결선하여 모재의 용입이 깊고, 비드의 폭이 좁은 특징이 있으며, 용접봉의 소모가 느린 편
- 직류 역극성 : 모재에 (-)극을, 용접봉에(+)극을 결선하여 모재의 용입이 얕고, 비드의 폭이 넓은 특징이 있으며, 용접봉의 소모가 빠른 편

교류아크용접기의 종류

가동철심형(코일을 감은 철심 이용), 가동코일형(1, 2차 코일 간격 변화), 가포화리액터형(가변저항), 탭전환형(1, 2차 코일 감긴 수)

사용률

$$\text{사용률} = \frac{\text{아크발생시간}}{\text{아크발생시간} + \text{정지시간}} \times 100(\%)$$

허용사용률

$$\text{허용사용률} = \left(\frac{\text{정격 2차 전류}}{\text{실제의 용접 전류}}\right)^2 \times \text{정격사용률}(\%)$$

역률과 효율

$$\text{역률} : \frac{\text{소비 전력(kW)}}{\text{전원 입력(kVA)}} \times 100(\%), \quad \text{효율} : \frac{\text{아크 출력(kW)}}{\text{소비 전력(kVA)}} \times 100(\%)$$

얼마나 많은 사람들이 책 한권을 읽음으로써

인생에 새로운 전기를 맞이했던가.

– 헨리 데이비드 소로 –

Win-Q

※ 핵심이론과 기출문제에 나오는 KS 규격의 표준번호는 변경되지 않았으나, 일부 표준명이 변경된 부분이 있으므로 정확한 표준명은 국가표준인증통합정보시스템(e-나라 표준인증, https://www.standard.go.kr)에서 확인하시기 바랍니다.

PART 01

핵심이론

#출제 포인트 분석 #자주 출제된 문제 #합격 보장 필수이론

CHAPTER 01 비파괴검사 일반

핵심이론 01 비파괴검사 개요

① 파괴검사와 비파괴검사의 차이점
  ㉠ 파괴검사 : 시험편이 파괴될 때까지 하중, 열, 전류, 전압 등을 가하거나, 화학적 분석을 통해 소재 혹은 제품의 특성을 구하는 검사이다.
  ㉡ 비파괴검사 : 소재 혹은 제품의 상태, 기능을 파괴하지 않고 소재의 상태, 내부 구조 및 사용 여부를 알 수 있는 모든 검사이다.

② 비파괴검사 목적
  ㉠ 소재 혹은 기기, 구조물 등의 품질관리 및 평가
  ㉡ 품질관리를 통한 제조 원가 절감
  ㉢ 소재 혹은 기기, 구조물 등의 신뢰성 향상
  ㉣ 제조 기술의 개량
  ㉤ 조립 부품 등의 내부 구조 및 내용물 검사
  ㉥ 표면처리 층의 두께 측정

③ 비파괴검사 시기
  품질 평가를 실시하기 적정한 때로 사용 전, 가동 중, 상시검사 등이다.

④ 비파괴검사 평가
  설계의 단계에서 재료의 선정, 제작, 가공방법, 사용환경 등 종합적인 판단 후 평가한다.

⑤ 비파괴검사의 평가 가능 항목
  시험체 내의 결함검출, 내부 구조 평가, 물리적 특성 평가 등이다.

⑥ 비파괴검사의 종류
  육안, 침투, 자기, 초음파, 방사선, 와전류, 누설, 음향방출, 스트레인측정 등이다.

⑦ 비파괴검사의 분류
  ㉠ 내부결함검사 : 방사선(RT), 초음파(UT)
  ㉡ 표면결함검사 : 침투(PT), 자기(MT), 육안(VT), 와전류(ET)
  ㉢ 관통결함검사 : 누설(LT)
  ㉣ 검사에 이용되는 물리적 성질

물리적 성질	비파괴시험법의 종류
광학적 및 역학적 성질	육안, 침투, 누설
음향적 성질	초음파, 음향방출
전자기적 성질	자분, 와전류, 전위차
투과 방사선의 성질	X선 투과, γ선 투과, 중성자 투과
열적 성질	적외선 서모그래픽, 열전 탐촉자
분석 화학적 성질	화학적 검사, X선 형광법, X선 회절법

10년간 자주 출제된 문제

1-1. 시험체의 표면이 열려 있는 결함의 검출에 가장 적합한 비파괴검사법은?

① 침투탐상시험
② 초음파탐상시험
③ 방사선투과시험
④ 중성자투과시험

1-2. 두께가 일정하지 않고 표면 거칠기가 심한 시험체의 내부 결함을 검출할 수 있는 비파괴검사법으로 옳은 것은?

① 방사선투과검사(RT)
② 자분탐상검사(MT)
③ 초음파탐상검사(UT)
④ 와전류탐상검사(ECT)

1-3. 각종 비파괴검사법과 그 원리가 틀리게 짝지어진 것은?

① 방사선투과검사 – 투과성
② 초음파탐상검사 – 펄스반사법
③ 자분탐상검사 – 자분의 침투력
④ 와전류탐상검사 – 전자유도작용

10년간 자주 출제된 문제

1-4. 각종 비파괴검사에 대한 설명 중 틀린 것은?

① 방사선투과시험은 반영구적으로 기록이 가능하다.
② 초음파탐상시험은 균열에 대하여 높은 감도를 갖는다.
③ 자분탐상시험은 강자성체에만 적용이 가능하다.
④ 침투탐상시험은 비금속 재료에만 적용이 가능하다.

1-5. 시험체에 관통된 결함의 확인을 위한 각종 비파괴검사 방법의 설명으로 틀린 것은?

① 타진법을 응용해서 결함 부분을 두드린다.
② 진공상자를 이용하여 흡입된 압력차를 알아본다.
③ 시험체 전면에 침투제를 적용하고, 반대면에는 현상제를 적용한다.
④ 시험체 내부를 밀봉하고, 가압하여 시험체 외부에 비눗물을 적용한다.

|해설|

1-1
표면결함검출에는 침투탐상, 자기탐상, 육안검사 등이 있으며 초음파, 방사선, 중성자의 경우 내부결함검출에 사용된다.

1-2
내부결함검출의 경우 방사선투과검사 및 초음파탐상을 이용하여 검출하며, 두께가 일정하지 않고 표면 거칠기가 심한 경우 초음파가 진행함에 있어 산란 및 표면 거칠기가 심하여 초음파의 송·수신이 어려울 수 있으므로 방사선투과검사를 사용한다.

1-3
자분탐상검사의 경우 결함에서 생기는 누설 자장을 이용하여 표면 및 표면 직하의 결함을 검출하는 검사이다.

1-4
침투탐상시험은 거의 모든 재료에 적용 가능하다. 단, 다공성 물질에는 적용이 어렵다.

1-5
비파괴검사의 종류에는 육안, 침투, 자기, 초음파, 방사선, 와전류, 누설, 음향방출, 스트레인측정 등이 있다.

정답 1-1 ① 1-2 ① 1-3 ③ 1-4 ④ 1-5 ①

핵심이론 02 | 침투탐상검사(Penetrant Testing)

① 침투탐상의 원리

모세관 현상을 이용하여 표면에 열려 있는 개구부(불연속부)에서의 결함을 검출하는 방법이다.

② 침투탐상으로 평가 가능 항목

㉠ 불연속의 위치
㉡ 크기(길이)
㉢ 지시의 모양

③ 침투탐상 적용 대상

㉠ 용접부
㉡ 주강부
㉢ 단조품
㉣ 세라믹
㉤ 플라스틱 및 유리(비금속 재료)

④ 침투탐상의 특징

㉠ 검사 속도가 빠르다.
㉡ 시험체 크기 및 형상에 제한이 없다.
㉢ 시험체 재질에 제한이 없다(다공성 물질 제외).
㉣ 표면 결함만 검출이 가능하다.
㉤ 국부적인 검사가 가능하다.
㉥ 전처리의 영향을 많이 받는다(개구부의 오염, 녹, 때, 유분 등이 탐상 감도 저하).
㉦ 전원 시설없이 검사가 가능하다.

⑤ 침투제의 적심성

액체방울의 표면장력은 내부 수압이 평형을 이루면서 형성되는 것으로, 응집력은 표면과 액체 사이의 접촉각을 결정한다. 액체의 적심성(Wettability)은 접촉각이 90°보다 작을 때 양호한 경우이며, 90° 이상일 때 불량한 상태를 보인다.

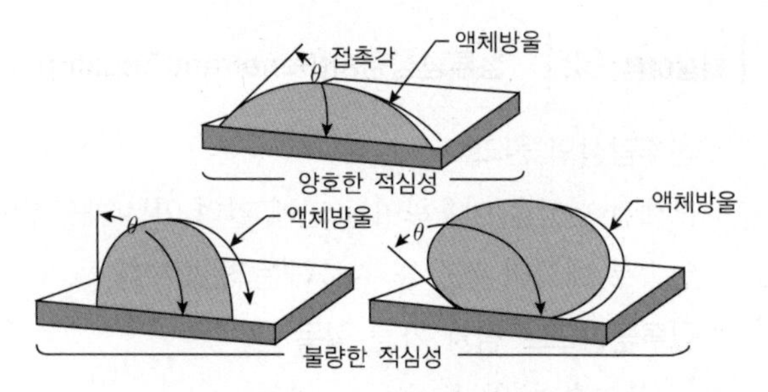

[접촉각에 따른 적심 특성]

⑥ 주요 침투탐상 순서

㉠ 일반적인 탐상 순서 : 전처리 – 침투 – 제거 – 현상 – 관찰

㉡ 후유화성 형광침투액(기름베이스 유화제)–습식현상법 : FB–W
전처리 – 침투 – 유화 – 세척 – 현상 – 건조 – 관찰 – 후처리

㉢ 수세성 형광침투액–습식형광법(수현탁성) : FA–W
전처리 – 침투 – 세척 – 현상 – 건조 – 관찰 – 후처리

10년간 자주 출제된 문제

2-1. 침투탐상시험법의 특징이 아닌 것은?

① 비자성체 결함검출 가능
② 결함깊이를 알기 어려움
③ 표면이 막힌 내부결함검출 가능
④ 결함검출에 별도의 방향성이 없음

2-2. 일반적인 침투탐상시험의 탐상 순서로 가장 적합한 것은?

① 침투 → 세정 → 건조 → 현상
② 현상 → 세정 → 침투 → 건조
③ 세정 → 현상 → 침투 → 건조
④ 건조 → 침투 → 세정 → 현상

2-3. 후유화성 침투액(기름베이스 유화제)을 사용한 침투탐상시험이 갖는 세척방법의 주된 장점은?

① 물 세척
② 솔벤트 세척
③ 알칼리 세척
④ 초음파 세척

2-4. 침투탐상시험의 현상제에 대한 설명으로 틀린 것은?

① 건식현상제는 흡수성이 있는 백색분말이다.
② 습식현상제는 건식현상제와 물의 혼합물이다.
③ 현상제를 두 가지로 분류할 때는 습식현상제와 건식현상제로 구분한다.
④ 현상제는 판독 시 시각적인 차이를 증대시키기 위하여 형광물질을 도포한 것도 있다.

2-5. 침투탐상시험법의 특성을 설명한 것 중 틀린 것은?

① 형광법, 염색법이 있다.
② 표면으로 열린 결함만 검출이 가능하다.
③ 결함의 내부형상이나 크기는 평가하기 곤란하다.
④ 다공질 재료 및 모든 재료에 적용이 가능하다.

|해설|

2-1
침투탐상은 표면 결함을 검출하는 것으로 열린 개구부(결함)를 탐상하는 시험이다.

2-2
침투탐상시험의 일반적인 탐상 순서로는 전처리 → 침투 → 세척 → 건조 → 현상 → 관찰의 순으로 이루어진다.

2-3
후유화성 형광침투탐상은 직접 물수세가 불가능하지만 유화제를 적용 후 표면세척이 가능한 탐상법이다. 얕은 결함검출에 적합하며, 유화시간이 중요하다.

2-4
침투탐상시험의 현상제의 분류로는 건식현상법, 습식현상법(수용성, 수현탁성), 속건식현상법, 특수현상법, 무현상법이 있으며, 현상제에 형광물질이 도포된다면 형광침투제를 사용하였을 경우 결함의 식별이 곤란하기 때문에 도포하지 않는다.

2-5
침투탐상시험은 모든 재질에 적용 가능하나, 다공질 재료는 흡습성이 크기 때문에 모세관 현상을 사용할 수 없으므로 적용이 불가하다.

정답 2-1 ③ 2-2 ① 2-3 ① 2-4 ④ 2-5 ④

핵심이론 03 침투탐상시험방법 및 결함

① 침투탐상시험방법의 분류

㉠ 침투액에 따른 분류

구 분	방 법	기 호
염색 침투액	염색침투액을 사용하는 방법 (조도 500lx 이상의 밝기에서 시험)	V
형광 침투액	형광침투액을 사용하는 방법 (자외선 강도 38cm 이상에서 800$\mu W/cm^2$ 이상에서 시험)	F
이원성 침투액	이원성 염색침투액을 사용하는 방법	DV
	이원성 형광침투액을 사용하는 방법	DF

㉡ 잉여침투액 제거방법에 따른 분류

구 분	방 법	기 호
방법 A	수세에 의한 방법 (물로 직접 수세가 가능하도록 유화제가 포함되어 있으며, 물에 잘 씻기므로 얕은 결함 검출에는 부적합함)	A
방법 B	기름베이스 유화제를 사용하는 후유화법 (침투처리 후 유화제를 적용해야 물 수세가 가능하며, 과세척을 막아 폭이 넓고 얕은 결함에 쓰임)	B
방법 C	용제 제거법 (용제로만 세척하며 천이나 휴지로 세척가 능하며, 야외 혹은 국부 검사에 사용됨)	C
방법 D	물 베이스 유화제를 사용하는 후유화법	D

㉢ 현상방법에 따른 분류

구 분	방 법	기 호
건식현상법	건식현상제 사용	D
습식현상법	수용성현상제 사용	A
	수현탁성현상제 사용	W
속건식현상법	속건식현상제 사용	S
특수현상법	특수한현상제 사용	E
무현상법	현상제를 사용하지 않는 방법 (과잉 침투제 제거 후 시험체에 열을 가해 팽창되는 침투제를 이용한 시험 방법)	N

② 결함의 종류

㉠ 독립결함 : 선상, 갈라짐, 원형상

㉡ 연속결함 : 갈라짐, 선상, 원형상 결함이 직선상에 연속한 결함이라고 인정되는 결함

㉢ 분산결함 : 정해진 면적 내에 1개 이상의 결함이 있는 결함

10년간 자주 출제된 문제

3-1. 침투탐상검사에서 시험체를 가열한 후, 결함 속에 있는 공기나 침투제의 가열에 의한 팽창을 이용해서 지시모양을 만드는 현상법은?

① 건식현상법
② 속건식현상법
③ 특수현상법
④ 무현상법

3-2. 침투탐상검사방법 중 FB-W의 시험순서로 맞는 것은?

① 전처리 → 침투처리 → 유화처리 → 세척처리 → 현상처리 → 건조처리 → 관찰 → 후처리
② 전처리 → 침투처리 → 세척처리 → 건조처리 → 현상처리 → 관찰 → 후처리
③ 전처리 → 침투처리 → 유화처리 → 세척처리 → 건조처리 → 현상처리 → 관찰 → 후처리
④ 전처리 → 침투처리 → 유화처리 → 세척처리 → 건조처리 → 관찰 → 후처리

3-3. 침투탐상시험에서 접촉각과 적심성 사이의 관계를 옳게 설명한 것은?

① 접촉각이 클수록 적심성이 좋다.
② 접촉각이 작을수록 적심성이 좋다.
③ 접촉각과 적심성과는 관련이 없다.
④ 접촉각이 90°일 경우 적심성이 가장 좋다.

3-4. 형광침투탐상시험에 사용되는 자외선등에서 나오는 빛의 일반적인 파장은?

① 55nm ② 165nm
③ 255nm ④ 365nm

10년간 자주 출제된 문제

3-5. 후유화성 침투탐상검사에 대한 설명으로 옳은 것은?

① 시험체의 탐상 후에 후처리를 용이하게 하기 위해 유화제를 사용하는 방법이다.
② 시험체를 유화제로 처리하고 난 후에 침투액을 적용하는 방법이다.
③ 시험체를 침투처리하고 나서 유화제를 적용하는 방법이다.
④ 유화제가 함유되어 있는 현상제를 적용하는 방법이다.

3-6. 다음 중 폐수 처리 설비를 갖추어야 하는 비파괴검사법은 무엇인가?

① 암모니아 누설검사
② 수세형광 침투탐상검사
③ 초음파탐상검사 수침법
④ 초음파회전튜브검사법

|해설|

3-1
무현상법은 현상제를 사용하지 않고 시험체에 열을 가해 팽창되는 침투제를 이용하는 것이다.

3-2
FB-W는 기름베이스 유화제 형광침투-수현탁성 습식현상법으로 전처리 → 침투처리 → 유화처리 → 세척처리 → 현상처리 → 건조처리 → 관찰 → 후처리의 순으로 시험한다.

3-3
적심성이란 액체가 고체 등의 면에 젖는 정도를 말하며, 접촉각이 작은 경우 적심성이 우수하다고 볼 수 있다.

3-4
형광침투탐상 시 자외선등은 800$\mu W/cm^2$ 이상, 365nm의 파장을 가진다.

3-5
침투제에 유화제가 포함되지 않아 침투처리 후 유화처리를 거쳐야 하는 탐상이다.

3-6
침투탐상검사에서 침투액, 현상액, 세척액 등 액체류를 사용하므로 폐수 처리 설비가 있어야 한다.

정답 3-1 ④ 3-2 ① 3-3 ② 3-4 ④ 3-5 ③ 3-6 ②

핵심이론 04 자기탐상검사(Magnetic Field Testing)

① 자분탐상의 원리

강자성체 시험체의 결함에서 생기는 누설자장을 이용하여 표면 및 표면 직하의 결함을 검출하는 방법이다.

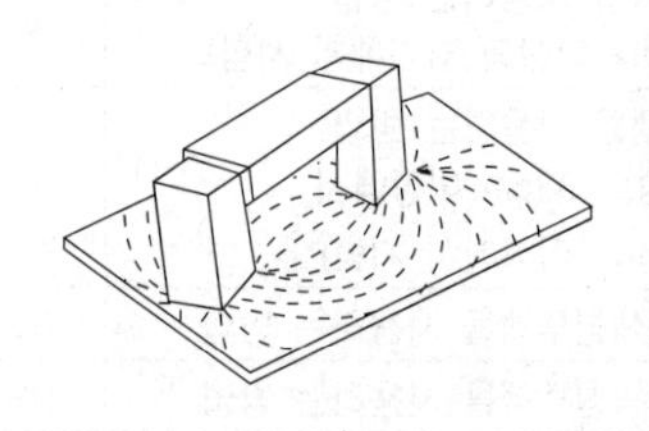

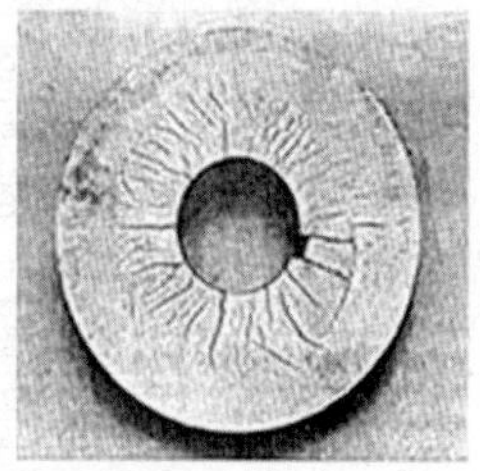

[자분탐상의 원리]

② 자성재료의 분류

㉠ 반자성체(Diamagnetic Material)

수은, 금, 은, 비스무트, 구리, 납, 물, 아연과 같이 자화를 하면 외부 자기장과 반대 방향으로 자화되는 물질을 말하며, 투자율이 진공보다 낮은 재질을 말한다.

㉡ 상자성체(Pramagnetic Material)

알루미늄, 주석, 백금, 이리듐, 공기와 같이 자화를 하면 자기장 방향으로 약하게 자화되며, 제거 시 자화하지 않는 물질을 말하며, 투자율이 진공보다 다소 높은 재질을 말한다.

㉢ 강자성체(Ferromagnetic Material)

철, 코발트, 니켈과 같이 강한 자장 내에 놓이면 외부 자장과 평행하게 자화되며, 제거된 후에도 일정시간을 유지하는 투자율이 공기보다 매우 높은 재질을 말한다.

③ 자분탐상의 특징

㉠ 강자성체의 표면 및 표면 직하의 미세하고 얕은 결함검출 중 감도가 가장 높다.

㉡ 시험체의 크기, 형태, 모양에 큰 영향을 받지 않고 육안 관찰이 가능하다.

㉢ 시험면에 비자성 물질(페인트 등)이 얇게 도포되어도 검사가 가능하다.

㉣ 검사 방법이 간단하며 저렴하다.
㉤ 강자성체에만 적용 가능하다.
㉥ 직각 방향으로 최소 2회 이상 검사해야 한다.
㉦ 전처리 및 후처리가 필요하며 탈자(Demagnetization)가 필요한 경우도 있다.
㉧ 전기 접촉으로 인한 국부적 가열이나 손상이 발생 가능하다.

10년간 자주 출제된 문제

4-1. 자분탐상시험과 와전류탐상시험을 비교한 내용 중 틀린 것은?

① 검사 속도는 일반적으로 자분탐상시험보다는 와전류탐상시험이 빠른 편이다.
② 일반적으로 자동화의 용이성 측면에서 자분탐상시험보다는 와전류탐상시험이 용이하다.
③ 검사할 수 있는 재질로 자분탐상시험은 강자성체, 와전류탐상시험은 전도체이어야 한다.
④ 원리상 자분탐상시험은 전자기유도의 법칙, 와전류탐상시험은 자력선 유도에 의한 법칙이 적용된다.

4-2. 자분탐상시험에 사용되는 자분이 가져야 할 성질로 옳은 것은?

① 높은 투자율을 가져야 한다.
② 높은 보자력를 가져야 한다.
③ 높은 잔류자기를 가져야 한다.
④ 자분의 입도와 결함 크기와는 상관이 없다.

|해설|

4-1
자분탐상시험은 누설자장에 의하여 와전류탐상시험은 전자유도현상에 의한 법칙이 적용된다.

4-2
자분이 가져야 할 성질로 높은 투자율(透磁率)을 가져야 하며 높은 보자력이나 잔류자기는 자성을 제거한 후에도 자력이 존재하는 것으로 후처리 등의 문제가 있을 수 있다.

정답 4-1 ④ 4-2 ①

핵심이론 05 자장 이론

① 자 장

㉠ 자구(Magnetic Domain)

원자는 자구라는 영역으로 분류되어 양쪽 끝에는 양극과 음극(N극과 S극)으로 나눠진다. 자구의 방향은 자화되지 않은 상태에서는 일정한 배열이 없으며, 자화된 상태에서는 한쪽으로 평행하게 배열이 되며 자석의 성질을 가지게 된다.

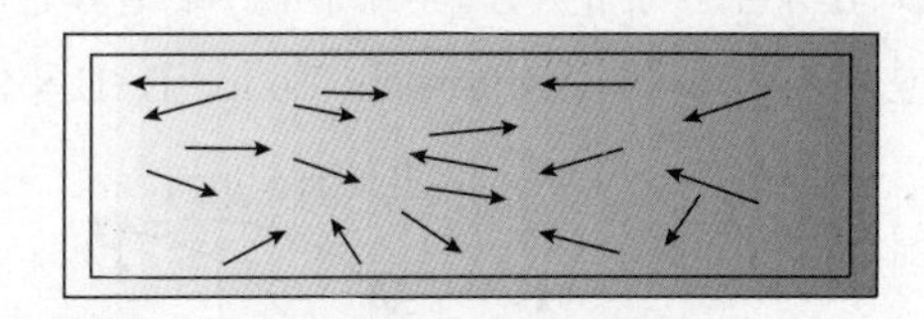

(a) 자화되지 않은 상태

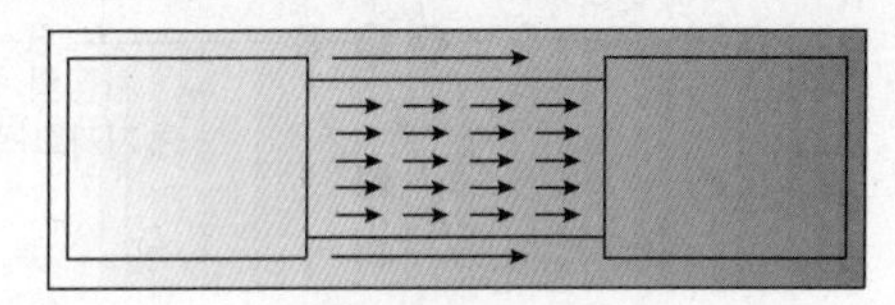

(b) 자화된 상태

㉡ 자극(Magnetic Pole)

자석이 강자성체를 끌어당기는 성질은 극(Pole)에 의한 성질 때문으로 이러한 극은 한쪽 자극에서 다른 쪽 자극으로 들어가며 자력선을 이룬다. 이는 절단되지 않고 겹쳐지지 않으며, 외부에서는 N극에서 S극으로 이동하는 방향을 가진다.

② 자장과 관련된 용어

㉠ 자속(Magnetic Flux) : 자장이 영향을 주는 범위의 모든 자력선
㉡ 자속 밀도(Flux Density : B) : 자속의 방향과 수직인 단위면적당 자속선의 수, 단위 : $Weber/m^2$
㉢ 최대 투자율 : 자화곡선에서 평행한 부분이 시작 전 재질에서의 최대 투자율
㉣ 유효 투자율 : 자장 내 외에서의 시험체 자속밀도의 비

㉤ 초기 투자율 : 자기이력곡선의 초기 자화곡선에서 자속밀도 및 자기세기 강도(단위 : Ampere/Meter)가 수평(0)에 근접할 때의 투자율

㉥ 자기저항 : 자속의 흐름을 방해하는 저항

㉦ 잔류자기 : 자성을 제거한 후에도 자력이 존재하는 것

㉧ 보자성 : 자화된 시험체 내에 존재하는 잔류자장을 계속 유지하려는 성질

㉨ 항자력 : 잔류자장을 제거하는데 필요한 성질

㉩ 자기이력곡선(Hysteresis Loop, B-H곡선)

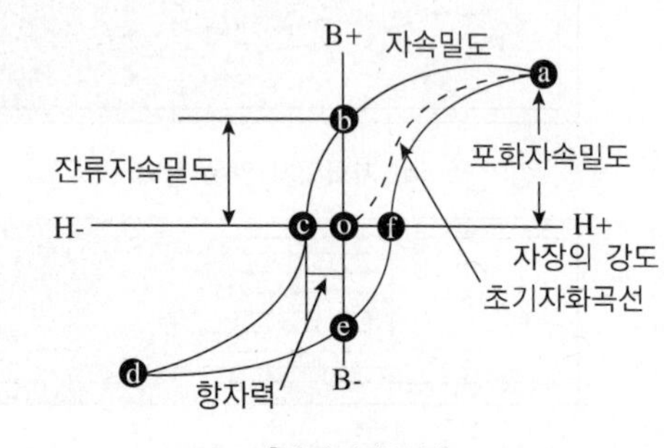

[자기이력곡선]

자력의 힘과 자속 밀도의 관계를 나타낸 곡선으로 C점에서 자장을 세기를 반대로 증가시키면 포화자속밀도에 이르게 되며, 정방향으로 증가시키면 계속 증가하여 하나의 폐쇄된 곡선이 완성되는 것이다. 이 곡선은 재질의 종류, 상태, 입자의 크기, 미세구조 등에 따라 달라지게 된다.

③ 자화방법의 분류

㉠ 자화방법 : 시험체에 자속을 발생시키는 방법이다.

- 선형 자화 : 시험체의 축 방향을 따라 선형으로 발생하는 자속
  - 종류 : 코일법, 극간법
- 원형자화 : 환봉, 철선 등 전도체에 전류를 흘려 주위에 발생하는 자력선이 원형으로 형성하는 자속
  - 종류 : 축통전법, 프로드법, 중앙전도체법, 직각통전법, 전류통전법

④ 자화방법별 특성

자화방법	그 림	특 징	기 호
축 통전법	코일 시험체 축(Head)	직접 전류를 축방향으로 흘려 원형자화를 형성	EA
직각 통전법	자력선 시험품 결함 전극 전극 전류 전류	축에 직각인 방향으로 직접 전류를 흘려 원형자화를 형성	ER
프로드법	전류 원형자장 용접부	2개의 전극을 이용하여 직접 전류를 흘려 원형자화를 형성	P
전류 관통법	결함 전류 자력선 시험품 전류	시험체 구멍 등에 전도체를 통과시켜 도체에 전류를 흘려 원형자화를 형성	B
코일법	유효자장 거리 최대 6~9인치 최대 6~9인치 2차로 검사해야 할 부분 전류 시험체	코일 속에 시험체를 통과시켜 선형자화를 형성	C
극간법	자장의 방향(요크법)	전자석 또는 영구자석을 사용하여 선형자화를 형성	M

자화방법	그 림	특 징	기 호
자속관통법	시험품 자력선 결합 철심 교류 전류 교류 전류	시험체 구멍 등에 전도체를 통과시켜 교류 자속을 가하여 유도전류를 통해 결함을 검출	I

⑤ 자분탐상시험

㉠ 검사방법의 종류

- 연속법 : 시험체에 자화 중 자분을 적용한다.
- 잔류법 : 시험체의 자화 완료 후 잔류자장을 이용하여 자분을 적용한다.

㉡ 자분의 종류에 따른 분류

- 형광자분법 : 형광자분을 적용하여 자외선등을 비추어 검사한다.
- 비형광자분법 : 염색자분을 사용하여 검사한다.

㉢ 자분의 분산매에 따른 분류

- 습식법 : 습식자분을 사용하여 검사하며 형광자분 적용 시 검사 감도가 높다.
- 건식법 : 건식자분을 사용하여 국부적인 검사에 편리하다.

⑥ 검사 절차

㉠ 연속법 : 전처리–자화개시–자분적용–자화종료–관찰 및 판독–탈자–후처리

㉡ 잔류법 : 전처리–자화개시 및 종료–자분적용–관찰 및 판독–탈자–후처리

10년간 자주 출제된 문제

5-1. 자기탐상시험 중 시험체에 직접 전극을 접촉시켜 통전함으로써 자계를 주는 방법은?

① 코일법 ② 프로드법
③ 전류관통법 ④ 자속관통법

5-2. 자기량을 가진 물체에 자기력이 작용하는 공간을 자계라 할 때 자기량(m)과 힘(F)이 작용하는 자계의 세기(H)를 구하는 공식은?

① $H=\dfrac{F}{m}$ ② $H=\dfrac{m}{F}$
③ $H=\dfrac{m}{F^2}$ ④ $H=\dfrac{F}{m^2}$

5-3. 자기탐상검사에 사용되는 용어에 대한 그 단위가 틀린 것은?

① 자속밀도 : Wb/m
② 투자율 : H/m
③ 자계의 세기 : A/m
④ 자속 : 맥스웰(Mx)

|해설|

5-1

프로드법은 2개의 전극을 이용하여 직접 전류를 흘려 원형자화를 형성하는 것이다.

5-2

자계의 세기$(H)=\dfrac{F}{m}$(A/m)

5-3

자속밀도(Flux Density ; B) : 자속의 방향과 수직인 단위면적당 자속선의 수, 단위 : Weber/m^2

정답 5-1 ② 5-2 ① 5-3 ①

핵심이론 06 | 방사선탐상검사 (Magnetic Field Testing)

① 방사선탐상의 원리

X선, γ－선 등 투과성을 가진 전자파로 대상물에 투과시킨 후 결함의 존재 유무를 필름 등의 이미지(필름의 명암도의 차)로 판단하는 비파괴검사방법이다.

② 방사선의 기초 이론

㉠ 소립자 : 물질을 구성하는 기본 구성의 크기(물질 > 원자 > 원자핵 + 전자 > 양성자 + 중성자)

- 양성자 : 양전자의 전하
- 중성자 : 양성자와 무게 크기가 비슷한 입자로 전기적으로 중성
- 전자 : 매우 가벼우며 음전자 전하를 가진다.

③ X선, γ－선의 발생

㉠ X선 : 고속으로 움직이는 전자가 표적에 충돌하여 나오는 에너지의 일부가 전자파로 방출

㉡ γ－선 : 원자핵이 분열하거나 붕괴 시 핵 내의 잉여에너지가 전자파의 형태로 방출

- 방사선 동위원소 붕괴 형태 : α입자의 방출, β입자의 방출, 중성자 방출

④ 방사선투과검사의 특징

㉠ 시험체 내부의 결함을 검출 가능하다.

㉡ 기공, 개재물, 수축공과 같이 두께 차에 대해 검출 감도가 높다(주조품, 용접부에 많이 사용).

㉢ 투과에 한계가 있어 두꺼운 시험체 검사가 불가하다.

㉣ 시험체의 양면에 접근할 수 있어야 한다.

10년간 자주 출제된 문제

6-1. 두께 100mm인 강판 용접부에 대한 내부균열의 위치와 깊이를 검출하는 데 가장 적합한 비파괴검사법은?

① 방사선투과시험 ② 초음파탐상시험
③ 자분탐상시험 ④ 침투탐상시험

6-2. 두께가 일정하지 않고 표면 거칠기가 심한 시험체의 내부 결함을 검출할 수 있는 비파괴검사법으로 옳은 것은?

① 방사선투과검사(RT) ② 자분탐상검사(MT)
③ 초음파탐상검사(UT) ④ 와전류탐상검사(ECT)

6-3. 비파괴검사법 중 반드시 시험 대상물의 앞면과 뒷면 모두 접근 가능하여야 적용할 수 있는 것은?

① 방사선투과시험 ② 초음파탐상시험
③ 자분탐상시험 ④ 침투탐상시험

6-4. 방사선투과시험에 사용되는 X선의 성질에 대한 설명으로 틀린 것은?

① X선은 빛의 속도와 거의 같다.
② X선은 공기 중에서 굴절된다.
③ X선은 전리방사선이다.
④ X선은 물질을 투과하는 성질을 가지고 있다.

6-5. 방사성동위원소의 붕괴 형태가 아닌 것은?

① α입자의 방출 ② β입자의 방출
③ 전자포획 ④ 중성자 방출

|해설|

6-1

내부균열탐상의 종류에는 방사선탐상과 초음파탐상이 있으며, 방사선 탐상의 경우 투과에 한계가 있어 너무 두꺼운 시험체는 검사가 불가하므로 초음파탐상시험이 가장 적합하다.

6-2

내부결함검출의 경우 방사선투과검사 및 초음파탐상을 이용하여 검출하며, 두께가 일정하지 않고 표면 거칠기가 심한 경우의 초음파탐상검사는 산란 및 표면 거칠기가 심하여 초음파의 송·수신이 어려울 수 있으므로 방사선투과검사를 사용한다.

6-3

방사선투과시험이란 X선, γ-선 등 투과성을 가진 전자파로 대상물에 투과시킨 후 결함의 존재 유무를 시험체 뒷면의 필름 등의 이미지(필름의 명암도의 차)로 판단하는 비파괴검사방법이다.

6-4

X선은 고속으로 움직이는 전자가 표적에 충돌하여 나오는 에너지의 일부가 전자파로 방출하는 것으로 물질을 투과하는 성질을 가진다.

6-5

방사성동위원소의 붕괴 형태에는 α입자의 방출, β입자의 방출, 중성자 방출이 있다.

정답 6-1 ② 6-2 ① 6-3 ① 6-4 ② 6-5 ③

핵심이론 07 방사선과 물질

① 방사선과 물질과의 상호작용

X선이 물질에 조사되었을 때 흡수, 산란, 반사 등을 일으키는 작용을 물질과의 상호작용이라 하며, 주로 원자핵 주위의 전자와 작용하게 된다.

㉠ 광전 효과(Photoelectric Effect)

자유전자의 결합력보다 큰 X선의 빛의 입자가 물질에 입사하여 자유전자와 충돌할 경우, 궤도 바깥으로 떨어져 나가며 입자(광양자)의 에너지가 원자에 흡수되는 효과이다.

㉡ 톰슨 산란(Rayleigh 산란)

파장의 변화 없이 X선이 물질에 입사한 방향을 바꾸어 산란하는 효과이며, 탄성산란이라고도 한다.

㉢ 컴프턴 산란(Compton Scattering)

X선을 물질에 입사하였을 때 최외각 전자에 의해 광양자가 산란하여, 산란 후의 X선 광양자의 에너지가 감소하는 현상이다.

㉣ 전자쌍 생성(Pair Production)

아주 높은 에너지의 광양자가 원자핵 근처의 강한 전장(Coulmb 장)을 통과할 때, 음전자와 양전자가 생성되는 현상이다.

② 방사선의 주요 용어

㉠ 동위원소

원소 중 원자수는 같지만 질량수는 다른 원소이다.

㉡ 반감기

- 방사선 동위원소가 붕괴하여 최초 원자수의 반으로 줄어드는 데 걸리는 시간이다. 방사선 물질의 양의 단위는 퀴리(Curie : Ci)이며, 초당 3.7×10^{10}개의 붕괴를 나타낸다. 또한 반감기와 붕괴상수의 관계는 $T_{\frac{1}{2}} = \frac{0.693}{\lambda}$ ($T_{\frac{1}{2}}$ = 반감기, λ = 붕괴상수)으로 표시하며 동위원소의 시간에 따른 강도는 $\frac{I}{I_0} = e^{-\lambda t} = \left(\frac{1}{2}\right)^n$, $n = \frac{t}{T}$ (I= 동위원소의 강도, I_0= 최초 동위원소 강도, t= 경과된 시간, T= 반감기)로 표시할 수 있다.
- 방사선원의 종류와 적용 두께

동위원소	반감기	에너지
Th-170	약 127일	0.084Mev
Ir-192	약 74일	0.137Mev
Cs-137	약 30.1년	0.66Mev
Co-60	약 5.27년	1.17Mev
Ra-226	약 1,620년	0.24Mev

㉢ 거리에 따른 방사선 감쇠

역자승(방사선 강도에 관한 거리의 반제곱)의 법칙으로 진공 중에서 방사선의 강도는 초점으로부터 거리의 제곱에 반비례한다.

$$\frac{I}{I_0} = \left(\frac{d_0}{d}\right)^2 \text{ 또는 } I = I_0 \times \left(\frac{d_0}{d}\right)^2$$

I= 거리 d에서의 방사선 강도

I_0= 거리 d_0에서의 최초 방사선 강도

d_0= 선원으로부터의 최초 거리

d= 강도가 I가 되는 거리

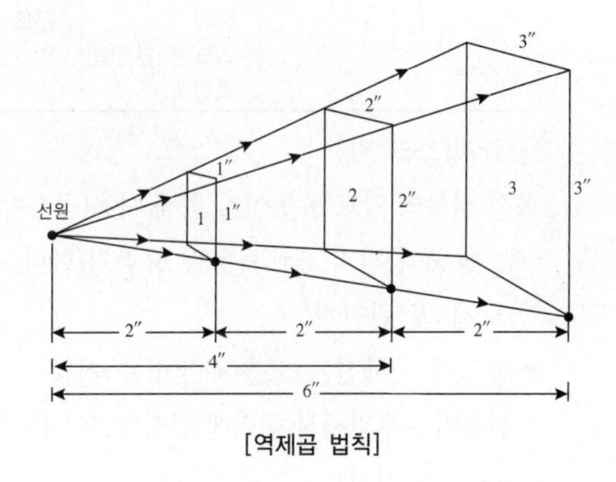

[역제곱 법칙]

㉣ 전리작용

전기적 중성인 기체의 원자 또는 분자가 방사선을 쪼이면 이온으로 분리되는 작용이다.

ⓜ 형광작용

형광 물질에 방사선 에너지가 흡수되며, 안정한 상태로 돌아올 때 황색, 청색의 형광을 발하는 작용이다.

ⓑ 사진작용

사진 필름에 방사선을 쪼여 필름 속의 할로겐화은에 방사선이 흡수되어 현상핵을 만드는 작용이다.

ⓢ 투과도계

촬영된 투과사진의 감도의 적정성을 알아보기 위한 시험편(선형투과도계 및 유공형 투과도계)이다.

ⓞ 투과사진의 상질

투과사진으로 찾아낼 수 있는 상의 윤곽에 대한 감도이다.

방사선 투과사진 감도에 미치는 인자			
투과사진 콘트라스트		명암도	
시험체 콘트라스트	필름 콘트라스트	기하학적 요인	입상성
• 시험체의 두께 차 • 방사선의 선질 • 산란 방사선	• 필름의 종류 • 현상시간, 온도 및 교반 농도 • 현상액의 강도	• 초점크기 • 초점–필름 간 거리 • 시험체–필름 간 거리 • 시험체의 두께 변화 • 스크린–필름접촉상태	• 필름의 종류 • 스크린의 종류 • 방사선의 선질 • 현상시간, 온도

ⓙ 증감지(스크린)

X선 필름의 감도를 높이기 위해 사용(금속박 증감지, 형광 증감지, 금속 형광 증감지)한다.

ⓒ 농도계 및 관찰기

- 농도계 : 사진 농도를 측정하는 기계
- 관찰기 : 투과사진 뒷면에 일정한 밝기를 밝혀주는 조명 기기

ⓚ 필름홀더(카세트)

X선 필름의 경우 빛에 노출되면 안 되므로, 이동 시 필름을 담아 이동할 수 있는 기기이다.

③ 방사선 안전관리

㉠ 방사선 방어

방사선 피폭을 줄이기 위한 3대 방어원칙은 시간, 거리, 차폐로 필요 시간 이상 선원 근처에 머무르지 말고, 가능한 한 선원에서 멀리 있으며, 선원과 작업자 사이에는 차폐물을 사용한다.

㉡ 방사선 분야에서 사용되는 단위

- 초당 붕괴 수(dps ; disindergration per second) : 매초당 붕괴 수
- 퀴리 : 단위시간당 붕괴 수, 초당 붕괴 수 3.7×10^{10}일 때 1Ci
- 뢴트겐(R ; Roentgen) : 방사선의 조사선량을 나타내는 단위
- 라드(rad ; roentgen absorbed dose) : 방사선 흡수선량을 나타내는 단위
- 렘(rem ; roentgen equivalent man) : 방사선의 선량당량을 나타내는 단위

㉢ 방사선 검출기의 원리

방사선과 물질과의 상호작용으로 나타나는 현상으로 방사선 양 및 에너지를 검출한다.

㉣ 개인피폭 관리

- 필름배지(Film Badge) : 방사선에 노출되면 필름의 흑화도가 변하여 방사선량을 측정한다.
- 열형광선량계(TLD) : 방사선에 노출된 소자를 가열 시 열형광이 방출되는 원리를 이용하여 누적 선량을 측정한다.
- 포켓도시미터(Pocket Dosimeter) : 피폭된 선량을 즉시 알 수 있는 개인피폭관리용 선량계, 기체의 전리작용에 의한 전하의 방전을 사용한다.
- 경보계(Alarm Monitor) : 방사선이 외부 유출 시 경보음이 울리는 장치이다.

㉤ 공간 모니터링-서베이미터

서베이미터는 공간 방사선량률(단위시간당 조사선량)을 측정하는 기기로, 방사선을 검출하기 위해 가스를 채워 넣은 원통형의 튜브를 사용한다. 가스 충전식 튜브에는 전리함과 GM관이 있다.

10년간 자주 출제된 문제

7-1. 방사선작업 종사자가 착용하는 개인피폭 선량계에 속하지 않는 것은?

① 서베이미터
② 필름배지
③ 포켓도시미터
④ 열형광선량계

7-2. 방사선투과시험의 X선 발생장치에서 관전류는 무엇에 의하여 조정되는가?

① 표적에 사용된 재질
② 양극과 음극 사이의 거리
③ 필라멘트를 통하는 전류
④ X선 관구에 가해진 전압과 파형

7-3. 방사선이 물질과의 상호작용에 영향을 미치는 것과 거리가 먼 것은?

① 반사작용 ② 전리작용
③ 형광작용 ④ 사진작용

7-4. 선원-필름 간 거리가 4m일 때 노출시간이 60초였다면 다른 조건은 변화시키지 않고 선원-필름 간 거리만 2m로 할 때 방사선투과시험의 노출시간은 얼마이어야 하는가?

① 15초 ② 30초
③ 120초 ④ 240초

7-5. 방사성동위원소의 선원 크기가 2mm, 시험체의 두께 25mm, 기하학적 불선명도 0.2mm일 때 선원 시험체 간 최소거리는 얼마인가?

① 150mm ② 200mm
③ 250mm ④ 300mm

|해설|

7-1

개인피폭 선량계의 종류로는 필름배지, 열형광선량계(TLD), 포켓도시미터(Pocket Dosimeter), 경보계(Alarm monitor) 등이 있다. 개인선량계는 방사선 작업자의 개인피폭량을 측정하는 장비이며, 서베이미터는 방사선이 어디에서 얼마나 나오는지를 측정하는 장비로 원자력 시설과 방사성 물질 저장시설 등에 대한 방사선 유출감시나 방사능 오염도 측정에 쓰인다. 입자형태의 방사선인 알파(α)선, 베타(β)선, 감마(γ)선, X선까지도 측정이 가능하다.

7-2

X선의 양은 관전류로 조정하며, 텅스텐 필라멘트의 온도로 조정 가능하다. 이 온도는 전류(mA)가 높아질수록 높아지며, 전자구름이 형성된 타깃에 충돌하는 전자수가 증가하게 된다.

7-3

방사선의 상호작용

- 전리작용 : 전리 방사선이 물질을 통과할 때 궤도에 있는 전자를 이탈시켜 양이온과 음이온으로 분리되는 것
- 형광작용 : 물체에 방사선을 조사하였을 때 고유한 파장의 빛을 내는 것
- 사진작용 : 방사선을 사진필름에 투과시킨 후 현상하면 명암도의 차이가 나는 것

7-4

방사선탐상에서 거리와 노출시간과의 관계에서 방사선 강도는 선원-필름 간 거리가 멀어질수록 역제곱 법칙에 의해 약해지므로 노출시간은 거리의 제곱에 비례해 길어지게 된다. 따라서 노출시간은

$\frac{T_2}{T_1} = \left(\frac{D_2}{D_1}\right)^2 = T_2 = T_1 \times \left(\frac{D_2}{D_1}\right)^2 = 60 \times \left(\frac{2}{4}\right)^2 = 15\text{sec}$가 된다.

7-5

방사선탐상에서 기하학적 불선명도는 $U_E = \frac{Ft}{d_0}$로 계산되며 U_E는 기하학적 불선명도, F는 방사선 선원의 크기, t는 시험체와 필름의 거리, d_0는 선원과 시험체 간의 거리를 나타낸다.

즉, $d_0 = \frac{2\text{mm} \times 25\text{mm}}{0.2\text{mm}} = 250\text{mm}$가 된다.

정답 7-1 ① 7-2 ③ 7-3 ① 7-4 ① 7-5 ③

핵심이론 08 와전류탐상검사

① 와전류탐상 원리

코일에 고주파 교류 전류를 흘려주면 전자유도현상의 의해 전도성 시험체 내부에 맴돌이 전류를 발생시켜 재료의 특성을 검사한다. 맴돌이 전류(와전류 분포의 변화)로 거리・형상의 변화, 합금성분, 재질의 선별, 균열, 불균질 부분, 도금층 두께 측정, 치수 변화, 열처리 상태 등을 확인할 수 있다.

② 와전류탐상의 장단점

㉠ 장 점

- 고속으로 자동화된 전수 검사가 가능하다.
- 가는 선, 구멍 내부, 고온 등 여러 환경에서 적용 가능하다.
- 결함, 재질변화, 품질관리 등 적용 범위가 광범위하다.
- 탐상 및 재질검사 등 탐상 결과의 보전이 가능하다.

㉡ 단 점

- 표피효과로 인해 표면 근처의 시험에만 적용 가능하다.
- 잡음 인자의 영향을 많이 받는다.
- 결함 종류, 형상, 치수에 대한 정확한 측정은 불가능하다.
- 형상이 간단한 시험체에만 적용 가능하다.
- 도체에만 적용 가능하다.

10년간 자주 출제된 문제

8-1. 와전류탐상검사에 대한 설명으로 올바른 것은?

① 표면 및 내부결함 모두가 검출 가능하다.
② 금속, 비금속 등 거의 모든 재료에 적용 가능하고 현장 적용을 쉽게 할 수 있다.
③ 비접촉으로 고속탐상이 가능하다.
④ 미세한 균열의 성장 유무를 감시하는 데 적합하다.

8-2. 자분탐상시험과 와전류탐상시험을 비교한 내용 중 틀린 것은?

① 검사 속도는 일반적으로 자분탐상시험보다는 와전류탐상시험이 빠른 편이다.
② 일반적으로 자동화의 용이성 측면에서 자분탐상시험보다는 와전류탐상시험이 용이하다.
③ 검사할 수 있는 재질로 자분탐상시험은 강자성체, 와전류탐상시험은 전도체이어야 한다.
④ 원리상 자분탐상시험은 전자기유도의 법칙, 와전류탐상시험은 자력선 유도에 의한 법칙이 적용된다.

8-3. 다른 비파괴검사법과 비교하여 와전류탐상시험의 장점이 아닌 것은?

① 시험을 자동화할 수 있다.
② 비접촉 방법으로 할 수 있다.
③ 시험체의 도금두께 측정이 가능하다.
④ 형상이 복잡한 것도 쉽게 검사할 수 있다.

8-4. 알루미늄합금의 재질을 판별하거나 열처리 상태를 판별하기에 가장 적합한 비파괴검사법은?

① 적외선검사
② 스트레인측정
③ 와전류탐상검사
④ 중성자투과검사

8-5. 와전류탐상시험의 장점에 대한 설명으로 틀린 것은?

① 검사의 숙련도 없이 판독이 용이하다.
② 고속으로 자동화 검사가 가능하다.
③ 다른 검사법과 달리 고온에서의 측정이 가능하다.
④ 지시가 전기적 신호로 얻어지므로 결과를 기록하여 보관할 수 있다.

|해설|

8-1

와전류탐상의 장점

- 고속으로 자동화된 전수 검사 가능
- 가는 선, 구멍 내부, 고온 등 여러 환경에서 적용 가능
- 결함, 재질변화, 품질관리 등 적용 범위가 광범위

8-2

자분탐상시험은 누설자장에 의하여, 와전류탐상시험은 전자유도 현상에 의한 법칙이 적용된다.

8-3

형상이 복잡한 경우 결과 해석이 어려워 간단한 시험체에만 적용 가능하다.

8-4

와전류탐상검사는 맴돌이 전류(와전류 분포의 변화)로 거리·형상의 변화, 합금성분, 재질의 선별, 균열, 불균질 부분, 도금층 두께 측정, 치수 변화, 열처리 상태 등의 확인이 가능하다.

8-5

와전류탐상의 장점은 다음과 같다.

- 검사의 숙련도가 필요하다.
- 고속으로 자동화된 전수검사 가능
- 가는 선, 구멍 내부, 고온 등 여러 환경에서 적용 가능
- 결함, 재질변화, 품질관리 등 적용 범위가 광범위
- 탐상 및 재질검사 등 탐상 결과의 보전이 가능

정답 8-1 ③ 8-2 ④ 8-3 ④ 8-4 ③ 8-5 ①

핵심이론 09 와전류탐상시험

① 와전류탐상시험 코일의 분류

㉠ 관통 코일(Encircling Coil, Feed Through Coil, OD Coil)

시험체를 시험코일 내부에 넣고 시험하는 코일(고속 전수검사, 선 및 봉, 관의 자동검사에 이용)이다.

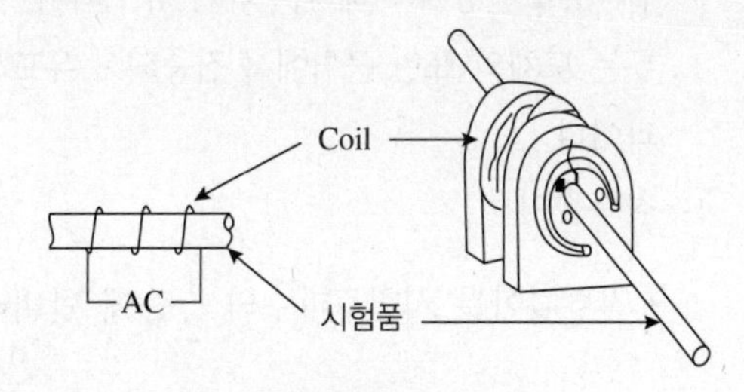

[관통형 코일]

㉡ 내삽 코일(Inner Coil, Inside Coil, Bobbin Coil, ID Coil)

시험체 구멍 내부에 코일을 삽입하여 구멍의 축과 코일 축을 맞추어 시험하는 코일(관, 볼트구멍 등을 검사)이다.

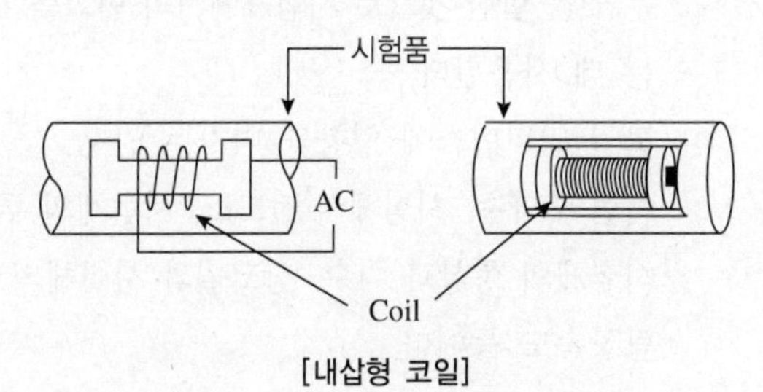

[내삽형 코일]

㉢ 표면 코일(Surface Coil, Probe Coil)

코일 축이 시험체 면에 수직인 경우 시험하는 코일(판상, 규칙적 형상이 아닌 시험체에 검사)이다.

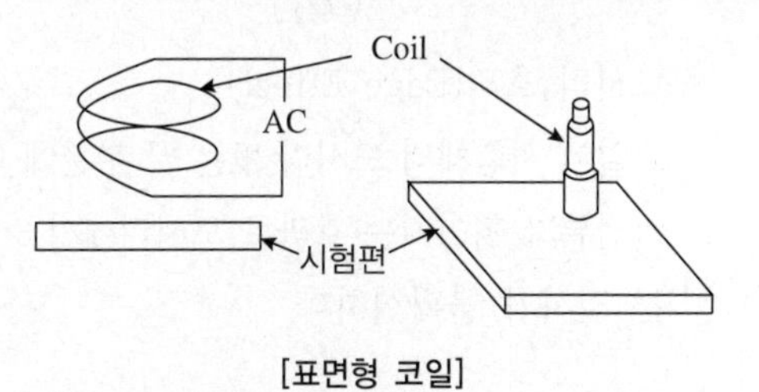

[표면형 코일]

② 와전류탐상 이론

㉠ 전자유도현상

코일을 통과하는 자속이 변화하면 코일에 기전력이 생기는 현상이다.

㉡ 표피 효과(Skin Effect)

교류 전류가 흐르는 코일에 도체가 가까이 가면 전자유도현상에 의해 와전류가 유도되며, 이 와전류는 도체의 표면 근처에서 집중되어 유도되는 효과이다.

㉢ 침투깊이

- 침투깊이는 시험주파수의 $\frac{1}{2}$승에 반비례(주파수를 4배 올리면 침투깊이는 $\frac{1}{2}$로 감소)한다.
- 표준 침투깊이(Standard Depth of Penetration) : 와전류가 도체 표면의 약 37% 감소하는 깊이이다.

㉣ 코일 임피던스(Coil Impedance)

코일에 전류가 흐르면 저항과 리액턴스가 발생하는 것을 합한 것으로 시험체에서의 변화를 측정하는 데 사용한다.

㉤ 코일 임피던스에 영향을 미치는 인자

시험 주파수, 시험체의 전도도, 시험체의 투자율, 시험체의 형상과 치수, 상코일과 시험체의 위치, 탐상속도 등이다.

㉥ 충진율(Fill Factor)

원주와 코일 간의 거리에 따라 출력 지시가 변하는 경우 충진율 η : $\left(\frac{D_1}{D_2}\right)^2$

㉦ 모서리 효과(Edge Effect)

코일이 시험체의 모서리 또는 끝 부분에 다다르면 와전류가 휘어지는 효과로 모서리에서 3mm 정도는 검사가 불확실하다.

10년간 자주 출제된 문제

9-1. 표면 코일을 사용하는 와전류탐상시험에서 시험 코일과 시험체 사이의 상대 거리의 변화에 의해 지시가 변화하는 것을 무엇이라 하는가?

① 공진 효과
② 표피 효과
③ 리프트 오프 효과
④ 오실로스코프 효과

9-2. 와전류탐상시험 코일이 아닌 것은?

① 관통형 코일
② 내삽형 코일
③ 표면형 코일
④ 곡면형 코일

9-3. 와전류탐상시험에서 표준침투깊이를 구할 수 있는 인자와의 비례관계를 옳게 설명한 것은?

① 표준 침투깊이는 파장이 클수록 작아진다.
② 표준 침투깊이는 주파수가 클수록 작아진다.
③ 표준 침투깊이는 투자율이 작을수록 작아진다.
④ 표준 침투깊이는 전도율이 작을수록 작아진다.

9-4. 대부분의 와전류탐상시험에서 최소허용신호 대 잡음비로 옳은 것은?

① 1 : 1 ② 2 : 1
③ 3 : 1 ④ 4 : 1

9-5. 와전류탐상검사에서 시험체에 침투되는 와전류의 표준 침투깊이에 영향을 미치지 않는 것은?

① 주파수 ② 전도율
③ 투자율 ④ 기전율

9-6. 바깥지름이 24mm이고, 두께가 2mm인 시험체를 평균 지름이 18mm인 내삽형 코일로 와전류탐상검사를 할 때 충진율(Fill-factor)은 얼마인가?

① 71% ② 75%
③ 81% ④ 90%

|해설|

9-1

- 리프트 오프 효과(Lift-off-effect) : 탐촉자-코일 간 공간 효과로 작은 상대 거리의 변화에도 지시가 크게 변화는 효과
- 표피 효과(Skin Effect) : 교류 전류가 흐르는 코일에 도체가 가까이 가면 전자유도현상에 의해 와전류가 유도되며, 이 와전류는 도체의 표면 근처에서 집중되어 유도되는 효과
- 모서리 효과(Edge Effect) : 코일이 시험체의 모서리 또는 끝부분에 다다르면 와전류가 휘어지는 효과로 모서리에서 3mm 정도는 검사가 불확실

9-2

와전류탐상시험에서의 시험 코일은 관통 코일, 내삽 코일, 표면 코일이 있다.

- 관통 코일 : 시험체를 시험코일 내부에 넣고 시험하는 코일
- 내삽 코일 : 시험체 구멍 내부에 코일을 삽입하여 구멍의 축과 코일 축을 맞추어 시험하는 코일
- 표면 코일 : 코일 축이 시험체 면에 수직인 경우 시험하는 코일

9-3

와전류의 표준침투깊이(Standard Depth of Penetration)는 와전류가 도체 표면의 약 37% 감소하는 깊이를 의미하며, 침투깊이는 $\delta = \frac{1}{\sqrt{\pi \rho f \mu}}$ 로 나타내고, ρ : 전도율, μ : 투자율, f : 주파수로 주파수가 클수록 반비례하는 관계를 가진다.

9-4

신호 대 잡음비(SN)란 결함 에코의 높이와 잡음크기의 비를 말하며 일반적으로 3 : 1을 사용한다. 이 SN비가 클수록 결함검출 능력은 높아진다.

9-6

$$\text{충진율} = \left(\frac{\text{내삽 코일의 평균 직경}}{\text{시험체의 내경} - \text{시험체의 두께}}\right)^2 \times 100\%$$

$$= \left(\frac{18}{24-4}\right)^2 \times 100\% = 81\%$$

정답 9-1 ③ 9-2 ④ 9-3 ② 9-4 ③ 9-5 ④ 9-6 ③

핵심이론 10 와전류탐상장치

① 와전류탐상장치 구성

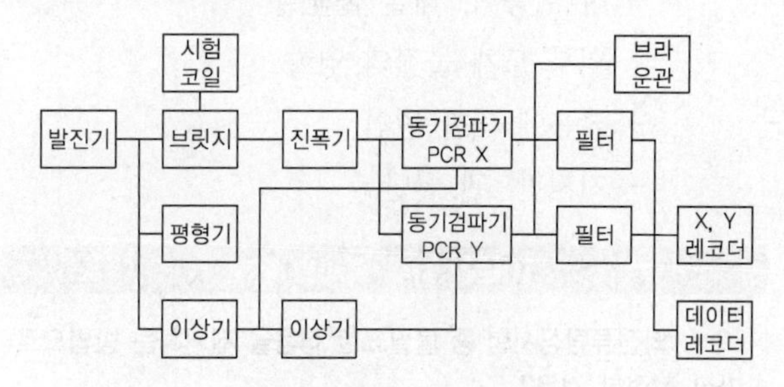

㉠ 발진기 : 교류를 발생시키는 장치

㉡ 브리지 : 코일에 결함 부분이 들어가면 코일의 임피던스 변화에 따라 압이 발생

㉢ 증폭기 : 브리지의 신호를 증폭시켜 주는 장치

㉣ 동기검파기 : 결함신호와 잡음의 위상 차이로 S/N비의 향상

㉤ 필터 : 결함신호와 잡음의 주파수 차이를 이용해 잡음을 억제하고 S/N비를 향상

㉥ 디스플레이(브라운관) : 수평에 동기검파 X의 출력, 수직에 동기검사 Y의 출력을 접속하여 벡터적으로 관측

② 와전류탐상시험 방법

㉠ 검사 준비 : 대비시험편 준비, 시험 코일, 탐상장치, 시험 방법의 선정, 시험 조건의 예비시험, 작업환경 조사 등의 준비이다.

㉡ 전처리 : 시험체의 산화 스케일, 유지류, 금속분말 등 시험 시 의사지시 형성이 가능한 부분을 제거한다.

㉢ 탐상조건 설정 및 확인 : 시험주파수, 탐상감도, 위상, 시험속도 등을 설정한다.

㉣ 탐상 : 시험 코일을 삽입 후 탐상 위치까지 정확히 확인한다.

㉤ 지시 확인 및 기록

- 의사 지시 및 결함 여부를 확인 및 재시험 여부를 결정 후 탐상장치, 시험 코일, 검사조건 등을 기록한다.

- 의사 지시 원인
  - 자기 포화 부족에 의한 의사 지시
  - 잔류 응력, 재질 불균질
  - 외부 도체 물질의 영향
  - 잡음에 의한 원인
  - 지지판, 관 끝단부

10년간 자주 출제된 문제

10-1. 와전류탐상시험 중 불필요한 잡음을 제거하는 방법으로 가장 적절한 것은?

① 위상변환기를 사용한다.
② 탐상 코일의 여기전압을 낮춘다.
③ 전기적 여과기(Filter)를 사용한다.
④ 임피던스가 높은 탐상 코일을 사용한다.

10-2. 와전류탐상검사를 수행할 때 시험 부위의 두께 변화로 인한 전도도의 영향을 감소시키기 위한 방법으로 가장 적합한 것은?

① 전압을 감소시킨다.
② 시험주파수를 감소시킨다.
③ 시험속도를 증가시킨다.
④ Fill Factor(필 팩터)를 감소시킨다.

10-3. 와전류탐상시험 기기에서 게인(Gain)이란 조정 장치의 역할로 옳은 것은?

① 위상(Phase) 조정
② 평형(Balance) 조정
③ 감도(Sensitivity) 조정
④ 진동수(Frequency) 조정

|해설|

10-1
전기적 여과기(Filter)는 결함신호와 잡음의 주파수 차이를 이용해 잡음을 억제하고 S/N비를 향상시킨다.

10-2
전도도가 높을수록 와전류는 잘 흐르는 성질을 가지며, 주파수가 높을 때 와전류 발생이 활발해지므로 시험주파수를 감소시키는 것이 적합하다.

10-3
게인(Gain)은 증폭기의 감도 조정에 사용된다.

정답 10-1 ③ 10-2 ② 10-3 ③

핵심이론 11 누설탐상

① 누설검사의 개요

㉠ 누설탐상 원리

관통된 결함을 검사하는 방법으로 기체나 액체와 같은 유체의 흐름을 감지해 누설 부위를 탐지하는 것이다.

㉡ 누설탐상의 특성
- 재료의 누설 손실을 방지한다.
- 제품의 실용성과 신뢰성을 향상시킨다.
- 구조물의 조기 파괴를 방지한다.

② 누설탐상 주요 용어

㉠ 표준대기압 : 표준이 되는 기압, 대기압 = 1기압(atm) = 760mmHg = 1.0332kg/cm^2 = 30inHg = 14.7lb/in^2 = 1,013.25mbar = 101.325kPa

㉡ 게이지 압력 : 게이지에 나타나는 압력으로 표준대기압이 0일 때 그 이상의 압력을 나타낸다(kgf/cm^2, lb/in^2).

㉢ 절대 압력 : 게이지 압력에 대기압을 더해 준 압력이다(kgf/cm^{2}a, inHgV).

㉣ 진공 압력 : 대기압보다 낮은 압력이다(cmHgV, inHgV).

㉤ 보일의 법칙 : 온도가 일정할 때 기체의 압력은 부피에 반비례, $PV=$ 일정, $P_1V_1=P_2V_2$(P : 절대 압력, V : 기체의 부피)

㉥ 샤를의 법칙 : 압력이 일정할 때 기체의 부피는 온도 증가에 비례, $\frac{V}{T}=$ 일정, $\frac{V_1}{T_2}=\frac{V_2}{T_2}$($T$: 절대온도 K(℃ + 273), V : 기체의 부피)

㉦ 보일-샤를의 법칙 : 온도와 압력이 동시에 변하는 것으로 기체의 부피는 절대 압력에 반비례하고 절대 온도에 비례한다.

$$\frac{PV}{T}=\text{일정},\ \frac{P_1V_1}{T_1}=\frac{P_2V_2}{T_2}$$

③ 누설탐상 방법

㉠ 추적 가스 이용법

추적 가스(CO_2, 황화수소, 암모니아 등)를 이용하여 누설 지시를 나타내는 화학적 시약과의 반응으로 탐상한다.

- 암모니아 누설검출 : 암모니아 가스(NH)로 가압하여 화학적 반응을 일으키는 염료를 이용하여 누설 시 색의 변화로 검출한다.
- CO_2 추적 가스법 : CO_2 가스를 가압하여 화학적 반응을 일으키는 염료를 이용하여, 누설 시 색의 변화로 검출한다.
- 연막탄(Smoke Bomb)법 : 연막탄을 주입 후 누설 시 그 부위로 연기가 새어 나오는 부분을 검출한다.

㉡ 기포 누설시험

- 침지법 : 액체 용액에 가압된 시험품을 침적해서 기포 발생 여부를 확인하여 검출한다.
- 가압 발포액법 : 시험체를 가압 후 표면에 발포액을 적용하여 기포 발생 여부를 확인하여 검출한다.
- 진공 상자 발포액법 : 진공 상자를 시험체에 위치시킨 후 외부 대기압과 내부 진공의 압력차를 이용하여 검출한다.

㉢ 할로겐 누설시험

할로겐 추적가스(염소, 불소, 브롬, 요오드 등)로 가압하여 가스가 검출기의 양극과 음극 사이 포집 시 양극에서 양이온이 방출, 음극에서 전류가 증폭되어 결함 여부를 검출한다.

- 할라이드 토치법(Halide Torch) : 불꽃의 색이 변색되는가 유무로 판별한다.
- 가열양극 할로겐 검출기 : 추적 가스를 가압하여 양이온 방출이 증가하여 음극에 이르면 전류가 증폭되어 누설 여부를 판별한다.
- 전자 포획법

㉣ 방치법에 의한 누설시험

시험체를 가압 또는 감압하여 일정 시간 후 압력의 변화 유무에 따른 누설 여부를 검출한다.

㉤ 방사성 동위원소 시험

방사성가스인 크립톤-85(Kr-85)를 소량 투입한 공기로 시험체를 가압한 후, 방사선 검출기를 이용하여 누설 여부 및 누설량을 검출한다.

10년간 자주 출제된 문제

11-1. 시험체의 내부와 외부의 압력차에 의해 유체가 결함을 통해 흘러 들어가거나 나오는 것을 감지하는 방법으로 압력용기나 배관 등에 주로 적용되는 비파괴검사법은?

① 누설검사
② 침투탐상검사
③ 자분탐상검사
④ 초음파탐상검사

11-2. 누설검사에 사용되는 단위인 1atm과 값이 틀린 것은?

① 760mmHg
② 760torr
③ 980kg/cm^2
④ 1,013mbar

11-3. 검사비용이 저렴하며, 지시의 관찰이 쉽고 빠르며, 가장 간편하게 누설검사를 할 수 있는 것은?

① 기포 누설시험
② 할로겐 누설시험
③ 압력변화 누설시험
④ 헬륨질량분석 누설시험

11-4. 시험체를 가압 또는 감압하여 일정한 시간이 지난 후 압력변화를 계측하여 누설검사를 하는 방법을 무엇이라 하는가?

① 기포 누설검사
② 암모니아 누설검사
③ 방치법에 의한 누설검사
④ 전위차에 의한 누설검사

11-5. 누설검사에 사용되는 가압 기체가 아닌 것은?

① 헬 륨 ② 질 소
③ 포스겐 ④ 공 기

|해설|

11-1

누설검사란 내·외부의 압력차에 의해 기체나 액체와 같은 유체의 흐름을 감지해 누설 부위를 탐지하는 것이다.

11-2

표준대기압 : 표준이 되는 기압, 대기압 = 1기압(atm)
= 760mmHg = 1.0332kg/cm^2 = 30inHg = 14.7lb/in^2
= 1013.25mbar = 101.325kPa = 760torr

11-3

기포 누설시험

- 침지법 : 액체 용액에 가압된 시험품을 침적해서 기포 발생 여부를 확인하여 검출
- 가압 발포액법 : 시험체를 가압 후 표면에 발포액을 적용하여 기포 발생 여부를 확인하여 검출
- 진공상자 발포액법 : 진공 상자를 시험체에 위치시킨 후 외부 대기압과 내부 진공의 압력차를 이용하여 검출

11-4

- 기포 누설검사 : 침지법, 가압 발포액법, 진공상자 발포액법
- 추적 가스 이용법 : 암모니아, CO_2, 연막탄(Smoke Bomb)법
- 방치법에 의한 누설검사 : 가압법, 감압법
- 할로겐 누설시험 : 할라이드 토치법, 가열양극 할로겐 검출법, 전자 포획법 등

11-5

포스겐은 $COCl_2$의 유독한 질식성 기체로 일산화탄소와 염소를 활성탄의 촉매로 반응시켜 제조하며, 흡입 시 호흡곤란, 급성증상을 나타내는 위험한 물질이다.

정답 11-1 ① 11-2 ③ 11-3 ① 11-4 ③ 11-5 ③

핵심이론 12 | 음향방출

① 음향방출검사 개요

㉠ 음향방출검사의 원리

재료의 결함에 응력이 가해졌을 때 음향을 발생시키고 불연속 펄스를 방출하게 되는데 이러한 미소 음향방출 신호들을 검출 분석하는 시험이다.

- 카이저 효과(Kaiser Effect) : 재료에 하중을 걸어 음향방출을 발생시킨 후, 하중을 제거했다가 다시 걸어도 초기 하중의 응력 지점에 도달하기까지 음향방출이 발생되지 않는 비가역적 성질
- 페리시티 효과(Felicity Effect) : 재료 초기 설정 하중보다 낮은 응력에서도 검출 가능한 음향방출이 존재하는 효과

㉡ 음향방출검사의 특징

- 시험 속도가 빠르고 구조의 건전성 분석이 가능하다.
- 크기에 제한이 없고 한꺼번에 시험 가능하다.
- 동적 검사로 응력이 가해질 때 결함 여부를 판단 가능하다.
- 접근이 어려운 부분에서의 구조적 결함탐상이 가능하다.
- 압력용기 검사에서 파괴의 예방이 가능하다.
- 응력이 작용하는 동안에만 측정 가능하다.
- 신호 대 잡음비 제어가 필요하다.

② 음향방출 발생원

㉠ 소성변형 : 전위, 석출, 쌍정 등

㉡ 파괴 : 연성 파괴, 취성 파괴, 피로, 복합재 파괴, 크리프 등

㉢ 상변태 : 마텐자이트 변태, 용해/응고, 소결 등

③ 음향방출 신호 형태

㉠ 1차 음향방출(돌발형 신호, Burst Emission) : 재료의 파괴, 상변태, S.C.C(Stress Corrosion Cracking) 등에 의해 발생한다.

㉡ 2차 음향방출(연속형 신호, Continuous Emission) : 마찰, 액체나 기체의 누설 등에 의해 발생한다.

④ 음향방출 측정 장치

㉠ 센서 : 압전형 센서(공진형, 광대역), 고온용 센서, 전기용량형 센서 등

㉡ 전치 증폭기 : 마이크로볼트 수준의 신호를 밀리볼트 수준의 신호로 증폭시켜 주는 장치

㉢ 여파기 : 잡음 제거 및 필요 주파수 성분의 신호만 추출하기 위한 장치

㉣ 후치 증폭기 : 전치 증폭기에서 증폭된 신호를 신호 처리에 맞게 조정해 주는 장치

㉤ 신호처리장치 : 신호처리 및 분석

⑤ 스트레인 측정

대표적으로 스트레인 게이지에 외부적 힘 또는 열을 가할 시 전기 저항이 변화하는 원리를 이용하며, 전기 저항 변화, 전기 용량 변화, 코일의 임피던스 변화, 압전 효과 등이다.

⑥ 서모그래피법(Thermography)

㉠ 적외선 카메라를 이용하여 비접촉식으로 온도 이미지를 측정하여 구조물의 이상 여부를 탐상한다.

㉡ 시험 중 발생하는 온도 신호로 결함, 균열, 열화 상태, 전기선 연결 상태, 접합부 계면 분리 등을 파악한다.

10년간 자주 출제된 문제

12-1. 고체가 소성 변형하면서 발생하는 탄성파를 검출하여 결함의 발생, 성장 등 재료 내부의 동적 거동을 평가하는 비파괴검사법은?

① 누설검사
② 음향방출시험
③ 초음파탐상시험
④ 와전류탐상시험

12-2. 다음 중 제품이나 부품의 전체적인 모니터링 방법으로 적용할 수 있는 비파괴검사법은?

① 침투탐상시험
② 음향방출시험
③ 중성자투과시험
④ 자분탐상시험

12-3. 응력을 반복 적용할 때 2차 응력의 크기가 1차 응력보다 작으면 음향방출이 되지 않은 현상은?

① 광전도 효과(Photo Conduct Effect)
② 로드 셀 효과(Load Cell Effect)
③ 펠리시티 효과(Felicity Effect)
④ 카이저 효과(Kaiser Effect)

|해설|

12-1, 12-2

음향방출시험이란 재료의 결함에 응력이 가해졌을 때 음향을 발생시키고 불연속 펄스를 방출하게 되는데 이러한 미소 음향방출 신호들을 검출 분석하는 시험으로 내부 동적 거동을 평가하는 시험이다.

12-3

카이저 효과란 재료에 하중을 걸어 음향방출을 발생시킨 후, 하중을 제거했다가 다시 걸어도 초기 하중의 응력 지점에 도달하기까지 음향방출이 발생되지 않는 비가역적 성질이다.

정답 12-1 ② 12-2 ② 12-3 ④

CHAPTER 02 초음파탐상 일반

핵심이론 01 | 초음파탐상 기초 이론

① 초음파

물질 내의 원자 또는 분자의 진동으로 발생하는 탄성파로 20kHz~1GHz 정도의 주파수를 발생시키는 영역대의 음파이다.

20Hz	20kHz	1GHz	1000GHz
Subsonic	Audible sound	Ultrasonic	Hypersonic

[음파의 구분]

② 초음파의 특징

㉠ 지향성이 좋고 직진성을 가진다.

㉡ 동일 매질 내에서는 일정한 속도를 가진다.

㉢ 온도 변화에 대해 속도가 거의 일정하다.

㉣ 경계면 혹은 다른 재질, 불연속부에서는 굴절, 반사, 회절을 일으킨다.

㉤ 음파의 입사 조건에 따라 파형 변환이 발생한다.

③ 초음파탐상의 적용

초음파탐상검사는 기계적 진동을 이용하여 시험체의 구조적 특성을 측정하는 방법으로 다음 그림과 같이 불연속 검출(균열, 라미네이션), 시험체 구조(조직, 입도, 조성), 크기 및 두께, 물리적 성질(탄성률, 음속), 화학적 분석(원소, 불순물 분포) 등을 알 수 있다.

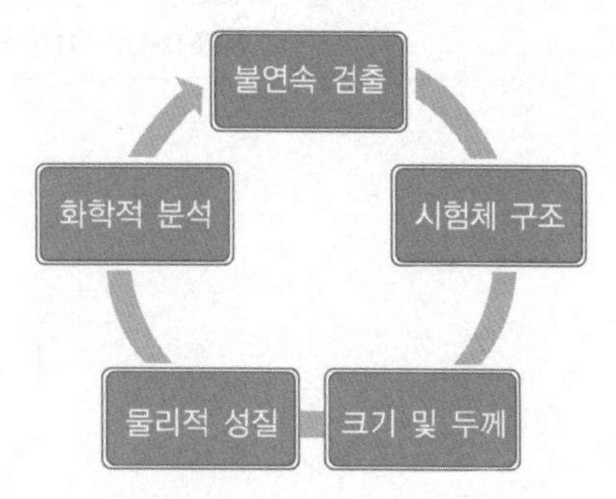

[초음파의 적용 범위]

④ 초음파탐상의 장단점

㉠ 장 점

- 감도가 높아 미세 균열 검출이 가능하다.
- 투과력이 좋아 두꺼운 시험체의 검사가 가능하다.
- 불연속(균열)의 크기와 위치의 정확한 검출이 가능하다.
- 시험 결과가 즉시 나타나 자동검사가 가능하다.
- 시험체의 한쪽 면에서만 검사가 가능하다.

㉡ 단 점

- 시험체의 형상이 복잡하거나, 곡면, 표면 거칠기에 영향을 많이 받는다.
- 시험체의 내부구조(입자, 기공, 불연속 다수 분포)에 따라 영향을 많이 받는다.
- 불연속 검출의 한계가 있다.
- 시험체에 적용되는 접촉 및 주사 방법에 따른 영향이 있다.
- 불감대가 존재(근거리 음장에 대한 분해능이 떨어짐)한다.

10년간 자주 출제된 문제

1-1. 두께 100mm인 강판 용접부에 대한 내부균열의 위치와 깊이를 검출하는 데 가장 적합한 비파괴검사법은?

① 방사선투과시험
② 초음파탐상시험
③ 자분탐상시험
④ 침투탐상시험

1-2. 초음파에 대한 설명으로 옳은 것은?

① 340m/s 이하의 속도를 가진 음파
② 공기 중에 사람이 들을 수 있는 음파
③ 사람이 들을 수 없을 만큼 큰 파장을 가진 음파
④ 사람이 들을 수 없을 만큼 높은 진동수를 가진 음파

1-3. 초음파탐상검사에 대한 설명으로 틀린 것은?

① 펄스반사법을 많이 이용한다.
② 내부조직에 따른 영향이 작다.
③ 불감대가 존재한다.
④ 미세균열에 대한 감도가 높다.

|해설|

1-1
내부균열탐상의 종류에는 방사선탐상과 초음파탐상이 있으며, 방사선 탐상의 경우 투과에 한계가 있어 너무 두꺼운 시험체는 검사가 불가하므로 초음파탐상시험이 가장 적합하다.

1-2
초음파란 물질 내의 원자 또는 분자의 진동으로 발생하는 탄성파로 20kHz~1GHz 정도의 주파수를 발생시키는 영역대의 음파로써, 사람이 들을 수 없을 만큼 높은 진동수를 가진 음파이다.

1-3
내부조직에 따라 분산, 감쇠 등의 영향을 많이 받는다.

정답 1-1 ② 1-2 ④ 1-3 ②

핵심이론 02 | 음 속

① 음속(Velocity, V)

음파가 한 재질 내에서 단위시간당 진행하는 거리

$$C = \sqrt{\frac{E(\text{탄성계수})}{\rho(\text{밀도})}}$$

주요 물질에 대한 음파 속도

물 질	알루미늄	주강(철)	유 리	아크릴 수지	글리세린	물	기 름	공 기
종파 속도(m/s)	6,300	5,900	5,770	2,700	1,920	1,490	1,400	340
횡파 속도(m/s)	3,150	3,200	3,430	1,200				

② 음파의 표시

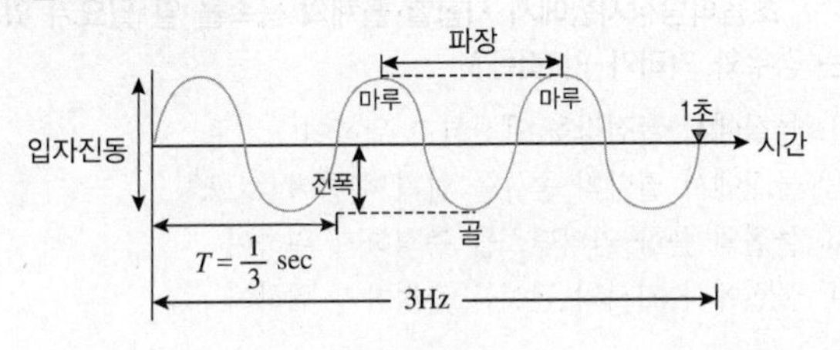

[음파의 표시]

㉠ 진폭(Amplitude) : 파동의 중심에서 골 또는 마루까지의 크기
㉡ 주기(T) : 매질의 각 지점이 1회 진동하는 시간
㉢ 주파수(Frequency, ν) : 1초 동안 진동한 사이클(Cycle)의 수, 단위 Hz
㉣ 파장(Wave Length, λ) : 파동의 완전 사이클에서 골과 골 사이 또는 마루와 마루 사이를 의미

10년간 자주 출제된 문제

2-1. 매질 내에서 초음파의 전달 속도에 가장 큰 영향을 미치는 것은?

① 밀도와 탄성계수
② 자속밀도와 소성
③ 선팽창계수와 투과율
④ 침투력과 표면장력

2-2. 1초 동안에 나오는 초음파 펄스의 수를 무엇이라 하는가?

① 소인 증폭수
② 스킵거리의 수
③ 펄스 반복 주파수
④ 거리진폭특성곡선의 수

2-3. 초음파탐상시험에서 시험할 물체의 음속을 알 필요가 있는 경우와 거리가 먼 것은?

① 물질에서 굴절각을 계산하기 위하여
② 물질에서 결함의 종류를 알기 위하여
③ 물질의 음향 임피던스를 측정하기 위하여
④ 물질에서 지시의 깊이를 측정하기 위하여

|해설|

2-1
매질 내에서 초음파의 전달 속도는 음속을 의미하며,
$C=\sqrt{\frac{E(\text{탄성계수})}{\rho(\text{밀도})}}$로 계산할 수 있다.

2-2
1초 동안 나오는 초음파의 펄스 수를 펄스 반복 주파수라 한다.

2-3
초음파는 재질의 음속에 의해 거리를 측정하게 되며, 음파의 굴절과 반사(스넬의 법칙), 음향 임피던스(재질의 밀도×음속), 결함 혹은 저면파의 깊이를 측정할 수 있게 된다.

정답 2-1 ① 2-2 ③ 2-3 ②

핵심이론 03 음 향

① 음향 임피던스(Acoustic Impedance, Z) : 재질 내에서 음파의 진행을 방해하는 것으로 재질의 밀도(ρ)에 음속(ν)을 곱한 값으로 두 매질 사이의 경계에서 투과와 반사를 결정짓는 특성이 있다.

② 감쇠(Attenuation) : 초음파가 나아가며 매질의 결정 구조에 의해 산란, 반사, 흡수되어 음압이 손실되는 것을 의미한다.
㉠ 결정 입자 및 조직에 의한 산란
㉡ 점성에 의한 감쇠
㉢ 전위 운동에 의한 감쇠
㉣ 강자성재료에서 자구의 운동에 의한 감쇠
㉤ 잔류 응력으로 인한 음장의 산란에 의한 겉보기 감쇠

③ 음파의 종류
㉠ 종파(Longitudinal Wave) : 입자의 진동 방향이 파를 전달하는 입자의 진행 방향과 일치하는 파, 압축파, 고체와 액체에서 전파

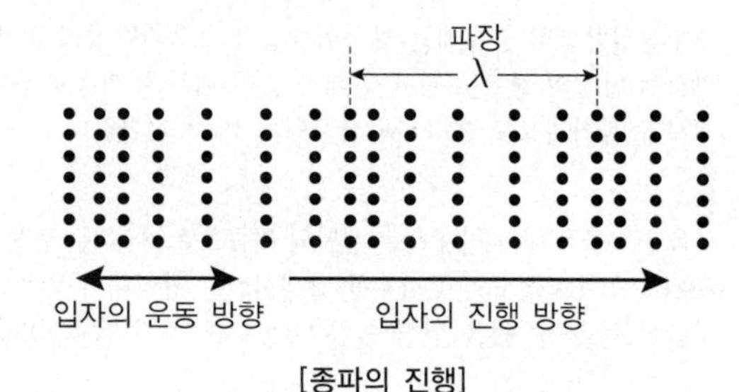

[종파의 진행]

㉡ 횡파(Transverse Wave) : 입자의 진동 방향이 파를 전달하는 입자의 진행 방향과 수직인 파로 종파의 $\frac{1}{2}$속도, 전단파, 고체에만 전파되고 액체와 기체에서 전파되지 않는다.

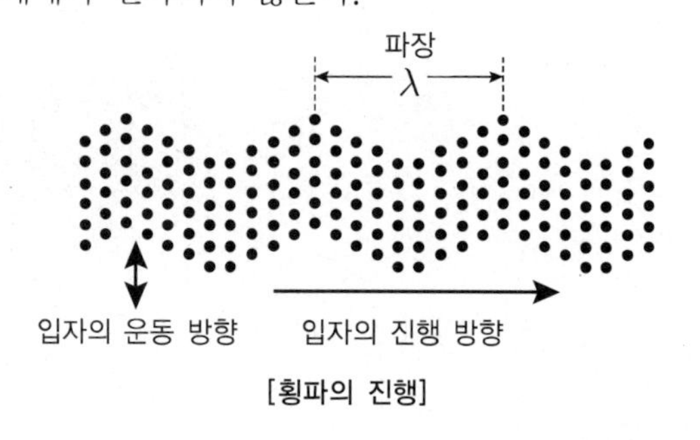

[횡파의 진행]

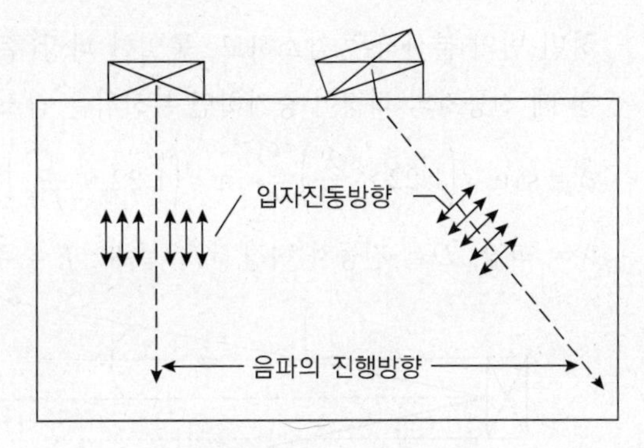

[종파 및 횡파의 진행 비교]

㉢ 표면파(Surface Wave) : 고체 표면을 약 1파장 정도의 깊이로 투과하여 표면을 따라 진행하는 파

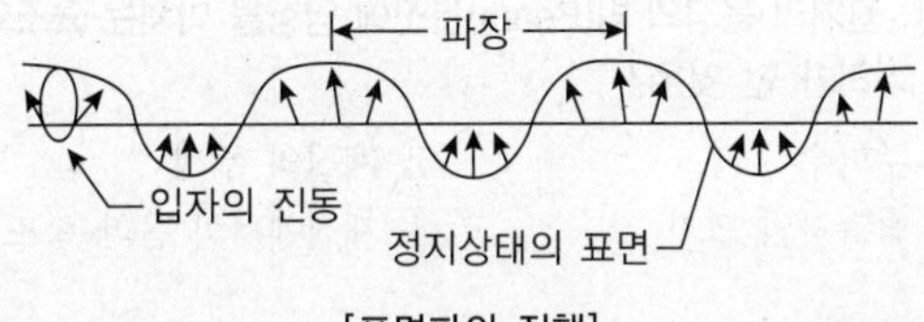

[표면파의 진행]

10년간 자주 출제된 문제

3-1. 다음 물질 중 초음파의 종파속도가 가장 빠른 것은?

① 기 름 ② 나 무
③ 알루미늄 ④ 아크릴수지

3-2. 파의 진행에 따라 밀(Compression)한 부분과 소(Rarefaction)한 부분으로 구성되어 압축파로 불리고, 입자의 진동 방향이 파를 전달하는 입자의 진행방향과 일치하는 파는?

① 종 파 ② 횡 파
③ 판 파 ④ 표면파

3-3. 매질입자들의 진동 방향이 파의 진행 방향에 직각방향으로 움직이며 전달되는 파의 형태는?

① 판 파 ② 종 파
③ 횡 파 ④ 표면파

3-4. 초음파탐상검사에서 초음파가 매질을 진행할 때 진폭이 작아지는 정도를 나타내는 감쇠계수(Attenuation Coeffcient)의 단위로 옳은 것은?

① dB/s ② dB/℃
③ dB/cm ④ dB/m^2

3-5. 다음 중 음향 임피던스가 가장 높은 것은?

① 철 ② 물
③ 공 기 ④ 알루미늄

|해설|

3-1

일반적인 음파의 속도

물 질	알루미늄	주강(철)	아크릴수지	글리세린	물	기 름	공 기
종파속도(m/s)	6,300	5,900	2,700	1,920	1,490	1,400	340
횡파속도(m/s)	3,150	3,200	1,200				

3-2

종파(Longitudinal Wave)는 입자의 진동 방향이 파를 전달하는 입자의 진행 방향과 일치하는 파로써 고체와 액체에서 전파된다.

3-3

횡파는 입자의 진동 방향이 파를 전달하는 입자의 진행 방향과 수직인 파로 종파의 $\frac{1}{2}$속도이며 전단파이다. 이 파는 고체에만 전파되고 액체와 기체에서 전파되지 않는다.

3-4

감쇠계수란 단위길이당 음의 감쇠를 의미하며 단위는 dB/cm이다. 감쇠계수는 주파수에 비례하여 증가한다.

3-5

음향 임피던스

물 질	음향 임피던스 $Z(10^6kg/m^2s)$
알루미늄	16.90
강(철)	46.02
아크릴수지	3.22
글리세린	2.42
물(20℃)	1.48
기 름	1.29
공 기	4×10^{-4}

정답 3-1 ③ 3-2 ① 3-3 ③ 3-4 ③ 3-5 ①

핵심이론 04 | 음 장

① 음장의 기초

㉠ 근거리 음장(Near Field) : 진동자에서 가까운 영역 거리에 존재하며, 여러 음파들의 간섭 현상에 의해 증폭되는 영역과 소실되는 영역이 복잡하게 분포하여 정확한 검사가 이루어지기 어려운 부분이다.

㉡ 원거리 음장(Far Field) : 근거리 음장을 벗어난 영역이며, 음압 분포가 단순해 거리에 따라 지수 함수적으로 음압이 감소한다.

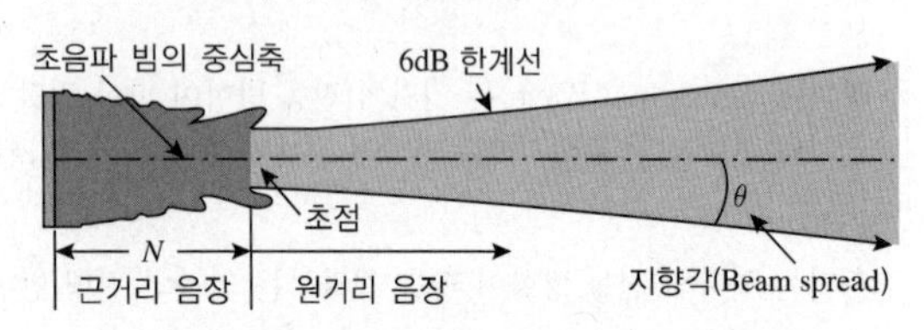

[근거리 음장 및 원거리 음장의 진행]

② 음의 분산과 감쇠

초음파가 발생해 재질을 통과하게 되면 에너지 손실이 발생하며 크게 초음파 진행에 따른 감쇠(흡수, 산란, 음향 임피던스), 간섭에 의한 감쇠(회절), 빔의 분산 등이 있다.

③ 빔의 감쇠

㉠ 산란 : 물체 내부 결정립계에서 음파의 산란이 일어나는 것이다.

㉡ 흡수 : 음파의 진동에너지가 열에너지로 변환되어 매질에 전해지는 것이다.

㉢ 접착에 의한 손실 : 시험체의 표면 거칠기, 접촉 매질의 종류에 따른 전달 손실이다.

㉣ 불연속부에 의한 손실 : 불연속부의 모양에 따라 산란이나 분산이 발생하며 에너지 손실이 발생한다.

④ 초음파 빔의 분산

빔의 분산은 진동자의 크기 및 주파수에 따라 달라지며, 분산각은 진동자의 직경과 파장에 의해서 결정된다. 동일한 진동자 직경일 경우 파장이 감소(주파수 증가)하면 빔의 분산각은 감소하고, 동일한 파장(주파수)일 때 진동자의 직경이 증가하면 분산각은 감소한다.

$$\phi = \sin^{-1}\left(1.22 \times \frac{\lambda}{D}\right) = \sin^{-1}\left(1.22 \times \frac{C}{Df}\right)$$

λ = 파장, D = 진동자 직경, C = 속도, f = 주파수

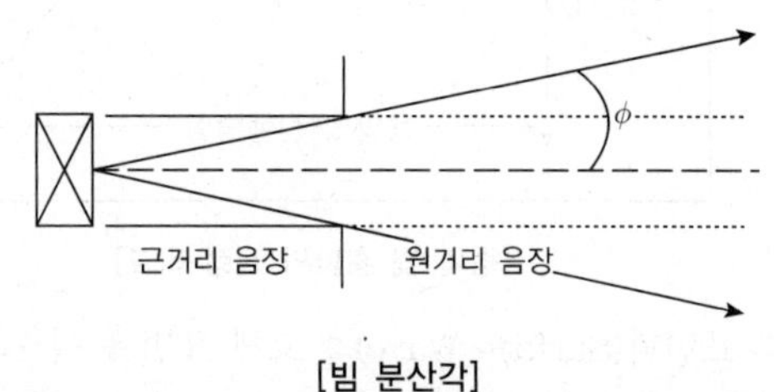

[빔 분산각]

10년간 자주 출제된 문제

4-1. 원거리 음장의 빔(Beam)분산에 영향을 미치는 요소와 가장 거리가 먼 것은?

① 주파수 ② 재질의 두께
③ 탐촉자의 크기 ④ 재질에서의 음파 속도

4-2. 초음파탐상시험에서 근거리 음장 길이와 직접적인 관계가 없는 인자는?

① 탐촉자의 지름 ② 탐촉자의 주파수
③ 시험체에서의 속도 ④ 접촉 매질의 접착력

|해설|

4-1

원거리 음장은 초음파의 진행 거리가 증가할수록 강도가 지수함수적으로 감소하는데 이에 미치는 이유가 빔의 분산이다. 이러한 빔의 분산은 탐촉자(진동자)의 크기, 주파수, 음파 속도에 따라 결정된다.

빔의 분산각 : $\sin\phi = 1.22\frac{\lambda}{D} = 1.22\frac{V}{fD}$

ϕ : 빔의 분산각, λ : 파장, D : 탐촉자의 직경, f : 주파수, V : 속도

4-2

근거리 음장$\left(\text{Near Field} = \frac{d^2}{4\lambda} = \frac{d^2 f}{4V}\right)$으로 계산되며, d : 진동자의 직경, λ : 파장, f : 주파수, V : 속도로 탐촉자의 주파수, 진동자 크기, 소재의 초음파 속도에 의해 결정된다.

정답 4-1 ② 4-2 ④

핵심이론 05 | 음파 특성

① 음파의 진행 특성

㉠ 수직 입사 시 음파의 진행 특성

재질 A, B가 있을 경우 초음파는 경계면에서 반사되고 일부만 통과하게 된다. 이때 음파의 반사량은 두 매질의 음향 임피던스비에 좌우되며, 경계면에서의 음압반사율(Reflection Coefficient)은 다음과 같다.

$$r_{1\to 2} = \frac{P_R}{P_i} = \frac{Z_2 - Z_1}{Z_1 - Z_2}$$

물 질	음향 임피던스 $Z(10^6 kg/m^2 s)$	공 기	기 름	물	글리세린	아크릴수지	강
알루미늄	16.90	100	86	84	75	68	46
강	46.02	100	95	94	90	87	
아크릴수지	3.22	100	43	37	14		
글리세린	2.42	100	31	24			
물(20℃)	1.48	100	7				
기 름	1.29	100					
공 기	4×10^{-4}						

[종파 수직 입사 시의 음압 반사율]

㉡ 사각 입사 시 음파의 진행 특성

사각 탐상 시 입사각에 따라 부분적으로 또는 전체적으로 파형 변이가 일어나며, 두 매질이 있을 경우 재질 A에 입사 시 재질 B에서는 굴절 종파, 굴절 횡파, 굴절 표면파 등이 발생한다.

- 스넬의 법칙(Snell's Law)

  음파가 두 매질 사이의 경계면에 입사하면 입사각에 따라 굴절과 반사가 일어나는 것이다.

  $$\frac{\sin\alpha}{\sin\beta} = \frac{V_1}{V_2}$$

  α = 입사각, β = 굴절각 또는 반사각, V_1 = 매질 1에서의 속도, V_2 = 매질 2에서의 속도

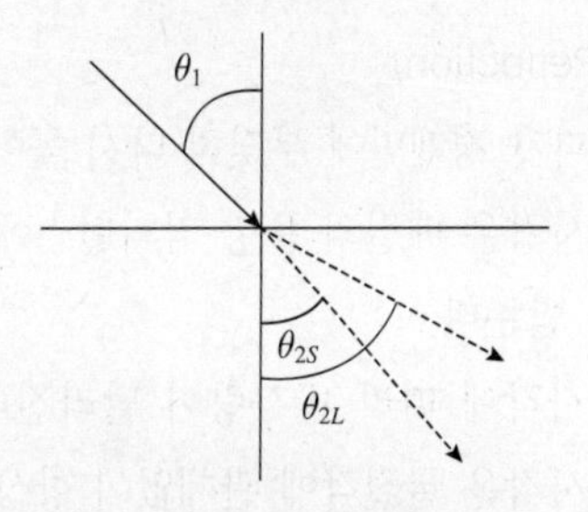

[종파의 굴절과 파형 변환의 예]

- 임계각(Critical Angle)
  - 1차 임계각 : 입사하는 매질보다 매질 2에서의 음속이 큰 경우 입사각보다 굴절각이 커지며, 이때 입사각을 크게 하였을 경우 굴절각이 90°가 되는 것이다.

    스넬의 법칙을 이용해 $\sin\beta = \sin 90° = 1$, $\frac{\sin\alpha}{1} = \frac{V_1}{V_2}$가 되므로 1차 임계각 $\sin\alpha_1$는 다음과 같다.

    $$\sin\alpha_1 = \frac{V_1\ 종파}{V_2\ 종파}$$

  - 2차 임계각 : 입사각이 1차 임계각보다 커지게 되면 횡파의 굴절각도 커져 횡파의 굴절각이 90°가 되는 것이다.

    스넬의 법칙을 이용해 $\sin\beta = \sin 90° = 1$ (횡파 굴절각), $\frac{\sin\alpha}{1} = \frac{V_1}{V_2}$가 되므로 2차 임계각 $\sin\alpha_2$는 다음과 같다.

    $$\sin\alpha_2 = \frac{V_1\ 종파}{V_2\ 횡파}$$

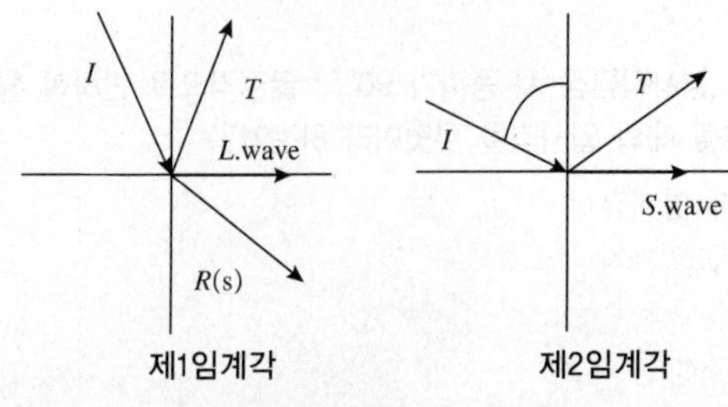

[1차 임계각과 2차 임계각]

② 반사(Reflection)

㉠ 음파가 경계면에 부딪혀 다시 돌아오는 성질이다.

㉡ 반사량은 매질의 음향 임피던스에 일차적인 영향을 받는다.

㉢ 입사각에 따라 반사량이 달라진다.

㉣ 반사각은 굴절각에 관계없이 항상 입사각과 동일하다.

③ 파형 변환(Mode Conversion)

초음파가 매질 내에 비연속적 부위에 부딪혔을 경우 종파에서 다른 파형으로 달라지는 것이다.

④ 회절(Diffraction)

㉠ 음파가 진행하며 비연속적인 부분을 만났을 경우 약간 굽어지는 특성이 있다.

㉡ 음파 에너지가 손실되며, 반사파 역시 다른 위치에서 검출되는 원인을 제공한다.

⑤ 시험체의 형상에 따른 음파의 진행 시 고려해야 할 사항

㉠ 표면 거칠기

㉡ 시험체의 형상

㉢ 결정 입자의 영향

㉣ 불연속의 방향과 위치

10년간 자주 출제된 문제

5-1. 초음파가 제1매질과 제2매질의 경계면에서 진행할 때 파형변환과 굴절이 발생하는데 이때 제2임계각을 가장 적절히 설명한 것은?

① 굴절된 종파가 정확히 90°가 되었을 때

② 굴절된 횡파가 정확히 90°가 되었을 때

③ 제2매질 내에 횡파가 같이 존재하게 된 때

④ 제2매질 내에 종파와 횡파가 존재하지 않을 때

5-2. 경사각탐상 시 종파가 90°의 굴절각으로 변하며 횡파가 발생될 때의 입사각을 무엇이라 하는가?

① 제1임계각

② 제2임계각

③ 반사각

④ 굴절각

5-3. 초음파탐상시험 시 흔히 쓰이는 접촉탐상용 경사각 탐촉자의 굴절각(35°~70°)은 어느 부분에 사용하는가?

① 표면과 수직의 각도에서 1차 임계각 사이

② 1차 임계각과 2차 임계각 사이

③ 2차 임계각과 3차 임계각 사이

④ 3차 임계각과 표면 사이

5-4. 경사각 탐촉자가 피검체 내에서 횡파를 발생시키는 현상을 무엇이라 하는가?

① 반사(Reflection)

② 산란(Scattering)

③ 감쇠(Attenuation)

④ 파형 전환(Mode Conversion)

5-5. 제2임계각을 넘었을 때 시험체 내에 존재하는 파형은?

① 종파만 존재한다.

② 횡파만 존재한다.

③ 표면파만 존재한다.

④ 전반사한다.

|해설|

5-1

- 1차 임계각 : 입사하는 매질보다 매질 2에서의 음속이 큰 경우 입사각보다 굴절각이 커지며, 이때 입사각을 크게 하였을 경우 굴절각이 90°가 되는 것이다.
- 2차 임계각 : 입사각이 1차 임계각보다 커지게 되면 횡파의 굴절각도 커져 횡파의 굴절각이 90°가 되는 것이다.

5-2

1차 임계각 : 입사하는 매질보다 매질 2에서의 음속이 큰 경우 입사각보다 굴절각이 커지며, 이때 입사각을 크게 하였을 경우 굴절각이 90°가 되는 것이다.

5-3

굴절각은 1차 임계각과 2차 임계각 사이를 의미한다.

5-4

음파는 매질 내에서 진행하며 파형이 달라지며, 연속적이지 않은 지점에서 파형 변환이 일어난다. 경사각 입사 시 종파를 입사하게 되지만 매질 내에서는 종파 및 횡파가 존재할 수 있게 된다.

5-5

제2임계각은 횡파의 굴절각이 90°가 되었을 때를 의미하며 이 이상을 넘을 시 전반사하게 된다.

정답 5-1 ② 5-2 ① 5-3 ② 5-4 ④ 5-5 ④

핵심이론 06 초음파탐상장치

① 초음파탐상장치의 개요

초음파탐상장치는 초음파탐상기, 탐촉자, 탐촉자 케이블 등으로 구성되며, 탐상 보정을 위한 표준 시험편(Standard Test Block, STB) 또는 대비 시험편(Reference Block, RB), 접촉 매질, 스케일 등이 사용된다.

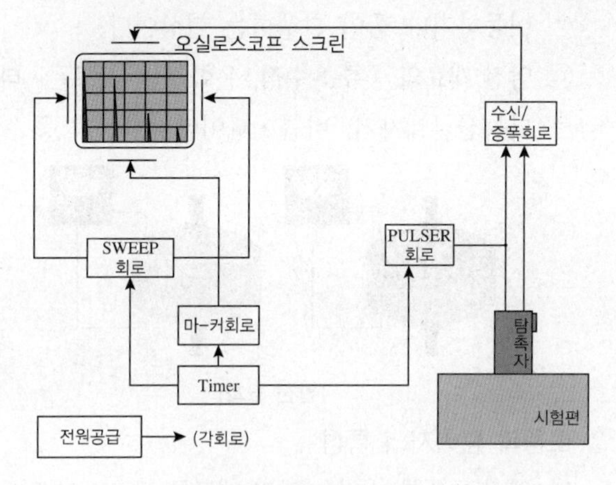

[초음파탐상장치의 구성]

② 아날로그 초음파탐상기의 구조

일반적으로 펄스 반사식 초음파탐상기를 사용하며, 전원공급회로, 타이머 회로, 펄스 회로, 수신/증폭 회로, 소인 회로, 음극선관 등으로 구성된다.

㉠ 전원 공급 회로 : 교류전원 및 충전지에 의해 각 기기에 전원을 공급한다.

㉡ 타이머 회로 : 전기적 펄스 신호를 보내주며, 단위 시간당 펄스를 보내주는 펄스반복률을 결정하는 회로이다.

㉢ 펄스 회로 : 탐촉자 내의 진동자에 고전압을 보내주어 초음파를 발생시키는 회로이다.

㉣ 수신/증폭 회로 : 불연속부의 반사파에 의해 수신된 전기적 신호를 증폭시킨다.

㉤ 소인(Sweep) 회로 : 탐상기 화면에 나타나는 펄스에 대해 수평등속도로 만들어 탐상 거리를 조정한다.

㉥ 음극선관 : 수신된 전기적 신호를 화면에 나타내주는 장치이다.

㉦ DAC(Distance Amplitude Correction) 회로 : 거리-진폭 교정 회로로써, 탐촉자와 반사원 사이의 거리에 따라 초음파 감쇠 손실 등에 대해 거리에 관계없이 동일한 진폭의 반사파가 나오도록 전기적으로 보상해 주는 회로이다.

㉧ 게이트 회로 : 원하는 반사원의 발생을 검출하기 위해 일정 구간, 진폭을 갖는 펄스가 발생 시 경보가 가능한 회로이다.

③ 아날로그 탐상기 중 탐상 조절기의 기능

㉠ 스위치 조절기 : 탐상기의 탐상 모드에 따른 스위치로 온오프 기능을 하는 조절기

㉡ 송신/수신 연결구 : 탐상기에 연결하여 사용하는 케이블

㉢ 측정범위 조절기 : 탐상에 적합한 시간축 범위를 정해주는 조절기

㉣ 증폭기(Gain Control) : 음압의 비를 증폭시키는 조절기로 dB로 조정

㉤ 시간축 간격 조절기(Sweep Length Control) : 펄스와 펄스 사이의 간격을 변화시키는 조절기

㉥ 시간축 이동 조절기(Sweep Delay Control) : 펄스와 펄스 사이의 간격은 고정한 뒤 화면 전체를 좌우로 이동시키는 조절기

㉦ 게이트 조절기 : 펄스에 대한 정보를 쉽게 관찰할 수 있도록 게이트 위치 및 범위를 설정하는 조절기

㉧ 리젝션(Rejection) 조절기 : 전기적 잡음 신호를 제거하는 데 사용되는 조절기

㉨ 초점 조절기 : CRT 상 펄스의 초점을 맞추는 데 사용되는 조절기

④ 디지털 초음파탐상기

디지털 초음파탐상기의 경우 수신 신호를 아날로그로에서 디지털로 변환하여 수치로 기억하고 가공이 가능하도록 한 탐상기로, 탐상 데이터의 측정값을 곧장 저장하고 읽어 들일 수 있는 장점이 있다. 아날로그 탐상기와 구조 및 원리는 비슷하나, 소인 회로가 없고 시간축부가 있다.

10년간 자주 출제된 문제

6-1. 펄스 반사식 초음파탐상기 중 증폭기, 정류기 및 감쇠기로 구성되어 있는 부분은?

① 시간축 발생기 ② 송신기
③ 수신기 ④ 동기부

6-2. 초음파탐상기에서 두 에코간의 간격을 조정할 수 있는 스위치는?

① 소인지연(Sweep Delay)
② 음속조정(Velocity Controller)
③ 펄스 반복비
④ 게인(Gain)

6-3. 수침법으로 초음파탐상 시 CRT 스크린상에 나타나는 물거리 지시파 부분을 제거하려면 무엇을 조정하여야 하는가?

① 리젝트 조정
② 펄스 길이 조정
③ 소인지연 조정
④ 스위프 넓이 조정

|해설|

6-1
수신기는 반사파에 의해 수신된 음압을 전압으로 변환시켜 주며, 낮은 전기적 신호를 증폭시키는 역할을 한다.

6-2
두 에코간의 간격을 조정하는 스위치는 음속조정 스위치이다.

6-3
- 소인(Sweep) 회로 : 탐상기 화면에 나타나는 펄스에 대해 수평등속도로 만들어 탐상 거리를 조정
- 시간축 간격 조절기(Sweep length Control) : 펄스와 펄스 사이의 간격을 변화시키는 조절기
- 리젝션(Rejection) 조절기 : 전기적 잡음 신호를 제거하는데 사용되는 조절기
- 증폭기(Gain Control) : 음압의 비를 증폭시키는 조절기로 dB로 조정(펄스 길이 조정)

정답 6-1 ③ 6-2 ② 6-3 ③

핵심이론 07 초음파 탐촉자

① 초음파 탐촉자의 압전 효과

㉠ 압전 효과란 기계적인 에너지를 가하면 전압이 발생하고, 전압을 가하면 기계적인 변형이 발생하는 현상으로, 어떤 소재에 힘을 가하였을 경우 표면에 전압이 발생하고, 반대로 전압을 걸어주면 소자가 이동하거나 힘이 발생하는 현상이다.

㉡ 압전 재료의 종류 : 수정, 유화리튬, 지르콘・타이타늄산납계자기, 바륨・타이타늄산자기 등

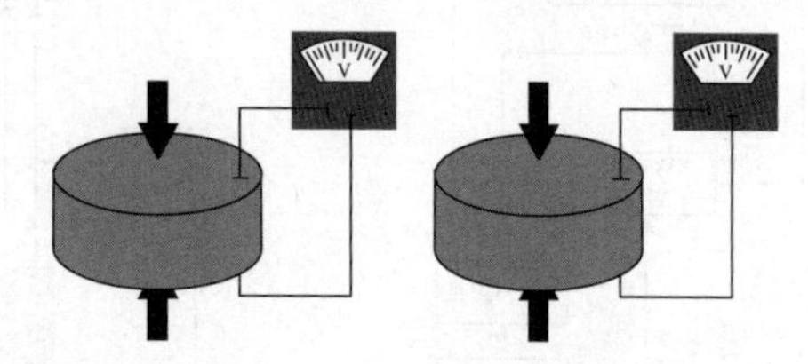

[압전 효과]

② 초음파 탐촉자의 특성

㉠ 압전 효과를 가지는 압전 재료를 탐촉자의 진동자로 사용하며, 압전 재료에 전류를 가하였을 경우 신축되어 초음파가 발생한다.

㉡ 송신부와 수신부가 있어, 송신부로부터 송신된 전기 신호를 초음파 펄스로 변환하고, 초음파 펄스를 수신하면 전기 신호로 변환하여 탐상기에 보내는 역할을 한다.

③ 탐촉자의 구조 및 종류

탐촉자는 초음파를 발생시키는 진동자와 펄스폭 조정 및 불필요 초음파를 흡수하는 흡음재, 진동자 보호막으로 구성되어 있으며, 크게 수직용, 경사각용으로 나누어진다.

구 분	용 도	형 식
수직용	직접 접촉용	1진동자(표준형)
		2진동자(분할형)
	국부 수침용	막붙이형, 막 없음
	수침용	–
	기 타	1진동자 타이어 탐촉자, 집속탐촉자
경사각용	직접 접촉형	표준(고정각, 가변각), 2진동자(분할형)
	국부 수침용	–

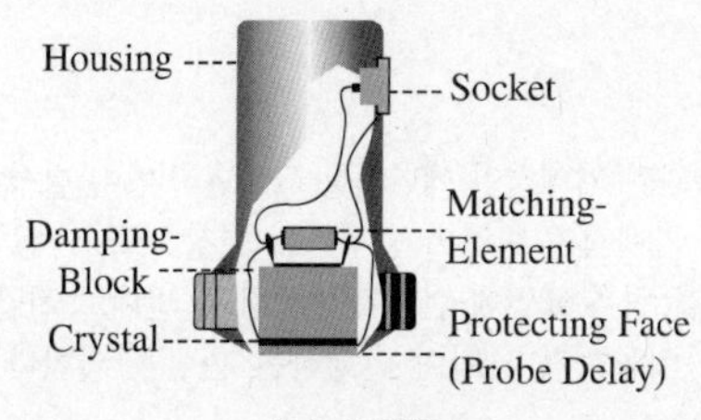

(a) 수직용

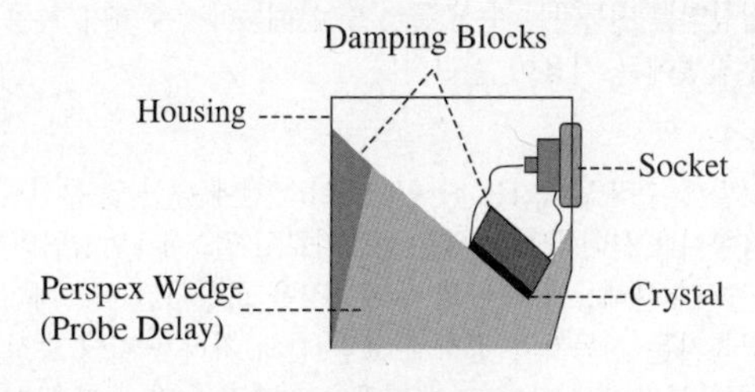

(b) 경사각용

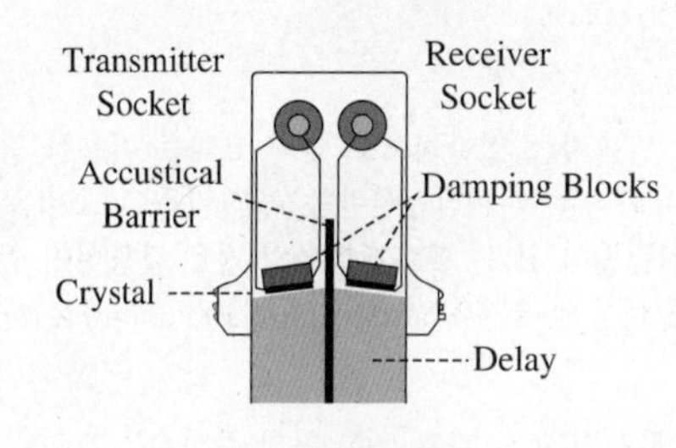

(c) 분할형

[탐촉자의 종류]

㉠ 직접 접촉용 탐촉자 : 시험체에 탐촉자를 직접 접촉시켜 주사한다.

㉡ 분할형 탐촉자 : 2개의 진동자를 사용하는 탐촉자로 송·수신용 진동자를 분리한다.

㉢ 수침용 탐촉자 : 시험체를 물속에 넣고 탐상할 때 사용한다.

㉣ 국부 수침용 탐촉자 : 시험체를 일부만 물에 접촉하여 탐상할 때 사용한다.

㉤ 타이어 탐촉자 : 시험체 위에 회전시키며 탐상할 때 사용한다.

④ 탐촉자의 표시 방법

탐촉자의 표시 방법은 KS B 0535에 나타나 있으며, 측정 대상물에 따라 어느 탐촉자를 사용할지 결정을 할 수 있어야 한다.

표시 순위	내 용	종별·기호
1	주파수 대역폭	보통 : N[1], 광대역 : B[2]
2	공칭 주파수	수직은 변화없음(단위 : MHz)
3	진동자 재료	수정 : Q, 지르콘·타이타늄산납계자기 : Z, 압전자기일반 : C, 압전소자일반 : M
4	진동자의 공칭치수	원형 : 직경(단위 : mm) 각형 : 높이 × 폭(단위 : mm) 2진동자는 각각의 진동자 치수이다.
5	형 식	수직 : N, 사각 : A, 종파사각 : LA, 표면파 : S, 가변각 : LA, 수침(국부 수침포함) : I, 타이어 : W, 2진동자 : D를 더함, 두께측정용 : T를 더함
6	굴절각	저탄소강 중에서의 굴절각을 나타내고, 단위는 ° 알루미늄용의 경우에는 굴절각의 뒤에 AL을 붙임
7	공칭집속 범위	집속형일 경우에는 F를 붙이고, 범위는 mm 단위

[1] N은 생략가능 [2] 고분해능 탐촉자를 의미

예 1) 5 Q 20 N : 보통 주파수 대역을 가지고, 5MHz, 수정진동자의 직경 20mm의 직접접촉용 수직 탐촉자

예 2) B 5 Z 14 I F15–25 : 광대역주파수폭을 가지고, 5MHz, 지르콘·타이타늄산납계자기의 직경이 14mm, 직속범위가 15~25mm의 집속 수침용 수직 탐촉자

⑤ 초음파탐상기의 성능

㉠ 증폭 직선성(Amplitude Linearity) : 입력에 대한 출력의 관계가 어느 정도 차이가 있는가를 나타내는 성능이다.

㉡ 감도 여유치 : 탐상기에서 조정 가능한 증폭기의 조정 범위(최소, 최대 증폭치 간의 차)이다.

㉢ 시간축 직선성(Horizontal Linearity) : 탐상기에서 표시되는 시간축의 정확성을 의미하며, 다중 반사 에코의 등간격이 얼마인지 표시할 수 있는 성능이다.

㉣ 분해능(Resolution) : 가까이 위치한 2개의 불연속부에서 탐상기가 2개의 펄스를 식별할 수 있는지에 대한 능력이다.

⑥ 초음파 탐촉자의 성능

㉠ 감도 : 작은 결함을 어느 정도까지 찾을 수 있는지를 표시한다.

㉡ 분해능 : 근접한 2개의 불연속부에서 2개의 펄스를 식별할 수 있는 능력이다.

㉢ 주파수 : 탐촉자에 표시된 공칭 주파수와 실제 시험에 사용하는 주파수이다.

㉣ 불감대 : 초음파가 발생할 때 수신을 할 수 없는 현상이다.

㉤ 회절 : 음파가 탐촉자 중심으로 나가지 않고, 비스듬히 진행하는 것이다.

10년간 자주 출제된 문제

7-1. 전기적 에너지를 기계적 에너지로, 기계적 에너지를 전기적 에너지로 바뀌는 물질의 성질을 무엇이라 하는가?

① 형 변화　② 압전 효과
③ 굴 절　④ 임피던스 결함

7-2. 다음 중 초음파의 수신효율이 가장 좋은 압전 물질은?

① 수 정　② 황산리튬
③ 산화은　④ 타이타늄산바륨

7-3. 분할형 수직 탐촉자를 이용한 초음파탐상시험의 특징에 관한 설명으로 틀린 것은?

① 펄스반사식 두께 측정에 이용된다.
② 송수신의 초점은 시험체 표면에서 일정거리에 설정된다.
③ 시험체 표면에서 가까운 거리에 있는 결함의 검출에 적합하다.
④ 시험체 내의 초음파 진행 방향과 평행한 방향으로 존재하는 결함검출에 적합하다.

7-4. 초음파탐상검사의 진동자 재질로 사용되지 않는 것은?

① 수 정　② 황산리튬
③ 할로겐화은　④ 타이타늄산바륨

7-5. 초음파 탐촉자의 성능측정 방법(KS B 0535)에 따라 다음과 같은 조건의 탐촉자에 대한 표시 방법은?

- 수정진동자의 지름 30mm
- 보통의 주파수 대역으로 공칭 주파수 2MHz
- 수직 탐촉자

① 30B2N　② 2A30Q
③ 2Q30N　④ 2Z30A

|해설|

7-1
압전 효과란 기계적인 에너지를 가하면 전압이 발생하고, 전압을 가하면 기계적인 변형이 발생하는 현상으로, 어떤 소재에 힘을 가하였을 경우 표면에 전압이 발생하고, 반대로 전압을 걸어주면 소자가 이동하거나 힘이 발생하는 현상을 말한다.

7-2
황산리튬 진동자는 수신 특성 및 분해능이 우수하며, 수용성으로 수침법에는 사용이 곤란하다.

7-3
분할형 수직 탐촉자는 하나의 케이스 안에 송신 및 수신진동자가 음향벽을 사이에 두고 있는 탐촉자로서 펄스에코탐상법의 단점인 근거리 분해능과 박판의 두께측정을 향상시킨 탐촉자이다. 이 탐촉자는 진동자와 검사체 표면 간의 거리가 길어 송신펄스에 의한 불감대가 없어 표면 직하의 결함검출 및 두께측정에 사용된다.

7-4
초음파 탐촉자는 일반적으로 압전 효과를 이용한 탐촉자이며, 수정, 유화리튬, 타이타늄산바륨, 황산리튬, 니오비움산납, 니오브산리튬 등이 있다. 할로겐화은의 경우 감광성이 있어 방사선탐상에서 사진 유제(Photographic Emulsion)로 사용된다.

7-5
수정진동자의 표시 기호 : Q, 공칭 주파수 : 2MHz, 수직 탐촉자 : N

정답 7-1 ② 7-2 ② 7-3 ④ 7-4 ③ 7-5 ③

핵심이론 08 | 기타 초음파 장치

① 기타 초음파탐상장치 - 접촉매질

초음파의 진행 특성상 공기층이 있을 경우 음파가 진행하기 어려워 특정한 액체를 사용한다.

㉠ 물 : 탐상면이 평탄하고 기계유 등이 묻지 않은 곳에 사용 가능하다.

㉡ 기계유 : 물과 마찬가지로 표면이 평탄한 경우 사용 가능하다.

㉢ 글리세린 : 물, 기계유보다 전달 효율이 우수하나, 강재를 부식시킬 우려가 있다.

㉣ 물유리 : 글리세린보다 전달 효율이 우수하여 거친 면이나 곡면 검사에 사용되나, 강알칼리성을 띄는 단점이 있다.

㉤ 글리세린 페이스트 : 글리세린에 계면 활성제와 증점제를 추가하여 점성을 높인다.

㉥ 그리스 : 점성이 높아 경사면에 유리하다.

② 기타 초음파탐상장치 - 시험편

㉠ 초음파탐상의 특성상 탐상기, 탐촉자, 감도 등을 보정할 때 사용하는 시험편이다.

㉡ 한국산업규격(KS)에 의거하여 표준 시험편 및 대비 시험편에 대해 검정된 시험편이다.

㉢ 표준 시험편의 종류로는 STB-A1, STB-A2, STB-A3, STB-A21, STB-A22, STB-G, STB-N 등이 있으며, 수직 및 사각탐상 시 측정범위 조정, 탐상감도 조정, 성능특성 조정을 위하여 사용한다.

㉣ 대비 시험편의 종류로는 RB-4, RB-5, RB-6, RB-7, RB-8, ARB, RB-D 등으로 수직 및 사각탐상 시 탐상감도 조정, 성능특성 측정 등에 사용한다.

10년간 자주 출제된 문제

8-1. 초음파탐상시험에서 접촉매질을 사용하는 가장 주된 이유는?

① 시험체의 부식을 방지하기 위하여
② 탐촉자의 움직임을 원활히 하기 위하여
③ 탐촉자의 보호막의 마모를 방지하기 위해서
④ 탐촉자와 시험체 사이에 공기층을 없애기 위하여

8-2. 초음파탐상검사에 사용되는 접촉매질(Couplant)에 대해 설명한 것 중 옳은 것은?

① 접촉매질의 막은 가능한 한 두꺼울수록 좋다.
② 접촉매질이 너무 얇으면 간섭현상으로 음에너지가 손실된다.
③ 접촉매질의 음향 임피던스는 탐촉자의 음향 임피던스보다 커야 한다.
④ 접촉매질은 시험편 표면과 탐촉자 표면 사이에서 음향 임피던스를 가져야 한다.

8-3. 초음파탐상검사에서 표준 시험편의 사용목적으로 가장 거리가 먼 것은?

① 감도의 조정을 한다.
② 탐상기의 성능을 측정한다.
③ 시간축의 측정범위를 조정한다.
④ 동축케이블의 성능을 측정한다.

|해설|

8-1

초음파의 진행 특성상 공기층이 있을 경우 음파 진행이 어려워 접촉매질이라는 액체를 사용하게 된다.

8-2

접촉매질은 초음파의 진행 특성상 공기층이 있을 경우 음파가 진행하기 어려워 특정한 액체를 사용하는 것으로 시험체와 음향 임피던스가 비슷하여야 전달 효율이 좋아진다.

8-3

표준 시험편은 STB-A1, STB-A2, STB-A3 등이 있으며 탐상기의 성능, 측정범위의 조정, 탐상감도 조정, 입사각, 굴절각 등을 조정한다.

정답 8-1 ④ 8-2 ④ 8-3 ④

핵심이론 09 | 초음파탐상방법

① 초음파탐상법의 종류

초음파 형태	송·수신 방식	탐촉자수	접촉방식	표시방식	진동방식
펄스파법	반사법	1탐촉자법	직접접촉법	A-scan법	수직법
연속파법	투과법	2탐촉자법	국부수침법	B-scan법	(주로 종파)
	공진법		전몰수침법	C-scan법	사각법
				D(T)-scope	(주로 횡파)
				F-scan법	표면파법
				P-scan법	판파법
				MA-scan법	크리핑파법
					누설표면파법

② 초음파의 진행 원리에 따른 분류

㉠ 펄스파법(반사법) : 초음파를 수μ초 이하로 입사시켜 저면 혹은 불연속부에서의 반사 신호를 수신하여 위치 및 크기를 알아보는 방법이다.

㉡ 투과법 : 2개의 송·수신 탐촉자를 이용하여 송신된 신호가 시험체를 통과한 후 수신되는 과정에 의해 초음파의 감쇠효과로부터 불연속부의 크기를 알아보는 방법이다.

㉢ 공진법 : 시험체의 고유 진동수와 초음파의 진동수를 일치할 때 생기는 공진 현상을 이용하여 시험체의 두께 측정에 주로 적용하는 방법이다.

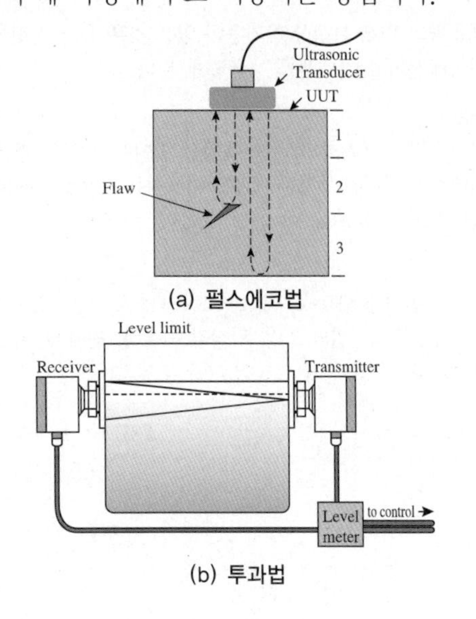

(a) 펄스에코법

(b) 투과법

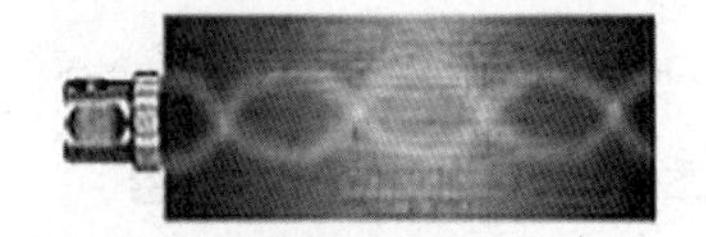

(c) 공진법

[초음파의 진행 원리에 따른 분류]

③ 탐촉자의 접촉 방법에 의한 분류

㉠ 직접접촉법 : 탐촉자를 시험체 위에 직접 접촉시켜 검사하는 방법이다.

㉡ 수침법 : 시험체와 탐촉자를 물속에 넣어 초음파를 발생시켜 검사하는 방법이다.

- 전몰수침법 : 시험체 전체를 물속에 넣고 검사하는 방법
- 국부수침법 : 시험체를 국부만 물에 수침되게 하여 검사하는 방법

④ 표시 방법에 의한 분류

㉠ A-Scope : 횡축은 초음파의 진행 시간, 종축은 수신신호의 크기를 나타내어 펄스 높이, 위치, 파형을 표시한다.

㉡ B-Scope : 시험체의 단면을 표시해 주며, 탐촉자의 위치, 이동거리, 전파시간, 반사원의 깊이 위치를 표시한다.

㉢ C-Scope : 탐상면 전체에 주사시켜 결함 위치를 평면도처럼 표시한다.

⑤ 탐촉자 수에 의한 분류

㉠ 1탐촉자법 : 송신과 수신이 1개의 탐촉자로 탐상이 가능한 것이다.

㉡ 2탐촉자법 : 송신과 수신이 2개의 탐촉자로 탐상이 가능한 것이다.

⑥ 진동 방식과 진행 방향에 의한 분류

㉠ 수직탐상법 : 음파의 진행 방향이 입사 표면에 수직으로 진행하며 주로 종파를 사용한다.

㉡ 사각탐상법 : 음파의 진행 방향이 입사 표면에 45°, 60°, 70° 등 경사지게 진행하며 주로 횡파를 사용한다.

㉢ 표면파법 : 음파의 진행 방향이 표면 근처에서 이동하며 표면층만을 진행하는 방법이다.

⑦ 수직탐상법 탐상방법

기능사 수준에서는 주로 스텝 웨지(Step Wedge)를 이용하여 동일 재질로 된 계단형 물체의 크기(높이)를 측정하는 시험에 사용한다.

㉠ 탐상 준비

- 탐상면 및 방향을 결정한다.
- 탐촉자 선정 : 사용하는 시험편에 따라 주파수, 진동자 등을 결정한다.

㉡ 탐상장치 보정

- 표준 시험편을 이용하여 탐상기 및 탐촉자를 보정한다.
- 측정 범위 및 탐상 감도를 조정하며, 측정 범위의 경우 탐상할 시험편의 1.5~2배 정도 설정(두께 40mm 시험편일 경우 시간축 50mm 혹은 100mm)하며, 탐상 감도의 경우 화면상 게인 조정기로 규격에 맞도록 조정한다.

㉢ 탐 상

결함 측정의 경우 불연속부의 대략적인 위치를 파악 후 세부 탐상을 실시하며 스텝웨지를 사용하는 경우 각 계단형 물체의 크기(높이)를 측정한다.

㉣ 기록 및 평가

결함에 대한 정보를 기록 후 규격에 의한 판정 및 스텝웨지의 크기(높이)를 기록한다.

⑧ 사각탐상법 탐상방법

㉠ 사각 탐촉자의 주사 방법

- 1탐촉자의 기본주사 : 전후 주사, 좌우 주사, 목돌림주사, 진자주사
- 1탐촉자의 응용주사 : 지그재그주사, 종방향주사, 횡방향주사, 경사평행주사, 용접선상주사
- 2탐촉자의 주사 : 탠덤주사, 두갈래주사, K-주사, V-주사, 투과주사 등

㉡ 탐상 준비

- 탐촉자 선정 : 주파수, 진동자 크기, 굴절각 선정
- 측정 범위 조정 : 1skip법 혹은 1.5skip법으로 빔 행정거리를 조정

㉢ 탐상 감도 설정 : 표준 시험편 혹은 대비 시험편을 이용하여 입사점, 굴절각 등을 설정한다.

- 필요에 따라 DAC 곡선 혹은 에코 높이 구분선을 작성한다.

㉣ 탐 상

용접면 탐상 시 실제 불연속부의 오차를 줄이기 위하여 용접부 양쪽에서 탐상한다.

㉤ 기록 및 평가

결함에 대한 정보를 기록 후 규격에 의해 판정한다.

10년간 자주 출제된 문제

9-1. 공진법에서는 주로 어떤 형태의 초음파를 사용하는가?

① 연속파　② 간헐파
③ 표면파　④ 레일리파

9-2. 초음파탐상결과에 대한 표시방법 중 초음파의 진행시간과 반사량을 화면의 가로와 세로축에 표시하는 방법은?

① A-scan　② B-scan
③ C-scan　④ D-scan

9-3. 초음파탐상시험 중 펄스반사법에 의한 직접접촉법에 해당되지 않는 것은?

① 수침법　② 표면파법
③ 수직법　④ 경사각법

9-4. 음파탐상방법의 분류 중 원리에 의해 분류된 것은?

① 수직탐상법　② A-scope법
③ 1탐촉자법　④ 공진법

9-5. 용접부를 거친 탐상으로 결함의 유무를 확인하기 위한 일반적인 방법으로 전후 주사와 좌우 주사에 약간의 목돌림주사를 병용하는 주사방법은?

① 탠덤주사
② 경사평행주사
③ 용접선상주사
④ 지그재그주사

9-6. 경사각탐상의 탠덤주사에 대한 설명으로 옳은 것은?

① 2개의 탐촉자를 용접부의 한쪽에서 전후로 배열 송수신용으로 사용하는 방법
② 탐촉자를 용접선에 평행하게 이동시키는 주사방법
③ 탐촉자를 용접선에 직각 방향으로 이동시키는 주사방법
④ 탐촉자를 회전시켜 초음파빔의 방향을 변화시켜 주는 주사방법

|해설|

9-1
초음파의 형태는 펄스파법과 연속파법이 있으며, 공진법에서는 시험체의 고유 진동수와 초음파의 진동수를 일치할 때 생기는 공진현상을 이용하는 방식으로 연속파를 주로 사용한다.

9-2
A-scan 혹은 A-scope법이라고도 하며, 가로축을 전파시간을 거리로 나타내고, 세로축은 에코의 높이(크기)를 나타내는 방법으로 에코 높이, 위치, 파형 3가지 정보를 알 수 있다.

9-3
수침법은 시험체와 탐촉자를 물속에 넣어 초음파를 발생시켜 검사하는 방법이다.

9-4
원리에 의해 분류로 반사법(펄스반사법), 투과법, 공진법이 있으며 진동방식의 분류로 수직, 사각, 표면파, 판파 등이 있다. 접촉방식으로는 직접접촉법, 국부수침법, 전몰수침법 등이 있다.

9-5
지그재그주사란 전후주사와 좌우주사를 조합하여 지그재그로 이동하는 주사방법이다.

9-6
탠덤주사 : 탐상면에 수직인 결함의 깊이를 측정하는데 유리하며, 한쪽면에 송・수신용 2개의 탐촉자를 배치하여 주사하는 방법

정답 9-1 ① 9-2 ① 9-3 ① 9-4 ④ 9-5 ④ 9-6 ①

CHAPTER 03 KS 규격 정리

핵심이론 01 KS B 0534 초음파탐상장치의 성능 측정방법

① 적용범위 : 초음파펄스반사법에 의한 기본 표시기를 갖는 초음파탐상기와 탐촉자를 이용하여 초음파탐상 장치의 성능측정방법 및 정기점검방법에 대한 규정

② 성능측정항목 : 증폭 직선성, 시간축 직선성, 수직탐상의 감도 여유값, 수직탐상의 원거리 분해능, 수직탐상의 근거리 분해능, 수직탐상의 추입 범위, 경사각탐상의 A1 감도 및 A2 감도, 경사각탐상의 분해능

③ 증폭 직선성의 측정

㉠ 사용기재
- 접촉매질 : 머신유 등
- 탐촉자 : 직접 접촉용 수직 탐촉자
- 신호원 : 표준 시험편 STB-G V 15 - 5.6(KS B 0813에 따라)으로 교정된 반사원 또는 의사에코 신호를 발생하는 신호 발생기

㉡ 측정방법
- 시험편을 이용한 측정방법
  - 초음파탐상기의 리젝션을 “0” 또는 “OFF”로 한다.
  - 사용 기재의 접속에 따라 수직 탐촉자를, 접촉매질을 사이에 끼워서 시험편에 접촉시키고, 표준 구멍으로부터의 에코 진폭이 최대가 되도록 탐촉자의 위치, 접촉 상태를 조정하고, 이 측정이 끝날 때까지 동일한 상태를 유지한다.
  - 송신 펄스, 저면 에코 및 이 흠 에코가 표시기상에 나타나도록, 초음파탐상기의 측정 범위 및 음속조정기를 조정한다.
  - 다른 조정 손잡이 등은 사용 상태와 동일하게 설정한다.
  - 흠 에코의 높이를 1% 단위로 읽고, 이것을 표시기 눈금판의 풀스케일(이하 눈금이라 한다)의 100%가 되도록, 초음파탐상기의 게인 조정기를 조정한다.
  - 게인 조정기로 2dB씩 게인을 저하시켜, 그 때의 흠 에코 높이를 표시기상에서 읽는다. 이것을 26dB까지 계속한다.
  - 이론값과 측정값의 차를 편차로 하고, “양”의 최대 편차(+h)와 “음”의 최대 편차(−h)를 증폭 직선성으로 한다.
  - 다시 30dB까지 게인을 저하시켜서, 에코가 명료하게 관측될 수 있는지 여부를 판정하고, “에코 소실 상태”로 기록한다.
- 의사 신호원을 사용한 측정방법
  - 초음파탐상기의 리젝션을 “0” 또는 “OFF”로 한다.
  - 사용 기재의 접속에 의하여 신호 발생기를 초음파탐상기에 접속하고, 의사에코 신호가 표시기상에 나타나도록, 초음파탐상기의 측정 범위 및 음속 조정기를 조정한다.
  - 다른 조정 손잡이 등은 사용 상태와 동일하게 설정한다.
  - 이 신호의 높이를 1% 단위로 읽고, 이것을 표시기 눈금의 100%가 되도록 초음파탐상기의 게인 조정기를 조정한다.
  - 게인 조정기로 2dB씩 게인을 저하시켜, 그 때의 신호 높이를 표시기상에서 읽는다. 이것을 26dB까지 계속한다.

- 이론값과 측정값의 차를 편차로 하고, "양"의 최대 편차(+h)와 "음"의 최대 편차(-h)를 증폭 직선성으로 한다.
- 다시 30dB까지 게인을 저하시켜, 신호를 명료하게 관측할 수 있는지를 판정하고, "에코 소실 상태"로 기록한다.

④ 시간축 직선성의 측정

㉠ 사용기재

- 접촉매질 : 머신유 등
- 탐촉자 : 직접 접촉용 수직 탐촉자(비집속의 것)
- 신호원 : 측정 범위(50, 125, 350mm 및 필요로 하는 측정 범위)의 $\frac{1}{5}$ 두께를 갖는 시험편 또는 측정 범위의 $\frac{1}{5}$ 간격으로 의사 저면 에코를 발생하는 신호 발생기

⑤ 수직탐상의 감도 여유값

㉠ 사용기재

- 접촉매질 : 머신유 등
- 반사원 : 표준 시험편 STB-G V 15 - 5.6(KS B 0831에 따름)의 표준 구멍 또는 이 표준 시험편으로 교정된 시험편의 인공 흠
- 탐촉자 : 수직 탐촉자(비집속의 것)

⑥ 수직탐상의 원거리 분해능

㉠ 사용기재

- 접촉매질 : 실제의 탐상시험에 사용하는 것
- 분해능 측정용 시험편 : RB-RA형 대비 시험편, 다만, 광대역 탐촉자를 사용할 경우 RB-RB형 대비 시험편
- 탐촉자 : 실제의 탐상시험에 사용하는 수직 탐촉자

⑦ 수직탐상의 근거리 분해능

㉠ 사용기재

- 접촉매질 : 실제의 탐상시험에 사용하는 것
- 분해능 측정용 시험편 : RB-RC형 대비 시험편
- 탐촉자 : 실제의 탐상시험에 사용하는 수직 탐촉자

⑧ 경사각탐상의 분해능

㉠ 사용기재

- 접촉매질 : 실체의 탐상시험에 사용하는 것
- 시험편 : RB-RD형 대비 시험편
- 탐촉자 : 실제로 탐상 작업에 사용하는 경사각 탐촉자

10년간 자주 출제된 문제

1-1. 초음파탐상장치의 성능측정방법(KS B 0534)에 따라 수직탐상을 할 경우 사용되는 근거리 분해능 측정용 시험편은?

① RB-RA형
② RB-RB형
③ RB-RC형
④ STB-A형

1-2. 초음파탐상장치의 성능측정방법(KS B 0534)에 의거 시간축 직선성의 성능측정방법에 관한 설명으로 옳은 것은?

① 접촉매질은 물을 사용한다.
② 초음파탐상기의 리젝션은 0 또는 OFF로 한다.
③ 탐촉자는 직접 접촉용 경사각 탐촉자를 사용한다.
④ 신호원으로는 측정 범위의 1/3두께를 갖는 시험편을 사용한다.

1-3. 초음파탐상장치의 성능측정방법(KS B 0534)에서 수직탐상의 감도 여유값을 측정하기 위한 사용 기재가 아닌 것은?

① 경사각 탐촉자
② STB-G V15-5.6 시험편
③ 수직 탐촉자(비집속인 것)
④ 머신유를 접촉매질로 사용

1-4. 초음파탐상장치의 성능측정방법(KS B 0534)에 따른 시험편을 사용한 증폭 직진성의 측정방법에 관한 내용으로 옳지 않은 것은?

① 탐상기의 리젝션을 "0" 또는 "OFF"로 한다.
② 홈 에코의 높이를 5% 단위로 읽고, 풀스케일의 80%가 되도록 탐상기의 게인 조정기를 조정한다.
③ 게인 조정기로 2dB씩 게인을 저하시켜 26dB까지 계속한다.
④ 이론값과 측정값의 차를 편차로 하고 "양"의 최대 편차와 "음"의 최대 편차를 증폭 직선성으로 한다.

|해설|

1-1

수직탐상에서의 근거리 분해능은 RB-RC형 대비 시험편을 이용하고 접촉 매질 및 탐촉자의 경우 실제 탐상에서 쓰이는 것을 사용한다.

1-2

리젝션은 원칙적으로 사용하지 않도록 한다.

1-3

수직탐상의 감도 여유값 측정에는 STB-G V15-5.6 표준 시험편이 사용되며, 접촉 매질 머신유를 사용하여 비집속인 수직 탐촉자를 사용하여 측정한다.

1-4

시험편을 이용하여 증폭 직진성을 측정할 경우 흠 에코의 높이는 1% 단위로 읽으며, 눈금의 100%가 되도록 조정한다.

정답 1-1 ③ 1-2 ② 1-3 ① 1-4 ②

핵심이론 02 KS B 0535 초음파 탐촉자 성능측정방법

① 적용 범위 : 1MHz 이상 15MHz 이하의 초음파 탐촉자의 성능측정방법이다.

② 탐촉자의 기호

표시 순위	내 용	종별 · 기호
1	주파수 대역폭	보통 : N[1], 광대역 : B[2]
2	공칭주파수	수직은 변화없음(단위 : MHz)
3	진동자재료	수정 : Q, 지르콘 · 타이타늄산납계자기 : Z, 압전자기일반 : C, 압전소자일반 : M
4	진동자의 공칭치수	원형 : 직경(단위 : mm) 각형 : 높이 × 폭(단위 : mm) 2진동자는 각각의 진동자치수이다.
5	형 식	수직 : N, 사각 : A, 종파사각 : LA, 표면파 : S, 가변각 : LA, 수침(국부수침포함) : I, 타이어 : W, 2진동자 : D를 더함, 두께측정용 : T를 더함
6	굴절각	단위는 °, 알루미늄용의 경우에는 굴절각의 뒤에 AL을 붙임
7	공칭집속 범위	집속형일 경우에는 F를 붙이고, 범위는 mm 단위

[1] N은 생략가능, [2] 고분해능 탐촉자를 의미

예 1. N5Q20N : 보통 주파수 대역 공칭주파수 5MHz, 수정 진동자의 지름 20mm인 직접 접촉용 수직 탐촉자

예 2. B2M10×10A45F25-35 : 넓은 주파수 대역 공칭주파수 2MHz, 압전 소자 치수는 높이×폭이 10×10mm, 굴절각 45°, 집속 범위가 깊이 방향 25~35mm인 집속 경사각 탐촉자

예 3. N3M10×10A45AL : 보통 주파수 공칭주파수 3MHz, 압전 소자 치수는 높이×폭이 10×10mm, 굴절각이 45°인 알루미늄용 경사각 탐촉자

③ 측정 항목

㉠ 공통 측정 항목 : 시험 주파수, 전기 임피던스, 진동자의 유효치수, 시간 응답특성, 중심 감도 프로덕트 및 대역폭

㉡ 개별 측정 항목

- 직접 접촉용 1진동자 수직 탐촉자 : 빔 중심축의 편심과 편심각, 송신 펄스 폭
- 직접 접촉용 1진동자 집속 수직 탐촉자 : 집속 범위 및 빔 폭
- 직접 접촉용 2진동자 수직 탐촉자 : 표면 에코레벨, 거리 진폭 특성 및 N1감도, 빔폭
- 직접 접촉용 1진동자 경사각 탐촉자 : 빔 중심축의 편심과 편심각, 입사점, 굴절각, 불감대
- 직접 접촉용 1진동자 집속 경사각 탐촉자 및 직접 접촉용 2진동자 경사각 탐촉자 : 집속 범위 및 빔 폭, 최대 감도

④ 직접 접촉용 1진동자 경사각 탐촉자의 측정

㉠ 사용 기재 : 초음파탐상기, STB-A1

㉡ 입사점 : STB-A1의 R100 곡면에 향하게 놓고 초음파를 입사하여 곡면으로부터의 에코가 최대가 되도록 하고 입사점 가이드 눈금을 0.5mm 단위로 읽고, 눈금의 위치를 입사점으로 한다.

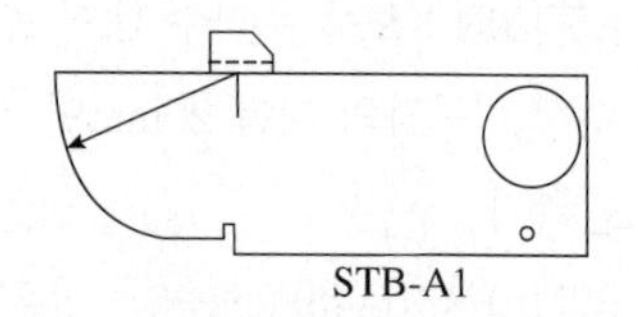

[입사점의 위치 측정]

㉢ 굴절각 : 굴절각 30~60°의 경우 그림 (a)의 지름 50mm 구멍의 에코를 사용하며, 굴절각 60~70°의 경우 그림 (b)의 지름 50mm 구멍의 에코를 사용, 굴절각 74~80°의 경우 그림 (c)의 위치에 놓고 지름 1.5mm 관통 구멍의 에코를 사용한다.

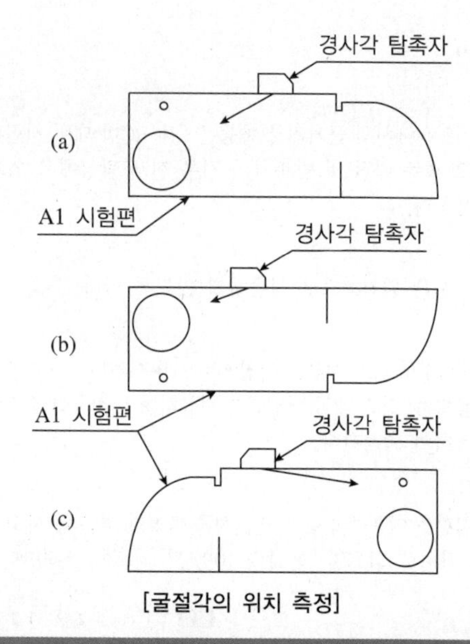

[굴절각의 위치 측정]

10년간 자주 출제된 문제

2-1. 초음파 탐촉자의 성능측정방법(KS B 0535)에서 B5Z14I-F15-25인 탐촉자가 의미하는 것은 어느 것인가?

① 광대역의 공칭주파수가 5MHz인 지르콘・타이타늄산납계 자기진동자의 지름이 14mm, 집속범위가 물속 15~25mm인 집속 수침용 수직 탐촉자
② 광대역의 공칭주파수가 5MHz인 압전자기 일반의 진동자의 지름이 14mm, 집속범위가 15~25mm인 굴절용 수직 탐촉자
③ 보통 주파수 대역폭의 공칭 주파수가 5MHz인 지르콘・타이타늄산납계 자기진동자의 지름이 14mm인 집속 수직 탐촉자
④ 보통 주파수 대역폭의 공칭 주파수가 MHz인 지르콘・타이타늄산납계 자기진동자의 지름이 14mm인 굴절용 수직 탐촉자

2-2. 초음파 탐촉자의 성능측정방법(KS B 0535)에 따른 개별 측정 항목은?

① 전기 임피던스 ② 시간 응답 특성
③ 빔 중심축의 편심 ④ 중심 감도 대역폭

2-3. 초음파 탐촉자의 성능측정방법(KS B 0535)에서 보기에 대한 설명 중 틀린 것은?

|보기|

N5C10 × 10A70

① 굴절각은 70°이다.
② 공칭주파수는 5MHz이다.
③ 진동자 재료는 황산바륨이다.
④ 진동자의 크기는 10 × 10mm이다.

|해설|

2-1

B : 광대역 주파수 대역폭, 5 : 공칭주파수 5MHz, Z : 지르콘·타이타늄산납계 진동자, 14 : 원형진동자의 직경, I : 침수용, F : 집속형, 15-25 : 접속 범위를 의미한다.

2-2

탐촉자 개별측정항목으로는 진동자의 종류에 따라 다르나 주로 빔 중심축의 편심과 편심각, 송신 펄스 폭, 표면 에코레벨, 입사점, 굴절각 등이 있으며, 공통측정항목으로는 주파수, 임피던스값, 진동자의 유효치수, 시간 응답특성, 중심 감도 대역폭 등이 있다.

2-3

N5C10×10A70을 해석해 보면 N : 보통 주파수 대역폭(생략가능), 5 : 5MHz, C : 압전자기 일반 재료, 10×10 : 압전 소자 치수(10×10mm), A : 종파 사각 탐촉자, 70 : 굴절각(°)을 나타낸다.

정답 2-1 ① 2-2 ③ 2-3 ③

핵심이론 03 | KS B 0831 초음파탐상시험용 표준 시험편

① 적용 범위 : 초음파탐상시험 장치의 교정, 조정 및 탐상 감도의 조정에 사용하는 표준 시험편

② 표준 시험편의 종류 및 종류 기호

표준 시험편의 종류	탐상 방법	탐상 대상물의 보기	주된 사용 목적
G형 표준 시험편 (G형 STB)	수 직	아주 두꺼운 판, 조강 및 단조품	탐상 감도의 조정, 수직 탐촉자의 특성 측정, 탐상기의 종합 성능 측정
N1형 표준 시험편 (N1형 STB)		두꺼운 판	탐상 감도의 조정
A1형 표준 시험편 (A1형 STB)	수직 및 경사각	용접부 및 관	경사각 탐촉자의 특성 측정, 입사점, 굴절각, 측정 범위의 조정, 탐상 감도의 조정
A2형 표준 시험편 (A2형 STB)	경사각	용접부 및 관	탐상 감도의 조정, 탐상기의 종합 성능 측정
A3형계 표준 시험편 (A3형계 STB)		용접부	경사각 탐촉자의 입사점, 굴절각, 측정 범위의 조정, 탐상 감도의 조정

③ 재 료

표준 시험편의 종류	종류 기호	열처리	기 타
G형 STB	SUJ2	구상화 어닐링	초음파의 전파 특성에 이상을 일으키는 잔류 응력이 없는 것으로 한다.
	SNCM439	퀜칭 템퍼링(850℃ 1시간 유냉, 650℃ 2시간 공랭)	
N1형 STB A1형 STB	SM400, SM490 또는 중탄소의 기계 구조용 탄소강 강재(결정입도 5 이상의 킬드강)	노멀라이징 또는 퀜칭 템퍼링(750~810℃ 수랭, 650℃ 공랭을 표준으로 한다.)	초음파의 전파 특성에 이상을 일으키지 않는 음향 이방성이 없는 것으로 한다.
A2형계 STB A3형계 STB	SM490 또는 중탄소의 기계 구조용 탄소강 강재(결정 입도 번호 5 이상의 킬드강)	노멀라이징 또는 퀜칭 템퍼링(750~810℃ 수랭, 650℃ 공랭을 표준으로 한다)	

④ 초음파탐상에 사용하는 장치

검정 장치류		표준 시험편의 종류 또는 종류 기호							
		G형 STB			N1형 STB	A1형 STB	A2형계 STB		A3형계 STB
							STB-A2	STB-A21 ATB-A22	
탐촉자	탐상기	주파수 전환 기능을 가진 탐상기로 필요 주파수 범위를 포함하는 것							
	종 류	수 직			수 침	경사각			
	진동자 재료	수정 또는 세라믹스					세라믹스		
	주파수 (MHz)	2 (2.25)	5	10	5	5	2(또는 2.25) 및 5	5	5
	진동자 치수 (mm)	ϕ28	ϕ20	ϕ20 또는 ϕ14	ϕ20	10×10	10×10		
	굴절각	–				70	45 및 70		70
접촉매질		기계유		물		기계유			
검정용 STB		STB-G			STB-N1	STB-A1	STB-A2		

⑤ 초음파탐상 검정 조건 및 검정 방법

검정 조건 및 검정 항목		표준 시험편의 종류 또는 종류 기호		
		G형 STB	N1형 STB	A1형 STB
반사원		인공흠		R100면
주파수(MHz)		2(또는 2.25) 5 및 10	5	5
감도	리젝션	"0" 또는 "OFF"로 한다.		
	감 도	검정용 표준 시험편의 인공흠 또는 반사면에서의 에코 높이를 눈금판의 80%에 맞춘다.		
판독의 단위		(1) 에코 높이의 판독은 0.1dB로 한다. (2) 입사점 측정 위치의 판독은 0.2mm로 한다. (3) 굴절각 눈금의 판독은 0.2°로 한다.		

⑥ 합부 판정

표준 시험편의 종류	판정 기준
G형 STB	(1) 시험편 반사원의 에코 높이의 측정값이 검정용 표준 시험에서 기준 정한 기준값 대비 주파수 2(또는 2.5)MHz의 경우 ±1dB 주파수 5MHz의 경우 ±1dB 주파수 10MHz의 경우 ±2dB
N1형 STB	시험편 반사원의 에코 높이의 측정값이 검정용 표준 시험에서 기준 정한 기준값에 대하여 ±1dB로 한다.
A1형 STB	시험편 반사원의 에코 높이의 측정값이 검정용 표준 시험에서 기준 정한 기준값에 대하여 ±0.5mm로 한다.

⑦ G형 표준 시험편의 모양

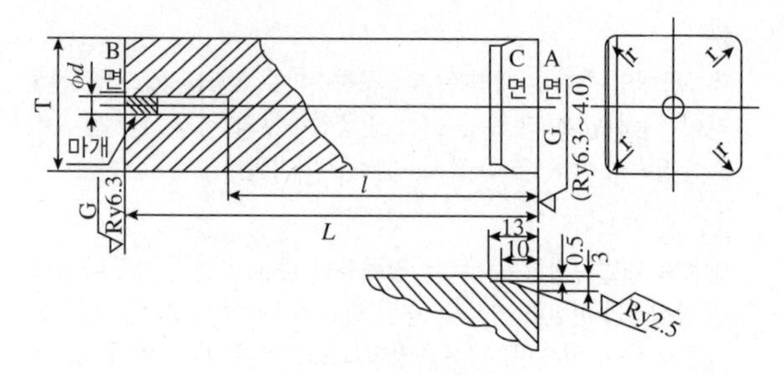

[G형 표준 시험편]

표준 시험편의 종류 기호	l	d	L	T	r
STB-G V2	20	2±0.1	40	60±12	<12
STB-G V3	30	2±0.1	50	60±1.2	<12
STB-G V5	50	2±0.1	70	60±1.2	<12
STB-G V8	80	2±0.1	100	60±1.2	<12
STB-G V15-1	150	1±0.05	180	50±1.0	<12
STB-G V15-1.4	150	1.4±0.07	180	50±1.0	<12
STB-G V15-2	150	2±0.1	180	50±1.0	<12
STB-G V15-2.8	150	2.8±0.14	180	50±1.0	<12
STB-G V15-4	150	4±0.2	180	50±1.0	<12
STB-G V15-5.6	150	5.6±0.28	180	50±1.0	<12

⑧ N1형 표준 시험편의 모양 및 치수

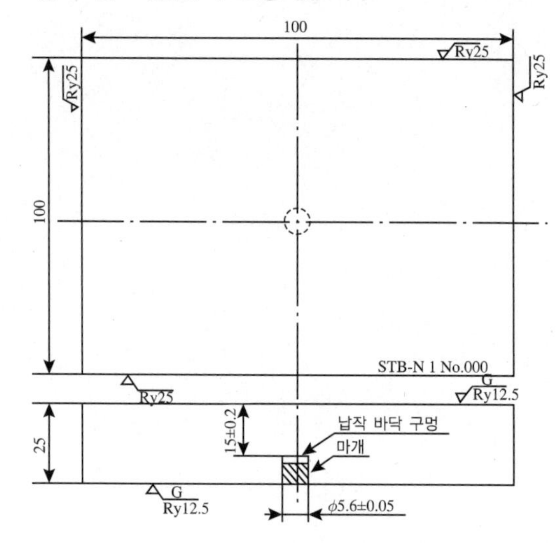

[N1형 표준 시험편]

10년간 자주 출제된 문제

3-1. 초음파탐상시험용 표준 시험편(KS B 0831)에서 경사각탐상용 A1형 표준 시험편의 용도에 대한 설명 중 틀린 것은?

① 경사각 탐촉자의 입사점 측정
② 경사각 탐촉자의 굴절각 측정
③ 측정 범위 조정
④ 탐상기의 종합 성능 측정

3-2. 초음파탐상시험용 표준 시험편(KS B 0831)에 의한 A1형 STB시험편의 검정에 사용하는 탐촉자의 주파수는?

① 1MHz ② 2.25MHz
③ 5MHz ④ 10MHz

3-3. 초음파탐상시험용 표준 시험편(KS B 0831)에서 탐상시험에 사용되는 N1형 STB 표준 시험편의 설명으로 틀린 것은?

① 사용되는 탐촉자의 종류는 수침 탐촉자이다.
② 사용되는 탐촉자의 주파수는 2MHz를 쓴다.
③ 사용되는 탐촉자의 진동자재료는 수정을 쓴다.
④ 사용되는 탐촉자의 진동자치수는 지름이 20mm이다.

3-4. 초음파탐상시험용 표준 시험편(KS B 0831)에서 STB-N1 시험편 반사원의 에코 높이의 측정값은 검정용 표준 시험편에서 정한 기준값에 대하여 몇 dB 이내이어야 합격인가?

① ±1 ② ±2
③ ±3 ④ ±5

3-5. 초음파탐상시험용 표준 시험편(KS B 0831)에 따라 재질이 SUJ2인 STB-G형 표준 시험편을 만들려고 한다. 이때 사용하여야 하는 열처리 방법은?

① 마퀜칭
② 노멀라이징
③ 오스템퍼링
④ 구상화 어닐링

3-6. 초음파탐상시험용 표준 시험편(KS B 0831)에 따른 G형 STB 중 V15-1.4의 의미를 바르게 설명한 것은?

① 탐상면 중앙에 1.4mm의 지름이 저면 150mm까지 구멍이 있다는 것이다.
② 탐상면에서 150cm의 위치에 지름이 1.4m되는 구멍이 뚫려 있다는 것이다.
③ 탐상면에서 150cm의 위치에 지름이 14mm되는 구멍이 저면까지 뚫려 있다는 것이다.
④ 탐상면에서 150mm의 위치에 지름이 1.4mm되는 구멍이 저면까지 뚫려 있다는 것이다.

3-7. 초음파탐상시험용 표준 시험편(KS B 0831)에서 G형 표준 시험편의 검정조건 및 검정방법에 관한 설명으로 옳은 것은?

① 반사원은 R100면으로 한다.
② 주파수는 2(또는 2.25), 5 및 10MHz이다.
③ 측정방법은 검정용 기준 편에만 1회 실시한다.
④ 리젝션의 감도는 "0" 또는 "온(ON)"으로 한다.

|해설|

3-1

표준 시험편(STB-A1)의 사용 목적으로 경사각 탐촉자의 특성 측정, 입사점 측정, 굴절각 측정, 측정 범위의 조정, 탐상 감도의 조정이 있다.

3-2

STB-A1형 탐촉자는 5MHz를 사용한다.

표준 시험편의 종류 또는 종류 기호								
진동자 재료	G형 STB			N1형 STB	A1형 STB	A2형계 STB		A3형계 STB
						STB-A2	STB-A21 ATB-A22	
주파수 (MHz)	2 (2.25)	5	10	5	5	2(또는 2.25) 및 5	5	5

3-3

KS B 0831에서 N1형 STB는 수침 탐촉자를 이용하여 두꺼운 판에 주로 탐상하며 탐상 감도의 조정을 위해 사용된다. 진동자의 재료로는 수정 또는 세라믹스를 사용하여 5MHz의 주파수를 사용하며, 진동자 치수는 20mm이다. 접촉 매질로는 물을 가장 많이 사용한다.

3-4

STB-N1 시험편 반사원의 에코 높이의 측정값은 검정용 표준 시험편에서 정한 기준값에 대하여 ±1dB 이내이어야 한다. G형의 경우 2, 2.5, 5MHz의 경우 ±1dB, 10MHz의 경우 ±2dB, A1형일 경우 ±0.5dB로 합부 판정이 이루어진다.

3-5

STB-G형의 SUJ2는 고탄소 크롬 베어링 강재로 1%C, Cr이 포함되어 경도와 피로강도에 우수한 장점이 있는 재질로 구상화 어닐링 열처리를 해 주며 SNCM439의 경우 퀜칭템퍼링을 해 준다. 또 STB-N1형, STB-A1, STB-A2, STB-A3형은 노멀라이징 또는 퀜칭 템퍼링을 한다.

3-6

STB-G V15-1.4는 수직 탐촉자의 성능측정 시 사용하며 길이 150mm, 두께 50mm, 곡률반경 12mm, 홀의 지름 1.4mm이다.

3-7

G형 표준 시험편의 주파수 및 진동자

구 분	STB-G형		
주파수(MHz)	2(2.25)	5	10
진동자 치수(mm)	ϕ28	ϕ20	ϕ20 또는 ϕ14

정답 3-1 ④ 3-2 ③ 3-3 ② 3-4 ① 3-5 ④ 3-6 ④ 3-7 ②

핵심이론 04 | KS B 0896 강 용접부의 초음파탐상 시험방법

① 적용 범위 : 두께 6mm 이상의 페라이트계 강의 완전 용입 용접부를 펄스반사법으로 표시한 탐상시험에서 흠의 검출 방법, 위치 및 치수 측정 방법에 대해 규정하며, 제조 공정 중의 이음 용접부에는 적용하지 않는다.

② 탐상기에 필요한 성능 : 증폭 직선성은 ±3%의 범위, 시간축 직선성은 ±1%의 범위, 감도 여유값은 40dB 이상, DAC 회로는 30dB 이상 보상 가능할 것 등이다.

③ 탐상기의 성능 점검 : 장치의 구입 시, 12개월마다 점검한다.

④ 탐촉자에 필요한 기능 : 시험 주파수는 공칭 주파수의 90~110%의 범위로 하며, 양쪽으로 1mm 간격으로 가이드 눈금이 붙어 있는 것으로 하고 수직 및 경사각 탐촉자의 진동자는 다음과 같이 한다.

경사각 탐촉자		수직 탐촉자	
공칭 주파수(MHz)	진동자의 공칭 치수(mm)	공칭 주파수(MHz)	진동자의 공칭 치수(mm)
2	10×10, 14×14, 20×20	2	20, 28
5	10×10, 14×14	5	10, 20

[탐촉자 공칭 주파수에 따른 진동자의 공칭 치수]

⑤ 경사각 탐촉자에 필요한 성능

㉠ 접근 한계 길이는 다음 표의 값 이내로 하며, 탠덤 탐상에 사용하는 탐촉자의 최소 입사점간 거리는 공칭 주파수 5MHz, 공칭 굴절각 45°의 탐촉자에서 20mm 이하, 70°의 경우 27mm 이하, 2MHz, 45°의 경우는 25mm 이하이다.

진동자의 공칭 치수(mm)	공칭 굴절각(°)	접근 한계 길이(mm)
20×20	35, 45	25
	60, 65, 70	30
14×14	35, 45	15
	60, 65, 70	20
10×10	35, 45	15
	60, 65, 70	18

[접근한계길이]

㉡ 원거리 분해능은 사용하는 탐상기와 조합하였을 때, KS B 0534에 따라 측정하여 공칭 주파수 2MHz의 경우 9mm 이하, 5MHz의 경우 5mm 이하로 한다.

㉢ 불감대는 KS B 0535의 13.4에 따라 측정하여 다음의 값 이하로 한다. 탠덤탐상에서는 불감대의 특별한 규정이 없다.

공칭 주파수(MHz)	진동자의 공칭 치수(mm)	불감대(mm)
2	10×10, 14×14 20×20	25 15
5	10×10, 14×14	15

[공칭 주파수에 따른 불감대 영역]

㉣ 빔 중심축의 치우침은 1° 단위로 읽고 이 각도가 2°를 넘지 않는 것으로 한다.

⑥ 수직 탐촉자에 필요한 성능

㉠ STB V15-5.6의 에코 높이를 눈금판의 50%로 설정 후 감도를 30dB 올렸을 때 노이즈 등의 에코 높이는 표시기 눈금의 10% 이하로 한다.

㉡ 원거리 분해능은 공칭 주파수 2MHz의 경우 9mm 이하, 5MHz의 경우 6mm 이하로 한다.

㉢ 불감대는 공칭 주파수 5MHz의 경우 8mm 이하, 2MHz에서는 15mm 이하로 한다. 단, 빔 노정이 50mm 이상인 경우 특별히 규정하지 않는다.

⑦ 경사각 탐촉자의 성능 점검 : 빔 중심축의 치우침은 작업 개시 및 작업 시간 8시간 이내마다 점검하며, A1 감도, A2 감도, 접근 한계 길이, 원거리 분해능, 불감대는 구입 시 및 보수를 한 직후 점검한다.

⑧ 수직 탐촉자의 성능 점검 : 구입 시 적어도 1개월에 1회는 점검한다.

⑨ 표준 시험편 및 대비 시험편

㉠ 표준 시험편 : A1형 표준 시험편 및 A2형계 표준 시험편 또는 A3형계 표준 시험편을 적용한다.

㉡ 대비 시험편 : 대비 시험편(RB)은 필요에 따라 감도 조정을 위하여 사용한다.

⑩ 접촉 매질

㉠ 접촉 매질은 탐상면과 거칠기에 따라 공칭 주파수를 달리 사용한다.

탐상면의 거칠기 (R_{max}) / 공칭 주파수(MHz)	30 μm 이하	30 μm 초과 80 μm 미만	80 μm 이상
5	A	B	B
2	A	A	B

탐상면은 80 μm 미만으로 다듬질 혹은 감도를 보정하며 A는 접촉 매질을 임의로, B의 경우 농도 75% 이상의 글리세린 수용액, 글리세린 페이스트 또는 음향 결합이 이것과 동등 이상의 것

⑪ 탐상시험의 준비

㉠ 탐상방법 선정 : 1 탐촉자 경사각법, 직접접촉법으로 실시, 탠덤탐상법은 탐상면에 수직의 그루브면 또는 루트면을 가진 판두께가 20mm 이상의 완전용입 용접부에서 그루브면의 융합 불량 및 루트면의 용입 불량을 탐상하는 경우에 적용한다.

㉡ 표준 시험편 또는 대비 시험편의 선전 : A2 STB 또는 RB-4 중 선정하며, 탐상면이 되는 시험체 판두께가 75mm 이상, 음향 이방성을 가진 경우 RB-4를 선정한다.

㉢ 주파수의 선정 : 모재의 판두께가 75t(mm) 이하의 경우 공칭 주파수 5 또는 2MHz를 사용하고, 75t(mm)를 넘는 모재는 2MHz를 사용한다.

㉣ 검출 레벨의 선정 : M검출 혹은 L검출 중 선정하여 사용한다.

㉤ 용접부 표면 및 탐상면 손질 : 스케일, 스패터, 도료 등을 제거한다.

㉥ 모재의 탐상 : 판두께 60mm 이하의 경우 공칭 주파수 5MHz, ϕ20mm로 하고, 판두께가 60mm를 넘는 경우는 2MHz, ϕ28mm로 한다.

㉦ 음향 이방성 검정 : 탐촉자 STB 굴절각의 차이가 2° 이내이다.

⑫ 초음파탐상장치의 조정 및 점검

㉠ 입사점 측정 : A1 STB 또는 A3 STB를 사용하여 1mm 단위로 측정한다.

㉡ 측정범위의 조정 : A1 STB, A3 STB를 사용하여 ±1%의 정밀도로 실시한다.

㉢ STB 굴절각 및 탐상 굴절각 측정 : A1 STB, A3 STB를 사용하며 0.5° 단위로 측정한다.

- 에코 높이 구분선 작성 : A2 STB를 사용 시 $\phi 4 \times 4$mm의 표준 구멍을 사용, RB-4의 경우 RB-4의 표준 구멍을 사용하여 최대 에코의 위치를 플롯하고 각 점을 이어 구분선으로 한다.

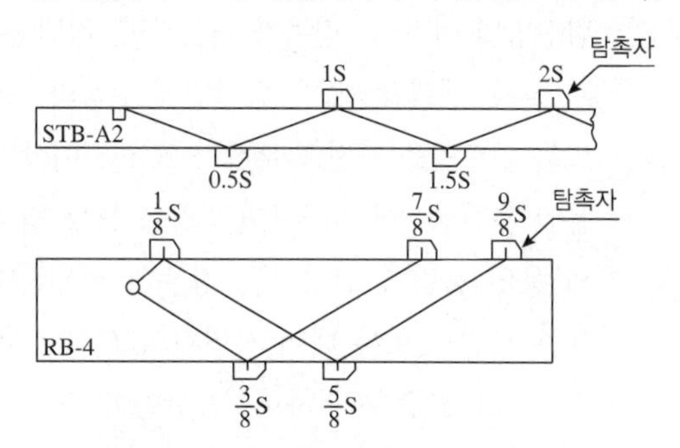

[에코 높이 구분선 작성을 위한 탐촉자 위치]

- 영역 구분의 결정
  H선, M선 및 L선의 결정으로 하위 3번째 이상의 선을 골라 H선으로 하고, 이것을 탐상감도를 조정하기 위한 기준선으로 한다. H선보다 6dB 낮은 에코 높이 구분선을 M선으로 하고, 12dB 낮은 에코 높이 구분선을 L선으로 한다.

에코 높이의 범위	에코 높이의 영역
L선 이하	Ⅰ
L선 초과 M선 이하	Ⅱ
M선 초과 H선 이하	Ⅲ
H선을 넘는 것	Ⅳ

[에코 높이의 영역 구분]

- 탐상감도의 조정 : 입사점, STB 굴절각, 탐상굴절각, 측정범위 및 탐상감도는 작업 개시에 조정하며, 4시간 이내마다 점검한다.

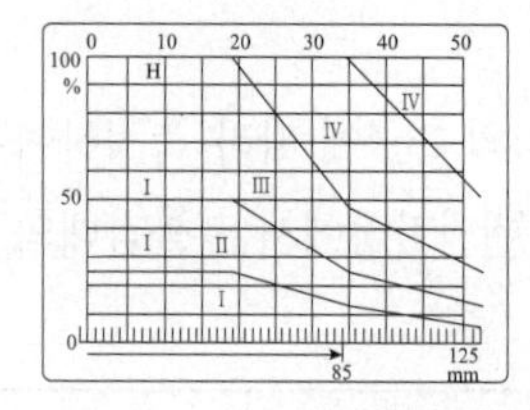
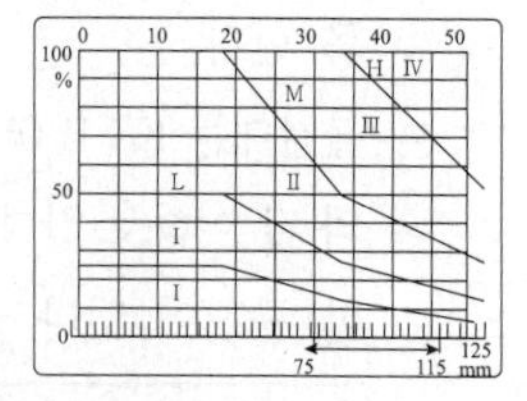

[H선의 선택과 영역 구분]

⑬ 수직탐상

㉠ 측정범위의 조정 : A1 STB를 사용하여 ±1% 정밀도로 실시한다.

㉡ 탐상감도 조정 : RB-4 표준 구멍의 에코 높이가 H선에 일치하도록 게인 조정한다.

㉢ 탐상장치의 조정 및 점검 시기 : 작업 개시 시 조정 및 4시간 이내마다 점검 유지한다.

⑭ 탠덤탐상

㉠ 측정범위의 조정 : 1탐촉자법, V주사법, STB-A1 또는 STB-A3형을 사용한다.

㉡ 에코 높이 구분선 작성 : 눈금판의 40% 높이 선을 M선, 6dB 낮은 선 L선, 높은 선 H선

㉢ 탐상감도의 조정

- 판두께 20mm~40mm 미만 : V주사, 최대 에코 높이 M선 조정 후 16dB 높인 감도
- 판두께 40mm~75mm 미만 : V주사, 최대 에코 높이 M선 조정 후 10dB 높인 감도
- 판두께 75mm 이상 : V주사, 최대 에코 높이 M선 조정 후 14dB 높인 감도

㉣ 탐상장치의 조정 및 점검 시기 : 작업 개시 시 조정하며 4시간 이내 점검

⑮ 탐상시험

㉠ 평가의 대상으로 하는 흠 : M검출 레벨의 경우 최대 에코 높이가 M선을 넘는 흠 혹은 L검출의 경우 L선을 넘는 흠이다.

㉡ 흠의 지시 길이 : 전후 주사하며 목회전 주사는 하지 않으며 1mm 단위로 측정한다.

⑯ 부속서 1 : 평판 이음 용접부의 탐상 방법

㉠ 적용 범위 : 평판 맞대기 이음, T이음, 각이음, 탐상면의 곡률 반지름이 1,000mm 이상인 원둘레 이음 및 1,500mm 이상의 길이 이음 용접부의 초음파 탐상시험이다.

㉡ 사용하는 표준 시험편 및 대비 시험편 : STB 또는 RB-4

㉢ 사용하는 탐촉자

판두께(mm)	공칭 굴절각(°)	음향 이방성인 경우 공칭 굴절각(°)
40 이하	70	65, 60
40 초과 60 이하	70, 60	
60을 넘는 것	70, 45 병용 또는 60, 45의 병용	65, 45 병용 60, 45 병용 (65 적용불가 시 60 적용)

[사용하는 탐촉자의 공칭 굴절각]

㉣ 탐상장치의 조정 : ⑫의 조정 방법에 따른다.

㉤ 탐상면, 탐상의 방향 및 방법

이음 모양	판두께 (mm)	탐상면과 방향(mm)	탐상방법
맞대기 이음	100 이하	한면 양쪽	직사법, 1회 반사법
	100 초과	양면 양쪽	직사법
T이음, 각이음	60 이하	한면 한쪽	직사법, 1회 반사법
	60 초과	양면 한쪽	직사법

[탐상면, 탐상 방향 및 방법]

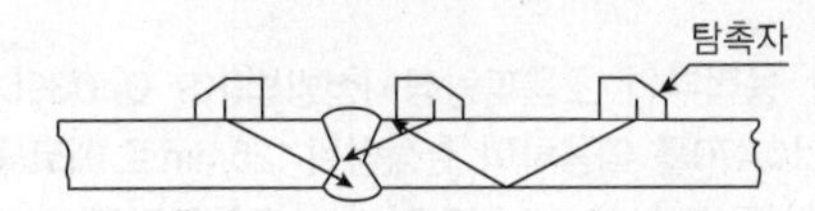

판두께 100mm 이하의 맞대기 이음 용접부의 탐상

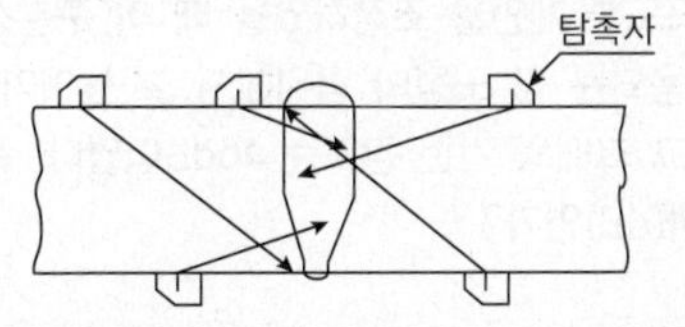

판두께 100mm를 넘는 경우의 맞대기 이음 용접부의 탐상

(a) T이음 용접부

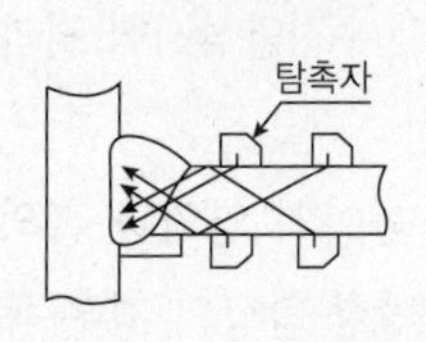

(b) 커버 플레이트 부착 T이음 용접부

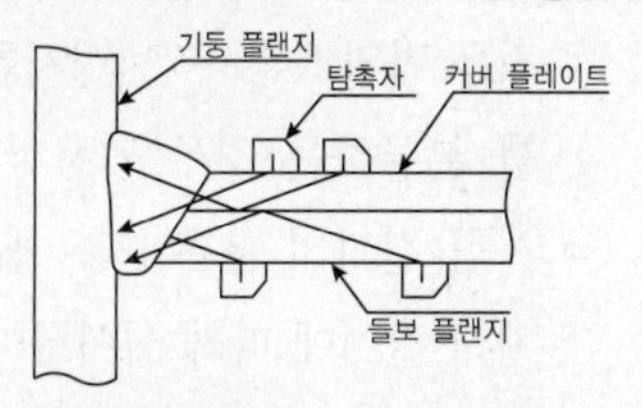

(c) 각이음 용접부

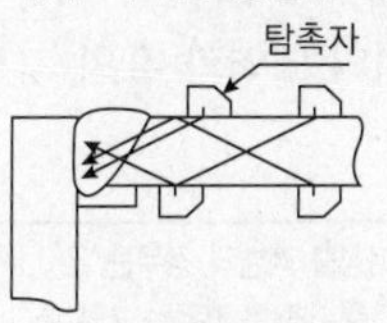

T이음 및 각이음 용접부의 경사각탐상

[각 부분별 탐상방법]

⑰ 부속서 2 : 원둘레이음 용접부의 탐상방법

㉠ 적용 방법 : 곡률 반지름이 50mm 이상 1,000mm 미만인 원둘레이음 용접부의 초음파탐상시험

㉡ 시험편의 적용 범위 : RB-A8 또는 RB-A6(예비 조정시 STB-A1, STB-A3 사용)

㉢ 사용하는 탐촉자

살두께(mm)	사용하는 탐촉자의 공칭 굴절각(°)	음향 이방성을 가진 시험체의 경우 사용하는 공칭 굴절각(°)
40 이하	70	65, 60
40 초과 60 이하	70, 60	
60을 넘는 것	70과 45 병용 60과 45 병용	65와 45의 병용 60과 45의 병용
음향 이방성을 가진 시험체에서 공칭 굴절각 60°의 경우 65°의 적용이 곤란한 경우 적용		

㉣ 탐상감도의 조정 : RB-A8, RB-A6의 경우 표준 구멍의 에코 높이 H선에 게인을 조정한다. 음향 이방성을 가진 경우 RB-A8에 따라 실시한다.

㉤ 탐상면 및 탐상방법 : 탐상면 및 탐상방법은 다음과 같으며, 클래드 강판의 경우 탐상면은 페라이트계 강쪽으로 한다.

판두께(mm)	탐상면 및 탐상의 방향	탐상의 방법
100이하	바깥면(볼록면) 양쪽	직사법 및 1회 반사법
100을 넘는 것	내 · 외면(요철면) 양쪽	직사법

[탐상면, 탐상의 방향 및 방법]

⑱ 부속서 6 : 시험 결과의 분류 방법

㉠ 적용 범위 : 경사각탐상시험 및 수직탐상시험 결과를 분류하는 경우 적용한다.

㉡ 시험 결과의 분류 : 흠 에코 높이의 영역과 흠의 지시 길이에 따라 실시하며 2방향 탐상의 경우 동일한 흠의 분류가 다를 때 하위 분류를 적용한다.

㉢ 흠 에코 높이의 영역과 흠의 지시 길이에 따른 흠의 분류

영역 / 판두께(mm) / 분류	M검출 레벨의 경우는 Ⅲ L검출 레벨의 경우는 Ⅱ와 Ⅲ			Ⅳ		
	18 이하	18 초과 60 이하	60을 넘는 것	18 이하	18 초과 60 이하	60을 넘는 것
1류	6 이하	$\frac{t}{3}$ 이하	20 이하	4 이하	$\frac{t}{4}$ 이하	15 이하
2류	9 이하	$\frac{t}{2}$ 이하	30 이하	6 이하	$\frac{t}{3}$ 이하	20 이하
3류	18 이하	t 이하	60 이하	9 이하	$\frac{t}{2}$ 이하	30 이하
4류	3류를 넘는 것					

• t는 그루브를 뗀 쪽의 모재의 두께(mm). 다만 맞대기 용접에서 맞대는 모재의 판두께가 다른 경우는 얇은 쪽의 판 두께로 한다.

10년간 자주 출제된 문제

4-1. 강 용접부의 초음파탐상시험방법(KS B 0896)에서 경사각탐촉자의 공칭 주파수가 2MHz일 때 규정된 진동자의 공칭치수가 아닌 것은?

① 5×5mm ② 10×10mm
③ 14×14mm ④ 20×20mm

4-2. 강 용접부의 초음파탐상시험방법(KS B 0896)에 따라 경사각탐상 시 거리진폭특성곡선에 의한 에코 높이 구분선을 작성하고자 한다. 이때의 구분선은 몇 개인가?

① 3개 이상이어야 한다.
② 2개 이상이어야 한다.
③ 1개 이상이어야 한다.
④ 어느 한 선(구분선)의 감도만 알면 다른 구분선을 작성할 필요가 없다.

4-3. 강 용접부의 초음파탐상시험방법(KS B 0896)에서 시험 결과를 분류할 때, 모재 두께가 t가 기준이 된다. 그러나 맞대기 용접에서 맞대는 모재의 판 두께가 다를 경우 어느 쪽의 두께를 기준으로 하는가?

① 두꺼운 쪽의 두께로 한다.
② 얇은 쪽의 두께로 한다.
③ 얇은 쪽과 두꺼운 쪽 두께의 평균값으로 한다.
④ 시방서에서 정한 두께로 한다.

4-4. 강 용접부의 초음파탐상시험방법(KS B 0896)에 의한 경사각탐상에서 흠의 지시 길이란 무엇을 의미하는가?

① 에코 높이가 M선을 넘는 탐촉자의 이동거리
② 에코 높이가 L선을 넘는 탐촉자의 이동거리
③ 최대 에코 높이의 +6dB을 넘는 탐촉자의 이동거리
④ 최대 에코 높이의 1/2을 넘는 탐촉자 이동거리의 2배

4-5. 강 용접부의 초음파탐상시험방법(KS B 0896)에 정의한 DAC 범위란?

① DAC를 적용하는 최소의 빔 노정 범위
② DAC의 기점을 시간축 위에 표시하는 범위
③ DAC의 기점에서 주어져 있는 최대보상량의 한계 빔 노정까지의 범위
④ DAC 곡선의 에코 높이와 빔 노점과의 관계를 직선에 가까운 것으로 가정하여 경사값으로 나타낸 범위

4-6. 강 용접부의 초음파탐상시험방법(KS B 0896)에 의한 경사각 탐촉자의 성능점검 시기로 틀린 것은?

① 원거리 분해능은 구입 시 및 보수를 한 직후
② A1감도는 구입 시 및 보수를 한 직후
③ 빔 중심축의 치우침은 구입 시 및 보수를 한 직후
④ 접근 한계 길이는 구입 시 및 보수를 한 직후

4-7. 강 용접부의 초음파탐상시험방법(KS B 0896)에 따라 5Z10×10A70를 이용하여 측정범위 125mm로 에코 높이 구분선을 작성하였다. 0.5스킵거리에서 표준구멍의 최대 에코를 100%가 되도록 게인을 조정하였을 때 이 구분선은 흠에코의 평가에 사용되는 빔 노정의 범위에서 그 높이가 40% 이하가 되지 않았고 그때의 기준 감도는 46dB이었다. 동 위치에서의 L선은 얼마(dB)인가?

① 34 ② 40
③ 52 ④ 58

|해설|

4-1

경사각 탐촉자의 공칭 주파수가 2MHz일 때 진동자의 치수는 10×10, 14×14, 20×20mm이며, 5MHz일 경우 10×10, 14×14mm를 사용한다.

4-2

H, M, L선 3개 이상이어야 한다.

4-3

맞대기 용접에서 맞대는 모재의 판두께가 다를 경우 얇은 쪽 판두께를 기준으로 한다.

4-4

흠의 지시 길이는 최대 에코에서 좌우 주사로 측정하게 되며 DAC상 L선이 넘는 탐촉자의 이동거리로 한다.

4-5

DAC 범위란 기점에서 주어져 있는 최대보상량의 한계 빔 노정까지의 범위이며, DAC 기점은 DAC를 적용하는 최소한의 빔 노정을 의미한다.

4-6

빔 중심축의 치우침은 작업 개시 및 작업 시간 8시간 이내마다 점검하며, A1 감도, A2 감도, 접근 한계 길이, 원거리 분해능, 불감대는 구입 시 및 보수를 한 직후 점검한다.

4-7

흠에코의 평가에 사용되는 빔 노정의 범위에서 높이가 40% 이하가 되지 않았으므로, H선의 기준 감도는 46dB인 것을 알 수 있으며, L선은 H선보다 12dB 낮으므로 34dB이 된다.

정답 4-1 ① 4-2 ① 4-3 ② 4-4 ② 4-5 ③ 4-6 ③ 4-7 ①

핵심이론 05 KS B 0897 알루미늄 맞대기 용접부의 초음파경사각탐상시험방법

① 적용 범위 : 두께 5mm 이상의 알루미늄 및 알루미늄합금 판(이하 알루미늄)의 완전 용입 맞대기 용접부이다.

② 탐상장치의 사용 조건

㉠ 증폭 진선성 : KS B 0534에 따라 ±3%

㉡ 시간축의 직선성 : KS B 0534에 따라 ±1%

㉢ 감도 여유값 : KS B 0534에 따라 40dB 이상

㉣ 사용조건의 확인 : 12개월

③ 경사각 탐촉자의 사용조건

㉠ 주파수 : 공칭 주파수 5MHz, 시험 주파수 4.5~5.5 MHz

㉡ 진동자 및 굴절각 : 공칭 굴절각과 탐상 굴절각의 차는 ±2%

진동자의 치수(mm)	공칭 굴절각
등가 치수 : [5×5], [10×10]	40°, 45°, 50°, 55°, 60°, 65°, 70°
실치수 : 5×5, 10×10	

[경사각 탐촉자의 진동자 치수와 공칭 굴절각]

㉢ 빔 중심축의 치우침 : 판독 단위 1°로 측정하여 2°를 넘지 않는 것

④ 표준 시험편(STB) 및 대비 시험편(RB)

㉠ 표준 시험편 : STB-A1, STB-A3, STB-A31

㉡ 대비 시험편 : RB-A4 AL, 알루미늄 제작

㉢ 표준 시험편 및 대비 시험편의 종류와 용도

STB-A1	경사각 탐촉자의 입사점의 측정, 측정범위의 조정
STB-A3 또는 STB-A31	경사각 탐촉자의 입사점의 측정, 측정범위 250mm 이하인 경우의 조정
RB-A4 AL	경사각 탐촉자의 굴절각 측정, 거리 진폭 특성 곡선의 작성 및 탐상 감도의 조정

[표준 시험편 및 대비 시험편의 종류와 용도]

㉣ 접촉 매질 : 글리세린 수용액, 글리세린 페이스트, 동등한 성질의 것

⑤ 탐촉자의 선정

대상으로 하는 흠	공칭 굴절각
전 반	70°
그루브면의 융합 불량	90-α에 가장 가까운 공칭굴절각
뒷면에 뚫린 용입 불량	45°(모재의 두께가 40mm 이하의 경우 70° 가능)

[1탐촉자법에 사용하는 경사각 탐촉자의 공칭 굴절각]

빔 노정	진동자의 치수
50 이하	[5×5] 또는 5×5
50 초과 100 이하	[5×5], [10×10], 5×5 또는 10×10
100을 넘는 것	[10×10] 또는 10×10

[1탐촉자에 사용하는 경사각 탐촉자의 진동자의 치수]

흠의 깊이 위치 d(mm)	탐촉자
25 이하	5M [10×10] A70AL 또는 5M10×10A70AL
25를 넘는 것	5M [10×10] A45AL 또는 5M10×10A45AL

[탠덤탐상법에 사용하는 경사각 탐촉자]

⑥ 1탐촉자법의 기준 레벨 및 평가 레벨

㉠ 기준 레벨 : RB-A4 AL의 표준 구멍에서의 에코 높이 레벨에 따라 감도 보정량을 더하여 기준 레벨로 하고, H_{RL}로 나타낸다.

㉡ 평가 레벨 : 에코 높이에 따라 흠을 평가하기 위해 A, B, C의 3종류 평가 레벨을 적용한다.

평가 레벨의 종류	에코 높이의 레벨
A 평가 레벨	$H_{RL}-12$dB
B 평가 레벨	$H_{RL}-18$dB
C 평가 레벨	$H_{RL}-24$dB

[평가 레벨과 에코 높이의 레벨]

㉢ 흠의 위치 표시 : 최대 에코 높이를 나타내는 위치에 탐촉자를 놓고 좌우 주사, 1mm 단위로 측정한다.

흠의 구분	흠의 끝을 정하기 위한 레벨
A종	$H_{F\max}-10$dB($H_{F\max}$: 최대 에코 높이)
B종, C종	모재의 두께에 따라 선정 40mm 이하 : 한쪽면 직사법 및 1회 반사법 40mm 이상 80mm 이하 : 양면 양쪽 직사법 80 초과 : 양면 양쪽 직사법

[흠의 끝을 정하기 위한 레벨]

⑦ 탠덤탐상법

㉠ 기준 레벨 : 모재부에서 V투과 펄스의 레벨 H_V, 모재의 두께 t, 교축점의 깊이 위치 d에 따라 KS B 0897 표11에 의거하여 계산한다.

㉡ 평가 레벨 : $H_{RL}-12$dB

㉢ 탐상면 및 주사 범위 : 한면 양쪽 탐상

㉣ 평가의 대상으로 하는 흠과 그 구분 : 최대 에코 높이를 나타내는 위치에서 좌우 주사를 실시하며, 흠에서의 에코 높이가 $H_{F\max}-10$dB과 일치하는 탐촉자의 위치에서 교축점의 위치를 흠의 끝으로 한다.

⑧ 부속서 : 시험 결과의 분류 방법

㉠ 적용범위 : 시험 결과의 분류

㉡ 시험 결과의 분류

모재의 두께(t)		5 이상 20 이하			20 초과 80 이하			80을 초과하는 것		
분류 \ 구분		A종	B종	C종	A종	B종	C종	A종	B종	C종
흠의 분류	1류	–	5 이하	6 이하	$\frac{t}{8}$ 이하	$\frac{t}{4}$ 이하	$\frac{t}{3}$ 이하	10 이하	20 이하	26 이하
	2류	–	6 이하	10 이하	$\frac{t}{6}$ 이하	$\frac{t}{3}$ 이하	$\frac{t}{2}$ 이하	13 이하	26 이하	40 이하
	3류	5 이하	10 이하	20 이하	$\frac{t}{4}$ 이하	$\frac{t}{2}$ 이하	t 이하	20 이하	40 이하	80 이하
	4류	3류를 넘는 것								

t : 맞대는 모재의 두께가 다른 경우 얇은 쪽의 두께로 한다.

10년간 자주 출제된 문제

5-1. 알루미늄의 맞대기 용접부의 초음파경사각탐상시험방법(KS B 0897)에 따라 탠덤탐상할 때 흠의 지시 길이의 측정에서 흠의 끝점은?(단, $H_{F\max}$는 최대 에코 높이이다)

① $H_{F\max}$ ② $H_{F\max}$ −6dB

③ $H_{F\max}$ +6dB ④ $H_{F\max}$ −10dB

5-2. 알루미늄의 맞대기 용접부의 초음파경사각탐상시험방법(KS B 0897)에서 시험결과의 분류 시 모재 두께 t가 20mm 초과 80mm 이하이고, B종으로 구분될 때 흠의 분류가 1류였다면 흠의 지시길이는 얼마 이하일 때인가?

① $t/8$ ② $t/6$

③ $t/4$ ④ $t/2$

5-3. 알루미늄 맞대기 용접부의 초음파경사각탐상시험방법(KS B 0897)에서 다음과 같은 식이 주어졌을 때 용어의 설명이 틀린 내용은?

$$\Delta H_{RL} = \Delta H_{RB} + \Delta H_{LA}$$

① ΔH_{RL}은 1탐촉자 경사각탐상에서 평가 레벨을 말한다.

② ΔH_{RB}는 표준구멍의 지름 차이에 의한 감도보정량을 말한다.

③ ΔH_{LA}는 초음파 특성의 차이에 따른 감도보정량을 말한다.

④ ΔH_{RL}−12dB인 에코 높이의 레벨을 A평가 레벨이라 한다.

5-4. 알루미늄 맞대기 용접부의 초음파경사각탐상시험방법(KS B 0897)에 따라 탠덤탐상할 경우 두 탐촉자의 입사점과 입사점 간의 거리가 50mm이고, 모재 두께가 12mm일 때의 탐상 굴절각은?

① 44.5° ② 54.5°

③ 64.5° ④ 74.5°

5-5. 알루미늄의 맞대기 용접부의 초음파경사각탐상시험방법(KS B 0897)에 따른 경사각 탐촉자의 굴절각 측정에 사용하는 시험편은?

① STB-A1 ② RB-A7

③ STB-A3 ④ RB-A4 AL

|해설|

5-1

탠덤탐상 시 평가 대상으로 하는 흠의 지시 길이 측정은 흠에서의 에코 높이가 $H_{F\max}-10$dB과 일치하는 위치의 흠의 끝으로 한다.

5-2

두께 t가 20mm 초과 80mm 이하일 경우 흠의 분류가 1류라면 A종은 $t/8$, B종은 $t/4$, C종은 $t/3$으로 분류한다.

5-3

ΔH_{RL}은 1탐촉자 경사각탐상에서 기준 레벨을 의미하며 평가 레벨은 $H_{RL}-12$dB이다.

5-4

굴절각은 $\tan^{-1}\left(\frac{y}{2t}\right)$로 계산되어지며, 두께($t$) 12mm, 입사점 간 거리 50mm이므로, $\theta = \tan^{-1}\left(\frac{50}{2\times 12}\right) = 64.5°$가 된다.

5-5

RB-A4 AL : 탐촉자의 굴절각 측정, 거리-진폭특성 곡선의 작성 및 탐상 감도 측정에 사용된다.

정답 5-1 ④ 5-2 ③ 5-3 ① 5-4 ③ 5-5 ④

핵심이론 06 KS B 0817 금속재료의 펄스반사법에 따른 초음파탐상시험

① 적용 범위 : 펄스반사법에 따른 기본 표시(A스코프 표시) 방식으로 금속재료의 불건전부를 검출 평가하는 일반 사항이다.

② 탐상도형의 표시
㉠ T : 송신 펄스
㉡ F : 흠집 에코
㉢ B : 바닥면 에코(단면 에코)
㉣ S : 표면 에코(수침법)
㉤ W : 측면 에코

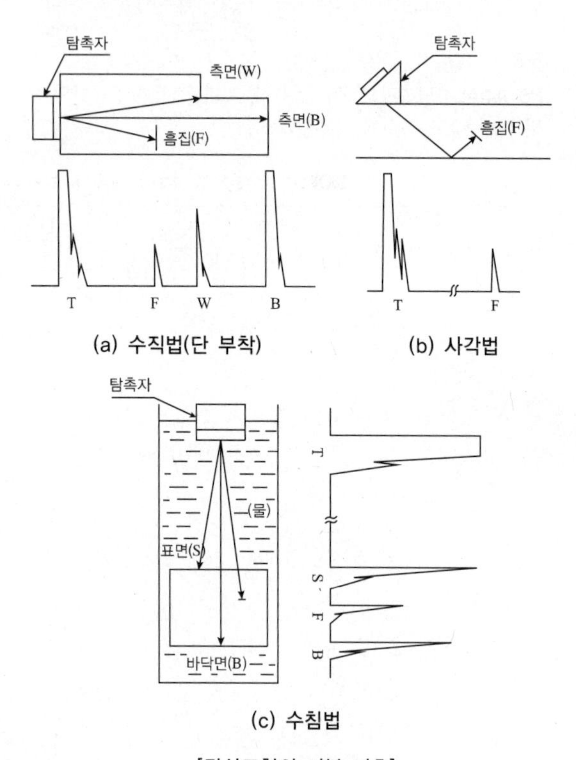

[탐상도형의 기본 기호]

③ 부대 기호
㉠ 식별 부호 : 동일한 기본 기호를 사용하며, 반사원이 2개 이상인 경우 바닥면(B)과 탐촉자에서 가장 가까운 흠집을 F_a, 그 다음 흠집을 F_b 순으로 a, b, c ……의 영어 소문자를 붙여 구분한다.
㉡ 다중 반사의 기호 : 다중 반사 도형에서 동일한 반사원으로부터 에코를 구분할 경우, 기본 기호의 오른쪽 아래에 1, 2, ……, n의 기호를 붙여 구분(B_1, B_2, B_3…)한다.
㉢ 바닥면 에코의 기호 : 바닥면 에코를 구분할 경우 시험편의 건전부의 제1회 바닥면 에코(B_1)를 B_G, 흠집을 포함한 부분의 제1회 바닥면 에코(B_1)를 B_F로 한다.
㉣ 지체 에코의 기호 : 동일 반사원에서의 에코 경로가 다르므로 늦게 도착한 에코에는 기본 기호의 오른쪽 위에 ', ", '"를 붙여 구별한다.
㉤ 쐐기 안 에코의 기호 : 사각 탐촉자의 쐐기 안 에코는 T로 표시한다.
㉥ 판파의 기호 : 주파수와 판 두께에 따라 결정되는 판파의 진동형 중 대칭 모드는 S, 비대칭모드는 A, 기본 모드는 S_0, A_0로 표시하며 d고차의 모드는 S 혹은 A 오른쪽 아래 1, 2, 3, ……로 표시한다.

④ 탐상장치의 점검
㉠ 일상점검 : 탐촉자 및 부속품에 대하여 정상적인 시험이 이루어지도록 점검한다.
㉡ 정기점검 : 1년에 1회 이상 KS B 0535에 의거 측정한다.
㉢ 특별점검 : 성능에 관계된 수리를 한 경우, 특수한 환경에서 사용하여 이상이 있다고 생각된 경우, 그 밖에 특별히 점검이 필요하다고 판단될 경우 실시한다.

⑤ 시험의 시기
㉠ 흠집 발생이 예상되거나, 주조, 단조, 압연, 열처리 등 제조 공정 후 또는 다른 동종 제품에 결함이 발견되었을 경우 실시한다.
㉡ 시험 실시가 쉬운 경우, 마무리 후, 절삭 가공 전, 표면 거칠기가 높아지기 전에 실시한다.
㉢ 결함을 발견하기 쉬운 시기, 열처리 후 또는 정밀 마무리 후 실시한다.

㉣ 제품 완성, 정기 점검, 그 밖에 시험 목적에 적합한 시기에 실시한다.

⑥ 탐상방법의 선정

㉠ 재료의 종류, 모양, 제조 방법에서 예상되는 결함의 종류, 모양, 위치, 분포 상태

㉡ 반드시 검출해야 하는 결함의 종류, 모양, 방향, 크기 및 존재 위치

㉢ 탐상할 면 및 범위

㉣ 요구하는 탐상 정밀도

㉤ 탐상 조작을 하는 장소 및 그 밖에 필요한 사항

⑦ 탐상방향 및 탐상면 : 검출하려고 하는 결함의 종류, 방향에 따라 결정한다.

⑧ 주사 방법 : 좌우 주사 및 전후 조작 등

⑨ 초음파탐상기의 조정 : 실제 사용하는 초음파탐상기와 탐촉자를 조합해서 전원 스위치를 켜고 나서 5분 이상 경과한 후

⑩ 리젝션 : 원칙적으로 리젝션은 사용하지 않는다.

⑪ 에코 높이 및 위치의 기록

㉠ 에코 높이는 다음 중 한 가지 방법으로 기록한다.

- 표시기 눈금의 풀 스케일에 대한 백분율(%)
- 미리 설정한 기준선 또는 특정 에코 높이와의 비의 데시벨(dB)값
- 미리 설정한 "에코 높이를 구분하는 영역"의 부호

㉡ 에코의 위치는 원칙적으로 탐상 도형상의 입사점으로부터의 거리(mm)로 기록

⑫ 흠집의 치수 측정

㉠ 최대 에코 높이의 $\frac{1}{2}$(−6dB)을 넘는 범위의 탐촉자의 이동 거리

㉡ 흠집의 에코 높이가 미리 정한 레벨을 넘는 범위의 탐촉자의 이동 거리

㉢ 그 밖의 적절한 방법

⑬ 시험의 결과 평가

㉠ 흠집의 에코 높이

㉡ 건전부의 제1회 바닥면 에코(B_G)에 대한 흠집 에코 높이 F_1과의 비 : F_1/B_G

㉢ 흠집의 있는 부분에서의 제1회 바닥면 에코(B_F)에 대한 흠집 에코 높이 F_1과의 비 : $\frac{F_1}{B_F}$

㉣ 등가 결함 지름

㉤ 흠집의 지시 길이

㉥ 흠집의 지시 높이

㉦ 흠집의 넓이

㉧ 흠집의 위치

㉨ 감쇠(일정 높이 이상의 바닥면 에코의 횟수 또는 단위 길이당 감소값으로 표시)

10년간 자주 출제된 문제

6-1. 금속재료의 펄스반사법에 따른 초음파탐상시험방법 통칙(KS B 0817)에 따라 시험결과를 평가하는 경우 고려할 항목과 거리가 먼 것은?

① 흠집의 에코 높이　② 등가 결함 지름
③ 흠집의 지시 길이　④ 표준시험편의 감도

6-2. 금속재료 펄스반사법에 따른 초음파탐상시험방법 통칙(KS B 0817)에서 흠집의 치수측정항목에 포함되지 않는 것은?

① 등가결함 위치　② 등가결함 지름
③ 흠집의 지시길이　④ 흠집의 지시높이

6-3. 금속재료의 펄스반사법에 따른 초음파탐상시험방법 통칙(KS B 0817)의 적용범위로 옳은 것은?

① 금속재료의 불건전부를 검출하여 평가하는 방법이다.
② 비금속재료의 외부에 존재하는 불건전부를 검출하는 방법이다.
③ 비금속재료의 내부 및 표면 밑에 존재하는 불건전부를 검출하는 방법이다.
④ 금속재료의 내부 또는 외부에 존재하는 불건전부를 검출하여 평가하는 방법이다.

10년간 자주 출제된 문제

6-4. 금속재료의 펄스반사법에 따른 초음파탐상시험방법 통칙 (KS B 0817)에서 초음파탐상기의 조정은 실제로 사용하는 탐상기와 탐촉자를 조합해서 전원스위치를 켜고 나서 몇 분 이상 경과한 후 실시하는가?

① 1 ② 5
③ 30 ④ 60

6-5. 금속재료의 펄스반사법에 따른 초음파탐상시험방법 통칙 (KS B 0817)에서 리젝션은 어떻게 규정하고 있는가?

① 미세한 에코까지 확인하기 위해서 사용한다.
② 시험할 때에는 원칙적으로 사용하지 않는다.
③ 증폭직선성을 양호하게 하기 위하여 사용한다.
④ 중대한 결함에코를 빠뜨리지 않게 하기 위하여 사용한다.

|해설|

6-1
시험 결과 평가 시 고려할 항목으로는 흠집의 에코 높이, 바닥면 에코에 대한 흠집 에코 높이와의 비, 등가 결함 지름, 흠집의 지시 길이, 흠집의 지시 높이, 흠집의 넓이, 흠집의 위치, 감쇠가 있다.

6-2
KS B 0817에서 흠집의 치수 측정은 흠집의 지시 길이, 흠집의 지시 높이, 등가 결함 지름이 있다.

6-3
적용 범위 : 펄스반사법(A-스코프)으로 금속 재료의 불건전부를 검출 평가하는 일반 사항

6-4
초음파탐상기의 조정은 실제 탐상기와 탐촉자를 세팅한 후 5분 후 시험할 수 있도록 한다.

6-5
리젝션은 원칙적으로 사용하지 않는다.

정답 6-1 ④ 6-2 ① 6-3 ① 6-4 ② 6-5 ②

핵심이론 07 | KS D 0233 압력용기용 강판의 초음파 탐상시험

① **적용 범위** : 보일러, 압력 용기 등 두께 6mm 이상의 킬드강, 두꺼운 강판의 초음파탐상방법

② **탐상 방법** : 수직법, 펄스반사법, 강판의 두께 6mm~13mm 미만의 경우 2진동자 수직 탐촉자, 13mm~60mm 이하의 경우 2진동자 수직 탐촉자 또는 수직 탐촉자, 60mm 초과의 경우 수직 탐촉자

③ **탐상기의 성능**

㉠ 디지털식 탐상기 : 격납된 자동 탐상기는 3년에 1회, 기타 자동 탐상기는 1년에 1회 정기 점검한다.

- 증폭 직선성 : 2진동자 수직 탐촉자용 감도를 적정 레벨 설정 후 -6dB, -12dB, -18dB의 선에서 측정하여 이상값을 기준으로 하고 이상값과 측정값의 음수 양수의 최대 편차 절댓값이 2.5dB 이하
- 거리 진폭 보상 기능 : 사용하는 최대 두께에서 보상 후 저면 에코 높이가 거리 진폭 특성 곡선에서 최대 에코 높이보다 -6dB 이내

㉡ A스코프 표시식 탐상기 : 1년에 1회 정기점검한다.

- 증폭 직선성 : 공칭 주파수에서 양의 최대 편차와 음의 최대 편차 절댓값의 합이 6% 이하이어야 한다.
- 원거리 분해능 : RB-RA형을 사용하여 공칭 주파수 2MHz의 경우 9mm 이하, 5MHz의 경우 7mm 이하이어야 한다.
- 불감대 : 5MHz일 경우 10mm 이하, 2MHz일 경우 15mm 이하

④ **탐상 형식** : 수침법(국부 수침 또는 갭법), 직접 접촉법

⑤ **접촉 매질** : 원칙적으로 물을 사용한다.

⑥ **대비 시험편** : RB-E(2진동자 수직 탐촉자용 대비 시험편)

⑦ **표준 시험편** : STB-N1, STB-G V15-4, STB-G V15-2.8

⑧ 주사 방법

㉠ 주사 속도 : 탐상에 지장을 초래하지 않는 속도로 하되, 자동 경보 장치가 없는 경우 200mm/s 이하로 주사한다.

㉡ 2진동자 수직 탐촉자에 의한 경우의 조사 : X주사 또는 Y주사

⑨ 결함의 분류

㉠ 2진동자 수직 탐촉자

결함의 정도	결함의 분류		표시 기호
	X 주사	Y 주사	
가벼움	DL선 넘고 DM선 이하	DC선 넘고 DL선 이하	○
중 간	DM선 넘고 DH선 이하	DL선 넘고 DM선 이하	△
큼	DH선을 넘는 것		×

[2진동자 수직 탐촉자에 의한 결함의 분류]

㉡ 수직 탐촉자

결함의 정도	결함의 분류	표시 기호
가벼움	$25\% < F_1 \leq 50\%$ 다만, B_1이 100% 미만인 경우 $25\% < \frac{F_1}{B_1} \leq 50\%$	○
중 간	$50\% < F_1 \leq 100\%$ 다만, B_1이 100% 미만인 경우 $50\% < \frac{F_1}{B_1} \leq 100\%$	△
큼	$F_1 > 100\%$, $\frac{F_1}{B_1} > 100\%$ 또는 $B_1 \leq 50\%$	×

[수직 탐촉자에 의한 결함의 분류]

⑩ 결함 지시 길이

㉠ 2진동자 수직 탐촉자

- 결함 길이 방향의 지시 길이 측정 시 Y주사
- Y주사가 곤란한 경우 X주사로 탐촉자를 이동하여 표에 나타낸 대비선까지 저하되었을 경우 탐촉자의 중심 간 거리를 측정하여 결함 지시 길이로 할 수 있다.
- 결함 폭 방향의 지시 길이 측정의 경우 X주사

결함의 종류	대비선	
	Y주사	X주사
가벼운 결함 (○결함)	DC선	DL선
중간 및 큰 결함 (△, ×결함)	DL선	DM선

[결함 지시 길이의 측정 한계]

㉡ 수직 탐촉자

결함의 종류	에코 높이 또는 $\frac{F_1}{B_1}$
가벼운 결함 (○결함)	$F_1 = 25\%$ 또는 $\frac{F_1}{B_1} = 25\%$
중간 결함 (△결함)	$F_1 = 50\%$ 또는 $\frac{F_1}{B_1} = 50\%$
큰 결함 (×결함)	$F_1 = 50\%$, $\frac{F_1}{B_1} = 50\%$ 또는 $B_1 = 50\%$

[결함 지시 길이의 측정 한계]

⑪ 결함의 기록

㉠ 강판 내부 : 특별히 지정이 없는 한 △ 및 ×결함의 표시기호, 위치 및 그 치수를 기록

㉡ 원주변 및 그루브 예정선 : 지시 길이가 10mm 이하의 ○결함은 취급하지 않고 기록하지 않는다. 단, ○(10mm 이하는 제외), △ 및 ×결함의 표시기호, 위치 및 그 치수를 기록한다.

10년간 자주 출제된 문제

7-1. 압력용기용 강판의 초음파탐상검사방법(KS D 0233)에서 추천하는 탐촉자는?

① 경사각 탐촉자 및 수직 탐촉자
② 2진동자 수직 탐촉자 및 수직 탐촉자
③ 분할형 경사각 탐촉자 및 수직 탐촉자
④ 경사각 탐촉자 및 분할형 수직 탐촉자

7-2. 압력용기용 강판의 초음파탐상검사방법(KS D 0233) 규격에서 규정하고 있는 탐상장치의 불감대 측정에 사용되는 표준시험편은?

① STB-A2 ② STB-G
③ STB-N1 ④ RB-4

7-3. 압력용기용 강판의 초음파탐상검사방법(KS D 0233)에서 자동경보장치가 없는 탐상장치를 사용하여 탐상하는 경우의 주사속도는 몇 mm/s 이하로 하도록 규정하고 있는가?

① 200 ② 250
③ 300 ④ 500

7-4. 압력용기용 강판의 초음파탐상검사방법(KS D 0233)에서 A스코프 표시식 탐상장치의 성능 중 불감대는 STB-N1형 감도 표준 시험편으로 측정한다. 다음 중 옳은 것은?

① 5MHz일 때 15mm 이하여야 한다.
② 5MHz일 때 10mm 이하여야 한다.
③ 2MHz일 때 10mm 이하여야 한다.
④ 2MHz일 때 20mm 이하여야 한다.

7-5. 압력용기용 강판의 초음파탐상검사방법(KS D 0233)에서 표준시험편의 주요 시험 대상물은?

① 강 용접부
② 아크용접부
③ 타이타늄강관
④ 두께 6mm 이상의 킬드강

7-6. 압력용기용 강판의 초음파탐상검사방법(KS D 0233)에 따른 비교 시험편을 제작할 때 각 홈에 대한 설명으로 틀린 것은?

① 너비는 1.5mm 이하로 한다.
② 각도는 60°로 한다.
③ 길이는 진동차 공칭 치수의 2배 이상으로 한다.
④ 깊이의 허용차는 ±15% 또는 ±0.05mm 중 큰 것으로 한다.

|해설|

7-1
압력용기용 강판의 초음파탐상용 탐촉자는 2진동자 수직 탐촉자 및 수직 탐촉자를 사용한다.

7-2
압력용기용 강판의 초음파탐상 시 불감대의 측정은 STB-N1으로 하며, 시간축 측정범위는 50mm로 한다.

7-3
탐상에 지장을 주지 않는 속도가 일반적이나, 자동경보장치가 없을 경우 200mm/s 이하로 주사하여야 한다.

7-4
압력용기용 강판의 초음파탐상 시 불감대의 측정은 STB-N1으로 하며, 시간축 측정범위는 50mm로 한다. 공칭 주파수 5MHz일 경우 10mm 이하, 2MHz일 경우 15mm로 한다.

7-5
압력용기용 강판의 탐상은 두께 6mm 이상의 킬드강, 혹은 두꺼운 강판에 사용한다.

7-6
각 홈에서 각도는 90°로 한다.

정답 7-1 ② 7-2 ③ 7-3 ① 7-4 ② 7-5 ④ 7-6 ②

CHAPTER 04

금속재료 일반 및 용접 일반

핵심이론 01 | 금속재료의 기초

① **금속의 특성** : 고체상태에서 결정 구조, 전기 및 열의 양도체, 전・연성 우수, 금속 고유의 색

② **경금속과 중금속** : 비중 4.5(5)를 기준으로 이하를 경금속(Al, Mg, Ti, Be), 이상을 중금속(Cu, Fe, Pb, Ni, Sn)이라 한다.

③ **금속재료의 성질**

㉠ 기계적 성질 : 강도, 경도, 인성, 취성, 연성, 전성

㉡ 물리적 성질 : 비중, 용융점, 전기전도율, 자성

㉢ 화학적 성질 : 부식, 내식성

㉣ 재료의 가공성 : 주조성, 소성가공성, 절삭성, 접합성

④ **결정 구조**

㉠ 체심입방격자(Body Centered Cubic) : Ba, Cr, Fe, K, Li, Mo, Nb, V, Ta

- 배위수 : 8, 원자 충진율 : 68%, 단위 격자 속 원자수 : 2

㉡ 면심입방격자(Face Centered Cubic) : Ag, Al, Au, Ca, Ir, Ni, Pb, Ce

- 배위수 : 12, 원자 충진율 : 74%, 단위 격자 속 원자수 : 4

㉢ 조밀육방격자(Hexagonal Centered Cubic) : Be, Cd, Co, Mg, Zn, Ti

- 배위수 : 12, 원자 충진율 : 74%, 단위 격자 속 원자수 : 2

⑤ **철-탄소 평형 상태도(Fe-C Phase Diagram)** : Fe-C 2원 합금 조성(%)과 온도와의 관계를 나타낸 상태도로 변태점, 불변반응, 각 조직 및 성질을 알 수 있다.

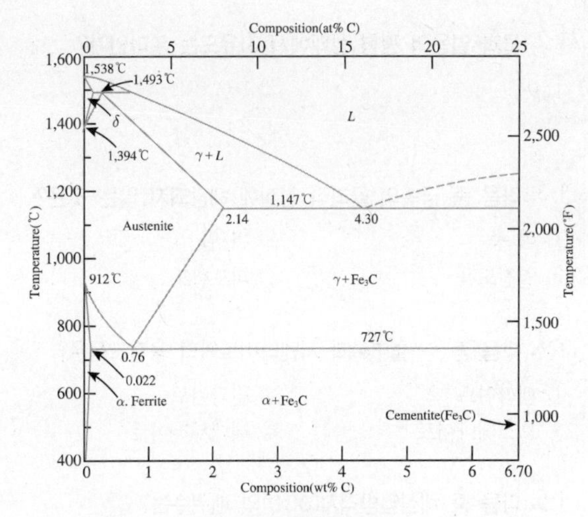

[철-탄소 평형 상태도]

㉠ 변태점

- A_0 변태 : 210℃ 시멘타이트 자기 변태점
- A_1 상태 : 723℃ 철의 공석 온도
- A_2 변태 : 768℃ 순철의 자기 변태점
- A_3 변태 : 910℃ 철의 동소 변태
- A_4 변태 : 1,400℃ 철의 동소 변태

㉡ 불변 반응

- 공석점 : 723℃ $\gamma - Fe \Leftrightarrow \alpha - Fe + Fe_3C$
- 공정점 : 1,130℃ $Liquid \Leftrightarrow \gamma - Fe + Fe_3C$
- 포정점 : 1,490℃ $Liquid + \delta - Fe \Leftrightarrow \gamma - Fe$

㉢ 동소 변태 : 고체 상태에서 온도에 따라 결정 구조의 변화가 오는 것이다.

㉣ 자기 변태 : 원자 배열의 변화 없이 전자의 스핀에 의해 자성의 변화가 오는 것이다.

10년간 자주 출제된 문제

1-1. 다음 중 저용융점 금속이 아닌 것은?

① Fe ② Sn
③ Pb ④ In

1-2. 물과 얼음의 평형 상태에서 자유도는 얼마인가?

① 0 ② 1
③ 2 ④ 3

1-3. 다음 중 금속의 물리적 성질에 해당되지 않는 것은?

① 비 중 ② 비 열
③ 열전도율 ④ 피로한도

1-4. 다음 중 γ-철(Fe)과 시멘타이트와의 공정조직은?

① 페라이트 ② 펄라이트
③ 오스테나이트 ④ 레데부라이트

1-5. 다음 중 체심입방격자(BCC)의 배위수는?

① 6개 ② 8개
③ 12개 ④ 16개

|해설|

1-1
용해점 Fe : 1,538℃, Sn : 232℃, Pb : 327℃, In : 156℃

1-2
자유도 F = 2+C-P로 C는 구성물질의 성분 수(물 = 1개), P는 어떤 상태에서 존재하는 상의 수(고체, 액체)로 2가 된다.
즉, F = 2+1-2 = 1로 자유도는 1이다.

1-3
금속의 물리적 성질에는 비중, 용융점, 전기전도율, 자성, 열전도율, 비열 등이 있으며, 피로한도는 기계적 성질에 해당한다.

1-4
레데부라이트 : γ-철 + 시멘타이트, 펄라이트 : α철 + 시멘타이트, γ철 : 오스테나이트, α철 : 페라이트

1-5
체심입방격자의 배위수는 8개, 면심입방격자의 배위수는 12개이다.

정답 1-1 ① 1-2 ② 1-3 ④ 1-4 ④ 1-5 ②

핵심이론 02 | 재료 시험과 검사

① 탄성 변형과 소성 변형
- ㉠ 탄성 : 힘을 제거하면 전혀 변형이 되지 않고, 처음 상태로 돌아가는 성질
- ㉡ 소성 : 힘을 제거한 다음 그대로 남게 되는 성질

② 전위 : 정상적인 위치에 있던 원자들이 이동하여 비정상적인 위치에서 새로운 줄이 생기는 결함이다(칼날전위, 나선전위, 혼합전위).

③ 냉간 가공 및 열간 가공 : 금속의 재결정 온도를 기준(Fe : 450℃)으로 낮은 온도에서의 가공을 냉간 가공, 높은 온도에서의 가공을 열간 가공이라 한다.

④ 재결정 : 가공에 의해 변형된 결정입자가 새로운 결정입자로 바뀌는 과정이다.

⑤ 슬립 : 재료에 외력이 가해지면 격자면에서의 미끄러짐이 일어나는 현상이다.
- ㉠ 슬립면 : 원자 밀도가 가장 큰 면(BCC : (110), FCC : (110), (101), (011))
- ㉡ 슬립 방향 : 원자 밀도가 최대인 방향(BCC : [111], FCC : [111])

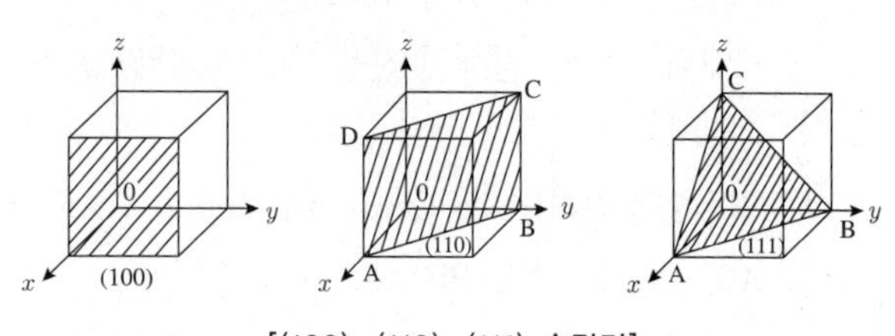

[(100), (110), (111) 슬립면]

⑥ 쌍정 : 슬립이 일어나기 어려울 때 결정 일부분이 전단 변형을 일으켜 일정한 각도만큼 회전하여 생기는 변형이다.

⑦ 기계적 시험 : 인장, 경도, 충격, 연성, 비틀림, 충격, 마모, 압축 시험 등이다.
- ㉠ 인장 시험 : 재료의 인장 강도, 연신율, 항복점, 단면 수축률 등의 정보를 알 수 있다.

- 인장강도 : $\sigma_{\max} = \dfrac{P_{\max}}{A_0}(\text{kg/mm}^2)$, 파단 시 최대 인장 하중을 평형부의 원단면적으로 나눈 값
- 연신율 : $\varepsilon = \dfrac{(L_1 - L_0)}{L_0} \times 100(\%)$, 시험편이 파단되기 직전의 표점거리($L_1$)와 원표점거리 L_0와의 차의 변형량
- 단면 수축률 : $a = \dfrac{(A_0 - A_1)}{A_0} \times 100(\%)$, 시험 전 원단면적($A_0$)과 시험 후 최소단면적($A_1$)과의 차이를 원단면적에 대한 백분율로 나타낸 것

㉡ 연성을 알기 위한 시험 : 에릭슨 시험(커핑 시험)

㉢ 경도 시험
- 압입자를 이용한 방법 : 브리넬, 로크웰, 비커스, 미소경도계
- 반발을 이용한 방법 : 쇼어 경도
- 기타 방법 : 초음파, 마텐스, 허버트 진자경도 등

㉣ 충격치 및 충격 에너지를 알기 위한 시험 : 샤르피 충격 시험, 아이조드 충격시험

㉤ 열적 성질 : 적외선 서모그래픽검사, 열전 탐촉자법

㉥ 분석 화학적 성질 : 화학적 검사, X선 형광법, X선 회절법

⑧ 현미경 조직 검사

금속은 빛을 투과하지 않으므로, 반사경 현미경을 사용하여 시험편을 투사, 반사하는 상을 이용하여 관찰하게 된다. 조직 검사의 관찰 목적으로는 금속 조직 구분 및 결정 입도 측정, 열처리 및 변형 의한 조직 변화, 비금속 개재물 및 편석 유무, 균열의 성장과 형상 등이 있다.

㉠ 현미경 조직 검사 방법 : 시편 채취 → 거친 연마 → 중간 연마 → 미세 연마 → 부식 → 관찰

㉡ 부식액의 종류

재 료	부식액
철강 재료	질산 알코올(질산 + 알코올)
	피크린산 알코올(피크린산 + 알코올)
귀금속	왕수(질산 + 염산 + 물)
Al 합금	수산화나트륨(수산화나트륨 + 물)
	플루오린화수소산(플루오린화수소 + 물)
Cu 합금	염화제이철 용액(염화제이철 + 염산 + 물)
Ni, Sn, Pb 합금	질산 용액
Zn 합금	염산 용액

10년간 자주 출제된 문제

2-1. 금속 가공에서 재결정 온도보다 낮은 경우의 가공을 무엇이라 하는가?

① 냉간 가공 ② 열간 가공
③ 단조 가공 ④ 인발 가공

2-2. 연강의 응력-변형률 곡선에서 응력을 가해 영구변형이 명확하게 나타날 때의 응력에 해당하는 것은?

① 파단점 ② 비례한계점
③ 탄성한계점 ④ 항복점

2-3. 금속의 결정구조를 생각할 때 결정면과 방향을 규정하는 것과 관련이 가장 깊은 것은?

① 밀러지수 ② 탄성계수
③ 가공지수 ④ 전이계수

2-4. 음의 금속 결함 중 체적 결함에 해당되는 것은?

① 전 위 ② 수축공
③ 결정립계 경계 ④ 침입형 불순물 원자

2-5. 비커스 경도계에서 사용하는 압입자는?

① 꼭지각이 136°인 피라미드형 다이아몬드 콘
② 꼭지각이 120°인 피라미드형 다이아몬드 콘
③ 지름이 1/16인치 강구
④ 지름이 1/16인 초경합금구

|해설|

2-1
냉간 가공 및 열간 가공은 금속의 재결정 온도를 기준(Fe : 450℃)으로 낮은 온도에서의 가공을 냉간 가공, 높은 온도에서의 가공을 열간 가공이라 한다.

2-2
연강에서 인장 시험 시 탄성 한계를 지나 일정한 외력에 도달하였을 때 힘을 가하지 않아도 변형이 커지는 점을 항복점이라 한다.

2-3
밀러지수란 세 개의 정수 혹은 지수를 이용하여 방향과 면을 표시하는 표기법이다.

2-4
금속 결함에는 점결함, 선결함과 면결함, 체적결함이 있다. 점결함에는 공공, 침입형 원자, 프렌켈결함 등이 있고, 선결함에는 칼날전위, 나선전위, 혼합전위가 있으며, 면결함에는 적층결함, 쌍정, 상계면 등이 있다. 또한 체적결함은 1개소에 여러 개의 입자가 존재하는 것으로 수축공, 균열, 개재물 같은 것들이 해당된다.

2-5
경도 측정법에는 브리넬, 비커스, 마이크로비커스 등이 있으며, 비커즈 경도계는 꼭지각이 136°인 다이아몬드 콘을 사용한다.

정답 2-1 ① 2-2 ④ 2-3 ① 2-4 ② 2-5 ①

핵심이론 03 열처리 일반

① 열처리 : 금속 재료를 필요로 하는 온도로 가열, 유지, 냉각을 통해 조직을 변화시켜 필요한 기계적 성질을 개선하거나 얻는 작업이다.

② 열처리의 목적
- ㉠ 담금질 후 높은 경도에 의한 취성을 막기 위한 뜨임 처리로 경도 또는 인장력을 증가시킨다.
- ㉡ 풀림 혹은 구상화 처리로 조직의 연화 및 적당한 기계적 성질을 맞춘다.
- ㉢ 조직 미세화 및 편석을 제거한다.
- ㉣ 냉간 가공으로 인한 피로, 응력 등을 제거한다.
- ㉤ 사용 중 파괴를 예방한다.
- ㉥ 내식성 개선 및 표면 경화 목적이다.

③ 가열 방법 및 냉각 방법
- ㉠ 가열 방법
  A_1점 변태 이하의 가열(뜨임) 및 A_3, A_2, A_1점 및 A_{cm}선 이상의 가열(불림, 풀림, 담금질) 등
- ㉡ 냉각 방법
  - 계단 냉각 : 냉각 시 속도를 바꾸어 필요한 온도 범위에서 열처리 실시
  - 연속 냉각 : 필요 온도까지 가열 후 지속적으로 냉각
  - 항온 냉각 : 필요 온도까지 급랭 후 특정 온도에서 유지시킨 후 냉각

④ 냉각의 3단계
증기막 단계(표면의 증기막 형성) → 비등 단계(냉각액이 비등하며 급랭) → 대류 단계(대류에 의해 서랭)

⑤ 불림(Normalizing) : 조직의 표준화를 위해 하는 열처리이며, 결정립 미세화 및 기계적 성질을 향상시키는 열처리이다.
- ㉠ 불림의 목적
  - 주조 및 가열 후 조직의 미세화 및 균질화
  - 내부 응력 제거

• 기계적 성질의 표준화

ⓛ 불림의 종류 : 일반 불림, 2단 노멀라이징, 항온 노멀라이징, 다중 노멀라이징 등이 있다.

⑥ 풀림 : 금속의 연화 또는 응력 제거를 위한 열처리이며, 가공을 용이하게 하는 열처리이다.

㉠ 풀림의 목적

• 기계적 성질의 개선
• 내부 응력 제거 및 편석 제거
• 강도 및 경도의 감소
• 연율 및 단면수축률 증가
• 치수 안정성 증가

ⓛ 풀림의 종류 : 완전 풀림, 확산 풀림, 응력제거 풀림, 중간 풀림, 구상화 풀림 등이 있다.

⑦ 뜨임 : 담금질에 의한 잔류 응력 제거 및 인성을 부여하기 위하여 재가열 후 서랭하는 열처리이다.

㉠ 뜨임의 목적

• 담금질 강의 인성을 부여
• 내부 응력 제거 및 내마모성 향상
• 강인성 부여

ⓛ 뜨임의 종류 : 일반 뜨임, 선택적 뜨임, 다중 뜨임 등이 있다.

⑧ 담금질 : 금속을 급랭하여 원자 배열 시간을 막아 강도, 경도를 높이는 열처리

㉠ 담금질의 목적 : 마텐자이트 조직을 얻어 경도를 증가시키기 위한 열처리

ⓛ 담금질의 종류 : 직접 담금질, 시간 담금질, 선택 담금질, 분사 담금질, 프레스 담금질 등

⑨ 탄소강 조직의 경도

시멘타이트 → 마텐자이트 → 트루스타이트 → 베이나이트 → 소르바이트 → 펄라이트 → 오스테나이트 → 페라이트

10년간 자주 출제된 문제

3-1. 강의 열처리에서 담금질하는 주목적은?

① 경화를 하기 위하여
② 취성을 증대시키기 위하여
③ 연성을 증대시키기 위하여
④ 탈산을 증대시키기 위하여

3-2. 강의 표면경화법에 해당되지 않는 것은?

① 침탄법 ② 금속침투법
③ 마템퍼링 ④ 고주파경화법

3-3. 담금질한 강을 실온까지 냉각한 다음, 다시 계속하여 실온 이하의 마텐자이트 변태 종료 온도까지 냉각하여 잔류 오스테나이트를 마텐자이트로 변화시키는 열처리 방법은?

① 침탄법 ② 심랭처리법
③ 질화법 ④ 고주파경화법

3-4. 다음의 탄소강 조직 중 상온에서 경도가 가장 높은 것은?

① 시멘타이트 ② 페라이트
③ 펄라이트 ④ 오스테나이트

|해설|

3-1

• 불림(Normalizing) : 결정 조직의 물리적, 기계적 성질의 표준화 및 균질화 및 잔류응력 제거
• 풀림(Annealing) : 금속의 연화 또는 응력 제거를 위한 열처리
• 뜨임(Tempering) : 담금질에 의한 잔류 응력 제거 및 인성 부여
• 담금질(Quenching) : 금속을 급랭함으로써, 원자 배열의 시간을 막아 강도, 경도를 높임

3-2

표면경화법에는 침탄, 질화, 금속침투(세라다이징, 칼로라이징, 크로마이징 등), 고주파경화법 , 화염경화법, 금속용사법, 하드페이싱, 숏피닝 등이 있으며 마템퍼링은 금속 열처리에 해당된다.

3-3

심랭처리란 잔류 오스테나이트를 마텐자이트로 변화시키는 열처리 방법으로 담금질한 조직의 안정화, 게이지강의 자연시효, 공구강의 경도 증가, 끼워맞춤을 위하여 하게 된다.

3-4

탄소강 조직의 경도는 시멘타이트 → 마텐자이트 → 트루스타이트 → 베이나이트 → 소르바이트 → 펄라이트 → 오스테나이트 → 페라이트 순이다.

정답 3-1 ① 3-2 ③ 3-3 ② 3-4 ①

핵심이론 04 | 특수강

① **특수강** : 보통강에 하나 또는 2종의 원소를 첨가하여 특수한 성질을 부여한 강이다.

② **특수강의 분류**

㉠ 구조용강 : 강인강, 침탄강, 질화강 등으로 인장강도, 항복점, 연신율이 높은 것이다.

㉡ 특수목적용강 : 공구강(절삭용강, 다이스강, 게이지강), 내식강, 내열강, 전기용강, 자석강 등으로 특수 목적용으로 만들어진 강이다.

③ **첨가 원소의 영향**

㉠ Ni : 내식, 내산성 증가

㉡ Mn : S에 의한 메짐 방지

㉢ Cr : 적은 양에도 경도, 강도가 증가하며 내식, 내열성이 커짐

㉣ W : 고온강도, 경도가 높아지며 탄화물 생성

㉤ Mo : 뜨임메짐을 방지하며 크리프 저항이 좋아짐

㉥ Si : 전자기적 성질을 개선

④ **첨가 원소의 변태점, 경화능에 미치는 영향**

㉠ 변태 온도를 내리고 속도가 늦어지는 원소 : Ni

㉡ 변태 온도가 높아지고 속도가 늦어지는 원소 : Cr, W, Mo

㉢ 탄화물을 만드는 것 : Ti, Cr, W, V 등

㉣ 페라이트 고용 강화시키는 것 : Ni, Si 등

⑤ **특수강의 종류**

㉠ 구조용 특수강 : Ni강, Ni-Cr강, Ni-Cr-Mo강, Mn강(듀콜강, 하드필드강)

㉡ 내열강 : 페라이트계 내열강, 오스테나이트계 내열강, 테르밋(탄화물, 붕화물, 산화물, 규화물, 질화물)

㉢ 스테인리스강 : 페라이트계, 마텐자이트계, 오스테나이트계

㉣ 공구강 : 고속도강(18% W-4% Cr-1% V)

㉤ 스텔라이트 : Co-Cr-W-C, 금형 주조에 의해 제작

㉥ 소결 탄화물 : 금속 탄화물을 코발트를 결합제로 소결하는 합금, 비디아, 미디아, 카볼로이, 텅갈로이

㉦ 전자기용 : Si강판, 샌더스트(5~15% Si-3~8% Al), 퍼멀로이(Fe-70~90% Ni) 등

㉧ 쾌삭강 : 황쾌삭강, 납쾌삭강, 흑연쾌삭강

㉨ 게이지강 : 내마모성, 담금질 변형 및 내식성 우수한 재료

㉩ 불변강 : 인바, 엘린바, 플래티나이트, 코엘린바로 탄성 계수가 작을 것

10년간 자주 출제된 문제

4-1. 특수강에서 다음 금속이 미치는 영향으로 틀린 것은?

① Si : 전자기적 성질을 개선한다.
② Cr : 내마멸성을 증가시킨다.
③ Mo : 뜨임메짐을 방지한다.
④ Ni : 탄화물을 만든다.

4-2. 다음 특수강에 대한 설명 중 틀린 것은?

① 고Mn강의 조직은 오스테나이트이다.
② 듀콜강(Ducol Steel)은 저Mn강의 대표적 이름이다.
③ 고속도강의 표준성분은 18% V-4% Ni-1% Cr이다.
④ 수인법(Water Toughening)으로 행한 강을 수인강이라 한다.

4-3. 내식성이 우수하고 오스테나이트 조직을 얻을 수 있는 강은?

① 3% Cr 스테인리스강
② 35% Cr 스테인리스강
③ 18% Cr - 8% Ni 스테인리스강
④ 석출 경화형 스테인리스강

4-4. 구조용 합금강과 공구용 합금강을 나눌 때 기어, 축 등에 사용되는 구조용 합금강 재료에 해당되지 않는 것은?

① 침탄강 ② 강인강
③ 질화강 ④ 고속도강

10년간 자주 출제된 문제

4-5. 고온에서 사용하는 내열강 재료의 구비조건에 대한 설명으로 틀린 것은?

① 기계적 성질이 우수해야 한다.
② 조직이 안정되어 있어야 한다.
③ 열팽창에 대한 변형이 커야 한다.
④ 화학적으로 안정되어 있어야 한다.

|해설|

4-1
Ni은 내식성, 내산화성을 증가시키나, 탄화물 생성은 W이 한다.

4-2
고속도강의 표준 성분은 18% 텅스텐 - 4% 크롬 - 1% 바나듐이다.

4-3
스테인리스강의 대표적인 종류로 18-8 스테인리스강으로 오스테나이트 조직을 가지고 있다.

4-4
구조용 합금강에는 강인강으로 Ni강, Cr강, Mn강, Ni-Cr강, 침탄강, 질화강 등이 있으며, 공구용 합금강에는 고속도강, 게이지용강, 내충격용강 등이 있다.

4-5
내열강의 구비조건
- 고온에서 화학적 안정을 이룰 것
- 고온에서 기계적 성질이 좋을 것
- 사용 온도에서 조직의 변태, 탄화물 분해 등이 일어나지 않을 것
- 열팽창 및 열에 대한 변형이 적을 것

정답 4-1 ④ 4-2 ③ 4-3 ③ 4-4 ④ 4-5 ③

핵심이론 05 주 철

① 주철 : Fe-C상태도상으로 봤을 때 2.0~6.67% C가 함유된 합금을 말하며, 2.0% C~4.3% C를 아공정주철, 4.3% C를 공정주철, 4.3~6.67% C를 과공정주철이라 한다. 주철은 경도가 높고, 취성이 크며, 주조성이 좋은 특성을 가진다.

② 주철의 조직도

㉠ 마우러 조직도 : C, Si 양과 조직의 관계를 나타낸 조직도

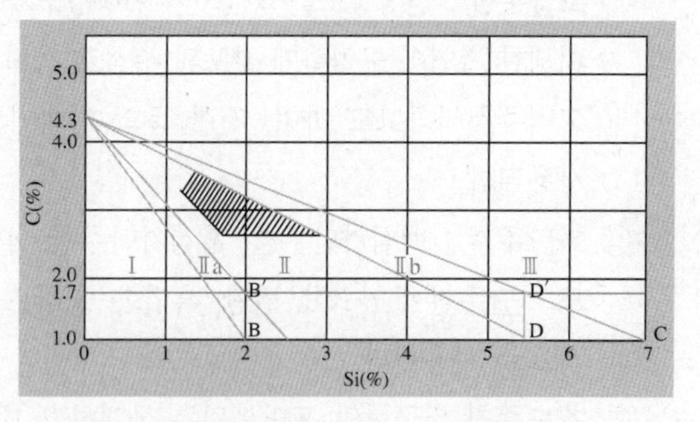

Ⅰ : 백주철(펄라이트 + Fe_3C), Ⅱa : 반주철(펄라이트 + Fe_3C + 흑연), Ⅱ : 펄라이트주철(펄라이트 + 흑연), Ⅱb : 회주철(펄라이트 + 페라이트), Ⅲ : 페라이트 주철(페라이트 + 흑연)

[마우러 조직도]

㉡ 주철 조직의 상관 관계 : C, Si 양 및 냉각 속도

③ 주철의 성질

Si와 C가 많을수록 비중과 용융 온도는 저하하며, Si, Ni의 양이 많아질수록 고유 저항은 커지며, 흑연이 많을수록 비중이 작아진다.

㉠ 주철의 성장 : 600℃ 이상의 온도에서 가열 냉각을 반복하면 주철의 부피가 증가하여 균열이 발생하는 것이다.

㉡ 주철의 성장 원인 : 시멘타이트의 흑연화, Si의 산화에 의한 팽창, 균열에 의한 팽창, A_1 변태에 의한 팽창 등이다.

㉢ 주철의 성장 방지책 : Cr, V을 첨가하여 흑연화를 방지, 구상 조직을 형성하고 탄소량 저하, Si 대신 Ni로 치환된다.

④ 주철의 분류

㉠ 파단면에 따른 분류 : 회주철, 반주철, 백주철
㉡ 탄소함량에 따른 분류 : 아공정주철, 공정주철, 과공정주철
㉢ 일반적인 분류 : 보통주철, 고급주철, 합금주철, 특수주철(가단주철, 칠드주철, 구상흑연주철)

⑤ 주철의 종류

㉠ 보통주철 : 편상 흑연 및 페라이트가 다수인 주철로 기계 구조용으로 쓰인다.
㉡ 고급주철 : 인장강도를 향상시켜 인장강도가 높고 미세한 흑연이 균일하게 분포된 주철로 강력주철, 고력주철이라고도 하며, 선반 등의 기계에 많이 사용된다.
㉢ 가단주철 : 백심가단주철, 흑심가단주철, 펄라이트 가단주철이 있으며, 탈탄, 흑연화, 고강도를 목적으로 사용한다.
㉣ 칠드주철 : 금형의 표면부위는 급랭하고 내부는 서랭시켜 표면은 경하고 내부는 강인성을 갖는 주철로 내마멸성을 요하는 롤이나 바퀴에 많이 쓰인다.
㉤ 구상흑연주철 : 흑연을 구상화하여 균열을 억제시키고 강도 및 연성을 좋게 한 주철로 시멘타이트형, 펄라이트형, 페라이트형이 있으며, 구상화제로는 Mg, Ca, Ce, Ca-Si, Ni-Mg 등이 있다.

10년간 자주 출제된 문제

5-1. 주강과 주철을 비교 설명한 것 중 틀린 것은?

① 주강은 주철에 비해 용접이 쉽다.
② 주강은 주철에 비해 용융점이 높다.
③ 주강은 주철에 비해 탄소량이 적다.
④ 주강은 주철에 비해 수축률이 작다.

5-2. 내마멸용으로 사용되는 애시큘러 주철의 기지(바탕) 조직은?

① 베이나이트 ② 소르바이트
③ 마텐자이트 ④ 오스테나이트

5-3. 표면은 단단하고 내부는 회주철로 강인한 성질을 가지며 압연용 롤, 철도, 차량, 분쇄기 롤 등에 사용되는 주철은?

① 칠드주철 ② 흑심가단주철
③ 백심가단주철 ④ 구상흑연주철

5-4. 황(S)이 적은 선철을 용해하여 구상흑연주철을 제조할 때 많이 사용되는 흑연 구상화제는?

① Zn ② Mg
③ Pb ④ Mn

5-5. 주강은 용융된 탄소강(용강)을 주형에 주입하여 만든 제품이다. 주강의 특징을 설명한 것 중 틀린 것은?

① 대형 제품을 만들 수 있다.
② 단조품에 비해 가공 공정이 적다.
③ 주철에 비해 비용이 많이 드는 결점이 있다.
④ 주철에 비해 용융 온도가 낮기 때문에 주조하기 쉽다.

5-6. 다음 철강 재료에서 인성이 가장 낮은 것은?

① 회주철 ② 탄소공구강
③ 합금공구강 ④ 고속도공구강

|해설|

5-1
주강은 주철에 비해 수축률이 크다.

5-2
애시큘러 주철은 기지 조직이 베이나이트로 Ni, Cr, Mo 등이 첨가되어 내마멸성이 뛰어난 주철이다.

5-3
칠드주철(Chilled Iron)은 주물의 일부 혹은 표면을 높은 경도를 가지게 하기 위하여 응고 급랭시켜 제조하는 주철 주물로 표면은 단단하고 내부는 강인한 성질을 가진다.

5-4
구상흑연주철의 구상화는 마카세(Mg, Ca, Ce)로 암기하도록 한다.

5-5
주강은 주철에 비해 용융 온도가 높다.

5-6
고속도강, 합금공구강, 탄소공구강 모두 탄소 함량이 낮은 금속이고, 회주철의 경우 탄소 함유량이 2.0% 이상으로 경도는 높으나 취성이 크고 인성이 낮다.

정답 5-1 ④ 5-2 ① 5-3 ① 5-4 ② 5-5 ④ 5-6 ①

핵심이론 06 | 비철금속재료

① 구리 및 구리 합금

㉠ 성질 : 면심입방격자, 융점 1,083℃, 비중 8.9, 내식성이 우수하다.

㉡ 황 동

- Cu-Zn의 합금, α상 면심입방격자, β상 체심입방격자
- 황동의 종류 : 7 : 3 황동(70% Cu-30% Zn), 6 : 4 황동(60% Cu-40% Zn)

㉢ 특수황동의 종류

- 쾌삭황동 : 황동에 1.5~3.0% 납을 첨가하여 절삭성이 좋은 황동이다.
- 델타메탈 : 6 : 4 황동에 Fe 1~2%를 첨가한 강으로 강도, 내산성 우수하며 선박, 화학기계용에 사용한다.
- 주석황동 : 황동에 Sn 1%를 첨가한 강으로 탈아연부식을 방지한다.
- 애드미럴티 : 7 : 3 황동에 Sn 1%를 첨가한 강으로 전연성이 우수하며 판, 관, 증발기 등에 사용한다.
- 네이벌 : 6 : 4 황동에 Sn 1%를 첨가한 강으로 판, 봉, 파이프 등을 사용한다.
- 니켈황동 : Ni-Zn-Cu를 첨가한 강으로 양백이라고도 하며 전기 저항체에 주로 사용한다.

㉣ 청동 : Cu-Sn의 합금으로 α, β, γ, δ 등 고용체 존재하며 해수에 내식성 우수, 산, 알칼리에 약하다.

㉤ 청동 합금의 종류

- 애드미럴티 포금 : 8~10% Sn-1~2% Zn을 첨가한 합금이다.
- 베어링청동 : 주석 청동에 Pb 3% 정도를 첨가한 합금, 윤활성이 우수하다.
- Al청동 : 8~12% Al을 첨가한 합금으로 화학공업, 선박, 항공기 등에 사용한다.
- Ni청동 : Cu-Ni-Si 합금으로 전선 및 스프링재에 사용한다.

② 알루미늄과 알루미늄 합금

비중 2.7, 용융점 660℃, 내식성 우수하고 산, 알칼리에 약하다.

㉠ 주조용 알루미늄 합금

- Al-Cu : 주물 재료로 사용하며 고용체의 시효경화가 일어난다.
- Al-Si : 실루민, Na을 첨가하여 개량화 처리를 실시한다.
- Al-Cu-Si : 라우탈, 주조성 및 절삭성이 좋다.

㉡ 가공용 알루미늄 합금

- Al-Cu-Mn-Mg : 두랄루민, 시효 경화성 합금이다.
  용도 : 항공기, 차체 부품
- Al-Mn : 알민
- Al-Mg-Si : 알드레이
- Al-Mg : 하이드로날륨, 내식성이 우수하다.

㉢ 내열용 알루미늄 합금

- Al-Cu-Ni-Mg : Y합금, 석출 경화용 합금이다.
  용도 : 실린더, 피스톤, 실린더 헤드 등
- Al-Ni-Mg-Si-Cu : 로엑스, 내열성 및 고온 강도가 크다.

③ 니켈 합금

면심입방격자에 상온에서 강자성을 띄며, 알칼리에 잘 견딘다.

㉠ 니켈 합금의 종류

- Ni-Cu 합금
  - 양백(Ni-Zn-Cu) : 장식품, 계측기, 식기류
  - 콘스탄탄(40% Ni) : 전기 저항선, 열전쌍
  - 모넬메탈(60% Ni) : 내열용, 내마멸성 재료
- Ni-Cr합금
  - 니크롬(Ni-Cr-Fe) : 전열 저항선(1,100℃)

- 인코넬(Ni-Cr-Fe-Mo) : 고온계 열전쌍, 전열기 부품 등
- 알루멜(Ni-Al)-크로멜(Ni-Cr) : 1,200℃ 온도 측정용

10년간 자주 출제된 문제

6-1. 다음 중 청동과 황동의 대한 설명으로 틀린 것은?

① 청동은 구리와 주석의 합금이다.
② 황동은 구리와 아연의 합금이다.
③ 포금은 8~12% 주석을 함유한 청동으로 포신재료 등에 사용되었다.
④ 톰백은 구리에 5~20%의 아연을 함유한 황동으로, 강도는 높으나 전연성이 없다.

6-2. 6 : 4 황동으로 상온에서 $\alpha+\beta$ 조직을 갖는 재료는?

① 알드리　② 알클래드
③ 문쯔메탈　④ 플래티나이트

6-3. 알루미늄 합금인 실루민 주성분으로 옳은 것은?

① Al-Mn　② Al-Cu
③ Al-Mg　④ Al-Si

6-4. 다음 중 두랄루민과 관련이 없는 것은?

① 용체화처리를 한다.
② 상온시효처리를 한다.
③ 알루미늄 합금이다.
④ 단조경화 합금이다.

6-5. 니켈-크롬 합금 중 사용한도가 1,000℃까지 측정할 수 있는 합금은?

① 망가닌
② 우드메탈
③ 배빗메탈
④ 크로멜 - 알루멜

6-6. Ni에 Cu를 약 50~60% 정도 함유한 합금으로 열전대용 재료로 사용되는 것은?

① 인코넬　② 퍼멀로이
③ 하스텔로이　④ 콘스탄탄

|해설|

6-1

청동의 경우 ㊅이 들어가 있으므로 Sn(주석), ㉦을 연관시키고, 황동의 경우 ㊇이 들어가 있으므로 Zn(아연), ⓞ을 연관시켜 암기한다. 톰백의 경우 모조금과 비슷한 색을 내는 것으로 구리에 5~20%의 아연을 함유하여 연성이 높은 재료이다.

6-2

구리와 그 합금의 종류

- 톰백(5~20% Zn의 황동), 모조금, 판 및 선으로 사용
- 7-3 황동(카트리지황동)은 가공용 황동으로 대표적
- 6-4 황동(문쯔메탈)은 판, 로드, 기계부품
- 납황동 : 납을 첨가하여 절삭성 향상
- 주석황동(Tin Brasss)
  - 애드미럴티황동 : 7-3 황동에 Sn 1% 첨가, 전연성이 좋다.
  - 네이벌황동 : 6-4 황동에 Sn 1% 첨가
  - 알루미늄황동 : 7-3 황동에 2% Al 첨가

6-3

암기법

Al-Cu-Si : 라우탈(알구시라), Al-Ni-Mg-Si-Cu : 로엑스(알니마시구로), Al-Cu-Mn-Mg : 두랄루민(알구망마두), Al-Cu-Ni-Mg : Y-합금(알구니마와이), Al-Si-Na : 실루민(알시나실), Al-Mg : 하이드로날륨(알마하 내식 우수)

6-4

두랄루민은 Al-Cu-Mn-Mg의 합금이며, 용체화처리 후 시효처리를 하는 알루미늄 합금이다.

6-5

니켈-크롬 합금 중 니크롬은 전열 저항선으로 사용되며 Ni(50~90%)-Cr(11~33%)가 함유되어 있으며 1,000℃까지 견디며, 크로멜-알루멜은 크로멜 Cr(10%)의 Ni-Cr합금, 알루멜은 Al(3%)의 Ni-Cr합금으로 주로 1,200℃까지의 온도 측정에 사용된다. 가볍고 강도가 크다. 항공기 몸체, 자동차, 운반기계 등에 쓰인다.

6-6

- 인코넬 : Ni(70% 이상) + Cr(14~17%) + Fe(6~10%) + Cu(0.5%) + C(0.15%)
- 퍼멀로이 : 70~90% Ni + 10~30% Fe를 함유한 합금, 투자율이 높다.
- 콘스탄탄 : 50~60% Cu를 함유한 Ni 합금 - 열전쌍용
- 플래티나이트 : 44~47.5% Ni + Fe 함유한 합금, 열팽창계수가 유리나 Pt 등에 가까우며 전등의 봉입선 사용
- 퍼민바 : 20~75% Ni + 5~40% Co + Fe를 함유한 합금, 오디오헤드

정답 6-1 ④ 6-2 ③ 6-3 ④ 6-4 ④ 6-5 ④ 6-6 ④

핵심이론 07 새로운 금속재료

① 금속복합재료

㉠ 섬유강화 금속복합재료 : 섬유에 Al, Ti, Mg 등의 합금을 배열시켜 복합시킨 재료이다.

㉡ 분산강화 금속복합재료 : 금속에 0.01~0.1μm 정도의 산화물을 분산시킨 재료이다.

㉢ 입자강화 금속복합재료 : 금속에 1~5μm 비금속 입자를 분산시킨 재료이다.

② 클래드재료 : 두 종류 이상의 금속 특성을 얻는 재료이다.

③ 다공질재료 : 다공성이 큰 성질을 이용한 재료이다.

④ 형상기억합금 : 힘에 의해 변형되더라도 특정 온도에 올라가면 본래의 모양으로 돌아오는 합금. Ti-Ni이 대표적이다.

⑤ 제진재료 : 진동과 소음을 줄여주는 재료이다.

⑥ 비정질합금 : 금속 용해 후 고속 급랭시켜 원자가 규칙적으로 배열되지 못하고 액체 상태로 응고되어 금속이 되는 것이다.

⑦ 자성재료

㉠ 경질 자성재료 : 알니코, 페라이트, 희토류계, 네오디뮴, Fe-Cr-Co계 반경질 자석 등

㉡ 연질 자성재료 : Si강판, 퍼멀로이, 샌더스트, 알펌, 퍼멘듈, 수퍼멘듈 등

10년간 자주 출제된 문제

7-1. 제진재료에 대한 설명으로 틀린 것은?

① 제진합금으로는 Mg-Zr, Mn-Cu 등이 있다.
② 제진합금에서 제진 기구는 마텐자이트 변태와 같다.
③ 제진재료는 진동을 제어하기 위하여 사용되는 재료이다.
④ 제진합금이란 큰 의미에서 두드려도 소리가 나지 않는 합금이다.

7-2. 기체 급랭법의 일종으로 금속을 기체 상태로 한 후에 급랭하는 방법으로 제조되는 합금으로서 대표적인 방법은 진공 증착법이나 스퍼터링법 등이 있다. 이러한 방법으로 제조되는 합금은?

① 제진합금　② 초전도합금
③ 비정질합금　④ 형상기억합금

7-3. 다음 중 기능성 재료로써 실용하고 있는 가장 대표적인 형상기억합금으로 원자비가 1 : 1의 비율로 조성되어 있는 합금은?

① Ti - Ni　② Au - Cd
③ Cu - Cd　④ Cu - Sn

7-4. 금속의 기지에 1~5μm 정도의 비금속 입자가 금속이나 합금의 기지 중에 분산되어 있는 것으로 내열재료로 사용되는 것은?

① FPM　② SAP
③ Cermet　④ Kelmet

|해설|

7-1

제진재료는 진동과 소음을 줄여주는 재료로 Mn, Cu, Mg 등이 첨가된다. 마텐자이트 변태는 형상기억합금의 제조에 사용되는 것이다.

7-2

비정질합금이란 금속이 용해 후 고속 급랭시켜 원자가 규칙적으로 배열되지 못하고 액체 상태로 응고되어 금속이 되는 것이다. 제조법으로는 기체 급랭(진공 증착, 스퍼터링, 화학 증착, 이온 도금), 액체 급랭(단롤법, 쌍롤법, 원심법, 스프레이법, 분무법), 금속 이온(전해 코팅법, 무전해 코팅법)이 있으며, 자기헤드, 변압기용 철심, 자기 버블 재료의 경우 코일 재료 및 금속을 박막으로 코팅시켜 사용하는 재료들이다.

7-3

형상기억합금은 힘에 의해 변형되더라도 특정 온도에 올라가면 본래의 모양으로 돌아오는 합금을 의미하며 Ti - Ni이 원자비 1 : 1로 가장 대표적인 합금이다.

7-4

- 서멧(Cermet) : 1~5μm 정도의 비금속 입자가 금속이나 합금의 기지 중에 분산되어 있는 것
- 분산 강화 금속 복합재료 : 0.01~0.1μm 정도의 산화물 등 미세한 입자를 균일하게 분포되어 있는 것
- 클래드재료 : 두 종류 이상의 금속 특성을 복합적으로 얻는 재료

정답 7-1 ② 7-2 ③ 7-3 ① 7-4 ③

핵심이론 08 | 용접 일반

① 용접의 원리

접합하려는 부분을 용융 또는 반용융 상태를 만들어 직접 접합하거나 간접적으로 접합시키는 작업이다.

② 용접의 특징

㉠ 자재비의 절감 및 이음 효율이 증가한다.

㉡ 작업의 자동화가 용이하며, 기밀, 수밀, 유밀성이 뛰어나다.

㉢ 성능 및 수명이 향상된다.

㉣ 품질 검사가 까다롭다.

㉤ 재질의 조직 변화가 심하다.

㉥ 작업자의 능력에 큰 영향이 미친다.

③ 용접 자세 : 아래보기, 위보기, 수직, 수평

④ 아크 용접

㉠ 아크 용접 : 피복 아크 용접은 피복된 아크 용접봉을 이용하여 용접하려는 모재 사이에 강한 전류를 흘려주면 아크가 발생하며, 이때 발생한 아크 열을 이용하여 용접을 하는 방법이다.

㉡ 극 성

- 직류 정극성 : 모재에 (+)극을, 용접봉에 (−)극을 결선하여 모재의 용입이 깊고, 비드의 폭이 좁은 특징이 있으며 용접봉의 소모가 느린 편이다.
- 직류 역극성 : 모재에 (−)극을, 용접봉에 (+)극을 결선하여 모재의 용입이 얕고, 비드의 폭이 넓은 특징이 있으며, 용접봉의 소모가 빠른 편이다.

㉢ 용융 금속의 이행 형식 : 단락형, 스프레이형, 글로뷸러형

㉣ 아크 쏠림 및 방지책

- 아크 쏠림 : 용접 시 전류의 영향으로 주위에 자계가 발생해 아크가 한방향으로 흔들리며 불안정해지는 것으로, 슬래그 섞임이나 기공이 발생할 가능성이 있다.
- 방지책 : 교류 용접을 실시하거나 접지점을 가능한 용접부에서 떨어뜨릴 것, 짧은 아크 길이를 유지할 것 등이다.

㉤ 교류 아크 용접기의 종류

- 가동 철심형
  - 코일을 감은 가동 철심을 이용하여 누설 자속의 증감에 의해 전류를 조정한다.
  - 아크 쏠림이 적으나 소음이 심하다.
  - 미세한 전류 조정이 가능하다.
- 가동 코일형
  - 1차, 2차의 코일 간 거리를 변화시켜 누설 자속을 변화시켜 전류를 조정한다.
  - 아크 안정도는 높으나 가격이 비싸다.
- 가포화 리액터형
  - 가변 저항에 의해 전류 조정이 가능하다.
  - 원격 조작이 가능하다.
- 탭 전환형
  - 1차, 2차 코일의 감긴 수에 따라 전류를 조정한다.
  - 넓은 범위의 전류 조정이 불가하다.
  - 소형 용접기에 많이 사용한다.

㉥ 직류 아크 용접기

직류 아크 용접기는 발전형과 정류기형으로 나눠지며, 발전형의 경우 완전한 직류를 얻으며 전원이 없는 장소에서도 용접이 가능하지만 정류기형의 경우 교류를 변환시킴으로 인해 완전한 직류는 얻지 못한다.

㉦ 용접기의 특성

- 수하특성 : 아크를 안정시키기 위한 특성으로 부하 전류가 증가 시 단자 전압은 강하하는 특성이 있다.
- 정전압 특성 : 자동아크 용접에 필요한 특성으로 부하 전류가 변화하더라도 단자 전압은 변하지 않는 특성이 있다.

- 사용률 : 용접기의 내구성과 관계 있는 특성으로 용접기의 사용률을 초과하여 작동할 경우 내구성이 떨어지거나 보호회로가 작동한다.

$$사용률 = \frac{아크발생시간}{아크발생시간 + 정지시간} \times 100(\%)$$

- 허용 사용률 : 정격 2차 전류 이하에서 용접 시 사용하는 사용률

$$허용\ 사용률 = \frac{(정격\ 2차\ 전류)^2}{(실제의\ 용접\ 전류)^2} \times 정격\ 사용률(\%)$$

- 역률과 효율 : 전원 입력(무부하 전압×아크 전류), 아크 출력(아크 전압×전류)
  - 역률 : $\frac{소비\ 전력(kW)}{전원\ 입력(kVA)} \times 100(\%)$
  - 효율 : $\frac{아크\ 출력(kW)}{소비\ 전력(kVA)} \times 100(\%)$

ⓞ 연강용 피복용접봉의 종류

- 피복제의 역할 : 피복제는 아크를 우선적으로 안정시키며, 산화, 질화에 의한 성분 변화를 최소화하며, 용착 효율을 높여 준다. 그리고 슬래그를 형성시켜 급랭을 막아 조직이 잘 응고하게 도와주며, 전기 절연작용을 한다.
- 피복 용접봉의 종류
  - 내균열성이 뛰어난 순서 : 저수소계[E4316] → 일루미나이트계[E4301] → 타이타늄계[E4313]
  - E : 피복 아크 용접봉, 43 : 용착 금속의 최소 인장강도, 16 : 피복제 계통
  - 전자세 가능 용접봉(F, V, O, H) : 일루미나이트계[E4301], 라임티타니아계[E4303], 고셀룰로스계[E4311], 고산화타이타늄계[E4313], 저수소계[E4316] 등
  - 아래보기 및 수평 가능 용접봉(F, H) : 철분산화타이타늄계[E4324], 철분저수소계[E4326], 철분산화철계[E4327]
  - F : 아래보기, V : 수직자세, O : 위보기, H : 수평 또는 수평필릿

10년간 자주 출제된 문제

8-1. 아크용접기 중 가변저항 변화를 이용하여 용접전류를 조정하고 원격제어가 가능한 용접기는?

① 가동 철심형 ② 가동 코일형
③ 탭 전환형 ④ 가포화 리액터형

8-2. 연강용 피복 아크 용접봉의 종류 중 전자세 용접에 적합하지 않은 것은?

① 철분산화철계 ② 고셀룰로스계
③ 라임티타니아계 ④ 고산화타이타늄계

8-3. 내용적 40L 산소용기의 고압력계가 80기압(kgf/cm^2)일 때 프랑스식 200번 팁으로 사용압력 1기압에서 혼합비 1 : 1을 사용하면 몇 시간 작업할 수 있는가?

① 12시간 ② 14시간
③ 16시간 ④ 18시간

8-4. 용접기의 사용률 계산 시 아크시간과 휴식시간을 합한 전체시간은 몇 분을 기준으로 하는가?

① 10분 ② 20분
③ 40분 ④ 60분

8-5. 연강용 피복 아크 용접봉 종류 중 피복제 계통이 저수소계인 것은?

① E4303 ② E4316
③ E4311 ④ E4340

8-6. 아크 전류가 150A, 아크 전압은 25V, 용접속도가 15cm/min인 경우 용접의 단위길이 1cm당 발생하는 용접입열은 약 몇 Joule/cm인가?

① 15,000 ② 20,000
③ 25,000 ④ 30,000

8-7. 아크 길이에 따라 전압이 변동하여도 아크 전류는 거의 변하지 않는 특성은?

① 정전류 특성 ② 수하 특성
③ 정전압 특성 ④ 상승 특성

| 해설 |

8-1
- 가동 철심형 : 누설 자속을 가감하여 전류를 조정하는 용접기로 미세한 전류 조정이 가능
- 가동 코일형 : 1, 2차 코일의 이동으로 누설 자속을 변화시켜 전류를 조정
- 탭 전환형 : 코일의 감긴 수에 따라 전류를 조정하며 소형에 많이 사용
- 가포화 리액터형 : 가변저항의 변화로 용접전류를 조정하며 원격 제어가 가능

8-2
전자세 용접이 가능한 용접봉은 일루미나이트계, 라임티타니아계, 고셀룰로스계, 고산화타이타늄계, 저수소계가 있으며 아래보기 및 수평 자세만 가능한 용접봉은 철분산화타이타늄계, 철분저수소계, 철분산화철계가 있다.

8-3
$$\frac{\text{용적} \times \text{고압력}}{\text{시간당 소모량}} = \frac{40 \times 80}{200\text{L}} = 16\text{시간}$$

8-4
아크시간과 휴식시간을 합한 전체시간은 10분을 기준으로 한다.

8-5
피복 용접봉의 종류
- 내균열성이 뛰어난 순서 : 저수소계[E4316] → 일루미나이트계[E4301] → 타이타늄계[E4313]
- E : 피복 아크 용접봉, 43 : 용착 금속의 최소 인장강도, 16 : 피복제 계통
- 전자세 가능 용접봉(F, V, O, H) : 일루미나이트계[E4301], 라임티타니아계[E4303], 고셀룰로스계[E4311], 고산화타이타늄계[E4313], 저수소계[E4316] 등

8-6
용접 입열 $H = \frac{60EI}{V}$(J/cm)로 구할 수 있으며, E= 아크 전압(V), I= 아크 전류(A), V는 용접속도(cm/min)이다.

즉, $H = \frac{60 \times 25\text{V} \times 150\text{A}}{15\text{cm/min}} = 15{,}000\text{J/cm}$가 된다.

8-7
- 수하 특성 : 부하 전류가 증가할 시 전압이 낮아지는 특성
- 정전류 특성 : 아크 길이에 따라 전압이 변해도 전류는 변하지 않는 성질
- 정전압 특성 : 부하 전류가 변해도 전압이 변하지 않는 특성
- 상승 특성 : 부하 전류가 증가하면 전압도 상승하는 특성

정답 8-1 ④ 8-2 ① 8-3 ③ 8-4 ① 8-5 ② 8-6 ① 8-7 ①

핵심이론 09 | 가스 용접

① **가스 용접** : 산소-아세틸렌을 이용한 용접을 보통 가스 용접이라 하며, 연료 가스와 산소 혼합물의 연소열로 용접하는 방법이다.

② **가스 및 불꽃** : 산소 및 아세틸렌
　㉠ 산소 : 다른 물질의 연소를 돕는 지연성 기체
　㉡ 아세틸렌 : 공기와 혼합하여 연소하는 가스로 가연성 가스

③ **산소-아세틸렌 불꽃**
　㉠ 불꽃의 구성 : 백심, 속불꽃, 겉불꽃
　㉡ 불꽃의 종류
　- 탄화 불꽃 : 중성불꽃보다 아세틸렌 가스의 양이 더 많을 경우 발생한다.
　- 중성 불꽃 : 산소와 아세틸렌 가스의 비가 1 : 1일 경우 발생한다.
　- 산화 불꽃 : 산소의 양이 더 많을 경우 발생한다.

④ **가스 용접의 장치**
산소 용기, 아세틸렌 발생기, 청정기, 아세틸렌 용기, 안전기, 압력조정기, 토치 등이다.

⑤ **역류 및 역화**
　㉠ 역류 : 토치 내부가 막혀 고압 산소가 배출되지 못하면서 아세틸렌 가스가 호스 쪽으로 흐르는 현상이다.
　㉡ 역화 : 용접 시 모재에 팁끝이 닿으면서 불꽃이 흡입되어 꺼졌다 켜졌다를 반복하는 현상이다.

⑥ **가스 용접봉과 모재와의 관계** : $D = \frac{T}{2} + 1$

D : 용접봉 지름, T : 판두께

10년간 자주 출제된 문제

9-1. 가스 절단 작업에서 예열 불꽃이 약할 때 생기는 현상으로 가장 거리가 먼 것은?

① 절단 작업이 중단되기 쉽다.
② 절단 속도가 늦어진다.
③ 드래그가 증가한다.
④ 모서리가 용융되어 둥글게 된다.

9-2. 가스 용접 및 절단에 사용되는 가연성 가스의 공통적인 성질로서 적합하지 않은 것은?

① 용융금속과 화학반응이 없을 것
② 불꽃의 온도가 높을 것
③ 연소 속도가 느릴 것
④ 발열량이 클 것

9-3. 산소와 아세틸렌을 이론적으로 1 : 1 정도 혼합시켜 연소할 때 용접토치에서 얻는 불꽃은?

① 중성 불꽃
② 탄화 불꽃
③ 산화 불꽃
④ 환원 불꽃

9-4. 15℃, 15기압에서 아세톤 30L가 들어 있는 아세틸렌 용기에 용해된 최대 아세틸렌의 양은 몇 L인가?

① 3,000
② 4,500
③ 6,750
④ 11,250

|해설|

9-1
가스 절단 작업은 절단하려는 부분을 예열 불꽃으로 가열하여 모재가 연소 온도에 도달했을 때 고압 가스를 분출해 철과 산소의 화합반응을 이용하여 절단하는 방법으로 예열이 약할 시 절단 속도가 느려지고 중단될 가능성이 있으며, 밑부분에 노치가 생긴다.

9-2
가연성 가스란 공기와 혼합하여 연소하는 가스를 말하며, 연소 속도가 느리면 안 된다.

9-3
- 중성 불꽃 : 산소와 아세틸렌의 용접비가 1 : 1인 불꽃
- 탄화 불꽃 : 중성 불꽃보다 아세틸렌 가스 양이 많은 불꽃
- 산화 불꽃 : 중성 불꽃보다 산소의 양이 많은 불꽃

9-4
아세틸렌의 아세톤에 대한 용해력은 25배이며 따라서 25배 × 15기압은 375배이며, 30L 용량이므로 375배 × 30L를 하면 11,250L가 된다. 용해 아세틸렌은 물에 같은 양, 석유에 2배, 벤젠 4배, 알코올 6배에 용해되며, 소금물에는 용해되지 않는다.

정답 9-1 ④ 9-2 ③ 9-3 ① 9-4 ④

핵심이론 10 기타 용접법 및 절단

① 서브머지드 아크 용접

㉠ 용제(Flux) 속에 용접봉을 넣고 작업하는 것이다.

㉡ 대기 중 산소 등의 유해 원소의 영향이 적다.

㉢ 용접 속도가 빠르며, 높은 전류 밀도로 용접이 가능하다.

㉣ 용제의 관리가 어렵고 설비비가 많이 든다.

② 불활성 가스 텅스텐 아크 용접법(TIG)

㉠ 불활성 분위기 내에서 텅스텐 전극봉을 사용하여 아크를 발생시킨 후 용접봉을 녹여 용접한다.

㉡ 직류 역극성 사용 시 청정 효과가 있으며 Al, Mg 등의 비철금속 용접에 좋다.

㉢ 교류 사용 시 전극의 정류작용이 발생하므로 고주파 정류를 사용해 아크를 안정시켜야 한다.

③ 불활성 가스 금속 아크 용접법(MIIG)

㉠ 불활성 분위기 내에서 전극 와이어를 용가재로 사용하여 지속적으로 투입해 주며 아크를 발생시키는 방법이다.

㉡ 자동 용접으로 3mm 이상의 용접에 적용 가능하다.

㉢ 직류 역극성을 사용 시 청정 효과를 얻는다.

④ 탄산가스 아크 용접

㉠ MIG 용접과 비슷하나 불활성 환경 대신 탄산가스를 사용하는 방법이다.

㉡ 연강 용접에 유리하다.

㉢ 용접부의 슬래그 섞임이 없고 후처리가 간단하다.

㉣ 용입이 크고 전자세 용접이 가능하다.

⑤ 테르밋 용접

㉠ Al 분말과 Fe_3O_4 분말을 1 : 3~4 정도의 중량비로 혼합한 테르밋제와 과산화바륨, 마그네슘, 알루미늄의 혼합 분말의 반응열에 의한 용접법이다.

㉡ 용융 테르밋 방법과 가압 테르밋 방법이다.

㉢ 전기가 필요하지 않고 설비비가 싼 편이다.

㉣ 용접 시간이 짧고 변형이 적다.

⑥ 전자 빔 용접

㉠ 전자 빔을 모아 고진공 속에서 접합부에 조사시켜 고에너지를 이용한 충격열로 용접한다.

㉡ 높은 순도의 용접이 가능하다.

㉢ 용입이 깊고 용접 변형이 적다.

㉣ 고융점의 재료도 용접이 가능하다.

⑦ 고주파 용접

㉠ 표피 효과와 근접 효과를 이용하여 용접부를 가열하여 용접한다.

㉡ 고주파 유도 용접법 및 고주파 저항 용접법이다.

⑧ 마찰 용접

㉠ 접합물을 맞대어 상대 운동을 시켜 마찰열을 이용한 접합이다.

㉡ 경제성이 높고 국부 가열로 용접하며 후처리가 간단하다.

㉢ 피압접물은 원형 모양이어야 한다.

⑨ 초음파 용접법

㉠ 용접물을 맞대어 놓고 용접 팁 및 앤빌 사이에 놓고 압력을 가하면서 초음파로 횡진동을 주어 마찰열을 이용하여 접합한다.

㉡ 압연한 재료, 얇은 판 용접도 가능하다.

㉢ 이종 금속 용접 가능

⑩ 폭발 압접 : 금속판 사이에 폭발을 시켜 순간의 큰 압력을 이용한 압접이다.

⑪ 냉간 압접 : 상온에서 가압하여 금속 상호간의 확산을 이용한 압접이다.

⑫ 절 단

㉠ 가스 절단 : 절단하려는 부분을 예열 불꽃으로 예열 후 연소 온도에 도달하였을 경우 고압 산소를 분출시켜 산소와 철의 화학반응을 이용하여 절단한다.

㉡ 아크 절단 : 아크열을 이용하여 모재를 용융 후 절단하는 방법이다.

㉢ 가스 절단 요소 : 팁의 크기와 형태, 산소의 압력, 절단 속도

㉣ 드래그(Drag) : 가스 절단면의 시작점에서 출구점 사이의 수평거리

10년간 자주 출제된 문제

10-1. 불활성 가스 금속 아크 용접법의 특징 설명으로 틀린 것은?

① 수동 피복 아크 용접에 비해 용착효율이 높고 능률적이다.
② 박판의 용접에 가장 적합하다.
③ 바람의 영향으로 방풍대책이 필요하다.
④ CO_2 용접에 비해 스패터 발생이 적다.

10-2. 불활성 가스 텅스텐 아크 용접 시 사용되는 불활성 가스는?

① 산소, 메탄　② 아세틸렌, 산소
③ 산소, 수소　④ 헬륨, 아르곤

10-3. 다음 중 용융속도와 용착속도가 빠르며 용입이 깊은 특징을 가지며, "잠호 용접"이라고도 불리는 용접의 종류는?

① 저항 용접
② 서브머지드 아크 용접
③ 피복 금속 아크 용접
④ 불활성 가스 텅스텐 아크 용접

10-4. 다음 중 압접의 종류에 속하지 않는 것은?

① 저항 용접　② 초음파 용접
③ 마찰 용접　④ 스터드 용접

|해설|

10-1

불활성 가스 금속 아크 용접법(MIG 용접)은 전극 와이어를 계속적으로 보내 아크를 발생시키는 방법으로 주로 전자동 혹은 반자동으로 작업이 가능하며, 3mm 이상의 모재 용접에 사용하고 자기제어 특성을 가지고 있다. 용접기는 정전압 특성 또는 상승 특성의 직류 용접기를 사용한다.

10-2

불활성 가스란 다른 원소와 화합하지 않는 비활성 가스를 말하며, 아르곤(Ar), 헬륨(He), 네온(Ne) 등이 포함된다.

10-3

서브머지드 아크 용접은 용제(Flux) 속에 용접봉을 넣고 작업하는 것으로 잠호 용접이라고 불린다. 특징으로는 높은 전류 밀도를 가지고, 대기와의 차폐가 확실하며 용입이 깊은 장점이 있다.

10-4

막대(스터드)를 모재에 접속시켜 전류를 흘려 약간 떼어주면 아크가 발생하며 용융하여 접하는 용접에 속한다.

정답 10-1 ② 10-2 ④ 10-3 ② 10-4 ④

Win-Q

2010~2016년	과년도 기출문제	회독 CHECK 1 2 3
2017~2023년	과년도 기출복원문제	회독 CHECK 1 2 3
2024년	최근 기출복원문제	회독 CHECK 1 2 3

PART 02

과년도 + 최근 기출복원문제

#기출유형 확인 #상세한 해설 #최종점검 테스트

2010년 제1회 과년도 기출문제

01 **기체방사성 동위원소법에는 Kr-85를 추적가스로 많이 사용한다. 이때 방출되는 이온으로 옳은 것은?**

① X선 ② 알파선
③ 베타선 ④ 감마선

해설
Kr-85(크립톤-85)는 방사성 동위원소로 β 붕괴를 하며 반감기는 108년이다.

02 **초음파탐상검사의 진동자 재질로 사용되지 않는 것은?**

① 수 정
② 황산리튬
③ 할로겐화은
④ 타이타늄산바륨

해설
초음파 탐촉자는 일반적으로 압전효과를 이용한 탐촉자이며, 수정, 유화리튬, 타이타늄산바륨, 황산리튬, 니오비움산납, 니오브산리튬 등이 있다. 할로겐화은의 경우 감광성이 있어 방사선 탐상에서 사진 유제(Photographic Emulsion)로 사용된다.

03 **자분탐상시험법에 대한 설명으로 옳은 것은?**

① 잔류법은 시험체에 외부로부터 자계를 준 상태에서 결함에 자분을 흡착시키는 방법이다.
② 연속법은 시험체에 외부로부터 주어진 자계를 소거한 후에 결함에 자분을 흡착시키는 방법이다.
③ 잔류법은 시험체에 잔류하는 자속밀도가 결함누설자속에 영향을 미친다.
④ 연속법은 결함누설자속을 최소로 하기 위해 포화자속밀도가 얻어지는 자계의 세기를 필요로 한다.

해설
- 연속법은 시험체에 외부로부터 자계를 준 상태에서 자분을 적용하는 방법이며, 잔류법보다 강한 자계에서 탐상하여 미세 균열의 검출 감도가 높다.
- 잔류법은 시험체에 외부로부터 자계를 소거한 후 자분을 적용하는 방법이며, 잔류 자속밀도가 결함누설자속에 영향을 미친다.

04 **두께 100mm인 강판 용접부에 대한 내부균열의 위치와 깊이를 검출하는 데 가장 적합한 비파괴검사법은?**

① 방사선투과시험
② 초음파탐상시험
③ 자분탐상시험
④ 침투탐상시험

해설
내부균열탐상의 종류에는 방사선탐상과 초음파탐상이 있으며, 방사선탐상의 경우 투과에 한계가 있어 너무 두꺼운 시험체는 검사가 불가하므로 초음파탐상시험이 가장 적합하다.

1 ③ 2 ③ 3 ③ 4 ② 정답

05 시험체를 가압 또는 감압하여 일정한 시간이 지난 후 압력변화를 계측하여 누설검사하는 방법을 무엇이라 하는가?

① 기포 누설검사
② 암모니아 누설검사
③ 방치법에 의한 누설검사
④ 전위차에 의한 누설검사

해설
- 기포 누설검사 : 침지법, 가압 발포액법, 진공 상자 발포액법
- 추적 가스 이용법 : 암모니아, CO_2, 연막탄(Smoke Bomb)법
- 방치법에 의한 누설검사 : 가압법, 감압법
- 할로겐 누설시험 : 할라이드 토치법, 가열양극 할로겐 검출법, 전자 포획법 등

06 침투탐상시험의 원리에 대한 설명으로 옳은 것은?

① 시험체 내부에 있는 결함을 눈으로 보기 쉽도록 시약을 이용하여 지시모양을 관찰하는 방법이다.
② 결함부에 발생하는 자계에 의한 자분의 부착을 이용하여 관찰하는 방법이다.
③ 결함부에 현상제를 투과시켜 그 상을 재생하여 내부결함의 실상을 관찰하는 방법이다.
④ 시험체 표면에 열린 결함을 눈으로 보기 쉽도록 시약을 이용하여 확대된 지시모양을 관찰하는 방법이다.

해설
침투탐상시험체의 표면에 열린 개구부(결함)에 침투액을 적용시켜 모세관 현상을 이용, 현상액에 의해 확대된 지시모양을 관찰할 수 있는 방법이다.

07 이상 기체의 압력이 P, 체적이 V, 온도가 T일 때 보일-샤를의 법칙에 대한 공식으로 옳은 것은?

① $\frac{P_1 \times T_1}{V_1} = \frac{P_2 \times T_2}{V_2}$

② $\frac{P_1 \times V_1}{T_1} = \frac{P_2 \times V_2}{T_2}$

③ $\frac{P_1 \times V_1}{T_2} = \frac{P_2 \times V_2}{T_1}$

④ $\frac{P_2 \times T_1}{V_2} = \frac{P_1 \times T_2}{V_1}$

해설
보일-샤를의 법칙
온도와 압력이 동시에 변하는 것으로 기체의 부피는 절대 압력에 반비례하고 절대 온도에 비례한다.

$\frac{PV}{T}$ = 일정, $\frac{P_1 V_1}{T_1} = \frac{P_2 V_2}{T_2}$

08 지름 20cm, 두께 1cm, 길이 1m인 관에 열처리로 인한 축방향의 균열이 많이 발생하고 있다. 이러한 균열을 탐지하기 위하여 자분탐상검사를 실시하고자 한다. 어떤 방법이 가장 적절하겠는가?

① 프로드(Prod)에 의한 자화
② 요크(Yoke)에 의한 자화
③ 전류관통법(Central Conductor)에 의한 자화
④ 케이블(Cable)에 의한 자화

해설
- 축방향의 균열이 발생했으므로 원형 자화를 이용하여 자력선을 형성시켜야 하며, 길이가 1m로 길기 때문에 전도체를 통과시키는 방법이 가장 효율적이다.
- 전류관통법 : 시험체 구멍 등에 전도체를 통과시켜 도체에 전류를 흘려 원형 자화를 형성하는 방법이다.

정답 5 ③ 6 ④ 7 ② 8 ③

09 **시험체의 표면이 열려 있는 결함의 검출에 가장 적합한 비파괴검사법은?**

① 침투탐상시험
② 초음파탐상시험
③ 방사선투과시험
④ 중성자투과시험

해설
표면결함 검출에는 침투탐상, 자기탐상, 육안검사 등이 있으며 초음파, 방사선, 중성자의 경우 내부결함 검출에 사용된다.

10 **두께가 일정하지 않고 표면 거칠기가 심한 시험체의 내부결함을 검출할 수 있는 비파괴검사법으로 옳은 것은?**

① 방사선투과검사(RT)
② 자분탐상검사(MT)
③ 초음파탐상검사(UT)
④ 와전류탐상검사(ECT)

해설
내부결함 검출의 경우 방사선투과검사 및 초음파탐상을 이용하여 검출하며, 두께가 일정하지 않고 표면 거칠기가 심한 초음파탐상의 경우 산란 및 표면 거칠기가 심하여 초음파의 송·수신이 어려울 수 있으므로 방사선투과검사를 사용한다.

11 **표면코일을 사용하는 와전류탐상시험에서 시험코일과 시험체 사이의 상대 거리의 변화에 의해 지시가 변화하는 것을 무엇이라 하는가?**

① 공진 효과
② 표피 효과
③ 리프트 오프 효과
④ 오실로스코프 효과

해설
- 리프트 오프 효과(Lift-off Effect) : 탐촉자-코일 간 공간 효과로 작은 상대 거리의 변화에도 지시가 크게 변하는 효과
- 표피 효과(Skin Effect) : 교류 전류가 흐르는 코일에 도체가 가까이 가면 전자유도현상에 의해 와전류가 유도되며, 이 와전류는 도체의 표면 근처에서 집중되어 유도되는 효과
- 모서리 효과(Edge Effect) : 코일이 시험체의 모서리 또는 끝 부분에 다다르면 와전류가 휘어지는 효과로 모서리에서 3mm 정도는 검사가 불확실

12 **각종 비파괴검사법과 그 원리가 틀리게 짝지어진 것은?**

① 방사선투과검사 – 투과성
② 초음파탐상검사 – 펄스반사법
③ 자분탐상검사 – 자분의 침투력
④ 와전류탐상검사 – 전자유도작용

해설
자분탐상검사의 경우 결함에서 생기는 누설 자장을 이용하여 표면 및 표면 직하의 결함을 검출하는 검사이다.

13 **방사선작업 종사자가 착용하는 개인피폭 선량계에 속하지 않는 것은?**

① 서베이미터 ② 필름배지
③ 포켓도시미터 ④ 열형광 선량계

해설
개인피폭 선량계의 종류 : 필름배지, 열형광 선량계(TLD), 포켓도시미터(Pocket Dosimeter), 경보계(Alarm Monitor) 등이 있다.

9 ① 10 ① 11 ③ 12 ③ 13 ① 정답

14 와전류탐상검사에 대한 설명으로 올바른 것은?

① 표면 및 내부결함 모두가 검출 가능하다.

② 금속, 비금속 등 거의 모든 재료에 적용 가능하고 현장 적용을 쉽게 할 수 있다.

③ 비접촉으로 고속탐상이 가능하다.

④ 미세한 균열을 성장 유무를 감시하는 데 적합하다.

해설

- 와전류탐상의 장점
  - 고속으로 자동화된 전수검사 가능
  - 가는 선, 구멍 내부, 고온 등 여러 환경에서 적용 가능
  - 결함, 재질변화, 품질관리 등 적용 범위가 광범위
  - 탐상 및 재질검사 등 탐상 결과를 보전 가능
- 와전류탐상의 단점
  - 표피효과로 인해 표면 근처의 시험에만 적용 가능
  - 잡음 인자의 영향을 많이 받음
  - 결함 종류, 형상, 치수에 대한 정확한 측정은 불가
  - 형상이 간단한 시험체에만 적용 가능
  - 도체에만 적용 가능

15 A스캔 장비의 화면에서 저면 반사파의 강도(음압)를 나타내는 것은?

① 반사파의 거리　② 반사파의 밝기

③ 반사파의 폭　④ 반사파의 높이

해설

저면 반사파의 강도는 반사파의 높이로 파악할 수 있으며, 결함의 위치는 보정된 시간축에 초음파의 진행시간으로 나타낸다.

16 초음파탐상검사에서 초음파가 매질을 진행할 때 진폭이 작아지는 정도를 나타내는 감쇠계수(Attenuation Coefficient)의 단위로 옳은 것은?

① dB/s　② dB/℃

③ dB/cm　④ dB/m^2

해설

감쇠계수란 단위 길이당 음의 감쇠를 의미하며 단위는 dB/cm이다. 감쇠계수는 주파수에 비례하여 증가한다.

17 원거리 음장의 빔(Beam)분산에 영향을 미치는 요소와 가장 거리가 먼 것은?

① 주파수

② 재질의 두께

③ 탐촉자의 크기

④ 재질에서의 음파 속도

해설

원거리 음장은 초음파의 진행 거리가 증가할수록 강도가 지수함수적으로 감소하는데 이에 미치는 이유가 빔의 분산이다. 이러한 빔의 분산은 탐촉자(진동자)의 크기, 주파수, 음파 속도에 따라 결정된다.

빔의 분산각 : $\sin\phi = 1.22\frac{\lambda}{D} = 1.22\frac{V}{fD}$

(ϕ : 빔의 분산각, λ : 파장, D : 탐촉자의 직경, f : 주파수, V : 속도)

18 초음파의 빔의 분산에 대한 설명으로 옳은 것은?

① 초음파의 속도가 느릴수록 빔 분산각은 커진다.

② 초음파의 주파수가 작을수록 빔 분산각은 작아진다.

③ 탐촉자의 파장이 작을수록 빔 분산각은 커진다.

④ 탐촉자의 진동자 직경이 클수록 빔 분산각은 작아진다.

해설

초음파의 분산각은 탐촉자의 직경과 파장에 의해 결정된다. 동일한 탐촉자 직경일 때 파장이 감소(주파수 증가)하면 분산각은 감소하며, 동일한 파장(주파수)일 때 진동자 직경이 클수록 빔의 분산각은 감소한다.

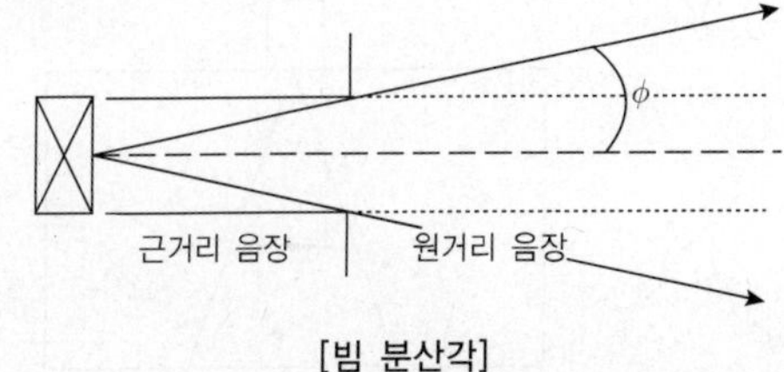

[빔 분산각]

정답 14 ③ 15 ④ 16 ③ 17 ② 18 ④

19 탐상면에 수직한 방향으로 존재하는 결함의 깊이를 측정하는 데 유리한 주사방법은?

① 탠덤 주사 ② 종방향 주사
③ 횡방향 주사 ④ 지그재그 주사

해설
탠덤 주사 : 탐상면에 수직인 결함의 깊이를 측정하는 데 유리하며, 한쪽 면에 송・수신용 2개의 탐촉자를 배치하여 주사하는 방법

20 매질 내에서 초음파의 전달 속도에 가장 큰 영향을 미치는 것은?

① 밀도와 탄성계수
② 자속밀도와 소성
③ 선팽창계수와 투과율
④ 침투력과 표면장력

해설
매질 내에서 초음파의 전달 속도는 음속을 의미하며,
$C=\sqrt{\frac{E(\text{탄성계수})}{\rho(\text{밀도})}}$ 로 계산할 수 있다.

21 두께 15cm인 강판의 탐상면에서 깊이 7.6mm 부분에 탐상면과 평행하게 위치해 있는 결함을 검사하는 가장 효과적인 초음파탐상시험법은?

① 판파탐상
② 표면파탐상
③ 종파에 의한 수직탐상
④ 횡파에 의한 경사각탐상

해설
다음의 그림과 같이 두께 15cm에 7.6mm 부분에 결함이 있고 평행하게 위치해 있다면 종파에 의한 수직탐상이 가장 효과적이다.

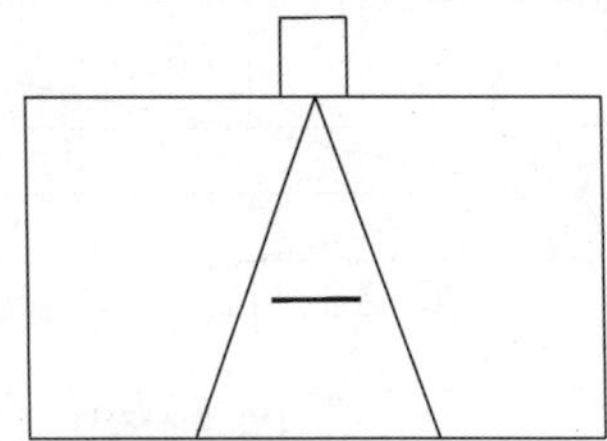

22 초음파탐상시험에서 근거리 음장길이와 직접적인 관계가 없는 인자는?

① 탐촉자의 직경
② 탐촉자의 주파수
③ 시험체에서의 속도
④ 접촉 매질의 접착력

해설
근거리 음장도 원거리 음장과 마찬가지로 탐촉자의 직경, 주파수, 음속과의 관계가 있다.

23 수침법으로 초음파탐상 시 CRT 스크린상에 나타나는 물거리 지시파 부분을 제거하려면 무엇을 조정하여야 하는가?

① 리젝트 조정
② 펄스 길이 조정
③ 소인 지연 조정
④ 스위프 넓이 조정

해설
- 소인(Sweep) 회로 : 탐상기 화면에 나타나는 펄스에 대해 수평등속도로 만들어 탐상 거리를 조정
- 시간축 간격 조절기(Sweep Length Control) : 펄스와 펄스 사이의 간격을 변화시키는 조절기
- 리젝션(Rejection) 조절기 : 전기적 잡음 신호를 제거하는 데 사용되는 조절기
- 증폭기(Gain Control) : 음압의 비를 증폭시키는 조절기로 dB로 조정(펄스 길이 조정)

19 ① 20 ① 21 ③ 22 ④ 23 ③ 정답

24 STB-A1 표준시험편의 주된 사용 목적이 아닌 것은?

① 측정 범위의 조정
② 탐상 감도의 조정
③ 경사각 탐촉자의 굴절각 측정
④ 경사각 탐촉자의 분해능 측정

해설
④ 경사각 탐촉자의 분해능 측정은 RB-RD 대비시험편이 사용된다.
표준시험편(STB-A1)의 사용 목적
- 경사각 탐촉자의 특성 측정
- 입사점 측정
- 굴절각 측정
- 측정 범위의 조정
- 탐상 감도의 조정

25 횡파에 대한 설명 중 틀린 것은?

① 공기 중에는 횡파가 존재할 수 없다.
② 고체에서는 횡파와 종파가 존재한다.
③ 음파 진행방향에 대해 수직방향으로 진동한다.
④ 액체 내에서는 횡파만이 존재할 수 있다.

해설
횡파(Transverse Wave)는 입자의 진동 방향이 파를 전달하는 입자의 진행 방향과 수직인 파로 종파의 $\frac{1}{2}$ 속도이다. 고체에서만 전파되고 액체와 기체에서는 전파되지 않는다.

26 금속재료 펄스반사법에 따른 초음파탐상시험방법 통칙(KS B 0817)에서 흠집의 치수 측정 항목에 포함되지 않는 것은?

① 등가결함 위치 ② 등가결함 지름
③ 흠집의 지시길이 ④ 흠집의 지시높이

해설
KS B 0817에서 흠집의 치수 측정은 흠집의 지시길이, 흠집의 지시높이, 등가결함 지름이 있다.

27 강 용접부의 초음파탐상시험방법(KS B 0896)에 따른 경사각탐상에서 탐상장치의 입사점, STB 굴절각은 작업개시 시에 조정하며, 또한 조정의 조건이 유지되고 있는 것을 확인하기 위하여 작업시간 몇 시간 이내마다 점검하는가?

① 2시간 ② 4시간
③ 6시간 ④ 8시간

해설
KS B 0896에 따라 탐상장치의 입사점, STB 굴절각, 탐상 굴절각, 측정 범위 및 탐상 감도에 대해서는 작업 개시에 조정해서 4시간마다 점검하도록 한다.

28 압력용기용 강판의 초음파탐상검사방법(KS D 0233)에서 강판의 두께가 60mm를 초과할 때 사용되는 탐촉자는?

① 수직 탐촉자
② 2진동자 수직 탐촉자
③ 2진동자 수직 탐촉자 및 수직 탐촉자
④ 경사각 탐촉자

해설
KS D 0233에서 강판의 두께에 따른 탐촉자 사용 종류
- 60mm를 초과할 경우 : 수직 탐촉자
- 6~13mm 미만일 경우 : 2진동자 수직 탐촉자
- 13~60mm 이하의 경우 : 2진동자 수직 탐촉자 또는 수직 탐촉자

정답 24 ④ 25 ④ 26 ① 27 ② 28 ①

29 강 용접부의 초음파탐상시험방법(KS B 0896)의 경사각탐상에서 STB 굴절각의 측정에 사용되는 표준시험편은 어느 것인가?

① STB-N1 ② STB-A2
③ STB-G ④ STB-A1

해설
- KS B 0896에서 STB 굴절각 측정에는 STB-A1이 사용된다.
- 표준시험편(STB-A1)의 사용 목적으로 경사각 탐촉자의 특성 측정, 입사점 측정, 굴절각 측정, 측정 범위의 조정, 탐상 감도의 조정이 있다.

30 강 용접부의 초음파탐상시험방법(KS B 0896)에 의한 흠 분류 시 2방향 이상에서 탐상한 경우에 동일한 흠의 분류가 2류, 3류, 1류로 나타났다면 최종 등급은?

① 1류 ② 2류
③ 3류 ④ 4류

해설
KS B 0896에서 흠 분류 시 2방향 이상에서 탐상한 경우 동일한 흠의 분류가 2류, 3류, 1류로 나타났다면 가장 하위 분류를 적용해 3류를 적용한다.

31 강 용접부의 초음파탐상시험방법(KS B 0896)에 따라 경사각탐상으로 탐촉자를 접촉시키는 부분의 판 두께가 75mm 이상, 주파수 2MHz, 진동자 치수 20×20mm의 탐촉자를 사용하는 경우, 흠의 지시 길이 측정방법으로 옳은 것은?

① 최대 에코 높이의 $\frac{1}{2}$을 넘는 탐촉자의 이동거리
② 최대 에코 높이의 $\frac{1}{3}$을 넘는 탐촉자의 이동거리
③ 최대 에코 높이의 $\frac{1}{4}$을 넘는 탐촉자의 이동거리
④ 최대 에코 높이의 $\frac{1}{8}$을 넘는 탐촉자의 이동거리

해설
흠의 지시길이 측정방법은 최대 에코 높이의 $\frac{1}{2}$을 넘는 탐촉자의 이동거리로 측정한다.

32 초음파탐상시험용 표준시험편(KS B 0831)에서 탐상시험에 사용되는 N1형 STB 표준시험편의 설명으로 틀린 것은?

① 사용되는 탐촉자의 종류는 수침 탐촉자이다.
② 사용되는 탐촉자의 주파수는 2MHz를 쓴다.
③ 사용되는 탐촉자의 진동자 재료는 수정을 쓴다.
④ 사용되는 탐촉자의 진동자 치수는 지름이 20mm 이다.

해설
KS B 0831에서 N1형 STB는 수침 탐촉자를 이용하여 두꺼운 판에 주로 탐상하며 탐상 감도의 조정을 위해 사용된다. 진동자의 재료로는 수정 또는 세라믹스를 사용하여 5MHz의 주파수를 사용하며, 진동자 치수는 20mm이다. 접촉 매질로는 물을 가장 많이 사용한다.

29 ④ 30 ③ 31 ① 32 ② 정답

33 강 용접부의 초음파탐상시험방법(KS B 0896)에서 탐상기에 필요한 성능 중 시간축 직선성은 측정값의 몇 % 이내의 범위이어야 하는가?

① ±1% ② ±2%

③ ±3% ④ ±5%

해설

탐상기에 필요한 성능 : 증폭 직선성은 ±3%의 범위, 시간축 직선성은 ±1%의 범위, 감도 여유값은 40dB 이상, DAC 회로는 30dB 이상 보상이 가능할 것

34 초음파 탐촉자의 성능측정방법(KS B 0535)에 따라 다음의 탐촉자에 대한 표시방법은?

- 수정진동자의 지름 30mm
- 보통의 주파수 대역으로 공칭주파수 2MHz
- 수직 탐촉자

① 30B2N ② 2A30Q

③ 2Q30N ④ 2Z30A

해설

탐촉자에 대한 표시방법

수정진동자의 표시기호 : Q, 공칭 주파수 : 2MHz, 수직 탐촉자 : N

35 금속재료의 펄스반사법에 따른 초음파탐상시험방법 통칙(KS B 0817)의 적용범위로 옳은 것은?

① 금속재료의 불건전부를 검출하여 평가하는 방법이다.

② 비금속재료의 외부에 존재하는 불건전부를 검출하는 방법이다.

③ 비금속재료의 내부 및 표면 밑에 존재하는 불건전부를 검출하는 방법이다.

④ 금속재료의 내부 또는 외부에 존재하는 불건전부를 검출하여 평가하는 방법이다.

해설

적용범위 : 펄스반사법(A-Scope)으로 금속재료의 불건전부를 검출 평가하는 일반 사항이다.

36 알루미늄의 맞대기용접부의 초음파경사각탐상시험방법(KS B 0897)에서 모재두께가 25mm일 때 흠의 지시길이가 8mm이고, 구분이 B종이라면 흠의 분류는?

① 1류 ② 2류

③ 3류 ④ 4류

해설

KS B 0897 중 시험 결과의 분류 방법에서 모재두께가 25mm이고 구분이 B종일 때 1류의 경우 $\frac{t}{4}$ 이하, 2류의 경우 $\frac{t}{3}$ 이하, 3류의 경우 $\frac{t}{2}$ 이하, 4류의 경우 3류를 넘는 것이므로, $\frac{25}{3}$는 8.3 이하이며 흠의 지시길이가 8mm이기 때문에 2류에 속한다.

정답 33 ① 34 ③ 35 ① 36 ②

37 강 용접부의 초음파탐상시험방법(KS B 0896)에 의한 수직탐상 시 에코 높이의 영역 Ⅲ은 어느 범위에 해당하는가?

① H선 초과
② L선 이하
③ M선 초과 H선 이하
④ L선 초과 M선 이하

해설
영역 구분의 결정

에코 높이의 범위	에코 높이의 영역
L선 이하	Ⅰ
L선 초과 M선 이하	Ⅱ
M선 초과 H선 이하	Ⅲ
H선을 넘는 것	Ⅳ

38 강 용접부의 초음파탐상시험방법(KS B 0896) 부속서에 따라 용접선 위의 주사에 의한 시험 결과, 흠의 분류로 옳은 것은?

① 1류
② 2류
③ 3류
④ 계약 당사자 사이의 협정에 따른다.

해설
경사 평행 주사를 할 경우 혹은 분기마다 주사를 할 경우, 용접선 위 주사에 의한 시험 결과에 대해서는 계약 당사자 사이의 협정에 따른다.

39 강 용접부의 초음파탐상시험방법(KS B 0896)에서 정한 탐상기에 필요한 기능의 설명으로 틀린 것은?

① 탐상기는 1탐촉자법, 2탐촉자법 중 어느 것이나 사용할 수 있는 것으로 한다.
② 탐상기는 적어도 2MHz 및 5MHz의 주파수로 동작하는 것으로 한다.
③ 게인 조정기는 1스텝 5dB 이하에서, 합계 조정량이 10dB 이상 가진 것으로 한다.
④ 표시기는 표시기 위에 표시된 참상 도형이 옥외의 탐상작업에서도 지장이 없도록 선명하여야 한다.

해설
게인 조정기는 1스텝 2dB 이하에서, 합계 조정량이 50dB 이상 가진 것으로 하는 것이 바람직하다.

40 건축용 강판 및 평강의 초음파탐상시험에 따른 등급분류와 판정기준(KS D 0040)에서 2진동자 수직탐촉자에 의한 결함의 분류 표시기호가 △ 이었다. 흠 에코 높이에 대한 옳은 설명은?

① 압연방향에 평행하게 주사할 경우 DM선을 초과한 것
② 압연방향에 직각으로 주사할 경우 DH선을 초과한 것
③ 압연방향에 평행하게 주사할 경우 DL선 초과 DM선 이하인 것
④ 압연방향에 직각으로 주사할 경우 DL선 초과 DM선 이하인 것

해설
압연방향에 평행 주사 시 DL선 초과 DM선 이하는 △ 분류로 한다.

41~45 컴퓨터 문제 삭제

37 ③ 38 ④ 39 ③ 40 ③ 41~45 문제 삭제 정답

46 단조나 압연을 하여 가공경화 한 금속재료를 고온으로 가열할 때 일어나는 현상이 아닌 것은?

① 내부 응력의 제거
② 결정입자의 성장저지
③ 재결정
④ 회 복

해설
가공경화가 일어난 후 가열할 때 재료는 회복 → 재결정 → 결정립 성장 현상이 일어나며, 냉간 가공에 의해 발생된 내부 응력 역시 제거된다.

47 비커스 경도계에서 사용하는 압입자는?

① 꼭지각이 136°인 피라미드형 다이아몬드 콘
② 꼭지각이 120°인 피라미드형 다이아몬드 콘
③ 지름이 1/16인치 강구
④ 지름이 1/16인 초경합금구

해설
경도측정법에는 브리넬, 비커스, 마이크로비커스 등이 있으며, 비커스 경도계는 꼭지각이 136°인 다이아몬드 콘을 사용한다.

48 절삭할 때 칩을 잘게 하고 피삭성을 좋게 만든 쾌삭강은 어떤 원소를 첨가한 것인가?

① S, Pb ② Cr, Ni
③ Mn, Mo ④ Cr, W

해설
피삭성이란 칩이 잘게 잘 잘려나가는 것을 의미하며, 황(S) 또는 납(Pb)이 첨가되었을 때 피삭성이 좋아진다.

49 다음의 탄소강 조직 중 상온에서 경도가 가장 높은 것은?

① 시멘타이트 ② 페라이트
③ 펄라이트 ④ 오스테나이트

해설
탄소강 조직의 경도는 시멘타이트 → 마텐자이트 → 트루스타이트 → 베이나이트 → 소르바이트 → 펄라이트 → 오스테나이트 → 페라이트 순이다.

50 철강의 냉간 가공 시에 청열 메짐이 생기는 온도구간이 있으므로 이 구간에서의 가공을 피해야 한다. 이 구간의 온도는?

① 약 100~210℃ ② 약 210~360℃
③ 약 420~550℃ ④ 약 610~730℃

해설
- 청열 메짐 : 냉간가공 영역 안, 210~360℃ 부근에서 기계적 성질인 인장강도는 높아지나 연신이 갑자기 감소하는 현상
- 적열 메짐 : 황이 많이 함유되어 있는 강이 고온(950℃ 부근)에서 메짐(강도는 증가, 연신율은 감소)이 나타나는 현상
- 백열 메짐 : 1,100℃ 부근에서 일어나는 메짐으로 황이 주원인, 결정입계의 황화철이 융해하기 시작하는 데 따라서 발생

51 Al-Cu-Si계 합금으로 Si를 넣어 주조성을 개선하고 Cu를 넣어 절삭성을 좋게 한 합금은?

① 라우탈 ② 로엑스
③ 두랄루민 ④ 코비탈륨

해설
합금의 종류(암기법)
- Al-Cu-Si : 라우탈(알구시라)
- Al-Ni-Mg-Si-Cu : 로엑스(알니마시구로)
- Al-Cu-Mn-Mg : 두랄루민(알구망마두)
- Al-Cu-Ni-Mg : Y-합금(알구니마와이)
- Al-Si-Na : 실루민(알시나실)

정답 46 ② 47 ① 48 ① 49 ① 50 ② 51 ①

52 7–3 황동에 Sn을 1% 첨가한 것으로 전연성이 좋아 관 또는 판을 만들어 증발기, 열교환기 등에 사용되는 것은?

① 코슨 합금

② 네이벌 황동

③ 애드미럴티 합금

④ 플래티나이트 합금

해설

주석 황동(Tin Brasss)

- 애드미럴티 황동 : 7–3 황동에 Sn 1% 첨가, 전연성이 좋음
- 네이벌 황동 : 6–4 황동에 Sn 1% 첨가
- 알루미늄 황동 : 7–3 황동에 2% Al 첨가
- 코슨합금(C합금) : 구리 + 니켈 3~4%, 규소 1% 첨가

53 아공석강과 과공석강을 구분하는 탄소의 함유량(%)은?

① 약 0.80%

② 약 2.0%

③ 약 4.30%

④ 약 6.67%

해설

- 0.02~0.8% C : 아공석강
- 0.8% C : 공석강
- 0.8~2.0% C : 과공석강
- 2.0~4.3% C : 아공정주철
- 4.3% C : 공정주철
- 4.3~6.67% C : 과공정주철

54 다음 특수강에 대한 설명 중 틀린 것은?

① 고Mn강의 조직은 오스테나이트이다.

② 듀콜강(Ducol Steel)은 저Mn강의 대표적 이름이다.

③ 고속도강의 표준성분은 18% V – 4% Ni – 1% Cr이다.

④ 수인법(Water Toughening)으로 행한 강을 수인강이라 한다.

해설

고속도강의 표준성분은 18% 텅스텐 – 4% 크롬 – 1% 바나듐이다.

55 다음 중 저용융점 금속이 아닌 것은?

① Fe ② Sn

③ Pb ④ In

해설

용해점

Fe : 1,538℃, Sn : 232℃, Pb : 327℃, In : 156℃

56 물과 얼음의 평형 상태에서 자유도는 얼마인가?

① 0 ② 1

③ 2 ④ 3

해설

자유도 F = 2+C–P로 C는 구성물질의 성분 수(물 = 1개), P는 어떤 상태에서 존재하는 상의 수(고체, 액체)로 2가 된다.
즉, F = 2+1–2 = 1로 자유도는 1이다.

52 ③ 53 ① 54 ③ 55 ① 56 ② 정답

57 다음 중 경질자성재료가 아닌 것은?

① 퍼멀로이
② 희토류계 자석
③ 페라이트 자석
④ 알니코 자석

해설
- 퍼멀로이 : 70~90% Ni + 10~30% Fe를 함유한 연질자성합금으로 투자율(透磁率)이 높아 자기(磁氣)가 통하기 쉬운 성질을 가지고 있다.
- 경질자성재료(영구자석재료) : 희토류계 자석, 페라이트 자석, 알니코(AlNiCo) 자석이 있다.

58 피복금속 아크용접에서 용접 전류는 150A, 아크 전압이 30V이고, 용접속도가 10cm/min일 때 용접입열은 몇 J/cm인가?

① 2,700
② 27,000
③ 270,000
④ 2,700,000

해설
용접입열 $H = \frac{60EI}{V}$(J/cm)로 구할 수 있으며, E = 아크전압(V), I = 아크전류(A), V는 용접속도(cm/min)이다.
즉, $H = \frac{60 \times 30V \times 150A}{10cm/min} = 27,000J/cm$가 된다.

59 아세틸렌가스 발생기를 카바이드와 물을 작용시키는 방법에 따라 분류할 때 해당되지 않는 것은?

① 주수식 발생기
② 중압식 발생기
③ 침수식 발생기
④ 투입식 발생기

해설
아세틸렌 발생기는 주로 주수식(카바이드에 소량의 물이나 수증기 투입), 접촉식(가스발생 압력에 의해 자동적으로 카바이드와 물의 접촉을 조절), 투입식(다량의 물에 카바이드 덩어리 투입)의 3가지로 분류된다.

60 피복금속 아크용접봉의 취급 시 주의할 사항에 대한 설명으로 틀린 것은?

① 용접봉은 건조하고 진동이 없는 장소에 보관한다.
② 용접봉은 피복제가 떨어지는 일이 없도록 통에 담아 넣어서 사용한다.
③ 저수소계 용접봉은 300~350℃에서 1~2시간 정도 건조 후 사용한다.
④ 용접봉은 사용하기 전에 편심상태를 확인한 후 사용하여야 하며, 이때의 편심률은 20% 이내이어야 한다.

해설
용접봉의 편심률은 일반적으로 3% 이내이어야 한다.

정답 57 ① 58 ② 59 ② 60 ④

2010년 제2회 과년도 기출문제

01 각종 비파괴검사에 대한 설명 중 틀린 것은?

① 방사선투과시험은 반영구적으로 기록이 가능하다.
② 초음파탐상시험은 균열에 대하여 높은 감도를 갖는다.
③ 자분탐상시험은 강자성체에만 적용이 가능하다.
④ 침투탐상시험은 비금속 재료에만 적용이 가능하다.

해설
침투탐상시험은 거의 모든 재료에 적용 가능하다(단, 다공성 물질에는 적용이 어렵다).

02 비파괴검사의 목적에 대한 설명으로 가장 관계가 먼 것은?

① 제품의 신뢰성 향상
② 제조원가 절감에 기여
③ 생산할 제품의 공정시간 단축
④ 생산공정 제조 기술 향상에 기여

해설
비파괴검사의 목적
- 소재 혹은 기기, 구조물 등의 품질관리 및 평가
- 품질관리를 통한 제조 원가 절감
- 소재 혹은 기기, 구조물 등의 신뢰성 향상
- 제조 기술의 개량
- 조립 부품 등의 내부 구조 및 내용물 검사
- 표면처리 층의 두께 측정

03 누설검사에 사용되는 단위인 1atm과 값이 틀린 것은?

① 760mmHg
② 760torr
③ $980kg/cm^2$
④ 1,013mbar

해설
표준 대기압 : 표준이 되는 기압, 대기압
$= 1기압(atm) = 760mmHg = 1.0332kg/cm^2 = 30inHg$
$= 14.7lb/in^2 = 1,013.25mbar = 101.325kPa = 760torr$

04 시험체의 양면이 서로 평행해야만 최대의 효과를 얻을 수 있는 비파괴검사법은?

① 방사선투과시험의 형광투시법
② 자분탐상시험의 선형자화법
③ 초음파탐상시험의 공진법
④ 침투탐상시험의 표면 터짐 탐상

해설
공진법 : 시험체의 고유 진동수와 초음파의 진동수를 일치할 때 생기는 공진 현상을 이용하여 시험체의 두께 측정에 주로 적용하는 방법

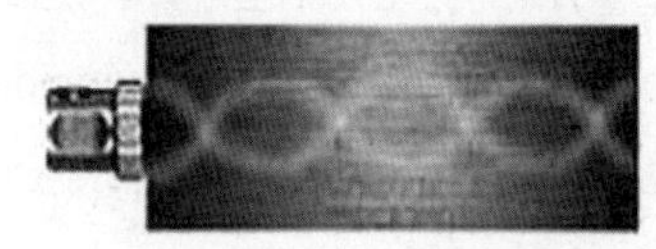

1 ④ 2 ③ 3 ③ 4 ③ 정답

05 **자분탐상시험을 적용할 수 없는 것은?**

① 강 재질의 표면결함 탐상
② 비금속 표면결함 탐상
③ 강 용접부 흠의 탐상
④ 강구조물 용접부의 표면 터짐 탐상

해설
자분탐상시험은 강자성체에만 탐상이 가능하다. 따라서 비금속은 자화가 되지 않아 탐상할 수 없다.

06 **자분탐상시험과 와전류탐상시험을 비교한 내용 중 틀린 것은?**

① 검사 속도는 일반적으로 자분탐상시험보다는 와전류탐상시험이 빠른 편이다.
② 일반적으로 자동화의 용이성 측면에서 자분탐상시험보다는 와전류탐상시험이 용이하다.
③ 검사할 수 있는 재질로 자분탐상시험은 강자성체, 와전류탐상시험은 전도체이어야 한다.
④ 원리상 자분탐상시험은 전자기유도의 법칙, 와전류탐상시험은 자력선 유도에 의한 법칙이 적용된다.

해설
자분탐상시험은 누설자장에 의하여 와전류탐상시험은 전자유도현상에 의한 법칙이 적용된다.

07 **자분탐상시험법에 사용되는 시험방법이 아닌 것은?**

① 축통전법 ② 직각통전법
③ 프로드법 ④ 단층 촬영법

해설
④ 단층 촬영법은 시험하고자 하는 한 단면만을 촬영하는 X-선 검사법에 속한다.
자분탐상시험의 종류
축통전법, 직각통전법, 프로드법, 전류관통법, 코일법, 극간법, 자속관통법

08 **다른 비파괴검사법과 비교하여 와전류탐상시험의 장점이 아닌 것은?**

① 시험을 자동화할 수 있다.
② 비접촉 방법으로 할 수 있다.
③ 시험체의 도금두께 측정이 가능하다.
④ 형상이 복잡한 것도 쉽게 검사할 수 있다.

해설
와전류탐상의 장단점
- 장 점
  - 고속으로 자동화된 전수 검사 가능
  - 가는 선, 구멍 내부, 고온 등 여러 환경에서 적용 가능
  - 결함, 재질변화, 품질관리 등 적용 범위가 광범위
  - 탐상 및 재질검사 등 탐상 결과를 보전 가능
- 단 점
  - 표피효과로 인해 표면 근처의 시험에만 적용 가능
  - 잡음 인자의 영향을 많이 받음
  - 결함 종류, 형상, 치수에 대한 정확한 측정은 불가
  - 형상이 간단한 시험체에만 적용 가능
  - 도체에만 적용 가능

09 **초음파탐상시험법을 원리에 따라 분류할 때 포함되지 않는 것은?**

① 투과법 ② 공진법
③ 표면파법 ④ 펄스반사법

해설
초음파탐상법의 원리 분류 중 송·수신 방식에 따라 반사법(펄스반사법), 투과법, 공진법이 있으며, 표면파법은 탐촉자의 진동 방식에 의한 분류이다.

정답 5 ② 6 ④ 7 ④ 8 ④ 9 ③

10 **침투탐상시험법의 특징이 아닌 것은?**

① 비자성체 결함검출 가능
② 결함깊이를 알기 어려움
③ 표면이 막힌 내부결함 검출 가능
④ 결함검출에 별도의 방향성이 없음

해설
침투탐상은 표면의 열린 개구부(결함)를 탐상하는 시험이다.

11 **방사선투과시험이 곤란한 납과 같이 비중이 높은 재료의 내부결함에 가장 적합한 검사법은?**

① 적외선시험(IRT)
② 음향방출시험(AET)
③ 와전류탐상시험(ET)
④ 중성자투과시험(NRT)

해설
내부탐상검사에는 초음파탐상, 방사선탐상, 중성자투과 등이 있으나 비중이 높은 재료에는 중성자투과시험이 사용된다.

12 **시험체의 내부와 외부의 압력차에 의해 유체가 결함을 통해 흘러 들어가거나 나오는 것을 감지하는 방법으로 압력용기나 배관 등에 주로 적용되는 비파괴검사법은?**

① 누설검사　② 침투탐상검사
③ 자분탐상검사　④ 초음파탐상검사

해설
누설검사 : 내・외부의 압력차에 의해 기체나 액체와 같은 유체의 흐름을 감지해 누설 부위를 탐지하는 것이다.

13 **초음파탐상시험에서 깊이가 다른 두 개의 결함을 분리하여 검출하고자 할 때 효과적인 방법은?**

① 주파수를 줄인다.
② 펄스의 길이를 짧게 한다.
③ 초기 펄스의 크기를 증가시킨다.
④ 주파수를 줄이고 초기 펄스를 증가시킨다.

해설
초음파탐상에서 초기 펄스의 경우 근거리 음장의 영역에 대한 정보이므로 일반적으로 무시하여야 하며, 펄스의 길이 조정을 통하여 첫 번째 결함의 에코와 두 번째 결함의 에코를 분리하여 검출할 수 있도록 하여야 한다.

14 **일반적인 침투탐상시험의 탐상 순서로 가장 적합한 것은?**

① 침투 → 세정 → 건조 → 현상
② 현상 → 세정 → 침투 → 건조
③ 세정 → 현상 → 침투 → 건조
④ 건조 → 침투 → 세정 → 현상

해설
침투탐상시험의 일반적인 탐상 순서로는 전처리 → 침투 → 세척 → 건조 → 현상 → 관찰의 순으로 이루어진다.

10 ③ 11 ④ 12 ① 13 ② 14 ① 정답

15 **방사선투과시험의 X선 발생장치에서 관 전류는 무엇에 의하여 조정되는가?**

① 표적에 사용된 재질
② 양극과 음극 사이의 거리
③ 필라멘트를 통하는 전류
④ X선 관구에 가해진 전압과 파형

해설
X선의 양은 관 전류로 조정하며, 텅스텐 필라멘트의 온도로 조정 가능하다. 이 온도는 전류(mA)가 높아질수록 높아지며, 전자구름이 형성된 타깃에 충돌하는 전자수가 증가하게 된다.

16 **초음파탐상시험에서 접촉 매질을 사용하는 가장 주된 이유는?**

① 시험체의 부식을 방지하기 위하여
② 탐촉자의 움직임을 원활히 하기 위하여
③ 탐촉자의 보호막의 마모를 방지하기 위해서
④ 탐촉자와 시험체 사이에 공기층을 없애기 위하여

해설
초음파의 진행 특성상 공기층이 있을 경우 음파 진행이 어려워 접촉 매질이라는 액체를 사용하게 된다.

17 **1초 동안에 나오는 초음파 펄스의 수를 무엇이라 하는가?**

① 소인 증폭수
② 스킵거리의 수
③ 펄스 반복 주파수
④ 거리진폭특성곡선의 수

해설
1초 동안 나오는 초음파의 펄스 수를 펄스 반복 주파수라 한다.

18 **표면에서 1파장 정도의 매우 얇은 층에 에너지의 대부분이 집중해 있어서 시험체의 표면 결함 검출에 주로 이용되는 파는?**

① 종 파　　② 횡 파
③ 판 파　　④ 표면파

해설
표면파(Surface Wave) : 고체 표면을 약 1파장 정도의 깊이로 투과하여 표면을 따라 진행하는 파이다.

19 **펄스의 반복 주파수를 높이면 브라운관은 어떻게 되는가?**

① 증폭도가 매우 높게 된다.
② 에코의 밝기가 밝게 된다.
③ 에코의 밝기가 어둡게 된다.
④ 에코의 밝기가 항상 일정하게 된다.

해설
펄스 반복 주파수는 1초 동안 나오는 송신 펄스의 수를 의미하며, 반복 주파수가 높다면 에코의 밝기가 밝게 되며, 반복 주파수가 낮고 주사속도가 빠를 경우 결함 검출 능력이 저하 혹은 에코의 밝기가 어둡게 되어 결함 탐상이 어려워진다.

정답 15 ③ 16 ④ 17 ③ 18 ④ 19 ②

20 공진법에서는 주로 어떤 형태의 초음파를 사용하는가?

① 연속파
② 간헐파
③ 표면파
④ 레일리파

해설
초음파의 형태는 펄스파법과 연속파법이 있으며, 공진법에서는 시험체의 고유 진동수와 초음파의 진동수를 일치할 때 생기는 공진현상을 이용하는 방식으로 연속파를 주로 사용한다.

21 초음파탐상시험에서 시험할 물체의 음속을 알 필요가 있는 경우와 거리가 먼 것은?

① 물질에서 굴절각을 계산하기 위하여
② 물질에서 결함의 종류를 알기 위하여
③ 물질의 음향임피던스를 측정하기 위하여
④ 물질에서 지시의 깊이를 측정하기 위하여

해설
초음파는 재질의 음속에 의해 거리를 측정하게 되며, 음파의 굴절과 반사(스넬의 법칙), 음향임피던스(재질의 밀도×음속), 결함 혹은 저면파의 깊이를 측정할 수 있게 된다.

22 수정으로 된 탐촉자의 지향각의 크기는 무엇에 따라 변하는가?

① 시험방법
② 시험체의 길이
③ 주파수와 결정체의 크기
④ 탐촉자에서 결정체의 밀착도

해설
지향각(Beam Spread)은 초음파의 감쇠 및 빔의 분산에 의해 진행거리가 증가할수록 감소하게 된다. 이러한 탐촉자의 지향각은 진동자의 직경과 파장에 의해 결정되며, 동일한 진동자 직경일 경우 주파수가 증가하면 감소하고, 동일한 주파수일 때 직경이 증가하면 빔의 분산각은 감소하게 된다.

23 용접부를 초음파탐상시험할 때 CRT 상에 실제 결함으로 오판하기 쉬운 지시가 나타나는 가장 큰 원인은?

① 모재에 존재하는 라미네이션에 의한 지시
② 표준시험편에서 나타나지 않은 결함의 지시
③ 용접부의 기하학적인 구조 형태에 의한 지시
④ 탐촉자 내에서 발생하는 반사 초음파에 의한 지시

해설
용접부 내 기하학적 구조의 형태가 있을 때, 저면 반사파인지 결함인지 오판하기 쉽게 된다.

24 초음파에 대한 설명으로 옳은 것은?

① 340m/s 이하의 속도를 가진 음파
② 공기 중에 사람이 들을 수 있는 음파
③ 사람이 들을 수 없을 만큼 큰 파장을 가진 음파
④ 사람이 들을 수 없을 만큼 높은 진동수를 가진 음파

해설
초음파란 물질 내의 원자 또는 분자의 진동으로 발생하는 탄성파로 20kHz~1GHz 정도의 주파수를 발생시키는 영역대의 음파로써, 사람이 들을 수 없을 만큼 높은 진동수를 가진 음파이다.

20 ① 21 ② 22 ③ 23 ③ 24 ④ 정답

25 초음파탐상기의 회로 중 동일한 크기의 결함에 대하여 거리에 관계없이 동일한 에코 높이를 갖도록 보상해 주는 회로는?

① DAC회로
② 펄스(Pulse) 회로
③ 게이트(Gate) 회로
④ 타이머(Timer) 회로

해설
DAC(Distance Amplitude Correction) 회로 : 거리-진폭 교정 회로로써, 탐촉자와 반사원 사이의 거리에 따라 초음파 감쇠 손실 등에 대해 거리에 관계없이 동일한 진폭의 반사파가 나오도록 전기적으로 보상해 주는 회로이다.

26 강 용접부의 초음파탐상시험방법(KS B 0896)에서 38mm 두께의 대비시험편을 제작하고자 할 때 표준구멍의 위치와 표준구멍의 지름을 옳게 나열한 것은?(단, T : 대비시험편의 두께이다)

① T/2, 2.4mm
② T/2, 3.2mm
③ T/4, 2.4mm
④ T/4, 3.2mm

해설
대비시험편을 제작할 때 38mm 두께의 경우 표준구멍의 위치는 T/4이며, 표준구멍의 지름은 3.2mm이다.

27 강 용접부의 초음파탐상시험방법(KS B 0896)에 의해 용접부를 탐상하려고 할 때 에코 높이 구분선을 작성한 후 탐상 감도를 조정하기 위한 기준선으로 H선으로 정하고 이어서 M선, L선을 정한다. H선으로부터 L선은 몇 dB 낮은 것을 말하는가?

① 3dB ② 6dB
③ 9dB ④ 12dB

해설
영역 구분에 있어 에코 높이의 영역은 L선 이하 Ⅰ, L선 초과 M선 이하의 경우 Ⅱ, M선 초과 H선 이하 Ⅲ, H선을 넘는 것은 Ⅳ로 하며, H선보다 6dB 낮은 에코를 M선, 12dB 낮은 선을 L선으로 한다.

28 강 용접부의 초음파탐상시험방법(KS B 0896)에서 경사각 탐상장치의 조정 및 점검 시 영역구분을 결정할 때 에코 높이의 범위가 M선 초과 H선 이하이면 에코 높이는 어떤 영역에 속하는가?

① I영역 ② II영역
③ III영역 ④ IV영역

해설
영역 구분에 있어 에코 높이의 영역은 L선 이하 Ⅰ, L선 초과 M선 이하의 경우 Ⅱ, M선 초과 H선 이하 Ⅲ, H선을 넘는 것은 Ⅳ로 한다.

29 초음파 탐촉자의 성능측정 방법(KS B 0535)에 따른 개별 측정 항목은?

① 전기 임피던스 ② 시간 응답 특성
③ 빔 중심축의 편심 ④ 중심 감도 대역폭

해설
탐촉자 개별 측정 항목으로는 진동자의 종류에 따라 다르나 주로 빔 중심축의 편심과 편심각, 송신 펄스 폭, 표면 에코레벨, 입사점, 굴절각 등이 있으며, 공통 측정 항목으로는 주파수, 임피던스값, 진동자의 유효치수, 시간 응답 특성, 중심 감도 대역폭 등이 있다.

정답 25 ① 26 ④ 27 ④ 28 ③ 29 ③

30 초음파탐상시험용 표준시험편(KS B 0831)에서 수직 및 경사각 초음파탐상시험에 이용되는 표준시험편(STB)는?

① G형 ② N1형
③ A1형 ④ A2형

해설
초음파탐상시험용 표준시험편은 STB-A1시험편을 사용한다.

31 압력용기용 강판의 초음파탐상검사방법(KS D0233)에서 자동경보장치가 없는 탐상장치를 사용하여 탐상하는 경우에 주사 속도는 몇 mm/s 이하로 하는가?

① 200 ② 250
③ 300 ④ 500

해설
탐상에 지장을 주지 않는 속도가 일반적이나, 자동경보장치가 없을 경우 200mm/s 이하로 주사하여야 한다.

32 비파괴시험 용어(KS B 0550)에 규정된 두꺼운 시험체의 탐상면에 수직인 결함을 검출하기 위하여 탐촉자 2개를 앞뒤로 배치하고 한 개는 송신용, 다른 한 개는 수신용으로 하여 실시하는 탐상법은?

① 판파법 ② 투과법
③ 수동탐상법 ④ 탠덤탐상법

해설
탠덤 주사 : 탐상면에 수직인 결함의 깊이를 측정하는 데 유리하며, 한쪽 면에 송·수신용 2개의 탐촉자를 배치하여 주사하는 방법

33 강 용접부의 초음파탐상시험방법(KS B 0896)의 부속서에 따른 길이 이음 용접부를 탐상 방법은 곡률반지름이 50mm 이상 1,500mm 미만으로 살두께 대 바깥지름의 비가 몇 % 이하인 용접부에 적용되는가?

① 13 ② 15
③ 18 ④ 21

해설
길이 이음 용접부 탐상 시 곡률반지름 50mm 이상, 1,500mm 미만인 살두께 대 바깥지름비가 13% 이하인 시험편에 대하여 적용하고 있다.

34 컴퓨터 문제 삭제

35 강 용접부의 초음파탐상시험방법(KS B 0896)에서 탠덤탐상의 경우 에코 높이 구분선을 만들 때 눈금판의 몇 % 높이의 선을 M선으로 하는가?

① 30% ② 40%
③ 50% ④ 60%

해설
탠덤탐상의 경우 M선의 경우 눈금판의 40% 높이를 기준으로, 6dB 높은 선을 H선, 낮은 선을 L선이라 한다.

30 ③ 31 ① 32 ④ 33 ① 34 문제 삭제 35 ② 정답

36 초음파 탐촉자의 성능측정 방법(KS B 0535)에서 보기에 대한 설명 중 틀린 것은?

보기

N5C10 × 10A70

① 굴절각은 70°이다.
② 공칭주파수는 5MHz이다.
③ 진동자 재료는 황산바륨이다.
④ 진동자의 크기는 10 × 10mm이다.

해설
N5C10×10A70을 해석해 보면 N : 보통 주파수대역폭(생략 가능), 5 : 5MHz, C : 압전자기 일반 재료, 10×10 : 압전 소자 치수 : 10×10mm, A : 종파 사각 탐촉자, 70 : 굴절각(°)을 나타낸다.

37 초음파탐상시험용 표준시험편(KS B 0831)에서 STB-N1 시험편 반사원의 에코 높이의 측정값은 검정용 표준시험편에서 정한 기준값에 대하여 몇 dB 이내여야 합격인가?

① ±1 ② ±2
③ ±3 ④ ±5

해설
STB-N1 시험편 반사원의 에코 높이의 측정값은 검정용 표준시험편에서 정한 기준값에 대하여 ±1dB 이내이어야 한다. G형의 경우 2, 2.5, 5MHz의 경우 ±1dB, 10MHz의 경우 ±2dB, A1형일 경우 ±0.5dB로 합부 판정이 이루어진다.

38 알루미늄 맞대기 용접부의 초음파경사각탐상시험방법(KS B 0897)에 따라 흠의 지시길이를 측정하고자 할 때 올바른 주사 방법은?

① 최대 에코를 나타내는 위치에 탐촉자를 놓고 좌우주사를 한다.
② 최대 에코를 나타내는 위치에 탐촉자를 놓고 목진동 주사를 한다.
③ 최소 에코를 나타내는 위치에 탐촉자를 놓고 전후주사만을 한다.
④ 최소 에코를 나타내는 위치에 탐촉자를 놓고 원둘레 주사를 한다.

해설
흠의 지시길이 측정 시에는 최대 에코를 나타내는 위치에서 좌우주사를 하며, 측정은 1mm 단위로 한다.

39 금속재료의 펄스반사법에 따른 초음파탐상시험방법 통칙(KS B 0817)에서 초음파탐상기의 조정은 실제로 사용하는 탐상기와 탐촉자를 조합해서 전원스위치를 켜고 나서 몇 분 이상 경과한 후 실시하는가?

① 1 ② 5
③ 30 ④ 60

해설
초음파탐상기의 조정은 실제 탐상기와 탐촉자를 세팅한 후 5분 후 시험할 수 있도록 한다.

40 알루미늄관 용접부의 초음파경사각탐상시험방법(KS B 0521)에서 측정범위를 조정할 때 측정범위가 100mm라면 STB-A1의 R100mm는 알루미늄에서는 몇 mm 거리에 상당하는 것으로 하는가?

① 49mm ② 50mm
③ 98mm ④ 100mm

해설
STB-A1의 R100mm일 경우 알루미늄에서는 98mm이며, R50mm일 경우 49mm의 측정 범위로 조정하여 탐상한다.

정답 36 ③ 37 ① 38 ① 39 ② 40 ③

41 강 용접부의 초음파탐상시험방법(KS B 0896)에서 수직탐상의 경우 측정범위의 조정은 A1형 표준시험편 등을 사용하여 몇 % 정밀도로 실시하도록 규정하는가?

① ±1%　　② ±3%

③ ±5%　　④ ±10%

해설

수직탐상의 경우 STB-A1 혹은 STB-A3를 이용하며 ±1%의 정밀도로 실시하도록 한다.

42~45 컴퓨터 문제 삭제

46 알루미늄 실용 합금으로서 Al에서 10~13% Si이 함유된 것으로 유동성이 좋으며 모래형 주물에 이용되는 합금의 명칭은?

① 두랄루민　　② 실루민

③ Y합금　　④ 코비탈륨

해설

합금의 종류(암기법)

- Al-Cu-Si : 라우탈(알구시라)
- Al-Ni-Mg-Si-Cu : 로엑스(알니마시구로)
- Al-Cu-Mn-Mg : 두랄루민(알구망마두)
- Al-Cu-Ni-Mg : Y-합금(알구니마와이)
- Al-Si-Na : 실루민(알시나실)

47 다음 중 금속의 물리적 성질에 해당되지 않는 것은?

① 비 중　　② 비 열

③ 열전도율　　④ 피로한도

해설

④ 피로한도는 기계적 성질에 해당한다.

금속의 물리적 성질 : 비중, 용융점, 전기전도율, 자성, 열전도율, 비열 등

48 구상흑연주철의 구상화를 위해 사용되는 접종제가 아닌 것은?

① S　　② Ce

③ Mg　　④ Ca

해설

구상흑연주철의 구상화는 마카세(Mg, Ca, Ce)로 암기하도록 한다.

49 Fe-C 평형상태도에서 나타나지 않는 반응은?

① 공석반응　　② 공정반응

③ 포석반응　　④ 포정반응

해설

Fe-C 평형상태도에는 공석, 공정, 포정반응이 일어나며, 포석반응은 포정 반응에서 용융 대신 고용체가 생길 때의 반응을 말한다. 고용체 + 고상2 = 고상1이 되는 형식이다.

50 강의 표면 경화법에 해당되지 않는 것은?

① 침탄법

② 금속침투법

③ 마템퍼링

④ 고주파 경화법

해설

표면 경화법에는 침탄, 질화, 금속침투(세라다이징, 칼로라이징, 크로마이징 등), 고주파 경화법, 화염경화법, 금속 용사법, 하드페이싱, 숏피닝 등이 있으며 마템퍼링은 금속 열처리에 해당된다.

정답 41 ① 42~45 문제 삭제 46 ② 47 ④ 48 ① 49 ③ 50 ③

51 다음 중 기능성 재료로써 실용하고 있는 가장 대표적인 형상기억합금으로 원자비가 1 : 1의 비율로 조성되어 있는 합금은?

① Ti - Ni ② Au - Cd
③ Cu - Cd ④ Cu - Sn

해설
형상기억합금은 힘에 의해 변형되더라도 특정 온도에 올라가면 본래의 모양으로 돌아오는 합금을 의미하며 Ti - Ni이 원자비 1 : 1로 가장 대표적인 합금이다.

52 시편의 표점간 거리 100mm, 직경 18mm이고, 최대하중 5,900kg/f에서 절단되었을 때 늘어난 길이가 20mm라 하면 이때의 연신율(%)은?

① 15 ② 20
③ 25 ④ 30

해설
연신율 : $\frac{L_1 - L_0}{L_0} \times 100 = \frac{120-100}{100} \times 100 = 20\%$이 된다.

53 다음 중 청동과 황동의 대한 설명으로 틀린 것은?

① 청동은 구리와 주석의 합금이다.
② 황동은 구리와 아연의 합금이다.
③ 포금은 8~12% 주석을 함유한 청동으로 포신재료 등에 사용되었다.
④ 톰백은 구리에 5~20%의 아연을 함유한 황동으로, 강도는 높으나 전연성이 없다.

해설
톰백의 경우 모조금과 비슷한 색을 내는 것으로 구리에 5~20%의 아연을 함유하여 전연성이 높은 재료이다.
암기법 : 청동의 경우 ㅊ이 들어간 것으로 Sn(주석), ㅊ을 연관시키고, 황동의 경우 ㅎ이 들어가 있으므로 Zn(아연), ㅇ을 연관시켜 암기한다.

54 Fe–C 평형상태도에서 자기 변태만으로 짝지어진 것은?

① A_0 변태, A_1 변태
② A_1 변태, A_2 변태
③ A_0 변태, A_2 변태
④ A_3 변태, A_4 변태

해설
Fe–C 평형상태도 내에서 자기 변태는 A_0 변태(시멘타이트 자기변태)와 A_2 변태(철의 자기 변태)가 있다.

55 탄소강에 함유된 원소들의 영향을 설명한 것 중 옳은 것은?

① Mn은 보통 강 중에 0.2~0.8% 함유되며, MnS로 된다.
② Cu는 매우 적은 양이 Fe 중에 고용되며, 부식에 대한 저항성을 감소시킨다.
③ P는 Fe와 결합하여 Fe_3P를 만들고, 결정입자의 미세화를 촉진시킨다.
④ Si는 α 고용체 중에 고용되어 경도, 인장강도 등을 낮춘다.

해설
Cu는 부식에 대한 저항성을 높이며, P는 Fe와 결합하여 Fe_3P를 형성하고 결정입자를 조대화시키게 된다. Si는 α 고용체 중에 고용되어 경도, 인장강도 등을 높이게 된다.

정답 51 ① 52 ② 53 ④ 54 ③ 55 ①

56 연속 용접작업 중 아크발생시간 6분, 용접봉 교체와 슬래그 제거시간 2분, 스패터 제거시간이 2분으로 측정되었다. 이때 용접기의 사용률은?

① 50% ② 60%
③ 70% ④ 80%

해설

용접기 사용률

$$\frac{\text{아크발생시간}}{(\text{아크발생시간} + \text{정지시간})} \times 100 = \frac{6}{6+4} \times 100 = 60\%$$

57 금속의 응고에 대한 설명으로 틀린 것은?

① 과랭의 정도는 냉각속도가 낮을수록 커지며 결정립은 미세해진다.
② 액체 금속은 응고가 시작되면 응고잠열을 방출한다.
③ 금속의 응고 시 응고점보다 낮은 온도가 되어서 응고가 시작되는 현상을 과랭이라고 한다.
④ 용융금속이 응고할 때 먼저 작은 결정을 만드는 핵이 생기고, 이 핵을 중심으로 수지상정이 발달한다.

해설

① 과랭의 정도는 냉각속도가 빠를수록 커지고 결정립은 미세해진다.

금속의 응고 : 액체 금속이 온도가 내려가 응고점에 도달해 응고가 시작하여 원자가 결정을 구성하는 위치에 배열되는 것을 의미하며 응고 시 응고 잠열을 방출하게 된다. 과랭은 응고점보다 낮은 온도가 되어 응고가 시작하는 것을 의미하며, 결정 입자의 미세도는 결정핵 생성 속도와 연관이 있다.

58 냉간가공과 열간가공을 구분하는 기준은 무엇인가?

① 용융 온도 ② 재결정 온도
③ 크리프 온도 ④ 탄성계수 온도

해설

냉간가공과 열간가공을 구분하는 기준은 재결정 온도이다. 니켈의 경우 600℃, 철 450℃, 구리 200℃, 알루미늄 150℃, 아연은 상온에서 이루어진다.

59 가스절단 작업에서 예열불꽃이 약할 때 생기는 현상으로 가장 거리가 먼 것은?

① 절단 작업이 중단되기 쉽다.
② 절단 속도가 늦어진다.
③ 드래그가 증가한다.
④ 모서리가 용융되어 둥글게 된다.

해설

가스절단 작업은 절단하려는 부분을 예열불꽃으로 가열하여 모재가 연소 온도에 도달했을 때 고압가스를 분출해 철과 산소의 화합반응을 이용하여 절단하는 방법으로 예열이 약할 시 절단 속도가 느려지고 중단될 가능성이 있으며, 밑부분에 노치가 생긴다.

60 아크용접기 중 가변저항 변화를 이용하여 용접전류를 조정하고 원격제어가 가능한 용접기는?

① 가동철심형 ② 가동코일형
③ 탭 전환형 ④ 가포화 리액터형

해설

④ 가포화 리액터형 : 가변저항의 변화로 용접전류를 조정하며 원격제어가 가능
① 가동철심형 : 누설 자속을 가감하여 전류를 조정하는 용접기로 미세한 전류 조정이 가능
② 가동코일형 : 1, 2차 코일의 이동으로 누설 자속을 변화시켜 전류를 조정
③ 탭 전환형 : 코일의 감긴 수에 따라 전류를 조정하며 소형에 많이 사용

56 ② 57 ① 58 ② 59 ④ 60 ④ 정답

2010년 제4회 과년도 기출문제

01 시험체에 관통된 결함의 확인을 위한 각종 비파괴검사 방법의 설명으로 틀린 것은?

① 타진법을 응용해서 결함 부분을 두드린다.
② 진공 상자를 이용하여 흡입된 압력차를 알아본다.
③ 시험체 전면에 침투제를 적용하고, 반대 면에는 현상제를 적용한다.
④ 시험체 내부를 밀봉하고, 가압하여 시험체 외부에 비눗물을 적용한다.

해설
비파괴검사의 종류에는 육안, 침투, 자기, 초음파, 방사선, 와전류, 누설, 음향방출, 스트레인측정 등이 있다.

02 고체가 소성 변형하면서 발생하는 탄성파를 검출하여 결함의 발생, 성장 등 재료 내부의 동적 거동을 평가하는 비파괴검사법은?

① 누설검사
② 음향방출시험
③ 초음파탐상시험
④ 와전류탐상시험

해설
음향방출시험 : 재료의 결함에 응력이 가해졌을 때 음향을 발생시키고 불연속 펄스를 방출하게 되는데 이러한 미소 음향방출 신호들을 검출 분석하는 시험으로 내부 동적 거동을 평가하는 시험이다.

03 방사선이 물질과의 상호작용에 영향을 미치는 것과 거리가 먼 것은?

① 반사 작용 ② 전리 작용
③ 형광 작용 ④ 사진 작용

해설
방사선의 상호작용
- 전리 작용 : 전리 방사선이 물질을 통과할 때 궤도에 있는 전자를 이탈시켜 양이온과 음이온으로 분리되는 것
- 형광 작용 : 물체에 방사선을 조사하였을 때 고유한 파장의 빛을 내는 것
- 사진 작용 : 방사선을 사진필름에 투과시킨 후 현상하면 명암도의 차이가 나는 것

04 비파괴검사법 중 반드시 시험 대상물의 앞면과 뒷면 모두 접근 가능하여야 적용할 수 있는 것은?

① 방사선투과시험
② 초음파탐상시험
③ 자분탐상시험
④ 침투탐상시험

해설
방사선투과시험 : X선, γ–선 등 투과성을 가진 전자파로 대상물에 투과시킨 후 결함의 존재 유무를 시험체 뒷면의 필름 등의 이미지(필름의 명암도의 차)로 판단하는 비파괴검사 방법이다.

정답 1 ① 2 ② 3 ① 4 ①

05 와전류탐상시험 코일이 아닌 것은?

① 관통형 코일 ② 내삽형 코일
③ 표면형 코일 ④ 곡면형 코일

해설

와전류탐상시험에서의 시험 코일은 관통형 코일, 내삽형 코일, 표면형 코일이 있다.

① 관통형 코일 : 시험체를 시험 코일 내부에 넣고 시험하는 코일
② 내삽형 코일 : 시험체 구멍 내부에 코일을 삽입하여 구멍의 축과 코일 축을 맞추어 시험하는 코일
③ 표면형 코일 : 코일 축이 시험체 면에 수직인 경우 시험하는 코일

06 연강을 자계의 가운데 놓으면 자석이 되고, 바깥에 놓으면 자석이 되지 않는 현상을 무엇이라 하는가?

① 자극화 ② 자기감응
③ 투자성 ④ 누설자속

해설

자기감응이란 자체 유도와 같은 말로 전류의 변화에 기전력이 생기는 현상을 말한다.

07 누설검사 시 1기압과 값이 동일하지 않은 것은?

① 760mmHg ② 760Torr
③ 980kg/cm^2 ④ 1,013mbar

해설

표준 대기압 : 표준이 되는 기압, 대기압
= 1기압(atm) = 760mmHg = 1.0332kg/cm^2 = 30inHg
= 14.7lb/in^2 = 1,013.25mbar = 101.325kPa = 760torr

08 와전류탐상시험 방법이 아닌 것은?

① 펄스에코검사
② 임피던스검사
③ 위상분석시험
④ 변조분석시험

해설

펄스에코검사는 초음파탐상법에 속한다.

09 비파괴시험법 중 자외선 등이 필요하지 않는 조합으로만 짝지어진 것은?

① 방사선투과시험과 초음파탐상시험
② 초음파탐상시험과 자분탐상시험
③ 자분탐상시험과 침투탐상시험
④ 방사선투과시험과 침투탐상시험

해설

자분탐상 및 침투탐상시험에서는 형광 물질을 사용하므로 자외선 조사 등이 필요하다.

5 ④ 6 ② 7 ③ 8 ① 9 ① 정답

10 비파괴검사를 하는 목적이 아닌 것은?

① 제조기술의 개량 ② 제조원가의 절감
③ 신뢰성의 향상 ④ 보수공정의 훈련

해설

비파괴검사의 목적
- 소재 혹은 기기, 구조물 등의 품질관리 및 평가
- 품질관리를 통한 제조원가 절감
- 소재 혹은 기기, 구조물 등의 신뢰성 향상
- 제조기술의 개량
- 조립 부품 등의 내부 구조 및 내용물 검사
- 표면처리 층의 두께 측정

11 후유화성 침투액(기름베이스 유화제)을 사용한 침투탐상시험이 갖는 세척방법의 주된 장점은?

① 물 세척 ② 솔벤트 세척
③ 알칼리 세척 ④ 초음파 세척

해설

후유화성 침투액은 침투액이 물에 곧장 씻겨 내리지 않고 유화처리를 통해야만 세척이 가능하므로, 과세척을 막을 수 있어 얕은 결함의 검사에 유리하다. 단, 유화시간 적용이 중요하다.

12 45° 경사각탐촉자로 시험체의 결함을 검출할 때 가장 잘 검출될 수 있는 것은?

① 음파의 진행 방향에 수직이며, 탐상 표면과 평행한 결함인 경우
② 음파의 진행 방향과 같으며, 탐상 표면에 수직인 결함인 경우
③ 음파의 진행 방향에 수직이며, 탐상 표면과 45°를 이루는 결함인 경우
④ 음파의 진행 방향과 같으며, 탐상 표면과 45°를 이루는 결함인 경우

해설

경사각 탐촉자로는 진행방향에 수직인 결함, 탐상 표면과 45°를 이루는 결함이 가장 검출하기 쉽다.

13 방사선투과시험과 초음파탐상시험을 비교하였을 때 초음파탐상시험이 더 우수한 경우는?

① 블로홀 검출
② 라미네이션 검출
③ 결과의 저장 용이
④ 결함의 종류 판별

해설

초음파탐상은 라미네이션 검출에 효과적이다.

14 비파괴검사의 안전관리에 대한 설명 중 옳은 것은?

① 방사선의 사용은 근로기준법에 규정되어 있고 이에 따르면 누구나 취급해도 좋다.
② 방사선투과시험에 사용되는 방사선이 강하지 않은 경우 안전 측면에 특별이 유의할 필요는 없다.
③ 초음파탐상시험에 사용되는 초음파가 강력한 경우 유자격자에 의한 안전관리 지도가 의무화되어 있다.
④ 침투탐상시험의 세정처리 등에 사용된 폐액은 환경, 보건에 유의하여야 한다.

해설

침투탐상검사에서 침투액, 현상액, 세척액 등 액체류를 사용하므로 폐수 처리 설비가 있어야 한다.

정답 10 ④ 11 ① 12 ③ 13 ② 14 ④

15 **초음파를 발생시키고 수신하는 진동자는 전기적 에너지를 기계적 에너지로 또 기계적 에너지는 전기적 에너지로 변화시키는 성질을 가지고 있다. 이와 같은 현상을 무엇이라 하는가?**

① 압전효과 ② 압력효과
③ 도플러효과 ④ 초음파효과

해설
압전효과란 기계적인 에너지를 가하면 전압이 발생하고, 전압을 가하면 기계적인 변형이 발생하는 현상으로, 어떤 소재에 힘을 가하였을 경우 표면에 전압이 발생하고, 반대로 전압을 걸어 주면 소자가 이동하거나 힘이 발생하는 현상이다.

16 **초음파탐상검사 시 많은 수의 작은 지시들, 즉 임상 에코를 나타내는 결함은?**

① 균열(Crack)
② 다공성 기포(Porosity)
③ 수축관(Shrinkage Cavity)
④ 큰 비금속개재물(Inclusion)

해설
많은 수의 임상 에코가 발생하였다는 것은 초음파 빔이 여러 개의 결함을 검출하였다는 것으로 다공성 기포를 추측할 수 있다.

17 **황산리튬 진동자의 장점으로 옳은 것은?**

① 수신 효율이 좋다.
② 물에 녹지 않는다.
③ 기계적 저항성이 높다.
④ 200℃ 이상의 고온에서도 사용이 가능하다.

해설
황산리튬 진동자는 수신 특성 및 분해능이 우수하며, 수용성으로 수침법에는 사용이 곤란하다.

18 **초음파탐상시험에서 접촉 매질이 갖추어야 할 요건과 거리가 먼 것은?**

① 부식성, 유독성이 없어야 한다.
② 적용할 면에 대하여 균질해야 한다.
③ 쉽게 적용하고 제거하기가 쉬워야 한다.
④ 탐촉자 내부로 쉽게 흡수될 수 있어야 한다.

해설
초음파의 진행 특성상 공기층이 있을 경우 음파 진행이 어려워 접촉 매질이라는 액체를 사용하게 된다. 이러한 접촉 매질은 무독성이어야 하며, 균질한 성질을 가지고 제거하기 쉬워야 한다.

19 **교정된 A-scan 탐상기 스크린에서 시험체의 끝부분을 나타내는 지시는?**

① 결 함 ② 초기 펄스
③ 표면 지시 ④ 저면 지시

해설
초음파가 수신 후 결함이 없을 경우 저면 지시가 반사되어 돌아온다.

정답 15 ① 16 ② 17 ① 18 ④ 19 ④

20 초음파탐상시험 시 에코 높이의 조정에 관계되는 조정부는?

① 시간축발생기
② 음극선관(CRT)
③ 리젝션(Rejection)
④ 지연조절기(Delay Control)

해설
③ 리젝션 : 에코 높이 조정
② 음극선관 : 에코 표시 화면

21 압연한 판재의 라미네이션(Lamination) 검사에 가장 적합한 초음파탐상시험방법은?

① 수직법 ② 판파법
③ 경사각법 ④ 표면파법

해설
초음파탐상 시 라미네이션 검출에는 수직법이 가장 적합하다.

22 초음파탐상시험에서 펄스반사법에 의한 경사각탐상 시 탐상기의 탐상면과 저면이 평행으로 되어 있지 않은 경우에 대한 설명으로 가장 적절한 것은?

① 탐상 시 투과력을 감소시킨다.
② 스크린 상에 저면 반사파가 나타나지 않을 수 있다.
③ 재질 내에 존재하는 다공의 상태를 잘 지시해 준다.
④ 입사면과 평행으로 놓인 결함의 위치를 탐상하기가 어렵게 된다.

해설
펄스반사법은 초음파 빔을 송신 후 수신으로 이루어지므로, 저면이 평행하지 않을 경우 산란, 굴절 등의 영향으로 인해 수신이 이루어지지 않을 수 있다.

23 횡파가 존재할 수 있는 물질은?

① 물 ② 공 기
③ 오 일 ④ 아크릴

해설
횡파(Transverse Wave)는 입자의 진동 방향이 파를 전달하는 입자의 진행 방향과 수직인 파로 종파의 $\frac{1}{2}$ 속도이다. 고체에서만 전파되고 액체와 기체에서는 전파되지 않는다.

24 어떤 재질에서의 초음파 속도가 4.0×10^3m/s이고, 탐촉자의 주파수가 5MHz이면 파장은 몇 mm인가?

① 0.08 ② 0.04
③ 0.4 ④ 0.8

해설

$$\lambda = \frac{V}{f} = \frac{4.0 \times 10^3 \text{ m/s}}{5 \times 10^6 \text{ Hz}} = 0.0008\text{m} = 0.8\text{mm}$$

여기서, λ : 파장
V : 초음파 속도
f : 주파수

정답 20 ③ 21 ① 22 ② 23 ④ 24 ④

25 수침법에서 20mm의 물거리는 강재 두께가 몇 mm일 때 저면 에코가 스크린 화면상에서 같은 위치에 나타나는가?(단, 강재의 음속 : 5,900m/s, 물에서의 음속 : 1,475m/s이다)

① 20mm ② 40mm
③ 60mm ④ 80mm

해설
구하고자 하는 강재 두께를 x라고 할 때
$5,900 : x = 1,475 : 20$
$1,475x = 5,900 \times 20$
$\therefore x = 80\text{mm}$

26 건축용 강판 및 평강의 초음파탐상시험에 따른 등급분류와 판정기준(KS D 0040)에서 수직탐촉자를 사용한 경우 흠 에코 높이가 $50\% < F_1 \leq 100\%$ ($B_1 \geq 100\%$인 경우)일 때 결함의 분류(표시기호)는?

① ◇ ② △
③ × ④ ○

해설
수직탐촉자를 사용한 경우 흠 또는 밑면의 에코 높이가 F_1이 50% 초과 100% 이하일 경우 혹은 B_1이 100% 이상인 경우 △의 분류를 사용하며, F_1이 100% 초과, B_1이 100% 이상인 경우 ×로 분류한다.

27 강 용접부의 초음파탐상시험방법(KS B 0896)에 의한 경사각탐상 시 흠의 지시길이는 최대 에코 높이를 나타내는 탐촉자 용접부 거리에서 좌우 주사하여 측정된 에코 높이가 엇을 넘는 탐촉자의 이동거리로 하는가?[1]

① H선 ② M선
③ L선 ④ 최대 에코 높이의 1/4

해설
흠의 지시길이는 최대 에코에서 좌우 주사로 측정하게 되며 DAC상 L선이 넘는 탐촉자의 이동거리로 한다.

28 압력용기용 강판의 초음파탐상검사방법(KS D 0233)에서 이진동자 수직탐촉자에 의한 결함의 분류, 결함의 정도와 표시기호의 설명이 잘못된 것은?(단, X주사이다)

① 결함의 정도가 가벼움일 때 표시기호는 ○를 붙인다.
② 결함의 정도가 중간일 때 표시기호는 △로 붙인다.
③ DM선을 넘고 DH선 이하의 분류 시 중간 결함으로 한다.
④ DM선을 넘어서는 분류는 대상에서 제외시킨다.

해설
2진동자 수직탐촉자의 경우 X주사 또는 Y주사로 탐상하며, 결함의 정도가 가벼움일 경우 ○, 중간일 경우 △, 큼일 경우 ×를 사용하며, X주사에서 가벼움은 DL 이상 DM 이하, 중간은 DM 이상 DH 이하, 큼은 DH선을 넘는 것으로 분류한다.

29 강 용접부의 초음파탐상시험방법(KS B 0896)에 의한 시험결과의 분류 시 판 두께가 16mm, M 검출 레벨로 영역 Ⅲ인 경우 흠 지시길이가 8mm이었다면 어떻게 분류되는가?

① 1류 ② 2류
③ 3류 ④ 4류

해설
M검출 레벨 영역 Ⅲ인 경우 18mm 이하의 결함은 1류 6mm 이하, 2류 9mm 이하, 3류 18mm 이하, 4류 3류 이상으로 분류한다.

25 ④ 26 ② 27 ③ 28 ④ 29 ② 정답

30 알루미늄의 맞대기용접부의 초음파경사각탐상시험방법(KS B 0897)에 따른 탐촉자의 선정이 틀린 것은?

① 1탐촉자법에 사용하는 경사각 탐촉자의 굴절각은 전반의 대상 결함 모두에 45°인 탐촉자를 쓴다.
② 1탐촉자법에 사용하는 경사각 탐촉자의 빔 노정이 50mm 이하인 경우 진동자 치수는 5×5mm를 쓴다.
③ 탠덤탐상법에 사용하는 경사각 탐촉자는 결함의 깊이가 25mm 이하인 경우 5M[10×10]A70AL을 쓴다.
④ 탠덤탐상법에 사용하는 경사각 탐촉자는 결함의 깊이가 25mm를 초과하는 경우 5M[10×10]A45AL을 쓴다.

해설
1탐촉자법에 사용하는 경사각 탐촉자의 굴절각은 전반적으로 70°를 사용하며, 뒷면의 용입 불량 결함에 대해서는 45°를 사용한다.

31 건축용 강판 및 평강의 초음파탐상시험에 따른 등급분류와 판정기준(KS D 0040)에서 탐상시험을 할 수 있는 강판의 최소 두께는?

① 5mm ② 8mm
③ 10mm ④ 13mm

해설
KS D 0040에 적용되는 재료는 건축물로 높은 응력을 받는 재료에 사용되며, 두께 13mm 이상인 강판, 평강의 경우 두께 13mm, 너비 180mm 이상에 적용한다.

32 초음파탐상시험용 표준시험편(KS B 0831)에서 G형 감도표준시험편(STB-G) 중 기호가 STB-G V15-5.6인 시험편의 길이로 옳은 것은?

① 150mm ② 180mm
③ 200mm ④ 250mm

해설

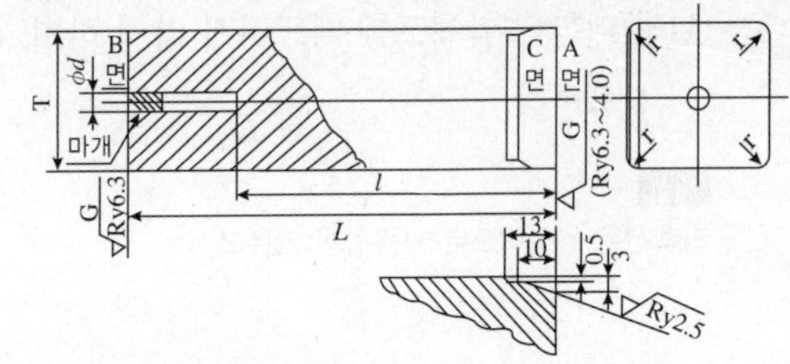

STB-G V15-5.6 표준시험편은 수직 탐촉자의 성능 측정 시 사용하며 다음과 같은 규격을 가진다.

표준 시험편의 종류 기호	l	d	L	T	r
STB-G V15-5.6	150	5.6±0.28	180	50±1.0	<12

33 비파괴시험 용어(KS B 0550)에 따른 초음파탐상시험에서 "결함지시길이"의 정의로 옳은 것은?

① 탐촉자의 이동거리에 따라 추정한 흠집의 겉보기 길이
② 탐촉자의 이동거리에 의해 추정한 흠집의 실제 길이
③ 1스킵된 이동거리를 추정한 흠의 겉보기 길이
④ 2스킵된 이동거리를 추정한 흠의 실제 길이

해설
결함지시길이란 탐촉자의 이동거리에 추정한 흠집의 겉보기 길이를 의미한다.

정답 30 ① 31 ④ 32 ② 33 ①

34 금속재료의 펄스반사법에 따른 초음파탐상시험방법 통칙(KS B 0817)에서 리젝션은 어떻게 규정하고 있는가?

① 미세한 에코까지 확인하기 위해서 사용한다.
② 시험할 때에는 원칙적으로 사용하지 않는다.
③ 증폭직선성을 양호하게 하기 위하여 사용한다.
④ 중대한 결함에코를 빠뜨리지 않게 하기 위하여 사용한다.

해설
리젝션은 원칙적으로 사용하지 않는다.

35 강 용접부의 초음파탐상시험방법(KS B 0896)에서 T이음 및 각이음의 경사각 탐상 시 판 두께가 80mm인 경우 사용되는 탐촉자의 공칭 굴절각은?

① 45°만 사용 ② 65°만 사용
③ 70°와 45°를 병용 ④ 65°와 45°를 병용

해설
45°와 70°를 병용하여 사용한다.

36 강 용접부의 초음파탐상시험방법(KS B 0896)에 의한 평판이음 용접부의 탐상에서 판 두께 40mm 이하의 경우 사용되는 탐촉자의 공칭 굴절각은?(단, 음향 이방성을 가진 시험체는 제외한다)

① 45° ② 60°
③ 65° ④ 70°

해설
- 평판이음 용접부의 탐상에서 판 두께 40mm 이하의 경우 70°를 사용하며 40mm 초과 60mm 이하의 경우 60°, 70°를 사용하며, 60mm 이상의 것은 70°와 45°를 병용하여 사용한다.
- 음향 이방성의 경우 40mm 이하이거나 40mm 초과 60mm 이하의 경우 65°, 60mm 이상의 것은 65°와 45°를 병용하여 사용한다.

37 금속재료의 펄스반사법에 따른 초음파탐상시험방법 통칙(KS B 0817)에 따라 탐상도형을 표시할 때 부대 기호 중 다중 반사의 기호표시방법으로 옳은 것은?(단, 동일한 반사원으로부터의 에코를 구별할 필요가 있는 경우이다)

① 기본 기호의 왼쪽 위에 1, 2, ... n의 기호를 붙인다.
② 기본 기호의 왼쪽 위에 a, b, c, ...의 기호를 붙인다.
③ 기본 기호의 오른쪽 아래에 1, 2, ... n의 기호를 붙인다.
④ 기본 기호의 오른쪽 아래에 a, b, c, ...의 기호를 붙인다.

해설
부대기호표시방법으로 식별 부호는 F_a로 시작하여 a, b, c …로 구분되며, 다중 반사의 기호에는 B_1으로 시작해 1, 2, …로 구분된다.

38 초음파탐상장치의 성능측정방법(KS B 0534)에 따라 수직탐상할 경우 사용되는 근거리 분해능 측정용 시험편은?

① RB-RA형 ② RB-RB형
③ RB-RC형 ④ STB-A형

해설
수직탐상에서의 근거리 분해능은 RB-RC형 대비시험편을 이용하고 접촉 매질 및 탐촉자의 경우 실제 탐상에서 쓰이는 것을 사용한다.

34 ② 35 ③ 36 ④ 37 ③ 38 ③ 정답

39 강 용접부의 초음파탐상시험방법(KS B 0896)에서 경사각 탐상 시 STB 굴절각은 몇 ° 단위로 읽는가?

① 0.1°　② 0.5°
③ 1°　④ 2°

해설
경사각 탐상 시 굴절각은 0.5° 단위로 측정한다.

40 강 용접부의 초음파탐상시험방법(KS B 0896)에서 1탐촉자 경사각탐상법을 적용하는 경우, 판 두께 90mm인 평판 및 맞대기 이음 용접부의 탐상에 적합한 탐상면과 탐상의 방향 및 탐상법은 원칙적으로 어떤 것이 좋은가?

① 한면 한쪽 방향, 직사법
② 양면 양쪽 방향, 직사법
③ 한면 양쪽 방향, 직사법 및 1회 반사법
④ 양면 한쪽 방향, 직사법 및 1회 반사법

해설
1탐촉자 경사각 탐상법 적용 시 탐상면과 방향

이음 모양	판두께 (mm)	탐상면과 방향 (mm)	탐상방법
맞대기 이음	100 이하	한면 양쪽	직사법, 1회 반사법
	100 초과	양면 양쪽	직사법
T이음, 각이음	60 이하	한면 한쪽	직사법, 1회 반사법
	60 초과	양면 한쪽	직사법

41~45 컴퓨터 문제 삭제

46 금속 가공에서 재결정 온도보다 낮은 경우의 가공을 무엇이라 하는가?

① 냉간 가공　② 열간 가공
③ 단조 가공　④ 인발 가공

해설
냉간 가공 및 열간 가공은 금속의 재결정 온도를 기준(Fe : 450℃)으로 낮은 온도에서의 가공을 냉간 가공, 높은 온도에서의 가공을 열간 가공이라 한다.

47 다음 중 시효경화성이 있는 합금은?

① 인코넬　② 두랄루민
③ 화이트메탈　④ 모넬메탈

해설
시효경화란 A금속과 B금속을 고용시킨 후 급랭시켜 과포화 상태를 만든 후 일정한 온도에 어느 정도의 시간을 가지면 경도가 커지는 현상을 말하며 두랄루민이 대표적인 시효경화성 합금이다.

48 다음 중 γ-철(Fe)과 시멘타이트와의 공정조직은?

① 페라이트　② 펄라이트
③ 오스테나이트　④ 레데부라이트

해설
- 레데부라이트 : γ-철 + 시멘타이트
- 펄라이트 : α철 + 시멘타이트
- γ철 : 오스테나이트
- α철 : 페라이트

정답 39 ② 40 ③ 41~45 문제 삭제 46 ① 47 ② 48 ④

49 7-3황동에서 1% 정도의 주석을 첨가한 합금은?

① 애드미럴티 황동(Admiralty Brass)
② 델타메탈(Delta Metal)
③ 네이벌 황동(Naval Brass)
④ 문쯔메탈(Muntz Metal)

해설
주석황동(Tin Brasss)
- 애드미럴티 황동 : 7-3 황동에 Sn 1% 첨가, 전연성 좋음
- 네이벌 황동 : 6-4 황동에 Sn 1% 첨가
- 알루미늄황동 : 7-3 황동에 2% Al 첨가

50 알루미늄-규소계 합금을 주조할 때, 금속 나트륨을 첨가하여 조직을 미세화시키기 위한 처리는?

① 심랭 처리 ② 개량 처리
③ 용체화 처리 ④ 구상화 처리

해설
Al-Si은 실루민이며 개량화 처리 원소는 Na으로 기계적 성질이 우수해진다.

51 다음 중 체심입방격자(BCC)의 배위수는?

① 6개 ② 8개
③ 12개 ④ 16개

해설
결정 구조
- 체심입방격자(Body Centered Cubic) : Ba, Cr, Fe, K, Li, Mo, Nb, V, Ta
  - 배위수 : 8, 원자 충진율 : 68%, 단위 격자 속 원자수 : 2
- 면심입방격자(Face Centered Cubic) : Ag, Al, Au, Ca, Ir, Ni, Pb, Ce
  - 배위수 : 12, 원자 충진율 : 74%, 단위 격자 속 원자수 : 4
- 조밀육방격자(Hexagonal Centered Cubic) : Be, Cd, Co, Mg, Zn, Ti
  - 배위수 : 12, 원자 충진율 : 74%, 단위 격자 속 원자수 : 2

52 연강의 응력-변형률 곡선에서 응력을 가해 영구변형이 명확하게 나타날 때의 응력에 해당하는 것은?

① 파단점 ② 비례한계점
③ 탄성한계점 ④ 항복점

해설
항복점 : 연강에서 인장 시험 시 탄성 한계를 지나 일정한 외력에 도달하였을 때 힘을 가하지 않아도 변형이 커지는 점

53 고속도강(High Speed Steel)에 대한 설명으로 틀린 것은?

① 마멸저항이 크다.
② 주조상태로서는 메짐이 크다.
③ 고속도의 절삭작업에 사용된다.
④ 표준성분은 8W% - 4Co% - 1Cr%이다.

해설
고속도강의 표준성분은 18% 텅스텐 - 4% 크롬 - 1% 바나듐이다.

54 자기 헤드, 변압기용 철심, 자기버블(Bubble)재료 등의 자성재료 분야에 많이 응용되는 소재는?

① 초전도재료 ② 비정질 합금
③ 금속복합재료 ④ 형상 기억 합금

해설
비정질 합금
금속이 용해 후 고속 급랭시켜 원자가 규칙적으로 배열되지 못하고 액체 상태로 응고되어 금속이 되는 것이다. 제조법으로는 기체 급랭(진공 증착, 스퍼터링, 화학 증착, 이온 도금), 액체 급랭(단롤법, 쌍롤법, 원심법, 스프레이법, 분무법), 금속 이온(전해 코팅법, 무전해 코팅법)이 있으며, 자기헤드, 변압기용 철심, 자기 버블 재료의 경우 코일 재료 및 금속을 박막으로 코팅시켜 사용하는 재료들이다.

49 ① 50 ② 51 ② 52 ④ 53 ④ 54 ② 정답

55 다음 중 주철의 유동성을 저해하는 성분은?

① S ② P
③ C ④ Mn

해설
주철에서 황은 주조 응력을 크게 하고 유동성을 나쁘게 하며, 황화철(FeS)로 편석이 발생해 균열의 원인을 제공한다. 시멘타이트를 안정화시키나, Si에 의한 흑연화 작용을 방해하는 영향을 미친다.

56 인성이 있는 금속으로 비중이 약 8.9이고, 용융점이 약 1,455℃인 원소는?

① 철(Fe) ② 금(Au)
③ 니켈(Ni) ④ 마그네슘(Mg)

해설
- 비중 : Mg(1.74), Al(2.7), Fe(7.86), Cu(8.9), Mo(10.2), Ni(8.9), W(19.3), Mn(7.4), Ag(10.5)
- 융점 : Mg(650℃), Al(660℃), Fe(1,538℃), Cu(1,083℃), Ni(1,455℃), Mn(1,245℃)

57 강의 열처리에서 담금질하는 주목적은?

① 경화를 하기 위하여
② 취성을 증대시키기 위하여
③ 연성을 증대시키기 위하여
④ 탈산을 증대시키기 위하여

해설
- 담금질(Quenching) : 금속을 급랭함으로써, 원자 배열의 시간을 막아 강도, 경도를 높임
- 불림(Normalizing) : 결정 조직의 물리적, 기계적 성질의 표준화 및 균질화 및 잔류 응력 제거
- 풀림(Annealing) : 금속의 연화 혹은 응력 제거를 위한 열처리
- 뜨임(Tempering) : 담금질에 의한 잔류 응력 제거 및 인성 부여

58 내용적 40L의 산소 용기에 130기압의 산소가 들어 있다. 1시간에 400L를 사용하는 토치를 써서 혼합비 1 : 1의 중성불꽃으로 작업을 한다면 몇 시간이나 사용할 수 있겠는가?

① 13 ② 18
③ 26 ④ 42

해설
40L × 130 = 5,200이고, 1시간에 400L의 사용량을 보이므로 5,200/400 = 13이 된다.

59 불활성 가스 텅스텐 아크 용접 시 사용되는 불활성 가스는?

① 산소, 메탄 ② 아세틸렌, 산소
③ 산소, 수소 ④ 헬륨, 아르곤

해설
불활성 가스란 다른 원소와 화합하지 않는 비활성 가스를 말하며, 아르곤(Ar), 헬륨(He), 네온(Ne) 등이 포함된다.

60 피복 아크 용접봉의 피복제의 주된 역할 설명 중 틀린 것은?

① 전기 전도를 양호하게 한다.
② 슬래그를 제거하기 쉽게 하고, 파형이 고운 비드를 만든다.
③ 용착 금속의 냉각속도를 느리게 하여 급랭을 방지한다.
④ 스패터의 발생을 적게 한다.

해설
피복제의 역할
- 아크를 안정시키고, 산화・질화를 방지하여 용착 금속을 보호한다.
- 용접봉에 부족한 원소를 첨가시킨다.
- 슬래그를 형성시켜 급랭되어 메짐이 없도록 도와준다.
- 전기절연작용을 한다.

정답 55 ① 56 ③ 57 ① 58 ① 59 ④ 60 ①

2011년 제2회 과년도 기출문제

01 다음 중 제품이나 부품의 전체적인 모니터링방법으로 적용할 수 있는 비파괴검사법은?

① 침투탐상시험
② 음향방출시험
③ 중성자투과시험
④ 자분탐상시험

해설
음향방출시험 : 재료의 결함에 응력이 가해졌을 때 음향을 발생시키고 불연속 펄스를 방출하게 되는데 이러한 미소 음향 방출 신호들을 검출 분석하는 시험

02 초음파탐상시험에서 파장과 주파수의 관계를 속도의 함수로 옳게 나타낸 것은?

① 속도 = $(\text{파장})^2 \times$ 주파수
② 속도 = 주파수 ÷ 파장
③ 속도 = 파장 × 주파수
④ 속도 = $(\text{주파수})^2 \div$ 파장

해설
$\text{파장}(\lambda) = \dfrac{\text{음속}(C)}{\text{주파수}(f)}$, $\text{음속}(C) = \text{파장}(\lambda) \times \text{주파수}(f)$가 된다.

03 방사선투과시험에 사용되는 X선의 성질에 대한 설명으로 틀린 것은?

① X선은 빛의 속도와 거의 같다.
② X선은 공기 중에서 굴절된다.
③ X선은 전리 방사선이다.
④ X선은 물질을 투과하는 성질을 가지고 있다.

해설
X선은 고속으로 움직이는 전자가 표적에 충돌하여 나오는 에너지의 일부를 전자파로 방출하는 것으로 물질을 투과하는 성질을 가진다.

04 침투탐상시험의 현상제에 대한 설명으로 틀린 것은?

① 건식현상제는 흡수성이 있는 백색분말이다.
② 습식현상제는 건식현상제와 물의 혼합물이다.
③ 현상제를 두 가지로 분류할 때는 습식현상제와 건식현상제로 구분한다.
④ 현상제는 판독 시 시각적인 차이를 증대시키기 위하여 형광물질을 도포한 것도 있다.

해설
침투탐상시험의 현상제의 분류로는 건식현상법, 습식현상법(수용성, 수현탁성), 속건식현상법, 특수현상법, 무현상법이 있으며, 현상제에 형광물질이 도포된다면 형광침투제를 사용하였을 경우 결함의 식별이 곤란하기 때문에 도포하지 않는다.

1 ② 2 ③ 3 ② 4 ④ 정답

05 자분탐상시험법에 대한 설명으로 옳은 것은?

① 잔류법은 시험체에 외부로부터 자계를 준 상태에서 결함에 자분을 흡착시키는 방법이다.

② 연속법은 시험체에 외부로부터 주어진 자계를 소거한 후 결함에 자분을 흡착시키는 방법이다.

③ 잔류법은 시험체에 잔류하는 자속밀도가 결함누설자속에 영향을 미친다.

④ 연속법은 결함누설자속을 최소로 하기 위해 포화자속밀도가 얻어지는 자계의 세기를 필요로 한다.

해설

- 연속법 : 시험체에 자화 중 자분을 적용하는 방법
- 잔류법 : 시험체의 자화 완료 후 잔류하는 자속밀도(잔류자장)의 누설 자속을 이용하여 자분의 적용하는 방법

06 와전류탐상시험에서 표준침투깊이를 구할 수 있는 인자와의 비례관계를 옳게 설명한 것은?

① 표준침투깊이는 파장이 클수록 작아진다.

② 표준침투깊이는 주파수가 클수록 작아진다.

③ 표준침투깊이는 투자율이 작을수록 작아진다.

④ 표준침투깊이는 전도율이 작을수록 작아진다.

해설

와전류의 표준침투깊이(Standard Depth of Penetration)는 와전류가 도체 표면의 약 37% 감소하는 깊이를 의미하며, 침투깊이는 $\delta = \frac{1}{\sqrt{\pi \rho f \mu}}$ 로 나타낸다. ρ : 전도율, μ : 투자율, f : 주파수로 주파수가 클수록 반비례하는 관계를 가진다.

07 자분탐상 시험결과로 나타나는 것으로 부품의 수명에 가장 나쁜 영향을 주는 불연속을 무엇이라 하는가?

① 결 함 ② 의사 지시

③ 건전 지시 ④ 단면급변 지시

해설

① 결함 : 불연속, 비연속부로 시험편에 나쁜 영향을 미치는 인자들이다.

② 의사 지시 : 결함이 아닌 다른 원인에 의해 발생하는 지시 모양이다.

④ 단면급변 지시 : 의사 지시에 속하며 단면이 급변하는 곳에서 생기는 자분 모양이다.

08 자분탐상시험에서 프로드법에 의한 자화방법의 설명으로 틀린 것은?

① 아주 작은 시험체의 검사에 적용이 용이하다.

② 형상이 복잡한 시험체에도 정밀하게 검사할 수 있다.

③ 대상 시험체에 2개의 전극을 대고 전류를 흐르게 한다.

④ 시험체에 큰 전류를 사용하므로 프로드 자국이 생길 수 있다.

해설

원형자화를 시키는 프로드법은 시험체에 직접 접촉하여 전류를 흐르게 하는 시험 방법으로 시험체가 대형인 경우에 사용된다.

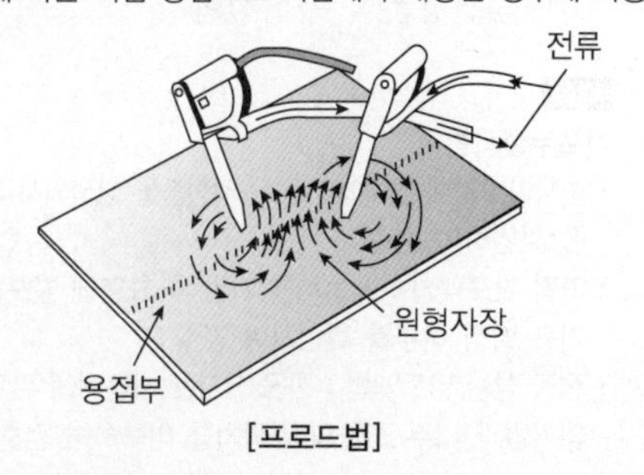

[프로드법]

09 초음파탐상검사에 대한 설명으로 틀린 것은?

① 펄스반사법을 많이 이용한다.

② 내부조직에 따른 영향이 작다.

③ 불감대가 존재한다.

④ 미세균열에 대한 감도가 높다.

해설

초음파탐상의 장단점

- 장 점
  - 감도가 높아 미세 균열 검출이 가능
  - 투과력이 좋아 두꺼운 시험체의 검사 가능
  - 불연속(균열)의 크기와 위치를 정확히 검출 가능
  - 시험 결과가 즉시 나타나 자동검사가 가능
  - 시험체의 한쪽 면에서만 검사 가능
- 단 점
  - 시험체의 형상이 복잡하거나, 곡면, 표면 거칠기에 영향을 많이 받음
  - 시험체의 내부 구조(입자, 기공, 불연속 다수 분포)에 따라 영향을 많이 받음
  - 불연속 검출의 한계가 있음
  - 시험체에 적용되는 접촉 및 주사 방법에 따른 영향이 있음
  - 불감대가 존재(근거리 음장에 대한 분해능이 떨어짐)

10 검사비용이 저렴하며, 지시의 관찰이 쉽고 빠르며, 가장 간편하게 누설검사를 할 수 있는 것은?

① 기포누설시험

② 할로겐누설시험

③ 압력변화누설시험

④ 헬륨질량분석 누설시험

해설

기포누설시험

- 침지법 : 액체 용액에 가압된 시험품을 침적해서 기포 발생 여부를 확인하여 검출
- 가압 발포액법 : 시험체를 가압 후 표면에 발포액을 적용하여 기포 발생 여부를 확인하여 검출
- 진공 상자 발포액법 : 진공 상자를 시험체에 위치시킨 후 외부 대기압과 내부 진공의 압력차를 이용하여 검출

11 대부분의 와전류탐상시험에서 최소 허용 신호 대 잡음비로 옳은 것은?

① 1 : 1 ② 2 : 1

③ 3 : 1 ④ 4 : 1

해설

신호 대 잡음비(SN)란 결함에코의 높이와 잡음크기의 비를 말하며 일반적으로 3 : 1을 사용한다. 이 SN비가 클수록 결함 검출 능력은 높아진다.

12 관전압 200kV로 강과 동을 촬영한 투과등가계수가 각각 1.0, 1.4라면 동판 10mm를 촬영하는 것은 몇 mm 두께의 강을 촬영하는 것과 같은가?

① 5 ② 7

③ 14 ④ 20

해설

등가계수의 숫자는 검사하고자 하는 재질의 두께에 이 계수를 곱해 주면 기준 재질의 등가한 두께로 환산되는 것이다.
즉, 투과등가계수가 1.0, 1.4였고 동판 10mm 촬영하는 것은 강에서 $1.4 \times 10mm = 14mm$가 된다.

13 누설검사에 사용되는 가압 기체가 아닌 것은?

① 헬 륨 ② 질 소

③ 포스겐 ④ 공 기

해설

포스겐 : $COCl_2$의 유독한 질식성 기체로 일산화탄소와 염소를 활성탄의 촉매로 반응시켜 제조하며, 흡입 시 호흡곤란, 급성증상을 나타내는 위험한 물질이다.

9 ② 10 ① 11 ③ 12 ③ 13 ③ 정답

14 응력을 반복 적용할 때 2차 응력의 크기가 1차 응력보다 작으면 음향 방출이 되지 않는 현상은?

① 광전도 효과(Photo Conduct Effect)
② 로드 셀 효과(Load Cell Effect)
③ 필리시티 효과(Felicity Effect)
④ 카이저 효과(Kaiser Effect)

해설

카이저 효과란 재료에 하중을 걸어 음향 방출을 발생시킨 후, 하중을 제거했다가 다시 걸어도 초기 하중의 응력 지점에 도달하기까지 음향방출이 발생되지 않는 비가역적 성질이다.

15 초음파가 제1매질과 제2매질의 경계면에서 진행할 때 파형변환과 굴절이 발생하는데 이때 제2임계각을 가장 적절히 설명한 것은?

① 굴절된 종파가 정확히 90°가 되었을 때
② 굴절된 횡파가 정확히 90°가 되었을 때
③ 제2매질 내에 종파와 횡파가 존재하지 않을 때
④ 제2매질 내에 종파와 횡파가 같이 존재하게 된 때

해설

제2임계각은 횡파의 굴절각이 90°가 되었을 때를 의미하며 이 이상을 넘을 시 전반사하게 된다.

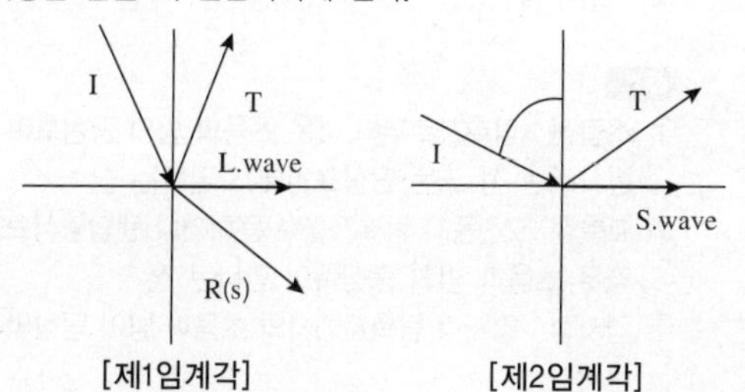

[제1임계각] [제2임계각]

16 초음파탐상용 A1형 표준시험편 STB-A1의 사용목적이 아닌 것은?

① 측정범위 조정
② 펄스길이의 측정
③ 사각 탐촉자의 굴절각 측정
④ 경사각탐상의 분해능 측정

해설

표준시험편(STB-A1)의 사용 목적

- 경사각 탐촉자의 특성 측정
- 입사점 측정
- 굴절각 측정
- 측정범위의 조정
- 탐상 감도의 조정
- 경사각 탐상의 분해능 측정은 RB-RD형 대비시험편을 이용한다.

17 입사각과 굴절각의 관계를 나타내는 법칙은?

① 스넬의 법칙 ② 푸아송의 법칙
③ 찰스의 법칙 ④ 프레스넬의 법칙

해설

스넬의 법칙은 음파가 두 매질 사이의 경계면에 입사하면 입사각에 따라 굴절과 반사가 일어나는 것으로 $\frac{\sin\alpha}{\sin\beta} = \frac{V_1}{V_2}$ 와 같다. 여기서 $\alpha =$ 입사각, $\beta =$ 굴절각 또는 반사각, $V_1 =$ 매질 1에서의 속도, $V_2 =$ 매질 2에서의 속도를 나타낸다.

18 초음파탐상 결과에 대한 표시방법 중 초음파의 진행시간과 반사량을 화면의 가로와 세로축에 표시하는 방법은?

① A-scan ② B-scan
③ C-scan ④ D-scan

해설

A-scan : A-scope법이라고도 하며, 가로축은 전파시간을 거리로 나타내고, 세로축은 에코의 높이(크기)를 나타내는 방법으로 에코 높이, 위치, 파형 3가지 정보를 알 수 있다.

정답 14 ④ 15 ② 16 ④ 17 ① 18 ①

19 **음향임피던스에 관한 설명으로 옳은 것은?**

① 초음파가 물질 내에 진행하는 것을 방해하는 저항을 말한다.
② 초음파가 매질을 통과하는 속도와 물질의 밀도와의 차를 말한다.
③ 공진값을 정하는 데 이용되는 파장과 주파수의 곱에 관한 함수이다.
④ 일반적으로 초음파가 물질 내를 진행할 때 빨리 진행하게 하는 것을 말한다.

해설
음향임피던스란 재질 내에서 음파의 진행을 방해하는 것으로 재질의 밀도(ρ)에 음속(ν)을 곱한 값으로 두 매질 사이의 경계에서 투과와 반사를 결정짓는 특성이다.

20 **경사각탐상법에서 주로 사용되는 초음파의 형태는?**

① 횡 파 ② 판 파
③ 종 파 ④ 표면파

해설
경사각탐상법에서 주로 사용되는 초음파는 횡파이다. 수직탐상에는 종파를 주로 사용한다.

21 **초음파경사각탐상시험에서 접근한계길이란?**

① 탐촉자가 검사체에 가까이 갈 수 있는 한계거리
② 탐촉자의 입사점으로부터 밑면의 선단까지의 거리
③ 탐촉자와 STB-A1 시험편이 접근할 수 있는 한계거리
④ 탐촉자와 SBT-A2 시험편이 접근할 수 있는 한계거리

해설
접근한계길이란 탐촉자의 입사점에서 탐촉자 밑면의 선단까지 거리를 의미하며 용접부 탐상 시 탐상면 위에서 접근할 수 있는 한계 거리를 의미한다.

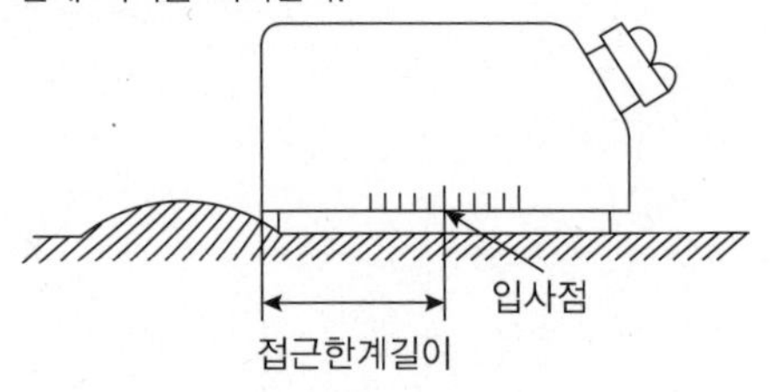

22 **경사각탐상에서 "탐촉자로부터 나온 초음파 빔의 중심축이 저면에서 반사하는 점 또는 탐상표면에 도달하는 점"이란 무엇을 의미하는가?**

① 스킵점 ② 교축점
③ 입사점 ④ 퀴리점

해설
① 스킵점 : 탐촉자로부터 나온 초음파 빔의 중심축이 저면에서 반사하는 점 또는 탐상표면에 도달하는 점
② 교축점 : 2진동자 탐촉자를 사용하거나 탠덤탐상으로 탐상할 경우 초음파 빔의 중심축이 만나는 점
③ 입사점 : 경사각 탐촉자에서의 초음파 빔이 탐상면에 입사하는 점

정답 19 ① 20 ① 21 ② 22 ①

23 주파수가 20MHz인 탐촉자로 어떤 재질의 내부를 탐상하였을 때 음속이 2.3×10^5cm/s라면 파장은 약 얼마인가?

① 0.06mm ② 0.12mm
③ 0.26mm ④ 0.32mm

해설

$C = f \times \lambda$

여기서, C : 음속, f : 주파수, λ : 파장

$(2.3 \times 10^5) = (20 \times 10^6) \times \lambda$

$\therefore \lambda = 0.0115\text{cm} = 0.115\text{mm} \fallingdotseq 0.12\text{mm}$

24 초음파탐상시험에서 직접접촉법과 비교하여 수침법에 의한 탐상의 장점은?

① 휴대하기가 편리하다.
② 저주파수가 사용되어 탐상에 유리하다.
③ 초음파의 산란현상이 커서 탐상에 좋다.
④ 표면 상태의 영향을 덜 받아 안정된 탐상이 가능하다.

해설

수침법은 시험체와 탐촉자를 물속에 넣어 초음파를 발생시켜 검사하는 방법으로 표면 상태의 영향을 적게 받는 장점이 있다.

- 전몰 수침법 : 시험체 전체를 물속에 넣고 검사하는 방법
- 국부 수침법 : 시험체를 국부만 물에 수침되게 하여 검사하는 방법

25 다음 중 초음파 빔의 분산이 가장 적은 것은?

① 주파수가 높고 탐촉자의 직경이 큰 경우
② 주파수가 낮고 탐촉자의 직경이 큰 경우
③ 주파수가 높고 탐촉자의 직경이 작은 경우
④ 주파수가 낮고 탐촉자의 직경이 작은 경우

해설

초음파의 분산각은 탐촉자의 직경과 파장에 의해 결정된다. 동일한 탐촉자 직경일 때 파장이 감소(주파수 증가)하면 분산각은 감소하며, 동일한 파장(주파수)일 때 탐촉자 직경이 클수록 빔의 분산각은 감소한다.

26 강 용접부의 초음파탐상시험방법(KS B 0896)에서 규정하고 있는 수직 탐촉자의 공칭 주파수와 진동자의 공칭 지름이 바르게 연결된 것은?

① 1MHz~20mm ② 2MHz~30mm
③ 5MHz~20mm ④ 7MHz~30mm

해설

- 수직 탐촉자의 공칭 주파수 2MHz에서 공칭 치수는 20mm, 28mm이며, 5MHz에서는 10mm와 20mm이다.
- 경사각 탐촉자의 경우 2MHz에서 10 × 10mm, 14 × 14mm, 20 × 20mm이며, 5MHz에서는 10 × 10mm, 14 × 14mm이다.

27 초음파탐상장치의 성능측정방법(KS B 0534)에서 수직탐상의 감도 여유값을 측정하기 위한 사용 기재가 아닌 것은?

① 경사각 탐촉자
② STB-G V15-5.6 시험편
③ 수직 탐촉자(비집속인 것)
④ 머신유를 접촉매질로 사용

해설

수직탐상의 감도 여유값 측정에는 STB-G V15-5.6 표준시험편이 사용되며, 접촉매질 머신유를 사용하여 비집속인 수직 탐촉자를 사용하여 측정한다.

정답 23 ② 24 ④ 25 ① 26 ③ 27 ①

28 강 용접부의 초음파탐상시험방법(KS B 0896)에서 1탐촉자 경사각탐상법을 적용하는 경우 탐상면과 탐상의 방향 및 방법에 대하여 옳게 설명한 것은?

① 판 두께 60mm 이하의 각 이음부는 양면 양쪽을 직사법으로 탐상한다.
② 판 두께 60mm 이하의 T이음부는 양면 양쪽을 직사법으로만 탐상할 수 있다.
③ 판 두께 100mm를 넘는 맞대기 이음부는 양면 양쪽을 직사법으로 탐상한다.
④ 판 두께 100mm 이하의 맞대기 이음부는 양면 양쪽을 직사법으로만 탐상할 수 있다.

해설

1탐촉자 경사각탐상 시 탐상면과 방향 및 방법

이음 모양	판두께 (mm)	탐상면과 방향 (mm)	탐상방법
맞대기 이음	100 이하	한면 양쪽	직사법, 1회 반사법
	100 초과	양면 양쪽	직사법
T이음, 각이음	60 이하	한면 한쪽	직사법, 1회 반사법
	60 초과	양면 한쪽	직사법

29 강 용접부의 초음파탐상시험방법(KS B 0896)에 따른 경사각 탐촉자의 원거리 분해능에 대한 점검 시기 규정은?

① 의무적으로 2개월에 한 번
② 구입 시 및 보수를 한 직후
③ 작업시작 시마다 또는 3개월에 한 번
④ 작업시작 시 및 작업시간 8시간 이내마다

해설

빔 중심축의 치우침은 작업 개시 및 작업시간 8시간 이내마다 점검하며, A1 감도, A2 감도, 접근한계길이, 원거리 분해능, 불감대는 구입 시 및 보수를 한 직후 점검한다.

30 강 용접부의 초음파탐상시험방법(KS B 0896)에서 강관분기 이음 용접부의 초음파탐상 시 사용하는 표준시험편 및 대비시험편이 아닌 것은?

① RB-4
② A1형 표준시험편
③ A2형 표준시험편
④ A3형계 표준시험편

해설

강관분기 이음 용접부의 경우 STB-A1, STB-A3, RB-4가 사용된다.

31 알루미늄의 맞대기 용접부의 초음파경사각탐상시험방법(KS B 0897)에 규정된 시험편 중 대비시험편인 것은?

① STB-A1　② STB-A3
③ STB-A31　④ RB-A4-AL

해설

- STB : Standard Test Block의 줄임말로 표준시험편을 의미한다.
- RB : Reference Block의 줄임말로 대비시험편을 의미한다.

32 강 용접부의 초음파탐상시험방법(KS B 0896)에서 규정하고 있는 탠덤탐상의 적용 판 두께 범위로 옳은 것은?

① 10mm 이상　② 12mm 이상
③ 15mm 이상　④ 20mm 이상

해설

탠덤탐상은 탐상면에 수직인 결함의 깊이를 측정하는 데 유리하며, 한쪽 면에 송・수신용 2개의 탐촉자를 배치하여 주사하는 방법으로 판 두께 20~40mm까지 70° 탐촉자를 사용하며 그 이상의 경우 45°로 한다.

정답 28 ③ 29 ② 30 ③ 31 ④ 32 ④

33 압력용기용 강판의 초음파탐상검사방법(KS B 0233)에 관한 설명으로 옳지 않은 것은?

① 접촉 매질은 원칙적으로 물로 한다.
② 표준시험편은 STB-N1 등을 사용한다.
③ 형식은 수침법 또는 직접 접촉법으로 한다.
④ 대비시험편은 이진동자 수직 탐촉자용 STB-G를 사용한다.

해설
압력용기용 강판의 초음파검사 시 대비시험편은 2진동자 수직 탐촉자용 RB-E를 사용한다.

34 초음파탐상장치의 성능측정방법(KS B 0534)에 의거 시간축 직선성의 성능측정방법에 관한 설명으로 옳은 것은?

① 접촉매질은 물을 사용한다.
② 초음파탐상기의 리젝션은 0 또는 OFF로 한다.
③ 탐촉자는 직접 접촉용 경사각 탐촉자를 사용한다.
④ 신호원으로는 측정 범위의 $\frac{1}{3}$ 두께를 갖는 시험편을 사용한다.

해설
리젝션은 원칙적으로 사용하지 않도록 한다.

35 금속재료의 펄스반사법에 따른 초음파탐상시험방법 통칙(KS B 0817)에 의거하여 초음파탐상장치를 성능에 관계되는 부분을 수리하였거나 특수한 환경에서 사용하여 이상이 있다고 생각되는 경우에 수행하는 점검은?

① 일상점검 ② 정기점검
③ 특별점검 ④ 보수점검

해설
③ 특별점검 : 성능에 관계된 수리 및 특수 환경 사용 시, 특별히 점검할 필요가 있을 때 받는 점검
① 일상점검 : 탐촉자 및 부속 기기들이 정상적으로 작동여부를 확인하는 점검
② 정기점검 : 1년에 1회 이상 정기적으로 받는 점검

36 압력용기용 강판의 초음파탐상검사방법(KS D 0233)에서 추천하는 탐촉자는?

① 경사각 탐촉자 및 수직 탐촉자
② 2진동자 수직 탐촉자 및 수직 탐촉자
③ 분할형 경사각 탐촉자 및 수직 탐촉자
④ 경사각 탐촉자 및 분할형 수직 탐촉자

해설
압력용기용 강판의 초음파탐상용 탐촉자는 2진동자 수직 탐촉자 및 수직 탐촉자를 사용한다.

37 강 용접부의 초음파탐상시험방법(KS B 0896)에 따른 STB굴절각 측정에 대한 설명으로 옳은 것은?

① A2형 표준시험편을 사용하며, 굴절각은 0.5° 단위로 읽는다.
② A2형 표준시험편을 사용하며, 굴절각은 1.0° 단위로 읽는다.
③ A1형 또는 A3형계 표준시험편을 사용하며, 굴절각은 0.5° 단위로 읽는다.
④ A1형 또는 A3형계 표준시험편을 사용하며, 굴절각은 1.0° 단위로 읽는다.

해설
표준시험편은 STB-A1, STB-A3를 사용하며, 굴절각의 최소 측정 단위는 0.5° 단위로 읽는다.

정답 33 ④ 34 ② 35 ③ 36 ② 37 ③

38 초음파탐상시험용 표준시험편(KS B 0831)에 따라 재질이 SUJ2인 STB-G형 표준시험편을 만들려고 한다. 이때 사용하여야 하는 열처리 방법은?

① 마퀜칭 ② 노멀라이징
③ 오스템퍼링 ④ 구상화어닐링

해설

표준시험편의 열처리 방법

- STB-G형의 SUJ2는 고탄소 크롬 베어링 강재로 1% C, Cr이 포함되어 경도와 피로강도에 우수한 장점이 있는 재질로 구상화어닐링 열처리를 해 준다.
- SNCM439의 경우 퀜칭템퍼링을 해 준다.
- STB-N1형, STB-A1, STB-A2, STB-A3형은 노멀라이징 또는 퀜칭템퍼링을 한다.

39 건축용 강판 및 평강의 초음파탐상시험에 따른 등급분류와 판정기준(KS D 0040)에 따라 건축용 강판의 초음파탐상 시 접촉매질은 원칙적으로 무엇을 사용하는가?

① 물 ② C.M.C
③ 기계유 ④ 글리세린

해설

접촉매질은 일반적으로 물을 사용한다.

40 강 용접부의 초음파탐상시험방법(KS B 0896)에 따라 두 방향(A방향, B방향)에서 탐상한 결과 동일한 흠이 A방향에서는 2류, B방향에서는 3류로 분류되었다면 이때 흠의 분류로 옳은 것은?

① 1류 ② 2류
③ 3류 ④ 4류

해설

흠 분류 시 2방향 이상에서 탐상한 경우 동일한 흠의 분류가 2류, 3류, 1류도 나타났다면 가장 하위분류를 적용해 3류를 적용한다.

41~45 컴퓨터 문제 삭제

46 다음 중 반도체 재료로 사용되고 있는 것은?

① Fe ② Si
③ Sn ④ Zn

해설

반도체란 도체와 부도체의 중간 정도의 성질을 가진 물질로 반도체 재료로는 인, 비소, 안티몬, 실리콘, 게르마늄(저마늄), 붕소, 인듐 등이 있지만 실리콘을 주로 사용하는 이유는 고순도 제조가 가능하고 사용한계 온도가 상대적으로 높으며, 고온에서 안정한 산화막(SiO_2)을 형성하기 때문이다.

47 대면각이 136° 다이아몬드 압입자를 사용하는 경도계는?

① 브리넬 경도계 ② 로크웰 경도계
③ 쇼어 경도계 ④ 비커스 경도계

해설

압입에 의한 방법으로 브리넬, 로크웰, 비커스, 마이크로 비커스 경도 시험이 있으며 쇼어는 반발을 이용한 시험법이다.

④ 비커스 경도계 : 136°의 다이아몬드 압입자를 사용한다.
① 브리넬 경도계 : 강구를 주로 사용한다.
② 로크웰 경도계 : 스케일에 따라 다르지만 다이아몬드의 경우 120°의 압입자를 사용한다.

38 ④ 39 ① 40 ③ 41~45 문제 삭제 46 ② 47 ④ 정답

48 순철 중 α-Fe(체심입방격자)에서 γ-Fe(면심입방격자)로 결정격자가 변환되는 A_3 변태점은 몇 ℃인가?

① 723℃ ② 768℃
③ 860℃ ④ 910℃

해설
Fe-C 상태도에서의 변태점
- A_0 변태 : 210℃, 시멘타이트 자기 변태점
- A_1 변태 : 723℃, 철의 공석 온도
- A_2 변태 : 768℃, 순철의 자기 변태점
- A_3 변태 : 910℃, 철의 동소 변태
- A_4 변태 : 1,400℃, 철의 동소 변태

49 게이지용 공구강이 갖추어야 할 조건에 대한 설명으로 틀린 것은?

① HRC 50 이하의 경도를 가져야 한다.
② 팽창계수가 보통강보다 작아야 한다.
③ 시간이 지남에 따라 치수변화가 없어야 한다.
④ 담금질에 의한 균열이나 변형이 없어야 한다.

해설
게이지용 공구강은 내마모성 및 경도가 커야 하며, 치수를 측정하는 공구이므로 열팽창계수가 작아야 한다. 또한 담금질에 의한 변형, 균열이 적어야 하며 내식성이 우수해야 하기 때문에 C(0.85~1.2%)-W(0.5~0.3%)-Cr(0.5~0.36%)-Mn(0.9~1.45%)의 조성을 가진다.

50 탄소강에 대한 설명으로 틀린 것은?

① 페라이트와 시멘타이트의 혼합조직이다.
② 탄소량이 증가할수록 내식성이 감소한다.
③ 탄소량이 높을수록 가공 변형이 용이하다.
④ 탄소량이 높을수록 인장강도, 경도값이 증가한다.

해설
탄소량이 높아질수록 고용강화가 일어나게 되므로, 경도 및 강도가 증가하여 가공 변형이 어렵게 된다.

51 6:4황동으로 상온에서 $\alpha+\beta$조직을 갖는 재료는?

① 알드리 ② 알클래드
③ 문쯔메탈 ④ 플래티나이트

해설
구리와 그 합금의 종류
- 톰백(5~20% Zn의 황동) : 모조금, 판 및 선 사용
- 7:3 황동(카트리지 황동) : 가공용 황동의 대표적
- 6:4 황동(문쯔메탈) : 판, 로드, 기계부품
- 납황동 : 납을 첨가하여 절삭성 향상
- 주석황동(Tin Brasss)
  - 애드미럴티 황동 : 7:3 황동에 Sn 1% 첨가, 전연성 좋음
  - 네이벌 황동 : 6:4 황동에 Sn 1% 첨가
  - 알루미늄황동 : 7:3 황동에 2% Al 첨가

정답 48 ④ 49 ① 50 ③ 51 ③

52 어떤 재료의 단면적이 40mm^{2}이었던 것이, 인장 시험 후 38mm^{2}로 나타났다. 이 재료의 단면 수축률은?

① 5%　② 10%
③ 25%　④ 50%

해설

단면수축률 $= \frac{A_0 - A_1}{A_0} \times 100 = \frac{40-38}{40} \times 100 = 5\%$가 된다.

53 내식성이 우수하고 오스테나이트 조직을 얻을 수 있는 강은?

① 3% Cr 스테인리스강
② 35% Cr 스테인리스강
③ 18% Cr – 8% Ni 스테인리스강
④ 석출 경화형 스테인리스강

해설

스테인리스강의 대표적인 종류인 18-8 스테인리스강은 오스테나이트 조직을 가지고 있다.

54 알루미늄 합금인 실루민의 주성분으로 옳은 것은?

① Al–Mn　② Al–Cu
③ Al–Mg　④ Al–Si

해설

합금의 종류(암기법)

- Al–Cu–Si : 라우탈(알구시라)
- Al–Ni–Mg–Si–Cu : 로엑스(알니마시구로)
- Al–Cu–Mn–Mg : 두랄루민(알구망마두)
- Al–Cu–Ni–Mg : Y–합금(알구니마와이)
- Al–Si–Na : 실루민(알시나실)
- Al–Mg : 하이드로날륨(알마하 내식 우수)

55 다음 중 비정질 합금의 제조법 중 기체 급랭법에 해당되지 않는 것은?

① 스퍼터링법
② 이온 도금법
③ 전해 코팅법
④ 진공 증착법

해설

비정질 합금

금속이 용해 후 고속 급랭시켜 원자가 규칙적으로 배열되지 못하고 액체 상태로 응고되어 금속이 되는 것이다. 제조법으로는 기체 급랭(진공 증착, 스퍼터링, 화학 증착, 이온 도금), 액체 급랭(단롤법, 쌍롤법, 원심법, 스프레이법, 분무법), 금속 이온(전해 코팅법, 무전해 코팅법)이 있다.

56 Fe–C 상태도에서 탄소함유량이 가장 낮은 것은?

① 시멘타이트의 최대 탄소 고용량
② α–고용체의 최대 탄소 고용량
③ γ–고용체의 최대 탄소 고용량
④ δ–고용체의 최대 탄소 고용량

해설

- α : 0.025% C
- γ : 2.0% C
- Fe_3C : 6.67% C

52 ① 53 ③ 54 ④ 55 ③ 56 ② 정답

57 2~10% Sn, 0.6% P 이하의 합금이 사용되며 탄성률이 높아 스프링의 재료로 가장 적합한 청동은?

① 알루미늄청동
② 망간청동
③ 니켈청동
④ 인청동

해설

인청동은 2~10% Sn, 0.6% P 이하의 합금이 사용된 것으로 탄성률이 높은 청동이다.

58 AW300인 교류아크 용접기로 2차 무부하 전압이 80V이고, 부하 전압이 30V일 때 이 용접기의 효율은 약 몇 %인가?(단, 내부손실은 4kW이다)

① 37.5 ② 52.8
③ 69.2 ④ 78.5

해설

- 전원입력 = 무부하 전압 × 아크 전류
- 아크 출력 = 아크 전압 × 전류
- 소비 전력 = (아크 전류 × 아크 전압) + 내부손실

$$역률 = \frac{소비전력(kW)}{전원입력(kVA)} \times 100\%$$

$$효율 = \frac{아크출력(kW)}{소비전력(kVA)} \times 100\%$$

$$\therefore \frac{(300 \times 30)}{(300 \times 30 + 4,000)} \times 100 = 69.2\%$$

59 불활성 가스 금속 아크 용접법의 특징 설명으로 틀린 것은?

① 수동 피복 아크 용접에 비해 용착효율이 높고 능률적이다.
② 박판의 용접에 가장 적합하다.
③ 바람의 영향으로 방풍대책이 필요하다.
④ CO_2 용접에 비해 스패터 발생이 적다.

해설

불활성 가스 금속 아크 용접법의 특징

- 불활성 분위기 내에서 전극 와이어를 용가재로 사용하며 지속적으로 투입해주며 아크를 발생시키는 방법
- 자동 용접으로 3mm 이상의 용접에 적용 가능
- 직류 역극성을 사용 시 청정 효과를 얻음
- 수동 피복 아크 용접에 비해 용착 효율이 높고 능률적
- CO_2 용접에 비해 스패터 발생이 적음

60 가스용접 및 절단에 사용되는 가연성 가스의 공통적인 성질로서 적합하지 않은 것은?

① 용융금속과 화학반응이 없을 것
② 불꽃의 온도가 높을 것
③ 연소 속도가 느릴 것
④ 발열량이 클 것

해설

가연성 가스란 공기와 혼합하여 연소하는 가스를 말하며, 연소 속도가 느리면 안 된다.

정답 57 ④ 58 ③ 59 ② 60 ③

2011년 제4회 과년도 기출문제

01 다음 중 침투탐상시험에서 증기세척방법으로 세척이 가장 어려운 오염물은?

① 먼 지 ② 녹
③ 유 지 ④ 석 유

해설
증기세척방법은 일반적으로 기름, 그리스 등의 기계 가공에서 발생되는 오염물을 제거하는 데 사용하며 염소 성분이 혼합된 용제를 사용한다. 녹 제거에는 화학적 처리 방법이 많이 사용되며 알칼리 세척이 더욱 적절하다.

02 시험체를 가압하거나 감압하여 일정한 시간이 경과한 후 압력의 변화를 계측해서 누설을 검지하는 비파괴시험법은?

① 방치법에 의한 누설시험법
② 암모니아 누설시험법
③ 기포 누설시험법
④ 헬륨 누설시험법

해설
방치법에 의한 누설시험방법은 시험체를 가압 또는 감압하여 일정 시간 후 압력의 변화 유무에 따른 누설 여부를 검출하는 것이다.

03 자분탐상시험과 와전류탐상시험을 비교한 내용 중 틀린 것은?

① 검사 속도는 일반적으로 자분탐상시험보다는 와전류탐상시험이 빠른 편이다.
② 일반적으로 자동화의 용이성 측면에서 자분탐상시험보다는 와전류탐상시험이 용이하다.
③ 검사할 수 있는 재질로 자분탐상시험은 강자성체, 와전류탐상시험은 전도체이어야 한다.
④ 원리상 자분탐상시험은 전자기유도의 법칙, 와전류탐상시험은 자력선 유도에 의한 법칙이 적용된다.

해설
자분탐상시험은 누설자장에 의하여 와전류탐상시험은 전자유도현상에 의한 법칙이 적용된다.

04 비파괴검사를 하는 이유와 직접적인 관련이 없는 것은?

① 제품을 평가하기 위하여
② 사용 중에 발생하는 결함을 찾기 위하여
③ 용접 후에 발생한 결함을 찾기 위하여
④ 제품 원가를 정확하게 산출하기 위하여

해설
비파괴검사의 목적
- 소재 혹은 기기, 구조물 등의 품질관리 및 평가
- 품질관리를 통한 제조 원가 절감
- 소재 혹은 기기, 구조물 등의 신뢰성 향상
- 제조 기술의 개량
- 조립 부품 등의 내부 구조 및 내용물 검사
- 표면처리 층의 두께 측정

1 ② 2 ① 3 ④ 4 ④ 정답

05 육안검사에 대한 설명 중 틀린 것은?

① 표면 검사만 가능하다.
② 검사의 속도가 빠르다.
③ 사용 중에도 검사가 가능하다.
④ 분해능이 좋고 가변적이지 않다.

해설
육안검사(VT)는 광학적 성질을 이용한 시험으로 표면검사에 국한되며 검사의 속도가 빠르고 사용 중 검사도 가능하다.

06 두께가 일정하지 않고 표면 거칠기가 심한 시험체의 내부 결함을 검출할 수 있는 비파괴검사법은?

① 방사선투과검사(RT)
② 자분탐상검사(MT)
③ 초음파탐상검사(UT)
④ 와전류탐상검사(ECT)

해설
내부 결함 검출의 경우 방사선투과검사 및 초음파탐상을 이용하여 검출하며, 두께가 일정하지 않고 표면 거칠기가 심한 경우 초음파탐상을 이용하면 산란 및 표면 거칠기가 심하여 초음파의 송·수신이 어려울 수 있으므로 방사선투과검사를 사용한다.

07 다음 물질 중 초음파의 종파속도가 가장 빠른 것은?

① 기 름 ② 나 무
③ 알루미늄 ④ 아크릴수지

해설
일반적인 음파의 속도

물 질	종파속도(m/s)	횡파속도(m/s)
알루미늄	6,300	3,150
주강(철)	5,900	3,200
아크릴수지	2,700	1,200
글리세린	1,900	–
물	500	–
기 름	1,400	–
공 기	340	–

08 다음 중 자분탐상시험에서 선형자계를 발생하는 자화 방법은?

① 코일법 ② 프로드법
③ 축통전법 ④ 전류관통법

해설
자화방법 : 시험체에 자속을 발생시키는 방법
• 선형 자화 : 시험체의 축 방향을 따라 선형으로 발생하는 자속
  – 종류 : 코일법, 극간법
• 원형 자화 : 환봉, 철선 등 전도체에 전류를 흘려 주위에 발생하는 자력선이 원형으로 형성하는 자속
  – 종류 : 축통전법, 프로드법, 중앙전도체법, 직각통전법, 전류통전법, 전류관통법

09 파의 진행에 따라 밀(Compression)한 부분과 소(Rarefaction)한 부분으로 구성되어 압축파로 불리고, 입자의 진동방향이 파를 전달하는 입자의 진행방향과 일치하는 파는?

① 종 파 ② 횡 파
③ 판 파 ④ 표면파

해설
종파(Longitudinal Wave)는 입자의 진동방향이 파를 전달하는 입자의 진행방향과 일치하는 파로써 고체와 액체에서 전파된다.

정답 5 ④ 6 ① 7 ③ 8 ① 9 ①

10 다음 중 표층부에 나타난 정적인 결함의 정보를 얻기 위한 비파괴검사법이 아닌 것은?

① 침투탐상검사 ② 자분탐상검사
③ 와전류탐상검사 ④ 음향방출검사

해설
음향방출시험이란 재료의 결함에 응력이 가해졌을 때 음향을 발생시키고 불연속 펄스를 방출하게 되는데 이러한 미소 음향방출 신호들을 검출 분석하는 시험으로 내부 동적 거동을 평가하는 시험이다.

11 자기량을 가진 물체에 자기력이 작용하는 공간을 자계라 할 때 자기량(m)과 힘(F)이 작용하는 자계의 세기(H)를 구하는 공식은?

① $H = \frac{F}{m}$ ② $H = \frac{m}{F}$
③ $H = \frac{m}{F^2}$ ④ $H = \frac{F}{m^2}$

해설
자계의 세기(H) = $\frac{F}{m}$(A/m)

12 침투탐상시험법의 특성을 설명한 것 중 틀린 것은?

① 형광법, 염색법이 있다.
② 표면으로 열린 결함만 검출이 가능하다.
③ 결함의 내부형상이나 크기는 평가하기 곤란하다.
④ 다공질 재료 및 모든 재료에 적용이 가능하다.

해설
침투탐상시험법의 특징
- 검사 속도가 빠름
- 시험체 크기 및 형상 제한 없음
- 시험체 재질 제한 없음(다공성 물질 제외)
- 표면 결함만 검출 가능
- 국부적인 검사 가능
- 전처리의 영향을 많이 받음(개구부의 오염, 녹, 때, 유분 등이 탐상 감도를 저하)
- 전원 시설이 필요하지 않은 검사 가능

13 와전류탐상시험 중 불필요한 잡음을 제거하는 방법으로 가장 적절한 것은?

① 위상변환기를 사용한다.
② 탐상코일의 여기전압을 낮춘다.
③ 전기적 여과기(Filter)를 사용한다.
④ 임피던스가 높은 탐상코일을 사용한다.

해설
전기적 여과기(Filter)는 결함신호와 잡음의 주파수 차이를 이용해 잡음을 억제하고 S/N비를 향상시킨다.

14 선원-필름 간 거리가 4m일 때 노출시간이 60초였다면 다른 조건은 변화시키지 않고 선원-필름 간 거리만 2m로 할 때 방사선투과시험의 노출시간은 얼마이어야 하는가?

① 15초 ② 30초
③ 120초 ④ 240초

해설
방사선탐상에서 거리와 노출시간과의 관계에서 방사선 강도는 선원-필름 간 거리가 멀어질수록 역제곱 법칙에 의해 약해지므로 노출시간은 거리의 제곱에 비례해 길어지게 된다. 따라서 노출시간은 $\frac{T_2}{T_1} = \left(\frac{D_2}{D_1}\right)^2 = T_2 = T_1 \times \left(\frac{D_2}{D_1}\right)^2 = 60 \times \left(\frac{2}{4}\right)^2 = 15$초가 된다.

10 ④ 11 ① 12 ④ 13 ③ 14 ① 정답

15 초음파탐상시험에서 일반적으로 결함 검출에 가장 많이 사용하는 탐상법은?

① 공진법 ② 투과법
③ 펄스반사법 ④ 주파수 해석법

해설
일반적으로 펄스반사법(A-scope) 형식이 가장 많이 사용된다.

16 CRT 화면에 나타난 에코의 높이와 음압과의 관계를 바르게 표현한 것은?

① 에코의 높이는 음압에 비례한다.
② 에코의 높이는 음압에 반비례한다.
③ 에코의 높이는 음압의 제곱에 비례한다.
④ 에코의 높이는 음압의 제곱에 반비례한다.

해설
에코의 높이는 음압에 비례하며 증폭기(Gain Control)로 음압의 비를 조절할 수 있다.

17 음향임피던스가 Z_1인 탄소강의 한쪽에 음향임피던스가 Z_2인 스테인리스강을 결합시키고 있다. 탄소강 측으로부터 2MHz로 수직탐상을 하였을 때, 경계면에서의 음압반사율은?

① $\dfrac{Z_2 - Z_1}{Z_1 + Z_2}$ ② $\dfrac{Z_1 + Z_2}{Z_2 - Z_1}$

③ $\left(\dfrac{Z_2 - Z_1}{Z_1 + Z_2}\right)^2$ ④ $\left(\dfrac{Z_1 + Z_2}{Z_2 - Z_1}\right)^2$

해설
음압반사율의 측정은 $r_{1\to 2} = \dfrac{P_R}{P_i} = \dfrac{Z_2 - Z_1}{Z_1 + Z_2}$ 와 같이 계산된다.

18 스넬(Snell)의 법칙을 설명한 관계식으로 옳은 것은?(단, θ_1은 입사각, θ_2는 굴절각, V_1은 접촉매질의 파전달속도, V_2는 검사체의 파전달속도이다)

① $\dfrac{\sin\theta_1}{\sin\theta_2} = \dfrac{V_1}{V_2}$

② $\dfrac{\sin\theta_1}{\sin\theta_2} = \dfrac{V_2}{V_1}$

③ $\dfrac{\sin\theta_1}{\sin\theta_2} = \left(\dfrac{V_1}{V_2}\right)^2$

④ $\dfrac{\sin\theta_1}{\sin\theta_2} = \left(\dfrac{V_2}{V_1}\right)^2$

해설
스넬의 법칙이란 음파가 두 매질 사이의 경계면에 입사하면 입사각에 따라 굴절과 반사가 일어나는 것으로 $\dfrac{\sin\alpha}{\sin\beta} = \dfrac{V_1}{V_2}$ 로 계산된다.

19 초음파탐상기의 성능 중 반사원에 대하여 화면상에 반사 에코가 나타나는 위치가 반사원의 실제 위치와 동일한지 확인할 수 있는 것은?

① 분해능 ② 증폭 직선성
③ 거리진폭특성 ④ 시간축 직선성

해설
초음파탐상기의 성능
- 시간축 직선성(Horizontal linearity) : 탐상기에서 표시되는 시간축의 정확성을 의미하며, 다중 반사 에코의 등간격이 얼마인지 표시할 수 있는 성능
- 증폭 직선성(Amplitude linearity) : 입력에 대한 출력의 관계가 어느 정도 차이가 있는가를 나타내는 성능
- 분해능(Resolution) : 가까이 위치한 2개의 불연속부에서 탐상기가 2개의 펄스를 식별할 수 있는지에 대한 능력
- 감도여유치 : 탐상기에서 조정 가능한 증폭기의 조정 범위(최소, 최대 증폭치 간의 차)

정답 15 ③ 16 ① 17 ① 18 ① 19 ④

20 수정결정으로 된 진동자의 지향각 크기는 무엇에 따라 변하는가?

① 시험방법
② 펄스의 길이
③ 주파수와 진동자의 크기
④ 탐촉자와 결정체의 밀착도

해설
수정 탐촉자의 지름이 크고 주파수가 높을수록 지향각은 작아진다.

21 초음파탐상검사에서 표준시험편의 사용목적으로 가장 거리가 먼 것은?

① 감도의 조정을 한다.
② 탐상기의 성능을 측정한다.
③ 시간축의 측정범위를 조정한다.
④ 동축케이블의 성능을 측정한다.

해설
표준시험편은 STB-A1, STB-A2, STB-A3 등이 있으며 탐상기의 성능을 측정, 측정 범위의 조정, 탐상 감도 조정, 입사각, 굴절각 등을 조정한다.

22 강(Steel)을 통과하는 종파의 속도가 5.85×10^5cm/s, 강의 두께가 1cm일 때, 이 초음파의 기본 공진주파수는 약 얼마인가?

① 2.93×10^5Hz ② 5.85×10^5Hz
③ 11.7×10^5Hz ④ 1.46×10^6Hz

해설
초음파의 공진주파수란 공진이 일어나게 하는 주파수로 공진을 이용한 두께 측정은 $T = \frac{\lambda}{2} = \frac{V}{2f}$, $f = \frac{V}{2T}$가 되므로 $f = \frac{5.85 \times 10^5}{2 \times 1} = 2.93 \times 10^5$이 된다$\left(\text{참고, } \lambda = \frac{V}{f} \times 100\%\right)$.

23 초음파탐상장치에서 진동자의 진동시간과 진동자에 가한 전압을 조정하는 것으로써, 폭을 넓히면 송신 출력은 올라가지만 분해능이 떨어지는 기능을 가진 것은?

① 주파수 손잡이
② Pulse 폭 손잡이
③ Pulse 동조 손잡이
④ Gain(이득) 조정 손잡이

해설
펄스 회로란 탐촉자 내의 진동자에 고전압을 걸어주는 회로로 이를 조정하는 기능은 펄스(Pulse) 폭 손잡이로 하게 된다.

24 파장이 일정할 때 종파의 주파수를 증가시키면 속도는 어떻게 변화하는가?

① 증가한다. ② 감소한다.
③ 변화없다. ④ 반전한다.

해설
파장이 일정할 때 주파수가 증가하면 속도는 증가하나 투과력은 작아지며, 주파수가 감소하면 속도는 느려지고 투과력은 깊어진다.

20 ③ 21 ④ 22 ① 23 ② 24 ① 정답

25 황산리튬으로 만든 탐촉자를 사용하는 장점은?

① 불용성이며 수명이 길다.

② 초음파 에너지의 가장 효율적인 수신 장치이다.

③ 초음파 에너지의 가장 효율적인 발생 장치이다.

④ 온도가 700℃ 만큼 높아져도 잘 견딜 수 있다.

해설

황산리튬 진동자는 수신 특성 및 분해능이 우수하며, 수용성으로 수침법에는 사용이 곤란하다.

26 강 용접부의 초음파탐상시험방법(KS B 0896)에서 규정하고 있는 장치의 조정 중 시간축의 조정 및 원점의 수정은 A1형 표준시험편 또는 A3형 표준시험편을 사용하여 어느 정도의 정밀도를 요구하고 있는가?

① ±0.5%   ② ±1%

③ ±1.5%   ④ ±2%

해설

탐상기에 필요한 성능 중 시간축 조정은 ±1%의 범위에서 한다.

27 강 용접부의 초음파탐상시험방법(KS B 0896)에 의한 흠 분류 시 2방향 이상에서 탐상한 경우에 동일한 흠의 분류가 2류, 3류, 1류로 나타났다면 최종 등급은?

① 1류   ② 2류

③ 3류   ④ 4류

해설

흠 분류 시 2방향 이상에서 탐상한 경우 동일한 흠의 분류가 2류, 3류, 1류로 나타났다면 가장 하위분류를 적용해 3류를 적용한다.

28 알루미늄의 맞대기 용접부의 초음파경사각탐상시험방법(KS B 0897)에 의한 시험에서 평가 대상으로 하는 흠 중 에코 높이가 가장 높은 것은?

① A종   ② B종

③ C종   ④ D종

해설

에코 높이에 따라 흠을 평가하며 A, B, C 3종류의 평가 레벨 중 H_{RL}을 기준으로 A평가는 −12dB, B평가는 −18dB, C평가는 −24dB로 측정하므로 A종이 가장 높다.

29 금속재료의 펄스반사법에 따른 초음파탐상시험방법통칙(KS B 0817)에서 시험결과의 평가 및 보고서 작성에 사용되는 탐상도형의 기본 기호와 내용으로 옳지 않은 것은?

① T : 송신 펄스

② F : 흠집 에코

③ S : 표면 에코

④ W : 수신 펄스

해설

탐상도형을 표시함에 있어 T : 송신 펄스, F : 흠집 에코, B : 바닥면 에코(단면 에코), S : 표면 에코(수침법), W : 측면 에코를 나타낸다.

정답 25 ② 26 ② 27 ③ 28 ① 29 ④

30 강 용접부의 초음파탐상시험방법(KS B 0896)에서 규정하고 있는 탐상기에 필요한 성능 중 증폭 직선성의 측정 범위는?

① ±1% 이내　② ±2% 이내
③ ±3% 이내　④ ±5% 이내

해설
탐상기에 필요한 성능으로 증폭 직선성은 ±3%의 범위, 시간축 직선성은 ±1%의 범위, 감도 여유값은 40dB 이상 등이 있다.

31 강 용접부의 초음파탐상시험방법(KS B 0896)에 의한 초음파탐상시험에서는 영역 구분을 하기 위하여 에코 높이 구분선을 H선, M선 및 L선으로 정한다. L선은 M선에 비해 몇 dB 차이가 있는가?

① 6dB 높다.　② 12dB 높다.
③ 6dB 낮다.　④ 12dB 낮다.

해설
영역 구분의 결정에서 H선을 기준으로 하고 H선보다 6dB 낮은 에코를 M선, 12dB 낮은 에코를 L선으로 결정하므로 M선에 비해 L선은 6dB 낮다.

32 초음파탐상시험용 표준시험편(KS B 0831)에 따른 G형 STB 중 V15-1.4의 의미를 바르게 설명한 것은?

① 탐상면 중앙에 1.4mm의 지름이 저면 150mm까지 구멍이 있다는 것이다.
② 탐상면에서 150cm의 위치에 지름이 1.4m되는 구멍이 뚫려 있다는 것이다.
③ 탐상면에서 150cm의 위치에 지름이 14mm되는 구멍이 저면까지 뚫려 있다는 것이다.
④ 탐상면에서 150mm의 위치에 지름이 1.4mm되는 구멍이 저면까지 뚫려 있다는 것이다.

해설
STB-G V15-1.4는 수직 탐촉자의 성능 측정 시 사용하며 길이 150mm, 두께 50mm, 곡률반경 12mm, 홀의 지름 1.4mm이다.

33 압력용기용 강판의 초음파탐상검사방법(KS D 0233) 규격에서 규정하고 있는 탐상장치의 불감대 측정에 사용되는 표준시험편은?

① STB-A2　② STB-G
③ STB-N1　④ RB-4

해설
압력용기용 강판의 초음파탐상 시 불감대의 측정은 STB-N1으로 하며, 시간축 측정범위는 50mm로 한다.

34 강 용접부의 초음파탐상시험방법(KS B 0896)에서 정한 탐상기에 필요한 기능에 관한 설명으로 옳지 않은 것은?

① 탐상기는 적어도 2MHz 및 5MHz의 주파수로 동작하는 것으로 한다.
② 탐상기는 1탐촉자법, 2탐촉자법 중 어느 것이나 사용할 수 있는 것으로 한다.
③ 게인 조정기는 1스텝 5dB 이하에서, 합계 조정량이 10dB 이상 가진 것으로 한다.
④ 표시기는 표시기 위에 표시된 탐상 도형이 옥외의 탐상작업에서도 지장이 없도록 선명하여야 한다.

해설
게인 조정기는 1스텝 2dB 이하에서 합계 조정량 50dB 이상의 것으로 탐상 가능해야 한다.

30 ③ 31 ③ 32 ④ 33 ③ 34 ③ 정답

35 압력용기용 강판의 초음파탐상검사방법(KS D 0233)에서 자동경보장치가 없는 탐상장치를 사용하여 탐상하는 경우의 주사속도는 몇 mm/s 이하로 하도록 규정하고 있는가?

① 200 ② 250
③ 300 ④ 500

해설
탐상에 지장을 주지 않는 속도가 일반적이나, 자동경보장치가 없을 경우 200mm/s 이하로 주사하여야 한다.

36 건축용 강판 및 평강의 초음파탐상시험에 따른 등급분류와 판정기준(KS D 0040)에서 2진동자 수직 탐촉자를 사용한 자동탐상기 중 거리 진폭 보상 기능을 가진 장치는 사용하는 최대 두께로서의 보상 후의 밑면 에코 높이가 RB-E를 사용하여 작성한 거리 진폭 특성곡선에서의 최대 에코 높이보다 몇 dB 이내이어야 하는가?

① -6 ② -2
③ 6 ④ 10

해설
거리 진폭 특성의 보상 기능은 최대 에코 높이보다 -6dB 이내이어야 한다.

37 한국산업규격에 따른 강 용접부의 경사각탐상을 하기 위한 장치 조정 절차로서 적절한 것은?

① 굴절각 측정 → 입사점 측정 → 시간축 조정 → 에코 높이 구분선 작성
② 입사점 측정 → 굴절각 측정 → 시간축 조정 → 에코 높이 구분선 작성
③ 시간축 조정 → 굴절각 측정 → 입사점 측정 → 에코 높이 구분선 작성
④ 에코 높이 구분선 작성 → 굴절각 측정 → 입사점 측정 → 시간축 조정

해설
경사각탐상 조정 순서
입사점 측정 → 굴절각 측정 → 시간축 조정 → 에코 높이 구분선 작성

38 용접부를 거친 탐상으로 결함의 유무를 확인하기 위한 일반적인 방법으로 전후 주사와 좌우 주사에 약간의 목돌림주사를 병용하는 주사방법은?

① 탠덤주사
② 경사평행주사
③ 용접선상주사
④ 지그재그주사

해설
지그재그주사란 전후 주사와 좌우 주사를 조합하여 지그재그로 이동하는 주사방법이다.

정답 35 ① 36 ① 37 ② 38 ④

39 초음파탐상장치의 성능측정방법(KS B 0534)에 따른 시험편을 사용한 증폭 직진성의 측정방법에 관한 내용으로 옳지 않은 것은?

① 탐상기의 리젝션을 “0” 또는 “OFF”로 한다.

② 흠 에코의 높이를 5% 단위로 읽고, 풀스케일의 80%가 되도록 탐상기의 게인 조정기를 조정한다.

③ 게인 조정기로 2dB씩 게인을 저하시켜 26dB까지 계속한다.

④ 이론값과 측정값의 차를 편차로 하고 “양”의 최대 편차와 “음”의 최대 편차를 증폭 직선성으로 한다.

해설

시험편을 이용하여 증폭 직진성을 측정할 경우 흠 에코의 높이는 1% 단위로 읽으며, 눈금의 100%가 되도록 조정한다.

40 강 용접부의 초음파탐상시험방법(KS B 0896)에 의한 경사각탐상에서 탐촉자의 공칭 굴절각과 STB 굴절각과의 차이는 상온(10~30℃)에서 몇 °의 범위 이내가 되도록 규정하고 있는가?

① ±1° ② ±2°

③ ±3° ④ ±4°

해설

공칭 굴절각과 STB 굴절각의 차이는 상온(10~30℃)을 기준으로 ±2°로 하며, 공칭 굴절각이 35°일 경우 0~4°의 범위 내로 한다.

41~45 컴퓨터 문제 삭제

46 고강도 Al 합금으로 조성이 Al–Cu–Mn–Mg인 합금은?

① 라우탈 ② Y-합금

③ 두랄루민 ④ 하이드로날륨

해설

합금의 종류(암기법)

- Al–Cu–Si : 라우탈(알구시라)
- Al–Ni–Mg–Si–Cu : 로엑스(알니마시구로)
- Al–Cu–Mn–Mg : 두랄루민(알구망마두)
- Al–Cu–Ni–Mg : Y–합금(알구니마와이)
- Al–Si–Na : 실루민(알시나실)
- Al–Mg : 하이드로날륨(알마하 내식 우수)

47 다음 중 청동에 대한 설명으로 옳은 것은?

① 청동은 Cu+Zn의 합금이다.

② 알루미늄 청동은 Cu에 Al을 12% 이하로 첨가한 합금이다.

③ 인청동은 주석청동에 인을 합금 중에 8~15% 정도 남게 한 것이다.

④ 망간청동은 Cu에 Mg을 첨가한 합금으로 Cu에 대한 Mn의 고용도는 약 20% 정도이다.

해설

청동의 경우 ㉯이 들어간 것으로 Sn(주석), ㉯을 연관시키고, 황동의 경우 ㉱이 들어가 있으므로 Zn(아연), ㉧을 연관시켜 암기하며, 청동의 종류와 합금 원소는 애드미럴티 포금(8~12% Sn + 1~2% Zn), Pb청동(3~26% Pb), 인청동(9% Sn + 0.35% P), Al청동(8~12% Al), Ni청동(Cu–Ni–Si, 콜슨), Si청동(2~3% Si) 등이 있다.

48 금속간화합물의 특징을 설명한 것 중 옳은 것은?

① 어느 성분 금속보다 용융점이 낮다.

② 어느 성분 금속보다 경도가 낮다.

③ 일반 화합물에 비하여 결합력이 약하다.

④ FeC는 금속간화합물에 해당되지 않는다.

해설

금속간화합물이란 일정한 정수 비로 결합되어 있으며, 성분 금속보다 경도가 높고 용융점이 높아지는 경향을 보인다. 하지만 일반 화합물에 비해 결합력이 약하고 고온에서 불안정한 단점을 가지고 있다.

39 ② 40 ② 41~45 문제 삭제 46 ③ 47 ② 48 ③ 정답

49 비중이 알루미늄의 약 2/3 정도이고, 산이나 염류에는 침식되며, 비강도가 커서 항공우주용 재료에 많이 사용되는 금속은?

① Mg　② Cu
③ Fe　④ Au

해설
마그네슘(Mg)의 성질
- 비중 1.74(알루미늄 비중 2.7)
- 알칼리에는 내식성이 우수하나 산이나 염수에 침식이 진행
- 산소에 대한 친화력이 커 공기 중 가열, 용해 시 폭발이 발생

50 Fe-C 평형상태도에서 용융액으로부터 γ 고용체와 시멘타이트가 동시에 정출하는 공정물을 무엇이라 하는가?

① 펄라이트(Pearlite)
② 마텐자이트(Martensite)
③ 오스테나이트(Austenite)
④ 레데부라이트(Ledeburite)

해설
Fe-C 상태도에서의 공정점은 1,130℃이며,
Liquid $\Leftrightarrow$ γ-Fe + Fe_3C
즉, 액체에서 두 개의 고체가 동시에 나오는 반응으로, γ-Fe + Fe_3C를 레데부라이트라고 부른다.

51 가공용 황동의 대표적인 것으로 연신율이 비교적 크고, 인장 강도가 매우 높아 판, 막대, 관, 선 등으로 널리 사용되는 것은?

① 톰 백
② 7 : 3 황동
③ 6 : 5 황동
④ 5 : 5 황동

해설
황동은 Cu와 Zn의 합금으로 Zn의 함유량에 따라 α상 또는 $\alpha+\beta$상으로 구분되며 α상은 면심입방격자이며 β상은 체심입방격자를 가지고 있다. 황동의 종류로는 톰백(8~20% Zn), 7 : 3 황동(30% Zn), 6 : 4 황동(40% Zn) 등이 있으며 7 : 3 황동은 전연성이 크고 강도가 좋으며, 6 : 4 황동은 열간 가공이 가능하고 기계적 성질이 우수한 특징이 있다.

52 철강의 평형상태도에서 0.45% 탄소 강재를 약 880℃에서 수(水)중에 담금질하면 무확산 변태를 일으키는 조직의 명칭은?

① 마텐자이트
② 펄라이트
③ 오스테나이트
④ 소르바이트

해설
담금질(Quenching)은 금속을 급랭함으로써, 원자 배열의 시간을 막아 강도, 경도를 높인 것으로 Fe-C 상태도에서 무확산 변태를 일으키는 조직은 마텐자이트이다.

정답 49 ① 50 ④ 51 ② 52 ①

53 담금질한 강을 실온까지 냉각한 다음, 다시 계속하여 실온 이하의 마텐자이트 변태 종료 온도까지 냉각하여 잔류 오스테나이트를 마텐자이트로 변화시키는 열처리 방법은?

① 침탄법
② 심랭처리법
③ 질화법
④ 고주파 경화법

해설
심랭처리란 잔류 오스테나이트를 마텐자이트로 변화시키는 열처리 방법으로 담금질한 조직의 안정화, 게이지강의 자연시효, 공구강의 경도 증가, 끼워 맞춤을 위하여 하게 된다.

54 Ni에 Cu를 약 50~60% 정도 함유한 합금으로 열전대용 재료로 사용되는 것은?

① 퍼멀로이
② 인코넬
③ 하스텔로이
④ 콘스탄탄

해설
- 인코넬 : Ni(70% 이상) + Cr(14~17%) + Fe(6~10%) + Cu(0.5%) + C(0.15%)
- 퍼멀로이 : 70~90% Ni + 10~30% Fe 함유한 합금, 투자율 높음
- 콘스탄탄 : 50~60% Cu를 함유한 Ni 합금, 열전쌍용
- 플래티나이트 : 44~47.5% Ni + Fe 함유한 합금, 열팽창계수가 유리나 Pt 등에 가까우며 전등의 봉입선 사용
- 퍼민바 : 20~75% Ni + 5~40% Co + Fe를 함유한 합금, 오디오 헤드

55 온도변화에 따라 휘거나 그 변형을 구속하는 힘을 발생하여 온도감응소자 등에 이용되는 바이메탈은 재료의 어떤 특성을 이용하여 만든 것인가?

① 열팽창계수
② 전기저항
③ 자성특성
④ 경도지수

해설
바이메탈이란 열팽창계수가 다른 종류의 금속판을 붙여 온도가 높아지면 열팽창계수가 큰 금속이 팽창하며 반대쪽으로 휘는 성질을 이용하여 스위치로 많이 사용한다. 팽창이 잘 되지 않는 니켈, 철 합금과 팽창이 잘되는 니켈에 망간, 구리 등의 합금을 서로 붙여 만든다.

56 공업용 순철 중 탄소의 함량이 가장 적은 것은?

① 암코철
② 전해철
③ 해면철
④ 카보닐철

해설
해면철(0.03% C) > 연철(0.02% C) > 카르보닐철(0.02% C) > 암코철(0.015% C) > 전해철(0.008% C)

53 ② 54 ④ 55 ① 56 ② 정답

57 압입자 지름이 10mm인 브리넬 경도 시험기로 강의 경도를 측정하기 위하여 3,000kgf의 하중을 적용하였더니 압입자국의 깊이가 1mm이었다면 브리넬 경도값(HB)은 약 얼마인가?

① 75.5　　② 85.6
③ 95.5　　④ 105.6

해설

$$HB = \frac{P}{A} = \frac{P}{\pi Dh} = \frac{3,000}{\pi \times 10 \times 1} = 95.5\text{kgf/mm}^2$$

여기서, P : 하중
D : 압입자 지름
h : 압입자국 깊이

58 내용적 40L 산소용기의 고압력계가 80기압(kgf/cm^2) 일 때 프랑스식 200번 팁으로 사용압력 1기압에서 혼합비 1:1을 사용하면 몇 시간 작업할 수 있는가?

① 12시간　　② 14시간
③ 16시간　　④ 18시간

해설

$$\frac{\text{용적} \times \text{고압력}}{\text{시간당 소모량}} = \frac{40 \times 80}{200\text{L}} = 16\text{시간}$$

59 연강용 피복 아크 용접봉의 종류 중 전자세 용접에 적합하지 않은 것은?

① 철분산화철계
② 고셀룰로스계
③ 라임티타니아계
④ 고산화타이타늄계

해설

- 전자세 용접이 가능한 용접봉 : 일루미나이트계, 라임티타니아계, 고셀룰로스계, 고산화타이타늄계, 저수소계
- 아래보기 및 수평 자세만 가능한 용접봉 : 철분산화타이타늄계, 철분저수소계, 철분산화철계

60 다음 중 MIG 용접의 장점이 아닌 것은?

① 수동 피복 아크 용접에 비해 용착효율이 낮아 저능률적이다.
② TIG 용접에 비해 전류밀도가 높다.
③ 비교적 아름답고 깨끗한 비드를 얻을 수 있다.
④ 각종 금속 용접에 다양하게 적용할 수 있어 응용범위가 넓다.

해설

MIG 용접이란 불활성 가스 금속 아크 용접법으로 특수용접법에 속하며, 전극 와이어를 연속적으로 보내 아크를 발생시키는 방법이다. 특징으로는 전자동 혹은 반자동으로 많이 쓰이며, 직류 역극성의 영향으로 청정작용을 한다. 또 전류밀도가 높아 용접 속도가 빠르고 3mm 이상의 용접에 사용한다.

정답 57 ③ 58 ③ 59 ① 60 ①

2012년 제1회 과년도 기출문제

01 코일법으로 자분탐상시험을 할 때 요구되는 전류는 몇 A인가?(단, $\frac{L}{D}$은 3, 코일의 감은 수는 10회, 여기서 L은 봉의 길이이며, D는 봉의 외경이다)

① 30　② 700
③ 1,167　④ 1,500

해설

코일법으로 자화시킬 때 자화전류의 양은 $IN = \frac{45,000}{L/D}$ 이며, I = 자화전류, N = 코일의 감은 수[turns], L은 시험체의 길이, D는 시험체의 외경이다.

따라서, $I \times 10 = \frac{45,000}{3}$

$\therefore I = 1,500A$

02 결함부와 건전부의 온도정보의 분포패턴을 열화상으로 표시하여 결함을 탐지하는 비파괴검사법은?

① 중성자투과검사(NRT)
② 적외선검사(TT)
③ 음향방출검사(AET)
④ 와전류탐상검사(ECT)

해설

적외선검사(서모그래피)은 적외선 카메라를 이용하여 비접촉식으로 온도 이미지를 측정하여 구조물의 이상 여부를 탐상하는 시험이다.

03 비파괴검사 시스템에서 거짓지시란 무엇인가?

① 비파괴검사 시스템에 의해 결함이 반복되어 나타나는 것
② 비파괴검사 시스템에 의해 실제로는 결함이 없는 부위를 결함으로 판단하는 것
③ 비파괴검사 시스템에 의해 실제로 결함이 있는 부위를 무결함이라 나타내는 것
④ 비파괴검사 시스템의 장치적 문제로 나타나는 지시의 모양

해설

- 의사 지시 : 결함이 아닌 다른 원인에 의해 발생하는 지시 모양이다.
- 단면급변 지시 : 의사 지시에 속하며 단면이 급변하는 곳에서 생기는 자분 모양이다.
- 결함 : 불연속, 비연속부로 시험편에 나쁜 영향을 미치는 인자들이다.

04 초음파탐상검사에서 보통 10mm 이상의 초음파 빔 폭보다 큰 결함크기 측정에 적합한 기법은?

① DGS 선도법
② 6dB 드롭법
③ 20dB 드롭법
④ TOF법

해설

초음파 빔 폭보다 큰 결함의 측정에는 6dB 드롭법이 사용된다.

1 ④　2 ②　3 ②　4 ②　정답

05 방사성동위원소의 붕괴 형태가 아닌 것은?

① α입자의 방출
② β입자의 방출
③ 중성자 방출
④ 전자포획

해설
방사성동위원소의 붕괴 형태에는 α입자의 방출, β입자의 방출, 중성자 방출이 있다.

06 침투탐상검사에서 시험체를 가열한 후, 결함 속에 있는 공기나 침투제의 가열에 의한 팽창을 이용해서 지시모양을 만드는 현상법은?

① 건식현상법 ② 속건식현상법
③ 특수현상법 ④ 무현상법

해설
무현상법은 현상제를 사용하지 않고 시험체에 열을 가해 팽창되는 침투제를 이용하는 것이다.

07 누설시험에서 압력 단위로 atm이 사용되는데 다음 중 1atm과 동일한 압력이 아닌 것은?

① 101.3kPa ② 760mmHg
③ 760torr ④ 147psi

해설
표준 대기압 : 표준이 되는 기압, 대기압
= 1기압(atm) = 760mmHg = 1.0332kg/cm^2 = 30inHg
= 14.7lb/in^2= 1,013.25mbar = 101.325kPa = 760torr

08 두꺼운 금속제의 용기나 구조물의 내부에 존재하는 가벼운 수소화합물의 검출에 가장 적합한 검사 방법은?

① X-선투과검사
② 감마선투과검사
③ 중성자투과검사
④ 초음파탐상검사

해설
중성자투과검사란 중성자가 물질을 투과할 때 생기는 감쇠현상을 이용한 검사법으로 수소화합물 검출에 주로 사용된다.

09 자분탐상시험에 사용되는 자분이 가져야 할 성질로 옳은 것은?

① 높은 투자율을 가져야 한다.
② 높은 보자력을 가져야 한다.
③ 높은 잔류자기를 가져야 한다.
④ 자분의 입도와 결함 크기와는 상관이 없다.

해설
자분이 가져야 할 성질로 높은 투자율(透磁率)을 가져야 하며 높은 보자력이나 잔류자기는 자성을 제거한 후에도 자력이 존재하는 것으로 후처리 등의 문제가 있을 수 있다.

정답 5 ④ 6 ④ 7 ④ 8 ③ 9 ①

10 ASME Sec.Ⅺ에 따라 원자로 용기의 사용 전 쉘, 헤드, 노즐 용접부의 100% 체적검사방법은?

① 초음파탐상검사(UT)
② 방사선투과검사(RT)
③ 자분탐상검사(MT)
④ 육안검사(VT)

해설
원자로 용기는 사고의 위험이 있으면 안 되므로 초음파탐상검사로 100% 체적검사를 실시한다.

11 침투탐상검사방법 중 FB-W의 시험순서로 맞는 것은?

① 전처리 → 침투처리 → 유화처리 → 세척처리 → 현상처리 → 건조처리 → 관찰 → 후처리
② 전처리 → 침투처리 → 세척처리 → 건조처리 → 현상처리 → 관찰 → 후처리
③ 전처리 → 침투처리 → 유화처리 → 세척처리 → 건조처리 → 현상처리 → 관찰 → 후처리
④ 전처리 → 침투처리 → 유화처리 → 세척처리 → 건조처리 → 관찰 → 후처리

해설
FB-W는 기름베이스 유화제 형광침투-수현탁성 습식현상법으로 전처리 → 침투처리 → 유화처리 → 세척처리 → 현상처리 → 건조처리 → 관찰 → 후처리의 순으로 시험한다.

12 예상되는 결함이 표면의 개구부와 표면직하의 비개구부인 비철재료에 대한 비파괴검사에 가장 적합한 방법은?

① 자기탐상검사
② 초음파탐상검사
③ 전자유도시험
④ 침투탐상검사

해설
자기탐상시험은 표면 및 표면직하의 결함 검출에 적합하지만 강자성체에만 적용을 해야 하므로 비철재료에 대한 시험은 전자유도시험으로 시험한다.

13 와전류탐상검사를 수행할 때 시험 부위의 두께 변화로 인한 전도도의 영향을 감소시키기 위한 방법으로 가장 적합한 것은?

① 전압을 감소시킨다.
② 시험주파수를 감소시킨다.
③ 시험 속도를 증가시킨다.
④ Fill Factor(필 팩터)를 감소시킨다.

해설
전도도가 높을수록 와전류는 잘 흐르는 성질을 가지며, 주파수가 높을 때 와전류 발생이 활발해지므로 시험주파수를 감소시키는 것이 적합하다.

14 침투탐상시험에서 접촉각과 적심성 사이의 관계를 옳게 설명한 것은?

① 접촉각이 클수록 적심성이 좋다.
② 접촉각이 작을수록 적심성이 좋다.
③ 접촉각과 적심성과는 관련이 없다.
④ 접촉각이 90°일 경우 적심성이 가장 좋다.

해설
적심성이란 액체가 고체 등의 면에 젖는 정도를 말하며, 접촉각이 작은 경우 적심성이 우수하다고 볼 수 있다.

10 ① 11 ① 12 ③ 13 ② 14 ② 정답

15 초음파탐상시험 시 서로 분리된 탐촉자(하나는 송신기, 다른 하나는 수신기)를 사용할 때 다음 중 가장 좋은 재질의 조합은?

① 석영 송신기와 타이타늄산바륨 수신기
② 타이타늄산바륨 송신기와 황산리튬 수신기
③ 황산리튬 송신기와 타이타늄산바륨 수신기
④ 타이타늄산바륨 송신기와 석영 수신기

해설
타이타늄산바륨은 송신 효율, 황산리튬은 수신 효율이 뛰어나다.

16 초음파탐상시험 시 흔히 쓰이는 접촉탐상용 경사각 탐촉자의 굴절각(35~70°)은 어느 부분에 사용하는가?

① 표면과 수직의 각도에서 1차 임계각 사이
② 1차 임계각과 2차 임계각 사이
③ 2차 임계각과 3차 임계각 사이
④ 3차 임계각과 표면 사이

해설
굴절각은 1차 임계각과 2차 임계각 사이를 의미한다.

17 저주파수의 음파를 얇은 물질의 초음파탐상시험에 사용하지 않는 가장 큰 이유는?

① 불완전한 음파이기 때문에
② 저주파수의 음파는 감쇠가 빨라서
③ 표면하의 분해능이 나쁘기 때문에
④ 침투력의 감쇠가 빨라 효율성이 떨어지므로

해설
주파수가 낮아질수록 침투력은 깊어지지만 분해능이 떨어지는 단점이 있어 얇은 시험편에는 사용하지 않는다.

18 초음파탐상기에서 파형을 평활히 하여 에코를 원활하게 만드는 것은?

① Gain ② Gate
③ Filter ④ Contrast

해설
③ Filter : 에코 파형을 평할히 하는 조절기
① Gain : 음압의 비를 증폭시키는 조절기
② Gate : 게이트 위치 및 범위 설정 조절기

19 초음파탐상검사에서 탐상 주파수를 증가시켰을 때 나타나는 현상은?

① 투과력이 증가하여 두꺼운 재료의 탐상에 좋다.
② 감쇠가 심하게 일어난다.
③ 경사각탐상에서 투과력이 커진다.
④ 경사각탐상에서 굴절각이 커진다.

해설
주파수를 증가시키면 감쇠 계수가 커지면서 감쇠가 심하게 일어나며, 분산각이 감소하게 된다.

정답 15 ② 16 ② 17 ③ 18 ③ 19 ②

20 **다음 중 초음파의 성질로 틀린 것은?**

① 진동자의 직경이 클수록 지향각이 작다.
② 주파수가 높으면 지향각이 작다.
③ 근거리 음장보다 원거리 음장에서 지향성이 좋다.
④ 파장이 짧으면 지향각이 크다.

해설
지향각(Beam Spread)은 초음파의 감쇠 및 빔의 분산에 의해 진행거리가 증가할수록 감소하게 되는데, 이러한 탐촉자의 지향각은 진동자의 직경과 파장에 의해 결정되며, 동일한 진동자 직경일 경우 주파수가 증가하면 감소하고, 동일한 주파수일 때 직경이 증가하면 빔의 분산각은 감소하게 된다.

21 **다음 중 두께 25mm인 강판 용접부를 경사각탐상법으로 검사할 때 1스킵(Skip) 거리가 가장 긴 탐촉자는?**

① 45° 탐촉자
② 60° 탐촉자
③ 70° 탐촉자
④ 75° 탐촉자

해설
초음파 빔이 진행함에 있어 1Skip한다고 했을 때, 저면에서 반사하여 다음 반사까지의 점을 말하는 것으로 경사각이 클수록 진행거리도 멀어진다.

22 **두께가 두꺼운 강판 용접부에 존재하는 결함을 검출하기 위한 가장 효과적인 초음파탐상시험방법은?**

① 횡파를 이용한 경사각탐상법
② 종파를 이용한 수직탐상법
③ 판파를 이용한 경사각법
④ 표면파를 이용한 수직탐상법

해설
두께가 두꺼운 강판 용접부에는 횡파를 이용하여 탐상하는 것이 가장 효과적이다.

23 **수직탐상에서 1탐촉자법에 대한 탐촉자의 설명으로 맞는 것은?**

① 송신만 하는 탐촉자
② 수신만 하는 탐촉자
③ 송신 및 수신을 1개의 탐촉자로 하는 탐촉자
④ 송신 및 수신을 각각 다른 탐촉자로 하는 탐촉자

해설
1탐촉자법이란 송신 및 수신이 1개의 탐촉자로 이루어지는 탐촉자를 의미한다.

24 **초음파탐촉자의 진동자에 초음파를 발생시키기 위하여 전기적 펄스를 대략 어느 정도 가하는가?**

① 10μsec 이내
② 10~100μsec 이내
③ 100~1,000μsec 이내
④ 1,000~10,000μsec 이내

해설
초음파를 발생시키기 위해서는 10μsec 이내의 전기적 펄스를 가하여야 한다.

20 ④ 21 ④ 22 ① 23 ③ 24 ① 정답

25 국제용접학회(IIW)의 권고에 따라 만든 교정시험편으로 수행할 수 없는 것은?

① 수직탐촉자의 분해능 측정
② 수직탐촉자의 굴절각 측정
③ 측정 범위의 조정
④ 경사각탐촉자의 분해능 측정

해설
굴절각 측정은 횡파를 이용한 경사각탐촉자에 해당되는 사항이다.

26 어떤 재질에서 초음파의 속도가 4.0×10^5cm/sec이고 탐촉자의 주파수가 10MHz일 때 파장은 얼마인가?

① 0.08cm ② 0.8cm
③ 0.04cm ④ 0.4cm

해설
파장$(\lambda) = \dfrac{V(\text{음속})}{f(\text{주파수})}$이므로

$\dfrac{4.0 \times 10^5 \text{cm/sec}}{10 \times 10^6 \text{Hz}} = 0.04\text{cm}$가 된다.

27 전기적 에너지를 기계적 에너지로, 기계적 에너지를 전기적 에너지로 바뀌는 물질의 성질을 무엇이라 하는가?

① 형 변화 ② 압전효과
③ 굴 절 ④ 임피던스 결함

해설
압전효과란 기계적인 에너지를 가하면 전압이 발생하고, 전압을 가하면 기계적인 변형이 발생하는 현상으로, 어떤 소재에 힘을 가하였을 경우 표면에 전압이 발생하고, 반대로 전압을 걸어주면 소자가 이동하거나 힘이 발생하는 현상을 말한다.

28 강 용접부의 초음파탐상시험방법(KS B 0896)에서 경사각탐촉자의 공칭굴절각 값이 아닌 것은?

① 35° ② 60°
③ 65° ④ 75°

해설
경사각탐상에서 공칭굴절각으로 사용되는 탐촉자는 35°, 45°, 60°, 65°, 70°를 사용한다.

29 알루미늄의 맞대기 용접부의 초음파경사각탐상시험방법(KS B 0897)은 RB-A4 AL의 대비시험편을 사용하여 거리 진폭 특성곡선을 작성하도록 하고 있으며, 기준레벨은 이 시험편의 표준 구멍에서의 에코 높이의 레벨에 시험체와 대비시험편의 초음파 특성 차이에 의한 감도 보정량을 더하여 구하도록 하고 있다. 이 경우 에코 높이에 따라 흠을 평가하기 위한 평가레벨은 기준레벨에 따라 설정하는데 이에 대한 레벨이 잘못된 것은?

① A평가 레벨 : 기준레벨 -12dB
② B평가 레벨 : 기준레벨 -18dB
③ C평가 레벨 : 기준레벨 -24dB
④ D평가 레벨 : 기준레벨 -30dB

해설
에코 높이에 따라 흠을 평가하며 A, B, C 3종류의 평가레벨 중 H_{RL}을 기준으로 A평가는 -12dB, B평가는 -18dB, C평가는 -24dB로 측정하며, D평가 레벨은 없다.

정답 25 ② 26 ③ 27 ② 28 ④ 29 ④

30 초음파탐상시험용 표준시험편(KS B 0831)에서 규정하고 있는 다음의 STB-G형 표준시험편 중 평저공의 직경이 가장 큰 것은?

① STB-G V5

② STB-G V8

③ STB-G V15-2.8

④ STB-G V15-5.6

해설

평저공의 직경은 STB-G V[ ] 부위에 나타내며, 1mm, 1.4mm, 2mm, 2.8mm, 4mm, 5.6mm로 5.6mm가 가장 크다.

31 강 용접부의 초음파탐상시험방법(KS B 0896)에 따라 2방향에서 탐상한 결과, 독립된 동일한 흠에 대한 판정분류가 각각 1류, 3류인 경우 이 흠에 대한 분류판정은?

① 1류 ② 2류

③ 3류 ④ 4류

해설

흠 분류 시 2방향 이상에서 탐상한 경우 동일한 흠의 분류가 1류, 3류가 나타났다면 가장 하위분류를 적용해 3류를 적용한다.

32 강 용접부의 초음파탐상시험방법(KS B 0896)에 의한 경사각탐상에서 입사점의 측정방법으로 옳은 것은?

① A1형 표준시험편을 사용하고, 0.5mm 단위로 읽는다.

② A2형 표준시험편을 사용하고, 0.5mm 단위로 읽는다.

③ A2형 표준시험편을 사용하고, 1mm 단위로 읽는다.

④ A3형 표준시험편을 사용하고, 1mm 단위로 읽는다.

해설

STB-A3형은 경사각탐촉자의 입사점, 굴절각, 측정 범위의 조정, 탐상 감도 조정에 사용되며, 입사점은 1mm 단위로 읽는다.

33 강 용접부의 초음파탐상시험방법(KS B 0896)에서 모재의 판 두께가 30mm일 때 M 검출레벨의 경우, 즉 Ⅲ영역의 결함을 측정하여 2류로 판정할 수 있는 결함의 최대길이는?

① 10mm ② 15mm

③ 20mm ④ 30mm

해설

흠 에코 높이의 영역과 흠의 지시길이에 따른 흠의 분류에 따라 M 검출 레벨에서 판 두께가 30mm일 경우 $\frac{t}{2} = \frac{30}{2} = 15\text{mm}$가 된다.

34 강 용접부의 초음파탐상시험방법(KS B 0896)에 따라 모재의 판 두께가 25mm이고, 음향 이방성을 가지는 용접부의 경사각탐상에 사용할 수 있는 탐촉자의 공칭 주파수는?

① 1MHz ② 2MHz

③ 2.5MHz ④ 5MHz

해설

판 두께 60mm 이하인 경우 공칭 주파수 5MHz, 이상인 경우 2MHz를 사용한다.

30 ④ 31 ③ 32 ④ 33 ② 34 ④ 정답

35 금속재료의 펄스반사법에 따른 초음파탐상시험방법통칙(KS B 0817)에 따른 탐상도형의 표시기호가 틀린 것은?

① F : 흠집 에코
② S : 표면 에코
③ W : 측면 에코
④ T : 바닥면 에코

해설
탐상도형을 표시함에 있어 T : 송신 펄스, F : 흠집 에코, B : 바닥면 에코(단면 에코), S : 표면 에코(수침법), W : 측면 에코를 나타낸다.

36 강 용접부의 초음파탐상시험방법(KS B 0896)에 의해 에코 높이 구분선을 작성할 때 H선, M선, L선을 작성하는데 이때 H선을 감도조정 기준선으로 한다. 결함에코의 평가에 사용되는 빔노정의 범위를 나타내는 H선은 원칙적으로 브라운관의 몇 % 이하가 되지 않아야 하는가?

① 20%
② 30%
③ 40%
④ 80%

해설
H선은 원칙적으로 40% 이하가 되지 않아야 하며, H선보다 6dB 낮은 선을 M선, 12dB 낮은 선을 L선으로 한다.

37 강 용접부의 초음파탐상시험방법(KS B 0896)을 적용할 수 있는 페라이트계 강의 완전 용입 용접부의 최소 두께(mm)는?

① 6mm
② 8mm
③ 9mm
④ 10mm

해설
강의 완전 용입 용접부의 최소 두께는 6mm로 한다.

38 금속재료의 펄스반사법에 따른 초음파탐상시험방법 통칙(KS B 0817)에 의한 초음파탐상기의 조정 중 시험할 때 리젝션의 위치는?

① 10%
② 20%
③ 탐상기 성능에 따라 다르다.
④ 원칙적으로 사용하지 않는다.

해설
초음파탐상기 조정 중 리젝션은 원칙적으로 사용하지 않는다.

39 초음파탐상시험용 표준시험편(KS B 0831)에서 G형 표준시험편의 검정조건 및 검정방법에 관한 설명으로 옳은 것은?

① 반사원은 R100면으로 한다.
② 주파수는 2(또는 2.25), 5 및 10MHz이다.
③ 측정방법은 검정용 기준 편에만 1회 실시한다.
④ 리젝션의 감도는 "0" 또는 "온(ON)"으로 한다.

해설
G형 표준시험편의 주파수 및 진동자

구 분	STB-G형		
주파수(MHz)	2(2.25)	5	10
진동자 치수(mm)	ϕ28	ϕ20	ϕ20 또는 ϕ14

정답 35 ④ 36 ③ 37 ① 38 ④ 39 ②

40 건축용 강판 및 평강의 초음파탐상시험에 따른 등급분류와 판정기준(KS D 0040)에 의한 등급분류의 판정내용 중 합격된 등급으로 볼 수 없는 것은?

① X등급 시 점적률 15% 이하
② X등급 시 국부점적률 25% 이하
③ Y등급 시 점적률 7% 이하
④ Y등급 시 국부점적률 15% 이하

해설
건축용 강판 및 평강의 초음파탐상에서 등급분류와 판정기준은 X등급일 때 점적률 15%, Y등급일 때 점적률 7%, 국부점적률 15% 이하로 한다.

41 금속재료의 펄스반사법에 따른 초음파탐상시험방법통칙(KS B 0817)에서 탐상장치의 점검을 구분할 때 특별점검에 해당되는 경우로 볼 수 없는 것은?

① 성능에 관계된 수리를 한 경우
② 특별히 점검할 필요가 있다고 판단된 경우
③ 탐상시험이 정상적으로 이루어지는가를 검사하는 경우
④ 특수한 환경에서 사용하여 이상이 있다고 생각된 경우

해설
- 일상 점검 : 탐촉자 및 부속 기기들이 정상적으로 작동여부를 확인하는 점검
- 정기 점검 : 1년에 1회 이상 정기적으로 받는 점검
- 특별 점검 : 성능에 관계된 수리 및 특수 환경 사용 시, 특별히 점검할 필요가 있을 때 받는 점검

42 강 용접부의 초음파탐상시험방법(KS B 0896)에서 경사각탐촉자의 공칭주파수가 2MHz일 때 규정된 진동자의 공칭치수가 아닌 것은?

① 5 × 5mm ② 10 × 10mm
③ 14 × 14mm ④ 20 × 20mm

해설
경사각탐촉자의 공칭주파수가 2MHz일 때 진동자의 치수는 10×10, 14×14, 20×20mm이며, 5MHz일 경우 10×10, 14×14mm를 사용한다.

43 다음 중 두랄루민과 관련이 없는 것은?

① 용체화처리를 한다.
② 상온시효처리를 한다.
③ 알루미늄 합금이다.
④ 단조경화 합금이다.

해설
두랄루민은 Al-Cu-Mn-Mg의 합금이며, 용체화처리 후 시효처리를 하는 합금이다.

44 구상흑연 주철품의 기호표시에 해당하는 것은?

① WMC 490
② BMC 340
③ GCD 450
④ PMC 490

해설
구상흑연주철은 GCD로 표시한다.

40 ② 41 ③ 42 ① 43 ④ 44 ③ 정답

45 주물용 Al-Si 합금 용탕에 0.01% 정도의 금속나트륨을 넣고 주형에 용탕을 주입함으로써 조직을 미세화시키고, 공정점을 이동시키는 처리는?

① 용체화처리
② 개량처리
③ 접종처리
④ 구상화처리

해설
실루민은 Al-Si-Na의 합금이며, 개량화처리 원소는 Na으로 기계적 성질이 우수해진다.

46 다음 중 반도체제조용으로 사용되는 금속으로 옳은 것은?

① W, Co
② B, Mn
③ Fe, P
④ Si, Ge

해설
반도체란 도체와 부도체의 중간 정도의 성질을 가진 물질로 반도체 재료로는 인, 비소, 안티몬, 실리콘, 게르마늄, 붕소, 인듐 등이 있다.

47 공구용 재료로서 구비해야 할 조건이 아닌 것은?

① 강인성이 커야 한다.
② 내마멸성이 작아야 한다.
③ 열처리와 공작이 용이해야 한다.
④ 상온과 고온에서의 경도가 높아야 한다.

해설
공구용 재료는 강인성과 내마모성이 커야 하며, 경도, 강도가 높아야 한다.

48 다음 중 슬립(Slip)에 대한 설명으로 틀린 것은?

① 원자 밀도가 가장 큰 격자면에서 잘 일어난다.
② 원자 밀도가 최대인 방향으로 잘 일어난다.
③ 슬립이 계속 진행하면 결정은 점점 단단해져서 변형이 쉬워진다.
④ 다결정에서는 외력이 가해질 때 슬립방향이 서로 달라 간섭을 일으킨다.

해설
슬립면이란 원자 밀도가 가장 큰 면이고 슬립방향은 원자 밀도가 최대인 방향이다. 슬립이 계속 진행하면 점점 단단해져 변형이 어려워진다.

정답 45 ② 46 ④ 47 ② 48 ③

49 다음 중 황동 합금에 해당되는 것은?

① 질화강
② 톰 백
③ 스텔라이트
④ 화이트 메탈

해설
황동은 Cu와 Zn의 합금으로 Zn의 함유량에 따라 α상 또는 $\alpha+\beta$상으로 구분되며 α상은 면심입방격자이며 β상은 체심입방격자를 가지고 있다. 황동의 종류로는 톰백(8~20% Zn), 7 : 3 황동(30% Zn), 6 : 4 황동(40% Zn) 등이 있으며 7 : 3 황동은 전연성이 크고 강도가 좋으며, 6 : 4 황동은 열간 가공이 가능하고 기계적 성질이 우수한 특징이 있다.

50 용탕을 금속 주형에 주입 후 응고할 때, 주형의 면에서 중심 방향으로 성장하는 나란하고 가느다란 기둥모양의 결정을 무엇이라고 하는가?

① 단결정
② 다결정
③ 주상결정
④ 크리스탈 결정

해설
주상결정은 결정 입자 속도가 용융점이 내부로 전달하는 속도보다 클 경우 발생하며, 입상 결정 입자는 결정 입자 성장 속도가 용융점이 내부로 전달하는 속도보다 작을 경우 발생한다.

51 Y합금의 일종으로 Ti과 Cu를 0.2% 정도씩 첨가한 합금으로 피스톤에 사용되는 합금의 명칭은?

① 라우탈
② 엘린바
③ 두랄루민
④ 코비탈륨

해설
코비탈륨은 Y합금(Al–Cu–Ni–Mg)에 Ti, Cu를 0.2% 정도 첨가한 합금이다.

52 금속 중에 0.01~0.1μm 정도의 산화물 등 미세한 입자를 균일하게 분포시킨 금속복합재료는 고온에서 재료의 어떤 성질을 향상시킨 것인가?

① 내식성
② 크리프
③ 피로강도
④ 전기전도도

해설
입자분산강화 금속복합재료는 0.01~0.1μm 정도의 산화물 등 미세한 입자를 균일하게 분포시킨 것으로 고온에서 크리프 성질이 우수하다.

49 ② 50 ③ 51 ④ 52 ② 정답

53 강괴의 종류에 해당되지 않는 것은?

① 쾌삭강

② 캡드강

③ 킬드강

④ 림드강

해설

강괴에는 킬드강, 세미킬드강, 캡드강, 림드강이 있으며, 킬드강은 완전 탈산, 세미킬드강은 중간 탈산, 림드강은 탈산하지 않은 것, 캡드강은 림드강을 변형시킨 것으로 용강 주입 후 뚜껑을 씌워 림드를 어느 정도 억제시킨 강이다.

54 다음 중 Mg 합금에 해당하는 것은?

① 실루민

② 문쯔메탈

③ 일렉트론

④ 배빗메탈

해설

실루민(Al-Si), 문쯔메탈(6 : 4 황동), 일렉트론(Mg-Al-Zn), 배빗메탈(Sn-Sb-Cu)

55 다음의 금속 상태도에서 함금 m을 냉각시킬 때 m2 점에서 결정 A와 용액 E와의 양적 관계를 옳게 나타낸 것은?

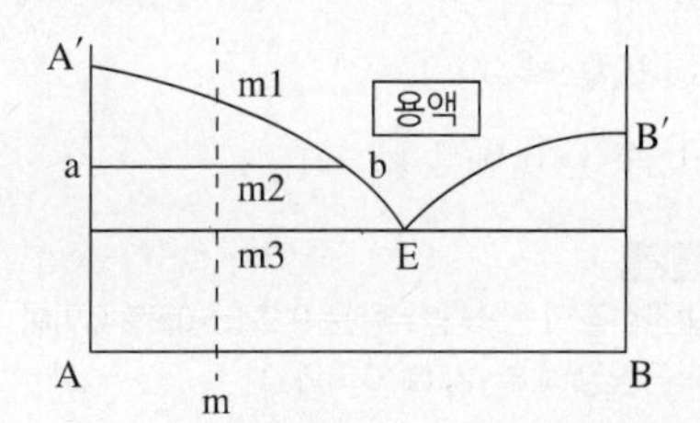

① 결정 A : 용액 $E = \overline{\mathrm{m1} \cdot b} : \overline{\mathrm{m1} \cdot A'}$

② 결정 A : 용액 $E = \overline{\mathrm{m1} \cdot A'} : \overline{\mathrm{m1} \cdot b}$

③ 결정 A : 용액 $E = \overline{\mathrm{m2} \cdot a} : \overline{\mathrm{m2} \cdot b}$

④ 결정 A : 용액 $E = \overline{\mathrm{m2} \cdot b} : \overline{\mathrm{m2} \cdot a}$

해설

지렛대의 원리에 의해 결정 A : 용액 $E = \overline{\mathrm{m2} \cdot b} : \overline{\mathrm{m2} \cdot a}$가 된다.

56 독성이 없어 의약품, 식품 등의 포장형 튜브 제조에 많이 사용되는 금속으로 탈색효과가 우수하며, 비중이 약 7.3인 금속은?

① 주석(Sn)

② 아연(Zn)

③ 망간(Mn)

④ 백금(Pt)

해설

주석(Sn)은 비중 약 7.3으로 독성이 없다.

정답 53 ① 54 ③ 55 ④ 56 ①

57 **아공석강의 탄소 함유량(% C)으로 옳은 것은?**

① 0.025~0.8% C

② 0.8~2.0% C

③ 2.0~4.3% C

④ 4.3~6.67% C

해설

아공석강의 탄소 함유량은 0.025~0.8% C이며, 공석강 0.8% C, 과공석강 0.8~2.0% C이다.

58 **다음 중 용융속도와 용착속도가 빠르며 용입이 깊은 특징을 가지며, “잠호 용접”이라고도 불리는 용접의 종류는?**

① 저항 용접

② 서브머지드 아크 용접

③ 피복 금속 아크 용접

④ 불활성 가스 텅스텐 아크 용접

해설

서브머지드 아크 용접은 용제(Flux) 속에 용접봉을 넣고 작업하는 것으로 잠호 용접이라고 불린다. 특징으로는 높은 전류 밀도를 가지고, 대기와의 차폐가 확실하며 용입이 깊은 장점이 있다.

59 **용접기의 사용률 계산 시 아크시간과 휴식시간을 합한 전체시간은 몇 분을 기준으로 하는가?**

① 10분

② 20분

③ 40분

④ 60분

해설

아크시간과 휴식시간을 합한 전체시간은 10분을 기준으로 한다.

60 **다음 중 가스 용접에서 사용되는 지연성 가스는?**

① 아세틸렌(C_2H_2)

② 수소(H_2)

③ 메탄(CH_4)

④ 산소(O_2)

해설

- 가연성 가스 : 공기와 혼합하여 연소하는 가스를 말하며, 아세틸렌, 수소, 메탄, 프로판 등이 있다.
- 지연성 가스 : 타 물질의 연소를 돕는 가스로 산소, 오존, 공기, 이산화질소 등이 있다.
- 불연성 가스 : 자기 자신은 물론 다른 물질도 연소시키지 않는 것을 말하며 질소, 헬륨, 네온, 크립톤 등이 있다.

57 ① 58 ② 59 ① 60 ④ 정답

2012년 제2회 과년도 기출문제

01 비파괴검사(Nondestructive Inspection ; NDI)의 의미로 옳은 것은?

① 재료의 부하조건이나 환경조건을 파악하고 파괴역학적으로 재료의 수명을 예측하는 것
② 구조물을 직접 파단한 후 관찰하는 인장시험 등을 통하여 기계적 강도를 평가하는 것
③ 초음파나 방사선과 같은 방법을 이용하여 시험하는 것
④ 시험 대상물이 사용 가능한가 어떤가의 합부 판정까지 내리는 것

해설
비파괴검사란 소재 혹은 제품의 상태, 기능을 파괴하지 않고 소재의 상태, 내부 구조 및 사용 여부를 알 수 있는 모든 검사를 말한다.

02 다음 중 극간법에 대한 설명으로 옳은 것은?

① 선형자계를 형성한다.
② 원형자계를 형성한다.
③ 자속의 침투깊이는 직류보다 교류가 크다.
④ 잔류법을 적용할 때 원칙적으로 교류자화를 한다.

해설
극간법이란 전자석 또는 영구자속을 사용하여 선형 자화를 형성하는 것이다.

03 형광침투탐상시험에 사용되는 자외선등에서 나오는 빛의 일반적인 파장은?

① 55nm ② 165nm
③ 255nm ④ 365nm

해설
형광침투탐상 시 자외선등은 800μW/cm^2 이상, 365nm의 파장을 가진다.

04 강을 검사할 때 표면으로부터 가장 깊은 곳에 존재하는 결함을 검출할 수 있는 검사법은?

① 초음파탐상시험
② 450kV X-ray 방사선투과시험
③ Co-60 γ-ray 방사선투과시험
④ 자분탐상시험

해설
내부 균열 탐상의 종류에는 방사선탐상과 초음파탐상이 있으며, 방사선탐상의 경우 투과에 한계가 있어 너무 두꺼운 시험체는 검사가 불가하므로 초음파탐상시험이 가장 적합하다.

05 다음 중 초음파탐상시험에서 사용되는 표준시험편이 아닌 것은?

① RB-4 ② STB-A1
③ STB-G ④ STB-N

해설
STB는 Standard Test Block의 줄임말로 표준시험편을 의미하고, RB는 Reference Block의 줄임말로 대비시험편을 의미한다.

정답 1 ④ 2 ① 3 ④ 4 ① 5 ①

06 **침투탐상시험 시 습식 현상제와 비교하여 건식 현상제의 장점으로 틀린 것은?**

① 소량의 부품에 빠르고 적용이 쉽다.
② 대형부품에 적용이 용이하다.
③ 자동분무식에 의한 적용이 용이하다.
④ 표면이 매끄러운 부분에 예민하다.

해설
건식 현상제는 대형의 국부 시험 및 소량 부품에 쉽게 적용 가능하나 표면이 매끄러운 부분에서는 탐상하기 힘들다.

07 **표면으로부터 표준 침투 깊이의 3배인 지점에 위치한 시험체 내면에서의 와전류 밀도는 시험체 표면 와전류 밀도의 몇 %인가?**

① 15% ② 10%
③ 5% ④ 2%

해설
와전류의 표준 침투 깊이(Standard Depth of Penetration)는 와전류가 도체 표면의 약 37% 감소하는 깊이를 의미하며, 표준 침투 깊이 3배인 지점의 와전류 밀도는 표면 와전류 밀도의 5%이다.

08 **비파괴검사의 신뢰성을 높이기 위한 설명으로 옳은 것은?**

① 결함의 종류, 성질 등을 예측하여 가장 적합한 시험방법을 선택한다.
② 데이터를 자동으로 기록하는 대신 가능한 한 검사자가 기록한다.
③ 가능한 한 새롭고 친숙하지 않은 최신 장비를 사용하여 검사한다.
④ 보다 세밀하게 시험하여 혼돈이 없도록 한 가지 검사법으로 결정적인 결론을 내린다.

해설
비파괴검사의 신뢰성을 높이기 위해서는 적합한 시험방법을 선정하여 결함을 정확히 파악하여야 한다.

09 **시험체 내부 결함이나 구조의 이상 유무를 판별하는 데 이용되는 방사선의 특성은?**

① 회절 특성 ② 분광 특성
③ 진동 특성 ④ 투과 특성

해설
방사선 시험은 X선, γ-선 등 투과성을 가진 전자파로 대상물에 투과시킨 후 결함의 존재 유무를 필름 등의 이미지(필름의 명암도의 차)로 판단하는 비파괴검사방법이다.

10 **필름을 현상할 때 감광유제가 정착하는 데 영향을 주는 요소가 아닌 것은?**

① 정착제가 감광유제 내로 확산하는 비율
② 할로겐화은 입자의 용해도
③ 감광유제로부터 화합물인 은(Ag) 이온의 확산율
④ 감광유제와 정착제의 화학적 반응 억제율

해설
정착제는 감광유제 내로 확산하여 반응을 하는 것으로 억제하지 않는다.

6 ④ 7 ③ 8 ① 9 ④ 10 ④ 정답

11 전자기의 원리를 이용한 검사 방법은?

① 육안검사, 침투탐상검사
② 자분탐상검사, 와전류탐상검사
③ 열화상해석법, 컴퓨터단층촬영(CT)시험
④ 초음파탐상검사, 음향방출시험

해설
전자기의 원리를 사용하는 검사방법은 자분탐상, 와전류탐상, 전위차법 등이 있다.

12 육안시험에 사용되는 시력 보조 도구가 아닌 것은?

① 거 울 ② 확대경
③ 보어스코프 ④ 마이크로미터

해설
마이크로미터는 정밀 측정용 기기이다.

13 초음파의 성질에 대한 설명 중 틀린 것은?

① 진행거리가 비교적 길다.
② 경계면이나 불연속면에서 반사한다.
③ 동일한 매질 내에서 속도는 일정하다.
④ 동일한 매질에서도 시험주파수가 변하면 속도도 변한다.

해설
초음파의 성질
- 지향성이 좋고 직진성을 가짐
- 동일 매질 내에서는 일정한 속도를 가짐
- 온도 변화에 대해 속도가 거의 일정
- 경계면 혹은 다른 재질, 불연속부에서는 굴절, 반사, 회절을 일으킴
- 음파의 입사 조건에 따라 파형 변환이 발생

14 자기탐상시험 중 시험체에 직접 전극을 접촉시켜 통전함으로써 자계를 주는 방법은?

① 코일법 ② 프로드법
③ 전류관통법 ④ 자속관통법

해설
프로드법은 2개의 전극을 이용하여 직접 전류를 흘려 원형 자화를 형성하는 것이다.

15 탐상면에 수직한 방향으로 존재하는 결함의 깊이를 측정하는 데 유리한 주사방법은?

① 탠덤 주사
② 종방향 주사
③ 지그재그 주사
④ 횡방향 주사

해설
탠덤 주사 : 탐상면에 수직인 결함의 깊이를 측정하는 데 유리하며, 한쪽 면에 송·수신용 2개의 탐촉자를 배치하여 주사하는 방법

정답 11 ② 12 ④ 13 ④ 14 ② 15 ①

16 초음파가 두 매질의 경계면에 입사할 때 발생되는 음파의 거동으로 적당하지 않은 것은?

① 반 사 ② 굴 절
③ 공 진 ④ 파형변환

해설
초음파가 두 매질의 경계면에 입사할 때 반사, 굴절, 파형변환이 이뤄진다.

17 다음 중 음향임피던스가 가장 높은 것은?

① 철 ② 물
③ 공 기 ④ 알루미늄

해설
음향임피던스

물 질	음향임피던스 $Z(10^6 kg/m^2 s)$
알루미늄	16.90
강(철)	46.02
스테인리스	45.7
구 리	41.8
주 석	24.2
아크릴수지	3.22
글리세린	2.42
물(20℃)	1.48
기 름	1.29
공 기	4×10^{-4}

18 다음 중 초음파의 수신효율이 가장 좋은 압전 물질은?

① 수 정 ② 황산리튬
③ 산화은 ④ 타이타늄산바륨

해설
황산리튬 진동자는 수신 특성 및 분해능이 우수하며, 수용성으로 수침법에는 사용이 곤란하다.

19 초음파탐상시험에서 파장의 영향에 관한 설명으로 옳은 것은?

① 파장이 길수록 작은 결함을 찾기 쉽다.
② 파장의 길이와 검출 가능한 결함의 한계 크기는 관계가 없다.
③ 파장이 길수록 감쇠가 증대하므로 유효한 탐상거리가 짧아진다.
④ 같은 결함에서 발생된 에코가 표시기에 나타나는 위치는 파장의 길고 짧음에는 관계되지 않는다.

해설
파장$(\lambda) = \frac{\text{음속}(C)}{\text{주파수}(f)}$, 음속$(C)$ = 파장$(\lambda) \times$주파수(f)가 되며, 파장의 길고 짧음은 투과력과 관계된다.

20 깊이가 다른 두 결함을 초음파탐상검사로 검출할 때 분해능을 증가시키는 방법으로 가장 적절한 것은?

① 주파수를 감소시킨다.
② 펄스폭을 감소시킨다.
③ 초기펄스의 높이를 증가시킨다.
④ 직경이 작은 탐촉자를 이용한다.

해설
분해능이란 근접한 2개의 불연속부에서 2개의 펄스를 식별할 수 있는 능력으로, 증가시키는 방법으로 펄스폭을 감소시킨다.

16 ③ 17 ① 18 ② 19 ④ 20 ② 정답

21 다른 조건이 일정할 때 초음파의 종파 주파수를 증가시키면 그 파의 속도는?

① 증가한다.
② 감소한다.
③ 변화없다.
④ 급격히 변화한다.

해설
다른 조건이 일정할 때 주파수가 변화하더라도 속도에는 변화가 없다.

22 탐촉자로 쓰이는 크리스탈의 두께를 결정하는 공식으로 옳은 것은?(단, λ는 파장, f는 탐촉자의 공진주파수이다)

① $\frac{\lambda}{3}$　② $\frac{\lambda}{2}$
③ $\frac{f}{3}$　④ $\frac{f}{2}$

해설
크리스탈 두께 $= \frac{\lambda}{2}$

23 초음파탐상시험 시 시험체의 거리를 신속히 측정하기 위해 탐상기의 스크린상에 눈금으로 나눈 것을 무엇이라 하는가?

① 송신 펄스　② 시간축조절기
③ 마커(Marker)　④ 리젝션(Rejection)

해설
③ 마커(Marker) : 탐상기의 스크린상에 눈금으로 나눈 것
① 송신 펄스 : 탐촉자 내의 진동자에 고전압을 보내주어 초음파를 발생시킨 펄스
② 시간축조절기 : 펄스와 펄스 사이의 간격을 변화시키는 조절기
④ 리젝션(Rejection) 조절기 : 전기적 잡음 신호를 제거하는 데 사용되는 조절기

24 알루미늄에서 음파의 속도가 625,000cm/초일 때 이 음파가 5cm 알루미늄을 통과하는 데 걸리는 시간은 얼마인가?

① 8×10^{-4}초　② 8×10^{-6}초
③ 2×10^{-4}초　④ 2×10^{-6}초

해설
구하고자 하는 시간을 x초 라고 한다면
$5\text{cm} = 625,000\times x$
$\therefore\ x = \frac{5}{625,000} = 8\times10^{-6}$초

25 종파속도가 6km/s인 재질을 지름 12mm, 2.5MHz 탐촉자로 탐상할 때 근거리 음장의 길이(Near Field Length)는 얼마인가?

① 1.25mm　② 1.50mm
③ 12.5mm　④ 15.0mm

해설
근거리 음장 $X_0 = \frac{D^2}{4\times\lambda} = \frac{D^2 f}{4\times C}$로 $\frac{12^2\times2.5\text{MHz}}{4\times6\text{km/s}} = 15\text{mm}$

정답 21 ③ 22 ② 23 ③ 24 ② 25 ④

26 다음 중 초음파의 진행에 영향을 미치는 요인으로 그 효과가 가장 작은 것은?

① 시험편의 크기
② 결정입자의 구조
③ 시험편 표면의 거칠기
④ 불연속부의 방향과 위치

해설
초음파의 진행에 영향을 미치는 요인으로는 결정립계에서의 산란, 시험편 표면 거칠기에 의한 산란 혹은 분산, 불연속의 방향과 위치에 따른 수신감도 저하가 있다.

27 초음파탐상시험 중 펄스반사법에 의한 직접접촉법에 해당되지 않는 것은?

① 수침법 ② 표면파법
③ 수직법 ④ 경사각법

해설
수침법은 시험체와 탐촉자를 물속에 넣어 초음파를 발생시켜 검사하는 방법이다.

28 강 용접부의 초음파탐상시험방법(KS B 0896)에 따라 경사각탐상 시 거리진폭특성곡선에 의한 에코 높이 구분선을 작성하고자 한다. 이때의 구분선은 몇 개인가?

① 3개 이상이어야 한다.
② 2개 이상이어야 한다.
③ 1개 이상이어야 한다.
④ 어느 한선(구분선)의 감도만 알면 다른 구분선을 작성할 필요가 없다.

해설
H, M, L선 3개 이상이어야 한다.

29 건축용 강판 및 평강의 초음파탐상시험에 따른 등급분류와 판정기준(KS D 0040)에 대한 설명으로 잘못된 것은?

① 두께 13mm 이하, 너비 180mm 이하의 평강에 대하여 규정하고 있다.
② 탐상방식은 수직법에 따르는 펄스반사법으로 한다.
③ 접촉매질은 원칙적으로 물을 사용한다.
④ 수동탐상기의 원거리 분해 성능은 대비시험편 RB-RA를 사용하여 측정한다.

해설
KS D 0040에 적용되는 재료는 건축물로 높은 응력을 받는 재료에 사용되며, 두께 13mm 이상인 강판, 평강의 경우 두께 13mm, 너비 180mm 이상에 적용한다.

30 압력용기용 강판의 초음파탐상검사방법(KS D 0233)에서 A스코프 표시식 탐상장치의 성능 중 불감대는 STB-N1형 감도 표준시험편으로 측정한다. 다음 중 옳은 것은?

① 5MHz일 때 15mm 이하여야 한다.
② 5MHz일 때 10mm 이하여야 한다.
③ 2MHz일 때 10mm 이하여야 한다.
④ 2MHz일 때 20mm 이하여야 한다.

해설
압력용기용 강판의 초음파탐상 시 불감대의 측정은 STB-N1으로 하며, 시간축 측정범위는 50mm로 한다. 공칭주파수 5MHz일 경우 10mm 이하, 2MHz일 경우 15mm로 한다.

26 ① 27 ① 28 ① 29 ① 30 ② 정답

31 압력용기용 강판의 초음파탐상검사방법(KS D 0233)에서 표준시험편의 주요 시험 대상물은?

① 강 용접부
② 아크 용접부
③ 타이타늄강관
④ 두께 6mm 이상의 킬드강

해설
압력용기용 강판의 탐상은 두께 6mm 이상의 킬드강, 혹은 두꺼운 강판에 사용한다.

32 강 용접부의 초음파탐상시험방법(KS B 0896)에서 시험결과를 분류할 때, 모재 두께 t가 기준이 된다. 그러나 맞대기 용접에서 맞대는 모재의 판 두께가 다를 경우 어느 쪽의 두께를 기준으로 하는가?

① 두꺼운 쪽의 두께로 한다.
② 얇은 쪽의 두께로 한다.
③ 얇은 쪽과 두꺼운 쪽 두께의 평균값으로 한다.
④ 시방서에서 정한 두께로 한다.

해설
맞대기 용접에서 맞대는 모재의 판 두께가 다를 경우 얇은 쪽 판 두께를 기준으로 한다.

33 알루미늄의 맞대기용접부의 초음파경사각탐상시험방법(KS B 0897)에 따라 탐촉자의 공칭굴절각이 45°이고, STB-A1 블록으로 측정한 결과 45°의 정확한 각도를 유지하고 있었다. 측정범위가 100mm 및 200mm인 경우 측정범위의 조정은 어떻게 하는가?

① 거리보정은 STB-A1 블록으로 교정 시 실제거리에서 98/100으로 한다.
② 거리보정은 STB-A1 블록으로 교정 시 실제거리에서 100/100으로 한다.
③ 거리 및 각도는 STB-A1으로 교정한 대로 한다.
④ 어느 것도 적용할 수 없다.

해설
공칭 굴절각과 실제 굴절각이 정확할 경우 측정 범위가 100mm 및 200mm에서 R50mm은 98mm 및 49mm로 조정한다.

34 초음파탐상시험용 표준시험편(KS B 0831)에 있어서 STB-G 시험편을 제작할 때 사용되는 재료의 종파 감쇠계수는 얼마인가?

① 5MHz에서 5dB/m 이상
② 5MHz에서 5dB/m 이하
③ 10MHz에서 5dB/m 이상
④ 10MHz에서 5dB/m 이하

35 알루미늄의 맞대기용접부의 초음파경사각탐상시험방법(KS B 0897)에서 모재 두께가 25mm일 때 흠의 지시길이가 8mm이고, 구분이 B종이라면 흠의 분류는?

① 1류 ② 2류
③ 3류 ④ 4류

정답 31 ④ 32 ② 33 ① 34 ② 35 ②

36 초음파경사각탐상시험용 표준시험편(KS B 0831)의 STB-G형 표준시험편을 검정조건 및 방법에 따라 검정할 때 측정 횟수는?

① 검정용 표준시험편과 시험편에 대하여 각 1회 실시
② 검정용 표준시험편과 시험편에 대하여 각 2회 실시
③ 검정용 표준시험편과 시험편에 대하여 각 3회 실시
④ 검정용 표준시험편과 시험편에 대하여 각 4회 실시

해설
표준시험편과 시험편에 각 2회씩 실시한다.

37 강 용접부의 초음파탐상시험방법(KS B 0896)에 의한 평판이음 용접부의 탐상에서 판 두께가 30mm이고, 음향 이방성을 가진 시험체일 경우 기본으로 사용되는 탐촉자의 공칭굴절각은?

① 45° ② 60°
③ 65° ④ 70°

해설
평판이음 용접부에서 판 두께가 40mm 이하이고 음향 이방성을 가질 경우 굴절각 65°를 사용하며 적용이 어려울 경우 60°를 사용한다.

38 초음파탐상시험용 표준시험편(KS B 0831)에서 G형 표준시험편의 종류가 STB-G V15-1이라면 시험편의 입사면-밑면까지의 전체 길이와 표준 흠의 치수는?

① 150mm, ϕ1mm
② 150mm, ϕ10mm
③ 180mm, ϕ10mm
④ 180mm, ϕ1mm

해설

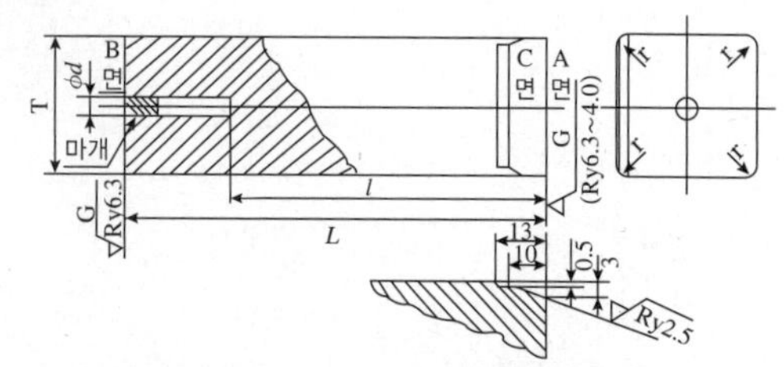

KS B 0831에 의거 STB-G V15-1에서 전체 길이 180mm, 표준 흠의 치수 ϕ1mm이다.

표준 시험편의 종류 기호	l	d	L	T	r
STB-G V15-1	150	1±0.05	180	50±1.0	<12

39 강 용접부의 초음파탐상시험방법(KS B 0896)에 의한 경사각탐상에서 흠의 지시길이란 무엇을 의미하는가?

① 에코 높이가 M선을 넘는 탐촉자의 이동거리
② 에코 높이가 L선을 넘는 탐촉자의 이동거리
③ 최대 에코 높이의 +6dB을 넘는 탐촉자의 이동거리
④ 최대 에코 높이의 1/2을 넘는 탐촉자 이동거리의 2배

해설
흠의 지시길이는 최대 에코에서 좌우 주사로 측정하게 되며 DAC상 L선을 넘는 탐촉자의 이동거리로 한다.

36 ② 37 ③ 38 ④ 39 ② 정답

40 **곡률반지름 150mm 이하인 원둘레 이음 용접부를 강 용접부의 초음파탐상시험방법(KS B 0896)에 따라 초음파탐상할 때 가공하여야 하는 탐촉자 접촉면의 곡면 반지름은?**

① 시험체 곡률반지름의 1.1배 이상 2.0배 이하
② 시험체 곡률반지름의 1.1배 이상 2.5배 이하
③ 시험체 곡률반지름의 1.5배 이상 2.0배 이하
④ 시험체 곡률반지름의 1.5배 이상 2.5배 이하

해설
탐촉자 접촉면의 곡면 반지름은 시험체 곡률반지름의 1.1배 이상 2.0배 이하로 하며, 150mm가 넘을 경우 곡면 가공을 하지 않는다.

41 **강 용접부의 초음파탐상시험방법(KS B 0896)에 의한 A2형계 표준시험편에 의한 탐상감도조정방법으로 옳은 것은?**

① 공칭굴절각 45°를 사용하는 경우 $\phi 4\times 4$mm의 표준 구멍의 에코 높이가 H선에 일치하도록 게인을 조정한 후, 감도를 6dB 높이고 필요에 따라 감도 보정량을 더한다.
② 공칭굴절각 60° 또는 70°를 사용하는 경우 $\phi 4\times 4$mm의 표준 구멍의 에코 높이가 M선에 일치하도록 게인을 조정한다.
③ 공칭굴절각 60° 또는 70°를 사용하는 경우 $\phi 4\times 4$mm의 표준 구멍의 에코 높이가 H선에 일치하도록 게인 조정한 후 6dB를 높여 탐상 감도를 한다.
④ 공칭굴절각 45°를 사용하는 경우 $\phi 4\times 4$mm의 표준 구멍의 에코 높이가 M선에 일치하도록 게인을 조정한다.

해설
A2형계 표준시험편에서 탐상 감도 조정 시 60°, 70°의 경우 $\phi 4\times 4$mm에서 에코 높이 H선으로 조정하며, 필요에 따라 감도 보정량을 더하며, 45°의 경우 위 방법과 같으나 감도를 6dB 높이도록 한다.

42 **알루미늄의 맞대기용접부의 초음파경사각탐상시험방법(KS B 0897)에 따라 흠의 지시길이를 측정하고자 할 때 올바른 주사 방법은?**

① 최대 에코를 나타내는 위치에 탐촉자를 놓고 좌우주사를 한다.
② 최대 에코를 나타내는 위치에 탐촉자를 놓고 목진동 주사를 한다.
③ 최대 에코를 나타내는 위치에 탐촉자를 놓고 전후주사만을 한다.
④ 최대 에코를 나타내는 위치에 탐촉자를 놓고 원둘레주사를 한다.

해설
최대 에코 높이에서 좌우 주사를 하며 목 진동 주사는 하지 않도록 한다.

43 **활자금속용 재료로 사용되는 합금의 주요 성분은?**

① Sn-Se-Mn ② Ag-Se-Mg
③ Pb-Sb-Sn ④ Zn-Co-Cu

해설
활자 합금의 주요 성분은 Pb-Sb-Sn이며, 융점이 낮고, 적당한 강도, 내마멸성, 내식성을 가져야 한다. 여기서 경도가 필요할 경우 Cu가 첨가된다.

정답 40 ① 41 ① 42 ① 43 ③

44 강을 A_3 또는 A_{cm} 점보다 30~50℃ 높은 온도로 가열한 후 오스테나이트의 상태로부터 공기 중에서 냉각시켜 표준조직으로 하는 열처리는?

① 풀 림 ② 담금질
③ 템퍼링 ④ 노멀라이징

해설
④ 불림(Normalizing) : 결정 조직의 물리적, 기계적 성질의 표준화 및 균질화 및 잔류응력 제거
① 풀림(Annealing) : 금속의 연화 혹은 응력 제거를 위한 열처리
② 담금질(Quenching) : 금속을 급랭함으로써, 원자 배열의 시간을 막아 강도, 경도를 높임
③ 뜨임(Tempering) : 담금질에 의한 잔류 응력 제거 및 인성 부여

45 주철의 조직은 C와 Si의 양과 냉각속도에 의해 좌우된다. 이들의 요소와 조직의 관계를 나타낸 것은?

① CCT 곡선
② 탄소 당량도
③ 주철의 상태도
④ 마우러 조직도

해설
④ 마우러 조직도 : C, Si 양과 조직의 관계를 나타낸 조직도

46 다음 중 저용점 합금으로 사용되는 원소가 아닌 것은?

① Pb ② Bi
③ Sn ④ Mo

해설
저용점 합금은 250℃ 이하의 융점을 가지는 것으로 Pb, Sn, Cd, In, Bi 등이 있다.

47 7 : 3 황동에 Sn을 첨가한 합금으로 복수기 · 증발기 · 열교환기 등의 관에 사용되는 합금은?

① 길딩메탈
② 문쯔메탈
③ 네이벌 브라스
④ 애드미럴티메탈

해설
7 : 3 황동에 Sn 1% 첨가한 강은 애드미럴티 황동이며, 전연성이 우수하고 판, 관, 증발기 등에 사용된다.

48 금속의 일반적인 특성에 관한 설명으로 틀린 것은?

① 전성 및 연성이 좋다.
② 금속 고유의 광택을 갖는다.
③ 전기 및 열의 부도체이다.
④ 수은을 제외하고는 고체 상태에서 결정구조를 갖는다.

해설
전기 및 열의 전도체이다.

44 ④ 45 ④ 46 ④ 47 ④ 48 ③ 정답

49 탄소강에 함유된 원소 중에서 철강에 미치는 영향이 옳은 것은?

① S : 상온 메짐의 원인이 된다.

② Si : 연신율 및 충격값을 감소시킨다.

③ Cu : 부식에 대한 저항을 감소시킨다.

④ P : 고온 메짐의 원인이 된다.

해설

② Si : 경도, 강도, 탄성 한계를 높이고, 연신율, 충격값을 감소시킨다.

① S : 고온 메짐의 원인이 되며 MnS를 형성한다.

③ Cu : 부식에 대한 저항성을 높인다.

④ P : 상온 메짐의 원인이 되며, Fe_3P를 형성해 결정입자를 조대화한다.

50 불꽃 시험 중 탄소파열을 조장하는 원소로 옳은 것은?

① Si ② Mn

③ Ni ④ Mo

해설

- 탄소 파열을 조장하는 원소 : Mn, V, Cr 등
- 탄소 파열을 방지하는 원소 : Mo, Ni, Si, W 등

51 주철이 성장하는 원인에 해당되지 않는 것은?

① 시멘타이트의 흑연화에 의해

② 펄라이트 조직 중의 Si의 환원에 의해

③ 흡수된 가스의 팽창에 따른 부피 증가 등에 의해

④ A_1 변태점 이상의 온도에서 장시간 방치되어 부피 증가에 의해

해설

주철의 성장 원인 : 시멘타이트의 흑연화, Si의 산화에 의한 팽창, 균열에 의한 팽창, A_1 변태에 의한 팽창 등

52 알루미늄(Al)합금에 대한 설명으로 틀린 것은?

① Al-Cu-Si계 합금을 γ합금이라 한다.

② Al-Si계 합금을 실루민(Silumin)이라 한다.

③ Al-Mg계 합금을 하이드로날륨(Hydronalium)이라 한다.

④ Al-Cu-Mg-Mn계 합금을 두랄루민(Duralumin)이라 한다.

해설

합금의 종류(암기법)

- Al-Cu-Si : 라우탈(알구시라)
- Al-Ni-Mg-Si-Cu : 로엑스(알니마시구로)
- Al-Cu-Mn-Mg : 두랄루민(알구망마두)
- Al-Cu-Ni-Mg : Y-합금(알구니마와이)
- Al-Si-Na : 실루민(알시나실)
- Al-Mg : 하이드로날륨(알마하 내식 우수)

정답 49 ② 50 ② 51 ② 52 ①

53 로크웰 경도시험에서 C스케일의 압입자는?

① 120°의 다이아몬드콘
② 지름이 1/16인치 강철볼
③ 지름이 1/16인치 초경합금구
④ 꼭지각이 136°인 피라미드형 다이아몬드

해설
경도 측정법에는 브리넬, 비커스, 마이크로비커스 등이 있으며, 브리넬 경도계는 꼭지각이 120°인 다이아몬드콘을, 비커스 경도계는 꼭지각이 136°인 다이아몬드콘을 사용한다.

54 스프링강의 기본적인 조직으로 적합한 것은?

① 펄라이트(Pearlite)
② 시멘타이트(Cementite)
③ 소르바이트(Sorbite)
④ 페라이트(Ferrite)

해설
스프링강의 기본 조직은 소르바이트 조직이다.

55 재료를 실온까지 온도를 내려서 다른 형상으로 변형시켰다가 다시 온도를 상승시키면 어느 일정한 온도 이상에서 원래의 형상으로 변화하는 성질을 이용한 합금으로 대표적인 합금이 Ni-Ti계인 합금의 명칭은?

① 형상기억합금 ② 비정질합금
③ 제진합금 ④ 클래드합금

해설
형상기억합금은 힘에 의해 변형되더라도 특정 온도에 올라가면 본래의 모양으로 돌아오는 합금을 의미하며 Ti-Ni이 원자비 1 : 1로 가장 대표적인 합금이다.

56 Ni-Cr-Mo계 합금으로 유기물 및 염류용액의 부식에 잘 견디는 내식성 합금으로 응력 부식 균열성이 우수하며 원자력 공장의 폐액 농축 장치용 재료나 유전용 관에 사용되는 합금은?

① 니컬로이 ② 인코넬계
③ 퍼멀로이 ④ 고망간강

해설
Ni합금으로 인코넬은 Ni-Cr-Fe-Mo의 합금이며, 내열, 내식성 합금으로 고온용 열전쌍, 전열기부품 등 내식성이 필요한 재료에 사용된다.

53 ① 54 ③ 55 ① 56 ② 정답

57 원표점거리가 50mm이고, 시험편이 파괴되기 직전의 표점거리가 55mm일 때 연신율은?

① 5%　② 10%
③ 15%　④ 20%

해설

연신율 : $\frac{L_1 - L_0}{L_0} \times 100 = \frac{55-50}{50} \times 100 = 10\%$

58 다음 중 가스용접에 사용되는 산소용기의 취급 시 주의사항으로 적절하지 않은 것은?

① 용기 밸브에는 방청 윤활유를 칠한다.
② 용기는 뉘어 두거나 굴리는 등 충격을 주지 않는다.
③ 산소밸브 이동 시는 밸브 보호 캡을 반드시 씌운다.
④ 사용 전 비눗물 등으로 가스누설 여부를 검사한다.

해설

산소용기 취급 시에는 충격을 주지 않고, 산소병을 뉘어놓지 않는다. 또한 항상 40℃ 이하로 유지하며, 밸브에는 그리스, 기름기 등을 묻혀서는 안 되고, 화기로부터 멀리 두어야 한다.

59 연강용 피복 아크 용접봉 종류 중 피복제 계통이 저수소계인 것은?

① E4303　② E4316
③ E4311　④ E4340

해설

피복용접봉의 종류
- 내균열성이 뛰어난 순서 : 저수소계[E4316] → 일루미나이트계[E4301] → 타이타늄계[E4313]
- E : 피복 아크 용접봉, 43 : 용착 금속의 최소 인장강도, 16 : 피복제 계통
- 전자세 가능 용접봉(F, V, O, H) : 일루미나이트계[E4301], 라임티타니아계[E4303], 고셀룰로스계[E4311], 고산화타이타늄계[E4313], 저수소계[E4316] 등

60 아크전류가 150A, 아크전압은 25V, 용접속도가 15cm/min인 경우 용접의 단위길이 1cm당 발생하는 용접입열은 약 몇 Joule/cm인가?

① 15,000　② 20,000
③ 25,000　④ 30,000

해설

용접입열 $H = \frac{60EI}{V}$(J/cm)로 구할 수 있으며, E= 아크전압(V), I= 아크전류(A), V는 용접속도(cm/min)이다.

즉, $H = \frac{60 \times 25\text{V} \times 150\text{A}}{15\text{cm/min}} = 15,000\text{J/cm}$가 된다.

정답 57 ② 58 ① 59 ② 60 ①

2012년 제4회 과년도 기출문제

01 후유화성 침투탐상시험법으로 피검체의 결함을 탐상할 때 어느 것을 가장 잘 준수해야 하는가?

① 침투시간　② 유화시간
③ 건조시간　④ 현상시간

해설
후유화성 침투액은 침투액이 물에 곧장 씻겨 내리지 않고 유화처리를 통해야만 세척이 가능하므로, 과세척을 막을 수 있어 얕은 결함의 검사에 유리하다. 단, 유화시간 적용이 중요하다.

02 가스흐름률의 단위인 clusec과 lusec의 관계가 올바른 것은?

① $1\text{clusec} = 10^{2}\,\text{lusec}$
② $1\text{clusec} = 10\text{lusec}$
③ $1\text{clusec} = 10^{-1}\,\text{lusec}$
④ $1\text{clusec} = 10^{-2}\,\text{lusec}$

해설
1clusec은 10^{-2}lusec에 해당하는 흐름률(Flow Rate)의 단위이다.

03 기포누설시험에 사용되는 발포액이 지녀야 하는 성질이 아닌 것은?

① 점도가 높을 것
② 적심성이 좋을 것
③ 표면장력이 작을 것
④ 시험품에 영향이 없을 것

해설
기포누설시험은 시험체를 가압 후 표면에 발포액을 적용하여 기포 발생 여부를 확인하여 검출하는 방법으로 점도가 낮아 적심성이 좋고 표면장력이 작아 발포액이 쉽게 기포를 형성하여야 한다.

04 금속 내부 불연속을 검출하는 데 적합한 비파괴검사법의 조합으로 옳은 것은?

① 와전류탐상시험, 누설시험
② 방사선투과시험, 누설시험
③ 초음파탐상시험, 침투탐상시험
④ 방사선투과시험, 초음파탐상시험

해설
내부 균열 탐상의 종류에는 방사선탐상과 초음파탐상이 있으며, 방사선탐상의 경우 투과에 한계가 있어 너무 두꺼운 시험체는 검사가 불가하므로 초음파탐상시험이 가장 적합하다.

05 다음 중 초음파탐상검사의 적용과 관계가 먼 것은?

① 용접부의 내부결함 검출
② 전기 전도율 측정
③ 주조품 및 단조품의 내부결함 검출
④ 압연제품에 대한 내부결함 검출

해설
초음파탐상 중 전기 전도율과는 관계가 없다.

1 ② 2 ④ 3 ① 4 ④ 5 ② 정답

06 다음 중 특정 매질의 음향임피던스(Z)를 구하는 식은?

① Z = 재질의 질량 × 음속
② Z = 재질의 질량 ÷ 음속
③ Z = 재질의 밀도 × 음속
④ Z = 재질의 밀도 ÷ 음속

해설
초음파는 재질의 음속에 의해 거리를 측정하게 되며, 음파의 굴절과 반사(스넬의 법칙), 음향임피던스(재질의 밀도 × 음속), 결함 혹은 저면파의 깊이를 측정할 수 있게 된다.

07 다른 비파괴검사법과 비교하였을 때 침투탐상시험의 단점에 해당되는 것은?

① 비금속의 표면에 사용할 수 없다.
② 기공이 많은 재료에 사용할 수 없다.
③ 크기가 큰 제품에는 사용할 수 없다.
④ 표면 결함 검출에 용이하다.

해설
침투탐상시험법의 특징
- 검사 속도가 빠름
- 시험체 크기 및 형상 제한 없음
- 시험체 재질 제한 없음(다공성 물질 제외)
- 표면 결함만 검출 가능
- 국부적인 검사 가능
- 전처리의 영향을 많이 받음(개구부의 오염, 녹, 때, 유분 등이 탐상 감도 저하)
- 전원 시설이 필요하지 않은 검사 가능

08 각종 비파괴검사에 대한 설명 중 틀린 것은?

① 방사선투과시험은 기록의 보관이 용이하나 방사선 피폭 등의 위험이 있다.
② 초음파탐상시험은 대상물의 내부 결함을 검출할 수 있으나 숙련된 기술이 필요하다.
③ 침투탐상시험은 표면 흠에 침투액을 침투시키는 방법이므로 흡수성인 재료는 탐상에 적합하지 않다.
④ 와전류탐상시험은 맴돌이 전류를 이용하여 비전도체의 내부결함검출이 가능하다.

해설
와전류탐상검사는 맴돌이 전류(와전류 분포의 변화)로 전도체의 거리·형상의 변화, 합금성분, 재질의 선별, 균열, 불균질 부분, 도금층 두께 측정, 치수 변화, 열처리 상태 등의 확인이 가능하다.

09 비파괴시험을 할 때 가장 우선적으로 고려해야 할 사항은?

① 어떠한 시험방법을 택할 것인가
② 어떠한 시험조건을 이용할 것인가
③ 시험을 통해 무엇을 알고자 하는가
④ 제품의 불량률을 저하시킬 수 있는가

해설
비파괴시험은 어떤 항목을 검사하는지에 따라 비파괴 종류, 방법 등에 많은 차이가 있다.

10 다음 중 자분탐상검사를 적용하기에 적합한 시험체가 아닌 것은?

① 니켈(Ni) ② 코발트(Co)
③ 구리(Cu) ④ 철(Fe)

해설
철, 니켈, 코발트 금속은 표면 및 표면 직하 결함에 한정될 때 강자성체로 자분탐상검사를 적용하기에 적합하다.

정답 6 ③ 7 ② 8 ④ 9 ③ 10 ③

11 중성자투과시험의 특징을 설명한 것 중 틀린 것은?

① 중성자는 필름을 직접 감광시킬 수 없다.
② 중성자투과시험에는 증감지를 사용하지 않는다.
③ 중성자투과시험은 방사성물질도 촬영할 수 있다.
④ 중성자는 철, 납 등 중금속에는 흡수가 작은 경향이 있다.

해설
중성자투과검사(NRT)란 중성자가 직접적으로 필름을 감광시키지 않지만 변환자에 조사되어 방출되는 2차 반사선에 의하여 방사선 투과 사진을 얻는 원리로, 높은 원자번호를 갖는 두꺼운 재료의 검사에 이용하며, 납과 같은 비중이 높은 재료에 적용한다. 증감지는 필름의 감도를 높이기 위해 사용하는 것으로 중성자 투과시험에서 사용된다.

12 내마모성이 요구되는 부품의 표면 경화층이 깊이나 피막 두께를 측정하는 데 쓰이는 비파괴검사법은?

① 초음파탐상검사(UT)
② 방사선투과검사(RT)
③ 와전류탐상검사(ECT)
④ 음향방출검사(AE)

해설
와전류탐상검사는 맴돌이 전류(와전류 분포의 변화)로 전도체의 거리·형상의 변화, 합금성분, 재질의 선별, 균열, 불균질 부분, 도금층 두께 측정, 치수 변화, 열처리 상태 등의 확인이 가능하다.

13 자기탐상검사에 사용되는 용어에 대한 그 단위가 틀린 것은?

① 자속밀도 : Wb/m
② 투자율 : H/m
③ 자계의 세기 : A/m
④ 자속 : 맥스웰(Mx)

해설
자속밀도(Flux Density : B) : 자속의 방향과 수직인 단위면적당 자속선의 수, 단위 : Weber/m^2

14 방사선투과시험에 이용되고 있는 γ선원이 아닌 것은?

① Co−60　② Cs−137
③ Ir−192　④ Cf−252

해설
방사선원의 종류와 적용 두께

동위 원소	반감기	에너지
Th−170	약 127일	0.084Mev
Ir−192	약 74일	0.137Mev
Cs−137	약 30.1년	0.66Mev
Co−60	약 5.27년	1.17Mev
Ra−226	약 1620년	0.24Mev

15 탐상장비의 증폭에 대한 밴드폭(Band Width)은 무엇을 측정하는가?

① 검사할 에코의 높이
② 증폭기가 증폭할 수 있는 주파수의 범위
③ 장비에 사용할 수 있는 탐촉자의 크기
④ 탐상할 피검체의 두께 범위

해설
탐상기의 증폭에 대한 밴드폭은 증폭기의 증폭 가능한 주파수 범위를 의미한다.

11 ② 12 ③ 13 ① 14 ④ 15 ② **정답**

16 단조품으로 된 회전축류의 전부분을 시험하기에 가장 효과적인 초음파탐상장치는?

① 투과법 장치
② 수직법 장치
③ 공진법 장치
④ 표면파법 장치

해설
회전축류의 전부분 탐상 시에는 수직법을 사용한다.

17 초음파탐상시험에서 시험할 물체의 음속을 알 필요가 있는 경우와 거리가 먼 것은?

① 물질에서 굴절각을 계산하기 위하여
② 물질에서 결함의 종류를 알기 위하여
③ 물질의 음향임피던스를 측정하기 위하여
④ 물질에서 지시의 깊이를 측정하기 위하여

해설
음속이란 음파가 한 재질 내에서 단위 시간당 진행하는 거리를 나타내며, 이 음속을 이용하여 굴절각, 음향임피던스, 지시의 깊이를 측정하나, 결함의 종류는 에코의 모양, 형태를 보고 결정할 수 있다.

18 STB-A1 표준시험편의 주된 사용 목적이 아닌 것은?

① 측정 범위의 조정
② 탐상 감도의 조정
③ 경사각 탐촉자의 굴절각 측정
④ 경사각 탐촉자의 분해능 측정

해설
표준시험편(STB-A1)의 사용 목적으로 경사각 탐촉자의 특성 측정, 입사점 측정, 굴절각 측정, 측정 범위의 조정, 탐상 감도의 조정이 있다. 경사각 탐촉자의 분해능 측정에는 RB-RD 대비시험편이 사용된다.

19 초음파탐상시험에서 근거리 분해능을 얻기 위해서는 어떤 탐촉자를 사용해야 하는가?

① 초점거리가 짧은 탐촉자
② 초점거리가 긴 탐촉자
③ Collimator 탐촉자
④ Curved Shoe 탐촉자

해설
근거리 분해능이란 진동자에서 가까운 영역 거리에 존재하는 결함에서의 불연속부 펄스(에코)를 식별할 수 있는 능력을 말하며, 초점거리가 짧은 탐촉자를 사용해야 근거리 음장 영역대를 검출 가능하다.

20 다음 중 송신용 탐촉자로서 가장 이상적인 재질은?

① 수정(Quartz)
② 황산 리튬(Lithium Sulfate)
③ 타이타늄산 바륨(Barium Titanate)
④ 지르콘산 납(Lead Zirconate)

해설
타이타늄산 바륨은 송신 효율, 황산 리튬은 수신 효율이 뛰어나다.

정답 16 ② 17 ② 18 ④ 19 ① 20 ③

21 경사각 탐촉자가 피검체 내에서 횡파를 발생시키는 현상을 무엇이라 하는가?

① 반사(Reflection)

② 산란(Scattering)

③ 감쇠(Attenuation)

④ 파형 전환(Mode Conversion)

해설

음파는 매질 내에서 진행하며 파형이 달라지며, 연속적이지 않은 지점에서 파형 변환이 일어난다. 경사각 입사 시 종파를 입사하게 되지만 매질 내에서는 종파 및 횡파가 존재할 수 있게 된다.

22 경사각 탐촉자가 철(V_S = 0.323cm/μsec)에서 45°의 굴절각을 가질 때 알루미늄(V_A = 0.310cm/μsec)에서 굴절각은 어떻게 되는가?

① 45°보다 크다

② 45°보다 작다.

③ 45°와 같다.

④ 일정하지 않다.

해설

경사각 탐촉자가 알루미늄에서의 굴절각은 45°보다 작다.

23 매질입자들의 진동 방향이 파의 진행 방향에 직각 방향으로 움직이며 전달되는 파의 형태는?

① 판 파 ② 종 파

③ 횡 파 ④ 표면파

해설

횡파는 입자의 진동 방향이 파를 전달하는 입자의 진행 방향과 수직인 파로 종파의 $\frac{1}{2}$ 속도이며 전단파이다. 이 파는 고체에만 전파되고 액체와 기체에서는 전파되지 않는다.

24 두께 15mm인 강판의 탐상면에서 깊이 7.6mm 부분에 탐상면과 평행하게 위치해 있는 결함을 검사하는 가장 효과적인 초음파탐상시험법은?

① 판파 탐상

② 표면파 탐상

③ 종파에 의한 수직탐상

④ 횡파에 의한 경사각탐상

해설

다음 그림과 같이 두께 15cm의 7.6mm 부분에 결함이 있고 평행하게 위치해 있다면 종파에 의한 수직탐상이 가장 효과적이다.

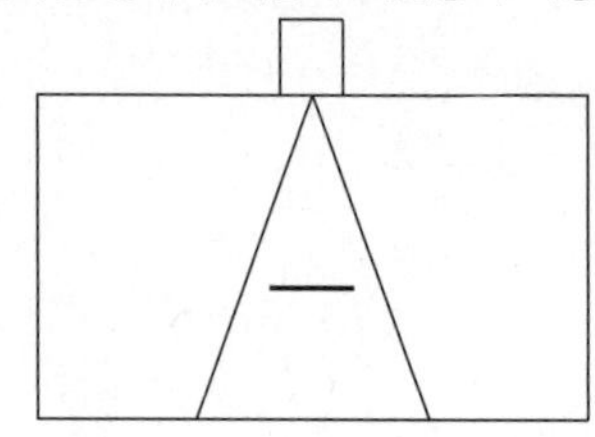

25 초음파탐상시험 시 부품이 얇은 경우에 사용되는 주파수로 올바른 것은?

① 높은 주파수

② 중간 주파수

③ 낮은 주파수

④ 모든 주파수 영역

해설

주파수가 낮아질수록 침투력은 깊어지지만 분해능이 떨어지는 단점이 있어 얇은 시험편에는 사용하지 않으며, 부품이 얇은 경우 높은 주파수를 사용한다.

정답 21 ④ 22 ② 23 ③ 24 ③ 25 ①

26 **초음파탐상 공진법으로 두께를 측정하는 장치에서 CRT상의 표시방법은?**

① 시간과 거리의 함수에 대한 불연속반사와 같은 지시로 표시된다.

② 고정 주파수에서 공진 상태를 나타내는 지시로 표시된다.

③ 연속적으로 변하는 주파수의 공진 상태를 나타내는 지시로 표시된다.

④ 간헐적으로 변하는 주파수의 변조 상태를 나타내는 지시로 표시된다.

해설

공진법이란 시험체의 고유 진동수와 초음파의 진동수를 일치할 때 생기는 공진 현상을 이용하여 시험체의 두께 측정에 주로 적용하는 방법으로 연속적으로 변하는 주파수의 공진 상태를 나타내는 지시로 표시된다.

27 **초음파탐상시험법의 측정원리에 의한 분류가 아닌 것은?**

① 펄스반사법 ② 공진법

③ 수직탐상법 ④ 투과법

해설

초음파탐상법의 종류

초음파형태	송 · 수신 방식	탐촉자수	접촉방식
• 펄스파법 • 연속파법	• 반사법 • 투과법 • 공진법	• 1탐촉자법 • 2탐촉자법	• 직접접촉법 • 국부수침법 • 전몰수침법

28 **알루미늄의 맞대기 용접부의 초음파경사각탐상시험방법(KS B 0897)에서 사용 중인 경사각탐촉자로서 적합하지 않은 것은?**

① 1탐촉자법에 사용된 진동자 치수 5 × 5mm

② 1탐촉자법에 사용된 진동자 치수 10 × 10mm

③ 탠덤탐상법에 사용된 공칭주파수 5MHz

④ 탠덤탐상법에 사용된 시험주파수 10MHz

해설

탠덤탐상법에서 탐촉자는 5MHz, 10 × 10mm를 사용하며, 1탐촉자법에서는 5 × 5mm, 10 × 10mm를 사용한다.

29 **강 용접부의 초음파탐상시험방법(KS B 0896)에 정의한 DAC 범위란?**

① DAC를 적용하는 최소의 빔 노정 범위

② DAC의 기점을 시간축 위에 표시하는 범위

③ DAC의 기점에서 주어져 있는 최대보상량의 한계의 빔 노정까지의 범위

④ DAC 곡선의 에코 높이와 빔 노정과의 관계를 직선에 가까운 것으로 가정하여 경사값으로 나타낸 범위

해설

DAC 범위란 기점에서 주어져 있는 최대보상량의 한계 빔 노정까지의 범위이며, DAC 기점은 DAC를 적용하는 최소한의 빔 노정을 의미한다.

30 **초음파탐상시험용 표준시험편(KS B 0831)에서 후판에 주로 사용되며 탐상 감도의 조정 목적에 쓰이는 표준시험편의 종류 기호로 옳은 것은?**

① STB-G ② STB-N1

③ STB-A1 ④ STB-A3

해설

KS B 0831에서 N1형 STB는 수침 탐촉자를 이용하여 두꺼운 판에 주로 탐상하며 탐상 감도의 조정을 위해 사용된다. 진동자의 재료로는 수정 또는 세라믹스를 사용하여 5MHz의 주파수를 사용하며, 진동자 치수는 20mm이다. 접촉 매질로는 물을 가장 많이 사용한다.

정답 26 ③ 27 ③ 28 ④ 29 ③ 30 ②

31 강 용접부의 초음파탐상시험방법(KS B 0896)에 따른 탐상장치의 조정 및 점검 시 수직탐상의 측정 범위에 대한 조정의 내용으로 옳은 것은?

① A1형 표준시험편 등을 사용하여 ±5%의 정밀도로 실시한다.
② A1형 표준시험편 등을 사용하여 ±1%의 정밀도로 실시한다.
③ RB-4 등을 사용하여 ±3%의 정밀도로 실시한다.
④ RB-4 등을 사용하여 ±5%의 정밀도로 실시한다.

해설
탐상기에 필요한 성능으로 증폭직선성은 3% 이내, 시간축 직선성은 1% 이내, 감도 여유값은 40dB 이상으로 한다.

32 금속재료의 펄스반사법에 따른 초음파탐상시험방법통칙(KS B 0817)에서 흠집의 치수 측정 항목에 포함되지 않는 것은?

① 등기 결함 위치
② 등가 결함 지름
③ 흠집의 지시길이
④ 흠집의 지시높이

해설
KS B 0817에서 흠집의 치수 측정은 흠집의 지시길이, 흠집의 지시높이, 등가 결함 지름이 있다.

33 강 용접부의 초음파탐상시험방법(KS B 0896)에 의한 경사각탐촉자의 성능점검 시기로 틀린 것은?

① 원거리 분해능은 구입 시 및 보수를 한 직후
② A1 감도는 구입 시 및 보수를 한 직후
③ 빔 중심축의 치우침은 구입 시 및 보수를 한 직후
④ 접근 한계 길이는 구입 시 및 보수를 한 직후

해설
빔 중심축의 치우침은 작업 개시 및 작업 시간 8시간 이내마다 점검하며, A1 감도, A2 감도, 접근 한계 길이, 원거리 분해능, 불감대는 구입 시 및 보수를 한 직후 점검한다.

34 초음파탐상시험용 표준시험편(KS B 0831)에서 G형 감도 표준시험편(STB-G) 중 기호가 STB-G V15-5.6인 시험편의 길이로 옳은 것은?

① 150mm ② 180mm
③ 200mm ④ 250mm

해설

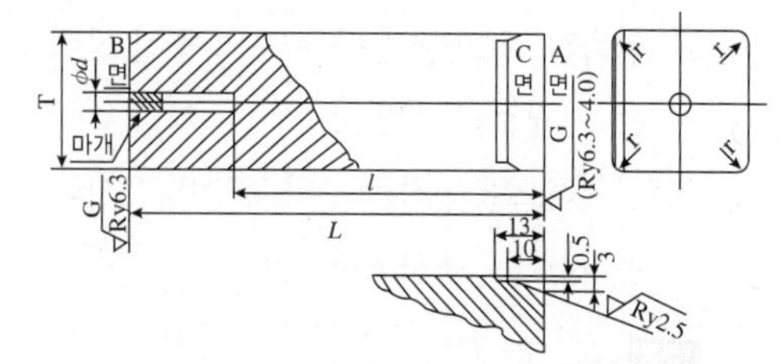

STB-G V15-5.6 표준시험편은 수직 탐촉자의 성능 측정 시 사용하며 다음과 같은 규격을 가진다.

표준 시험편의 종류 기호	l	d	L	T	r
STB-G V15-5.6	150	5.6±0.28	180	50±1.0	<12

35 경사각탐상의 탠덤주사에 대한 설명으로 옳은 것은?

① 2개의 탐촉자를 용접부의 한쪽에서 전후로 배열 송・수신용으로 사용하는 방법
② 탐촉자를 용접선에 평행하게 이동시키는 주사방법
③ 탐촉자를 용접선에 직각 방향으로 이동시키는 주사방법
④ 탐촉자를 회전시켜 초음파 빔의 방향을 변화시켜 주는 주사방법

해설
탠덤주사 : 탐상면에 수직인 결함의 깊이를 측정하는 데 유리하며, 한쪽 면에 송・수신용 2개의 탐촉자를 배치하여 주사하는 방법

31 ② 32 ① 33 ③ 34 ② 35 ① 정답

36 압력용기용 강판의 초음파탐상검사방법(KS D 0233)에서 결함의 분류 시 2진동자 수직탐촉자에 의한 X주사의 경우 흠 에코 높이 표시기호가 ○일 때 결함의 정도와 분류에 대한 설명으로 옳은 것은?

① 큰 결함이며, DH선을 넘을 때 표시된다.
② 가벼운 결함이며, DL선을 넘고 DM선 이하일 때 표시된다.
③ 중간결함이며, DM선을 넘고 DH선 이하일 때 표시된다.
④ 결함이 없으며 DL선 이하일 때 표시된다.

해설
진동자 수직탐촉자의 경우 X주사 또는 Y주사로 탐상하며, 결함의 정도가 가벼움일 경우 ○, 중간일 경우 △, 클 경우 ×를 사용하며, X주사에서 가벼움은 DL 이상 DM 이하, 중간은 DM 이상 DH 이하, 큰 것은 DH선을 넘는 것으로 분류한다.

37 알루미늄의 맞대기용접부의 초음파경사각탐상시험방법(KS B 0897)에 의한 RB-A4 AL(No.1)의 시험편의 두께는 12.5mm이고, 1탐촉자법을 이용한 굴절각 측정 시 70.8°가 측정되었다. 탐촉자의 입사점과 표준 구멍과의 시험편 표면거리는 얼마인가?(단, 표준구멍은 시험편 두께의 1/2에 위치)

① 12mm ② 18mm
③ 23mm ④ 27mm

해설
굴절각은 $\tan^{-1}\left(\frac{y}{2t}\right)$로 계산되어지며, 두께(t) 12.5mm, 굴절각 70.8°이므로, $70.8 = \tan^{-1}\left(\frac{x}{12.5/2}\right)$°가 되므로 x는 18mm이다.

38 강 용접부의 초음파탐상시험방법(KS B 0896)에 따라 5Z10 × 10A70를 이용하여 측정범위 125mm로 에코 높이 구분선을 작성하였다. 0.5스킵거리에서 표준구멍의 최대 에코를 100%가 되도록 게인을 조정하였을 때 이 구분선은 흠 에코의 평가에 사용되는 빔 노정의 범위에서 그 높이가 40% 이하가 되지 않았고 그때의 기준 감도는 46dB이었다. 동 위치에서의 L선은 얼마(dB)인가?

① 34 ② 40
③ 52 ④ 58

해설
흠 에코의 평가에 사용되는 빔 노정의 범위에서 높이가 40% 이하가 되지 않았으므로, H선의 기준 감도는 46dB인 것을 알 수 있으며, L선은 H선보다 12dB 낮으므로 34dB이 된다.

39 그림과 같은 표준시험편의 종류로 맞는 것은?

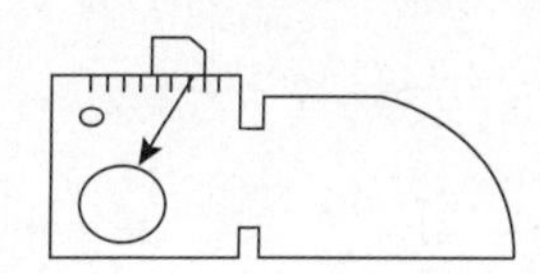

① STB-G ② STB-N1
③ STB-A3 ④ STB-A1

해설
④ STB-A1시험편이다.

40 탐촉자의 표시에서 5Q20N의 Q와 바꾸어 놓을 수 없는 기호는?

① M ② C
③ Z ④ T

해설
진동자 재료의 표시기호
- 수정 : Q
- 지르콘·타이타늄산납계자기 : Z
- 압전자기일반 : C
- 압전소자일반 : M

41 강 용접부의 초음파탐상시험방법(KS B 0896)에 따른 A2형계 표준시험편을 사용하여 에코 높이 구분선을 작성할 때 사용하는 표준 구멍은?

① $\phi 1 \times 1$mm
② $\phi 2 \times 2$mm
③ $\phi 3 \times 3$mm
④ $\phi 4 \times 4$mm

해설
에코 높이 구분선 작성 : A2 STB를 사용 시 $\phi 4 \times 4$mm의 표준 구멍을 사용, RB-4의 경우 RB-4의 표준 구멍을 사용하여 최대 에코의 위치를 플롯하고 각 점을 이어 구분선으로 한다.

42 그림에서 탐촉자-용접부거리(PWD)는 어디를 말하는가?

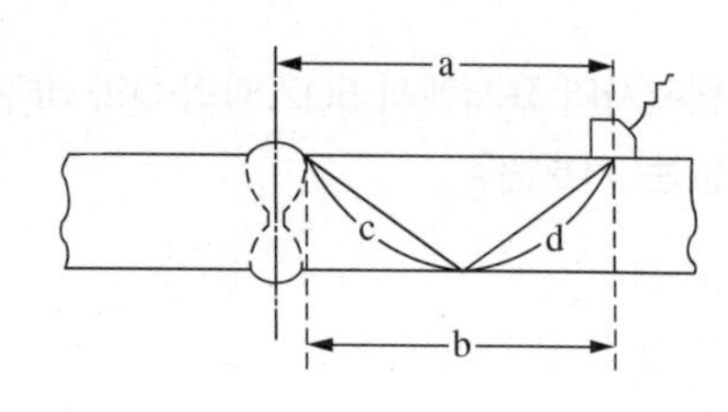

① a　　② b
③ c　　④ c+d

해설
탐촉자-용접부거리는 a가 되며, 탐촉자-결함거리는 용접부 오른쪽 끝단에 결함이 있다고 본다면 b가 된다.

43 마텐자이트 조직이 경도가 큰 이유로 틀린 것은?

① 금속의 기지조직이 조대화되기 때문
② 금속의 결정립이 미세화되기 때문
③ 급랭으로 인한 내부 응력의 증가 때문
④ 탄소 원자에 의한 Fe 격자의 강화 때문

해설
마텐자이트는 담금질(Quenching)을 통해 금속을 급랭함으로써, 원자 배열의 시간을 막아 강도, 경도를 높인 것으로 Fe-C 상태도에서 무확산 변태를 일으키는 조직이다. 기지조직이 조대화된다면 경도는 낮아지게 된다.

44 Al-Si계 합금을 개량처리하기 위해 사용되는 접종처리제가 아닌 것은?

① 금속나트륨　　② 불화알칼리
③ 가성소다　　④ 염화나트륨

해설
실루민은 Al-Si-Na의 합금이며, 개량화처리 원소는 주로 금속나트륨이 많이 사용되며, 기계적 성질이 우수해진다. 그 외에도 불화알칼리, 가성소다가 쓰이기도 한다.

45 흰색의 인성이 있는 금속으로 내식성이 강하고 열전도도 및 전연성이 좋으며, 비중이 약 8.9인 금속은?

① Ni　　② Mg
③ Al　　④ Fe

해설
니켈 합금은 면심입방격자로 상온에서 강자성을 띠며, 알칼리에 잘 견디는 금속으로 비중이 8.90이다.

41 ④ 42 ① 43 ① 44 ④ 45 ① 정답

46 다음의 강 중 탄소함유량이 가장 높은 강재는?

① STS11

② SM45C

③ SKH51

④ SNC415

해설

- 절삭공구용 합금 공구강 : 고탄소강(1~1.5% C)에 W을 첨가해 탄화텅스텐을 석출시켜 석출능을 향상시킨 강으로 STS2, STS5, STS11 등이 많이 쓰인다.
- 기계구조용 탄소강 : 각종 기계류의 부품에 쓰이며 SM과 C 사이에 평균 탄소량을 표시한다(예 SM45C : 기계구조용 탄소강 0.45% 탄소 함유).
- 고속도강(SKH) : SKH51은 Mo계 고속도강으로 탄소(0.8~0.9%)가 함유된 강으로 인성을 필요로 하는 일반 절삭용 공구에 쓰인다.
- 니켈크롬강 : 탄소 0.3~0.4%에 Ni을 1.0~3.5%과 0.5~1% Cr을 첨가한 강으로 중요한 요소 부품이나 축류, 기어류에 이용한다.

47 스프링강에 요구되는 성질에 대한 설명 중 옳은 것은?

① 탄성한도 및 항복점이 커야 한다.

② 내산성 및 취성이 커야 한다.

③ 산화성 및 취성이 커야 한다.

④ 산화성 및 인성이 커야 한다.

해설

스프링강은 탄성한도 및 항복점이 커야 하며, 기본조직은 소르바이트이다.

48 Al에 Ni, Mg, Cu 등을 첨가한 주조용 알루미늄 합금으로 내연기관의 피스톤, 공랭 실린더 헤드 등에 널리 사용되는 합금의 명칭은?

① 실루민(Silumin)

② 와이(Y)합금

③ 문쯔메탈(Muntz Metal)

④ 하이드로날륨(Hydronalium)

해설

합금의 종류(암기법)

- Al-Cu-Si : 라우탈(알구시라)
- Al-Ni-Mg-Si-Cu : 로엑스(알니마시구로)
- Al-Cu-Mn-Mg : 두랄루민(알구망마두)
- Al-Cu-Ni-Mg : Y-합금(알구니마와이)
- Al-Si-Na : 실루민(알시나실)
- Al-Mg : 하이드로날륨(알마하 내식 우수)

49 탄소강의 그라인더 불꽃시험에서 일반적으로 탄소량의 증가에 따라 불꽃의 파열은 어떻게 변하는가?

① 항상 일정하다.

② 점차 적어진다.

③ 점차 많아진다.

④ 점차 많아지다 적어진다.

해설

탄소 파열을 조장하는 원소는 Mn, Cr, V 등이 있으며, 탄소량의 증가에 따라 파열은 많아지게 된다.

50 철 속에 포함되어 철을 여리게 하고, 산이나 알칼리에 약하게 하며, 백점이나 헤어크랙의 원인이 되게 하는 성분은?

① S

② N_2

③ H_2

④ O_2

해설

헤어크랙이란 재료의 마무리 면에 미세한 균열이 발생하는 것이며, 백점은 Ni-Cr강에 주로 나타나며 파단 시 백색의 반점이 나타나는 것으로 수소가 가장 큰 원인으로 판단하는 추세이다.

정답 46 ① 47 ① 48 ② 49 ③ 50 ③

51 화염경화법의 특징을 설명한 것 중 옳은 것은?

① 설비비가 많이 든다.
② 담금질 변형을 일으키는 경우가 적다.
③ 부품의 크기나 형상에 제한이 많다.
④ 국부 담금질이나 담금질 깊이의 조절이 어렵다.

해설
화염경화법은 표면 경화법 중 하나로 산소-아세틸렌의 중성불꽃을 사용하여 강의 표면을 빨리 적열하여 담금질 온도에 도달했을 때 급랭시켜 표면만 경화시키는 방법으로 담금질 변형이 적고 가열 온도 조절이 어렵다. 또한 설비비가 저렴하며 부품의 크기와 형상에 무관하며 국부 담금질이 가능하다.

52 다이캐스팅용 알루미늄 합금의 구비조건이 아닌 것은?

① 유동성이 좋을 것
② 열간 메짐성이 클 것
③ 금형에 정착되지 않을 것
④ 응고 수축에 대한 용탕 보급성이 좋을 것

해설
다이캐스팅용 알루미늄 합금은 주로 대형 주조품에 사용하며, Al-Cu, Al-Si, Al-Cu-Si 등의 합금이 있다. 이러한 합금은 주조 시 필요한 유동성을 가지고 있어야 하며, 금형과 잘 분리되어야 한다. 또한 응고 수축에 대해 예비 용탕의 보급성이 좋아야 하며, 열간 메짐성은 적어야 한다.

53 시멘타이트의 금속간화합물에서 탄소의 원자비는 몇 %인가?

① 25%　② 55%
③ 75%　④ 95%

해설
Fe_3C는 철 : 탄소 원자비가 3 : 1이므로 Fe 75%, C 25%가 함유되어 있다. 금속간화합물은 간단한 정수비로 이루어진 금속이다.

54 재료가 어떤 응력 하에서 파단에 이를 때까지 수백 % 이상의 매우 큰 연신율을 나타내는 현상은?

① 초전도　② 비정질
③ 초소성　④ 형상기억

해설
③ 초소성 : 어떤 특정한 온도, 변형 조건에서 인장 변형 시 수백 %의 변형이 발생하는 것
① 초전도 : 전기 저항이 어느 온도 이하에서 0이 되는 현상
② 비정질 : 금속이 용해 후 고속 급랭시켜 원자가 규칙적으로 배열되지 못하고 액체 상태로 응고되어 금속이 되는 것
④ 형상기억 : 힘에 의해 변형되더라도 특정 온도에 도달하면 본래의 모양으로 되돌아가는 현상

55 면심입방격자에 대한 설명으로 옳은 것은?

① 원자수 2개이다.
② 충진율은 약 68%이다.
③ 면심입방격자의 기호는 FCC이다.
④ 전연성이 작기 때문에 가공성이 나쁘다.

해설
면심입방격자(FCC ; Face Centered Cubic) : Ag, Al, Au, Ca, Ir, Ni, Pb, Ce
• 배위수 : 12, 원자 충진율 : 74%, 단위격자 속 원자수 : 4
• 전기 전도도가 크며, 전연성이 크다.

51 ② 52 ② 53 ① 54 ③ 55 ③ 정답

56 6-4황동에 Sn을 1% 첨가한 것으로 판, 봉으로 가공되어 용접봉, 밸브대 등에 사용되는 것은?

① 톰 백　　② 니켈 황동
③ 네이벌 황동　　④ 애드미럴티 황동

해설
네이벌 : 6-4황동에 Sn 1% 첨가한 강, 판, 봉, 파이프 등 사용

57 열전도율이 낮은 적색을 띤 회백색의 금속으로 용융상태에서 응고할 때 팽창하는 것은?

① Sn　　② Zn
③ Mo　　④ Bi

해설
Bi(비스무트)는 원자번호 83번으로 무겁고 깨지기 쉬운 적색을 띤 금속으로 푸른 불꽃을 내고, 질산, 황산에 잘 녹는다. 수은 다음으로 열전도성이 작고 화장품, 안료에 사용된다.

58 다음 중 서브머지드 아크 용접에서 전류가 과대할 때 나타나는 현상이 아닌 것은?

① 용입이 깊어진다.
② 슬래그의 혼입이 발생한다.
③ 볼록한 비드가 발생한다.
④ 이면 비드의 언더컷이 발생한다.

해설
전류가 과대하더라도 슬래그 혼입은 발생하지 않는다.

59 정격 2차 전류가 200A, 정격 사용률이 40%의 아크 용접기로 150A의 전류를 사용하여 용접하는 경우 허용사용률은 얼마인가?

① 61%　　② 68%
③ 71%　　④ 78%

해설

$$허용사용률(\%) = \frac{(정격\ 2차\ 전류)^2}{(실제\ 용접전류)^2} \times 정격사용률$$

$$= \frac{(200)^2}{(150)^2} \times 40 = 71\%$$

60 다음 중 아세틸렌가스의 화학식으로 옳은 것은?

① CH_4　　② C_2H_2
③ C_2H_4　　④ C_3H_8

해설
아세틸렌가스 : C_2H_2

정답 56 ③ 57 ④ 58 ② 59 ③ 60 ②

2013년 제1회 과년도 기출문제

01 알루미늄합금의 재질을 판별하거나 열처리 상태를 판별하기에 가장 적합한 비파괴검사법은?

① 적외선검사 ② 스트레인측정
③ 와전류탐상검사 ④ 중성자투과검사

해설
와전류탐상검사는 맴돌이 전류(와전류 분포의 변화)로 거리・형상의 변화, 합금성분, 재질의 선별, 균열, 불균질 부분, 도금층 두께 측정, 치수 변화, 열처리 상태 등을 확인 가능하다.

02 비파괴검사 방법 중 검사제의 독성과 폭발에 주의해야 하는 것은?

① 누설검사 ② 초음파탐상검사
③ 방사선투과검사 ④ 열화상검사

해설
누설검사는 공기, 암모니아, 질소, 할로겐 등의 가스를 사용하여 내・외부의 유체의 흐름을 감지하는 시험으로 독성과 폭발에 주의해야 한다.

03 방사선이 물질과의 상호작용에 영향을 미치는 것과 거리가 먼 것은?

① 반사 작용 ② 전리 작용
③ 형광 작용 ④ 사진 작용

해설
방사선의 상호작용
- 전리 작용 : 전리 방사선이 물질을 통과할 때 궤도에 있는 전자를 이탈시켜 양이온과 음이온으로 분리되는 것
- 형광 작용 : 물체에 방사선을 조사하였을 때 고유한 파장의 빛을 내는 것
- 사진 작용 : 방사선을 사진필름에 투과시킨 후 현상하면 명암도의 차이가 나는 것

04 다음 중 액체 내에 존재할 수 있는 파는?

① 표면파 ② 종 파
③ 횡 파 ④ 판 파

해설
종파는 고체와 액체에서 전파가 가능하며 횡파의 경우 고체에만 전파된다.

05 누설가스가 매우 높은 속도에서 발생하는 흐름으로 레이놀즈 수 값에 좌우되는 흐름은?

① 층상흐름 ② 교란흐름
③ 분자흐름 ④ 전이흐름

해설
기체의 흐름은 점성흐름, 분자흐름, 전이흐름, 음향흐름이 있으며 다음과 같은 특징이 있다.
- 점성흐름
  - 층상흐름 : 기체가 여유롭게 흐르는 것을 의미하며, 흐름은 누설 압력차의 제곱에 비례
  - 교란흐름 : 높은 흐름 속도에 발생하며 레이놀즈 수 값에 좌우
- 분자흐름 : 기체 분자가 누설되는 벽에 부딪히며 일어나는 흐름
- 전이흐름 : 기체의 평균 자유 행로가 누설 단면치수와 비슷할 때 발생
- 음향흐름 : 누설의 기하학적 형상과 압력 하에서 발생

1 ③ 2 ① 3 ① 4 ② 5 ② 정답

06 자분탐상시험에서 시험체에 전극을 접촉시켜 통전함에 따라 시험체에 자계를 형성하는 방식이 아닌 것은?

① 프로드법
② 자속관통법
③ 직각통전법
④ 축통전법

해설
선형자화법에는 코일법과 극간법이 있으며, 원형자화법에는 축통전법, 프로드법, 직각통전법, 전류통전법, 중앙 전도체법이 있다. 자속관통법은 시험체 구멍 등에 전도체를 통과시켜 교류 자속을 가하여 유도전류를 통해 결함을 검출하는 방법이다.

07 방사선발생장치에서 전자의 이동을 균일한 방향으로 제어하는 장치는?

① 표면 물질
② 음극필라멘트
③ 진공압력 조절장치
④ 집속컵

해설
집속컵은 방출된 전자가 양극의 초점으로 이동할 수 있도록 빔 형태로 만들어주는 장치이다.

08 다음 중 육안검사의 장점이 아닌 것은?

① 검사가 간단하다.
② 검사속도가 빠르다.
③ 표면결함만 검출 가능하다.
④ 피검사체의 사용 중에도 검사가 가능하다.

해설
육안검사는 표면결함만을 검출 가능하며 이것은 장점이 될 수 없다.

09 열 전달에서 일반적으로 열을 전달하는 방식이 아닌 것은?

① 전 도 ② 대 류
③ 복 사 ④ 흡 수

해설
① 전도 : 고체에서 분자의 운동이 전달되는 열 전달 방식
② 대류 : 액체나 기체에서의 분자가 직접 이동하는 열 전달 방식
③ 복사 : 물질의 도움없이 열이 직접 이동하는 전달 방식

10 길이 0.4m, 직경 0.08m인 시험체를 코일법으로 자분탐상검사할 때 필요한 암페어-턴(Ampere-Turn) 값은?

① 4,000 ② 5,000
③ 6,000 ④ 7,000

해설
$$AT=\frac{35,000}{\left(2+\frac{L}{D}\right)}=\frac{35,000}{\left(2+\frac{0.4}{0.08}\right)}=5,000$$

정답 6 ② 7 ④ 8 ③ 9 ④ 10 ②

11 **전류의 흐름에 대한 도선과 코일의 총 저항을 무엇이라 하는가?**

① 유도리액턴스
② 인덕턴스
③ 용량리액턴스
④ 임피던스

해설
① 유도리액턴스 : 교류회로에서 전류의 흐름을 방해하는 코일의 저항 정도
② 인덕턴스 : 전류 변화에 대한 전자기 유도에 의해 역기전력의 비율
③ 용량리액턴스 : 정전 용량이 교류를 흐르게 하는 것을 방해하는 정도

12 **수세성 형광 침투탐상검사에 대한 설명으로 옳은 것은?**

① 유화처리 과정이 탐상 감도에 크게 영향을 미친다.
② 얕은 결함에 대하여는 결함검출감도가 낮다.
③ 거친 시험면에는 적용하기 어렵다.
④ 잉여 침투액의 제거가 어렵다.

해설
침투제에 유화제가 혼합되어 있는 것으로 직접 물세척이 가능하여, 과세척에 대한 우려가 높아 얕은 결함의 결함검출감도가 낮다.

13 **초음파의 특이성을 기술한 것 중 옳은 것은?**

① 파장이 길기 때문에 지향성이 둔하다.
② 액체 내에서 잘 전파한다.
③ 원거리에서 초음파 빔은 확산에 의해 약해진다.
④ 고체 내에서는 횡파만 존재한다.

해설
초음파의 특이성으로 파장이 길면 지향성이 좋으며, 고체 내에서는 횡파와 종파 등이 잘 전파되며, 거리가 멀어질수록 재질에서의 반사, 흡수, 산란 등으로 인해 감쇠된다.

14 **후유화성 침투탐상검사에 대한 설명으로 옳은 것은?**

① 시험체의 탐상 후에 후처리를 용이하게 하기 위해 유화제를 사용하는 방법이다.
② 시험체를 유화제로 처리하고 난 후에 침투액을 적용하는 방법이다.
③ 시험체를 침투처리하고 나서 유화제를 적용하는 방법이다.
④ 유화제가 함유되어 있는 현상제를 적용하는 방법이다.

해설
후유화성 침투탐상검사는 침투제에 유화제가 포함되지 않아 침투처리 후 유화처리를 거쳐야 하는 탐상이다.

15 **초음파탐상시험에서 깊이가 다른 두 개의 결함을 분리하여 검출하고자 할 때 효과적인 방법은?**

① 주파수를 줄인다.
② 펄스의 길이를 짧게 한다.
③ 초기 펄스의 크기를 증가시킨다.
④ 주파수를 줄이고 초기 펄스를 증가시킨다.

해설
초음파탐상에서 초기 펄스의 경우 근거리음장의 영역에 대한 정보이므로 일반적으로 무시하여야 하며, 펄스의 길이 조정을 통하여 첫 번째 결함의 에코와 두 번째 결함의 에코를 분리하여 검출할 수 있도록 하여야 한다.

11 ④ 12 ② 13 ③ 14 ③ 15 ② 정답

16 결함크기가 초음파 빔의 직경보다 클 경우 일반적으로 어떤 현상의 발생이 예상되는가?

① 임상 에코의 발생
② 저면 에코의 소실
③ 결함 에코의 증가
④ 표면의 손상

해설
초음파 빔이 저면까지 수신되지 못하여 CRT상에 결함 에코만이 나타나게 되며, 저면 에코는 소실하게 된다.

17 초음파 탐상기의 화면에 2개의 에코 A, B가 있다. 이때 A, B 에코 높이의 비가 10배 차이가 난다면 이를 dB로 환산하면 몇 dB 차이가 나는가?

① 10 ② 20
③ 100 ④ 200

해설
초음파는 수신 및 송신 왕복으로 음파가 이동하므로, 높이가 10배 차이 날 시 20dB이 차이가 나게 된다.

18 주강품을 초음파탐상검사할 때 신호대 잡음비가 낮아져 정확한 탐상이 되지 않는 이유 중 입자에 의한 영향을 올바르게 나타낸 것은?

① 아예 초음파를 입사하지 못하도록 하기 때문이다.
② 초음파가 진행 중 입자 경계에서 흡수 또는 산란되기 때문이다.
③ 주물의 냉각속도가 빨라 수축이 일어났기 때문이다.
④ 응고 시에 큰 공동(Cavity)이 발생하였기 때문이다.

해설
산란은 재질이 균일하지 않을 때 생기는 현상이며 흡수는 재질 내에서 열로 변환되며 흡수되는 것으로 입자의 진동이 커질수록 에너지의 흡수가 커지게 된다. 주강의 경우 주조 후 응고를 시킨 것이므로 재질 내의 입자에서의 흡수, 산란이 탐상에 가장 큰 어려움이 된다.

19 다음 그림에서 굴절각은?

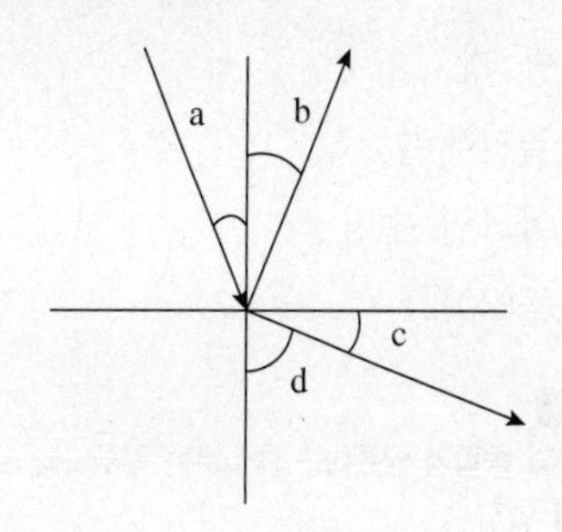

① a ② b
③ c ④ d

해설
a부분이 입사각으로 초음파가 진행하며 b는 반사각이 된다. 굴절각은 d이다.

20 초음파탐상검사를 수행할 때 음향렌즈를 사용하는 목적은?

① 초음파 빔을 집속시키기 위하여
② 원거리 분해능을 좋게 하기 위하여
③ 근거리 분해능을 좋게 하기 위하여
④ 저면 에코의 분해능을 얻기 위하여

해설
음향렌즈는 탐촉자 앞면에 특수 곡면을 부착하여 음파를 집속하며, 정밀 탐상 시에 사용된다.

정답 16 ② 17 ② 18 ② 19 ④ 20 ①

21 다음 물질 중 횡파와 종파가 공존할 수 있는 것은?

① 공 기
② 글리세린
③ 아크릴 수지
④ 물(20℃)

해설
횡파와 종파가 공존하는 물질로는 알루미늄, 주강(철), 아크릴수지 등이 있다.

물 질	알루미늄	주강(철)	아크릴수지	글리세린	물	기 름	공 기
종파속도(m/s)	6,300	5,900	2,700	1,900	500	1,400	340
횡파속도(m/s)	3,150	3,200	1,200				

22 초음파탐상시험 중 수침법에서 첫 번째 저면 반사파 앞에 많은 표면 지시파가 생길 때의 제거 방법은?

① 주파수를 높이면 된다.
② 집중렌즈를 사용한다.
③ Reject를 쓴다.
④ 물거리를 증가시킨다.

해설
물은 강에 비해 음속이 약 1/4이므로, 물거리를 증가시키면 제2저면 반사파 앞에 제1저면반사파가 나타나지 않게 된다.

23 그림과 같은 경사각탐상시험에서 빔거리가 W일 때 표면거리 y를 구하는 식으로 옳은 것은?

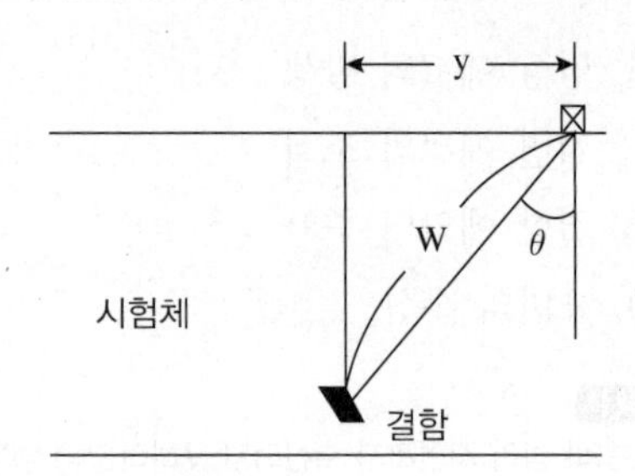

① $y = W \times \sin\theta$
② $y = W \times \cos\theta$
③ $y = W \times \tan\theta$
④ $y = W \times \cot\theta$

해설
삼각함수 법칙을 이용하여 $W \times \sin\theta$로 계산한다.

24 초음파탐상방법의 분류 중 원리에 의해 분류된 것은?

① 수직탐상법
② A-scope법
③ 1탐촉자법
④ 공진법

해설
원리에 의한 분류로 반사법(펄스 반사법), 투과법, 공진법이 있으며 진동방식에 의한 분류는 수직, 사각, 표면파, 판파 등이 있다. 접촉 방식으로는 직접접촉법, 국부수침법, 전몰수침법 등이 있다.

21 ③ 22 ④ 23 ① 24 ④ 정답

25 초음파탐상시험에서 결함 에코를 브라운관 상에서 정확하게 읽기 위해 요구되어지는 성능이 아닌 것은?

① 시간축 직선성 ② 분해능
③ 댐핑성(Damping) ④ 증폭 직선성

해설
- 시간축 직선성(Horizontal linearity) : 탐상기에서 표시되는 시간축의 정확성을 의미하며, 다중 반사 에코의 등간격이 얼마인지 표시할 수 있는 성능
- 증폭 직선성(Amplitude linearity) : 입력에 대한 출력의 관계가 어느 정도 차이가 있는가를 나타내는 성능
- 분해능(Resolution) : 가까이 위치한 2개의 불연속부에서 탐상기가 2개의 펄스를 식별할 수 있는지에 대한 능력
- 감도여유치 : 탐상기에서 조정 가능한 증폭기의 조정 범위(최소, 최대 증폭치 간의 차)

26 제2임계각을 넘었을 때 시험체 내에 존재하는 파형은?

① 종파만 존재한다.
② 횡파만 존재한다.
③ 표면파만 존재한다.
④ 전반사한다.

해설
제2임계각은 횡파의 굴절각이 90°가 되었을 때를 의미하며 이 이상을 넘을 시 전반사하게 된다.

27 다음 수정진동자의 두께 중 어느 것이 가장 높은 주파수를 갖는가?

① 0.287mm ② 0.574mm
③ 1.435mm ④ 2.87mm

해설
진동자의 두께는 주파수와 반비례하므로 두께가 얇을수록 주파수는 높아진다.

28 초음파탐상시험용 표준시험편(KS B 0831)에서 탐상 감도의 조정과 측정범위의 조정에 모두 사용할 수 있는 표준시험편은?

① G형 ② N1형
③ A2형 ④ A3형

해설
STB-A3형은 경사각 탐촉자의 입사점, 굴절각, 측정 범위의 조정, 탐상 감도 조정에 사용된다.

29 압력용기용 강판의 초음파탐상검사방법(KS D 0233)에 의거 결함의 정도에 따른 표시기호가 틀린 것은?

① 가벼움 – ○ ② 중간 – △
③ 큼 – × ④ 매우 큼 – □

해설
결함의 정도에 따른 분류 중 매우 큼은 존재하지 않는다(가벼움 : ○, 중간 : △, 큼 : ×).

30 초음파탐상장치의 성능측정방법(KS B 0534)에 따라 수직탐상할 경우 사용되는 근거리 분해능 측정용 시험편은?

① RB–RA형 ② RB–RB형
③ RB–RC형 ④ STB–A형

해설
수직탐상의 근거리 분해능 측정에는 RB–RC형 대비시험편을 사용하고 접촉 매질과 탐촉자는 실제 탐상에 사용하는 것으로 사용한다.

정답 25 ③ 26 ④ 27 ① 28 ④ 29 ④ 30 ③

31 알루미늄의 맞대기용접부의 초음파경사각탐상시험방법(KS B 0897)에 따라 탠덤탐상할 때 흠의 지시길이의 측정에서 흠의 끝점은?(단, H_{Fmax}는 최대 에코 높이이다)

① H_{Fmax}

② H_{Fmax} − 6dB

③ H_{Fmax} + 6dB

④ H_{Fmax} − 10dB

해설

탠덤탐상 시 평가 대상으로 하는 흠의 지시길이 측정은 흠에서의 에코 높이가 H_{Fmax} − 10dB과 일치하는 위치의 흠의 끝으로 한다.

32 강 용접부의 초음파탐상시험방법(KS B 0896)에 의한 원둘레 이음 용접부의 탐상에 있어서 곡률반경 100mm인 용접부를 경사각탐상하고자 한다. 탐상 감도의 조정을 위한 시험편은 어느 것을 사용하여야 하는가?

① STB-A1 ② STB-A2

③ RB-4 ④ RB-A8

해설

곡률반경이 50mm 이상 150mm 이하의 경우 RB-A8 대비시험편으로 사용하며 150mm 이상 1,000mm일 경우 STB-A1 혹은 STB-A3를 사용한다. 탐상 감도 조정을 위해서는 50mm 이상 250mm 이하까지 RB-A8을 사용하며 250mm 이상 1,000mm까지는 RB-4를 사용한다.

33 초음파탐상시험용 표준시험편(KS B 0831) 중 STB-G형 감도 표준시험편에 관한 내용 중 검정장치의 하나인 탐촉자 크기에 관한 설명으로 잘못된 것은?

① 10MHz에서 진동자 지름 14mm

② 5MHz에서 진동자 지름 20mm

③ 2.25MHz에서 진동자 지름 28mm

④ 2MHz에서 진동자 지름 32mm

해설

초음파탐상에 사용하는 장치

구 분		주파수(MHz)	진동자 치수(mm)
STB-G형		2(2.25)	ϕ28
		5	ϕ20
		10	ϕ20 또는 ϕ14
STB-N1형		5	ϕ20
A1형 STB		5	10×10
A2형계 STB	STB-A2	2(2.25) 및 5	10×10
	STB-A21 ATB-A22	5	10×10
A3형계 STB		5	10×10

34 강 용접부의 초음파탐상시험방법(KS B 0896)에 따른 시험결과의 분류 방법에 대한 설명으로 틀린 것은?

① 경사평행주사로 검출된 흠의 결과 분류는 기존 분류에 한 급 하위분류를 채용한다.

② 동일 깊이에 있어서 흠과 흠의 간격이 큰 쪽의 흠의 지시길이보다 짧은 경우는 동일 흠군으로 본다.

③ 흠과 흠의 간격이 양가의 흠의 지시길이 중 큰 쪽의 흠의 지시길이보다 긴 경우는 각각 독립한 흠으로 본다.

④ 분기주사 및 용접선 위 주사에 의한 시험 결과의 분류는 당사자 사이의 협정에 따른다.

해설

경사평행주사의 흠 결과 분류는 당사자 간의 협의에 따른다.

31 ④ 32 ④ 33 ④ 34 ① 정답

35 금속재료의 펄스반사법에 따른 초음파탐상시험방법통칙(KS B 0817)에 의한 흠집의 치수측정 항목에 포함되지 않는 것은?

① 흠집의 모양 ② 흠집의 지시길이
③ 흠집의 지름 ④ 흠집의 지시높이

해설
흠집의 치수측정 항목으로는 흠집의 지시길이, 지시높이, 등가 결함 지름이 해당된다.

36 탄소강 및 저합금강 단강품의 초음파탐상시험방법(KS D 0248)에 따라 수직탐상에 의한 초음파탐상 시험을 할 때 흠의 기록 및 평가방법에 관한 설명으로 틀린 것은?

① 흠 에코 높이로 평가하는 분류와 흠에 의한 밑면 에코저하량 분류로 나누어진다.
② 흠 에코의 분류방법은 밑면 에코방식, 시험편방식, 감쇠보정방식이 있다.
③ 흠 에코의 분류는 흠 에코를 등가 결함 지름으로 환산하여 분류한다.
④ 흠에 의한 밑면 에코 저하량 분류는 밑면 에코 저하량을 결함의 길이로 환산하여 분류한다.

해설
흠에 의한 밑면 에코 저하량 분류 시 밑면 에코 저하량이 아닌 밑면 에코 높이와 흠 에코 높이와의 비에 의해서 평가한다.

37 강 용접부의 초음파탐상시험방법(KS B 0896)에 따른 경사각탐상으로 흠(결함)의 지시길이를 측정하는 설명이 옳은 것은?

① 최대 에코 높이에서 좌우 주사하여 에코 높이가 H선을 넘는 탐촉자의 이동거리
② 판 두께 75mm 이상의 경우, 좌우 주사하여 에코 높이가 M선을 넘는 탐촉자의 이동거리
③ 흠의 지시길이는 0.5mm 단위로 측정
④ 약간의 전후 주사는 하지만 목 회전 주사는 하지 않음

해설
흠의 지시길이는 최대 에코에서 좌우 주사로 측정하게 되며 DAC상 L선을 넘는 탐촉자의 이동거리로 한다. 여기서 약간의 전후 주사는 하지만 목 회전은 하지 않는다.

38 압력용기용 강판의 초음파탐상검사방법(KS D 0233)에 따라 이진동자 수직 탐촉자에 의한 탐상을 할 때, 결함지시길이를 측정하는 방법에 대한 설명으로 틀린 것은?

① 폭 방향 지시길이를 측정하는 경우, X주사로 측정
② 길이 방향 지시길이를 측정하는 경우, Y주사로 측정
③ 탐촉자를 이동하여 흠 에코 높이가 대비선까지 저하될 때, 이동한 탐촉자의 중심 간 거리를 측정
④ 길이 방향 지시길이를 측정할 때, X주사가 곤란한 경우 Y주사로 측정

해설
2진동자 수직 탐촉자의 경우 결함 길이 방향은 Y주사로 측정한다. Y주사가 어려울 시 X주사로 측정하며, 규정된 대비선까지 저하되었을 때까지의 거리를 측정한다.

정답 35 ① 36 ④ 37 ④ 38 ④

39 강 용접부의 초음파탐상시험방법(KS B 0896)에 따라 RB-4를 이용하여 에코 높이 구분선을 작성하고자 할 때 탐촉자의 위치는?

① $\frac{1}{8}$, $\frac{2}{8}$, $\frac{4}{8}$, $\frac{6}{8}$, $\frac{8}{8}$

② $\frac{1}{8}$, $\frac{3}{8}$, $\frac{5}{8}$, $\frac{7}{8}$, $\frac{9}{8}$

③ $\frac{1}{9}$, $\frac{3}{9}$, $\frac{5}{9}$, $\frac{7}{9}$, $\frac{9}{9}$

④ $\frac{1}{9}$, $\frac{2}{9}$, $\frac{4}{9}$, $\frac{6}{9}$, $\frac{8}{9}$

해설

에코 높이 구분선의 작성

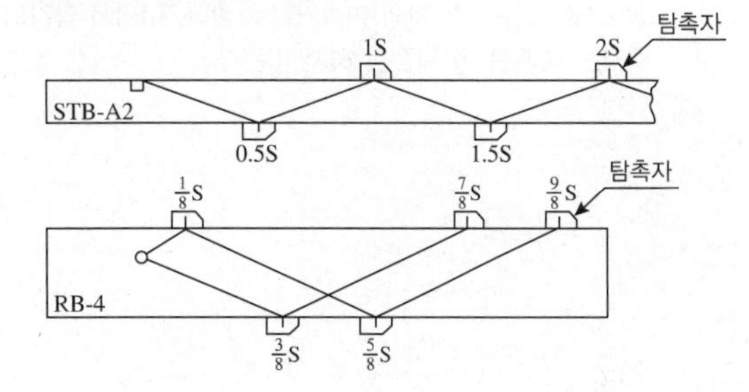

40 알루미늄의 맞대기용접부의 초음파경사각탐상시험방법(KS B 0897)에서 시험결과의 분류 시 모재 두께 T가 20mm 초과 80mm 이하이고, B종으로 구분될 때 흠의 분류가 1류였다면 흠의 지시길이는 얼마 이하일 때인가?

① T/8　② T/6
③ T/4　④ T/2

해설

두께 T가 20mm 초과 80mm 이하일 경우 흠의 분류가 1류라면 A종은 T/8, B종은 T/4, C종은 T/3으로 분류한다.

41 강 용접부의 초음파탐상시험방법(KS B 0896)에 따른 수직 탐촉자의 성능 측정 시 사용되는 표준시험편은?

① STB-A1
② STB-A2
③ STB-G V15-5.6
④ STB-N1

해설

수직 탐촉자의 성능 측정 시 STB-G V15-5.6의 표준시험편을 사용하여 탐상한다.

42 강 용접부의 초음파탐상시험방법(KS B 0896)에서 공칭굴절각 35°의 탐촉자를 사용할 때, 허용되는 공칭굴절각과 STB굴절각과의 차이는?

① 0°에서 +4° 범위 내로 한다.
② 0°에서 −4° 범위 내로 한다.
③ −2°에서 +2° 범위 내로 한다.
④ −4°에서 +4° 범위 내로 한다.

해설

공칭굴절각과 STB굴절각의 차이는 상온(10~30℃)을 기준으로 ±2°로 하며, 공칭굴절각이 35°일 경우 0~4°의 범위 내로 한다.

43 고온에서 사용하는 내열강 재료의 구비조건에 대한 설명으로 틀린 것은?

① 기계적 성질이 우수해야 한다.
② 조직이 안정되어 있어야 한다.
③ 열팽창에 대한 변형이 커야 한다.
④ 화학적으로 안정되어 있어야 한다.

해설

내열강의 구비조건
- 고온에서 화학적 안정을 이룰 것
- 고온에서 기계적 성질이 좋을 것
- 사용 온도에서 조직의 변태, 탄화물 분해 등이 일어나지 말 것
- 열팽창 및 열에 대한 변형이 적을 것

39 ② 40 ③ 41 ③ 42 ① 43 ③ 정답

44 고체 상태에서 하나의 원소가 온도에 따라 그 금속을 구성하고 있는 원자의 배열이 변하여 두 가지 이상의 결정구조를 가지는 것은?

① 전 위 ② 동소체

③ 고용체 ④ 재결정

해설

고용체란 한 고체에 다른 물질이 용해되 균일한 고체가 되는 것을 의미하며 온도에 따라 원자 배열이 변한다.

45 Ni-Fe계 합금인 인바(Invar)는 길이 측정용 표준자, 바이메탈, VTR 헤드의 고정대 등에 사용되는데 이는 재료의 어떤 특성 때문에 사용하는가?

① 자 성 ② 비 중

③ 전기저항 ④ 열팽창계수

해설

불변강은 탄성계수가 매우 낮은 금속으로 인바, 엘린바 등이 있으며, 엘린바의 경우 36% Ni + 12% Cr 나머지 철로 된 합금이며, 인바의 경우 36% Ni + 0.3% Co + 0.4% Mn 나머지 철로 된 합금이다. 두 합금 모두 열팽창계수, 탄성계수가 매우 적고, 내식성이 우수하다.

46 니켈-크롬 합금 중 사용한도가 1,000℃까지 측정할 수 있는 합금은?

① 망가닌

② 우드메탈

③ 배빗메탈

④ 크로멜-알루멜

해설

니켈-크롬 합금 중 니크롬은 전열 저항선으로 사용되며 Ni(50~90%)-Cr(11~33%)가 함유되어 있으며 1,000℃ 온도까지 견디며, 크로멜-알루멜은 크로멜 Cr(10%)의 Ni-Cr합금, 알루멜은 Al(3%)의 Ni-Cr합금으로 주로 1,200℃까지의 온도 측정에 사용된다.

47 탄소가 0.50~0.70%이고, 인장강도는 590~690 MPa이며, 축, 기어, 레일, 스프링 등에 사용되는 탄소강은?

① 톰 백 ② 극연강

③ 반연강 ④ 최경강

해설

- 최경강 : 탄소 함유량이 0.5~0.7%이며, 인장강도 650MPa 이상으로 축, 기어, 레일 등에 사용
- 경강 : 탄소 함유량이 0.45~0.5%이며, 인장강도 580~700MPa 정도로 실린더, 레일에 사용
- 반연강 : 탄소 함유량이 0.2~0.3%이며, 인장강도 440~550 MPa 정도로 교량, 보일러용 판에 사용

48 다음 중 청동과 황동 및 합금에 대한 설명으로 틀린 것은?

① 청동은 구리와 주석의 합금이다.

② 황동은 구리와 아연의 합금이다.

③ 톰백은 구리에 5~20%의 아연을 함유한 것으로 강도는 높으나 전연성이 없다.

④ 포금은 구리에 8~12% 주석을 함유한 것으로 포신의 재료 등에 사용되었다.

해설

청동의 경우 ㉧이 들어간 것으로 Sn(주석), ㉧을 연관시키고, 황동의 경우 ㉭이 들어가 있으므로 Zn(아연), ㉦을 연관시켜 암기하며, 톰백의 경우 모조금과 비슷한 색을 내는 것으로 구리에 5~20%의 아연을 함유하여 전연성이 높은 재료이다.

정답 44 ③ 45 ④ 46 ④ 47 ④ 48 ③

49 내마멸용으로 사용되는 애시큘러 주철의 기지(바탕) 조직은?

① 베이나이트
② 소르바이트
③ 마텐자이트
④ 오스테나이트

해설
애시큘러 주철은 기지 조직이 베이나이트로 Ni, Cr, Mo 등이 첨가되어 내마멸성이 뛰어난 주철이다.

50 다음 중 순철의 자기변태 온도는 약 몇 ℃인가?

① 100℃ ② 768℃
③ 910℃ ④ 1,400℃

해설
Fe-C 상태도 내에서 자기변태는 A_0 변태(210℃)인 시멘타이트의 자기변태와 A_2 변태(768℃)인 순철의 자기변태가 있다.

51 동일 조건에서 전기전도율이 가장 큰 것은?

① Fe ② Cr
③ Mo ④ Pb

해설
금속의 전기전도율 순서
Ag > Cu > Au > Al > Mg > Mo > Zn > Ni > Fe > Cr > Pb

52 다음 중 비정질 합금에 대한 설명으로 틀린 것은?

① 균질한 재료이고 결정이방성이 없다.
② 강도는 높고 연성도 크나 가공경화는 일으키지 않는다.
③ 제조법에는 단롤법, 쌍롤법, 원심 급랭법 등이 있다.
④ 액체 급랭법에서 비정질재료를 용이하게 얻기 위해서는 합금에 함유된 이종원소의 원자반경이 같아야 한다.

해설
비정질 합금
금속이 용해 후 고속 급랭시켜 원자가 규칙적으로 배열되지 못하고 액체 상태로 응고되어 금속이 되는 것이다. 제조법으로는 기체 급랭(진공 증착, 스퍼터링, 화학 증착, 이온 도금), 액체 급랭(단롤법, 쌍롤법, 원심법, 스프레이법, 분무법), 금속 이온(전해 코팅법, 무전해 코팅법)이 있으며, 합금에 함유된 이종원소의 원자반경과는 상관이 없다.

49 ① 50 ② 51 ③ 52 ④ 정답

53 Au의 순도를 나타내는 단위는?

① K(Karat)

② P(Pound)

③ %(Percent)

④ μm (Micron)

해설

귀금속의 순도 단위로는 캐럿(K, Karat)으로 나타내며, 24진법을 사용하여 24K는 순금속, 18K의 경우 $\frac{18}{24} \times 100 = 75\%$가 포함된 것을 알 수 있다.

※ 참 고

- Au(aurum, 금의 원자기호)
- Carat(다이아몬드 중량표시, 기호 ct)
- Karat(금의 질량표시, 기호 K)
- ct와 K는 혼용되기도 함

54 탄소강 중에 포함된 구리(Cu)의 영향으로 틀린 것은?

① 내식성을 향상시킨다.

② Ar_1의 변태점을 증가시킨다.

③ 강재 압연 시 균열의 원인이 된다.

④ 강도, 경도, 탄성한도를 증가시킨다.

해설

구리는 인장강도, 경도, 탄성한도를 증가시키며 내산, 내식성을 향상시킨다. 그리고 Ar_1의 변태점을 감소시키고 강재 압연 시 균열의 원인이 된다.

55 다음 중 비중이 가장 가벼운 금속은?

① Mg ② Al

③ Cu ④ Ag

해설

비중 : Mg(1.74), Al(2.7), Fe(7.86), Cu(8.9), Mo(10.2), Ni(8.9), W(19.3), Mn(7.4), Ag(10.5)

56 주강과 주철을 비교 설명한 것 중 틀린 것은?

① 주강은 주철에 비해 용접이 쉽다.

② 주강은 주철에 비해 용융점이 높다.

③ 주강은 주철에 비해 탄소량이 적다.

④ 주강은 주철에 비해 수축률이 적다.

해설

주강은 주철에 비해 수축률이 크다.

정답 53 ① 54 ② 55 ① 56 ④

57 다음의 금속 결함 중 체적 결함에 해당되는 것은?

① 전 위

② 수축공

③ 결정립계 경계

④ 침입형 불순물 원자

해설

금속 결함에는 점결함, 선결함과 면결함, 체적 결함이 있다.
- 점결함에는 공공, 침입형 원자, 프렌켈 결함 등이 있다.
- 선결함에는 칼날전위, 나선전위, 혼합전위 등이 있다.
- 면결함에는 적층결함, 쌍정, 상계면 등이 있다.
- 체적 결함은 1개소에 여러 개의 입자가 존재하는 것으로 수축공, 균열, 개재물 같은 것들이 해당된다.

58 정격 2차 전류가 200A, 정격 사용률이 40%인 아크 용접기로 150A의 전류 사용 시 허용 사용률은 약 얼마인가?

① 58% ② 71%

③ 60% ④ 82%

해설

$$\text{허용 사용률(\%)} = \frac{(\text{정격 2차 전류})^2}{(\text{실제 전류})^2} \times \text{정격 사용률}$$

$$= \frac{200^2}{150^2} \times 40 \fallingdotseq 71.1\%\text{가 된다.}$$

59 산소와 아세틸렌을 이론적으로 1 : 1 정도 혼합시켜 연소할 때 용접토치에서 얻는 불꽃은?

① 중성 불꽃

② 탄화 불꽃

③ 산화 불꽃

④ 환원 불꽃

해설

① 중성 불꽃 : 산소와 아세틸렌 용접비가 1 : 1인 불꽃

② 탄화 불꽃 : 중성 불꽃보다 아세틸렌가스 양이 많은 불꽃

③ 산화 불꽃 : 중성 불꽃보다 산소의 양이 많은 불꽃

60 TIG용접에서 직류 정극성으로 용접이 가능한 재료는?

① 스테인리스강

② 마그네슘 주물

③ 알루미늄 판

④ 알루미늄 주물

해설

직류 정극성 사용 시 용입이 깊어지고 폭이 좁은 용접부를 얻으며, 스테인리스강 용접에 많이 쓰이며 직류 역극성 사용 시 청정효과를 얻을 수 있고 Al, Mg 등의 용접에 많이 쓰인다.

57 ② 58 ② 59 ① 60 ① 정답

2014년 제1회 과년도 기출문제

01 다음 재료 중 자분탐상검사를 적용하기 어려운 것은?

① 순 철 ② 니켈 합금
③ 탄소강 ④ 알루미늄

해설
자분탐상검사는 강자성체에만 적용이 가능하며, 알루미늄은 상자성체에 속한다.

02 다음 중 폐수처리설비를 갖추어야 하는 비파괴검사법은 무엇인가?

① 암모니아 누설검사
② 수세형광 침투탐상검사
③ 초음파탐상검사 수침법
④ 초음파회전튜브검사법

해설
침투탐상검사에서 침투액, 현상액, 세척액 등 액체류를 사용하므로 폐수처리설비가 있어야 한다.

03 방사성동위원소의 선원 크기가 2mm, 시험체의 두께가 25mm, 기하학적 불선명도가 0.2mm일 때 선원 시험체 간 최소 거리는 얼마인가?

① 150mm ② 200mm
③ 250mm ④ 300mm

해설
방사선 탐상에서 기하학적 불선명도는 $U_E = \frac{Ft}{d_0}$ 로 계산되며 U_E는 기하학적 불선명도, F는 방사선 선원의 크기, t는 시험체와 필름의 거리, d_0는 선원과 시험체 간의 거리를 나타낸다.
즉, $d_0 = \frac{2\text{mm} \times 25\text{mm}}{0.2} = 250\text{mm}$ 가 된다.

04 초음파탐상검사에 의한 가동 중 검사에서 검출 대상이 아닌 것은?

① 부식피로균열
② 응력부식균열
③ 기계적 손상
④ 슬래그 개재물

해설
슬래그 개재물은 작업 완료 후 검출이 가능하다.

05 육안검사의 원리는 어떤 물리적 현상을 이용하는가?

① 방사선의 원리
② 음향의 원리
③ 광학의 원리
④ 열의 원리

해설
광학적 및 역학적 성질을 이용한 시험에는 육안검사, 침투탐상검사, 누설검사 등이 있다.

정답 1 ④ 2 ② 3 ③ 4 ④ 5 ③

06 다음 중 육안검사의 장점이 아닌 것은?

① 비용이 저렴하다.
② 검사 속도가 느리다.
③ 검사가 간단하다.
④ 사용 중에도 검사가 가능하다.

해설
육안검사는 비용이 저렴하고 검사가 간단하여 검사 속도가 빠르며, 사용 중에도 상시로 검사가 가능하다.

07 자분탐상시험의 특징에 대한 설명으로 틀린 것은?

① 표면 및 표면직하 균열의 검사에 적합하다.
② 자속은 가능한 한 결함면에 수직이 되도록 하여야 검사에 유리하다.
③ 자분은 시험체의 표면의 색과 구별이 잘 되는 색을 선정하여야 대비가 잘 된다.
④ 시험체의 두께 방향으로 발생된 결함 깊이와 형상에 관한 정보를 얻기 쉽다.

해설
자분탐상시험은 표면 및 표면직하에 대한 결함을 찾는 것으로 결함 깊이와 형상에 관한 정보를 얻을 수 없으며, 이는 초음파탐상시험으로 알 수 있다.

08 다음 누설검사 방법 중 누설 위치를 검출하기 위해 적용하기 어려운 것은?

① 암모니아 누설검사
② 기포누설시험 - 가압법
③ 기포누설시험 - 진공상자법
④ 헬륨질량분석법 - 진공후드법

해설
헬륨질량분석법은 내・외부의 압력차에 의한 누설량을 측정하는 시험으로 누설 위치를 찾는 데에는 적당하지 않다.

09 다음 중 보일 샤를의 법칙을 고려하여야 하는 비파괴검사법은?

① 초음파탐상검사
② 자기탐상검사
③ 와전류탐상검사
④ 누설검사

해설
누설검사는 유체의 흐름을 감지해 누설 부위를 탐지하는 것으로 보일-샤를의 법칙인 온도와 압력이 동시에 변하는 것으로 기체의 부피는 절대 압력에 반비례하고 절대 온도에 비례하는 성질을 이용한다.

10 와전류탐상시험에서 와전류의 침투깊이를 설명한 내용으로 틀린 것은?

① 주파수가 낮을수록 침투깊이가 깊다.
② 투자율이 낮을수록 침투깊이가 깊다.
③ 전도율이 높을수록 침투깊이가 얕다.
④ 표피효과가 작을수록 침투깊이가 얕다.

해설
표피효과(Skin Effect) : 교류 전류가 흐르는 코일에 도체가 가까이 가면 전자유도현상에 의해 와전류가 유도되며, 이 와전류는 도체의 표면 근처에서 집중되어 유도되는 효과로 침투깊이는 $\delta = \frac{1}{\sqrt{\pi \rho f \mu}}$ 로 나타내며, ρ : 전도율, μ : 투자율, f : 주파수로 전도율, 투자율, 주파수에 반비례하고, 표피효과가 작아질수록 침투깊이는 깊어지는 것을 알 수 있다.

6 ② 7 ④ 8 ④ 9 ④ 10 ④ 정답

11 1eV(Electron Volt)의 의미를 옳게 나타낸 것은?

① 물질파 파장의 단위
② Lorentz 힘의 크기의 단위
③ 1V 전위차가 있는 전자가 받는 에너지의 단위
④ 원자질량 단위로써 정지하고 있는 전자 1개의 질량

해설
1eV란 에너지의 단위로써 1 전자의 전하입자가 전위차 1V를 가지는 진공 속을 통과할 때 얻는 에너지를 의미한다.

12 횡파를 이용하여 강 용접부를 초음파탐상할 때 결함의 깊이 측정이 가능한 탐상법은?

① 수직탐상법　　② 경사각탐상법
③ 국부수침법　　④ 전몰수침법

해설
수직탐상의 경우 종파를 사용하며, 경사각탐상의 경우 횡파를 사용한다. 경사각탐상은 입사각과 굴절각에 의한 삼각함수를 사용해 결함의 깊이 및 위치 역시 측정가능하다.

13 와전류탐상검사에서 시험체에 침투되는 와전류의 표준 침투깊이에 영향을 미치지 않는 것은?

① 주파수　　② 전도율
③ 투자율　　④ 기전율

해설
와전류의 표준 침투깊이(Standard Depth of Penetration)는 와전류가 도체 표면의 약 37% 감소하는 깊이를 의미하며, 침투깊이는 $\delta = \frac{1}{\sqrt{\pi \rho f \mu}}$ 로 나타내며, ρ : 전도율, μ : 투자율, f : 주파수로 기전율은 영향을 미치지 않는다.

14 폭이 넓고 깊이가 얕은 결함의 검사에 후유화성 침투탐상검사가 적용되는 이유는?

① 침투액의 형광휘도가 높기 때문이다.
② 수세성 침투액에 비해 시험비용이 저렴하기 때문이다.
③ 수세성 침투액에 비해 침투액이 결함에 침투하기 쉽기 때문이다.
④ 수세성 침투액에 비해 과세척될 염려가 적기 때문이다.

해설
후유화성 침투액은 침투액이 물에 곧장 씻겨 내리지 않고 유화처리를 통하여야만 세척이 가능하므로, 과세척을 막을 수 있어 얕은 결함의 검사에 유리하다. 단, 유화 시간 적용이 중요하다.

15 수정 탐촉자의 지름이 클수록 지향성은 어떻게 변화하는가?

① 예리하다.　　② 둔화된다.
③ 넓어진다.　　④ 길어진다.

해설
수정 탐촉자의 지름이 크고 주파수가 높을수록 지향각은 작아진다.

정답 11 ③ 12 ② 13 ④ 14 ④ 15 ①

16 CRT(또는 LCD)표시기에 나타난 탐상면 에코와 저면 반사 에코 사이의 거리를 다음 중 무엇이라 하는가?

① 펄스 진폭
② 탐촉자가 움직인 거리
③ 불연속의 두께
④ 시편의 두께

해설
CRT 상에 초기 펄스(탐상면 에코)와 저면 반사 에코 사이의 거리는 시편의 두께를 나타낸다.

17 초음파탐상장치에서 송신 펄스를 화면의 가장 왼쪽에 배치할 수 있으며, 화면에 보이지 않던 에코를 작업자가 볼 수 있게 하는 기능을 가진 것은?

① 게 인
② 게이트
③ 소인지연 손잡이
④ 음속조정 손잡이

해설
소인 회로는 탐상기에 나타나는 펄스의 수평등속도로 만들어 탐상 거리를 조정하는 회로이며, 소인지연 손잡이는 필요로 하는 에코만을 표시하고 영점을 수정할 수 있는 기능을 한다.

18 초음파 탐상기의 성능 점검을 할 때 반드시 시행해야 하는 3가지는?

① 분해능, 감도 여유값, 불감대
② 불감대, 증폭의 직선성, 시간축의 직선성
③ 증폭의 직선성, 시간축의 직선성, 감도 여유값
④ 분해능, 증폭의 직선성, 시간축의 직선성

해설
초음파 탐상기의 성능 점검으로 탐상기의 시간축 직선성, 증폭 직선성, 분해능이 가장 중요하다.

19 초음파탐상검사에 사용되는 접촉매질(Couplant)에 대해 설명한 것 중 옳은 것은?

① 접촉매질의 막은 가능한 한 두꺼울수록 좋다.
② 접촉매질이 너무 얇으면 간섭현상으로 음에너지가 손실된다.
③ 접촉매질의 음향 임피던스는 탐촉자의 음향 임피던스보다 커야 한다.
④ 접촉매질은 시험편 표면과 탐촉자 표면 사이에서 음향 임피던스를 가져야 한다.

해설
접촉매질은 초음파의 진행 특성상 공기층이 있을 경우 음파가 진행하기 어려워 특정한 액체를 사용하는 것으로 시험체와 음향 임피던스가 비슷하여야 전달 효율이 좋아진다.

20 20mm 두께의 맞대기 용접부를 굴절각 70° 탐촉자로 탐상하여 스크린상에 75mm 거리에서 결함 지시가 나타났다. 이 결함의 깊이는?

① 10.5mm　② 12.2mm
③ 14.3mm　④ 16.8mm

해설
결함의 깊이 $d = 2t - W \cdot \cos\theta$로,
$2 \times 20 - 75 \times \cos 70° = 14.3\text{mm}$가 된다.

16 ④ 17 ③ 18 ④ 19 ④ 20 ③ 정답

21 초음파탐상시험 중 투과법이 적용되는 주사방법은?

① 좌우 주사　　② V 주사
③ 목돌림 주사　　④ 지그재그 주사

해설
V 주사는 송・수신용 탐촉자 2개를 이용하여 서로 마주보며 초음파 빔이 V자를 이루게 하는 탐상법으로 투과법에 적용된다.

22 알루미늄에서 종파의 속도가 3,130m/s일 때 파장의 크기가 0.63mm라면 주파수는 약 얼마인가?

① 2MHz　　② 3MHz
③ 4MHz　　④ 5MHz

해설

$f(\text{주파수}) = \frac{V(\text{음속})}{\lambda(\text{파장})}$이므로

$$f = \frac{V}{\lambda} = \frac{3,130\text{m/s}}{0.63 \times 10^{-3}\text{m}} \fallingdotseq 5 \times 10^6\text{Hz} = 5\text{MHz}$$

23 STB-A1 표준시험편에 수직탐촉자로 거리교정하고 종파속도 5,500m/s인 검사체를 측정하니 빔 거리가 40mm로 측정되었다면 실제 검사체의 두께는 약 몇 mm인가?(단, STB-A1에서의 종파속도는 5,900m/s이다)

① 37mm　　② 40mm
③ 42mm　　④ 45mm

해설

$$\text{검사체 두께} = \frac{40\text{mm} \times 5,500\text{m/s}}{5,900\text{m/s}} \fallingdotseq 37\text{mm}$$

24 초음파탐상시험 시 시험체 면과 탐촉자 사이에 물과 같은 액체를 채워 일정 거리를 유지하면서 검사하는 방법은?

① 접촉법　　② 수침법
③ 투과법　　④ 표면파법

해설
수침법은 시험체와 탐촉자를 물속에 넣어 초음파를 발생시켜 검사하는 방법으로 접촉 매질로는 물을 사용한다.

25 초음파탐상검사 시 탐촉자 내의 진동판에서 초음파를 발생시키는 원리와 관계가 깊은 것은?

① 압전 효과　　② 간섭 현상
③ 자기유도 현상　　④ 광전 효과

해설
압전 효과 : 기계적인 에너지를 가하면 전압이 발생하고, 전압을 가하면 기계적인 변형이 발생하는 현상으로, 어떤 소재에 힘을 가하였을 경우 표면에 전압이 발생하고, 반대로 전압을 걸어주면 소자가 이동하거나 힘이 발생하는 현상이다.

정답　21 ②　22 ④　23 ①　24 ②　25 ①

26 두께 12인치인 굵은 강재에 초음파탐상시험을 할 때 투과력이 가장 좋은 주파수는?

① 2.25MHz ② 1MHz
③ 5MHz ④ 10MHz

해설
주파수가 낮을수록 강도와 분해능은 낮아지나 투과력과 분산은 증가한다.

27 경사각 탐촉자에 플라스틱 쐐기를 붙이는 가장 근본적인 이유는?

① 시험 시 손에 잡기 쉽게 하기 위해서
② 내마모성을 좋게 하기 위해서
③ 초음파를 시험체에 경사지게 전달하기 위해서
④ 탐촉자를 견고하게 만들기 위해서

해설
경사각 탐촉자에서 플라스틱 쐐기는 내마모성을 증가시키고, 초음파를 경사지게 전달하기 위해서, 시험 시 손에 잡기 쉽게 하기 위한 특성이 있으며, 이를 합하여 생각해보면 탐촉자를 견고하게 만드는 것이 답이 된다. 가장 근접한 답을 찾도록 한다.

28 강 용접부의 초음파탐상시험방법(KS B 0896)에서 초음파 탐상기의 시간축 직선성(측정범위)를 측정할 때 허용한계치는 몇 % 이내이어야 하는가?

① ±1% 이내
② ±2% 이내
③ ±3% 이내
④ ±4% 이내

해설
탐상기에 필요한 성능으로 증폭직선성은 3% 이내, 시간축 직선성은 1% 이내, 감도 여유값은 40dB 이상으로 한다.

29 강 용접부의 초음파탐상시험방법(KS B 0896)에 의한 두께 120mm의 평판 맞대기 이음 용접부의 경사각초음파탐상시험에서 시험할 탐상면과 방향 그리고 탐상방법이 옳게 짝지어진 것은?

① 한면 양쪽 1회 반사법
② 양면 양쪽 직사법
③ 한면 한쪽 1회 반사법
④ 양면 한쪽 직사법

해설
평판 맞대기 이음 용접부의 경사각탐상 방향 및 방법

이음 모양	판두께 (mm)	탐상면과 방향 (mm)	탐상방법
맞대기 이음	100 이하	한면 양쪽	직사법, 1회 반사법
	100 초과	양면 양쪽	직사법
T이음, 각이음	60 이하	한면 한쪽	직사법, 1회 반사법
	60 초과	양면 한쪽	직사법

30 강 용접부의 초음파탐상시험방법(KS B 0896)에 따라 판 두께가 25mm인 시험체를 M 검출레벨로 검사한 결과 탐상방향에 관계없이 길이가 10mm인 흠이 검출되었다. 검출된 흠의 분류로 다음 중 옳은 것은?

① 1류 ② 2류
③ 3류 ④ 4류

해설
흠 에코 높이의 영역과 흠의 지시길이에 따른 흠의 분류에 따라 M 검출레벨에서 판 두께가 25mm일 경우 $\frac{t}{2} = \frac{25}{2} = 12.5\text{mm}$가 되어 2류로 분류한다.

26 ② 27 ④ 28 ① 29 ② 30 ② 정답

31 강 용접부의 초음파탐상시험방법(KS B 0896)으로 강 용접부 초음파탐상시험방법의 경사각탐상 시 STB 굴절각의 측정 최소단위는?

① 0.1° ② 0.5°
③ 1° ④ 5°

해설
STB 굴절각의 최소 측정 단위는 0.5° 단위로 읽는다.

32 강 용접부의 초음파탐상시험방법(KS B 0896)에서 사용되는 경사각 탐촉자의 공칭 굴절각과 STB 굴절각과의 차이는 상온에서 몇 ° 이내인가?

① ±1° ② ±2°
③ ±5° ④ ±0.5°

해설
경사각 탐촉자의 공칭 굴절각과 STB 굴절각과의 차이는 ±2°의 범위로 하며, 상온(10~30℃)에서 측정한다.

33 알루미늄 맞대기 용접부의 초음파경사각탐상시험방법(KS B 0897)에서 다음과 같은 식이 주어졌을 때 용어의 설명이 틀린 내용은?

$$\Delta H_{RL} = \Delta H_{RB} + \Delta H_{LA}$$

① ΔH_{RL}은 1탐촉자 경사각탐상에서 평가 레벨을 말한다.
② ΔH_{RB}는 표준구멍의 지름 차이에 의한 감도보정량을 말한다.
③ ΔH_{LA}는 초음파 특성의 차이에 따른 감도보정량을 말한다.
④ ΔH_{RL} - 12dB인 에코 높이의 레벨을 A평가 레벨이라 한다.

해설
ΔH_{RL}은 1탐촉자 경사각탐상에서 기준 레벨을 의미하며 평가 레벨은 ΔH_{RL} - 12dB이다.

34 초음파 탐촉자의 성능 측정방법(KS B 0535)에서 공칭 굴절각 45°인 경사각 탐촉자의 굴절각 측정방법으로 옳은 것은?

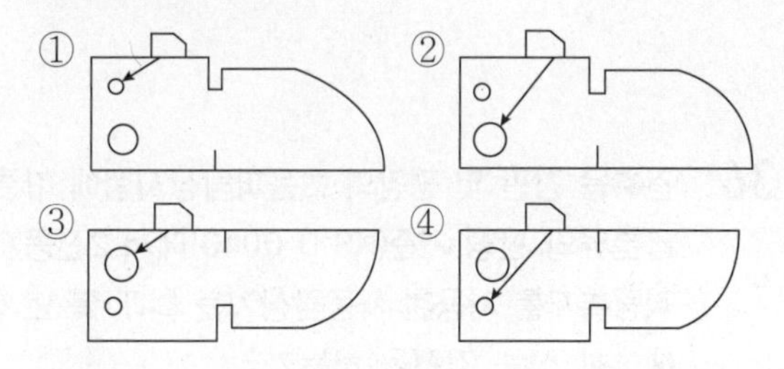

해설
굴절각이 30~60°인 경우 다음의 그림과 같이 탐상한다.

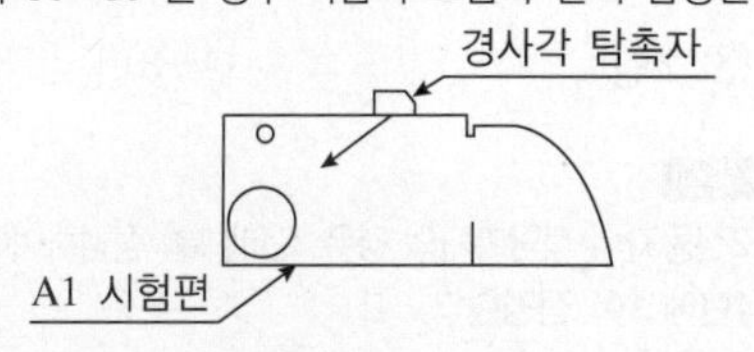

정답 31 ② 32 ② 33 ① 34 ②

35 **금속 재료의 펄스반사법에 따른 초음파탐상시험방법통칙(KS B 0817)에서 시험에 관한 규격에 지정하여야 하는 사항에 포함되지 않는 것은?**

① 시험방법
② 탐상기의 성능
③ 탐촉자의 제조자명
④ 관련 규격

해설
규격에 지정하여야 하는 사항으로는 시험방법, 탐촉자의 종류와 성능, 관련 규격, 초음파 탐상기의 성능이 있다.

36 **건축용 강판 및 평강의 초음파탐상시험에 따른 등급분류와 판정 기준(KS D 0040)에서 2진동자 수직탐촉자를 사용한 자동탐상기는 최대 몇 년 이내에 1회 성능 검정을 하는가?**

① 반 년 ② 1년
③ 2년 ④ 3년

해설
2진동자 수직탐촉자의 경우 3년에 1회 점검하여야 하며, 수동형은 1년에 1회 점검한다.

37 **강 용접부의 초음파탐상시험방법(KS B 0896)에 5Z10 × 10A70의 탐촉자를 사용할 때 접근한계 길이는 얼마인가?**

① 15mm ② 18mm
③ 25mm ④ 38mm

해설
진동자 재료 지르콘·타이타늄산계자기에 종파사각 탐촉자 70°를 사용하며 진동자 치수는 10×10이므로 접근한계 길이는 18mm를 적용한다.

38 **초음파 탐촉자의 성능 측정방법(KS B 0535)에서 B5Z14I-F15-25인 탐촉자가 의미하는 것은 어느 것인가?**

① 광대역의 공칭주파수가 5MHz인 지르콘타이타늄산납계 자기진동자의 지름이 14mm, 집속범위가 물속 15~25mm인 집속 수침용 수직 탐촉자
② 광대역의 공칭주파수가 5MHz인 압전자기 일반의 진동자의 지름이 14mm, 집속범위가 15~25mm인 굴절용 수직 탐촉자
③ 보통 주파수 대역폭의 공칭주파수가 5MHz인 지르콘타이타늄산납계 자기진동자의 지름이 14mm인 집속 수직 탐촉자
④ 보통 주파수 대역폭의 공칭주파수가 5MHz인 지르콘타이타늄산납계 자기진동자의 지름이 14mm인 굴절용 수직 탐촉자

해설
B5Z14I-F15-25 탐촉자의 의미
- B : 광대역 주파수 대역폭
- 5 : 공칭주파수 5MHz
- Z : 지르콘·타이타늄산납계 진동자
- 14 : 원형진동자의 직경
- I : 침수용
- F : 집속형
- 15~25 : 집속범위

35 ③ 36 ④ 37 ② 38 ① 정답

39 **아크 용접 강관의 초음파탐상검사방법(KS D 0252)에서 안쪽 및 바깥쪽의 양면을 자동 아크 용접으로 제조한 강관에 대하여 규정하고 있다. 다음 중 이 규격의 적용 범위에 해당되지 않는 것은?**

① 제조한 관의 바깥 지름이 300mm 이하의 것에 적용한다.

② 제조한 관의 두께가 6mm 이상의 것에 적용한다.

③ 탄소강 강관의 길이 방향 용접부에 적용한다.

④ 페라이트계 합금강 길이 방향 용접부에 적용한다.

해설

제조한 관의 바깥 지름이 350mm 이상, 두께 6mm 이상의 탄소강관 및 페라이트계 합금강 용접부의 자동/수동 초음파탐상검사에 규정된다.

40 **초음파탐상시험용 표준시험편(KS B 0831)에서 경사각탐상용 A1형 표준시험편의 용도에 대한 설명 중 틀린 것은?**

① 경사각 탐촉자의 입사점 측정

② 경사각 탐촉자의 굴절각 측정

③ 측정 범위 조정

④ 탐상기의 종합 성능 측정

해설

표준시험편(STB-A1)의 사용 목적으로 경사각 탐촉자의 특성 측정, 입사점 측정, 굴절각 측정, 측정 범위의 조정, 탐상 감도의 조정이 있다.

41 **압력용기용 강판의 초음파탐상검사방법(KS D 0233)에서 2진동자 수직탐촉자에 의한 결함 분류 시 결함의 정도가 가벼움을 나타내는 표시 기호는?**

① × ② ○

③ △ ④ □

해설

가벼움의 표시 기호는 ○이며, 중간 △, 큼 ×를 사용한다.

42 **강 용접부의 초음파탐상검사방법(KS D 0896)에 따라 원둘레 이음 용접부를 탐상할 경우, 탐상방법에 대한 설명으로 맞는 것은?**

① 클래드 강판의 경우, 탐상면은 클래드강 쪽으로 한다.

② 판 두께가 100mm 이하인 경우는 탐상면이 바깥면(볼록 쪽)이다.

③ 판 두께가 100mm 이하인 경우는 탐상면이 내·외면(요철면)이다.

④ 판 두께가 100mm를 넘는 경우는 탐상면이 바깥면(볼록 쪽)이다.

해설

원둘레 이음의 용접부 탐상면 및 방향, 방법

판 두께(mm)	탐상면 및 탐상의 방향	탐상의 방법
100 이하	바깥면(볼록면) 양쪽	직사법 및 1회 반사법
100을 넘는 것	내·외면(요철면) 양쪽	직사법

정답 39 ① 40 ④ 41 ② 42 ②

43 **비중으로 중금속을 옳게 구분한 것은?**

① 비중이 약 2.0 이하인 금속
② 비중이 약 2.0 이상인 금속
③ 비중이 약 4.5 이하인 금속
④ 비중이 약 4.5 이상인 금속

해설
비중 4.5를 기준으로 이상은 중금속, 이하는 경금속으로 구분한다.

44 **표면은 단단하고 내부는 회주철로 강인한 성질을 가지며 압연용 롤, 철도, 차량, 분쇄기 롤 등에 사용되는 주철은?**

① 칠드 주철
② 흑심 가단 주철
③ 백심 가단 주철
④ 구상 흑연 주철

해설
칠드 주철(Chilled Iron)은 주물의 일부 혹은 표면을 높은 경도를 가지게 하기 위하여 응고 급랭시켜 제조하는 주철 주물로 표면은 단단하고 내부는 강인한 성질을 가진다.

45 **자기 변태에 대한 설명으로 옳은 것은?**

① Fe의 자기 변태점은 210℃이다.
② 결정격자가 변화하는 것이다.
③ 강자성을 잃고 상자성으로 변화하는 것이다.
④ 일정한 온도 범위 안에서 급격히 비연속적인 변화가 일어난다.

해설
자기 변태란 원자 배열의 변화 없이 전자의 스핀에 의해 자성의 변화가 오는 것이다.

46 **구조용 합금강과 공구용 합금강을 나눌 때 기어, 축 등에 사용되는 구조용 합금강 재료에 해당되지 않는 것은?**

① 침탄강 ② 강인강
③ 질화강 ④ 고속도강

해설
구조용 합금강에는 강인강으로 Ni강, Cr강, Mn강, Ni-Cr강, 침탄, 질화강 등이 있으며, 공구용 합금강에는 고속도강, 게이지용강, 내충격용강 등이 있다.

47 **다음 중 경질 자성 재료에 해당되는 것은?**

① Si 강판 ② Nd자석
③ 샌더스트 ④ 퍼멀로이

해설
네오디뮴 자석은 자력이 아주 강한 자석이나, 고온에서 약한 특징이 있다. 경질 자석으로는 알리코, Nd자석, MK강 등이 있고 연질 자석에는 Si 강판, 퍼멀로이, 순철 등이 속한다.

48 **비료 공장의 합성탑, 각종 밸브와 그 배관 등에 이용되는 재료로 비강도가 높고, 열전도율이 낮으며 용융점이 약 1,670℃인 금속은?**

① Ti ② Sn
③ Pb ④ Co

해설
금속의 용융점에는 Ti : 1,670℃, Sn : 232℃, Pb : 327℃, Cr : 1,615℃, Co : 1,480℃, In : 155℃, Al : 660℃, Ca : 810℃, Mg : 651℃, Mn : 1,260℃ 등이 있다.

43 ④ 44 ① 45 ③ 46 ④ 47 ② 48 ① 정답

49 고강도 Al합금인 초초두랄루민의 합금에 대한 설명으로 틀린 것은?

① Al합금 중에서 최저의 강도를 갖는다.
② 초초두랄루민을 ESD합금이라 한다.
③ 자연 균열을 일으키는 경향이 있어 Cr 또는 Mn을 첨가하여 억제한다.
④ 성분 조성은 Al – 1.5~2% Cu – 7~9% Zn – 1.2~1.8% Mg – 0.3~0.5% Mn – 0.1~0.4% Cr 이다.

해설

두랄루민은 가장 높은 강도를 갖는 재료에 속한다.

50 Ni–Fe계 금인 엘린바(Elinvar)는 고급 시계, 지진계, 압력계, 스프링 저울, 다이얼 게이지 등에 사용되는데 이는 재료의 어떤 특성 때문에 사용하는가?

① 자 성 ② 비 중
③ 비 열 ④ 탄성률

해설

불변강은 탄성계수가 매우 낮은 금속으로 인바, 엘린바 등이 있으며, 엘린바의 경우 36% Ni + 12% Cr 나머지 철로 된 합금이며, 인바의 경우 36% Ni + 0.3% Co + 0.4% Mn 나머지 철로 된 합금이다.

51 용융액에서 두 개의 고체가 동시에 나오는 반응은?

① 포석 반응
② 포정 반응
③ 공석 반응
④ 공정 반응

해설

Fe–C 상태도에서의 공정점은 1,130℃이며,
Liquid ⇔ γ–Fe + Fe_3C
즉, 액체에서 두 개의 고체가 동시에 나오는 반응이다.

52 전자석이나 자극의 철심에 사용되는 것은 순철이나, 자심은 교류 자기장에만 사용되는 예가 많으므로 이력손실, 항자력 등이 적은 동시에 맴돌이 전류 손실이 적어야 한다. 이때 사용되는 강은?

① Si강 ② Mn강
③ Ni강 ④ Pb강

해설

규소(Si)는 전자기적 성질이 우수한 원소로 철심재료로 많이 사용되어 진다. 이를 위해서는 보자력, 히스테리시스 등이 적고, 전기저항이 큰 것이 요구되며 Fe–Si, Fe–Al, Fe–Ni 등이 이용된다.

정답 49 ① 50 ④ 51 ④ 52 ①

53 **황(S)이 적은 선철을 용해하여 구상 흑연 주철을 제조할 때 많이 사용되는 흑연 구상화제는?**

① Zn ② Mg
③ Pb ④ Mn

해설
구상 흑연 주철의 구상화는 마카세(Mg, Ca, Ce)로 암기하도록 한다.

54 **다음 중 Mg에 대한 설명으로 옳은 것은?**

① 알칼리에는 침식된다.
② 산이나 염수에는 잘 견딘다.
③ 구리보다 강도는 낮으나 절삭성은 좋다.
④ 열전도율과 전기전도율이 구리보다 높다.

해설
마그네슘(Mg)은 비중이 1.74로 가볍고, 내산성, 내알칼리성이 우수한 성질을 가지지만, 해수에 대한 내식성은 약하다. 구리와 비교해보면 Mg이 전기전도율은 조금 낮으며, 구리보다 강도는 낮으나 절삭성은 좋다.

55 **금속의 기지에 1~5μm 정도의 비금속 입자가 금속이나 합금의 기지 중에 분산되어 있는 것으로 내열재료로 사용되는 것은?**

① FPM ② SAP
③ Cermet ④ Kelmet

해설
- 서멧(Cermet) : 1~5μm 정도의 비금속 입자가 금속이나 합금의 기지 중에 분산되어 있는 것
- 분산 강화 금속 복합재료 : 0.01~0.1μm 정도의 산화물 등 미세한 입자가 균일하게 분포되어 있는 것
- 클래드 재료 : 두 종류 이상의 금속 특성을 복합적으로 얻는 재료

56 **열간가공을 끝맺는 온도를 무엇이라 하는가?**

① 피니싱 온도
② 재결정 온도
③ 변태 온도
④ 용융 온도

해설
피니싱 온도(마무리 온도)는 열간가공을 끝내는 온도를 의미한다.

53 ② 54 ③ 55 ③ 56 ① 정답

57 55~60% Cu를 함유한 Ni합금으로 열전쌍용 선의 재료로 쓰이는 것은?

① 모넬 메탈
② 콘스탄탄
③ 퍼민바
④ 인코넬

해설
콘스탄탄 : 50~60% Cu를 함유한 Ni합금, 열전쌍용
퍼민바 : 20~75% Ni + 5~40% Co + Fe를 함유한 합금, 오디오 헤드

58 피복 아크 용접 시 예열온도를 가장 높게 유지하여야 되는 것은?

① 인장강도가 낮은 강
② 모재의 두께가 얇은 판재
③ 탄소 당량이 낮은 강
④ 탄소 함유량이 많은 강

해설
탄소 함유량이 많을수록 비열이 커지기 때문이다.

59 15℃, 15기압에서 아세톤 30L가 들어 있는 아세틸렌 용기에 용해된 최대 아세틸렌의 양은 몇 L인가?

① 3,000
② 4,500
③ 6,750
④ 11,250

해설
아세틸렌의 아세톤에 대한 용해력은 25배이며 따라서 25배×15기압은 375배이며, 30L용량이므로 375배×30L를 하면 11,250L가 된다. 용해 아세틸렌은 물에 같은 양, 석유에 2배, 벤젠 4배, 알코올 6배, 소금물에는 용해되지 않는다.

60 아크 길이에 따라 전압이 변동하여도 아크전류는 거의 변하지 않는 특성은?

① 정전류 특성
② 수하 특성
③ 정전압 특성
④ 상승 특성

해설
① 정전류 특성 : 아크 길이에 따라 전압이 변해도 전류는 변하지 않는 특성
② 수하 특성 : 부하 전류가 증가할 시 전압이 낮아지는 특성
③ 정전압 특성 : 부하 전류가 변해도 전압이 변하지 않는 특성
④ 상승 특성 : 부하 전류가 증가하면 전압도 상승하는 특성

정답 57 ② 58 ④ 59 ④ 60 ①

2014년 제2회 과년도 기출문제

01 시험 온도의 제한을 받고, 표면 검사에 한하는 검사법은?

① 중성자투과검사
② 초음파탐상검사
③ 와전류탐상검사
④ 침투탐상검사

해설
침투탐상시험은 모세관 현상을 이용하는 검사법으로 온도가 낮을 시 분자의 움직임이 느려져 침투시간이 길어져야 하고, 온도가 높을 시 침투시간을 줄이는 등 일반적으로 15~50℃에서 탐상한다.

02 얕은 결함의 검출에 적합한 침투탐상검사 방법은?

① 수세성 형광 침투탐상검사
② 후유화성 형광 침투탐상검사
③ 용제제거성 염색 침투탐상검사
④ 수세성 염색 침투탐상검사

해설
후유화성 형광 침투탐상은 직접 물수세가 불가능하며, 유화제를 적용 후 세척이 가능한 탐상법으로 얕은 결함 검출에 적합하나, 유화시간이 중요하다.

03 X-선 발생장치에 대한 설명으로 틀린 것은?

① 관전압은 투과력과 관계가 있다.
② 방사선 발생효율은 표적 물질과 관계가 있다.
③ 전자의 가속력은 관전류와 관계가 있다.
④ 표적물질은 고원자번호가 효과적이다.

해설
X-선 발생장치는 X-선관과 관(Tube)으로 구성되어 있으며, 필라멘트에서 열전자를 발생시키게 된다. 관전압이 높을수록 투과력이 높아지며, 발생효율은 가속 전압과 표적 물질에서의 원자번호에 따라 달라지게 된다. 표적물질로는 텅스텐, 금, 플래티늄 등이 사용되며, 원자번호가 높고 용융온도가 높을수록 좋다. 또한 전자의 가속력은 관전압과 관계가 있다.

04 누설검사(LT)에서 시험체 외부와 내부의 압력 차이를 형성하지 않아도 되는 검사법은 어느 것인가?

① 암모니아누설시험
② 헬륨질량분석기시험
③ 액상염료추적자법
④ 할로겐누설시험

해설
누설검사에서 시험체 내·외부에 압력 차이를 이용한 시험법으로는 추적가스이용법(암모니아 누설, CO_2추적가스), 기포누설시험, 할로겐누설시험, 헬륨누설시험, 방치법에 의한 누설시험이 있다.

정답 1 ④ 2 ② 3 ③ 4 ③

05 비파괴검사의 가장 기본이고, 검사의 신뢰성 확보가 어려우며, 보어스코프 등을 이용하는 검사법은?

① 방사선투과검사
② 초음파탐상검사
③ 적외선검사
④ 육안검사

해설
비파괴검사의 가장 기본 검사는 육안검사이며, 보어스코프란 내시경 카메라를 의미한다.

06 침투액의 침투성을 나타내는 성질 중 액체를 고체 표면에 떨어뜨렸을 때 액체가 기체를 밀면서 넓히는 성질은?

① 점 성 ② 적심성
③ 인 성 ④ 확상성

해설
적심성이란 액체가 고체 등의 면에 젖는 정도를 말하며, 접촉각이 작은 경우 적심성이 우수하다고 볼 수 있다.

07 바깥지름이 24mm이고, 두께가 2mm인 시험체를 평균 지름이 18mm인 내삽형 코일로 와전류탐상검사를 할 때 충전율(Fill-factor)은 얼마인가?

① 71% ② 75%
③ 81% ④ 90%

해설

$$충전율 = \left(\frac{내삽\ 코일의\ 평균\ 직경}{시험체의\ 내경 - 시험체의\ 두께}\right)^2 \times 100\%$$

$$= \left(\frac{18}{24-4}\right)^2 \times 100 = 81\%$$

08 와전류탐상검사에 사용하는 시험 코일이 아닌 것은?

① 관통형 코일
② 내삽형 코일
③ 표면형 코일
④ 압전형 코일

해설
와전류탐상검사에서의 시험 코일의 분류로는 관통형, 내삽형, 표면형 코일이 있다.

09 검사할 부위를 전자석의 자극 사이에 놓고 검사하는 자분탐상시험 중 가장 간편한 시험 방법은?

① 극간(Yoke)법
② 코일(Coil)법
③ 전류관통법
④ 축통전법

해설
가장 간편하게 이동하며 사용할 수 있는 시험 방법은 극간법이다.

10 탐촉자 앞면에 특수 곡면을 부착시켜 음파를 집속시키는 것은?

① 세정기
② 음향렌즈
③ 경사각굴절장치
④ 단면벽간장치

해설
음향렌즈는 탐촉자 앞면에 특수 곡면을 부착하여 음파를 집속하며, 정밀 탐상 시에 사용된다.

정답 5 ④ 6 ② 7 ③ 8 ④ 9 ① 10 ②

11 특정 비파괴검사 시스템의 결함 검출 확률에 대한 설명으로 옳은 것은?

① 큰 결함보다 작은 결함 검출에 용이하다.
② 결함의 크기가 1.5mm 이하일 때 결함의 검출 확률은 80%이다.
③ 결함의 크기가 작아짐에 따라 결함 검출확률은 감소한다.
④ 결함의 크기가 2mm 미만일 때 결함의 검출 확률은 1이다.

해설
결함의 크기가 작을수록 검출확률은 감소하며, 큰 결함 검출이 더욱 용이하다.

12 초음파탐상시험에서 한국산업표준(KS)의 표준시험편 중 수직탐상의 탐상 감도 조정용으로만 사용되는 것은?

① STB-A3 ② STB-A1
③ STB-A2 ④ STB-G

해설
수직탐상의 탐상 감도 조정용으로 STB-G형과 STB-N형이 사용되며, 대비시험편의 경우 RB-4, RB-D가 사용된다.

13 다음 중 방사선투과검사에 이용되는 방사선이 아닌 것은?

① 감마선 ② 엑스선
③ 중성자선 ④ 알파선

해설
알파선의 경우 투과력이 낮아 종이도 투과하지 못한다.

14 와전류탐상시험의 장점에 대한 설명으로 틀린 것은?

① 검사의 숙련도 없이 판독이 용이하다.
② 고속으로 자동화 검사가 가능하다.
③ 다른 검사법과 달리 고온에서의 측정이 가능하다.
④ 지시가 전기적 신호로 얻어지므로 결과를 기록하여 보관할 수 있다.

해설
와전류 탐상의 장점은 다음과 같으며, 검사의 숙련도가 필요하다.
- 고속으로 자동화된 전수 검사 가능
- 가는 선, 구멍 내부, 고온 등 여러 환경에서 적용 가능
- 결함, 재질변화, 품질관리 등 적용 범위가 광범위
- 탐상 및 재질검사 등 탐상 결과의 보전이 가능

15 직접 접촉에 의한 경사각 입사 시 나타나는 현상 중 초음파탐상에 필요한 것은?

① 분 산 ② 산 란
③ 회 절 ④ 파의 전환

해설
음파는 매질 내에서 진행되고 파형이 달라지며, 연속적이지 않은 지점에서 파형 변환이 일어난다. 경사각 입사 시 종파를 입사하게 되지만 매질 내에서는 종파 및 횡파가 존재할 수 있게 된다.

11 ③ 12 ④ 13 ④ 14 ① 15 ④ 정답

16 초음파탐상검사 시 탐촉자의 주파수 선정은 검사하고자 하는 피검체의 조건에 따라 달라지는데 이는 초음파의 어떤 현상 때문인가?

① 주기(T)가 일정해지기 때문
② 음향 임피던스가 변하기 때문
③ 속도가 일정해지기 때문
④ 초음파의 시험체의 조건에 따라 흡수량, 산란량, 분해능이 변하기 때문

해설
초음파의 진행은 시험체의 결정입자 및 조직, 점성감쇠, 강자성재료의 자벽 운동에 의한 감쇠 흡수량 등에 따라 달라지므로 주파수를 달리해야 한다.

17 초음파탐상시험 시 초음파 빔이 시험체 두께 전체를 통과하도록 탐촉자를 용접선과 수직으로 이동하는 주사 방법은?

① 전후 주사 ② 좌우 주사
③ 목돌림 주사 ④ 진자 주사

해설
탐촉자가 용접선과 수직으로 이동하는 주사 방법은 전후 주사이며, 용접선과 평행인 주사 방법은 좌우 주사, 용접선과 경사를 이루는 주사 방법은 목돌림, 진자 주사이다.

18 펄스 반사식 초음파탐상기 중 증폭기, 정류기 및 감쇠기로 구성되어 있는 부분은?

① 시간축 발생기 ② 송신기
③ 수신기 ④ 동기부

해설
수신기는 반사파에 의해 수신된 음압을 전압으로 변환시켜 주며, 낮은 전기적 신호를 증폭시키는 역할을 한다.

19 수신된 초음파의 강도가 처음 송신된 초음파의 강도에 비해 현저히 낮아지게 되는 원인이 아닌 것은?

① 초음파의 산란
② 초음파의 흡수
③ 초음파의 공진
④ 초음파가 불규칙한 면에서의 전달

해설
초음파의 감쇠는 산란, 흡수, 회절 및 시험편의 표면 거칠기 혹은 형태에 따른 영향을 많이 받는다.

20 초음파탐상시험에서 일반적으로 결함 검출에 가장 많이 사용하는 탐상법은?

① 공진법 ② 투과법
③ 펄스 반사법 ④ 주파수 해석법

해설
일반적으로 펄스 반사법(A-스코프) 형식이 가장 많이 사용된다.

정답 16 ④ 17 ① 18 ③ 19 ③ 20 ③

21 **초음파탐상시험에서 근거리 음장 길이와 직접적인 관계가 없는 인자는?**

① 탐촉자의 지름
② 탐촉자의 주파수
③ 시험체에서의 속도
④ 접촉 매질의 접착력

해설

근거리 음장$\left(\text{Near Field} = \frac{d^2}{4\lambda} = \frac{d^2 f}{4V}\right)$으로 계산되며, d : 진동자의 직경, λ : 파장, f : 주파수, V : 속도로 탐촉자의 주파수, 진동자 크기, 소재의 초음파 속도에 의해 결정된다.

22 **수침법에 가장 널리 사용되는 접촉 매질은?**

① 물 ② 기 름
③ 알코올 ④ 글리세린

해설

수침법은 시험체와 탐촉자를 물속에 넣어 초음파를 발생시켜 검사하는 방법으로 접촉 매질로는 물을 사용한다.

23 **초음파탐상검사에서 시험체의 거친 표면에 의해 나타나는 영향이 아닌 것은?**

① 불연속부의 손실
② 후방반사의 손실
③ 표면 지시 모양의 폭을 감소시킴
④ 파의 직선성을 뒤틀리게 함

해설

거친 표면에서의 영향으로 산란으로 인한 불연속의 신호를 수신하지 못할 가능성이 있고, 분해능의 감소를 유발하게 된다. 또한 산란을 줄이기 위해 낮은 주파수를 사용하면 빔의 확산이 일어나게 된다.

24 **시험체의 두께가 45mm, 탐촉자의 굴절각이 60°일 때, 1스킵 범위에서 탐상하려고 할 때 다음 중 측정 범위로 적당한 것은?**

① 50mm ② 100mm
③ 125mm ④ 200mm

해설

우선 0.5 스킵거리를 측정하면 $Y_{0.5S} = \frac{t}{\cos\theta} = \frac{45}{\cos 60} = 90$이 되며, 1스킵의 경우 $Y_{1S} = 2 \times Y_{0.5S}$이므로 $2 \times 90 = 180$이 된다. 따라서, 측정 범위로는 180mm보다 넓은 200mm가 적당하다.

25 **초음파탐상시험에 대한 설명 중 틀린 것은?**

① 주강품 검사에는 고주파수를 사용하는 것이 좋다.
② 두꺼운 검사에는 고주파수를 사용하는 것이 좋다.
③ 용접부 탐상에는 경사각 탐촉자를 사용하는 것이 좋다.
④ 접촉 매질은 시험체의 특성에 따라 적당한 것을 사용한다.

해설

주강품의 경우 두께가 두꺼운 제품이 많기 때문에 저주파수인 1~2.5MHz 정도의 저주파를 사용한다.

21 ④ 22 ① 23 ③ 24 ④ 25 ① 정답

26 공진법에서 재질의 두께는 진동수와 어떤 관계에 있는가?

① 진동수에 비례한다.
② 진동수에 반비례한다.
③ 진동수의 제곱에 비례한다.
④ 진동수의 제곱에 반비례한다.

해설

주파수는 $\lambda = \frac{\text{음속}(C)}{\text{주파수}(f)}$이며, 두께($t$)는 $t = n\frac{\text{파장}(\lambda)}{2}$이므로

$t = n\frac{\text{음속}(C)}{2 \times \text{주파수}(f)}$가 된다. 따라서, 두께는 진동수에 반비례한다.

27 초음파 탐상기에서 두 에코 간의 간격을 조정할 수 있는 스위치는?

① 소인지연(Sweep Delay)
② 음속조정(Velocity Controller)
③ 펄스 반복비
④ 게인(Gain)

해설

두 에코 간의 간격을 조정하는 스위치는 음속조정 스위치이다.

28 압력용기용 강판의 초음파탐상검사방법(KS D 0223)에 따라 A 스코프 표식기 탐상기에 대해 정기 점검을 수행하고자 할 때 탐상기가 가져야 할 성능에 대하여 잘못된 것은?

① 원거리 분해능은 공칭주파수 2MHz에서 9mm 이하
② 원거리 분해능은 공칭주파수 5MHz에서 13mm 이하
③ 탐상기의 불감대는 2MHz일 경우 15mm 이하
④ 탐상기의 불감대는 5MHz일 경우 10mm 이하

해설

원거리 분해능은 공칭주파수 5MHz일 때 7mm 이하로 한다.

29 금속 재료의 펄스반사법에 따른 초음파탐상시험방법통칙(KS B 0817)에 따른 시험 결과에 흠집의 정보를 기록할 때 포함되지 않는 것은?

① 필요로 하는 탐상 도형
② 에코 높이 구분선 설정서
③ 흠집이 있는 부분의 위치 등의 추정 스케치
④ 흠집의 에코 높이 및 바닥면 다중 에코의 상태

해설

흠집의 정보 기록
- 흠집의 위치, 치수 등의 추정 스케치
- 흠집의 최대 에코 높이 혹은 에코 높이에 대한 정보나 바닥면에서의 다중 에코 상태
- 필요하다고 생각되는 경우 탐상 도형 등
- 흠집의 위치 및 범위
- 최대 에코의 높이
- 흠집의 지시 길이
- 흠집의 평가 결과

30 초음파탐상시험용 표준시험편(KS B 0831)에 의한 A1형 STB시험편의 검정에 사용하는 탐촉자의 주파수는?

① 1MHz ② 2.25MHz
③ 5MHz ④ 10MHz

해설

STB-A1형 탐촉자는 5MHz를 사용한다.

표준시험편의 종류 또는 종류 기호

진동자 재료		주파수(MHz)
G형 STB		2(2.25)
		5
		10
N1형 STB		5
A1형 STB		5
A2형계 STB	STB-A2	2(2.25) 및 5
	STB-A21 ATB-A22	5
A3형계 STB		5

정답 26 ② 27 ② 28 ② 29 ② 30 ③

31 강 용접부의 초음파탐상시험방법(KS B 0896)에 따른 경사각 탐촉자의 입사점 및 굴절각의 점검 시기는?

① 작업 개시 및 작업 시간 8시간마다 점검
② 작업 개시 및 작업 시간 4시간마다 점검
③ 작업 개시 및 작업 종료 후
④ 작업 개시 및 작업 시간 1시간마다 점검

해설
경사각 탐촉자의 탐상 감도 조정은 작업 개시를 실시한 후 4시간 이내마다 점검하도록 한다.

32 강 용접부의 초음파탐상시험방법(KS B 0896)에서 수직 탐촉자에 필요한 성능 중 불감대의 값은?

① 5MHz일 때 8mm 이하
② 2MHz일 때 10mm 이하
③ 5MHz일 때 15mm 이하
④ 2MHz일 때 8mm 이하

해설
수직 탐촉자에서의 불감대는 공칭주파수 5MHz의 경우 8mm 이하, 2MHz에서는 15mm 이하로 하며, 빔 노정이 50mm 이상인 경우에는 특별히 규정하지 않는다.

33 알루미늄 맞대기 용접부의 초음파경사탐상시험방법(KS B 0897)에 따라 탠덤탐상할 경우 두 탐촉자의 입사점과 입사점 간의 거리가 50mm이고, 모재 두께가 12mm일 때의 탐상 굴절각은?

① 44.5°　　② 54.5°
③ 64.5°　　④ 74.5°

해설
굴절각은 $\tan^{-1}\left(\frac{y}{2t}\right)$로 계산되어지며, 두께($t$) 12mm, 입사점 간 거리 50mm이므로, $\theta = \tan^{-1}\left(\frac{50}{2\times 12}\right) = 64.5°$가 된다.

34 강 용접부의 초음파탐상시험방법(KS B 0896)에서 1탐촉자 경사각탐상법을 적용하는 경우 탐상면과 탐상의 방향 및 방법에 대하여 옳게 설명한 것은?

① 판 두께 60mm 이하의 각이음부는 양면 양쪽을 직사법으로 탐상한다.
② 판 두께 60mm 이하의 T이음부는 양면 양쪽을 직사법으로만 탐상할 수 있다.
③ 판 두께 100mm를 넘는 맞대기 이음부는 양면 양쪽을 직사법으로 탐상한다.
④ 판 두께 100mm 이하의 맞대기 이음부는 양면 양쪽을 직사법으로만 탐상할 수 있다.

해설
1탐촉자 경사각탐상법을 사용할 경우

이음 모양	판두께 (mm)	탐상면과 방향 (mm)	탐상방법
맞대기 이음	100 이하	한면 양쪽	직사법, 1회 반사법
	100 초과	양면 양쪽	직사법
T이음, 각이음	60 이하	한면 한쪽	직사법, 1회 반사법
	60 초과	양면 한쪽	직사법

35 강 용접부의 초음파탐상시험방법(KS B 0896)에서 요구하는 경사각 탐촉자 성능 중 빔 중심축 치우침의 점검 시기는?

① 장치의 구입 시 및 1개월 이내마다
② 장치의 구입 시 및 12개월 이내마다
③ 작업 개시 및 작업 시간 8시간 이내마다
④ 작업 개시 및 작업 시간 4시간 이내마다

해설
빔 중심축의 치우침은 작업 개시 및 작업 시간 8시간 이내마다 점검하며, A1 감도, A2 감도, 접근 한계 길이, 원거리 분해능, 불감대는 구입 시 및 보수를 한 직후 점검한다.

31 ② 32 ① 33 ③ 34 ③ 35 ③ 정답

36 **초음파탐상시험의 성능 측정 방법(KS B 0534)에 따른 수직탐상의 원거리 분해능에 관한 설명으로 틀린 것은?**

① 분해능 측정용 시험편은 RB-RA를 사용한다.
② 접촉매질은 실제의 탐상 시험에 사용하는 것을 사용한다.
③ 탐촉자는 실제의 탐상 작업에 사용하는 수직 탐촉자를 사용한다.
④ 초음파 탐상 시의 리젝션을 20%로 하여 탐상면과 수직이 되도록 입사한다.

해설
수직탐상 원거리 분해능 측정 시 리젝션은 사용하지 않는다.

37 **금속 재료의 펄스반사법에 따른 초음파탐상시험방법통칙(KS B 0817)에 의한 시험 방법에서 에코 높이 및 위치의 기록에 대한 설명으로 올바른 것은?**

① 에코의 위치는 탐상 도형상의 펄스를 하향 위치로 하고 거리(mm)로 표시한다.
② 에코 높이는 표시기에 나타난 에코 중 가장 낮은 부분을 읽고 백분율로 표시한다.
③ 에코 높이는 에코 높이를 구분하는 영역의 모든 면적을 기록 표시한다.
④ 에코 높이는 미리 설정한 기준선 또는 특정 에코 높이와 비의 데시벨(dB) 값으로 표시한다.

해설
에코 높이 및 위치의 기록은 다음과 같다.
- 표시기 눈금의 풀 스케일에 대한 백분율(%)
- 미리 설정한 기준선 또는 특정 에코 높이와의 비의 데시벨(dB)값
- 미리 설정한 "에코 높이를 구분하는 영역"의 부호

38 **비파괴시험 용어(KS B 0550)에서 초음파탐상시험에 사용되는 "결함지시길이"의 정의로 옳은 것은?**

① 탐촉자의 이동거리에 따라 추정한 흠집의 겉보기 길이
② 탐촉자의 이동거리에 의해 추정한 흠집의 실제 길이
③ 1스킵된 이동거리를 추정한 흠의 겉보기 길이
④ 2스킵된 이동거리를 추정한 흠의 실제 길이

해설
결함지시길이란 탐촉자의 이동 거리에 따라 추정한 흠집의 겉보기 길이를 의미한다.

39 **강 용접부의 초음파탐상시험방법(KS B 0896)에 의한 초음파탐상시험에서는 영역 구분을 하기 위하여 에코 높이 구분선을 H선, M선 및 L선으로 정한다. L선은 M선에 비해 몇 dB 차이가 있는가?**

① 6dB 높다. ② 12dB 높다.
③ 6dB 낮다. ④ 12dB 낮다.

해설
영역 구분에 있어 에코 높이의 영역은 L선 이하 Ⅰ, L선 초과 M선 이하의 경우 Ⅱ, M선 초과 H선 이하 Ⅲ, H선을 넘는 것은 Ⅳ로 하며, H선보다 6dB 낮은 에코를 M선, 12dB 낮은 선을 L선으로 한다.

40 **초음파 펄스반사법에 의한 두께 측정방법(KS B 0536)에는 고온 측정물의 두께 측정방법이 규정되어 있다. 여기서 고온 측정물이란 측정면의 온도가 몇 ℃ 이상인 것을 말하는가?**

① 40 ② 50
③ 60 ④ 70

해설
고온 측정이란 측정면 온도가 60℃ 이상인 것을 의미한다.

정답 36 ④ 37 ④ 38 ① 39 ③ 40 ③

41 초음파탐상시험용 표준시험편(KS B 0831)에 의한 A1형 표준시험편의 주된 사용 목적으로만 나열된 것은?

① 측정 범위의 조정, 탐상기의 종합 성능 측정
② 수직 탐촉자 특성 측정, 탐상기의 종합 성능 측정
③ 경사각 탐촉자의 입사점 및 굴절각 측정, 측정 범위의 조정, 탐상 감도의 조정
④ 경사각 탐촉자의 입사점 및 굴절각 측정, 측정 범위의 조정, 에코 높이 구분선 작성

해설
표준시험편(STB-A1)의 사용 목적으로 경사각 탐촉자의 특성 측정, 입사점 측정, 굴절각 측정, 측정 범위의 조정, 탐상 감도의 조정이 있다.

42 강 용접부의 초음파탐상시험방법(KS B 0896)에 따라 두 방향(A방향, B방향)에서 탐상한 결과 동일한 흠이 A방향에서는 2류, B방향에서는 3류로 분류되었다면 이때 흠의 분류로 옳은 것은?

① 1류　② 2류
③ 3류　④ 4류

해설
흠 분류 시 2방향 이상에서 탐상한 경우 동일한 흠의 분류가 2류, 3류로 나타났다면 가장 하위분류를 적용해 3류를 적용한다.

43 주강은 용융된 탄소강(용강)을 주형에 주입하여 만든 제품이다. 주강의 특징을 설명한 것 중 틀린 것은?

① 대형 제품을 만들 수 있다.
② 단조품에 비해 가공 공정이 적다.
③ 주철에 비해 비용이 많이 드는 결점이 있다.
④ 주철에 비해 용융 온도가 낮기 때문에 주조하기 쉽다.

해설
주강은 주철에 비해 용융 온도가 높다.

44 순철의 용융점은 약 몇 ℃ 정도인가?

① 768℃　② 1,013℃
③ 1,539℃　④ 1,780℃

해설
순철의 용융점은 1,538℃이다.

45 기계용 청동 중 8~12% Sn을 함유한 포금의 주조성을 향상시키기 위하여 Zn을 대략 얼마나 첨가하는가?

① 1%　② 5%
③ 10%　④ 15%

해설
기계용 청동 중 포금은 Cu, Sn(8~12%), Zn(1~2%)가 합금되어 있다.

41 ③ 42 ③ 43 ④ 44 ③ 45 ① 정답

46 금속의 일반적인 특성이 아닌 것은?

① 전성 및 연성이 좋다.
② 전기 및 열의 부도체이다.
③ 금속 고유의 광택을 가진다.
④ 고체 상태에서 결정구조를 가진다.

해설
금속의 특성 : 고체상태에서 결정구조, 전기 및 열의 양도체, 전·연성 우수, 금속 고유의 색

47 저온에서 어느 정도의 변형을 받은 마텐자이트를 모상이 안정화되는 특정 온도로 가열하면 오스테나이트로 역변태하여 원래의 고온 형상으로 회복되는 현상은?

① 석출 경화 효과
② 형상 기억 효과
③ 시효 현상 효과
④ 자기 변태 효과

해설
형상 기억 합금은 힘에 의해 변형되더라도 특정 온도에 올라가면 본래의 모양으로 돌아오는 합금을 의미하며 Ti – Ni이 원자비 1:1로 가장 대표적인 합금이다.

48 전기 전도도가 금속 중에서 가장 우수하고, 황화수소계에서 검게 변하고 염산, 황산 등에 부식되며 비중이 약 10.5인 금속은?

① Sn ② Fe
③ Al ④ Ag

해설
비중 : Al(2.7), Fe(7.8), Ag(10.5), Sn(7.3)이며 은은 전기전도도가 가장 높다.

49 탄화타이타늄 분말과 니켈 또는 코발트 분말 등을 섞어 액상 소결한 재료로써 고온에서 안정하고 경도도 매우 높아 절삭 공구로 쓰이는 재료는?

① 서멧(Cermet)
② 인바(Invar)
③ 두랄루민(Duralumin)
④ 고장력강(High Tension Steel)

해설
서멧은 분말야금으로 세라믹과 분말을 섞어 액상 소결한 재료이며, 용융점이 높은 금속(코발트, 세라믹, 탄화타이타늄 등)을 열과 압력을 가해 제조하며, 내열 재료로 많이 사용되고 있다.

50 고강도 알루미늄 합금 중 조성이 Al–Cu–Mn–Mg인 합금은?

① 라우탈 ② 다우메탈
③ 두랄루민 ④ 모넬메탈

해설
합금의 종류(암기법)
- Al–Cu–Si : 라우탈(알구시라)
- Al–Ni–Mg–Si–Cu : 로엑스(알니마시구로)
- Al–Cu–Mn–Mg : 두랄루민(알구망마두)
- Al–Cu–Ni–Mg : Y–합금(알구니마와이)
- Al–Si–Na : 실루민(알시나실)
- Al–Mg : 하이드로날륨(알마하 내식 우수)

정답 46 ② 47 ② 48 ④ 49 ① 50 ③

51 금속 격자 결함 중 면결함에 해당되는 것은?

① 공 공 ② 전 위
③ 적층 결함 ④ 프렌켈 결함

해설

금속 결함에는 점결함, 선결함과 면결함, 체적결함이 있다.

- 점결함에는 공공, 침입형 원자, 프렌켈 결함 등이 있다.
- 선결함에는 칼날전위, 나선전위, 혼합전위 등이 있다.
- 면결함에는 적층 결함, 쌍정, 상계면 등이 있다.
- 체적결함은 1개소에 여러 개의 입자가 있는 것을 생각하면 되며, 수축공, 균열, 개재물 같은 것들이 해당된다.

52 표준형 고속도공구강의 주요 성분으로 옳은 것은?

① C-W-Cr-V
② Ni-Cr-Mo-Mn
③ Cr-Mo-Sn-Zn
④ W-Cr-Ag-Mg

해설

표준형 고속도강은 탄소(C)기반으로 텅스텐(18%)-크롬(4%)-바나듐(1%)으로 이루어져 있다.

53 Ni에 Cu를 약 50~60% 정도 함유한 합금으로 열전대용 재료로 사용되는 것은?

① 인코넬 ② 퍼멀로이
③ 하스텔로이 ④ 콘스탄탄

해설

- 인코넬 : Ni(70% 이상) + Cr(14~17%) + Fe(6~10%) + Cu(0.5%) + C(0.15%)
- 퍼멀로이 : 70~90% Ni + 10~30% Fe 함유한 합금, 투자율 높음
- 콘스탄탄 : 50~60% Cu를 함유한 Ni 합금, 열전쌍용
- 플래티나이트 : 44~47.5% Ni + Fe 함유한 합금, 열팽창계수가 유리나 Pt 등에 가까우며 전등의 봉입선 사용
- 퍼민바 : 20~75% Ni + 5~40% Co + Fe를 함유한 합금, 오디오 헤드

54 0.6% 탄소강의 723℃ 선상에서 초석 α의 양은 약 얼마인가?(단, α의 C고용 한도는 0.025%이며 공석점은 0.8%이다)

① 15.8% ② 25.8%
③ 55.8% ④ 74.8%

해설

Fe-C 상태도의 조직 양을 구할 때에는 지렛대의 원리를 사용하며 다음과 같이 계산한다.

우선 공석점인 0.8을 기준으로 가로를 그어 0.6%일 때의 초석 페라이트 양을 구하는 것이므로

$(0.8-0.025) : 100 = (0.8-0.6) : x$

$$x = \frac{100 \times (0.8-0.6)}{(0.8-0.025)} = 25.8\%$$

55 탄소강에서 청열 메짐을 일으키는 온도(℃)의 범위로 옳은 것은?

① 0~50℃ ② 100~150℃
③ 200~300℃ ④ 400~500℃

해설

- 청열 메짐 : 냉간가공 영역 안, 210~360℃ 부근에서 기계적 성질인 인장강도는 높아지나 연신이 갑자기 감소하는 현상
- 적열 메짐 : 황이 많이 함유되어 있는 강이 고온(950℃ 부근)에서 메짐(강도는 증가, 연신율은 감소)이 나타나는 현상
- 백열 메짐 : 1,100℃ 부근에서 일어나는 메짐으로 황이 주 원인, 결정입계의 황화철이 융해하기 시작하는 데 따라서 발생

51 ③ 52 ① 53 ④ 54 ② 55 ③ 정답

56 Al-Si(10~30%) 합금으로 개량 처리하여 사용되는 합금은?

① SAP
② 알민(Almin)
③ 실루민(Silumin)
④ 알드리(Aldrey)

해설
Al-Si은 실루민이며 개량화 처리 원소는 Na으로 기계적 성질이 우수해진다.

57 전기용 재료 중 전열 합금에 요구되는 특성을 설명한 것 중 틀린 것은?

① 전기 저항이 낮고, 저항의 온도계수가 클 것
② 용접성이 좋고 반복 가열에 잘 견딜 것
③ 가공성이 좋아 신선, 압연 등이 용이할 것
④ 고온에서 조직이 안정하고 열팽창계수가 작고 고온 강도가 클 것

해설
전열 합금이란 전기 저항을 잘 견뎌 높은 온도에 견디는 합금으로 발열체에 많이 사용하며, Fe-Cr, Ni-Cr합금이 많이 사용된다.

58 불활성가스 텅스텐 아크 용접의 보호 가스에 사용하는 헬륨(He)과 아르곤(Ar)의 비교 설명 중 틀린 것은?

① 아르곤(Ar)은 아크 발생이 용이하다.
② 아르곤(Ar)은 아크 전압이 헬륨(He)보다 낮기 때문에 용접입열이 적다.
③ 헬륨(He)은 아르곤(Ar)보다 열영향부(HAZ)가 넓어서 변형이 많다.
④ 헬륨(He)은 아르곤(Ar)보다 가스 공급량이 1.53배 정도 많이 소요된다.

해설
HAZ(Heat Affected Zone) : 용접부의 열영향부를 의미하며, 헬륨 사용 시 열영향부가 작아 변형이 작은 장점을 가지고 있다.

59 1차 코일과 2차 코일의 감김 수의 비율을 변화시켜 전류를 조정할 수 있는 방식의 교류 용접기는?

① 탭전환형　② 가동코일형
③ 가동철심형　④ 가포화리액터형

해설
탭전환형은 1차, 2차 코일의 감김 수에 따라 전류 조정이 가능한 교류 용접기이다.

60 충전 전 아세틸렌 용기의 무게는 50kg이었다. 아세틸렌 충전 후 용기의 무게가 55kg이었다면 충전된 아세틸렌가스의 양은 몇 L인가?(단, 15℃, 1기압하에서 아세틸렌가스 1kg의 용적은 905L이다)

① 4,525L　② 4,624L
③ 5,524L　④ 6,000L

해설
아세틸렌가스의 양은 충전 후 5kg이 늘었으므로, $5 \times 905 =$ 4,525L가 된다.

정답 56 ③ 57 ① 58 ③ 59 ① 60 ①

2015년 제1회 과년도 기출문제

01 자분탐상시험에서 시험체 외부의 도체로 통전함으로써 자계를 주는 방법은?

① 전류관통법 ② 극간법
③ 자속관통법 ④ 축통전법

해설
전류관통법은 시험체 구멍 등에 전도체를 통과시켜 도체에 전류를 흘려 원형 자화를 형성하는 것이다.

02 침투탐상검사에서 과잉 침투액을 제거한 후 시험체를 가열하여 침투액을 팽창시킴으로써 결함지시 모양을 형성시키는 방법은?

① 가열현상법 ② 팽창현상법
③ 무현상법 ④ 가압현상법

해설
무현상법은 현상제를 사용하지 않고 시험체에 열을 가해 팽창되는 침투제를 이용하는 것이다.

03 일반적으로 오스테나이트계 스테인리스강 용접부 검사에서 적용이 불가능한 시험방법은?

① 방사선투과시험
② 자분탐상시험
③ 누설탐상시험
④ 초음파탐상시험

해설
자분탐상시험은 강자성체의 시험체 결함에서 생기는 누설자장을 이용하는 것으로 오스테나이트계 스테인리스강은 상자성이므로 적용이 불가능하다.

04 다른 비파괴검사법과 비교하여 와전류탐상시험의 특징이 아닌 것은?

① 시험을 자동화할 수 있다.
② 비접촉 방법으로 할 수 있다.
③ 시험체의 도금 두께 측정이 가능하다.
④ 형상이 복잡한 것도 쉽게 검사할 수 있다.

해설
- 와전류탐상의 장점
  - 고속으로 자동화된 전수 검사 가능
  - 가는 선, 구멍 내부, 고온 등 여러 환경에서 적용 가능
  - 결함, 재질변화, 품질관리 등 적용 범위가 광범위
  - 탐상 및 재질검사 등 탐상 결과를 보전 가능
- 와전류탐상의 단점
  - 표피효과로 인해 표면 근처의 시험에만 적용 가능
  - 잡음 인자의 영향을 많이 받음
  - 결함 종류, 형상, 치수에 대한 정확한 측정은 불가
  - 형상이 간단한 시험체에만 적용 가능
  - 도체에만 적용 가능

05 다음 중 비금속 물질의 표면 불연속을 비파괴검사할 때 가장 적합한 시험법은?

① 자분탐상시험법
② 초음파탐상시험법
③ 침투탐상시험법
④ 중성자투과시험법

해설
침투탐상시험은 거의 모든 재료에 적용 가능하다. 단, 다공성 물질에는 적용이 어렵다.

1 ① 2 ③ 3 ② 4 ④ 5 ③ 정답

06 기포누설시험을 할 때 강도를 저해하는 요소로 가장 거리가 먼 것은?

① 표면 오염물
② 부적절한 점도
③ 빠른 누설
④ 과도한 진공

해설
강도 저해 요인으로는 표면 오염물, 시험 용액의 오염 및 부적절한 점도, 과도한 진공, 표면 장력, 세척, 부식 등이 있다.

07 강자성체 및 비자성 재료에서도 균열의 깊이 정보를 알 수 있는 비파괴검사방법은?

① 와전류탐상검사
② 자분탐상검사
③ 자기기록탐상검사
④ 침투탐상검사

해설
와전류탐상검사는 맴돌이 전류(와전류 분포의 변화)로 거리 · 형상의 변화, 합금성분, 재질의 선별, 균열, 불균질 부분, 도금층 두께 측정, 치수 변화, 열처리 상태 등의 확인이 가능하다.

08 초음파탐상시험방법에 속하지 않는 것은?

① 공진법
② 외삽법
③ 투과법
④ 펄스반사법

해설
초음파탐상법의 종류

초음파형태	송 · 수신방식	접촉방식	진동방식
• 펄스파법 • 연속파법	• 반사법 • 투과법 • 공진법	• 직접접촉법 • 국부수침법 • 전몰수침법	• 수직법(주로 종파) • 사각법(주로 횡파) • 표면파법 • 판파법 • 크리핑파법 • 누설표면파법

09 와전류탐상시험 기기에서 게인(Gain) 조정 장치의 역할로 옳은 것은?

① 위상(Phase) 조정
② 평형(Balance) 조정
③ 감도(Sensitivity) 조정
④ 진동수(Frequency) 조정

해설
게인(Gain)은 증폭기의 감도 조정에 사용된다.

10 자분탐상검사에서 자화 방법을 선택할 때 고려해야 할 사항과 거리가 먼 것은?

① 검사 환경
② 검사원의 기량
③ 시험체의 크기
④ 예측되는 결함의 방향

해설
자화 방법은 선형 자화, 원형 자화로 나뉘어질 수 있으며, 시험하려는 시험편의 검사 환경, 종류 및 크기, 예상되는 결함의 종류와 방향 등이 있다.

정답 6 ③ 7 ① 8 ② 9 ③ 10 ②

11 **음향방출검사 시 계측순서 중 계측감도의 교정 항목이 아닌 것은?**

① 변환자
② 변환자를 접착한 상태
③ 피검체의 음속 감속
④ 문턱값

해설
문턱값은 기본적인 설정 항목으로 분류된다.

12 **누설검사에 사용되는 가압 기체가 아닌 것은?**

① 헬 륨　　② 질 소
③ 포스겐　　④ 공 기

해설
포스겐은 $COCl_2$의 유독한 질식성 기체로 일산화탄소와 염소를 활성탄의 촉매로 반응시켜 제조하며, 흡입 시 호흡곤란, 급성증상을 나타내는 위험한 물질이다.

13 **비파괴검사의 목적에 대한 설명과 거리가 먼 것은?**

① 결함이 존재하지 않은 완벽한 제품을 생산한다.
② 제품의 결함 유무 또는 결함의 정도를 파악, 신뢰성을 향상시킨다.
③ 시험결과를 분석, 검토하여 제조 조건을 보완하므로 제조 기술을 발전시킬 수 있다.
④ 적절한 시기에 불량품을 조기 발견하여 수리 또는 교체를 통해 제조 원가를 절감한다.

해설
비파괴검사의 목적은 완벽한 제품 생산이 아닌 생산된 제품의 결함 여부를 파악하는 것이다.

14 **특성 X-선에 관해 설명한 것 중 틀린 것은?**

① 재료의 물성분석에 이용된다.
② 단일 에너지를 가진다.
③ 파장은 관전압이 바뀌어도 변하지 않는다.
④ 연속 스펙트럼을 가진다.

해설
특성 X-선은 고속으로 움직이는 전자가 표적 원자의 궤도 전자와 부딪혀 이탈 시 에너지 차이에 의해 X-선이 발출시키는 것을 말하며, 선 스펙트럼이 나타난다.
연속 X-선은 고속으로 움직이는 전자가 표적 원자로 접근할 때 인력의 작용에 의해 휘어지며 감소되는 에너지를 말하며, 연속 스펙트럼을 가지게 된다.

15 **다른 조건은 모두 같고 수직 탐촉자의 직경이 20mm이면 10mm 직경의 탐촉자보다 근거리 음장이 몇 배 증가하는가?**

① 8배　　② 6배
③ 4배　　④ 2배

해설
근거리 음장 $X_0 = \frac{D^2}{4\times\lambda} = \frac{D^2 f}{4\times C}$로 계산 가능하며 직경의 제곱에 비례한다.
직경 20mm 근거리 음장 $X_0 = \frac{400f}{4C}$
직경 10mm 근거리 음장 $X_0 = \frac{100f}{4C}$
이므로 4배가 된다.

11 ④ 12 ③ 13 ① 14 ④ 15 ③ 정답

16 초음파가 제1매질과 제2매질의 경계면에서 진행할 때 파형변환과 굴절이 발생하는데 이때 제2임계각을 가장 적절히 설명한 것은?

① 굴절된 종파가 정확히 90°가 되었을 때
② 굴절된 횡파가 정확히 90°가 되었을 때
③ 제2매질 내에 종파와 횡파가 존재하지 않을 때
④ 제2매질 내에 종파와 횡파가 같이 존재하게 된 때

해설

• 1차 임계각 : 입사하는 매질보다 매질 2에서의 음속이 큰 경우 입사각보다 굴절각이 커지며, 이때 입사각을 크게 하였을 경우 굴절각이 90°가 되는 것
• 2차 임계각 : 입사각이 1차 임계각보다 커지게 되면 횡파의 굴절각도 커져 횡파의 굴절각이 90°가 되는 것

17 초음파탐상검사의 주파수에 관한 설명으로 틀린 것은?

① 초음파의 지향성은 주파수가 낮을수록 좋다.
② 서로 근접한 결함의 분리에는 높은 주파수가 좋다.
③ 결함 검출능력을 높이는데 주파수가 높은 것이 좋다.
④ 탐상면이 거칠 때는 낮은 주파수를 사용하는 것이 좋다.

해설

초음파의 지향성은 주파수가 높을수록 우수하다. 라디오 주파수를 생각하면 되며, FM의 경우 주파수가 낮아 장거리 신호를 송신해 주고, AM의 경우 주파수가 높아 단거리 신호를 송신시켜 주는 것을 연상한다.

18 분할형 수직 탐촉자를 이용한 초음파탐상시험의 특징에 관한 설명으로 틀린 것은?

① 펄스반사식은 두께 측정에 이용된다.
② 송수신의 초점은 시험체 표면에서 일정거리에 설정된다.
③ 시험체 표면에서 가까운 거리에 있는 결함의 검출에 적합하다.
④ 시험체 내의 초음파 진행 방향과 평행한 방향으로 존재하는 결함 검출에 적합하다.

해설

분할형 수직 탐촉자는 송신과 수신부가 한 탐촉자에 있는 것으로 교축점(송수신진동자 중심축의 교점)에서의 에코높이는 최대가 되고 이곳을 벗어나면 에코높이가 급격히 저하한다. 따라서 근거리 결함의 검출이나 두께 측정에 사용된다. 시험체 내에서는 초음파의 진행방향과 수직한 방향으로 존재하는 결함 검출에 적합하다.

19 초음파탐상검사 시 많은 수의 작은 지시들, 즉 임상 에코를 나타내는 결함은?

① 균열(Crack)
② 다공성 기포(Porosity)
③ 수축관(Shrinkage Cavity)
④ 큰 비금속개재물(Inclusion)

해설

많은 수의 임상 에코가 발생하였다는 것은 초음파 빔이 여러 개의 결함을 검출하였다는 것으로 다공성 기포를 추측할 수 있다.

20 수침법으로 강철판재를 초음파탐상할 때 입사각이 16°라면 강철판재에 존재하는 파는?

① 램 파 ② 표면파
③ 종 파 ④ 횡 파

해설

입사각이 14.5° 이내일 경우 종파, 횡파가 같이 존재하며, 이상이면 횡파만 존재할 수 있다.

정답 16 ② 17 ① 18 ④ 19 ② 20 ④

21 펄스 반복비(Pulse Repetition Rate)는 초음파탐상기의 기본 회로 구성품 중 어느 것과 가장 긴밀한 관계인가?

① 타이머 또는 시계　② 펄스 발생기
③ 증폭기　④ 필 터

해설
펄스 반복비는 초당 펄스의 수를 나타내며 타이머 또는 시계와 관계가 깊다.

22 수신되는 초음파를 화면상에 나타내는 방법에 따라 분류할 때 B주사법에 대한 설명으로 틀린 것은?

① 시험체의 단면을 나타낸다.
② 반사 에코 진행시간에 따라 결함의 깊이를 나타낸다.
③ 평면 표시법이다.
④ 2개의 결함이라도 화면상에 1개로 나타날 수 있다.

해설
B-scan법은 시험체 단면을 표시하며, 시험체의 두께, 불연속 깊이, 길이를 나타내는 방법이다.

23 횡파에 대한 설명 중 틀린 것은?

① 공기 중에는 횡파가 존재할 수 없다.
② 고체에서는 횡파와 종파가 존재한다.
③ 음파 진행방향에 대해 수직방향으로 진동한다.
④ 액체 내에서는 횡파만이 존재할 수 있다.

해설
횡파(Transverse Wave)는 입자의 진동 방향이 파를 전달하는 입자의 진행방향과 수직인 파로 종파의 $\frac{1}{2}$ 속도이다. 고체에서만 전파되고 액체와 기체에서는 전파되지 않는다.

24 펄스반사법으로 초음파가 탐촉자에서 발생되어 강재의 저면을 거쳐 다시 탐촉자로 돌아올 때까지 1×10^{-6}초가 소요됐다면 이 강의 두께는 몇 mm인가?(단, 강재 내 초음파 속도는 5,000m/s이며, 초음파의 진행에 따른 감쇠는 없는 것으로 가정한다)

① 2.5　② 25
③ 5　④ 50

해설
두께 $= \frac{\text{초음파속도} \times \text{시간}}{2}$으로 계산 가능하며, 송신 후 결함 혹은 저면 에코를 맞아 돌아오는 것이므로 2로 나누어 준다.
두께 $= \frac{5,000 \times 10^3 \text{mm/s} \times 1 \times 10^{-6} \text{s}}{2} = 2.5\text{mm}$

25 다음 표준시험편 중 경사각 탐촉자의 입사점 및 굴절각 측정에 사용할 수 있는 것은?

① STB-A1　② STB-A2
③ STB-G　④ STB-N1

해설
표준시험편(STB-A1)의 사용 목적으로 경사각 탐촉자의 특성 측정, 입사점 측정, 굴절각 측정, 측정 범위의 조정, 탐상 감도의 조정이 있다. 또한 경사각 탐촉자의 입사점 및 굴절각 측정에는 STB-A3도 사용된다.

정답 21 ① 22 ③ 23 ④ 24 ① 25 ①

26 초음파탐상시험 시 결함의 평면을 파악하기 위한 표시방식으로 적절한 것은?

① A 스캔표시
② B 스캔표시
③ C 스캔표시
④ 디지털 표시

해설
C-scan법은 시험체 내부를 평면으로 표시해 주는 스캔방법이다.

27 경사각탐상 시 종파가 90°의 굴절각으로 변하며 횡파가 발생될 때의 입사각을 무엇이라 하는가?

① 제1임계각 ② 제2임계각
③ 반사각 ④ 굴절각

해설
1차 임계각 : 입사하는 매질보다 매질 2에서의 음속이 큰 경우 입사각보다 굴절각이 커지며, 이때 입사각을 크게 하였을 경우 굴절각이 90°가 되는 것

28 금속재료의 펄스반사법에 따른 초음파탐상시험방법통칙(KS B 0817)에 따른 탐상도형의 표시를 기호로 나타낸 것 중 틀린 것은?

① T : 측면 에코
② F : 흠집 에코
③ B : 바닥면 에코
④ S : 표면 에코

해설
탐상도형을 표시함에 있어 T : 송신 펄스, F : 흠집 에코, B : 바닥면 에코(단면 에코), S : 표면 에코(수침법), W : 측면 에코를 나타낸다.

29 강 용접부의 초음파탐상시험방법(KS B 0896)에 의한 판 두께 100mm 이하의 평판 맞대기 이음부를 탐상할 때 탐상면과 방향은?

① 한면 양쪽 ② 한면 한쪽
③ 양면 양쪽 ④ 양면 한쪽

해설
1탐촉자 경사각탐상 시 탐상면과 방향 및 방법

이음 모양	판두께 (mm)	탐상면과 방향 (mm)	탐상방법
맞대기 이음	100 이하	한면 양쪽	직사법, 1회 반사법
	100 초과	양면 양쪽	직사법
T이음, 각이음	60 이하	한면 한쪽	직사법, 1회 반사법
	60 초과	양면 한쪽	직사법

T이음 혹은 각이음의 문구가 없으므로 기본적으로 맞대기 이음으로 생각하고 한쪽 양면이 답이 된다.

30 강 용접부의 초음파탐상시험방법(KS B 0896)에서 요구하는 장치의 증폭 직선성의 허용범위는?

① ±3% 이내 ② ±4% 이내
③ ±5% 이내 ④ ±6% 이내

해설
상기에 필요한 성능으로 증폭 직선성은 ±3%의 범위, 시간축 직선성은 ±1%의 범위, 감도 여유값은 40dB 이상 등이 있다.

정답 26 ③ 27 ① 28 ① 29 ① 30 ①

31 알루미늄의 맞대기 용접부의 초음파경사각탐상시험방법(KS B 0897)에 따른 경사각 탐촉자의 굴절각 측정에 사용하는 시험편은?

① STB-A1 ② RB-A7
③ STB-A3 ④ RB-A4 AL

해설
RB-A4 AL : 탐촉자의 굴절각 측정, 거리-진폭특성 곡선의 작성 및 탐상 감도 측정에 사용된다.

32 압력용기용 강판의 초음파탐상검사방법(KS D 0233)에 따라 압력용기용 강판을 초음파탐상할 때 주로 사용하는 접촉 매질은?

① 물 ② 글리세린
③ 기계유 ④ 식물유

해설
압력용기용 강판의 초음파탐상검사에는 접촉 매질로 물을 사용한다. KS D 0896에서는 글리세린을 사용한다.

33 금속재료의 펄스반사법에 따른 초음파탐상시험방법통칙(KS B 0817)에 따라 시험결과를 평가하는 경우 고려할 항목과 거리가 먼 것은?

① 흠집의 에코 높이
② 등가 결함 지름
③ 흠집의 지시길이
④ 표준시험편의 감도

해설
시험결과 평가 시 고려할 항목으로는 흠집의 에코 높이, 바닥면 에코에 대한 흠집 에코 높이와의 비, 등가 결함 지름, 흠집의 지시길이, 흠집의 지시높이, 흠집의 넓이, 흠집의 위치, 감쇠를 평가한다.

34 강 용접부의 초음파탐상시험방법(KS B 0896)에서 A2 표준시험편으로 탐상장치의 감도보정을 할 때 판 표면에서 초음파가 진행하여 반대 면에서 나오는 배면반사가 전스케일의 몇 %가 되도록 투과 펄스의 높이를 조절하여야 하는가?

① 10% ② 25%
③ 50% ④ 80%

해설
배면반사가 50%가 되도록 조정하여 준다.

35 비파괴시험 용어(KS B 0550)에 따른 경사각탐상에서 탐촉자-용접부 거리를 일정하게 하고 탐촉자를 용접선에 평행하게 이동시키는 주사 방법을 무엇이라 하는가?

① 전후 주사 ② 좌우 주사
③ 목돌림주사 ④ 지그재그주사

해설
좌우 주사 : 탐촉자를 용접선에 평행하게 좌우로 이동시켜 주사하는 방법이다.

31 ④ 32 ① 33 ④ 34 ③ 35 ② 정답

36 강 용접부의 초음파탐상시험방법(KS B 0896)에서 수직 탐촉자를 사용하는 경우 빔 노정이 몇 이상인 경우에는 불감대를 특별히 규정하지 않는가?

① 30mm 이상　② 40mm 이상
③ 50mm 이상　④ 60mm 이상

해설
불감대는 공칭 주파수 5MHz의 경우 8mm 이하, 2MHz에서는 15mm 이하로 한다. 단, 빔 노정이 50mm 이상인 경우 특별히 규정하지 않는다.

37 강관의 초음파탐상검사방법(KS D 0250)에서 비교 시험편의 인공 흠의 종류에 해당되지 않는 것은?

① 각 흠　② U 흠
③ V 흠　④ 드릴 구멍

해설
인공 흠은 각 흠, V 흠, 드릴 구멍이 있다.

38 초음파탐상시험용 표준시험편(KS B 0831)에서 G형 표준시험편의 검정조건 및 검정방법에 관한 설명으로 옳은 것은?

① 반사원은 R100면 또는 R50면으로 한다.
② 주파수는 2(또는 2.25), 5 및 10MHz이다.
③ 측정방법은 검정용 기준편에만 1회 실시한다.
④ 리젝션의 감도는 "0" 또는 "온(ON)"으로 한다.

해설
G형 표준시험편의 반사원은 인공 흠으로 하며, 리젝션은 "0" 또는 Off하며, 측정 횟수는 2회 실시한다.

39 탄소강 및 저합금강 단강품의 초음파탐상시험방법(KS D 0248)의 시험조건 중에 탐촉자의 주사 속도는 얼마인가?

① 초당 150mm 이하
② 초당 180mm 이하
③ 초당 200mm 이하
④ 초당 250mm 이하

해설
탄소강 및 저합금강 단강품의 탐상 시 주사 속도는 초당 150mm 이하로 주사한다.

40 압력용기용 강판의 초음파탐상검사방법(KS D 0233)에 따른 비교시험편을 제작할 때 각 흠에 대한 설명으로 틀린 것은?

① 너비는 1.5mm 이하로 한다.
② 각도는 60°로 한다.
③ 길이는 진동자 공칭 치수의 2배 이상으로 한다.
④ 깊이의 허용차는 ±15% 또는 ±0.05mm 중 큰 것으로 한다.

해설
각 흠에서 각도는 90°로 한다.

정답 36 ③ 37 ② 38 ② 39 ① 40 ②

41 강 용접부의 초음파탐상시험방법(KS B 0896)에서 에코 높이 구분선을 작성할 때 H, M, L선의 결정 시에 H선보다 몇 dB 낮은 선을 L선으로 하는가?

① 6dB ② 12dB
③ 18dB ④ 24dB

해설
영역 구분의 결정에서 H선을 기준으로 하고 H선보다 6dB 낮은 에코를 M선, 12dB 낮은 에코를 L선으로 결정한다.

42 알루미늄의 맞대기용접부의 초음파경사각탐상시험방법(KS B 0897)에서 규정하고 있는 흠의 지시 길이의 측정 시 올바른 주사 방법은?

① 최대 에코를 나타내는 위치에 탐촉자를 놓고 좌우 주사를 한다.
② 최대 에코를 나타내는 위치에 탐촉자를 놓고 목진동 주사를 한다.
③ 최소 에코를 나타내는 위치에 탐촉자를 놓고 전후 주사만을 한다.
④ 최소 에코를 나타내는 위치에 탐촉자를 놓고 원둘레 주사를 한다.

해설
최대 에코를 나타내는 위치에서 좌우 주사하며, 약간의 전후 주사를 실시하여 최대 에코를 찾는다.

43 용융금속을 주형에 주입할 때 응고하는 과정을 설명한 것으로 틀린 것은?

① 나뭇가지 모양으로 응고하는 것을 수지상정이라 한다.
② 핵 생성 속도가 핵 성장 속도보다 빠르면 입자가 미세해진다.
③ 주형에 접한 부분이 빠른 속도로 응고하고 차차 내부로 가면서 천천히 응고한다.
④ 주상 결정 입자 조직이 생성된 주물에서는 주상 결정 입내 부분에 불순물이 집중하므로 메짐이 생긴다.

해설
과랭은 응고점보다 낮은 온도가 되어 응고가 시작하는 것을 의미하며, 결정 입자의 미세도는 결정핵 생성 속도와 연관이 있다. 과랭의 정도는 냉각속도가 빠를수록 커지며, 결정립은 미세해진다. 또한 주상 결정은 결정 입자 속도가 용융점이 내부로 전달하는 속도보다 클 경우 발생하며, 입상 결정 입자는 결정 입자 성장 속도가 용융점이 내부로 전달하는 속도보다 작을 경우 발생한다. 주상 결정은 주로 입계 편석이 발생하게 된다.

44 4% Cu, 2% Ni 및 1.5% Mg이 첨가된 알루미늄 합금으로 내연기관용 피스톤이나 실린더 헤드 등에 사용되는 재료는?

① Y합금
② 라우탈(Lautal)
③ 알클래드(Alclad)
④ 하이드로날륨(Hydronalium)

해설
합금의 종류(암기법)
- Al-Cu-Si : 라우탈(알구시라)
- Al-Ni-Mg-Si-Cu : 로엑스(알니마시구로)
- Al-Cu-Mn-Mg : 두랄루민(알구망마두)
- Al-Cu-Ni-Mg : Y-합금(알구니마와이)
- Al-Si-Na : 실루민(알시나실)
- Al-Mg : 하이드로날륨(알마하, 내식 우수)

41 ② 42 ① 43 ④ 44 ① 정답

45 **구리 및 구리합금에 대한 설명으로 옳은 것은?**

① 구리는 자성체이다.

② 금속 중에 Fe 다음으로 열전도율이 높다.

③ 황동은 주로 구리와 주석으로 된 합금이다.

④ 구리는 이산화탄소가 포함되어 있는 공기 중에서 녹청색 녹이 발생한다.

해설

구리는 면심입방격자를 이루고 있으며, 융점 1,083℃, 비중 8.9인 금속이다. 열전도율은 Ag(은) 다음으로 높으며, 내식성이 우수한 금속이나 이산화탄소에 약하다. 청동의 경우 ㊅이 들어간 것으로 Sn(주석), ㊅을 연관시키고, 황동의 경우 ㊇이 들어가 있으므로 Zn(아연), ㊀을 연관시켜 암기한다.

46 **Y합금의 일종으로 Ti과 Cu를 각각 0.2% 정도씩 첨가한 합금으로 피스톤에 사용되는 합금의 명칭은?**

① 라우탈

② 엘린바

③ 문쯔메탈

④ 코비탈륨

해설

코비탈륨은 Y합금(Al–Cu–Ni–Mg)에 Ti, Cu를 0.2% 정도 첨가한 합금이다.

47 **다음 중 비중(Specific Gravity)이 가장 작은 금속은?**

① Mg ② Al

③ Cu ④ Ag

해설

비중 : Mg(1.74), Al(2.7), Fe(7.86), Cu(8.9), Mo(10.2), Ni(8.9), W(19.3), Mn(7.4), Ag(10.5)

48 **특수강에서 다음 금속이 미치는 영향으로 틀린 것은?**

① Si : 전자기적 성질을 개선한다.

② Cr : 내마멸성을 증가시킨다.

③ Mo : 뜨임메짐을 방지한다.

④ Ni : 탄화물을 만든다.

해설

특수강 첨가원소의 영향

- Ni : 내식, 내산성 증가
- Mn : S에 의한 메짐 방지
- Cr : 적은 양에도 경도, 강도가 증가하며 내식, 내열성이 커짐
- W : 고온강도, 경도가 높아지며 탄화물 생성
- Mo : 뜨임메짐을 방지하며 크리프 저항이 좋아짐
- Si : 전자기적 성질을 개선

정답 45 ④ 46 ④ 47 ① 48 ④

49 공석강의 탄소 함유량은 약 얼마인가?

① 0.15% ② 0.8%
③ 2.0% ④ 4.3%

해설
- 0.02~0.8% C : 아공석강
- 0.8% C : 공석강
- 0.8~2.0% C : 과공석강
- 2.0~4.3% C : 아공정주철
- 4.3% C : 공정주철
- 4.3~6.67% C : 과공정주철

50 제진 재료에 대한 설명으로 틀린 것은?

① 제진 합금으로는 Mg-Zr, Mn-Cu 등이 있다.
② 제진 합금에서 제진 기구는 마텐자이트 변태와 같다.
③ 제진 재료는 진동을 제어하기 위하여 사용되는 재료이다.
④ 제진 합금이란 큰 의미에서 두드려도 소리가 나지 않는 합금이다.

해설
제진 재료는 진동과 소음을 줄여 주는 재료로 Mn, Cu, Mg 등이 첨가된다. 마텐자이트 변태는 형상기억합금의 제조에 사용되는 것이다.

51 저용융접 합금의 용융 온도는 약 몇 ℃ 이하인가?

① 250℃ 이하
② 450℃ 이하
③ 550℃ 이하
④ 650℃ 이하

해설
저용융점 합금의 용융 온도는 250℃ 이하이다.

52 금속의 결정구조를 생각할 때 결정면과 방향을 규정하는 것과 관련이 가장 깊은 것은?

① 밀러지수
② 탄성계수
③ 가공지수
④ 전이계수

해설
밀러지수란 세 개의 정수 혹은 지수를 이용하여 방향과 면을 표시하는 표기법이다.

49 ② 50 ② 51 ① 52 ① 정답

53 기체 급랭법의 일종으로 금속을 기체 상태로 한 후에 급랭하는 방법으로 제조되는 합금으로서 대표적인 방법은 진공 증착법이나 스퍼터링법 등이 있다. 이러한 방법으로 제조되는 합금은?

① 제진 합금
② 초전도 합금
③ 비정질 합금
④ 형상기억 합금

해설
비정질 합금이란 금속이 용해 후 고속 급랭시켜 원자가 규칙적으로 배열되지 못하고 액체 상태로 응고되어 금속이 되는 것이다. 제조법으로는 기체 급랭(진공 증착, 스퍼터링, 화학 증착, 이온 도금), 액체 급랭(단롤법, 쌍롤법, 원심법, 스프레이법, 분무법), 금속 이온(전해 코팅법, 무전해 코팅법)이 있으며, 자기헤드, 변압기용 철심, 자기 버블 재료의 경우 코일 재료 및 금속을 박막으로 코팅시켜 사용하는 재료들이다.

54 그림과 같은 소성가공법은?

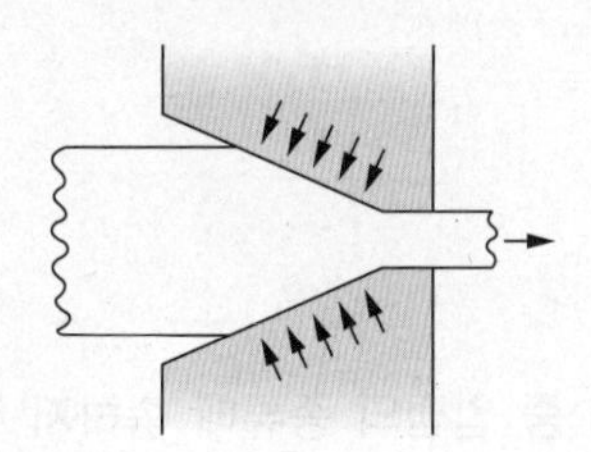

① 압연가공
② 단조가공
③ 인발가공
④ 전조가공

해설
인발가공은 다이 구멍에 재료를 잡아당겨 단면적을 줄여 제조하는 방법이다.

55 오스테나이트계 스테인리스강에 첨가되는 주성분으로 옳은 것은?

① Pb-Mg
② Cu-Al
③ Cr-Ni
④ P-Sn

해설
스테인리스강은 18% Cr-8% Ni이 가장 많이 쓰인다.

56 다음 비철금속 중 구리가 포함되어 있는 합금이 아닌 것은?

① 황 동
② 톰 백
③ 청 동
④ 하이드로날륨

해설
황동(Cu + Zn), 톰백(Cu + 5~20% Zn), 청동(Cu + Sn), 하이드로날륨(Al-Mg)

정답 53 ③ 54 ③ 55 ③ 56 ④

57 **다음 철강 재료에서 인성이 가장 낮은 것은?**

① 회주철
② 탄소공구강
③ 합금공구강
④ 고속도공구강

해설
고속도강, 합금공구강, 탄소공구강 모두 탄소 함량이 낮은 금속이고, 회주철의 경우 탄소 함유량이 2.0% 이상으로 경도는 높으나 취성이 크고 인성이 낮다.

58 **다음 중 두께가 3.2mm인 연강판을 산소-아세틸렌 가스 용접할 때 사용하는 용접봉의 지름은 얼마인가?**

① 1.0mm ② 1.6mm
③ 2.0mm ④ 2.6mm

해설
용접봉의 표준 치수는 1.0, 1.6, 2.0, 2.6, 3.2, 4.0, 5.0, 6.0mm 등 8종류로 구분되며, 사용 용접봉의 지름은 판 두께의 반에 1을 더한 값을 사용한다. 즉, 3.2mm의 절반인 1.6mm + 1mm = 2.6mm가 된다.

59 **부하전류가 증가하면 단자 전압이 저하하는 특성으로서 피복아크 용접 등 수동용접에서 사용하는 전원특성은?**

① 정전압특성
② 수하특성
③ 부하특성
④ 상승특성

해설
수하특성 : 아크를 안정시키기 위한 특성으로 부하전류가 증가 시 단자 전압은 강하하는 특성

60 **다음 중 압접의 종류에 속하지 않는 것은?**

① 저항 용접
② 초음파 용접
③ 마찰 용접
④ 스터드 용접

해설
스터드 용접이란 막대(스터드)를 모재에 접속시켜 전류를 흘려 약간 떼어주면 아크가 발생하며 용융하여 접하는 용접에 속한다.

57 ① 58 ④ 59 ② 60 ④ 정답

2015년 제4회 과년도 기출문제

01 표면처리 방법 중 부식을 방지하는 동시에 미관을 주기 위한 목적으로 행해지는 방법은?

① 산화피막 ② 도 장
③ 피 복 ④ 코 팅

해설
부식 : 금속과 주위 환경 사이의 화학적 반응에 의해 발생하는 것이다.
② 도장 : 물질의 표면에 고체막을 만들어 표면을 보호하고 아름답게 하는 것
① 산화피막 : 금속 표면을 산화물의 얇은 층으로 0.3μm 이하의 얇은 것
③ 피복 : 녹을 방지하고 외부 환경으로부터 보호하기 위하여 대부분 밀착시켜 사용하는 것
④ 코팅 : 재료의 표면에 다른 금속 또는 세라믹 등의 얇은 막을 형성해 표면의 질을 향상시키는 것

02 초음파탐상시험에 사용되는 탐촉자의 표시방법에서 수정 진동자 재료의 기호는?

① C ② M
③ Q ④ Z

해설
진동자 재료별 기호 : 수정(Q), 지르콘·타이타늄산납계자기(Z), 압전자기일반(C), 압전소자일반(M)

03 자분탐상시험법에 대한 설명으로 틀린 것은?

① 자분탐상시험은 강자성체에 적용된다.
② 비철재료의 내부 및 표면 직하 균열에 검출감도가 높다.
③ 제한적이지만 표면이 열리지 않은 불연속도 검출할 수 있다.
④ 시험체가 매우 큰 경우 여러번으로 나누어 검사할 수 있다.

해설
자분탐상시험은 강자성체에만 탐상이 가능하다. 따라서 비철재료는 자화가 되지 않아 탐상할 수 없다.

04 기포누설시험 중 가압법의 설명으로 틀린 것은?

① 압력 유지시간은 최소한 15분간을 유지한다.
② 눈과 시험체 표면과의 거리는 300mm 이내가 되어야 한다.
③ 관찰각도는 제품평면에 수직한 상태에서 30° 이내를 유지하여 관찰한다.
④ 관찰 속도는 75cm/min을 초과하지 않는다.

해설
기포누설시험 중 가압법이란 제품 내부를 헬륨 혹은 헬륨과 공기의 혼합물을 사용하여 누설을 검사하는 방법으로, 압력 유지시간은 최소한 15분간 유지하며, 눈과 시험체 표면과의 거리는 600mm 이내가 되어야 한다. 그리고 관찰 각도는 제품평면의 수직한 상태에서 30° 이내를 유지하여 관찰하며, 관찰 속도는 75cm/min을 초과하지 않는다.

정답 1 ② 2 ③ 3 ② 4 ②

05 비파괴검사법 중 분해능과 관련이 있는 검사법은?

① 초음파탐상검사(UT), 방사선투과검사(RT)
② 초음파탐상검사(UT), 자기탐상검사(MT)
③ 초음파탐상검사(UT), 침투탐상검사(PT)
④ 초음파탐상검사(UT), 와전류탐상검사(ECT)

해설
분해능이란 근접한 2개의 불연속부에서 2개의 펄스를 식별할 수 있는 능력으로 초음파탐상검사와 와전류탐상검사가 해당된다.

06 수세성 형광 침투탐상검사가 후유화성 형광 침투탐상검사보다 좋은 점은?

① 과세척의 위험성이 적다.
② 형상이 복잡한 시험체도 탐상이 가능하다.
③ 얕은 결함이나 폭이 넓은 결함을 검출한다.
④ 수분의 혼입으로 인한 침투액의 성능저하가 적다.

해설
침투제에 유화제가 혼합되어 있는 것으로 직접 물세척이 가능하여, 과세척에 대한 우려가 높아 얕은 결함의 결함 검출 감도가 낮다. 후유화성 형광 침투탐상의 경우 침투제에 유화제가 포함되지 않아 침투처리 후 유화처리를 거쳐야 하므로 형상이 복잡한 경우 작업하기가 수세성 형광 침투탐상보다 어렵다.

07 방사선투과검사 필름 현상 및 건조 후 확인결과 기준보다 높은 필름 농도의 원인과 가장 거리가 먼 것은?

① 기준의 2배 노출시간
② 30℃ 현상액 온도
③ 기준의 2배 현상시간
④ 기준의 2배 정착시간

해설
현상 과정은 방사선 노출로 투과사진에 형성된 잠상이 현상, 정지, 정착, 세척, 건조과정을 통해 눈에 보이는 영구적인 상으로 나타나게 하는 과정을 말하며, 정착처리란 필름의 현상된 은 입자를 영구적인 상으로 나타나게 하고, 열에 잘 견디게 해 주는 역할을 하므로 필름 농도의 원인과는 거리가 멀다.

08 알루미늄 용접부의 표면에 크레이터 균열의 발생 유무를 알아보고자 할 때 적합한 검사 방법은?

① 누설자속검사
② 헬륨누설검사
③ 침투탐상검사
④ 자분탐상검사

해설
크레이터 균열이란 용접 시 비드 끝에서 아크를 상실하면서 앞선 비드보다 냉각 및 수축이 급격히 일어나며 발생하는 균열로 표면에 주로 나타나며, 침투탐상검사로 검출할 수 있다.

09 규정된 누설검출기에 의해서 감지할 수 있는 누설부위를 통과하는 가스는?

① 추적 가스　　② 불활성 가스
③ 지연성 가스　　④ 가연성 가스

해설
추적 가스 이용법 : 추적 가스(CO_2, 황화수소, 암모니아 등)를 이용하여 누설 지시를 나타내는 화학적 시약과의 반응으로 탐상

5 ④ 6 ② 7 ④ 8 ③ 9 ① 정답

10 **다음 중 전자파가 아닌 것은?**

① 가시선　　② 자외선
③ 감마선　　④ 전자선

해설
전자파는 전파, 적외선, 가시광선, 자외선, X선, 감마선 등이 있고 전자선은 진공 중에 방사된 자유전자선속을 말한다.

11 **적외선 열화상 검사에 대한 설명 중 틀린 것은?**

① 적외선 열화상 카메라는 시험체의 열에너지를 측정한다.
② 적외선 환경에서는 −100℃를 초과한 온도의 모든 사물이 열을 방출한다.
③ 적외선 에너지는 원자의 진동과 회전으로 발생한다.
④ 적외선 에너지는 파장이 너무 길어 육안으로 탐지가 불가능하다.

해설
모든 대상체들은 대상체의 온도에 따른 단파장의 전자기 방사선을 방출하며 방사선의 주파수는 온도에 반비례한다.

12 **다른 비파괴검사법과 비교했을 때 와전류탐상검사의 장점으로 틀린 것은?**

① 고속으로 자동화된 전수검사에 적합하다.
② 고온 하에서 가는 선의 검사가 불가능하다.
③ 비접촉법으로 검사속도가 빠르고 자동화에 적합하다.
④ 결함크기 변화, 재질변화 등의 동시 검사가 가능하다.

해설
와전류탐상의 장점으로는 다음과 같으며, 검사의 숙련도가 필요하다.
- 고속으로 자동화된 전수검사 가능
- 가는 선, 구멍 내부, 고온 등 여러 환경에서 적용 가능
- 결함, 재질변화, 품질관리 등 적용 범위가 광범위
- 탐상 및 재질검사 등 탐상 결과 보전 가능

13 **와전류탐상시험으로 시험체를 탐상한 경우 검사결과를 얻기 어려운 경우는?**

① 치수 검사
② 피막두께 측정
③ 표면 직하의 결함 위치
④ 내부결함의 깊이와 형태

해설
와전류탐상은 표피효과로 인해 표면 근처의 시험에만 적용 가능하다.

14 **자분탐상 시 지시모양의 기록방법 중 정확성이 다소 떨어지는 방법은?**

① 전사에 의한 방법
② 스케치에 의한 방법
③ 사진촬영에 의한 방법
④ 래커(Lacquer)를 이용하여 고착시키는 방법

해설
자분탐상 시 지시모양의 기록방법은 전사, 스케치, 사진촬영 등이 있으며 그 중 손으로 작성하는 스케치에 의한 방법이 정확성이 다소 떨어진다.

정답 10 ④ 11 ② 12 ② 13 ④ 14 ②

15 **초음파는 음향임피던스가 서로 다른 제1매질에서 제2매질로 진행할 때 경계면에서 파형변환과 굴절이 발생한다. 이때 제1임계각 이하의 각도에 대한 설명으로 맞는 것은?**

① 굴절된 종파가 정확히 90°가 되었을 때
② 굴절된 횡파가 정확히 90°가 되었을 때
③ 제2매질 내에 종파와 횡파가 같이 존재하게 될 때
④ 제2매질 내에 종파와 횡파가 존재하지 않을 때

해설
제1임계각 이하의 각도에서는 종파와 횡파가 같이 존재한다.

16 **초음파탐상시험에 대해 기술한 것으로 옳은 것은?**

① 부식량 계측에는 반사형 두께계는 적합하지 않다.
② 평면 결함의 면에 수직하게 초음파가 입사한 경우는 검출이 곤란하다.
③ 두꺼운 강판의 탐상에는 수직탐상보다 경사각탐상이 유용하게 적용되고 있다.
④ 다른 결함에 비해 기공과 같은 미세한 구형의 결함은 초음파탐상검사로 검출하기가 비교적 어렵다.

해설
미세한 구형의 결함은 방사선탐상으로 측정하는 것이 유리하다.

17 **펄스 반사식 탐상장비에서 일정 높이 이하의 에코 또는 전기 잡음 신호 등을 줄이기 위해 필요한 스위치는?**

① 리젝션(Rejection)
② 감쇠기(Attenuator)
③ 펄스(Pulse) 위치 조정
④ 소인지연(Sweep Delay)

해설
리젝션(Rejection) 조절기 : 전기적 잡음 신호를 제거하는 데 사용되는 조절기

18 **초음파탐상시험에서 직접접촉법과 비교하여 수침법에 의한 탐상의 장점은?**

① 휴대하기가 편리하다.
② 저주파수가 사용되어 탐상에 유리하다.
③ 초음파의 산란현상이 커서 탐상에 좋다.
④ 표면 상태의 영향을 덜 받아 안정된 탐상이 가능하다.

해설
수침법은 시험체와 탐촉자를 물속에 넣어 초음파를 발생시켜 검사하는 방법으로 표면 상태의 영향을 적게 받는 장점이 있다.
- 전몰 수침법 : 시험체 전체를 물속에 넣고 검사하는 방법
- 국부 수침법 : 시험체를 국부만 물에 수침되게 하여 검사하는 방법

19 **진동자의 표면으로부터 일정거리 내에서 초음파의 강도가 최대, 최소가 되는 매우 불규칙한 영역을 무엇이라 하는가?**

① 근거리 음장　② 원거리 음장
③ 빔의 분산　④ 빔의 감쇠

해설
① 근거리 음장(Near Field) : 진동자에서 가까운 영역 거리에 존재하며, 여러 음파들의 간섭 현상에 의해 증폭되는 영역과 소실되는 영역이 복잡하게 분포하여 정확한 검사가 이루어지기 어려운 부분

15 ③ 16 ④ 17 ① 18 ④ 19 ① 정답

20 기록성이 좋고 결함의 평면도를 볼 수 있는 주사방법은?

① A스캔(Scan) ② B스캔(Scan)
③ C스캔(Scan) ④ F스캔(Scan)

해설
- A-scope : 횡축은 초음파의 진행 시간, 종축은 수신신호의 크기를 나타내어 펄스 높이, 위치, 파형을 표시
- B-scope : 시험체의 단면을 표시해 주며, 탐촉자의 위치, 이동거리, 전파시간, 반사원의 깊이 위치를 표시
- C-scope : 탐상면 전체에 주사시켜 결함 위치를 평면도처럼 표시

21 다음 중 타이타늄산바륨계 자기 진동자의 가장 큰 특징에 해당되는 것은?

① 송신효율이 높다.
② 사용수명이 길다.
③ 음향 임피던스가 낮다.
④ 전기적 임피던스가 높다.

해설
타이타늄산바륨은 송신효율, 황산리튬은 수신효율이 뛰어나다.

22 서로 다른 두 매질이 접촉하고 있는 면을 무엇이라 하는가?

① 계 면 ② 굴절면
③ 반사면 ④ 입사면

해설
① 계면 : 서로 다른 두 가지 물질 또는 성질이 다른 부분들의 경계

23 표면에서 1파장 정도의 매우 얇은 층에 에너지의 대부분이 집중해 있어서 시험체의 표면 결함 검출에 주로 이용되는 파는?

① 종 파 ② 횡 파
③ 판 파 ④ 표면파

해설
④ 표면파법 : 음파의 진행 방향이 표면 근처에서 이동하며 표면층만을 진행하는 방법

24 물질의 음향 임피던스(Z)를 구하는 식으로 옳은 것은?

① Z = 밀도 × 음속
② Z = 비중 × 부피
③ Z = 질량 ÷ 밀도
④ Z = 무게 ÷ 음속

해설
음향 임피던스란 재질 내에서 음파의 진행을 방해하는 것으로 재질의 밀도(ρ)에 음속(ν)을 곱한 값으로 두 매질 사이의 경계에서 투과와 반사를 결정짓는 특성이다.

정답 20 ③ 21 ① 22 ① 23 ④ 24 ①

25 다음 그림은 경계면에서 초음파의 입사파, 반사파 및 굴절파 관계도를 나타낸 것이다. 그림에서 반사파는?

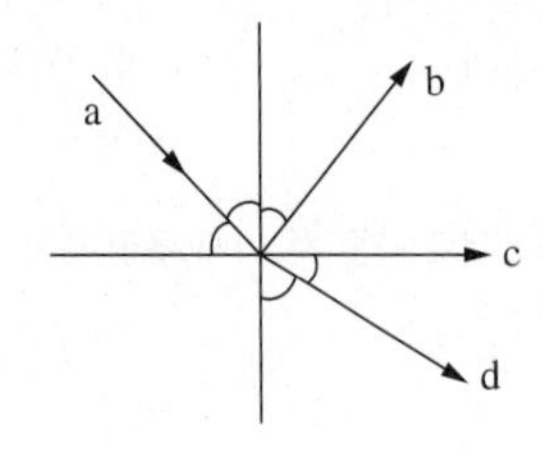

① a ② b
③ c ④ d

해설
① a : 입사파 ② b : 반사파
③ c : 표면파 ④ d : 굴절파

26 용접부 초음파탐상시험의 경우 탐촉자의 주사에 대한 설명으로 옳은 것은?

① 탐촉자의 주사방법은 결함의 크기 측정에만 적용된다.
② 주사방법이 적절하면 결함치수 및 결함의 종류, 모양을 정확히 평가할 수 있다.
③ 결함을 찾기 위해 탐촉자의 위치를 움직여 가며 초음파의 입사위치를 변화시키는 것을 주사라 한다.
④ 경사각탐상에서는 탐촉자를 이동시켜 주사하여 최대의 결함 에코가 얻어졌을 때 탐촉자의 바로 아래에 결함이 있는 것이다.

해설
주사 : 결함을 찾기 위해 탐촉자의 위치를 움직여 가며 입사위치를 변화시키는 것
사각 탐촉자의 주사 방법
- 1탐촉자의 기본 주사 : 전후 주사, 좌우 주사, 목 돌림주사, 진자 주사
- 1탐촉자의 응용 주사 : 지그재그주사, 종방향주사, 횡방향주사, 경사평행주사, 용접선상주사
- 2탐촉자의 주사 : 탠덤주사, 두 갈래주사, K-주사, V-주사, 투과주사 등

27 초음파탐상 공진법으로 두께를 측정하는 장치에서 CRT상의 표시방법은?

① 시간과 거리의 함수에 대한 불연속반사와 같은 지시로 표시된다.
② 고정 주파수에서 공진 상태를 나타내는 지시로 표시된다.
③ 연속적으로 변하는 주파수의 공진 상태를 나타내는 지시로 표시된다.
④ 간헐적으로 변하는 주파수의 변조상태를 나타내는 지시로 표시된다.

해설
공진법 : 시험체의 고유 진동수와 초음파의 진동수가 일치할 때 생기는 공진 현상을 이용하여 시험체의 두께 측정에 주로 적용하는 방법으로 연속적으로 변하는 주파수의 공진 상태를 나타내는 지시로 표시된다.

28 초음파탐상시험용 표준시험편(KS B 0831)에 의거 G형 STB의 합격여부 판정 시 시험편 내의 인공 흠 이외의 에코는 인공 흠 에코 근처보다 몇 dB 이상 낮아야 하는가?

① 5dB ② 10dB
③ 15dB ④ 20dB

해설
합격 여부 판정 시 인공 흠 이외의 에코는 인공 흠 에코 근처보다 10dB 이상 낮아야 한다.

29 초음파탐상시험용 표준시험편(KS B 0831)에 의거 수직 및 경사각 탐상 방법에 모두 사용할 수 있는 표준시험편은?

① STB-A1 ② STB-A2
③ STB-A3 ④ STB-N1

해설
초음파탐상시험용 표준시험편은 수직 및 경사각탐상에서 STB-A1을 사용한다.

25 ② 26 ③ 27 ③ 28 ② 29 ① 정답

30 금속재료의 펄스반사법에 따른 초음파탐상시험방법통칙(KS B 0817)에 따른 초음파탐상장치의 점검의 종류가 아닌 것은?

① 일상점검 ② 정기점검
③ 주기점검 ④ 특별점검

해설
초음파탐상시험 방법통칙에서 점검의 종류
- 일상점검 : 탐촉자 및 부속품에 대하여 정상적인 시험이 이루어지도록 점검
- 정기점검 : 1년에 1회 이상 KS B 0535에 의거 측정
- 특별점검 : 성능에 관계된 수리를 한 경우, 특수한 환경에서 사용하여 이상이 있다고 생각된 경우, 그 밖에 특별히 점검이 필요하다고 판단될 경우

31 강 용접부의 초음파탐상시험방법(KS B 0896)에 따른 음향 이방성의 측정에 사용되는 시험편은?

① STB-A1 시험편
② STB-A2 시험편
③ RB-A8 시험편
④ 시험체와 동일 강판의 평판 모양 시험편

해설
음향 이방성의 측정 시 시험체와 동일 강판의 평판 모양 시험편을 이용한다.

32 강 용접부의 초음파탐상시험방법(KS B 0896)에 따라 경사각탐상으로 탐촉자를 접촉시키는 부분의 판두께가 75mm 이상, 주파수 2MHz, 진동자 치수 20×20mm의 탐촉자를 사용하는 경우, 흠의 지시길이 측정방법으로 옳은 것은?

① 최대 에코 높이의 $\frac{1}{2}$을 넘는 탐촉자의 이동거리
② 최대 에코 높이의 $\frac{1}{3}$을 넘는 탐촉자의 이동거리
③ 최대 에코 높이의 $\frac{1}{4}$을 넘는 탐촉자의 이동거리
④ 최대 에코 높이의 $\frac{1}{8}$을 넘는 탐촉자의 이동거리

해설
흠의 지시 길이 측정 방법은 최대 에코 높이의 $\frac{1}{2}$을 넘는 탐촉자의 이동거리로 측정한다.

33 금속재료의 펄스반사법에 따른 초음파탐상시험방법 통칙(KS B 0817)에서 초음파탐상기의 조정은 실제로 사용하는 탐상기와 탐촉자를 조합해서 전원 스위치를 켜고 나서 몇 분 이상 경과한 후 실시하는가?

① 1 ② 5
③ 30 ④ 60

해설
초음파탐상기의 조정은 실제 탐상기와 탐촉자를 세팅한 후 5분 후 시험할 수 있도록 한다.

정답 30 ③ 31 ④ 32 ① 33 ②

34 강 용접부의 초음파탐상시험방법(KS B 0896)에 의거 공칭굴절각 70°인 탐촉자를 사용하고 판두께가 40mm 이하일 때 탐상면과 방향은?

① 한면 양쪽 ② 한면 한쪽
③ 양면 양쪽 ④ 양면 한쪽

해설

1탐촉자 경사각탐상 시 탐상면과 방향 및 방법

이음 모양	판두께 (mm)	탐상면과 방향 (mm)	탐상방법
맞대기 이음	100 이하	한면 양쪽	직사법, 1회 반사법
	100 초과	양면 양쪽	직사법
T이음, 각이음	60 이하	한면 한쪽	직사법, 1회 반사법
	60 초과	양면 한쪽	직사법

T이음 혹은 각이음의 문구가 없으므로 기본적으로 맞대기 이음으로 생각하고 한면 양쪽이 답이 된다.

35 강 용접부의 초음파탐상시험방법(KS B 0896)에서 탠덤 탐상법으로 시험 후 반드시 기록할 사항이 아닌 것은?

① 탐상 지그의 시방
② 탐상 불능 영역
③ 탠덤 기준선의 위치
④ DAC의 경사값

해설

탠덤탐상법을 적용한 경우는 다음 사항을 기록한다.
- 탐상 불능 영역
- 탐상 지그의 시방
- 탠덤 기준선의 위치
- 흠의 판두께 방향의 위치(깊이)

36 초음파탐상장치의 성능측정방법(KS B 0534)에서 STB-G V15-5.6을 반사원으로 사용하여 검정할 수 있는 탐상장치의 성능 항목은?

① 시간축 직선성
② 수직탐상의 추입 범위
③ 수직탐상의 감도 여유값
④ 수직탐상의 원거리 분해능

해설

수직탐상의 감도 여유값은 STB-G V15-1.5의 표준구멍을 이용하며, 접촉 매질 머신유, 탐촉자는 수직으로 측정한다.

37 강 용접부의 초음파탐상 시험방법(KS B 0896)에 의거 에코 높이 구분선의 작성에 사용되는 표준 시험편은?

① STB-A1, RB-4
② STB-A2, RB-4
③ STB-A1, STB-N1
④ STB-A2, STB-N1

해설

에코 높이 구분선 작성 : A2 STB를 사용 시 $\phi 4 \times 4\mathrm{mm}$의 표준구멍을 사용, RB-4의 경우 RB-4의 표준 구멍을 사용하여 최대 에코의 위치를 플롯하고 각 점을 이어 구분선으로 한다.

38 강 용접부의 초음파탐상시험방법(KS B 0896)에 의한 시험 결과의 분류 시 판두께가 18mm, M검출레벨로 영역 Ⅲ인 경우 흠 지시길이가 8mm이었다면 어떻게 분류되는가?

① 1류 ② 2류
③ 3류 ④ 4류

해설

M검출레벨 영역 Ⅲ인 경우 18mm 이하의 결함은 1류(6mm 이하), 2류(9mm 이하), 3류(18mm 이하), 4류(3류 이상)로 분류한다.

34 ① 35 ④ 36 ③ 37 ② 38 ② 정답

39 **초음파탐상시험용 표준시험편(KS B 0831)에 따른 G형 STB 중 V15-1.4의 의미를 바르게 설명한 것은?**

① 탐상면 중앙에 1.4mm의 지름이 저면 150mm까지 구멍이 있다는 것이다.
② 탐상면에서 150cm의 위치에 지름이 1.4mm되는 구멍이 뚫려 있다는 것이다.
③ 탐상면에서 150cm의 위치에 지름이 14mm되는 구멍이 저면까지 뚫려 있다는 것이다.
④ 탐상면에서 150mm의 위치에 지름이 1.4mm되는 구멍이 저면까지 뚫려 있다는 것이다.

해설
STB-G V15-1.4는 수직 탐촉자의 성능 측정 시 사용하며 길이 150mm, 두께 50mm, 곡률반경 12mm, 홀의 지름 1.4mm이다.

40 **강 용접부의 초음파탐상시험방법(KS B 0896)에서 진동자의 유효지름이 10mm인 수직 탐촉자를 사용할 경우 거리진폭특성곡선에 의한 에코 높이 구분선을 작성하지 않아도 되는 빔 노정은?**

① 50mm 초과
② 50mm 이하
③ 20mm 초과
④ 20mm 이하

해설
에코 높이 구분선은 원칙적으로 실제로 사용하는 탐촉자를 사용하며, 사용하는 빔 노정이 50mm 이하나 진동자의 공칭 지름이 10mm 이며, 사용하는 빔 노정이 20mm 이하인 경우에는 에코 높이 구분선은 작성하지 않는다.

41 **압력용기용 강판의 초음파탐상검사방법(KS D0233) 규격에서 수직 탐촉자만을 사용하여야 하는 강판의 두께는?(단, 2진동자 수직 탐촉자는 제외한다)**

① 6mm 이상
② 13mm 이상
③ 20mm 이상
④ 60mm 초과

해설
KS D 0233에서 강판의 두께가 60mm를 초과할 경우 수직 탐촉자를 사용하며, 6mm~13mm 미만은 2진동자 수직 탐촉자, 13~60mm 이하의 경우 2진동자 수직 탐촉자 또는 수직 탐촉자를 사용하여 탐상한다.

42 **초음파탐상시험용 표준시험편(KS B 0831)에서 탐상시험에 사용되는 N1형 STB 표준시험편의 설명으로 틀린 것은?**

① 사용되는 탐촉자의 종류는 수침 탐촉자이다.
② 사용되는 탐촉자의 주파수는 2MHz를 쓴다.
③ 사용되는 탐촉자의 진동자 재료는 수정을 사용한다.
④ 사용되는 탐촉자의 진동자 치수는 지름이 20mm이다.

해설
KS B 0831에서 N1형 STB는 수침 탐촉자를 이용하여 두꺼운 판에 주로 탐상하며 탐상 감도의 조정을 위해 사용된다. 진동자의 재료로는 수정 또는 세라믹스를 사용하여 5MHz의 주파수를 사용하며, 진동자 치수는 20mm이다. 접촉 매질로는 물을 가장 많이 사용한다.

정답 39 ④ 40 ④ 41 ④ 42 ②

43 **구리를 용해할 때 흡수한 산소를 인으로 탈산시켜 산소를 0.01% 이하로 남기고 인을 0.02%로 조절한 구리는?**

① 전기 구리
② 무산소 구리
③ 탈산 구리
④ 전해 인성 구리

해설
무산소 구리는 구리 속에 함유된 산소의 양을 극히 낮게 한 구리이다.

44 **오스테나이트계 스테인리스강에 대한 설명으로 틀린 것은?**

① 대표적이 합금에 18% Cr-8% Ni강이 있다.
② Ti, V, Nb 등을 첨가하면 입계부식이 방지된다.
③ 1,100℃에서 급랭하여 용체화처리를 하면 오스테나이트 조직이 된다.
④ 1,000℃로 가열한 후 서랭하면 $Cr_{23}C_6$ 등의 탄화물이 결정입계에 석출하여 입계부식을 방지한다.

해설
560℃ 부근에서 탄화물이 결정입계에 석출하여 입계부식이 발생하며, 방지법으로는 1,000℃ 부근에서 급랭 혹은 Ti, Nb, Zr 등을 소량 첨가하거나 안정화처리를 실시하여 준다.

45 **림드강에 관한 설명 중 틀린 것은?**

① Fe-Mn으로 가볍게 탈산시킨 상태로 주형에 주입한다.
② 주형에 접하는 부분은 빨리 냉각되므로 순도가 높다.
③ 표면에 헤어 크랙과 응고된 상부에 수축공이 생기기 쉽다.
④ 응고가 진행되면서 용강 중에 남은 탄소와 산소의 반응에 의하여 일산화탄소가 많이 발생된다.

해설
강괴에는 킬드강, 세미킬드강, 캡드강, 림드강이 있으며, 킬드강은 완전 탈산, 세미킬드강은 중간 탈산, 림드강은 탈산하지 않은 것, 캡드강은 림드강을 변형시킨 것으로 용강 주입 후 뚜껑을 씌워 림드를 어느 정도 억제시킨 강이다.
림드강은 탄산 및 기타 가스 처리가 불충분한 상태로 중앙부의 응고가 지연되며, 주형벽 쪽에 기공층이 생기게 된다.

46 **구상흑연 주철의 조직상 분류가 틀린 것은?**

① 페라이트형
② 마텐자이트형
③ 펄라이트형
④ 시멘타이트형

해설
구상흑연 주철의 분류로는 시멘타이트형, 펄라이트형, 페라이트형이 있다.

43 ② 44 ④ 45 ③ 46 ② 정답

47 **Al-Si계 합금으로 공정형을 나타내며, 이 합금에 금속나트륨 등을 첨가하여 개량처리한 합금은?**

① 실루민 ② Y합금
③ 로엑스 ④ 두랄루민

해설

합금의 종류(암기법)
- Al-Cu-Si : 라우탈(알구시라)
- Al-Ni-Mg-Si-Cu : 로엑스(알니마시구로)
- Al-Cu-Mn-Mg : 두랄루민(알구망마두)
- Al-Cu-Ni-Mg : Y-합금(알구니마와이)
- Al-Si-Na : 실루민(알시나실)
- Al-Mg : 하이드로날륨(알마하 내식 우수)

48 **다음 그림은 면심입방격자이다. 단위 격자에 속해 있는 원자의 수는 몇 개인가?**

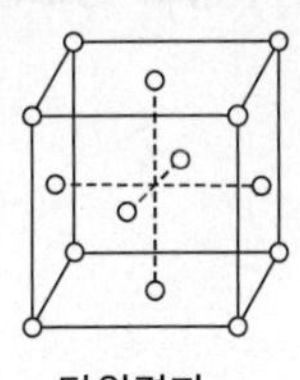

단위격자

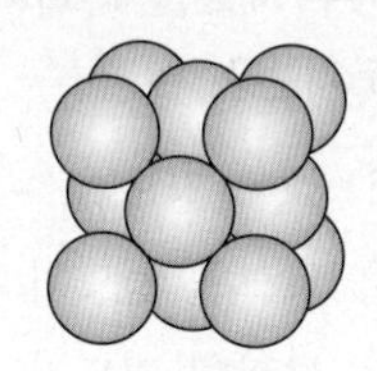

원자배열

① 2 ② 3
③ 4 ④ 5

해설

면심입방격자(F.C.C)에서의 원자 수는

$\left(\frac{1}{8}\times8\right)+\left(\frac{1}{2}\times6\right)=1+3=4$

49 **다음 중 탄소 함유량이 가장 낮은 순철에 해당하는 것은?**

① 연 철 ② 전해철
③ 해면철 ④ 카보닐철

해설

해면철(0.03% C) > 연철(0.02% C) > 카보닐철(0.02% C) > 암코철(0.015% C) > 전해철(0.008% C)

50 **알루미늄에 대한 설명으로 옳은 것은?**

① 알루미늄 비중은 약 5.2이다.
② 알루미늄은 면심입방격자를 갖는다.
③ 알루미늄 열간가공온도는 약 670℃이다.
④ 알루미늄은 대기 중에서는 내식성이 나쁘다.

해설

알루미늄은 비중 2.7을 가지며, 용융점 660℃, 전연성이 우수한 금속으로 대기 중에서 표면에 산화알루미늄의 얇은 피막이 생겨 내식성이 우수하며, 면심입방격자를 가진다.

51 **다음 중 동소 변태에 대한 설명으로 틀린 것은?**

① 결정격자의 변화이다.
② 동소변태에는 A_3, A_4 변태가 있다.
③ 자기적 성질을 변화시키는 변태이다.
④ 일정한 온도에서 급격히 비연속적으로 일어난다.

해설

자기적 성질을 변화시키는 변태는 자기 변태이다.

정답 47 ① 48 ③ 49 ② 50 ② 51 ③

52 담금질(Quenching)하여 경화된 강에 적당한 인성을 부여하기 위한 열처리는?

① 뜨임(Tempering)

② 풀림(Annealing)

③ 노멀라이징(Normalizing)

④ 심랭처리(Sub-zero Treatment)

해설

- 뜨임(Tempering) : 담금질에 의한 잔류 응력 제거 및 인성 부여
- 불림(Normalizing) : 결정 조직의 물리적, 기계적 성질의 표준화 및 균질화 및 잔류응력 제거
- 풀림(Annealing) : 금속의 연화 혹은 응력 제거를 위한 열처리
- 담금질(Quenching) : 금속을 급랭함으로써, 원자 배열의 시간을 막아 강도, 경도를 높임

53 다음 중 전기 저항이 0(Zero)에 가까워 에너지 손실이 거의 없기 때문에 자기부상열차, 핵자기공명 단층 영상 장치 등에 응용할 수 있는 것은?

① 제진 합금

② 초전도 재료

③ 비정질 합금

④ 형상 기억 합금

해설

- 초전도 : 전기 저항이 어느 온도 이하에서 0이 되는 현상
- 비정질 : 금속이 용해 후 고속 급랭시켜 원자가 규칙적으로 배열되지 못하고 액체 상태로 응고되어 금속이 되는 것
- 초소성 : 어떤 특정한 온도, 변형 조건에서 인장 변형 시 수백 %의 변형이 발생하는 것
- 형상 기억 : 힘에 의해 변형되더라도 특정 온도에 도달하면 본래의 모양으로 되돌아가는 현상

54 분말상의 구리에 약 10%의 주석 분말과 2%의 흑연 분말을 혼합하고 윤활제 또는 휘발성 물질을 가한 다음 가압 성형하고 제조하여 자동차, 시계, 방적 기계 등의 급유가 어려운 부분에 사용하는 합금은?

① 자마크　② 하스텔로이

③ 화이트메탈　④ 오일리스베어링

해설

주유가 필요 없는 베어링을 오일리스베어링이라 한다.

55 금속재료의 일반적인 설명으로 틀린 것은?

① 구리(Cu)보다 은(Ag)의 전기전도율이 크다.

② 합금이 순수한 금속보다 열전도율이 좋다.

③ 순수한 금속일수록 전기 전도율이 좋다.

④ 열전도율의 단위는 J/m·s·K이다.

해설

합금 시 순수한 금속보다 열전도율이 낮아진다.

56 시험편에 압입 자국을 남기지 않거나 시험편이 큰 경우 재료를 파괴시키지 않고 경도를 측정하는 경도기는?

① 쇼어 경도기

② 로크웰 경도기

③ 브리넬 경도기

④ 비커스 경도기

해설

압입에 의한 방법으로 브리넬, 로크웰, 비커스, 마이크로 비커스 경도 시험이 있으며 쇼어는 반발을 이용한 시험법이다. 브리넬 경도는 강구를 주로 사용하며, 비커스 경도는 136°의 다이아몬드 압입자를 사용한다. 로크웰 경도는 스케일에 따라 다르지만 다이아몬드의 경우 120°의 압입자를 사용한다.

정답 52 ① 53 ② 54 ④ 55 ② 56 ①

57 다음 비철합금 중 비중이 가장 가벼운 것은?

① 아연(Zn) 합금
② 니켈(Ni) 합금
③ 알루미늄(Al) 합금
④ 마그네슘(Mg) 합금

해설
④ Mg(1.74)
① Zn(7.14)
② Ni(8.9)
③ Al(2.7)

58 저항 용접법 중 모재에 돌기를 만들어 겹치기 용접으로 시공하는 것은?

① 업셋 용접
② 플래시 용접
③ 퍼커션 용접
④ 프로젝션 용접

해설
④ 프로젝션 용접 : 점용접과 비슷하나 제품의 한쪽 혹은 양쪽에 돌기(Projection)를 만들어 용접 전류를 집중하여 압접하는 방법
① 업셋 용접 : 봉 모양의 재료를 맞대기 용접 시 사용하며, 접합면을 맞댄 후 가압하여 통전하여 용접
② 플래시 용접 : 업셋 용접과 비슷하며, 용접 모재를 고정대, 이동대의 전극에 고정 후 모재에 가까이 하여 고전류를 통하여 접촉과 불꽃 비산을 반복하며 적당한 온도에 도달하였을 경우 강한 압력을 주어 압접
③ 퍼커션 용접 : 짧은 지름의 용접물을 용접하는 데 사용하고, 양전극 사이에 피용접물을 끼운 후 전류를 통해 상호 충돌로 인해 용접

59 저수소계 용접봉의 건조온도 및 시간으로 다음 중 가장 적당한 것은?

① 70~100℃로 30분 정도
② 70~100℃로 1시간 정도
③ 200~300℃로 30분 정도
④ 300~350℃로 2시간 정도

해설
저수소계 용접봉은 300~350℃에서 1~2시간 정도 건조 후 사용한다.

60 AW 300인 교류 아크 용접기의 규격상의 전류 조정 범위로 가장 적합한 것은?

① 20~110A
② 40~220A
③ 60~330A
④ 80~440A

해설
KS C 9602에 의거 AW 300의 교류 아크 용접기에서 2차 전류는 최소치 60A 이하, 최대치 300A 이상 330A 이하를 사용한다.

정답 57 ④ 58 ④ 59 ④ 60 ③

2016년 제 1 회 과년도 기출문제

01 자분탐상시험에서 시험의 순서가 옳은 것은?

① 전처리 → 자화 → 자분의 적용 → 관찰 → 판정 → 기록 → 탈자 → 후처리
② 전처리 → 자화 → 전류의 선정 → 자분의 적용 → 관찰 → 판정 → 후처리 → 기록
③ 전처리 → 자분의 적용 → 자화 → 판정 → 관찰 → 기록 → 탈자 → 후처리
④ 전처리 → 자분의 적용 → 자화 → 관찰 → 탈자 → 판정 → 후처리 → 기록

해설
자분탐상시험 순서는 전처리 → 자화 → 자분의 적용 → 관찰 → 판정 → 기록 → 탈자 → 후처리로 이루어진다.

02 방사선투과시험에 사용되는 투과도계에 대한 설명으로 옳은 것은?

① 투과도계의 재질은 시험체의 재질과 동일해야 한다.
② 투과도계는 선(Wire)형과 별(Star)형으로 구성된다.
③ 투과도계는 결함의 형태를 구분하는 계기이다.
④ 투과도계는 결함의 크기를 측정하는 계기이다.

해설
투과도계의 재질은 시험체와 동일하거나 유사한 재질을 사용하여, 촬영된 투과사진의 감도를 알아보기 위해 사용한다.

03 와전류탐상시험의 특징을 설명한 것 중 옳은 것은?

① 결함의 종류, 형상, 치수를 정확하게 판별하기 쉽다.
② 탐상 및 재질검사 등 복수 데이터를 동시에 얻을 수 없다.
③ 표면으로부터 깊은 곳에 있는 내부결함의 검출이 쉽다.
④ 복잡한 형상을 갖는 시험체의 전면탐상에는 능률이 떨어진다.

해설
- 와전류 탐상의 장점
  - 고속으로 자동화된 전수 검사 가능
  - 가는 선, 구멍 내부, 고온 등 여러 환경에서 적용 가능
  - 결함, 재질변화, 품질관리 등 적용 범위가 광범위
  - 탐상 및 재질검사 등 탐상 결과를 보전 가능
- 와전류 탐상의 단점
  - 표피효과로 인해 표면 근처의 시험에만 적용 가능
  - 잡음 인자의 영향을 많이 받음
  - 결함 종류, 형상, 치수에 대한 정확한 측정은 불가
  - 형상이 간단한 시험체에만 적용 가능

04 누설검사(LT)-헬륨질량분석기 누설시험에서 시험체 내부를 감압(진공)하는 시험법이 아닌 것은?

① 진공분무법
② 진공후드법
③ 진공적분법
④ 진공용기법

해설
진공용기법의 경우 시험체를 진공 용기 속에 넣고, 그 바깥을 진공으로 배기하여 시험체 내부를 대기압 또는 그 이상으로 헬륨기체로 가압하여 검출하는 방법이다.

1 ① 2 ① 3 ④ 4 ④ 정답

05 자분탐상시험 후 탈자를 하지 않아도 지장이 없는 것은?

① 자분탐상시험 후 열처리를 해야 할 경우
② 자분탐상시험 후 페인트칠을 해야 할 경우
③ 자분탐상시험 후 전기 아크용접을 실시해야 할 경우
④ 잔류자계가 측정계기에 영향을 미칠 우려가 있을 경우

해설
자분탐상시험 후 열처리해야 할 경우 최종 열처리 후에 탈자를 하여야 한다.

06 침투탐상시험의 원리에 대한 설명으로 옳은 것은?

① 시험체 내부에 있는 결함을 눈으로 보기 쉽도록 시약을 이용하여 지시모양을 관찰하는 방법이다.
② 결함부에 발생하는 자계에 의한 자분의 부착을 이용하여 관찰하는 방법이다.
③ 결함부에 현상제를 투과시켜 그 상을 재생하여 내부 결함의 실상을 관찰하는 방법이다.
④ 시험체 표면에 열린 결함을 눈으로 보기 쉽도록 시약을 이용하여 확대된 지시모양을 관찰하는 방법이다.

해설
침투탐상은 모세관 현상을 이용하여 표면의 열린 개구부(결함)를 탐상하는 시험이다.

07 용제제거성 형광 침투탐상검사의 장점이 아닌 것은?

① 수도시설이 필요 없다.
② 구조물의 부분적인 탐상이 가능하다.
③ 표면이 거친 시험체에 적용할 수 있다.
④ 형광 침투탐상검사방법 중에서 휴대성이 가장 좋다.

해설
용제제거성 침투제는 오직 용제로만 세척되는 침투제로 물이 필요하지 않고 검사 장비가 단순하다. 야외검사 시 많이 사용되고 국부적 검사에 많이 적용된다. 다만, 표면이 거친 시험체에는 적용하기 어렵다.

08 표면 또는 표면직하 결함 검출을 위한 비파괴검사법과 거리가 먼 것은?

① 중성자투과검사
② 자분탐상검사
③ 침투탐상검사
④ 와전류탐상검사

해설
표면 또는 표면직하 결함 검출에는 자분탐상, 와전류탐상, 침투탐상 등이 있으나 중성자투과시험의 경우 내부탐상검사이며, 비중이 높은 재료에 적용한다.

09 누설검사법 중 미세한 누설에 검출률이 가장 높은 것은?

① 기포누설검사법
② 헬륨누설검사법
③ 할로겐누설검사법
④ 암모니아누설검사법

해설
미세한 누설에는 헬륨누설검사법이 주로 사용된다.

정답 5 ① 6 ④ 7 ③ 8 ① 9 ②

10 와전류탐상검사에서 미소한 결함의 검출에 적합한 시험코일은?

① 단일방식의 시험코일
② 자기비교방식의 시험코일
③ 표준비교방식의 시험코일
④ 상호비교방식의 시험코일

해설
와전류탐상 시 미소결함의 검출에는 자기비교방식의 시험코일을 사용한다.

11 비행회절법을 이용한 초음파탐상검사법은?

① TOFD ② MFLT
③ IRIS ④ EMAT

해설
비행회절법(Time Of Flight Diffraction technique) : 결함 끝부분의 회절초음파를 이용하여 결함의 높이를 측정하는 것

12 다음 중 적외선 열화상검사의 장점이 아닌 것은?

① 동작 중단 없이 신속히 문제를 찾아낸다.
② 유지보수와 고장수리에 대해 최소 예방이 가능하다.
③ 정확한 거동에 대한 우선순위를 매김하기 어렵다.
④ 생산자 보증 하에 결함장치의 확인이 가능하다.

해설
적외선열화상검사는 결함부와 건전부의 온도정보의 분포패턴을 열화상으로 표시하여 결함을 탐지하는 비파괴검사법으로 운전부의 거동에 대해 우선순위를 분석할 수 있다.

13 다음 중 절대온도 척도인 켈빈(K)의 온도는?

① K = ℃ + 273
② K = ℃ − 273
③ K = ℃ × 237
④ K = ℃ ÷ 237

해설
절대온도 K = ℃ + 273

14 초음파탐상시험할 때 일상점검이 아닌 특별점검이 요구되는 시기와 거리가 먼 것은?

① 탐촉자 케이블을 교환했을 때
② 장비에 충격을 받았다고 생각될 때
③ 일일작업 시작 전 장비를 점검할 때
④ 특수 환경에서 장비를 사용하였을 때

해설
- 특별점검 : 성능에 관계된 수리를 한 경우, 특수한 환경에서 사용하여 이상이 있다고 생각된 경우, 그 밖에 특별히 점검이 필요하다고 판단될 경우
- 일상점검 : 탐촉자 및 부속품에 대하여 정상적인 시험이 이루어지도록 점검

10 ② 11 ① 12 ③ 13 ① 14 ③ 정답

15 일반적으로 두 물질의 경계면에 수직으로 음파가 입사할 때 음파는 경계면에서 반사하는 성분과 통과하는 성분으로 나누어진다. 이 두 개로 나누어지는 비율은 경계면에 접하는 무엇에 따라 정해지는가?

① 불감대
② 근거리음장
③ 증폭직진성
④ 음향임피던스

해설
음향임피던스란 재질 내에서 음파의 진행을 방해하는 것으로 재질의 밀도(ρ)에 음속(ν)을 곱한 값으로 두 매질 사이의 경계에서 투과와 반사를 결정짓는 특성이다.

16 다음 중 일정한 거리에서 음파의 감쇠량이 가장 큰 물질은?

① 단조품
② 압출품
③ 거친 입자의 주조품
④ 모든 물질에서 음의 감쇠는 같음

해설
초음파의 감쇠에는 산란, 흡수, 회절 및 시험편의 표면 거칠기 혹은 형태에 따른 영향을 많이 받는다. 따라서 모든 물질에서 음의 감쇠는 다르며, 단조품, 압출품보다 거친 표면을 가지는 주조품이 감쇠량이 가장 크다.

17 초음파탐상시험에서 탐촉자의 댐핑(Damping)을 증가시키면 나타나는 현상은?

① 분해능이 높아진다.
② 펄스높이가 증가한다.
③ 펄스길이가 증가한다.
④ 전체 탐상감도가 높아진다.

해설
댐핑이 증가하게 되면 펄스폭이 작아지며 분해능이 좋아진다.

18 그림과 같이 플라스틱 쐐기의 입사각이 37°인 탐촉자로 탄소강 내에 진행하는 횡파의 굴절각을 구하면 얼마인가?

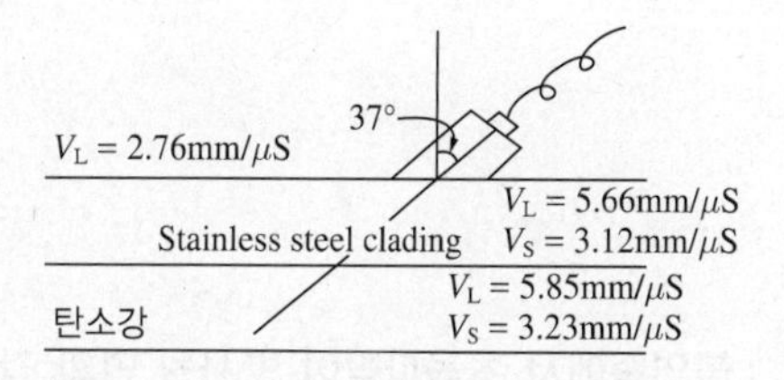

① 약 40°　② 약 45°
③ 약 50°　④ 약 55°

해설
스넬의 법칙을 이용하여 $\frac{\sin\alpha}{\sin\beta} = \frac{V_1}{V_2}$에 대입하여 계산하며,
우선 Stainless Steel에서의 굴절각을 구한다.
$\sin\beta = \frac{\sin37° \times 3.12}{2.76} = 0.68$이 되므로
$\sin43° = 0.68$, 즉 Stainless Steel에서는 43°의 각도로 굴절하고
다음으로 탄소강의 속도로는 $\sin\beta = \frac{\sin43° \times 3.23}{3.12} = 0.70$이 된다.
따라서, 탄소강에서의 $\sin^{-1}(0.7) \fallingdotseq 45$이므로, 약 45°가 된다.

정답 15 ④ 16 ③ 17 ① 18 ②

19 다음 그림은 7.6cm 알루미늄 시험편에 대한 수침 검사와 스크린상의 모양이다. 스크린상의 지시 B는?

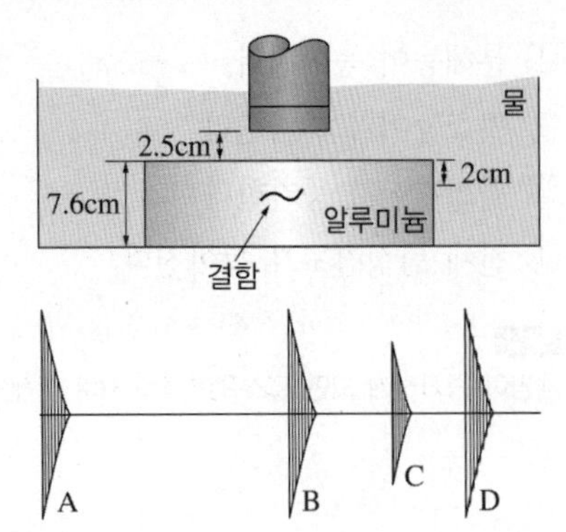

① 초기 펄스
② 1차 결함지시
③ 1차 탐상 윗면 반사지시
④ 1차 탐상 저면 반사지시

해설
탐촉자에서 출발하여 A지점은 초기 펄스, B지점은 시험체 윗면 반사지시, C지점은 결함지시, D지점은 시험체 저면 반사지시를 의미한다.

20 불연속에서 초음파빔이 반사될 면의 각도와 탐상 표면과의 관계를 무엇이라고 하는가?

① 입사각
② 임계각
③ 불연속의 방향
④ 불연속의 종류

해설
③ 불연속의 방향 : 초음파가 반사될 면의 각도와 탐상표면과의 관계
① 입사각 : 초음파를 입사하는 각도
② 임계각 : 1차 임계각 및 2차 임계각
④ 불연속의 종류 : 음파의 형태를 보고 판단

21 다음 중 초음파의 성질로 틀린 것은?

① 진동자의 직경이 클수록 지향각이 작다.
② 주파수가 높으면 지향각이 작다.
③ 근거리 음장보다 원거리 음장에서 지향성이 좋다.
④ 파장이 짧으면 지향각이 크다.

해설
지향각(Beam Spread)은 초음파의 감쇠 및 빔의 분산에 의해 진행거리가 증가할수록 감소하게 되는데, 이러한 탐촉자의 지향각은 진동자의 직경과 파장에 의해 결정되며, 동일한 진동자 직경일 경우 주파수가 증가하면 감소하고, 동일한 주파수일 때 직경이 증가하면 빔의 분산각은 감소하게 된다.

22 두꺼운 판용접부의 경사각탐상에서 2개의 경사각 탐촉자를 용접부의 한쪽에서 전후로 배열하여 하나는 송신용, 다른 하나는 수신용으로 하는 탐상방법은?

① 진자주사법　② 목돌림주사법
③ 탠덤주사법　④ 경사평행주사법

해설
탠덤주사 : 탐상면에 수직인 결함의 깊이를 측정하는데 유리하며, 한쪽면에 송・수신용 2개의 탐촉자를 배치하여 주사하는 방법

23 금속재료에 대한 초음파탐상시험 시 재료 내부의 결정입자가 큰 경우 시험에 미치는 영향으로 틀린 것은?

① 잡음 신호가 많이 발생한다.
② 초음파의 침투력이 감소한다.
③ 저면 반사파의 크기가 감소한다.
④ 초음파의 산란이 적어 탐상이 유리하다.

해설
결정입자의 크기가 클 경우 초음파의 산란이 커 잡음 신호가 많아지며, 침투력이 감소하게 된다.

정답 19 ③ 20 ③ 21 ④ 22 ③ 23 ④

24 다음 중 초음파 경사각탐상에 대한 설명으로 틀린 것은?

① 음파를 입사표면에 대해 경사지게 보낸다.
② 입사각이 제2임계각이 되도록 한다.
③ 횡파 경사각탐상이라도 일반적으로 진동자는 종파를 발생시킨다.
④ 주로 용접부 및 관재의 내부결함 검출에 사용된다.

해설
- 1차 임계각 : 입사하는 매질보다 매질 2에서의 음속이 큰 경우 입사각보다 굴절각이 커지며, 이때 입사각을 크게 하였을 경우 굴절각이 90°가 되는 것
- 2차 임계각 : 입사각이 1차 임계각보다 커지게 되면 횡파의 굴절각도 커져 횡파의 굴절각이 90°가 되는 것

25 수침법에서 수직탐촉자와 검사체 면이 수직인가를 확인하는 가장 좋은 방법은?

① 초기 펄스의 최대 증폭으로 알 수 있다.
② 물결의 기포를 없애주므로 알 수 있다.
③ 입사표면의 최대 반사파로 알 수 있다.
④ 주파수를 되도록 내림으로써 알 수 있다.

해설
수침법에서 수직인가 확인할 때 초음파의 송신 및 수신 효율이 가장 높은 부분(최대 반사파)을 확인하여 검사할 수 있다.

26 스넬(Snell)의 법칙을 설명한 관계식으로 옳은 것은? (단, θ_1은 입사각, θ_2는 굴절각, V_1은 접촉매질의 파 전달속도, V_2는 검사체의 파 전달속도이다)

① $\frac{\sin\theta_1}{\sin\theta_2} = \frac{V_1}{V_2}$
② $\frac{\sin\theta_1}{\sin\theta_2} = \frac{V_2}{V_1}$
③ $\frac{\sin\theta_1}{\sin\theta_2} = \left(\frac{V_1}{V_2}\right)^2$
④ $\frac{\sin\theta_1}{\sin\theta_2} = \left(\frac{V_2}{V_1}\right)^2$

해설
스넬의 법칙은 음파가 두 매질 사이의 경계면에 입사하면 입사각에 따라 굴절과 반사가 일어나는 것으로 $\frac{\sin\alpha}{\sin\beta} = \frac{V_1}{V_2}$와 같다. 여기서 α = 입사각, β = 굴절각 또는 반사각, V_1 = 매질 1에서의 속도, V_2 = 매질 2에서의 속도를 나타낸다.

27 수신된 초음파가 물질을 통과하면서 처음 송신된 초음파의 강도에 비해 현저히 낮아지게 되는 이유는?

① 반 사
② 굴 절
③ 재생성
④ 감 쇠

해설
초음파의 감쇠에는 산란, 흡수, 회절 및 시험편의 표면 거칠기 혹은 형태에 따른 영향을 많이 받는다.

28 초음파탐상시험용 표준시험편(KS B 0831)에서 탐상용 STB-G형 시험편의 합격 여부 판정에서 시험편 반사원의 에코높이 측정값이 검정용 표준시험에서 기준으로 정한 기준값 범위로 틀린 것은?

① 2MHz에서 ±1dB 범위 내
② 2.5MHz에서 ±1.5dB 범위 내
③ 5MHz에서 ±1dB 범위 내
④ 10MHz에서 ±2dB 범위 내

해설
STB-G형 시험편의 합격 여부 판정에서 2(2.5)MHz, 5MHz의 경우 ±1dB, 10MHz의 경우 ±2dB로 정한다.

정답 24 ② 25 ③ 26 ① 27 ④ 28 ②

29 강 용접부의 초음파탐상시험방법(KS B 0896)에서 규정한 평판 이음 용접부의 탐상에서 판 두께가 30mm이고, 음향 이방성을 가진 시험체일 경우 기본으로 사용되는 탐촉자의 공칭 굴절각은?

① 45° ② 60°
③ 65° ④ 70°

해설
평판 이음 용접부의 탐상에서 판두께 40mm 이하의 경우 70°를 사용하며 40mm 초과 60mm 이하의 경우 60°, 70°를 사용하며, 60mm 이상의 것은 70°와 45°를 병용하여 사용한다. 음향 이방성의 경우 40mm 이하이거나 40mm 초과 60mm 이하의 경우 65°, 60mm 이상의 것은 65°와 45°를 병용하여 사용한다.

30 금속재료의 펄스반사법에 따른 초음파탐상시험방법 통칙(KS B 0817)에서 흠집 위치 기록 중 틀린 것은?

① 최대 에코 높이를 나타내는 위치
② 흠집 지시 길이의 중앙 또는 끝의 위치
③ 그 밖의 시험의 목적에 적합한 위치
④ 미리 설정한 "에코 높이를 구분하는 영역"의 부호

해설
흠집의 위치 기록은 아래와 같으며, 다음 중 한 가지로 기록하여야 한다.
① 최대 에코 높이를 나타내는 위치
② 흠집 지시 길이의 중앙 또는 끝의 위치
③ 그 밖의 시험의 목적에 적합한 위치

31 강 용접부의 초음파탐상시험방법(KS B 0896)에 의한 흠 분류에 해당되지 않는 것은?

① 2류 ② 3류
③ 4류 ④ 5류

해설
흠의 분류는 1류, 2류, 3류, 4류가 있으며, 맞대기 용접에서 맞대는 모재의 판 두께가 다른 경우는 얇은 쪽의 판두께로 결정한다.

32 압력용기용 강판의 초음파탐상검사방법(KS D 0233)에서 적용하고 있는 주요 검사 대상물로 합당한 것은?

① 강 용접부
② 두께 6mm 이상의 스테인리스강
③ 타이타늄강관
④ 두께 6mm 이상의 킬드강

해설
압력용기용 강판의 탐상은 두께 6mm 이상의 킬드강, 혹은 두꺼운 강판에 사용한다.

33 탄소강 및 저합금강 단강품의 초음파탐상시험방법(KS D 0248)에서 탐상기의 사용주파수 범위로 가장 거리가 먼 것은?

① 1MHz ② 2.25MHz
③ 5MHz ④ 10MHz

해설
KS D 0248에서 탐상기의 표시기는 펄스반사방식으로 하고 1MHz에서 5MHz 범위의 주파수를 사용할 수 있는 것으로 한다.

29 ③ 30 ④ 31 ④ 32 ④ 33 ④ 정답

34 강 용접부의 초음파탐상시험방법(KS B 0896)에 의한 경사각 탐촉자의 공칭 주파수가 2MHz와 5MHz 중 2MHz에만 사용할 수 있는 진동자의 공칭 치수(mm)는?

① 10×10 ② 14×14
③ 20×20 ④ ϕ10

해설
경사각 탐촉자의 경우 2MHz에서는 10×10, 14×14, 20×20이며, 5MHz에서는 10×10, 14×14를 사용한다.

35 금속재료의 펄스반사법에 따른 초음파탐상시험방법 통칙(KS B 0817)에서 시험을 하는 시기에 대한 설명으로 틀린 것은?

① 시험을 실시하기 빠른 시기
② 흠집을 검출하기 쉬운 시기
③ 제품 완성 시 설치하는 시기
④ 흠집이 발생이 예상되는 시기

해설
KS B 0817에서 시험을 하는 시기는 흠집 발생이 예상되는 경우, 시험을 실시하기 쉬운 시기, 흠집을 검출하기 쉬운 경우, 제품 완성 시(출하 혹은 입고 시), 정기점검 시(사용을 개시할 때), 그 밖에 시험 목적에 적합한 시기를 가져 시험한다.

36 강 용접부의 초음파탐상시험방법(KS B 0896)에서 수직탐상을 실시할 경우 시험체의 두께가 100mm 초과 150mm 이하일 때 적용하는 대비시험편은?

① RB-4의 No.1
② RB-4의 No.3
③ RB-4의 No.4
④ RB-4의 No.7

해설
수직탐상 시 탐상감도의 조정 및 에코높이 구분선 작성을 위하여 시험편의 선정기준은 다음과 같다.

사용하는 최대 빔 노정(mm)	적용하는 시험편
50 이하	RB-4의 No.3
50 초과 100 이하	RB-4의 No.3 또는 4
100 초과 150 이하	RB-4의 No.4 또는 5
150 초과 200 이하	RB-4의 No.5 또는 6
200 초과 250 이하	RB-4의 No.6 또는 7
250을 넘는 것	RB-4의 No.7

37 건축용 강판 및 평강의 초음파탐상시험에 따른 등급분류와 판정기준(KS D 0040)에 따라 자동경보장치가 없는 탐상장치를 사용하여 초음파탐상을 할 경우 주사속도는?

① 200mm/s 이하
② 200mm/s 초과
③ 300mm/s 이하
④ 300mm/s 초과

해설
탐상에 지장을 주지 않는 속도가 일반적이나, 자동경보장치가 없을 경우 200mm/s 이하로 주사하여야 한다.

정답 34 ③ 35 ③ 36 ③ 37 ①

38 초음파 탐촉자의 성능 측정 방법(KS B 0535)에 따른 초음파 탐촉자의 성능측정의 적용 공칭주파수 범위는?

① 1MHz~5MHz

② 1MHz~15MHz

③ 0.5MHz~7MHz

④ 0.5MHz~10MHz

해설

KS B 0535 규격은 공칭 주파수가 1MHz~15MHz 이하의 초음파 탐촉자의 성능측정방법에 대하여 규정한다.

39 강 용접부의 초음파탐상시험방법(KS B 0896)에 따른 초음파 탐상장치의 조정 중 입사점은 얼마의 단위로 읽는가?

① 0.5mm ② 1mm

③ 0.5inch ④ 1inch

해설

초음파 탐상장치의 조정에서 입사점 측정은 1mm 단위로 읽는다.

40 초음파탐상시험용 표준시험편(KS B 0831)의 초음파 탐상용 표준시험편 중 수직탐촉자의 특성 측정에 사용되는 것은?

① N1형 STB ② G형 STB

③ A1형 STB ④ A2형 STB

해설

STB-G형 표준 시험편은 아주 두꺼운 판, 조강 및 단조물에 적용하며, 탐상감도 조정, 수직 탐촉자의 특성 측정, 탐상기의 종합성능측정에 이용한다.

41 초음파탐상시험용 표준시험편(KS B 0831)에 따른 초음파탐상시험용 표준시험편 중 두꺼운 판에 적용하는 표준시험편의 종류 기호는?

① STB-N1

② STB-G V15-1

③ STB-A21

④ STB-A7963

해설

STB-N1형 표준시험편은 두꺼운 판에 적용하며, 탐상감도 조정용으로 사용한다.

42 강 용접부의 초음파탐상시험방법(KS B 0896)에 의해 곡률 반지름이 200mm인 길이이음 용접부를 탐상하고자 할 때, 에코높이 구분선 작성에 사용하는 대비 시험편은?

① RB-4 ② RB-A6

③ RB-A7 ④ RB-A8

해설

길이이음 용접부 탐상 시 곡률 반지름이 250mm 미만인 시험체의 경우 RB-A7을 사용하며 250mm 이상인 시험체의 경우 RB-4를 사용한다.

38 ② 39 ② 40 ② 41 ① 42 ③ 정답

43 Al에 1~1.5%의 Mn을 합금한 내식성 알루미늄 합금으로 가공성, 용접성이 우수하여 저장 탱크, 기름 탱크 등에 사용되는 것은?

① 알 민

② 알드리

③ 알클래드

④ 하이드로날륨

해설

알민은 Al에 1~1.5%의 Mn을 첨가한 알루미늄 합금으로 주방기기, 휠, 저장탱크 등으로 사용하며, 알드리는 Al에 Mg(0.3~1.5%), Si을 0.2~1.5% 첨가한 강이다. 알클래드는 내식용 알루미늄 합금판을 압연하여 제작한 합판이다.

44 주철의 기계적 성질에 대한 설명 중 틀린 것은?

① 경도는 C+Si의 함유량이 많을수록 높아진다.

② 주철의 압축강도는 인장강도의 3~4배 정도이다.

③ 고 C, 고 Si의 크고 거친 흑연편을 함유하는 주철은 충격값이 작다.

④ 주철은 자체의 흑연이 윤활제 역할을 하며, 내마멸성이 우수하다.

해설

경도는 시멘타이트 조직량에 비례하게 되며, Si가 많아질수록 시멘타이트 분해가 일어나 경도는 낮아진다.

45 Ti 금속의 특징을 설명한 것 중 옳은 것은?

① Ti 및 그 합금은 비강도가 낮다.

② 저용융점 금속이며, 열전도율이 높다.

③ 상온에서 체심입방격자의 구조를 갖는다.

④ Ti은 화학적으로 반응성이 없어 내식성이 나쁘다.

46 Al-Si계 합금에 관한 설명으로 틀린 것은?

① Si 함유량이 증가할수록 열팽창계수가 낮아진다.

② 실용합금으로는 10~13%의 Si가 함유된 실루민이 있다.

③ 용융점이 높고 유동성이 좋지 않아 복잡한 모래형 주물에는 이용되지 않는다.

④ 개량처리를 하게 되면 용탕과 모래 수분과의 반응으로 수소를 흡수하여 기포가 발생된다.

해설

Al-Si계 합금은 주조용으로 많이 사용되었으며, Si를 첨가함으로써 주조성을 좋게 하고, 모래형, 셀 몰드형, 금형 주물 등에 많이 사용되었다.

47 다음 중 강괴의 탈산제로 부적합한 것은?

① Al ② Fe-Mn

③ Cu-P ④ Fe-Si

해설

탈산제로 대표적인 것은 Al, CaSi, Fe-Si, Fe-Mn 등이 있다.

정답 43 ① 44 ① 45 전항정답 46 ③ 47 ③

48 금(Au)의 일반적인 성질에 대한 설명 중 옳은 것은?

① 금(Au)은 내식성이 매우 나쁘다.
② 금(Au)의 순도는 캐럿(K)으로 표시한다.
③ 금(Au)은 강도, 경도, 내마멸성이 높다.
④ 금(Au)은 조밀육방격자에 해당하는 금속이다.

해설
금은 내식성이 뛰어나며, 강도, 경도, 내마멸성이 낮은 연성이 큰 재료이며, 면심입방격자에 속한다. 순도는 캐럿으로 표시한다.

49 강에 탄소량이 증가할수록 증가하는 것은?

① 경 도
② 연신율
③ 충격값
④ 단면수축률

해설
강에 탄소량이 증가할수록 내부 격자의 침입형 원자로 탄소가 채워지면서 경도가 높아지게 된다.

50 다음 중 슬립(Slip)에 대한 설명으로 틀린 것은?

① 원자 밀도가 최대인 방향으로 잘 일어난다.
② 원자 밀도가 가장 큰 격자면에서 잘 일어난다.
③ 슬립이 계속 진행하면 결정은 점점 단단해져 변형이 쉬워진다.
④ 다결정에서는 외력이 가해질 때 슬립방향이 서로 달라 간섭을 일으킨다.

해설
슬립면이란 원자 밀도가 가장 큰 면이고 슬립 방향은 원자 밀도가 최대인 방향이다. 슬립이 계속 진행하면 점점 단단해져 변형이 어려워진다.

51 다음의 합금 원소 중 함유량이 많아지면 내마멸성을 크게 증가시키고, 적열 메짐을 방지하는 것은?

① Ni ② Mn
③ Si ④ Mo

해설
적열메짐은 황이 많이 함유되어 있는 강이 고온(950℃ 부근)에서 메짐(강도는 증가, 연신율은 감소)이 나타나는 현상으로 Mn을 첨가 시 MnS를 형성하여 적열 메짐을 방지할 수 있다.

48 ② 49 ① 50 ③ 51 ② 정답

52 분산강화금속 복합재료에 대한 설명으로 틀린 것은?

① 고온에서 크리프 특성이 우수하다.

② 실용 재료로는 SAP, TD Ni이 대표적이다.

③ 제조 방법은 일반적으로 단접법이 사용된다.

④ 기지 금속 중에 0.01~0.1μm 정도의 미세한 입자를 분산시켜 만든 재료이다.

해설

분산강화금속 복합재료란 열적, 화학적으로 안정한 미세 입자를 수% 정도로 균일하게 분포시킨 재료로써 고온에서 크리프 특성이 우수하고, 화학적으로 안정하다. 산화알루미늄, 니켈-크로뮴 등이 많이 사용되며 제조 방법으로는 혼합법, 열분해법, 내부 산화법 등이 있다.

53 비중 7.3, 용융점 232℃, 13℃에서 동소변태하는 금속으로 전연성이 우수하며, 의약품, 식품 등의 포장용 튜브, 식기, 장식기 등에 사용되는 것은?

① Al ② Ag

③ Ti ④ Sn

해설

주석은 비중이 7.3이며 전연성이 우수해 의약품, 식품 등의 포장용 튜브에 많이 사용된다.

54 문쯔메탈(Muntz Metal)이라 하며 탈아연부식이 발생하기 쉬운 동합금은?

① 6-4 황동

② 주석 황동

③ 네이벌 황동

④ 애드미럴티 황동

해설

탈아연 부식(Dezincification) : 황동의 표면 또는 내부까지 불순한 물질이 녹아 있는 수용액의 작용으로 탈아연 되는 현상으로 6-4황동에 많이 사용된다. 방지법으로는 Zn이 30% 이하인 α황동을 쓰거나, As, Sb, Sn 등을 첨가한 황동을 사용한다.

55 Fe-C 평형상태도에서 레데부라이트의 조직은?

① 페라이트

② 페라이트 + 시멘타이트

③ 페라이트 + 오스테나이트

④ 오스테나이트 + 시멘타이트

해설

- 펄라이트 : 페라이트 + 시멘타이트
- 레데부라이트 : 오스테나이트 + 시멘타이트

56 반자성체에 해당하는 금속은?

① 철(Fe)

② 니켈(Ni)

③ 안티몬(Sb)

④ 코발트(Co)

해설

- 강자성체 : 자기포화상태로 자화되어 있는 집합(Fe, Ni, Co 등)
- 상자성체 : 자기장 방향으로 약하게 자화되고, 제거 시 자화되지 않는 물질(Al, Pt, Sn, Mn)
- 반자성체 : 자화 시 외부 자기장과 반대 방향으로 자화되는 물질(Hg, Au, Ag, Cu, Sb 등)

정답 52 ③ 53 ④ 54 ① 55 ④ 56 ③

57 고속도강의 대표 강종인 SKH2 텅스텐계 고속도강의 기본 조성으로 옳은 것은?

① 18% Cu-4% Cr-1% Sn
② 18% W-4% Cr-1% V
③ 18% Cr-4% Al-1% W
④ 18% W-4% Cr-1% Pb

해설
고속도강의 기본 조성은 18% W-4% Cr-1% V이다.

58 피용접물이 상호 충돌되는 상태에서 용접이 되는 용접법은?

① 저항 점용접
② 레이저 용접
③ 초음파 용접
④ 퍼커션 용접

해설
- 퍼커션 용접 : 짧은 지름의 용접물을 용접하는 데 사용하고, 양전극 사이에 피용접물을 끼운 후 전류를 통해 상호 충돌로 인해 용접
- 프로젝션 용접 : 점용접과 비슷하나 제품의 한쪽 혹은 양쪽에 돌기(Projection)를 만들어 용접 전류를 집중하여 압접하는 방법
- 업셋 용접 : 봉 모양의 재료를 맞대기 용접 시 사용하며, 접합면을 맞댄 후 가압하여 통전하여 용접
- 플래시 용접 : 업셋 용접과 비슷하며, 용접 모재를 고정대, 이동대의 전극에 고정 후 모재에 가까이 하여 고전류를 통하여 접촉과 불꽃 비산을 반복하며 적당한 온도에 도달하였을 경우 강한 압력을 주어 압접

59 AW 300 교류아크 용접기를 사용하여 1시간 작업 중 평균 30분을 가동하였을 경우 용접기 사용률은?

① 7.5%
② 30%
③ 50%
④ 90%

해설
용접기 사용률

$$\frac{\text{아크 발생 시간}}{(\text{아크 발생시간} + \text{정지시간})} \times 100 = \frac{30}{30+30} \times 100 = 50\%$$

60 산소-아세틸렌 가스용접 작업에서 후진법과 비교한 전진법의 설명으로 옳은 것은?

① 열 이용률이 좋다.
② 홈 각도가 크다.
③ 용접 속도가 빠르다.
④ 용접변형이 작다.

해설
전진법과 후진법의 비교

요 소	전진법	후진법
열 이용률	나쁘다.	우수하다.
용접 속도	느리다.	빠르다.
비드 모양	깨끗하지 않다.	미관이 깨끗하다.
홈각도	크다(80°).	작다(60°).
용접 변형	크다.	작다.
용접 모재 두께	얇다(~5mm).	두껍다.

정답 57 ② 58 ④ 59 ③ 60 ②

2016년 제2회 과년도 기출문제

01 자분탐상시험 중 시험체를 먼저 자화시킨 다음 자분을 뿌려 검사하는 방법을 무엇이라 하는가?

① 연속법 ② 잔류법
③ 습식법 ④ 건식법

해설
- 연속법 : 시험체에 자화 중 자분을 적용하는 방법
- 잔류법 : 시험체의 자화 완료 후 잔류자장을 이용하여 자분을 적용

02 강을 검사할 때 표면으로부터 가장 깊은 곳에 존재하는 결함을 검출할 수 있는 검사법은?

① 초음파탐상시험
② 육안검사
③ 와전류탐상시험
④ 자분탐상시험

해설
초음파탐상의 장점
- 감도가 높아 미세 균열 검출이 가능
- 투과력이 좋아 두꺼운 시험체의 검사 가능
- 불연속(균열)의 크기와 위치를 정확히 검출 가능
- 시험 결과가 즉시 나타나 자동검사가 가능
- 시험체의 한쪽 면에서만 검사 가능

03 자분탐상검사에서 연속법과 잔류법에 대한 비교평가에서 맞는 것은?

① 잔류법은 연속법보다 시험체 내의 자속밀도가 높다.
② 잔류법은 연속법보다 자분지시모양의 형성능력이 우수하다.
③ 잔류법은 연속법보다 의사모양의 발생이 적다.
④ 잔류법은 연속법보다 투자율이 작은 시험체에 적용한다.

해설
일반적으로 연속법이 잔류법보다 검출 정밀도가 높으며, 시험면의 상태가 나쁜 경우 잔류법이 적합하다. 또한 잔류법이 연속법보다 의사모양 발생이 적다.

04 알루미늄합금의 재질을 판별하거나 열처리 상태를 판별하기에 가장 적합한 비파괴검사법은?

① 적외선검사
② 방사선투과검사
③ 와전류탐상검사
④ 중성자투과검사

해설
와전류탐상검사는 맴돌이 전류(와전류 분포의 변화)로 전도체의 거리・형상의 변화, 합금성분, 재질의 선별, 균열, 불균질 부분, 도금층 두께 측정, 치수 변화, 열처리 상태 등을 확인 가능하다.

정답 1 ② 2 ① 3 ③ 4 ③

05 와전류탐상검사에서 규정하는 용어와 단위의 연결이 잘못된 것은?

① 비저항 – $[\Omega \cdot m]^{-1}$
② 임피던스 – $[\Omega]$
③ 인덕턴스 – [H]
④ 투자율 – [H/m]

해설
비저항
• 기호 : ρ
• 단위 : $\Omega \cdot$ m

06 전류의 흐름에 대한 도선과 코일의 총저항을 무엇이라 하는가?

① 유도리액턴스
② 인덕턴스
③ 용량리액턴스
④ 임피던스

해설
① 유도리액턴스 : 교류회로에서 전류의 흐름을 방해하는 코일의 저항 정도
② 인덕턴스 : 전류 변화에 대한 전자기 유도에 의해 역기전력의 비율
③ 용량리액턴스 : 정전 용량이 교류를 흐르게 하는 것을 방해하는 정도

07 진공상자법을 이용한 누설검사를 할 때 작은 불연속을 검출하기 위한 정밀시험 시 조도는?

① 100lx 이상 ② 250lx 이상
③ 500lx 이상 ④ 750lx 이상

해설
조도는 500럭스(lx) 이상이어야 한다.

08 시험체를 절단하거나 외력을 가하여 기계설계에 이상이 있는지를 증명하는 검사방법을 무엇이라 하는가?

① 가압시험 ② 위상분석시험
③ 파괴시험 ④ 임피던스검사

해설
파괴검사 : 시험편이 파괴될 때까지 하중, 열, 전류, 전압 등을 가하거나, 화학적 분석을 통해 소재 혹은 제품의 특성을 구하는 검사

09 초음파탐상시험에서 파장과 주파수의 관계를 속도의 함수로 옳게 나타낸 것은?

① 속도 = $(파장)^2$ × 주파수
② 속도 = 주파수 ÷ 파장
③ 속도 = 파장 × 주파수
④ 속도 = $(주파수)^2$ ÷ 파장

해설
초음파의 속도는 파장에 주파수를 곱한 관계를 가진다.

정답 5 ① 6 ④ 7 ③ 8 ③ 9 ③

10 비파괴검사 방법 중 검지제의 독성과 폭발에 주의해야 하는 것은?

① 누설검사
② 초음파탐상검사
③ 방사선투과검사
④ 열화상검사

해설
누설검사란 내・외부의 압력차에 의해 기체나 액체와 같은 유체의 흐름을 감지해 누설 부위를 탐지하는 것으로, 침지법, 가압 발포액법, 진공상자 발포액법 등 독성과 폭발에 주의해야 한다.

11 펄스반사식 초음파탐상검사법의 특성 중 에코높이에 가장 크게 영향을 미치는 것은?

① 결함의 기울기
② 접촉매질의 종류
③ 시험체의 온도
④ 탐촉자 주파수

해설
에코높이는 초음파가 반사되어 돌아오는 크기를 의미하며, 펄스반사식의 경우 45°, 60°, 70° 등 각도를 가지므로 결함의 기울기에 큰 영향을 미친다.

12 검사체와 검사감도가 온도와 검사면의 전처리에 가장 큰 영향을 받는 비파괴검사법은?

① 방사선투과검사
② 침투탐상검사
③ 중성자투과검사
④ 초음파탐상검사

해설
침투탐상검사는 표면에 열려있는 결함을 검출하는 시험법으로, 표면의 온도에 따라 침투제의 적용 시간을 달리해야 한다.

13 물질 내부의 결함을 검출하기 위한 비파괴검사법으로 옳은 것은?

① 와전류탐상시험
② 자분탐상시험
③ 침투탐상시험
④ 초음파탐상검사

해설
- 내부결함검사 : 방사선, 초음파
- 표면결함검사 : 침투, 자기, 육안, 와전류
- 관통결함검사 : 누설

14 후유화성 침투탐상시험 시 유화제의 적용 시기는?

① 현상시간 경과 직후
② 침투액 적용 직전
③ 현상시간 경과 직전
④ 침투시간 경과 직후

해설
후유화성 침투액은 침투액이 물에 곧장 씻겨 내리지 않고 유화처리를 통하여야만 세척이 가능한 방법으로 침투시간 경과 직후 적용한다.

정답 10 ① 11 ① 12 ② 13 ④ 14 ④

15 초음파탐상시험에서 깊이가 다른 두 개의 결함을 분리하여 검출하고자 할 때 효과적인 방법은?

① 주파수를 줄인다.
② 펄스의 길이를 짧게 한다.
③ 초기 펄스의 크기를 증가시킨다.
④ 주파수를 줄이고 초기 펄스를 증가시킨다.

해설
분해능을 좋게 하기 위해서는 펄스의 길이를 짧게 해야 한다.
분해능(Resolution) : 가까이 위치한 2개의 불연속부에서 탐상기가 2개의 펄스를 식별할 수 있는지에 대한 능력

16 브라운관상에 나타나는 구간을 시간적으로 이동시키는 것으로 손잡이와 측정범위를 조정하는 음속 손잡이에 의해 시간축의 일부분을 확대시킬 수 있는 것은?

① 펄스폭 손잡이 ② 소인지연 손잡이
③ 영점조정 손잡이 ④ 이득조성 손잡이

해설
소인회로는 탐상기에 나타나는 펄스의 수평등속도로 만들어 탐상거리를 조정하는 회로로 소인지연 손잡이는 필요로 하는 에코만을 표시하고 영점을 수정할 수 있는 기능을 한다.

17 시험체에 음파를 효율적으로 전파하기 위해 시험체 표면과 탐촉자 표면에 쓰이는 물질은?

① 접촉매질 ② 침윤제
③ 음향 송파기 ④ 윤활제

해설
초음파의 특성상 공기층에서 진행이 어렵기 때문에 접촉매질을 사용하며, 종류로는 물, 기계유, 글리세린, 물유리, 글리세린 페이스트 등이 있다.

18 판재에 경사각 탐촉자를 사용하여 검사할 때 검출하기 가장 어려운 결함은?

① 군집되어 있는 작은 불연속
② 표면과 평행한 라미네이션
③ 불규칙한 형태의 개재물
④ 표면에서 수직으로 발생된 균열

해설
라미네이션은 초음파 탐상 시 수직법이 가장 우수하며 경사각 탐촉자로는 검출하기 어렵다.

19 근거리음장 한계거리(X_o)에 대한 식으로 올바른 것은?(단, D : 원형진동자의 지름, λ : 시험체 내에서의 파장, V : 시험체 내에서의 파의 속도, n : 진동수이다)

① $\dfrac{D^2}{4 \cdot \lambda}$ ② $\dfrac{D \cdot \lambda}{2nV}$
③ $\dfrac{4n \cdot \lambda}{D}$ ④ $\dfrac{2n \cdot \lambda}{D}$

해설
근거리음장(Near Field) $= \dfrac{D^2}{4\lambda} = \dfrac{D^2 f}{4V}$ 로 계산되어지며, D : 진동자의 지름, λ : 파장, f : 주파수, V : 속도로 탐촉자의 주파수, 진동자 크기, 소재의 초음파 속도에 의해 결정되어진다.

15 ② 16 ② 17 ① 18 ② 19 ① 정답

20 산업용 초음파탐상검사에서 일반적으로 사용되는 주사방법은?

① A-scan ② B-scan
③ C-scan ④ MA-scan

해설
A-scan법 : 횡축은 초음파의 진행 시간, 종축은 수신신호의 크기를 나타내어 펄스 높이, 위치, 파형을 표시하며 일반적으로 사용된다.

21 비파괴검사로 접착상태검사(Bonded Joint Test)를 실시하고자 할 때, 다음 설명 중 틀린 것은?

① 금속과 금속 접착에 이용된다.
② 금속과 비금속 접착에 이용된다.
③ 다중반사법을 사용한다.
④ 초음파탐상검사로는 측정할 수 없다.

해설
접착상태검사란 금속과 금속 혹은 비금속의 접착 정도를 알아보기 위한 것으로 다중반사법을 사용하며, 초음파탐상법으로도 측정이 가능하다.

22 초음파탐상검사에서 1탐촉자 펄스반사법에 비해 2탐촉자 펄스반사법의 장점은?

① 근거리 분해능이 더 좋다.
② 시험체에 투과력이 더 좋다.
③ 깊이에 불문하고 분해능이 더 좋다.
④ 깊이에 불문하고 감도가 더 좋다.

해설
2탐촉자법은 1탐촉자법에 비해 근거리 분해능이 좋은 성질을 가진다.

23 A 스코프(Scope) 초음파탐상기로 작은 불연속에서 얻을 수 있는 지시의 최대 높이를 무엇이라고 하는가?

① 탐상기의 분해능
② 탐상기의 감도
③ 탐상기의 투과력
④ 탐상기의 선별도

해설
감도 : 작은 결함을 어느 정도까지 찾을 수 있는지를 표시하는 것

24 어떤 재질에서 초음파의 속도가 4.0×10^5cm/sec이고 탐촉자의 주파수가 10MHz일 때 파장은 얼마인가?

① 0.08cm ② 0.8cm
③ 0.04cm ④ 0.4cm

해설
파장은 $\lambda = \frac{V}{f}$로 $\frac{4.0 \times 10^5 \text{cm/sec}}{10 \times 10^6 \text{Hz}} = 0.04\text{cm}$가 된다.

25 **음향 임피던스에 대한 설명 중 틀린 것은?**

① 음파의 진행을 방해한다.
② 재질에 따라 값이 다르다.
③ 속도와 부피의 곱으로 구한다.
④ 임피던스 차가 클수록 계면에서 더 많이 반사한다.

해설
음향 임피던스란 재질 내에서 음파의 진행을 방해하는 것으로 재질의 밀도(ρ)에 음속(ν)을 곱한 값으로 두 매질 사이의 경계에서 투과와 반사를 결정짓는 특성이다.

26 **그림과 같은 경사각탐상시험에서 빔거리가 W일 때 표면거리 y를 구하는 식으로 옳은 것은?**

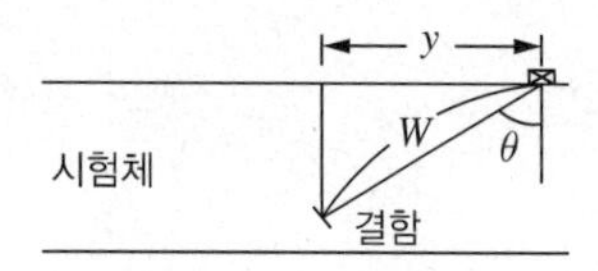

① $y = W \times \sin\theta$　② $y = W \times \cos\theta$
③ $y = W \times \tan\theta$　④ $y = W \times \cot\theta$

해설
삼각함수 법칙을 이용하여 $W \times \sin\theta$로 계산한다.

27 **수침법에서 20mm의 물거리는 강재 두께가 몇 mm일 때 저면에코가 스크린 화면상에서 같은 위치에 나타나는가?(단, 강재의 음속 : 5,900m/s, 물에서의 음속 : 1,475m/s이다)**

① 20mm　② 40mm
③ 60mm　④ 80mm

해설
구하고자 하는 강재 두께를 x라고 할 때
$5,900 : x = 1,475 : 20$
$1,475x = 5,900 \times 20$
$\therefore x = 80\text{mm}$

28 **강 용접부의 초음파탐상시험방법(KS B 0896)에 따라 강 용접부에 대한 초음파탐상시험 시 경사각탐상에 의한 감도를 조정할 때 감도보정을 하여야 되는 경우는?**

① 시험재 표면이 거칠어서 초음파 입사가 방해되는 경우
② 시험재로부터 작성한 RB-A5를 사용하는 경우
③ 두께 및 표면상태가 시험재와 동등한 경우
④ 강재나 용접부의 재질 영향에 의한 감쇠가 없는 경우

해설
탐상 감도의 조정에는 RB-4를 사용하며, 시험체 표면이 거친 경우 감도에 보상을 해주어야 한다.

29 **강 용접부의 초음파탐상시험방법(KS B 0896)에 따라 모재의 판 두께가 25mm이고, 음향이방성을 가지는 용접부의 경사각 탐상에서 모재의 탐상에 사용하는 수직 탐촉자의 공칭 주파수는?**

① 1MHz　② 2MHz
③ 2.5MHz　④ 5MHz

해설
판 두께 60mm 이하인 경우 공칭 주파수 5MHz, 이상인 경우 2MHz를 사용한다.

25 ③ 26 ① 27 ④ 28 ① 29 ④ 정답

30 강 용접부의 초음파탐상 시험방법(KS B 0896)에 따른 시험결과의 분류 방법에 대한 설명으로 틀린 것은?

① 경사평행주사로 검출된 흠의 결과 분류는 기존 분류에 한 급 하위분류를 채용한다.
② 동일 깊이에 있어서 흠과 흠의 간격이 큰 쪽의 흠의 지시 길이보다 짧은 경우는 동일 흠군으로 본다.
③ 흠과 흠의 간격이 양자의 흠의 지시길이 중 큰 쪽의 흠의 지시길이보다 긴 경우는 각각 독립한 흠으로 본다.
④ 분기주사 및 용접선 위 주사에 의한 시험 결과의 분류는 당사자 사이의 협정에 따른다.

해설
경사평행주사의 흠 결과 분류는 당사자 간의 협의에 따른다.

31 강 용접부의 초음파탐상시험방법(KS B 0896)에서 곡률반지름 150mm 이하인 원둘레 이음 용접부를 따라 초음파 탐상할 때 가공하여야 하는 탐촉자 접촉면의 곡면 반지름은?

① 시험체 곡률 반지름의 1.1배 이상 2.0배 이하
② 시험체 곡률 반지름의 1.1배 이상 2.5배 이하
③ 시험체 곡률 반지름의 1.5배 이상 2.0배 이하
④ 시험체 곡률 반지름의 1.5배 이상 2.5배 이하

해설
곡률 반지름 150mm 이하인 원둘레 이음부는 탐촉자 접촉면의 곡면 반지름은 시험체 곡률 반지름의 1.1배 이상 2.0배 이하로 하며, 150mm가 넘을 경우 곡면 가공을 하지 않는다.

32 강 용접부의 초음파탐상시험방법(KS B 0896)에 따른 탐상장치의 조정 및 점검 시 수직탐상 측정범위의 조정에 대한 내용으로 옳은 것은?

① A1형 표준시험편 등을 사용하여 ±5%의 정밀도로 실시한다.
② A1형 표준시험편 등을 사용하여 ±1%의 정밀도로 실시한다.
③ RB-4 등을 사용하여 ±3%의 정밀도로 실시한다.
④ RB-4 등을 사용하여 ±5%의 정밀도로 실시한다.

해설
탐상기에 필요한 성능으로 증폭직선성은 3% 이내, 시간축 직선성은 1% 이내, 감도 여유값은 40dB 이상으로 한다.

33 건축용 강판 및 평강의 초음파탐상시험에 따른 등급분류와 판정기준(KS D 0040)에서 요구하는 탐촉자의 검출감도는 STB-N1 표준구멍에 대한 에코높이는 최대 에코높이로부터 얼마의 범위에 있어야 하는가?

① −8dB±2dB　② −10dB±2dB
③ −12dB±2dB　④ −14dB±2dB

해설
KS D 0040에서 N1의 검출감도는 STB-N1의 표준구멍의 에코높이는 최대 에코높이로부터 −10±2dB의 범위에 있어야 한다.

34 금속재료의 펄스반사법에 따른 초음파탐상시험방법 통칙(KS B 0817)에 따라 공칭주파수를 선정할 때 고려하여야 할 내용과 거리가 먼 것은?

① 흠집의 크기　② 흠집의 모양
③ 탐상면의 거칠기　④ 바닥면 에코의 크기

해설
공칭주파수를 선정할 때에는 검출하여야 할 흠집의 크기, 필요로 하는 근거리 분해능 또는 원거리 분해능, 흠집의 모양, 탐상면의 거칠기, 감쇠 등을 고려하여야 한다.

정답 30 ① 31 ① 32 ② 33 ② 34 ④

35 강 용접부의 초음파탐상시험방법(KS B 0896)에 따라 모재 두께 15mm인 맞대기 용접부를 탐상한 결과 흠의 최대 에코높이가 제 Ⅳ영역에 해당하고, 흠의 길이는 10mm인 것으로 측정되었다. 이 흠의 분류는?

① 1류　② 2류
③ 3류　④ 4류

해설
모재 두께가 15mm일 경우 1류는 4mm 이하, 2류는 6mm 이하, 3류는 9mm 이하이다. 흠의 길이가 10mm이면 3류를 넘는 것이므로 4류가 된다.

36 알루미늄의 맞대기용접부의 초음파경사각탐상시험방법(KS B 0897)에 따라 모재 두께가 24mm인 용접부를 시험한 결과 흠의 구분이 A종일 때 흠의 지시 길이는 4mm가 검출되었다. 흠의 분류는?

① 1류　② 2류
③ 3류　④ 4류

해설
KS B 0897 중 시험 결과의 분류 방법에서 모재두께가 24mm이고 구분이 A종일 때 2류의 경우 $\frac{t}{6}$이므로, $\frac{24}{6}=4$가 되므로, 2류에 속한다.

37 압력용기용 강판의 초음파탐상검사방법(KS D 0233)에서 사용되는 대비 시험편은?

① RB-E　② RB-7
③ RB-A　④ RB-D

해설
KS D 0233에서 사용되는 대비 시험편은 RB-E이다.

38 강 용접부의 초음파탐상시험방법(KS B 0896)에서 규정한 모재의 판두께가 30mm일 때 M 검출레벨의 경우, 즉 Ⅲ영역의 결함을 측정하여 2류로 판정할 수 있는 결함의 최대 길이는?

① 10mm　② 15mm
③ 20mm　④ 30mm

해설
M검출레벨의 경우 2류로 판정할 수 있는 결함의 최대 길이는 $\frac{t}{2}$를 적용하며, 모재 두께가 30mm이므로 $\frac{30}{2}=15$가 된다.

39 알루미늄의 맞대기용접부의 초음파경사각탐상시험방법(KS B 0897)에서 규정하고 있는 대비시험편 RB-A4 AL(No.1)의 시험편의 두께는 12.5mm이고, 1탐촉자법을 이용한 굴절각 측정 시 70.8°가 측정되었다. 탐촉자의 입사점과 표준 구멍과의 시험편 표면거리는 얼마인가?(단, 표준구멍은 시험편 두께의 1/2에 위치한다)

① 12mm　② 18mm
③ 23mm　④ 27mm

해설
굴절각은 $\tan^{-1}\left(\frac{y}{t/2}\right)$로 계산되어지며, 두께($t$) 12.5mm, 굴절각 70.8°이므로, $70.8=\tan^{-1}\left(\frac{x}{12.5/2}\right)^{\circ}$가 되므로 x는 18mm이다.

35 ④　36 ②　37 ①　38 ②　39 ②　정답

40 압력용기용 강판의 초음파탐상검사방법(KS D 0233)에서 결함을 분류할 때 결함 정도가 가벼운 것을 나타내는 표시 기호는?

① △ ② ×
③ ○ ④ □

해설
진동자 수직 탐촉자의 경우 X주사 또는 Y주사로 탐상하며, 결함의 정도가 가벼움일 경우 ○, 중간일 경우 △, 큼일 경우 ×를 사용한다.

41 강 용접부의 초음파탐상시험방법(KS B 0896)에서 정한 탐상기에 필요한 기능에 관한 설명으로 옳지 않은 것은?

① 탐상기는 적어도 2MHz 및 5MHz의 주파수로 동작하는 것으로 한다.
② 탐상기는 1탐촉자법, 2탐촉자법 중 어느 것이나 사용할 수 있는 것으로 한다.
③ 게인 조정기는 1스텝 5dB 이하에서, 합계 조정량이 10dB 이상 가진 것으로 한다.
④ 표시기는 표시기 위에 표시된 탐상 도형이 옥외의 탐상작업에서도 지장이 없도록 선명하여야 한다.

해설
게인 조정기는 1스텝 2dB 이하에서, 합계 조정량이 50dB 이상 가진 것으로 하는 것이 바람직하다.

42 강 용접부의 초음파탐상시험방법(KS B 0896)에서 경사각 탐상장치의 조정 및 점검 시 영역구분을 결정할 때 에코높이의 범위가 M선 초과 H선 이하이면 에코높이는 어떤 영역에 속하는가?

① Ⅰ영역 ② Ⅱ영역
③ Ⅲ영역 ④ Ⅳ영역

해설
영역구분에 있어 에코높이의 영역은 L선 이하 Ⅰ, L선 초과 M선 이하의 경우 Ⅱ, M선 초과 H선 이하 Ⅲ, H선을 넘는 것은 Ⅳ로 하며, H선보다 6dB 낮은 에코를 M선, 12dB 낮은 선을 L선으로 한다.

43 약 36%의 Ni, 약 12%의 Cr, 나머지는 철로 구성된 합금으로 온도변화에 따른 탄성률의 변화가 거의 없어 지진계의 주요 재료로 사용되는 것은?

① 인바(Invar)
② 엘린바(Elinvar)
③ 퍼멀로이(Permalloy)
④ 플래티나이트(Platinite)

해설
불변강은 탄성계수가 매우 낮은 금속으로 인바, 엘린바 등이 있으며, 엘린바의 경우 36% Ni + 12% Cr 나머지 철로 된 합금이며, 인바의 경우 36% Ni + 0.3% Co + 0.4% Mn 나머지 철로 된 합금이다. 두 합금 모두 열팽창계수, 탄성계수가 매우 적고, 내식성이 우수하다.

44 탄화철(Fe_3C)의 금속간화합물에 있어 탄소(C)의 원자비는?

① 15% ② 25%
③ 45% ④ 75%

해설
Fe_3C는 철 : 탄소 원자비가 3 : 1이므로 Fe 75%, C 25%가 함유되어 있다. 금속간화합물은 간단한 정수비로 이루어진 금속이다.

정답 40 ③ 41 ③ 42 ③ 43 ② 44 ②

45 몰리브덴계 고속도 공구강이 텅스텐계 고속도 공구강보다 우수한 특성을 설명한 것 중 틀린 것은?

① 비중이 작다.
② 인성이 높다.
③ 열처리가 용이하다.
④ 담금질 온도가 높다.

해설
몰리브덴계 고속도 공구강의 담금질 온도가 더욱 낮다.

46 금속의 결정 구조에서 BCC가 의미하는 것은?

① 정방격자 ② 면심입방격자
③ 체심입방격자 ④ 조밀육방격자

해설
체심입방격자(BCC ; Body Centered Cubic) : Ba, Cr, Fe, K, Li, Mo, Nb, V, Ta
• 배위수 : 8, 원자 충진율 : 68%, 단위격자 속 원자수 : 2

47 구리의 성질을 철과 비교하였을 때의 설명 중 틀린 것은?

① 경도가 높다.
② 전성과 연성이 크다.
③ 부식이 잘 되지 않는다.
④ 열전도율 및 전기전도율이 크다.

해설
구리는 면심입방격자를 이루고 있으며, 융점 1,083℃, 비중 8.9인 금속이다. 열전도율은 Ag(은) 다음으로 높으며, 내식성이 우수한 금속이나 이산화탄소에 약하고, 경도가 낮다.

48 보통 주철보다 Si 함유량을 적게 하고, 적당한 양의 Mn을 첨가한 용탕을 금형 또는 칠메탈이 붙어 있는 모래형에 주입하여 필요한 부분만 급랭시킨 것은?

① Cr 주철 ② 칠드 주철
③ Ni-Cr 주철 ④ 구상흑연 주철

해설
칠드 주철(Chilled Iron)은 주물의 일부 혹은 표면을 높은 경도를 가지게 하기 위하여 응고 급냉시켜 제조하는 주철 주물로 표면은 단단하고 내부는 강인한 성질을 가진다.

49 내식용 알루미늄 합금이 아닌 것은?

① 알 민 ② 알드리
③ 일렉트론 합금 ④ 하이드로날륨

해설
내식용 알루미늄 합금으로는 알민, 알드리, 하이드로날륨 등이 있으며, 일렉트론 합금은 마그네슘 합금으로써 고온 내식성이 우수한 합금이다.

50 변태점의 측정방법이 아닌 것은?

① 열분석법 ② 열팽창법
③ 전기저항법 ④ 응력잔류시험법

해설
변태점 측정법 : 시차열분석법, 열분석법, 비열법, 전기저항법, 열팽창법, 자기분석법, X선 분석법 등

45 ④ 46 ③ 47 ① 48 ② 49 ③ 50 ④ 정답

51 금속 표면에 스텔라이트, 초경합금 등의 금속을 용착시켜 표면경화층을 만드는 방법은?

① 전해경화법 ② 금속침투법
③ 하드페이싱 ④ 금속착화법

해설
표면경화법에는 침탄, 질화, 금속침투(세라다이징, 칼로라이징, 크로마이징 등), 고주파 경화법 , 화염경화법, 금속용사법, 하드페이싱, 숏피닝 등이 있으며 스텔라이트, 초경합금 등의 금속을 용착시켜 표면 경화를 하는 방법은 하드페이싱법이다.

52 Al-Cu-Ni-Mg 합금으로 내열성이 우수한 주물로서 공랭 실린더 헤드, 피스톤 등에 사용되는 합금은?

① 실루민 ② 라우탈
③ Y합금 ④ 두랄루민

해설
- Al-Cu-Ni-Mg : Y합금(알구니마와이)
- Al-Cu-Si : 라우탈(알구시라)
- Al-Ni-Mg-Si-Cu : 로엑스(알니마시구로)
- Al-Cu-Mn-Mg : 두랄루민(알구망마두)
- Al-Si-Na : 실루민(알시나실)
- Al-Mg : 하이드로날륨(알마하 내식 우수)

53 황동의 탈아연 부식을 억제하는 효과가 있는 원소끼리 짝지어진 것은?

① Sb, As ② Pb, Fe
③ Mn, Sn ④ Al, Ni

해설
탈아연 부식(Dezincification) : 황동의 표면 또는 내부까지 불순한 물질이 녹아 있는 수용액의 작용으로 탈아연되는 현상으로 6-4황동에 많이 사용된다. 방지법으로는 Zn이 30% 이하인 α황동을 쓰거나, As, Sb, Sn 등을 첨가한 황동을 사용한다.

54 자기변태를 설명한 것 중 옳은 것은?

① 고체상태에서 원자배열의 변화이다.
② 일정온도에서 불연속적인 성질변화를 일으킨다.
③ 고체상태에서 서로 다른 공간격자 구조를 갖는다.
④ 일정 온도 범위 안에서 점진적이고 연속적으로 변화한다.

해설
자기변태란 원자 배열의 변화 없이 전자의 스핀에 의해 자성의 변화가 오는 것으로, 일정 온도 범위 안에서 점진적이고 연속적으로 변화한다.

55 주강과 주철을 비교 설명한 것 중 틀린 것은?

① 주강은 주철에 비해 용접이 쉽다.
② 주강은 주철에 비해 용융점이 높다.
③ 주강은 주철에 비해 탄소량이 적다.
④ 주강은 주철에 비해 수축률이 적다.

해설
주강은 주철에 비해 수축률이 크다.

정답 51 ③ 52 ③ 53 ① 54 ④ 55 ④

56 주철의 조직을 지배하는 주요한 요소는 C, Si의 양과 냉각속도이다. 이들의 요소와 조직의 관계를 나타낸 것은?

① TTT 곡선
② 마우러 조직도
③ Fe-C 평형상태도
④ 히스테리시스 곡선

해설
마우러 조직도 : C, Si양과 조직의 관계를 나타낸 조직도

57 공구강의 구비조건으로 틀린 것은?

① 마멸성이 클 것
② 열처리가 용이할 것
③ 열처리변형이 적을 것
④ 상온 및 고온에서 경도가 클 것

해설
공구강은 내마멸성이 커야 한다.

58 다음 중 연납용 용제로 사용되는 용제가 아닌 것은?

① 염 산
② 붕 산
③ 염화아연
④ 염화암모늄

해설
연납용 용제로는 염산, 염화아연, 염화암모늄 등이 사용된다.

59 다음 중 압접의 종류가 아닌 것은?

① 마찰용접
② 초음파용접
③ 스터드용접
④ 유도가열용접

해설
스터드용접이란 막대(스터드)를 모재에 접속시켜 전류를 흘려 약간 떼어주면 아크가 발생하며 용융하여 접하는 융접에 속한다.

60 아세틸렌은 각종 액체에 잘 용해되는데, 벤젠에는 몇 배가 용해되는가?

① 2배 ② 3배
③ 4배 ④ 6배

해설
용해 아세틸렌은 물에는 같은 양, 석유에는 2배, 벤젠에는 4배, 알코올에는 6배, 소금물에는 용해되지 않는다.

56 ② 57 ① 58 ② 59 ③ 60 ③ 정답

2016년 제4회 과년도 기출문제

01 방사성동위원소 중 중성자투과검사에 주로 사용되는 원소는?

① ^{252}CF ② ^{96}Pb

③ ^{235}U ④ ^{137}CS

02 시험체의 양면이 서로 평행해야만 최대의 효과를 얻을 수 있는 비파괴검사법은?

① 방사선투과시험의 형광투시법

② 자분탐상시험의 선형자화법

③ 초음파탐상시험의 공진법

④ 침투탐상시험의 수세성 형광침투법

해설

공진법 : 시험체의 고유 진동수와 초음파의 진동수를 일치할 때 생기는 공진현상을 이용하여 시험체의 두께 측정에 주로 적용하는 방법

03 원리가 다른 시험방법으로 조합된 것은?

① RT, CT : 방사선의 원리

② MT, ET : 전자기의 원리

③ AE, LT : 음향의 원리

④ VT, PT : 광학 및 색채학의 원리

해설

AE는 음향방출검사로 고체가 소성변형 할 때 발생하는 탄성파를 검출하여 결함의 발생을 평가하는 방법이고, LT는 누설검사로 유체의 흐름을 감지해 누설 부위를 탐지하는 것이다.

04 적외선 서모그래피로 얻어진 영상을 무엇이라 하는가?

① 토모그래피

② 홀로그래피

③ C-스코프

④ 열화상

해설

적외선검사(서모그래피법)은 적외선 카메라를 이용하여 비접촉식으로 온도 이미지를 측정하여 구조물의 이상 여부를 탐상하는 시험이다.

05 표면으로부터 표준 침투 깊이의 시험체 내면에서의 와전류 밀도는 시험체 표면 와전류 밀도의 몇 %인가?

① 5% ② 17%

③ 27% ④ 37%

해설

와전류의 표준 침투 깊이(Standard Depth of Penetration)는 와전류가 도체 표면의 약 37% 감소하는 깊이를 의미하며, 표준 침투 깊이 3배인 지점의 와전류 밀도는 표면 와전류 밀도의 5%이다.

정답 1 전항정답 2 ③ 3 ③ 4 ④ 5 ④

06 다음 중 누설검사법에 해당되지 않는 것은?

① 가압법 ② 감압법
③ 수직법 ④ 진공법

해설
- 기포누설검사 : 침지법, 가압 발포액법, 진공 상자 발포액법
- 추적가스 이용법 : 암모니아, CO_2, 연막탄(Smoke Bomb)법
- 방치법에 의한 누설검사 : 가압법, 감압법
- 할로겐 누설시험 : 할라이드 토치법, 가열양극 할로겐 검출법, 전자 포획법 등

07 고압용기, 석유탱크 등의 정기적 보수검사에서 유해한 결함 중의 하나인 표면균열 검출에 가장 적합한 비파괴검사법은?

① 초음파검사 ② 누설검사
③ 침투탐상검사 ④ 음향방출검사

해설
표면균열 탐상에서는 침투탐상검사 혹은 자기탐상검사가 가장 적합하다.

08 항공기 터빈블레이드의 균열검사에 적용할 수 있는 와전류 탐상코일은 무엇인가?

① 표면형 코일 ② 내삽형 코일
③ 회전형 코일 ④ 관통형 코일

해설
와전류 탐상시험에서의 시험 코일은 관통코일, 내삽코일, 표면코일이 있다.
- 표면코일 : 코일 축이 시험체 면에 수직인 경우 시험하는 코일로 터빈 블레이드 등에 적용
- 관통코일 : 시험체를 시험코일 내부에 넣고 시험하는 코일
- 내삽코일 : 시험체 구멍 내부에 코일을 삽입하여 구멍의 축과 코일 축을 맞추어 시험하는 코일

09 액체가 고체 표면을 적시는 능력을 무엇이라고 하는가?

① 밀 도 ② 적심성
③ 점 성 ④ 표면장력

해설
적심성이란 액체가 고체 등의 면에 젖는 정도를 말하며, 접촉각이 작은 경우 적심성이 우수하다고 볼 수 있다.

10 누설검사에 대한 설명 중 틀린 것은?

① 외부에서 기밀장치로 다른 유체가 유입되는 것을 누설이라고 한다.
② 누설검사 중 누설의 유무, 누설위치 및 누설량을 검출하는 것을 특히 누설검지방법이라고 한다.
③ 방치법은 시험체를 가압하거나 감압하면서 일정 시간 경과 후 압력변화를 계측해서 누설을 검지하는 방법이다.
④ 기포누설검사는 간단하고 검출감도가 비교적 양호하지만, 발포에 영향을 주는 표면의 유분이나 오염의 제거 등 전처리가 중요하다.

해설
누설검지란 누설의 유무를 판단하는 방법으로 누설위치 및 누설량을 검출할 수 없다.

6 ③ 7 ③ 8 ① 9 ② 10 ② 정답

11 방사선투과검사를 하는 10m 거리에서 선량률이 80mR/h였다면 40m 거리에서의 선량률(mR/h)은 얼마인가?

① 5 ② 7.5
③ 10 ④ 20

해설
역제곱의 법칙 : 방사선은 직진성을 가지고 있으며, 거리가 멀어질수록 강도는 거리의 제곱에 반비례하여 약해지는 법칙

$I = I_0 \times \left(\frac{d_0}{d}\right)^2 = 80 \times \left(\frac{10}{40}\right)^2 = 5\text{mR/h}$

12 자분탐상시험에서 결함의 검출에 영향을 미치는 인자가 아닌 것은?

① 시험면의 거칠기 ② 자 화
③ 검사시기 ④ 자분의 적용

해설
자분탐상에서 결함검출에 검사시기는 영향을 크게 미치지 않는다.

13 강재 내에서 굴절된 종파가 90°로 되어 전부 반사하려면 아크릴 수지에서의 입사각이 몇 °이어야 하는가?(단, 아크릴 수지 내에서 종파속도는 2,730m/s, 강재 내에서 종파속도는 5,900m/s이다)

① 약 23.6° ② 약 27.6°
③ 약 62.4° ④ 약 66.4°

해설
스넬의 법칙을 이용하여 $\frac{\sin\alpha}{\sin\beta} = \frac{V_1}{V_2}$ 일 경우 $\frac{\sin\alpha}{\sin 90°} = \frac{2,730}{5,900}$ 가 되며, $\sin\alpha = \frac{2,730}{5,900} \times \sin 90° = 0.4627$이 된다.

따라서, $\alpha = \sin^{-1}(0.4627) \fallingdotseq 27.6°$가 된다.

14 X선과 물질의 상호작용이 아닌 것은?

① 광전효과 ② 카이저효과
③ 톰슨산란 ④ 컴프턴산란

해설
카이저효과란 재료에 하중을 걸어 음향방출을 발생시킨 후, 하중을 제거했다가 다시 걸어도 초기 하중의 응력 지점에 도달하기까지 음향방출이 발생되지 않는 비가역적 성질이다.

15 초음파탐상검사에서 진동자의 직경이 작을수록 빔의 분산은 어떻게 되는가?

① 감소한다.
② 증가한다.
③ 변화가 없다.
④ 증가와 감소를 반복한다.

해설
초음파의 분산각은 탐촉자의 직경과 파장에 의해 결정되며, 동일한 탐촉자 직경일 때, 파장이 감소(주파수 증가)하면 분산각은 감소하며, 동일한 파장(주파수)일 때, 진동자 직경이 클수록 빔의 분산각은 감소하며, 직경이 작을수록 증가한다.

정답 11 ① 12 ③ 13 ② 14 ② 15 ②

16 **초음파의 성질에 관한 설명으로 틀린 것은?**

① 일반적으로 20,000Hz 이상의 주파수를 초음파라고 정의한다.
② 강(Steel)에서의 횡파음속은 대략 5,900m/s이다.
③ 초음파의 속도는 재질의 밀도 및 탄성률에 의해 주로 기인한다.
④ 음속은 초음파 탐상 시 탐상거리와 깊은 관계가 있다.

해설
강(Steel)에서의 횡파음속은 대략 3,200m/s이다.

17 **초음파탐상검사에서 탐상 주파수를 증가시켰을 때 나타나는 현상은?**

① 투과력이 증가하여 두꺼운 재료의 탐상에 좋다.
② 감쇠가 심하게 일어난다.
③ 경사각탐상에서 투과력이 커진다.
④ 경사각탐상에서 굴절각이 커진다.

해설
주파수를 증가시키면 감쇠계수가 커지면서 감쇠가 심하게 일어나며, 분산각이 감소하게 된다.

18 **초음파탐상검사에서 모든 조건이 동일할 때 속도가 가장 큰 진동 모형은 어느 것인가?**

① 횡 파 ② 종 파
③ 표면파 ④ 전달파

해설
모든 조건이 동일할 때 속도가 가장 큰 진동 모형은 종파이다.

19 **수침법으로 두께 80mm 강재를 수직탐상할 때 표시기 상에 1차 저면 반사파를 2차 표면 반사파 앞에 나타내고자 할 때 물거리로 옳은 것은?(단, 물에서의 종파속도는 1,500m/s, 강에서의 종파속도는 6,000m/s이다)**

① 10mm ② 15mm
③ 18mm ④ 25mm

해설
$6{,}000(\mathrm{m/s}) : 80 = 1{,}500(\mathrm{m/s}) : x$은 $6{,}000x = 120{,}000$이 되므로 20mm가 강재 두께가 되며, 2차 표면 반사파를 앞에 나타내고자 하므로 20mm 넘는 값이 된다.

20 **초음파탐상검사에서 전기적 펄스가 기계적 진동으로 변환하는 것을 무엇이라 하는가?**

① 경사효과 ② 정전효과
③ 압전효과 ④ 카이저효과

해설
압전효과란 기계적인 에너지를 가하면 전압이 발생하고, 전압을 가하면 기계적인 변형이 발생하는 현상으로, 어떤 소재에 힘을 가하였을 경우 표면에 전압이 발생하고, 반대로 전압을 걸어주면 소자가 이동하거나 힘이 발생하는 현상을 말한다.

16 ② 17 ② 18 ② 19 ④ 20 ③ 정답

21 초음파탐상검사에서 시험장비의 값 3의 dB값이 9.5 dB일 때, 값 1,500의 dB값은?

① 15.5dB ② 63.5dB
③ 96.3dB ④ 45.5dB

해설

$dB = 20\log\left(\frac{x}{y}\right) = 20\log\frac{1,500}{3} = 20\log 500 = 53.97 = 54dB$이 되며, $54dB + 9.5dB = 63.5dB$이 된다.

22 초음파탐상검사에서 수정진동자에 대한 설명으로 옳은 것은?

① 퀴리점이 낮아 고온에서 사용이 어렵다.
② 변환효율이 높다.
③ 초음파 송신효율이 낮다.
④ 물에 잘 녹아 접촉매질로 물을 사용할 수 없다.

해설

수정진동자의 특성
- 전기적, 기계적으로 안정하다.
- 퀴리점(Curie Point)이 575℃로써 고온 사용 가능하다.
- 사용 수명이 길다.
- 불용성이고 내마모성이 있다.
- 파형변환이 심하다.
  - 송신효율이 낮다.
  - 고전압을 요한다.

23 그림은 7.6cm 알루미늄 시험체에 대한 수침법을 도해한 것으로 스크린상의 지시 D는 무엇을 나타내는가?

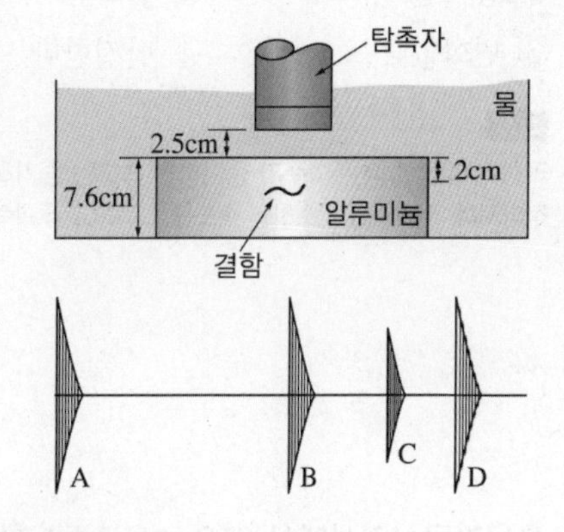

① 1차 결함지시
② 1차 저면 반사지시
③ 2차 탐상면지시
④ 2차 결함지시

해설

탐촉자에서 출발하여 A지점은 초기 펄스, B지점은 시험체 윗면 반사지시, C지점은 결함지시, D지점은 시험체 저면 반사지시를 의미한다.

24 주강품의 초음파탐상검사에 대한 설명으로 틀린 것은?

① 초음파의 산란과 흡수로 인한 감쇠가 커져 신호 대 잡음비가 낮아진다.
② 초음파가 진행 중 입자 경계에서 흡수 또는 산란이 없다.
③ 주강품의 형상이 탐상 표면과 저면이 평형하지 않아 수직 탐상에 어려움을 준다.
④ 피검사체의 표면조건, 예상되는 결함의 종류와 위치 등을 고려하여야 한다.

해설

주강품에서의 초음파 진행 중 입자 경계에서 흡수, 반사, 산란이 있다.

정답 21 ② 22 ③ 23 ② 24 ②

25 초음파탐상에서 파장이 일정할 때 종파의 주파수를 증가시키면 속도는 어떻게 변화하는가?

① 증가한다. ② 감소한다.
③ 변화없다. ④ 반전한다.

해설
파장이 일정할 때 주파수가 증가하면 속도는 증가하나 투과력은 작아지며, 주파수가 감소하면 속도는 느려지고 투과력은 깊어진다.

26 초음파탐상검사에서 STB-A1 표준시험편의 사용 목적이 아닌 것은?

① 측정 범위의 조정
② 탐상 감도의 조정
③ 경사각 탐촉자의 굴절각 측정
④ 경사각 탐촉자의 분해능 측정

해설
표준시험편(STB-A1)의 사용 목적으로 경사각 탐촉자의 특성 측정, 입사점 측정, 굴절각 측정, 측정 범위의 조정, 탐상 감도의 조정이 있다. 경사각 탐촉자의 분해능 측정은 RB-RD 대비 시험편이 사용된다.

27 초음파탐상검사 시 A 주사법에서 스크린상에 나타난 수직지시의 크기가 나타내는 것은?

① 탐촉자로 되돌아온 초음파 반사에너지 양
② 탐촉자가 움직인 거리
③ 시험체의 두께
④ 초음파 펄스가 발생된 이후 경과시간

해설
A-Scan 혹은 A-Scope법이라고도 하며, 가로축을 전파시간을 거리로 나타내고, 세로축은 에코의 높이(크기)를 나타내는 방법으로 에코 높이, 위치, 파형 3가지 정보를 알 수 있다.

28 초음파탐상시험용 표준시험편(KS B 0831)에서 STB-A7963 시험편을 사용하여 시간축을 조정하는 경우 R50면을 향하여 음파를 전파하였을 때 첫 번째로 나타나는 에코의 거리는?

① 50mm ② 75mm
③ 150mm ④ 25mm

해설
첫 번째로 나타나는 에코의 거리는 50mm가 된다.

29 초음파 탐촉자의 성능측정방법(KS B 0535)에서 5Q30N에서 N이 뜻하는 것은?

① 진동자의 재료
② 경사각 탐촉자
③ 수직 탐촉자
④ 분할형 탐촉자

해설
- 수정 진동자의 표시 기호 : Q
- 공칭 주파수 : 5MHz
- 수직 탐촉자 : N
- 수정 진동자의 지름 : 30mm

25 ① 26 ④ 27 ① 28 ① 29 ③ 정답

30 알루미늄 맞대기 용접부의 초음파경사각탐상시험방법(KS B 0897)에서 탐상기의 사용조건으로 증폭 직선성은 몇 % 이내여야 하는가?

① ±3% ② ±5%

③ ±7% ④ ±10%

해설

KS B 0897에서 증폭 직선성은 KS B 0534의 4.1(증폭 직선성)에 따라 측정하여 ±3%로 한다.

31 초음파탐상장치의 성능측정방법(KS B 0534)에 따르면 강재를 5Z20×20A70의 탐촉자로 탐상할 때 강재 내로 전파되는 초음파의 파장은 약 얼마인가?(단, 강재 내 종파속도는 5,900m/s, 횡파속도는 3,230m/s이다)

① 0.33mm ② 0.65mm

③ 1.0mm ④ 1.2mm

해설

5 : 공칭주파수 5MHz, Z20×20 : 지르콘타이타늄산납계 자기 진동자 지름 20mm, A : 종파 사각 탐촉자, 70 : 굴절각을 나타낸다.

$$파장(\lambda) = \frac{음속(C)}{주파수(f)} = \frac{3,230\text{m/s}}{5 \times 10^6\text{Hz}} = 6.46 \times 10^{-4}\text{m}$$

$$= 0.646\text{mm}$$

32 강 용접부의 초음파탐상시험방법(KS B 0896)에 따라 탠덤탐상을 적용할 수 있는 최소 판두께는 얼마인가?

① 5mm 이상 ② 10mm 이상

③ 15mm 이상 ④ 20mm 이상

해설

탠덤 탐상의 적용 판두께 범위는 20mm 이상으로 한다.

33 강 용접부의 초음파탐상시험방법(KS B 0896)에 따른 경사각 초음파탐상 시 탐상장치의 에코높이 구분선 작성에서 영역 구분을 결정할 때 Ⅳ영역에 해당하는 에코높이의 범위는?

① L선 이하 ② L선을 넘는 것

③ H선 이하 ④ H선을 넘는 것

해설

영역 구분에 있어 에코높이의 영역은 L선 이하 Ⅰ, L선 초과 M선 이하의 경우 Ⅱ, M선 초과 H선 이하 Ⅲ, H선을 넘는 것은 Ⅳ로 한다.

34 알루미늄의 맞대기용접부의 초음파경사각탐상시험방법(KS B 0897)에서 입사점을 측정하는 시험편이 아닌 것은?

① STB-A1 ② STB-A22

③ STB-A3 ④ STB-A31

해설

KS B 0897에서 표준시험편은 KS B 0831에 규정하는 STB-A1, STB-A3 또는 STB-A31을 사용한다. STB-A1의 경우 경사각 탐촉자의 입사점 측정, 측정 범위의 조정에 사용되며, STB-A3 또는 STB-A31은 경사각 탐촉자의 입사점 측정, 측정 범위 250mm 이하인 경우의 조정에 사용된다.

정답 30 ① 31 ② 32 ④ 33 ④ 34 ②

35 강 용접부의 초음파탐상시험방법(KS B 0896)에 따라 강 용접부를 2방향에서 탐상한 결과, 독립된 동일한 흠에 대한 판정분류가 각각 1류, 3류인 경우 이 흠에 대한 판정은?

① 1류 ② 2류
③ 3류 ④ 4류

해설
KS B 0896에서 흠 분류 시 2방향 이상에서 탐상한 경우 동일한 흠의 분류가 1류, 3류로 나타났다면 가장 하위 분류를 적용해 3류를 적용한다.

36 강 용접부의 초음파탐상시험방법(KS B 0896)에서 M검출레벨이고 에코높이 영역이 Ⅲ일 때 판두께가 20mm이라면 등급분류가 1류에 해당되는 지시 길이는?

① $t/3$ 이하 ② $t/2$ 이하
③ $2t/3$ 이하 ④ t 이하

해설
KS B 0896 부속서 6. 흠 에코높이의 영역과 흠의 지시길이에 따른 흠의 분류

영역 / 판두께(mm) / 분류	M검출 레벨의 경우는 Ⅲ L검출 레벨의 경우는 Ⅱ와 Ⅲ			Ⅳ		
	18 이하	18 초과 60 이하	60을 넘는 것	18 이하	18 초과 60 이하	60을 넘는 것
1류	6 이하	$\frac{t}{3}$ 이하	20 이하	4 이하	$\frac{t}{4}$ 이하	15 이하
2류	9 이하	$\frac{t}{2}$ 이하	30 이하	6 이하	$\frac{t}{3}$ 이하	20 이하
3류	18 이하	t 이하	60 이하	9 이하	$\frac{t}{2}$ 이하	30 이하
4류	3류를 넘는 것					

37 탄소강 및 저합금강 단강품의 초음파탐상 시험방법(KS D 0248)에서 탐상거리 100mm의 강단조품을 시험편 방식으로 탐상감도를 조정할 때 준비해야 할 표준 시험편은?

① STB-A1 ② STB-A2
③ STB-G형 ④ STB-N1

해설
STB-G형 표준 시험편은 아주 두꺼운 판, 조강 및 단조물에 적용하며, 탐상감도 조정, 수직 탐촉자의 특성 측정, 탐상기의 종합 성능 측정에 이용한다.

38 강 용접부의 초음파탐상시험방법(KS B 0896)에서 탠덤탐상할 때 M선은 탐상기 눈금판의 몇 % 높이의 선인가?

① 10% ② 20%
③ 40% ④ 50%

해설
탠덤 탐상의 경우 M선의 경우 눈금판의 40% 높이를 기준으로, 6dB 높은 선을 H선, 낮은 선을 L선이라 한다.

39 강 용접부의 초음파탐상시험방법(KS B 0896)에서 거리진폭특성곡선에 의한 에코높이 영역 구분선이 아닌 것은?

① M선 ② L선
③ S선 ④ H선

해설
영역 구분에 있어 에코높이의 영역은 L선 이하 Ⅰ, L선 초과 M선 이하의 경우 Ⅱ, M선 초과 H선 이하 Ⅲ, H선을 넘는 것은 Ⅳ로 하며, S선은 규정되어 있지 않다.

35 ③ 36 ① 37 ③ 38 ③ 39 ③ 정답

40 금속재료의 펄스반사법에 따른 초음파탐상시험방법통칙(KS B 0817)에서 초음파탐상기의 조정은 실제로 사용하는 탐상기와 탐촉자를 조합해서 전원 스위치를 켜고 나서 최소 몇 분이 지난 후 행하도록 규정하고 있는가?

① 5 ② 10
③ 20 ④ 30

해설

초음파탐상기의 조정은 실제 탐상기와 탐촉자를 세팅한 후 5분 후 시험할 수 있도록 한다.

41 건축용 강판 및 평강의 초음파탐상시험에서 따른 등급분류와 판정기준(KS D 0040)에서 불합격된 강판을 용접보수를 할 때, 최대로 허용할 수 있는 내부결함 제거 부분의 깊이는?

① 공칭 판두께의 20% 이내
② 공칭 판두께의 25% 이내
③ 공칭 판두께의 30% 이내
④ 공칭 판두께의 35% 이내

해설

건축용 강판 및 평강의 초음파 탐상에서 최대로 허용할 수 있는 내부 결함 제거 부분의 깊이는 공칭 판두께의 25% 이내이다.

42 알루미늄의 맞대기용접부의 초음파경사각탐상시험방법(KS B 0897)에 규정된 시험편 중 대비시험편인 것은?

① STB-A1 ② STB-A3
③ STB-A31 ④ RB-A4 AL

해설

RB-A4 AL : 탐촉자의 굴절각 측정, 거리-진폭특성 곡선의 작성 및 탐상감도측정에 사용되는 대비시험편이다.

43 물과 얼음의 평형 상태에서 자유도는 얼마인가?

① 0 ② 1
③ 2 ④ 3

해설

자유도 F = 2+C-P로 C는 구성물질의 성분 수(물 = 1개), P는 어떤 상태에서 존재하는 상의 수(고체, 액체)로 2가 된다.
즉, F = 2+1-2 = 1로 자유도는 1이다.

44 초정(Primary Crystal)이란 무엇인가?

① 냉각 시 가장 늦게 석출하는 고용체를 말한다.
② 공정반응에서 공정반응 전에 정출한 결정을 말한다.
③ 고체 상태에서 2가지 고용체가 동시에 석출하는 결정을 말한다.
④ 용액 상태에서 2가지 고용체가 동시에 정출하는 결정을 말한다.

해설

초정이란 공정반응에서 공정반응 전 정출한 결정을 말한다. 즉, 초기에 형성되는 조직 결정을 의미한다.

정답 40 ① 41 ② 42 ④ 43 ② 44 ②

45 다음 중 베어링용 합금이 갖추어야 할 조건 중 틀린 것은?

① 마찰계수가 클 것
② 충분한 점성과 인성이 있을 것
③ 내식성 및 내소착성이 좋을 것
④ 하중에 견딜 수 있는 경도와 내압력을 가질 것

해설

베어링 합금
- 화이트 메탈, Cu-Pb 합금, Sn 청동, Al 합금, 주철, Cd 합금, 소결 합금
- 경도와 인성, 항압력이 필요
- 하중에 잘 견디고 마찰계수가 작아야 함
- 비열 및 열전도율이 크고 주조성과 내식성 우수
- 소착(Seizing)에 대한 저항력이 커야 함

46 주철에서 Si가 첨가될 때, Si의 증가에 따른 상태도의 변화로 옳은 것은?

① 공정 온도가 내려간다.
② 공석 온도가 내려간다.
③ 공정점은 고탄소측으로 이동한다.
④ 오스테나이트에 대한 탄소 용해도가 감소한다.

해설

주철에 Si가 많을수록 비중과 용융 온도는 저하하며, 흑연화가 진행되어 시멘타이트가 적어진다.

47 마그네슘(Mg)의 성질을 설명한 것 중 틀린 것은?

① 용융점은 약 650℃ 정도이다.
② Cu, Al보다 열전도율은 낮으나 절삭성은 좋다.
③ 알칼리에는 부식되나 산이나 염류에는 침식되지 않는다.
④ 실용 금속 중 가장 가벼운 금속으로 비중이 약 1.74 정도이다.

해설

마그네슘의 성질
- 비중 1.74, 용융점, 650℃, 조밀육방격자형
- 전기 전도율은 Cu, Al보다 낮음
- 알칼리에는 내식성이 우수하나 산이나 염수에 침식이 진행
- O_2에 대한 친화력이 커 공기 중 가열, 용해 시 폭발이 발생

48 다음 중 면심입방격자의 원자수로 옳은 것은?

① 2　　② 4
③ 6　　④ 12

해설

면심입방격자(Face Centered Cubic) : Ag, Al, Au, Ca, Ir, Ni, Pb, Ce, Pt
- 배위수 : 12
- 원자 충진율 : 74%
- 단위격자 속 원자수 : 4
- 전기 전도도가 크며 전연성이 크다.

49 순철을 상온에서부터 가열하여 온도를 올릴 때 결정구조의 변화로 옳은 것은?

① BCC → FCC → HCP
② HCP → BCC → FCC
③ FCC → BCC → FCC
④ BCC → FCC → BCC

해설

- A_1상태 : 723℃ 철의 공석 온도(BCC)
- A_3변태 : 910℃ 철의 동소변태(FCC)
- A_4변태 : 1,400℃ 철의 동소변태(BCC)

45 ① 46 ④ 47 ③ 48 ② 49 ④ 정답

50 금속을 냉간 가공하면 결정입자가 미세화되어 재료가 단단해지는 현상은?

① 가공경화 ② 전해경화
③ 고용경화 ④ 탈탄경화

해설
변형강화 : 가공경화라고도 하며, 변형이 증가(가공이 증가)할수록 금속의 전위 밀도가 높아지며 강화된다.

51 열팽창 계수가 상온 부근에서 매우 작아 길이의 변화가 거의 없어 측정용 표준자, 바이메탈 재료 등에 사용되는 Ni-Fe합금은?

① 인 바 ② 인코넬
③ 두랄루민 ④ 코슨합금

해설
불변강 : 인바(36% Ni 함유), 엘린바(36% Ni-12% Cr 함유), 플래티나이트(42~46% Ni 함유), 코엘린바(Cr-Co-Ni 함유)로 탄성 계수가 작고, 공기나 물속에서 부식되지 않는 특징이 있어, 정밀 계기 재료, 차, 스프링 등에 사용된다.

52 공랭식 실린더 헤드(Cylinder Head) 및 피스톤 등에 사용되는 Y 합금의 성분은?

① Al - Cu - Ni - Mg
② Al - Si - Na - Pb
③ Al - Cu - Pb - Co
④ Al - Mg - Fe - Cr

해설
- Al-Cu-Ni-Mg : Y합금, 석출 경화용 합금
- 용도 : 실린더, 피스톤, 실린더 헤드 등

53 다음의 자성재료 중 연질 자성재료에 해당되는 것은?

① 알니코 ② 네오디뮴
③ 샌더스트 ④ 페라이트

해설
자성재료
- 경질 자성재료 : 알니코, 페라이트, 희토류계, 네오디뮴, Fe-Cr-Co계 반경질 자석, Nd 자석 등
- 연질 자성재료 : Si강판, 퍼멀로이, 샌더스트, 알펌, 퍼멘듈, 수퍼멘듈 등

54 Sn - Sb - Cu의 합금으로 주석계 화이트 메탈이라고 하는 것은?

① 인코넬 ② 콘스탄탄
③ 배빗메탈 ④ 알클래드

해설
베어링 합금은 화이트 메탈, Cu-Pb 합금, Sn청동, Al 합금, 주철, Cd합금, 소결 합금 등이 있으며, 배빗메탈의 합금 조성은 Sn-Sb-Cu이다.

55 라우탈(Lautal) 합금의 특징을 설명한 것 중 틀린 것은?

① 시효경화성이 있는 합금이다.
② 규소를 첨가하여 주조성을 개선한 합금이다.
③ 주조 균열이 크므로 사형 주물에 적합하다.
④ 구리를 첨가하여 절삭성을 좋게 한 합금이다.

해설
Al-Cu-Si : 라우탈, 주조성 및 절삭성이 좋음

정답 50 ① 51 ① 52 ① 53 ③ 54 ③ 55 ③

56 전기전도도와 열전도도가 가장 우수한 금속으로 옳은 것은?

① Au ② Pb

③ Ag ④ Pt

해설

전기전도율 : Ag > Cu > Au > Al > Mg > Zn > Ni > Fe > Fe > Pb > Sb

57 용융금속이 응고할 때 작은 결정을 만드는 핵이 생기고, 이 핵을 중심으로 금속이 나뭇가지 모양으로 발달하는 것은?

① 입상정 ② 수지상정

③ 주상정 ④ 등축정

해설

수지상 결정 : 생성된 핵을 중심으로 나뭇가지 모양으로 발달하여, 계속 성장하며 결정 입계를 형성

58 아크전류가 150A, 아크전압은 25V, 용접속도가 15cm/min인 경우 용접의 단위길이 1cm당 발생하는 용접입열은 약 몇 Joule/cm인가?

① 15,000 ② 20,000

③ 25,000 ④ 30,000

해설

용접입열 $H = \frac{60EI}{V}$(J/cm)로 구할 수 있으며, E = 아크전압(V), I = 아크전류(A), V는 용접속도(cm/min)이다.

즉, $H = \frac{60 \times 25V \times 150A}{15cm/min} = 15,000J/cm$가 된다.

59 연강용 피복 아크 용접봉 중 수소함유량이 다른 용접봉에 비해 적고 기계적 성질 및 내균열성이 우수한 용접봉은?

① 저수소계 ② 고산화타이타늄계

③ 라임티타니아계 ④ 고셀룰로스계

해설

피복용접봉의 종류

- 내균열성이 뛰어난 순서 : 저수소계[E4316] → 일루미나이트계[E4301] → 타이타늄계[E4313]
- E : 피복 아크 용접봉, 43 : 용착 금속의 최소 인장강도, 16 : 피복제 계통
- 전자세 가능 용접봉(F, V, O, H) : 일루미나이트계[E4301], 라임티타니아계[E4303], 고셀룰로스계[E4311], 고산화타이타늄계[E4313], 저수소계[E4316] 등

60 팁 끝이 모재에 닿아 순간적으로 팁 끝이 막히거나 팁의 과열, 사용 가스의 압력이 부적당할 때 팁 속에서 폭발음이 나며 불꽃이 꺼졌다가 다시 나타나는 현상은?

① 역 류 ② 역 화

③ 인 화 ④ 취 화

해설

역류 및 역화

- 역류 : 토치 내부가 막혀 고압 산소가 배출되지 못하면서 아세틸렌 가스가 호스쪽으로 흐르는 현상
- 역화 : 용접 시 모재에 팁 끝이 닿으면서 불꽃이 흡입되어 꺼졌다 켜졌다를 반복하는 현상

정답 56 ③ 57 ② 58 ① 59 ① 60 ②

2017년 제1회 과년도 기출복원문제

※ 2017년부터는 CBT(컴퓨터 기반 시험)로 진행되어 수험자의 기억에 의해 문제를 복원하였습니다. 실제 시행문제와 일부 상이할 수 있음을 알려드립니다.

01 비파괴검사의 목적이라 할 수 없는 것은?

① 제품의 신뢰성 향상
② 안전관리
③ 출하 가격의 인하
④ 사용 기간의 연장

해설
비파괴시험은 제품의 신뢰성 향상 및 사용 전이나 사용 중의 안전관리를 위한 것으로 이를 통해 사용 기간을 늘릴 수 있는데 목적이 있다.

02 육안검사에 대한 설명 중 틀린 것은?

① 표면 검사만 가능하다.
② 검사의 속도가 빠르다.
③ 사용 중에도 검사가 가능하다.
④ 분해능이 좋고 가변적이지 않다.

해설
육안검사(VT)는 광학적 성질을 이용한 시험으로 표면 검사에 국한되며, 검사의 속도가 빠르고 사용 중에 검사도 가능하다.

03 비파괴검사법 중 반드시 시험 대상물의 앞면과 뒷면 모두 접근 가능하여야 적용할 수 있는 것은?

① 방사선투과시험
② 초음파탐상시험
③ 자분탐상시험
④ 침투탐상시험

해설
방사선투과시험
X선, γ선 등 투과성을 가진 전자파로 대상물에 투과시킨 후 결함의 존재 유무를 시험체 뒷면의 필름 등의 이미지(필름의 명암도의 차)로 판단하는 비파괴검사 방법이다.

04 위상배열을 이용한 초음파탐상 검사법은?

① PAUT ② IRIS
③ TOPD ④ EMAT

해설
PAUT(Phased Array Ultrasonic Testing)
위상배열 초음파검사를 말하는 것으로 여러 진폭을 갖는 초음파를 물체에 투과시켜 2차원 영상을 실시간으로 제공하는 검사 기법이다.

05 초음파탐상검사에 의한 가동 중 검사에서 검출 대상이 아닌 것은?

① 부식피로균열 ② 응력부식균열
③ 기계적 손상 ④ 슬래그 개재물

해설
슬래그 개재물은 작업이 완료된 후 검출이 가능하다.

정답 1 ③ 2 ④ 3 ① 4 ① 5 ④

06 자분탐상검사의 자화방법 분류에서 다른 한가지는?

① 축통전법　② 프로드법
③ 코일법　④ 직각통전법

해설
코일법은 선형자화이며, 원형자화로는 축통전법, 프로드법, 중앙전도체법, 직각통전법, 전류통전법이 있다.

07 시험체를 가압하거나 감압하여 일정한 시간이 경과한 후 압력의 변화를 계측해서 누설을 검지하는 비파괴 시험법은?

① 방치법에 의한 누설시험법
② 암모니아 누설시험법
③ 기포 누설시험법
④ 헬륨 누설시험법

해설
방치법에 의한 누설시험방법은 시험체를 가압 또는 감압하여 일정 시간 후 압력의 변화 유무에 따른 누설 여부를 검출하는 것이다.

08 다음 중 표층부에 나타난 정적인 결함의 정보를 얻기 위한 비파괴검사법이 아닌 것은?

① 침투탐상검사
② 자분탐상검사
③ 와전류탐상검사
④ 음향방출검사

해설
음향방출시험
재료의 결함에 응력이 가해졌을 때 음향을 발생시키고 불연속 펄스를 방출하게 되는데 이러한 미소 음향방출 신호들을 검출·분석하는 시험으로 내부 동적 거동을 평가한다.

09 와전류탐상시험 중 불필요한 잡음을 제거하는 방법으로 가장 적절한 것은?

① 위상변환기를 사용한다.
② 탐상코일의 여기전압을 낮춘다.
③ 전기적 여과기(Filter)를 사용한다.
④ 임피던스가 높은 탐상코일을 사용한다.

해설
전기적 여과기(Filter)는 결함신호와 잡음의 주파수 차이를 이용해 잡음을 억제하고 S/N비를 향상시킨다.

10 방사선작업 종사자가 착용하는 개인피폭 선량계에 속하지 않는 것은?

① 서베이미터
② 필름배지
③ 포켓도시미터
④ 열형광 선량계

해설
서베이미터는 공간 방사선량률(단위시간당 조사선량)을 측정하는 기기이며, 가스를 채워 넣은 원통형의 튜브에 사용한다.

6 ③ 7 ① 8 ④ 9 ③ 10 ① **정답**

11 자분탐상시험을 적용할 수 없는 것은?

① 강 재질의 표면결함 탐상

② 비금속 표면결함 탐상

③ 강 용접부 흠의 탐상

④ 강구조물 용접부의 표면 터짐 탐상

해설

자분탐상시험은 강자성체에만 탐상이 가능하다. 따라서 비금속은 자화가 되지 않아 탐상할 수 없다.

12 방사선투과시험이 곤란한 납과 같이 비중이 높은 재료의 내부결함에 가장 적합한 검사법은?

① 적외선시험(IRT)

② 음향방출시험(AET)

③ 와전류탐상시험(ET)

④ 중성자투과시험(NRT)

해설

내부 탐상 검사에는 초음파탐상, 방사선탐상, 중성자투과 등이 있으나 비중이 높은 재료에는 중성자투과시험이 사용된다.

13 두께방향 결함(수직 크랙)의 경우 결함검출확률과 크기의 정량화에 관한 가장 우수한 검사법은?

① 침투탐상검사

② 스트레인 측정검사

③ 초음파탐상검사

④ 와전류탐상검사

해설

두께 방향 결함의 경우 내부의 결함이며, 결함 검출 확률과 크기의 측정에 있어서 가장 정확한 탐상은 초음파탐상검사이다.

14 초음파에 대한 설명으로 옳은 것은?

① 340m/s 이하의 속도를 가진 음파

② 공기 중에 사람이 들을 수 있는 음파

③ 사람이 들을 수 없을 만큼 큰 파장을 가진 음파

④ 사람이 들을 수 없을 만큼 높은 진동수를 가진 음파

해설

초음파란 물질 내의 원자 또는 분자의 진동으로 발생하는 탄성파로 20kHz~1GHz 정도의 주파수를 발생시키는 영역대의 음파이며, 사람이 들을 수 없을 만큼 높은 진동수를 가진 음파이다.

15 초음파탐상시험에서 시험할 물체의 음속을 알 필요가 있는 경우와 거리가 먼 것은?

① 물질에서 굴절각을 계산하기 위하여

② 물질에서 결함의 종류를 알기 위하여

③ 물질의 음향임피던스를 측정하기 위하여

④ 물질에서 지시의 깊이를 측정하기 위하여

해설

초음파는 재질의 음속에 의해 거리를 측정하게 되며, 음파의 굴절과 반사(스넬의 법칙), 음향임피던스(재질의 밀도 × 음속), 결함 혹은 저면파의 깊이를 측정할 수 있게 된다.

정답 11 ② 12 ④ 13 ③ 14 ④ 15 ②

16 **압연한 판재의 라미네이션(Lamination) 검사에 가장 적합한 초음파탐상시험방법은?**

① 수직법
② 판파법
③ 경사각법
④ 표면파법

해설
초음파탐상 시 라미네이션 검출에는 수직법이 가장 적합하다.

17 **수정결정으로 된 진동자의 지향각 크기는 무엇에 따라 변하는가?**

① 시험방법
② 펄스의 길이
③ 주파수와 진동자의 크기
④ 탐촉자와 결정체의 밀착도

해설
수정 탐촉자의 지름이 크고 주파수가 높을수록 지향각은 작아진다.

18 **탐촉자의 표시 방법 중 보통 주파수 대역을 가지고, 5MHz의 압전소자일반진동자를 사용하며, 직경 10mm의 직접접촉용 사각 탐촉자를 나타내는 것은?**

① 5Q20N
② B5Z10N
③ N5M10A
④ N5M10S

해설
- 보통 주파수 대역 : N
- 압전소자일반 진동자 : M
- 직경 10mm의 직접접촉용 사각 탐촉자 : A

19 **초음파탐상검사로 용접부를 검사할 때 일반적으로 주파수가 높을수록 결함 크기를 측정하는 정확도는 어떻게 되는가?**

① 높아진다.
② 낮아진다.
③ 변화없이 일정하다.
④ 주파수와 결함 크기는 측정과 무관하다.

해설
결함 검출 능력을 높이는데 주파수가 높은 것이 좋다.

20 **분할형 수직 탐촉자를 이용한 초음파탐상시험의 특징에 관한 설명으로 틀린 것은?**

① 펄스반사식 두께 측정에 이용된다.
② 송수신의 초점은 시험체 표면에서 일정거리에 설정된다.
③ 시험체 표면에서 가까운 거리에 있는 결함의 검출에 적합하다.
④ 시험체 내의 초음파 진행 방향과 평행한 방향으로 존재하는 결함 검출에 적합하다.

해설
분할형 수직 탐촉자는 송신과 수신부가 한 탐촉자에 있는 것으로 교축점(송수신진동자 중심축의 교점)에서의 에코높이는 최대가 되고 이곳을 벗어나면 에코높이가 급격히 저하한다. 따라서 근거리 결함의 검출이나 두께 측정에 사용된다. 시험체 내에서는 초음파의 진행방향과 수직한 방향으로 존재하는 결함 검출에 적합하다.

16 ① 17 ③ 18 ③ 19 ① 20 ④ 정답

21 **초음파탐상검사에서 황산리튬으로 만든 탐촉자를 사용하는 장점은?**

① 온도가 700℃ 만큼 높아져도 잘 견딜 수 있다.
② 초음파 에너지의 가장 효율적인 발생장치이다.
③ 불용성이며 수명이 길다.
④ 초음파 에너지의 가장 효율적인 수신장치이다.

해설
황산리튬 진동자는 수신 특성 및 분해능이 우수하며, 수용성으로 수침법에는 사용이 곤란하다.

22 **초음파탐상시험에서 접촉 매질이 갖추어야 할 요건과 거리가 먼 것은?**

① 부식성, 유독성이 없어야 한다.
② 적용할 면에 대하여 균질해야 한다.
③ 쉽게 적용하고 제거하기가 쉬워야 한다.
④ 탐촉자 내부로 쉽게 흡수될 수 있어야 한다.

해설
초음파의 진행 특성상 공기층이 있을 경우 음파 진행이 어려워 접촉 매질이라는 액체를 사용하게 된다. 이러한 접촉 매질은 무독성이어야 하며, 균질한 성질을 가지며, 제거하기 쉬워야 한다.

23 **초음파탐상시험 시 펄스와 펄스 사이의 간격을 변화시키는 조정부는?**

① 증폭기
② 시간축 간격 조절기
③ 시간축 이동 조절기
④ 리젝션 조절기

해설
② 시간축 간격 조절기(Sweep Length Control) : 펄스와 펄스 사이의 간격을 변화시키는 조절기
③ 시간축 이동 조절기(Sweep Delay Control) : 펄스와 펄스 사이의 간격은 고정한 뒤 화면 전체를 좌우로 이동시키는 조절기
④ 리젝션 조절기 : 전기적 잡음 신호를 제거하는데 사용되는 조절기

24 **압전 소자 중 니오브산 리튬 소자의 특징으로 옳지 않은 것은?**

① 고주파수 탐촉자의 제작에 유리
② 고온에서 압전성의 유지가 가능
③ 변환 효율이 높음
④ 분해능이 좋지 않음

해설
변환 효율이 높은 소자는 지르콘타이타늄산 납 진동자이다.

25 **초음파 탐상기의 성능 중 동일 반사원이라도 반사원의 위치에 따라 표시되는 에코 높이가 다르다. 이에 동일 크기의 결함에 대해서 거리에 관계없이 동일한 에코 높이를 갖도록 전기적으로 보상하는 것은?**

① 분해능
② 증폭직선성
③ 거리진폭보상특성
④ 시간축직선성

해설
거리가 증가함에 따라 초음파가 확산에 의해 약해지고 재질에 따른 감쇠를 일으켜 에코가 달라지는 현상을 전기적으로 보상하는 것을 거리진폭보상회로라 한다.

정답 21 ④ 22 ④ 23 ② 24 ③ 25 ③

26 대비시험편 제작 시 유의할 점으로 가장 거리가 먼 것은?

① 시험체와 동등한 초음파 특성을 갖는 재료를 선택한다.
② 탐상목적에 대응하는 표준시험편이 있어도 제작되어 사용한다.
③ 인공결함의 형상 및 치수는 탐상목적으로부터 결정한다.
④ 가공정밀도의 관리는 반사원이 되는 부분에는 정도가 요구된다.

해설
대비시험편은 미세결함의 검출, 특수재료의 탐상 외에 탐상목적에 대응하는 표준시험편이 제정되어 있지 않는 경우에 사용된다.

27 강(Steel)을 통과하는 종파의 속도가 5.85×10^5cm/s, 강의 두께가 1cm일 때, 이 초음파의 기본 공진주파수는 약 얼마인가?

① 2.93×10^5Hz
② 5.85×10^5Hz
③ 11.7×10^5Hz
④ 1.46×10^6Hz

해설
초음파의 공진주파수란 공진을 일어나게 하는 주파수로 공진을 이용한 두께 측정은 $T = \frac{\lambda}{2} = \frac{V}{2f}$, $f = \frac{V}{2T}$가 되므로

$f = \frac{5.85 \times 10^5}{2 \times 1} = 2.93 \times 10^5$ 이 된다.

※ $\lambda = \frac{V}{f}$

28 알루미늄의 맞대기 용접부의 초음파 경사각 탐상 시험방법(KS B 0897)에 의한 시험에서 평가 대상으로 하는 흠 중 에코높이가 가장 높은 것은?

① A종 ② B종
③ C종 ④ D종

해설
에코 높이에 따라 흠을 평가하며 A, B, C 세 종류의 평가 레벨 중 H_{RL}을 기준으로 A평가는 −12dB, B평가는 −18dB, C평가는 −24dB로 측정하므로 A종이 가장 높다.

29 강 용접부의 초음파 탐상시험방법(KS B 0896)에 의한 초음파 탐상시험에서는 영역 구분을 하기 위하여 에코 높이 구분선을 H선, M선 및 L선으로 정한다. L선은 M선에 비해 몇 dB 차이가 있는가?

① 6dB 높다.
② 12dB 높다.
③ 6dB 낮다.
④ 12dB 낮다.

해설
영역 구분의 결정에서 H선을 기준으로 하고 H선보다 6dB 낮은 에코를 M선, 12dB 낮은 에코를 L선으로 결정하므로 M선에 비해 L선은 6dB 낮다.

26 ② 27 ① 28 ① 29 ③ 정답

30 알루미늄의 맞대기 용접부의 초음파 경사각 탐상시험방법(KS B 0897)은 RB-A4 AL의 대비시험편을 사용하여 거리 진폭 특성곡선을 작성하도록 하고 있으며, 기준레벨은 이 시험편의 표준 구멍에서의 에코높이의 레벨에 시험체와 대비시험편의 초음파 특성 차이에 의한 감도 보정량을 더하여 구하도록 하고 있다. 이 경우 에코높이에 따라 흠을 평가하기 위한 평가레벨은 기준레벨에 따라 설정하는데 이에 대한 레벨이 잘못된 것은?

① A평가 레벨 : 기준레벨 −12dB
② B평가 레벨 : 기준레벨 −18dB
③ C평가 레벨 : 기준레벨 −24dB
④ D평가 레벨 : 기준레벨 −30dB

해설
에코 높이에 따라 흠을 평가하며 A, B, C 3종류의 평가 레벨 중 H_{RL}을 기준으로 A평가는 −12dB, B평가는 −18dB, C평가는 −24dB로 측정하며, D평가 레벨은 없다.

31 압력용기용 강판의 초음파탐상 검사방법(KS D 0233)에서 2진동자 수직 탐촉자의 거리진폭 특성을 조사하는 시험편은 무엇을 사용하는가?

① RB-E ② RB-N
③ RB-D ④ RB-A

해설
압력용기용 강판의 초음파탐상 검사 시 대비시험편은 2진동자 수직 탐촉자용 대비시험편인 RB-E를 사용한다.

32 압력용기용 강판의 초음파탐상 검사방법(KS D 0233)에서 강판의 두께가 30mm일 때, 어떤 공칭 주파수(MHz)를 사용하여야 하는가?

① 5MHz ② 2MHz
③ 10MHz ④ 4MHz

해설
강판의 두께가 20 초과 40 이하일 경우 STB-N1 50%의 탐상감도로 공칭 주파수 5MHz, 진동자의 유효지름 20mm를 사용한다.

33 알루미늄의 맞대기용접부의 초음파경사각탐상시험방법(KS B 0897)에 의한 RB-A4 AL(No.1)의 시험편의 두께는 12.5mm이고, 1탐촉자법을 이용한 굴절각 측정 시 70.8°가 측정되었다. 탐촉자의 입사점과 표준 구멍과의 시험편 표면거리는 얼마인가?(단, 표준구멍은 시험편 두께의 1/2에 위치)

① 12mm ② 18mm
③ 23mm ④ 27mm

해설
KS B 0897에서 1탐촉자의 굴절각 측정에는 $\theta = \tan^{-1}\left(\frac{y}{d}\right)$로 시험편의 두께가 12.5mm이며 표준구멍은 시험편 두께의 1/2에 위치하므로 d는 6.25가 되며, θ는 70.8°이므로, $70.8 = \tan^{-1}\left(\frac{y}{6.25}\right)$로 18mm가 된다.

34 강 용접부의 초음파탐상 시험방법(KS B 0896)에 따른 A2형계 표준시험편을 사용하여 에코 높이 구분선을 작성할 때 사용하는 표준 구멍은?

① $\phi 1 \times 1$mm ② $\phi 2 \times 2$mm
③ $\phi 3 \times 3$mm ④ $\phi 4 \times 4$mm

해설
에코 높이 구분선 작성 : A2 STB 사용 시 $\phi 4 \times 4$mm의 표준 구멍을 사용하고, RB-4의 경우 RB-4의 표준 구멍을 사용하여 최대 에코의 위치를 플롯하고 각 점을 이어 구분선으로 한다.

정답 30 ④ 31 ① 32 ① 33 ② 34 ④

35 초음파탐상장치의 성능측정 방법(KS B 0534)에 따라 수직탐상할 경우 사용되는 근거리 분해능 측정용 시험편은?

① RB-RA형
② RB-RB형
③ RB-RC형
④ STB-A형

해설
수직탐상의 근거리 분해능 측정에는 RB-RC형 대비시험편을 사용하고 접촉 매질과 탐촉자는 실제 탐상에 사용하는 것으로 사용한다.

36 알루미늄의 맞대기 용접부의 초음파경사각탐상 시험방법(KS B 0897)에서 측정 범위 250mm 이하인 경우의 경사각 탐촉자 입사점 측정에 사용하는 시험편은?

① STB-A1
② STB-A3
③ STB-A4
④ STB-A4 AL

해설
측정 범위 250mm 이하인 경우의 경사각 탐촉자 입사점 측정에 사용하는 시험편은 STB-A3 또는 STB-A31이다.

37 강 용접부의 초음파탐상 시험방법(KS B 0896)에서 A2 표준시험편으로 탐상장치의 감도보정을 할 때 판 표면에서 초음파가 진행하여 반대면에서 나오는 배면반사가 전스케일의 몇 %가 되도록 투과펄스의 높이를 조절하여야 하는가?

① 10%
② 25%
③ 50%
④ 80%

해설
배면반사가 50%가 되도록 조정하여 준다.

38 압력용기용 강판의 초음파탐상 검사방법(KS D 0233)에서 2진동자 수직탐촉자에 의한 결함 분류 시 결함의 정도가 가벼움을 나타내는 표시 기호는?

① ×
② ○
③ △
④ □

해설
가벼움의 표시 기호는 ○이며, 중간 △, 큼 ×를 사용한다.

39 강 용접부의 초음파탐상 시험방법(KS B 0896)에 따라 모재 두께 15mm인 맞대기 용접부를 탐상한 결과 흠의 최대 에코 높이가 제 Ⅳ영역에 해당하고, 흠의 길이는 10mm인 것으로 측정되었다. 이 흠의 분류는?

① 1류
② 2류
③ 3류
④ 4류

해설
흠 에코 높이의 영역과 흠의 지시 길이에 따른 흠의 분류에 따라 Ⅳ영역에서 두께 15mm이고, 9mm를 넘으므로 4류에 속한다.

35 ③ 36 ② 37 ③ 38 ② 39 ④ 정답

40 알루미늄의 맞대기용접부의 초음파경사각탐상 시험방법(KS B 0897)에 따라 모재 두께가 24mm인 용접부를 시험한 결과 흠의 구분이 A종일 때, 흠의 지시 길이는 4mm가 검출되었다. 흠의 분류는?

① 2류 ② 1류
③ 3류 ④ 4류

해설

알루미늄 맞대기 용접부의 초음파경사각 탐상시험방법(KS B 0897)에서의 흠의 분류

모재의 두께(t)		5 이상 20 이하			20 초과 80 이하			80을 초과하는 것		
분류 \ 구분		A종	B종	C종	A종	B종	C종	A종	B종	C종
흠의 분류	1류	–	5 이하	6 이하	$\frac{t}{8}$ 이하	$\frac{t}{4}$ 이하	$\frac{t}{3}$ 이하	10 이하	20 이하	26 이하
	2류	–	6 이하	10 이하	$\frac{t}{6}$ 이하	$\frac{t}{3}$ 이하	$\frac{t}{2}$ 이하	13 이하	26 이하	40 이하
	3류	5 이하	10 이하	20 이하	$\frac{t}{4}$ 이하	$\frac{t}{2}$ 이하	t 이하	20 이하	40 이하	80 이하
	4류	3류를 넘는 것								

※ t : 맞대는 모재의 두께가 다른 경우 얇은 쪽의 두께로 함

41 압력용기용 강판의 초음파탐상 검사방법(KS D 0233)에 따른 비교시험편을 제작할 때 각 홈에 대한 설명으로 틀린 것은?

① 너비는 1.5mm 이하로 한다.
② 각도는 60°로 한다.
③ 길이는 진동차 공칭 치수의 2배 이상으로 한다.
④ 깊이의 허용차는 ±15% 또는 ±0.05mm 중 큰 것으로 한다.

해설

각 홈에서 각도는 90°로 한다.

42 알루미늄의 맞대기 용접부의 초음파 경사각 탐상 시험 방법(KS B 0897)에서 1탐촉자법의 탐상면 및 주사 범위의 설명으로 올바른 것은?

① 모재의 두께가 40mm 이하인 경우, 양쪽 면에서 직사법 및 1회 반사법에 의해 탐상한다.
② 모재 두께가 40mm를 넘고 80mm 이하인 경우, 양면 양쪽에서 직사법에 의해 탐상한다.
③ 모재 두께가 40mm를 넘고 80mm 이하인 경우, 용접부 모양에 따라 양쪽면 1회 반사법을 사용하여도 된다.
④ 모재 두께가 80mm를 넘는 경우 한쪽 양면에서 직사법에 의해 탐상한다.

해설

모재 두께에 따른 탐촉자법의 탐상면 및 주사 범위

- 모재의 두께가 40mm 이하인 경우, 한쪽 면에서 직사법 및 1회 반사법에 의해 탐상한다.
- 모재의 두께가 40mm를 넘고 80mm 이하인 경우, 양면 양쪽에서 직사법에 의해 탐상한다. 다만, 용접부의 모양 등에 따라, 특히 1회 반사법에 의해 탐상이 필요한 경우는 대상으로 하는 흠의 존재가 예상되는 위치에 초음파가 충분히 전반하는 것을 확인한 후에 한쪽면 양쪽에서 직사법 및 1회 반사법에 의해 탐상하여도 좋다.
- 모재의 두께가 80mm를 넘는 경우, 양면 양쪽에서 직사법에 의해 탐상한다.

43 다음중 반도체 재료로 사용되고 있는 것은?

① Fe ② Si
③ Sn ④ Zn

해설

반도체란 도체와 부도체의 중간 정도의 성질을 가진 물질로 반도체 재료로는 인, 비소, 안티몬, 실리콘, 게르마늄, 붕소, 인듐 등이 있지만 실리콘을 주로 사용하는 이유는 고순도 제조가 가능하고 사용한계 온도가 상대적으로 높으며, 고온에서 안정한 산화막(SiO_2)을 형성하기 때문이다.

정답 40 ① 41 ② 42 ② 43 ②

44 금속을 가열하거나 용융금속을 냉각하면 원자배열이 변화하면서 상 변화가 생긴다. 이와 같이 구성 원자의 존재 형태가 변하는 것을 무엇이라 하나?

① 변 태　　② 자 화
③ 평 형　　④ 인 장

해설

금속의 변태
- 상 변태 : 한 결정 구조에서 다른 결정 구조로 바뀌는 것
- 동소 변태 : 같은 물질이 다른 상으로 결정 구조의 변화를 가져오는 것
- 자기 변태 : 원자 배열의 변화 없이 자성만 변화하는 변태

45 다음 중 비정질 합금에 대한 설명으로 틀린 것은?

① 균질한 재료이고 결정이방성이 없다.
② 강도는 높고 연성도 크나 가공경화는 일으키지 않는다.
③ 제조법에는 단롤법, 쌍롤법, 원심 급랭법 등이 있다.
④ 액체 급랭법에서 비정질재료를 용이하게 얻기 위해서는 합금에 함유된 이종원소의 원자반경이 같아야 한다.

해설

비정질 합금
- 금속이 용해 후 고속 급랭시켜 원자가 규칙적으로 배열되지 못하고 액체 상태로 응고되어 금속이 되는 것
- 제조법으로는 기체 급랭(진공 증착, 스퍼터링, 화학 증착, 이온 도금), 액체 급랭(단롤법, 쌍롤법, 원심법, 스프레이법, 분무법), 금속 이온(전해 코팅법, 무전해 코팅법)이 있으며, 합금에 함유된 이종원소의 원자반경과는 상관없음

46 다이아몬드 첨단으로 연마된 시료의 표면을 긁어서 그 홈의 모양에 의해 경도를 정량적으로 측정하는 시험법은?

① 비커스 경도 시험법
② 쇼어 경도 시험법
③ 로크웰 경도 시험법
④ 긁힘 경도 시험법

해설

긁힘 경도계
- 마이어 경도 시험 : 꼭지각 90°인 다이아몬드 원추로 시편을 긁어 평균 압력을 이용하여 측정
- 모스 경도 시험 : 시편과 표준 광물을 서로 긁어 표준 광물의 경도수에서 추정
- 마텐스 경도 시험 : 꼭지각 90°인 다이아몬드 원추로 시편을 긁어 0.1mm의 흠을 내는데 필요한 하중의 무게를 그램(g)으로 표시하는 측정법

47 Fe-C계 평형상태도에서 A_{cm} 선이란?

① α 고용체의 용해도선이다.
② δ 고용체의 정출완료선이다.
③ γ 고용체로부터 Fe_3C의 석출 개시선이다.
④ 펄라이트(Pearlite)의 석출선이다.

해설

A_{cm} 선이란 γ고용체로부터 Fe_3C의 석출 개시선을 의미한다.

44 ① 45 ④ 46 ④ 47 ③ 정답

48 탄소강에 함유된 원소 중 저온 메짐을 일으키는 것은?

① Mn ② S
③ Si ④ P

해설
- 상온 메짐(저온 메짐) : P가 다량 함유한 강에서 발생하며 Fe_3P로 결정입자가 조대화되며, 경도와 강도는 높아지나 연신율이 감소하는 메짐으로 특히 상온에서 충격값이 감소된다. 저온 메짐의 경우 겨울철 기온과 비슷한 온도에서 메짐 파괴가 일어난다.
- 청열 메짐 : 냉간가공 영역 안의 210~360℃ 부근에서 기계적 성질인 인장강도는 높아지나 연신이 갑자기 감소하는 현상이다.
- 적열 메짐 : 황이 많이 함유되어 있는 강이 고온(950℃ 부근)에서 이며 메짐(강도는 증가, 연신율은 감소)이 나타나는 현상이다.
- 백열 메짐 : 1,100℃ 부근에서 일어나는 메짐으로 황이 주 원인이며 결정입계의 황화철이 융해하기 시작하는데 따라서 발생한다.

49 6 : 4황동으로 상온에서 $\alpha+\beta$ 조직을 갖는 재료는?

① 알드리 ② 알클래드
③ 문쯔메탈 ④ 플래티나이트

해설
구리와 그 합금의 종류
- 톰백(5~20% Zn의 황동) : 모조금, 판 및 선
- 7 : 3황동(카트리지황동) : 가공용 황동의 대표적인 것
- 6 : 4황동(문쯔메탈) : 판, 로드, 기계부품
- 납황동 : 납을 첨가하여 절삭성 향상
- 주석황동(Tin Brass)
  - 애드미럴티 황동 : 7 : 3황동에 Sn 1% 첨가, 전연성 좋음
  - 네이벌 황동 : 6 : 4황동에 Sn 1% 첨가
  - 알루미늄황동 : 7 : 3황동에 2% Al 첨가

50 알루미늄 합금인 실루민의 주성분으로 옳은 것은?

① Al-Mn ② Al-Cu
③ Al-Mg ④ Al-Si

해설
합금의 종류(암기법)
- Al-Cu-Si : 라우탈(알구시라)
- Al-Ni-Mg-Si-Cu : 로엑스(알니마시구로)
- Al-Cu-Mn-Mg : 두랄루민(알구망마두)
- Al-Cu-Ni-Mg : Y-합금(알구니마와이)
- Al-Si-Na : 실루민(알시나실)
- Al-Mg : 하이드로날륨(알마하 내식 우수)

51 다음 중 절삭성을 향상시킨 특수 황동은?

① 납 황동 ② 철 황동
③ 규소 황동 ④ 주석 황동

해설
특수 황동의 종류
- 쾌삭 황동 : 황동에 1.5~3.0% 납을 첨가하여 절삭성이 좋은 황동
- 델타 메탈 : 6 : 4 황동에 Fe 1~2% 첨가한 강. 강도, 내산성 우수, 선박, 화학기계용에 사용
- 주석 황동 : 황동에 Sn 1% 첨가한 강, 탈아연부식 방지에 사용
- 애드미럴티 황동 : 7 : 3 황동에 Sn 1% 첨가한 강, 전연성 우수, 판, 관, 증발기 등에 사용
- 네이벌 황동 : 6 : 4 황동에 Sn 1% 첨가한 강, 판, 봉, 파이프 등에 사용
- 니켈 황동 : Ni-Zn-Cu 첨가한 강, 양백이라고도 함, 전기 저항체에 주로 사용

정답 48 ④ 49 ③ 50 ④ 51 ①

52 다음 중 스텔라이트(Stellite)에 대한 설명으로 틀린 것은?

① 열처리하지 않아도 충분한 경도를 갖는다.
② 주조한 상태 그대로 연삭하여 사용하는 비철합금이다.
③ 주요 성분은 40~55% Fe, 25~33% W, 10~20% Cr, 2~5% C, 5% Co이다.
④ 600℃ 이상에서는 고속도강보다 단단하며, 단조가 불가능하고, 충격에 의해서 쉽게 파손된다.

해설

스텔라이트의 특징
- 경질 주조 합금 공구 재료로 주조한 상태 그대로 연삭하여 사용하는 비철 합금
- Co-Cr-W-C로 구성되며 단조 가공이 안 되어 금형 주조에 의해 제작
- 600℃ 이상에서는 고속도강보다 단단하여, 절삭 능력이 고속도강의 1.5~2.0배 큼
- 취성이 있어 충격에 의해 쉽게 파괴가 일어남

53 내식성이 우수하고 오스테나이트 조직을 얻을 수 있는 강은?

① 3% Cr 스테인리스강
② 35% Cr 스테인리스강
③ 18% Cr – 8% Ni 스테인리스강
④ 석출 경화형 스테인리스강

해설

스테인리스강의 대표적인 종류인 18-8 스테인리스강은 오스테나이트 조직을 가지고 있다.

54 다음 비철금속 중 구리가 포함되어 있는 합금이 아닌 것은?

① 황 동　② 톰 백
③ 청 동　④ 하이드로날륨

해설

④ 하이드로날륨(Al-Mg)
① 황동(Cu + Zn)
② 톰백(Cu + 5~20% Zn)
③ 청동(Cu + Sn)

55 매크로(Macro) 조직에 대한 설명 중 틀린 것은?

① 육안으로 관찰한 조직을 말한다.
② 10배 이내의 확대경을 사용한다.
③ 마이크로(μm)단위 이하의 아주 미세한 결정을 관찰한 것이다.
④ 조직의 분포상태, 모양, 크기 또는 편석의 유무로 내부 결함을 판정한다.

해설

매크로 조직 검사
- 재료를 직접 육안으로 관찰하거나 저배율(10배 이하)의 확대경을 사용하여 재료의 결함 및 품질 상태를 판단하는 검사
- 염산 수용액을 사용하여 75~80℃에서 적당 시간 부식 후 알칼리 용액으로 중화시켜 건조 후 조직을 검사하는 방법

정답 52 ③ 53 ③ 54 ④ 55 ③

56 독성이 없어 의약품, 식품 등의 포장형 튜브 제조에 많이 사용되는 금속으로 탈색효과가 우수하며, 비중이 약 7.3인 금속은?

① 주석(Sn) ② 아연(Zn)
③ 망간(Mn) ④ 백금(Pt)

해설
주석(Sn)은 비중 약 7.3으로 독성이 없다.

57 금속 중에 0.01~0.1μm 정도의 산화물 등 미세한 입자를 균일하게 분포시킨 금속복합재료는 고온에서 재료의 어떤 성질을 향상시킨 것인가?

① 내식성 ② 크리프
③ 피로강도 ④ 전기전도도

해설
입자분산강화 금속복합재료는 0.01~0.1μm 정도의 산화물 등 미세한 입자를 균일하게 분포시킨 것으로 고온에서 크리프 성질이 우수하다.

58 다음 중 슬립(Slip)에 대한 설명으로 틀린 것은?

① 원자 밀도가 가장 큰 격자면에서 잘 일어난다.
② 원자 밀도가 최대인 방향으로 잘 일어난다.
③ 슬립이 계속 진행하면 결정은 점점 단단해져서 변형이 쉬워진다.
④ 다결정에서는 외력이 가해질 때 슬립방향이 서로 달라 간섭을 일으킨다.

해설
슬립면이란 원자 밀도가 가장 큰 면이고 슬립 방향은 원자 밀도가 최대인 방향이다. 슬립이 계속 진행되면 점점 단단해져 변형이 어려워진다.

59 부하전류가 증가하면 단자 전압이 저하하는 특성으로서 피복아크 용접 등 수동용접에서 사용하는 전원특성은?

① 정전압특성 ② 수하특성
③ 부하특성 ④ 상승특성

해설
수하특성 : 아크를 안정시키기 위한 특성으로 부하 전류가 증가 시 단자 전압은 강하하는 특성

60 다음 중 가스 용접에서 사용되는 지연성 가스는?

① 아세틸렌(C_2H_2)
② 수소(H_2)
③ 메탄(CH_4)
④ 산소(O_2)

해설
- 가연성 가스 : 공기와 혼합하여 연소하는 가스를 말하며, 아세틸렌, 수소, 메탄, 프로판 등이 있다.
- 지연성 가스 : 타 물질의 연소를 돕는 가스로 산소, 오존, 공기, 이산화질소 등이 있다.
- 불연성 가스 : 자기 자신은 물론 다른 물질도 연소시키지 않는 것을 말하며 질소, 헬륨, 네온, 크립톤 등이 있다.

정답 56 ① 57 ② 58 ③ 59 ② 60 ④

2017년 제2회 과년도 기출복원문제

01 두께 100mm인 강판 용접부에 대한 내부균열의 위치와 깊이를 검출하는데 가장 적합한 비파괴검사법은?

① 방사선투과시험 ② 초음파탐상시험
③ 자분탐상시험 ④ 침투탐상시험

해설
내부균열탐상의 종류에는 방사선탐상과 초음파탐상이 있으며, 방사선 탐상의 경우 투과에 한계가 있어 너무 두꺼운 시험체는 검사가 불가하므로 초음파탐상시험이 가장 적합하다.

02 시험체의 표면이 열려 있는 결함의 검출에 가장 적합한 비파괴검사법은?

① 침투탐상시험 ② 초음파탐상시험
③ 방사선투과시험 ④ 중성자투과시험

해설
표면결함 검출에는 침투탐상, 자기탐상, 육안검사 등이 있으며, 초음파, 방사선, 중성자의 경우 내부결함 검출에 사용된다.

03 방사선이 물질과의 상호작용에 영향을 미치는 것과 거리가 먼 것은?

① 반사 작용 ② 전리 작용
③ 형광 작용 ④ 사진 작용

해설
방사선의 상호 작용
- 전리 작용 : 전리 방사선이 물질을 통과할 때 궤도에 있는 전자를 이탈시켜 양이온과 음이온으로 분리되는 것
- 형광 작용 : 물체에 방사선을 조사하였을 때 고유한 파장의 빛을 내는 것
- 사진 작용 : 방사선을 사진필름에 투과시킨 후 현상하면 명암도의 차이가 나는 것

04 와전류 탐상 시험 결과에서 의사 지시의 원인으로 옳지 않은 것은?

① 자기 포화 부족에 의한 의사 지시
② 외부 도체 물질의 영향
③ 재질의 균질 현상
④ 잡음에 의한 원인

해설
의사 지시의 원인으로는 자기 포화 부족에 의한 의사 지시, 잔류응력, 재질 불균질, 외부 도체 물질의 영향, 잡음, 지지판, 관 끝단부가 있다.

05 강자성체의 자기적 성질을 나타내는 자화곡선에서 자력의 힘을 증가시켜도 자장의 강도가 증가하지 않는 상태를 무엇이라 하는가?

① 포화상태 ② 투자상태
③ 잔류자장상태 ④ 자화상태

해설
완전히 탈자된 시편의 원점으로부터 자력의 힘이 증가하면 강도가 자력의 힘이 증가한 만큼 증가한다. 이때 자력의 힘을 증가시켜도 자장의 강도가 증가하지 않는 상태를 자기적 포화상태라고 하고 이 점을 포화점이라 한다.

1 ② 2 ① 3 ① 4 ③ 5 ① 정답

06 자분탐상검사로 크랭크 시프트를 검사할 때 가장 적절한 자화방법은?

① 극간법과 프로드법
② 전류관통법과 자속관통법
③ 축통전법과 코일법
④ 직각토전법과 극간법

해설

크랭크 샤프트는 축방향의 재질을 검사할 시 자화방법별 특성 중 축통전법과 코일법이 적당하다.

자화방법	그 림	특 징	기호
축통전법	코일, 시험체, 축(Head)	직접 전류를 축방향으로 흘려 원형 자화를 형성	EA
코일법	유효자장거리, 최대 6~9인치, 최대 6~9인치, 2차로 검사해야 할 부분, 전류, 시험체	코일 속에 시험체를 통과시켜 선형자화를 형성	C

07 시험체의 내부와 외부 즉, 계와 주위의 압력차가 생길 때 주위의 압력은 대기압으로 두고, 계에 압력을 가압하거나 감압하여 결함을 탐상하는 비파괴 검사법은?

① 누설시험 ② 침투탐상시험
③ 초음파탐상시험 ④ 와전류탐상시험

해설

방치법에 의한 누설시험 방법은 시험체를 가압 또는 감압하여 일정 시간 후 압력의 변화 유무에 따른 누설 여부를 검출하는 것이다.

08 방사선투과시험의 X선 발생장치에서 관전류는 무엇에 의하여 조정되는가?

① 표적에 사용된 재질
② 양극과 음극 사이의 거리
③ 필라멘트를 통하는 전류
④ X선 관구에 가해진 전압과 파형

해설

X선의 양은 관전류로 조정하며, 텅스텐 필라멘트의 온도로 조정 가능하다. 이 온도는 전류(mA)가 높아질수록 높아지며, 전자구름이 형성된 타깃에 충돌하는 전자수가 증가하게 된다.

09 시험체에 관통된 결함의 확인을 위한 각종 비파괴 검사 방법의 설명으로 틀린 것은?

① 타진법을 응용해서 결함 부분을 두드린다.
② 진공 상자를 이용하여 흡입된 압력차를 알아본다.
③ 시험체 전면에 침투제를 적용하고, 반대면에는 현상제를 적용한다.
④ 시험체 내부를 밀봉하고, 가압하여 시험체 외부에 비눗물을 적용한다.

해설

비파괴 검사의 종류에는 육안, 침투, 자기, 초음파, 방사선, 와전류, 누설, 음향방출, 스트레인측정 등이 있다.

10 다음 누설검사 방법 중 누설 위치를 검출하기 위해 적용하기 어려운 것은?

① 암모니아 누설검사
② 기포누설시험 – 가압법
③ 기포누설시험 – 진공상자법
④ 헬륨질량분석법 – 진공후드법

해설

헬륨질량분석법은 내・외부의 압력 차에 의한 누설량을 측정하는 시험으로 누설 위치를 찾는 데에는 적당하지 않다.

정답 6 ③ 7 ① 8 ③ 9 ① 10 ④

11 **방사선투과시험에 사용되는 X선의 성질에 대한 설명으로 틀린 것은?**

① X선은 빛의 속도와 거의 같다.
② X선은 공기 중에서 굴절된다.
③ X선은 전리 방사선이다.
④ X선은 물질을 투과하는 성질을 가지고 있다.

해설
X선은 고속으로 움직이는 전자가 표적에 충돌하여 나오는 에너지의 일부가 전자파로 방출하는 것으로 물질을 투과하는 성질을 가진다.

12 **초음파탐상검사에 대한 설명으로 틀린 것은?**

① 펄스반사법을 많이 이용한다.
② 내부조직에 따른 영향이 작다.
③ 불감대가 존재한다.
④ 미세균열에 대한 감도가 높다.

해설
초음파 탐상의 장단점
- 장 점
  - 감도가 높아 미세 균열 검출이 가능
  - 투과력이 좋아 두꺼운 시험체의 검사 가능
  - 불연속(균열)의 크기와 위치를 정확히 검출 가능
  - 시험 결과가 즉시 나타나 자동검사가 가능
  - 시험체의 한쪽 면에서만 검사 가능
- 단 점
  - 시험체의 형상이 복잡하거나, 곡면, 표면 거칠기에 영향을 많이 받음
  - 시험체의 내부 구조(입자, 기공, 불연속 다수 분포)에 따라 영향을 많이 받음
  - 불연속 검출의 한계가 있음
  - 시험체에 적용되는 접촉 및 주사 방법에 따른 영향이 있음
  - 불감대가 존재(근거리 음장에 대한 분해능이 떨어짐)

13 **응력을 반복 적용할 때 2차 응력의 크기가 1차 응력보다 작으면 음향 방출이 되지 않는 현상은?**

① 광전도 효과(Photo Conduct Effect)
② 로드 셀 효과(Load Cell Effect)
③ 펠리시티 효과(Felicity Effect)
④ 카이저 효과(Kaiser Effect)

해설
카이저 효과란 재료에 하중을 걸어 음향방출을 발생시킨 후, 하중을 제거했다가 다시 걸어도 초기 하중의 응력 지점에 도달하기까지 음향방출이 발생되지 않는 비가역적 성질이다.

14 **비파괴검사의 신뢰도를 향상시킬 수 있는 내용을 설명한 것으로 틀린 것은?**

① 비파괴검사를 수행하는 기술자의 기량을 향상시켜 검사의 신뢰도를 높일 수 있다.
② 제품 또는 부품에 적합한 비파괴검사법의 선정을 통해 검사의 신뢰도를 향상시킬 수 있다.
③ 제품 또는 부품에 적합한 평가기준의 선정 및 적용으로 검사의 신뢰도를 향상시킬 수 있다.
④ 검출 가능한 모든 지시 및 불연속을 제거함으로써 검사의 신뢰도를 향상시킬 수 있다.

해설
검출 가능한 모든 지시 및 불연속을 제거하는 것은 신뢰도 향상과 무관하다.

11 ② 12 ② 13 ④ 14 ④ 정답

15 **초음파 경사각 탐상시험에서 접근한계길이란?**

① 탐촉자가 검사체에 가까이 갈 수 있는 한계거리
② 탐촉자의 입사점으로부터 밑면의 선단까지의 거리
③ 탐촉자와 STB-A1 시험편이 접근할 수 있는 한계거리
④ 탐촉자와 SBT-A2 시험편이 접근할 수 있는 한계거리

해설
접근 한계길이란 탐촉자의 입사점에서 탐촉자 밑면 선단까지의 거리를 의미하며 용접부 탐상 시 탐상면 위에서 접근할 수 있는 한계 거리를 의미한다.

16 **초음파 진동자에서 초음파의 발생효과는 무엇인가?**

① 진동효과 ② 압전효과
③ 충돌효과 ④ 회절효과

해설
압전효과란 기계적인 에너지를 가하면 전압이 발생하고, 전압을 가하면 기계적인 변형이 발생하는 현상으로, 어떤 소재에 힘을 가하였을 경우 표면에 전압이 발생하고, 반대로 전압을 걸어주면 소자가 이동하거나 힘이 발생하는 현상을 말한다.

17 **초음파탐상시험에 의해 결합높이를 측정할 때 결함의 길이를 측정하는 방법은?**

① 표면파로 변환하여 측정한다.
② 최대결함 에코의 높이로부터 최대에코 높이까지 측정한다.
③ 횡파, 종파의 모드를 변환하여 측정한다.
④ 6dB Drop법에 따라 측정한다.

해설
6dB Drop법 : 결함 에코가 최대가 되는 지점에서 50% 떨어지는 지점(-6dB 지점)까지 측정하는 방법

18 **초음파탐상시험에서 펄스반사법에 의한 경사각탐상 시 탐상기의 탐상면과 저면이 평행으로 되어 있지 않은 경우에 대한 설명으로 가장 적절한 것은?**

① 탐상 시 투과력을 감소시킨다.
② 스크린 상에 저면 반사파가 나타나지 않을 수 있다.
③ 재질 내에 존재하는 다공의 상태를 잘 지시해 준다.
④ 입사면과 평행으로 놓인 결함의 위치를 탐상하기가 어렵게 된다.

해설
펄스반사법은 초음파 빔을 송신 후 수신으로 이루어지므로, 저면이 평행하지 않을 경우 산란, 굴절 등의 영향으로 인해 수신이 이루어지지 않을 수 있다.

19 **직접 접촉에 의한 경사각 입사 시 나타나는 현상 중 초음파탐상에 필요한 것은?**

① 분 산 ② 산 란
③ 회 절 ④ 파의 전환

해설
음파는 매질 내에서 진행되고, 파형이 달라지며, 연속적이지 않은 지점에서 파형 변환이 일어난다. 경사각 입사 시 종파가 입사하게 되지만 매질 내에서는 종파 및 횡파가 존재할 수 있게 된다.

정답 15 ② 16 ② 17 ④ 18 ② 19 ④

20 초음파 주사 방법 중 동일평면에서 초음파빔을 부채꼴 형으로 이동시키는 주사방법을 무엇이라 하는가?

① 선상주사
② 목돌림주사
③ 진자주사
④ 섹터주사

해설
탐촉자가 용접선과 수직으로 이동하는 주사방법은 전후주사이며, 용접선과 평행인 주사방법은 좌우주사, 용접선과 경사를 이루는 주사방법은 목돌림, 진자주사이며, 부채꼴 형으로 이동시키는 주사방법을 섹터주사법이라 한다.

21 초음파탐상시험 시 대역폭(Band Width)을 감소시키면?

① 탐상장치의 감도가 증가된다.
② 탐상장치의 감도가 감소된다.
③ 대역폭과 감도와는 관련이 없다.
④ 주파수가 낮아진다.

해설
대역폭이 감소되면 탐상장치의 감도가 증가된다.

22 두 매질의 접촉면에서 동일파의 입사각과 반사각의 크기를 비교할 때 그 관계를 옳게 설명한 것은?

① 반사각은 항상 입사각의 1/2 정도이다.
② 반사각은 항상 입사각의 2배 정도이다.
③ 반사각은 입사각의 루트2배 정도이다.
④ 반사각과 입사각은 동일하다.

해설
두 매질의 접촉면에서 반사각과 입사각은 동일하다.

23 초음파탐상 감쇠계수(Attenuation Coefficient)의 단위는?

① dB/sec ② dB/c
③ dB/cm ④ dB/m^2

해설
감쇠계수란 단위 길이당 음의 감쇠를 의미하며 단위는 dB/cm이다. 감쇠계수는 주파수에 비례하여 증가한다.

24 초음파 탐상시험 중 펄스반사법에 의한 직접접촉법에 해당되지 않는 것은?

① 수침법 ② 표면파법
③ 수직법 ④ 경사각법

해설
수침법은 시험체와 탐촉자를 물속에 넣어 초음파를 발생시켜 검사하는 방법이다.

20 ④ 21 ① 22 ④ 23 ③ 24 ① 정답

25 경사각탐상에서 "탐촉자로부터 나온 초음파빔의 중심축이 저면에서 반사하는 점 또는 탐상표면에 도달하는 점"이란 무엇을 의미하는가?

① 스킵점 ② 교축점
③ 입사점 ④ 퀴리점

해설

① 스킵점 : 탐촉자로부터 나온 초음파빔의 중심축이 저면에서 반사하는 점 또는 탐상표면에 도달하는 점
② 교축점 : 2진동자 탐촉자를 사용하거나 탠덤탐상으로 탐상할 경우 초음파 빔의 중심축이 만나는 점
③ 입사점 : 경사각 탐촉자에서의 초음파 빔이 탐상면에 입사하는 점

26 초음파탐상시험시 감쇠기(Attenuator)는 언제 사용하는가?

① 검사범위를 결정할 때 사용한다.
② 탐상감도를 증가시키기 위하여 사용한다.
③ 펄스 반복비를 결정하기 위하여 사용한다.
④ 에코의 높이를 대비높이와 비교할 때 사용한다.

해설

감쇠기는 에코의 높이를 대비 높이와 비교할 때 사용한다.

27 초음파 탐상결과에 대한 표시방법 중 초음파의 진행시간과 반사량을 화면의 가로와 세로축에 표시하는 방법은?

① A-scan ② B-scan
③ C-scan ④ D-scan

해설

A-scan 혹은 A-scope법이라고 하며 가로축은 전파시간을 거리로 나타내고, 세로축은 에코의 높이(크기)를 나타내는 방법으로 에코 높이, 위치, 파형의 세 가지 정보를 알 수 있다.

28 강 용접부의 초음파탐상 시험방법(KS B 0896)에서 수직탐상의 경우 측정범위의 조정은 A1형 표준시험편 등을 사용하여 몇 % 정밀도로 실시하도록 규정하는가?

① ±1% ② ±3%
③ ±5% ④ ±10%

해설

수직탐상의 경우 STB-A1 혹은 STB-A3를 이용하며 ±1%의 정밀도로 실시하도록 한다.

29 건축용 강판 및 평강의 초음파탐상시험에 따른 등급분류와 판정 기준(KS D 0040)에서 수직탐촉자를 사용한 경우 홈 에코 높이가 $50\% < F_1 \leq 100\%(B_1 \geq 100\%)$인 경우)일 때 결함의 분류(표시기호)는?

① ◇ ② △
③ × ④ ○

해설

수직 탐촉자를 사용한 경우 홈 또는 밑면의 에코 높이가 $50\% < F_1 \leq 100\%(B_1 \geq 100\%)$인 경우 △의 분류를 사용하며, $F_1 > 100\%(B_1 \geq 100\%)$인 경우 ×로 분류한다.

정답 25 ① 26 ④ 27 ① 28 ① 29 ②

30 타이타늄관의 초음파탐상 검사 방법(KS D 0075)에서 탐상 방식과 공칭 주파수로 올바른 것은?

① 펄스반복법, 2~5MHz
② 펄스반복법, 4~10MHz
③ 수침법, 2~5MHz
④ 수침법, 4~10MHz

해설
타이타늄관의 초음파탐상 검사 방법에서 탐상 방식은 수침법이며, 공칭 주파수는 4~10MHz로 한다.

31 알루미늄의 맞대기용접부의 초음파경사각탐상시험방법(KS B 0897)에 따른 탐촉자의 선정이 틀린 것은?

① 1탐촉자법에 사용하는 경사각 탐촉자의 굴절각은 전반의 대상 결함 모두에 45°인 탐촉자를 쓴다.
② 1탐촉자법에 사용하는 경사각 탐촉자의 빔노정이 50mm 이하인 경우 진동자 치수는 5×5mm를 쓴다.
③ 탠덤탐상법에 사용하는 경사각 탐촉자는 결함의 깊이가 25mm 이하인 경우 5M[10×10]A70AL을 쓴다.
④ 탠덤탐상법에 사용하는 경사각 탐촉자는 결함의 깊이가 25mm를 초과하는 경우 5M[10×10]A45AL을 쓴다.

해설
1탐촉자법에 사용하는 경사각 탐촉자의 굴절각은 전반적으로 70°를 사용하며, 뒷면의 용입 불량 결함에 대해서는 45°를 사용한다.

32 금속재료의 펄스반사법에 따른 초음파탐상시험방법 통칙(KS B 0817)에 따라 탐상도형을 표시할 때 부대 기호 중 다중 반사의 기호 표시 방법으로 옳은 것은?(단, 동일한 반사원으로부터의 에코를 구별할 필요가 있는 경우이다)

① 기본 기호의 왼쪽 위에 1, 2, … n의 기호를 붙인다.
② 기본 기호의 왼쪽 위에 a, b, c, …의 기호를 붙인다.
③ 기본 기호의 오른쪽 아래에 1, 2, … n의 기호를 붙인다.
④ 기본 기호의 오른쪽 아래에 a, b, c, …의 기호를 붙인다.

해설
부대 기호 표시 방법으로 식별 부호는 F_a로 시작하여 a, b, c …로 구분되며, 다중 반사의 기호에는 B_1으로 시작해 1, 2, … n으로 구분된다.

33 강관의 초음파 탐상검사(KS D 0250)에서 인공 흠의 종류, 모양 및 치수에서 인공 홈의 종류로는 각홈, V홈 또는 드릴구멍으로 하는데, 각 흠의 모양 및 치수로 틀린 것은?

① 너비는 1.5mm 이하로 한다.
② 길이는 진동자 공칭 치수의 2배 이상 50.8mm 이하로 한다.
③ 깊이의 허용값은 ±15%, 또는 ±0.05mm 중 큰 것을 기준으로 한다.
④ 구멍의 지름 허용값은 ±0.2mm로 한다.

해설
구멍을 사용하는 것은 드릴구멍 인공 흠이다.

30 ④ 31 ① 32 ③ 33 ④ 정답

34 초음파 탐상장치의 성능측정방법(KS B 0534)에서 수직탐상의 감도 여유값을 측정하기 위한 사용 기재가 아닌 것은?

① 경사각 탐촉자
② STB-G V15-5.6 시험편
③ 수직 탐촉자(비집속인 것)
④ 머신유를 접촉매질로 사용

해설
수직 탐상의 감도 여유값 측정에는 신호권으로 STB-G V15-5.6 표준 시험편이 사용되며, 접촉 매질은 머신유를 사용하고, 탐촉자는 비집속인 수직 탐촉자를 사용하여 측정한다.

35 초음파 탐상 시험용 표준시험편(KS B 0831)에서 SNCM439의 재료를 사용하며, 퀜칭 템퍼링(850℃ 1시간 유랭, 650℃ 2시간 공랭)을 하여 제작하는 표준 시험편의 종류는?

① N1형 STB　② A1형 STB
③ G형 STB　④ A3형 STB

해설
G형 STB는 SUJ2, SNCM439를 사용하며, SUJ2는 구상화 어닐링을 통해, SNCM439는 퀜칭 템퍼링을 통해 열처리하여 제작된다. 이때 초음파의 전파 특성에 이상을 일으키는 잔류 응력이 없어야 한다.

36 강 용접부의 초음파 탐상시험방법(KS B 0896)에서 규정하고 있는 탠덤탐상의 적용 판두께 범위로 옳은 것은?

① 10mm 이상　② 12mm 이상
③ 15mm 이상　④ 20mm 이상

해설
탠덤탐상은 탐상면에 수직인 결함의 깊이를 측정하는 데 유리하며, 한쪽 면에 송・수신용 2개의 탐촉자를 배치하여 주사하는 방법으로 판두께 20~40mm까지 70° 탐촉자를 사용하며 그 이상의 경우에는 45°로 한다.

37 강 용접부의 초음파 탐상시험방법(KS B 0896)에서 규정하고 있는 장치의 조정 중 시간축의 조정 및 원점의 수정은 A1형 표준시험편 또는 A3형 표준시험편을 사용하여 어느 정도의 정밀도를 요구하고 있는가?

① ±0.5%　② ±1%
③ ±1.5%　④ ±2%

해설
탐상기에 필요한 성능 중 시간축 조정은 ±1%의 범위에서 한다.

38 강 용접부의 초음파탐상시험 방법(KS B 0896)에서 경사각 탐촉자에 필요한 성능 중 불감대의 값은?

① 5MHz, 진동자 공칭 치수 10×10mm일 때 15mm 이하
② 5MHz, 진동자 공칭 치수 14×14mm일 때 10mm 이하
③ 2MHz, 진동자 공칭 치수 10×10mm일 때 20mm 이하
④ 2MHz, 진동자 공칭 치수 20×20mm일 때 25mm 이하

해설
경사각 탐촉자의 불감대는 다음과 같으며, 탠덤탐상에 사용하는 탐촉자의 불감대는 특별히 규정하지 않는다.

공칭 주파수 (MHz)	진동자의 공칭 치수 (mm)	불감대 (mm)
2	10 × 10	25
	14 × 14	25
	20 × 20	15
5	10 × 10	15
	14 × 14	15

정답 34 ① 35 ③ 36 ④ 37 ② 38 ①

39 강 용접부의 초음파탐상시험 방법(KS B 0896)에서 수직 탐촉자에 필요한 성능 중 원거리 분해능의 값은?

① 2MHz일 때 9mm 이하
② 2MHz일 때 6mm 이하
③ 5MHz일 때 9mm 이하
④ 5MHz일 때 기준 없음

해설
수직 탐촉자의 원거리 분해능은 2MHz일 때 9mm 이하, 5MHz일 때 6mm 이하로 한다.

40 강 용접부의 초음파 탐상시험방법(KS B 0896)에 의한 경사각탐상에서 입사점의 측정방법으로 옳은 것은?

① A1형 표준시험편을 사용하고, 0.5mm 단위로 읽는다.
② A2형 표준시험편을 사용하고, 0.5mm 단위로 읽는다.
③ A2형 표준시험편을 사용하고, 1mm 단위로 읽는다.
④ A3형 표준시험편을 사용하고, 1mm 단위로 읽는다.

해설
STB-A1형, STB-A3형은 경사각 탐촉자의 입사점, 굴절각, 측정범위의 조정, 탐상 감도 조정에 사용되며, 입사점은 1mm 단위로 읽는다.

41 강 용접부의 초음파 탐상시험방법(KS B 0896)에 따라 모재의 판 두께가 25mm이고, 음향 이방성을 가지는 용접부의 경사각 탐상에 사용할 수 있는 탐촉자의 공칭 주파수는?

① 1MHz ② 2MHz
③ 2.5MHz ④ 5MHz

해설
판 두께 60mm 이하인 경우 공칭 주파수 5MHz, 이상인 경우 2MHz를 사용한다.

42 알루미늄 맞대기 용접부의 초음파경사각탐상 시험방법(KS B 0897)에 따라 흠의 지시길이를 측정하고자 할 때 올바른 주사 방법은?

① 최대 에코를 나타내는 위치에 탐촉자를 놓고 좌우주사를 한다.
② 최대 에코를 나타내는 위치에 탐촉자를 놓고 목진동 주사를 한다.
③ 최소 에코를 나타내는 위치에 탐촉자를 놓고 전후주사만을 한다.
④ 최소 에코를 나타내는 위치에 탐촉자를 놓고 원둘레 주사를 한다.

해설
흠의 지시길이 측정 시에는 최대 에코를 나타내는 위치에서 좌우주사를 하며, 측정은 1mm 단위로 한다.

43 소성가공에 대한 설명 중 맞는 것은?

① 재결정 온도 이하로 가공하는 것을 냉간가공이라고 한다.
② 열간가공은 기계적 성질이 개선되고 표면산화가 안 된다.
③ 재결정이란 결정을 단결정으로 만드는 것이다.
④ 금속의 재결정 온도는 모두 동일하다.

해설
재결정 온도 이하로 가공하는 것을 냉간가공, 이상에서 가공하는 것을 열간가공이라 한다.

39 ① 40 ④ 41 ④ 42 ① 43 ① 정답

44 다음 중 금속의 물리적 성질에 해당되지 않는 것은?

① 비 중 ② 비 열
③ 열전도율 ④ 피로한도

해설
금속의 물리적 성질에는 비중, 용융점, 전기전도율, 자성, 열전도율, 비열 등이 있으며, 피로한도는 기계적 성질에 해당한다.

45 주물용 Al–Cu계 합금의 인공시효 온도는 약 몇 ℃인가?

① 300~350℃ ② 200~250℃
③ 100~150℃ ④ 50~100℃

해설
주물용 Al–Cu계 합금의 인공시효 온도는 200~250℃에서 실시한다.

46 주위의 온도 변화에 따라 선팽창 계수나 탄성률 등의 특정한 성질이 변하지 않는 불변강이 아닌 것은?

① 엘린바 ② 인 바
③ 스텔라이트 ④ 초엘린바

해설
- 불변강은 탄성계수가 매우 낮은 금속으로 인바, 엘린바, 초엘린바 등이 있다.
- 스텔라이트는 경질 주조 합금 공구로 Co–Cr–W–C가 주성분이다.

47 탄소강에서 규소(Si)의 영향을 설명한 것 중 옳은 것은?

① 연신율과 충격값을 감소시킨다.
② 결정입자를 미세화한다.
③ 용접성을 증가시킨다.
④ 소량을 높게 하여 냉간가공성이 좋아진다.

해설
탄소강에 규소를 첨가하면 경도 및 인장강도, 탄성한계를 높이며 연신율, 충격값을 감소시키며, 유동성, 주조성이 좋아진다.

48 퀴리점(Curie Point)이란?

① 동소변태가 일어나는 온도
② 입방격자가 변하는 온도
③ 결정격자가 변하는 온도
④ 자기변태가 일어나는 온도

해설
퀴리점이란 자기변태가 일어나는 온도이다.

정답 44 ④ 45 ② 46 ③ 47 ① 48 ④

49 침탄용 강(Steel)이 구비해야 할 조건 중 틀린 것은?

① 표면에 결점이 없어야 한다.
② 고온에서 장시간 가열하여도 결정입자가 성장하지 않는 강이어야 한다.
③ 고탄소강이어야 한다.
④ 저탄소강이어야 한다.

해설
침탄용 강은 고탄소강이면 탄소가 침입할 공간이 없어지므로 저탄소강을 사용하여야 한다.

50 다음 중 반도체 제조용으로 사용되는 금속으로 옳은 것은?

① W, Co ② B, Mn
③ Fe, P ④ Si, Ge

해설
반도체란 도체와 부도체의 중간 정도의 성질을 가진 물질로 반도체 재료로는 인, 비소, 안티몬, 실리콘, 게르마늄, 붕소, 인듐 등이 있다.

51 금속격자 결함 중 면결함에 해당되는 것은?

① 공 공 ② 전 위
③ 적층결함 ④ 프렌켈결함

해설
금속결함 종류
- 점결함 : 공공, 침입형 원자, 프렌켈결함 등
- 선결함 : 칼날전위, 나선전위, 혼합전위
- 면결함 : 적층결함, 쌍정, 상계면 등
- 체적결함 : 수축공, 균열, 개재물 등

52 0.6% 탄소강의 723℃ 선상에서 초석 α의 양은 약 얼마인가?(단, α의 C고용 한도는 0.025%이며 공석점은 0.8%이다)

① 15.8% ② 25.8%
③ 55.8% ④ 74.8%

해설
Fe–C 상태도의 조직 양을 구할 때에는 지렛대의 원리를 사용하며 다음과 같이 계산한다.
우선 공석점인 0.8을 기준으로 가로를 그어 0.6%일 때의 초석 페라이트 양을 구하는 것이므로
(0.8 − 0.025) : 100 = (0.8 − 0.6) : x와 같이 대입하면,
$x = \frac{100 \times 0.2}{0.775}$가 되므로 값은 25.8%가 된다.

49 ③ 50 ④ 51 ③ 52 ② 정답

53 기체 급랭법의 일종으로 금속을 기체 상태로 한 후에 급랭하는 방법으로 제조되는 합금으로서 대표적인 방법은 진공 증착법이나 스퍼터링법 등이 있다. 이러한 방법으로 제조되는 합금은?

① 제진 합금
② 초전도 합금
③ 비정질 합금
④ 형상기억 합금

해설
비정질 합금 : 금속을 용해 후 고속 급랭시켜 원자가 규칙적으로 배열되지 못하고 액체 상태로 응고되어 금속이 되는 것

54 담금질(Quenching)하여 경화된 강에 적당한 인성을 부여하기 위한 열처리는?

① 뜨임(Tempering)
② 풀림(Annealing)
③ 노멀라이징(Normalizing)
④ 심랭처리(Sub-zero Treatment)

해설
- 불림(Normalizing) : 결정 조직의 물리적, 기계적 성질의 표준화 및 균질화 및 잔류응력 제거
- 풀림(Annealing) : 금속의 연화 혹은 응력 제거를 위한 열처리
- 뜨임(Tempering) : 담금질에 의한 잔류 응력 제거 및 인성 부여
- 담금질(Quenching) : 금속을 급랭함으로써, 원자 배열의 시간을 막아 강도, 경도를 높임

55 시험편에 압입 자국을 남기지 않거나 시험편이 큰 경우 재료를 파괴시키지 않고 경도를 측정하는 경도기는?

① 쇼어 경도기 ② 로크웰 경도기
③ 브리넬 경도기 ④ 비커스 경도기

해설
압입에 의한 방법으로 브리넬, 로크웰, 비커스, 마이크로 비커스 경도 시험이 있으며 쇼어는 반발을 이용한 시험법이다.
② 로크웰 경도는 스케일에 따라 다르지만 다이아몬드의 경우 120°의 압입자를 사용한다.
③ 브리넬 경도는 강구를 주로 사용한다.
④ 비커스 경도는 136°의 다이아몬드 압입자를 사용한다.

56 금속의 응고에 대한 설명으로 틀린 것은?

① 과랭의 정도는 냉각속도가 낮을수록 커지며 결정립은 미세해진다.
② 액체 금속은 응고가 시작되면 응고잠열을 방출한다.
③ 금속의 응고 시 응고점보다 낮은 온도가 되어서 응고가 시작되는 현상을 과랭이라고 한다.
④ 용융금속이 응고할 때 먼저 작은 결정을 만드는 핵이 생기고, 이 핵을 중심으로 수지상정이 발달한다.

해설
① 과랭의 정도는 냉각속도가 빠를수록 커지며, 결정립은 미세해진다.
금속의 응고 : 액체 금속이 온도가 내려가 응고점에 도달해 응고가 시작하여 원자가 결정을 구성하는 위치에 배열되는 것을 의미하며, 응고 시 응고 잠열을 방출하게 된다. 과랭은 응고점보다 낮은 온도가 되어 응고가 시작하는 것을 의미하며, 결정 입자의 미세도는 결정핵 생성 속도와 연관이 있다.

정답 53 ③ 54 ① 55 ① 56 ①

57 다음 중 청동과 황동에 대한 설명으로 틀린 것은?

① 청동은 구리와 주석의 합금이다.
② 황동은 구리와 아연의 합금이다.
③ 포금은 8~12% 주석을 함유한 청동으로 포신재료 등에 사용되었다.
④ 톰백은 구리에 5~20%의 아연을 함유한 황동으로, 강도는 높으나 전연성이 없다.

해설

암기법 : 톰백은 모조금과 비슷한 색을 내는 것으로 구리에 5~20%의 아연이 함유되어 전연성이 높은 재료이다. 청동의 경우 ㉦이 들어간 것으로 Sn(주석), ㉦을 연관시키고, 황동의 경우 ㉻이 들어가 있으므로 Zn(아연), ㉧을 연관시켜 암기하도록 한다.

58 부하전류가 증가하면 단자 전압이 저하하는 특성으로서 피복아크 용접 등 수동용접에서 사용하는 전원특성은?

① 정전압특성
② 수하특성
③ 부하특성
④ 상승특성

해설

수하특성 : 아크를 안정시키기 위한 특성으로 부하 전류가 증가 시 단자 전압은 강하하는 특성

59 전체 용접길이를 짧은 용접길이로 나누어서 간격을 두고 다음과 같이 용접하는 방법을 무엇이라 하는가?

1 → 4 → 2 → 5 → 3 →

① 전진법
② 후퇴법
③ 대칭법
④ 스킵법

해설

해당 용접법을 스킵법이라 한다.

60 다음 중 가연성 가스가 아닌 것은?

① 아세틸렌
② 산 소
③ 메 탄
④ 수 소

해설

- 가연성 가스 : 공기와 혼합하여 연소하는 가스를 말하며, 아세틸렌, 수소, 메탄, 프로판 등이 있다.
- 지연성 가스 : 타 물질의 연소를 돕는 가스로 산소, 오존, 공기, 이산화질소 등이 있다.
- 불연성 가스 : 자기 자신은 물론 다른 물질도 연소시키지 않는 것을 말하며 질소, 헬륨, 네온, 크립톤 등이 있다.

57 ④ 58 ② 59 ④ 60 ② 정답

2018년 제 1 회 과년도 기출복원문제

01 방사선투과시험에 사용되는 X선의 성질에 대한 설명으로 틀린 것은?

① X선은 빛의 속도와 거의 같다.
② X선은 공기 중에서 굴절된다.
③ X선은 전리방사선이다.
④ X선은 물질을 투과하는 성질을 가지고 있다.

해설
X선은 고속으로 움직이는 전자가 표적에 충돌하여 나오는 에너지의 일부가 전자파로 방출되는 것으로 물질을 투과하는 성질을 가진다.

02 침투탐상시험의 현상제에 대한 설명으로 틀린 것은?

① 건식현상제는 흡수성이 있는 백색 분말이다.
② 습식현상제는 건식현상제와 물의 혼합물이다.
③ 현상제를 두 가지로 분류할 때는 습식현상제와 건식현상제로 구분한다.
④ 현상제는 판독 시 시각적인 차이를 증대시키기 위하여 형광물질을 도포한 것도 있다.

해설
침투탐상시험의 현상제의 분류로는 건식현상법, 습식현상법(수용성, 수현탁성), 속건식현상법, 특수현상법, 무현상법이 있다. 현상제에 형광물질이 도포된다면 형광침투제를 사용하였을 경우, 결함의 식별이 곤란하기 때문에 도포하지 않는다.

03 깊이가 다른 두 결함을 초음파탐상검사로 검출할 때 분해능을 증가시키는 방법으로 가장 적절한 것은?

① 주파수를 감소시킨다.
② 펄스폭을 감소시킨다.
③ 초기 펄스의 높이를 증가시킨다.
④ 직경이 작은 탐촉자를 이용한다.

해설
분해능이란 근접한 2개의 불연속부에서 2개의 펄스를 식별할 수 있는 능력으로, 분해능을 증가시키기 위해 펄스폭을 감소시킨다.

04 초음파탐상기에서 모든 회로의 작동을 조절하는 중요회로를 무엇이라 하는가?

① 표시회로 ② 수신회로
③ 마커회로 ④ 동기작동회로

해설
모든 회로의 작동을 조절하는 회로는 동기작동회로이다.

05 시험체의 표면이 열려 있는 결함의 검출에 가장 적합한 비파괴검사법은?

① 침투탐상시험 ② 초음파탐상시험
③ 방사선투과시험 ④ 중성자투과시험

해설
표면 결함 검출에는 침투탐상, 자기탐상, 육안검사 등이 있으며 초음파, 방사선, 중성자의 경우 내부 결함 검출에 사용된다.

정답 1 ② 2 ④ 3 ② 4 ④ 5 ①

06 초음파탐상시험 시 부식도 측정에 알맞은 시험법은?

① 투과법 ② 판파법
③ 공진법 ④ 펄스에코법

해설
부식도 측정에는 공진법을 사용한다.

07 이상 기체의 압력이 P, 체적이 V, 온도가 T일 때 보일-샤를의 법칙에 대한 공식으로 옳은 것은?

① $\frac{P_1 \times T_1}{V_1} = \frac{P_2 \times T_2}{V_2}$

② $\frac{P_1 \times V_1}{T_1} = \frac{P_2 \times V_2}{T_2}$

③ $\frac{P_1 \times V_1}{T_2} = \frac{P_2 \times V_2}{T_1}$

④ $\frac{P_2 \times T_1}{V_2} = \frac{P_1 \times T_2}{V_1}$

해설
보일-샤를의 법칙
온도와 압력이 동시에 변하는 것으로, 기체의 부피는 절대 압력에 반비례하고 절대 온도에 비례한다.
$\frac{PV}{T}$ = 일정, $\frac{P_1 V_1}{T_1} = \frac{P_2 V_2}{T_2}$

08 시험체를 가압하거나 감압하여 일정한 시간이 경과한 후 압력의 변화를 계측해서 누설을 검지하는 비파괴시험법은?

① 방치법에 의한 누설시험법
② 암모니아 누설시험법
③ 기포 누설시험법
④ 헬륨 누설시험법

해설
방치법에 의한 누설시험방법은 시험체를 가압 또는 감압하여 일정 시간 후 압력의 변화 유무에 따라 누설 여부 검출하는 것이다.

09 자분탐상시험과 와전류탐상시험을 비교한 내용 중 틀린 것은?

① 검사 속도는 일반적으로 자분탐상시험보다는 와전류탐상시험이 빠른 편이다.
② 일반적으로 자동화의 용이성 측면에서 자분탐상시험보다는 와전류탐상시험이 용이하다.
③ 검사할 수 있는 재질로 자분탐상시험은 강자성체, 와전류탐상시험은 전도체이어야 한다.
④ 원리상 자분탐상시험은 전자기유도의 법칙, 와전류탐상시험은 자력선 유도에 의한 법칙이 적용된다.

해설
자분탐상시험은 누설자장에 의하여, 와전류탐상시험은 전자유도 현상에 의한 법칙이 적용된다.

10 다음은 초음파탐상시험의 수직탐상에 대해 기술한 것이다. 올바른 것은?

① 수직탐상의 목적은 결함의 발생원인을 조사하는 것이며 결함의 크기나 치수를 조사할 필요는 없다.
② 결함이 없으면 CRT상에는 저면에코만이 나타난다.
③ 저면에 의한 다중반사 도형으로부터 시험체의 밀도를 알 수 있다.
④ 표면 결함에 의한 다중반사 도형으로부터 시험체 중의 초음파 감쇠의 정도를 알 수 있다.

해설
결함이 없을 때에는 저면에코만 나타난다.

6 ③ 7 ② 8 ① 9 ④ 10 ② 정답

11 육안시험에 사용되는 시력 보조도구가 아닌 것은?

① 거 울　② 확대경
③ 보어스코프　④ 마이크로미터

해설
마이크로미터는 정밀 측정용 기기이다.

12 수세성 형광 침투탐상검사에 대한 설명으로 옳은 것은?

① 유화처리과정이 탐상 감도에 크게 영향을 미친다.
② 얕은 결함에 대하여는 결함 검출 감도가 낮다.
③ 거친 시험면에는 적용하기 어렵다.
④ 잉여 침투액의 제거가 어렵다.

해설
침투제에 유화제가 혼합되어 있는 것은 직접 물세척이 가능하기 때문에 과세척에 대한 우려가 높아 얕은 결함의 결함 검출 감도가 낮다.

13 초음파의 특이성을 기술한 것 중 옳은 것은?

① 파장이 길기 때문에 지향성이 둔하다.
② 액체 내에서 잘 전파한다.
③ 원거리에서 초음파빔은 확산에 의해 약해진다.
④ 고체 내에서는 횡파만 존재한다.

해설
초음파의 특이성
- 파장이 길면 지향성이 좋다.
- 고체 내에서는 횡파와 종파 등 잘 전파된다.
- 거리가 멀어질수록 재질에서의 반사, 흡수, 산란 등으로 인해 감쇠된다.

14 후유화성 침투탐상검사에 대한 설명으로 옳은 것은?

① 시험체의 탐상 후에 후처리를 용이하게 하기 위해 유화제를 사용하는 방법이다.
② 시험체를 유화제로 처리하고 난 후에 침투액을 적용하는 방법이다.
③ 시험체를 침투처리하고 나서 유화제를 적용하는 방법이다.
④ 유화제가 함유되어 있는 현상제를 적용하는 방법이다.

해설
후유화성 침투탐상검사는 침투제에 유화제가 포함되지 않아 침투처리 후 유화처리를 거쳐야 하는 탐상이다.

15 결함 크기가 초음파빔의 직경보다 클 경우 일반적으로 어떤 현상의 발생이 예상되는가?

① 임상에코의 발생
② 저면에코의 소실
③ 결함에코의 증가
④ 표면의 손상

해설
초음파빔이 저면까지 수신되지 못하면, CRT상에 결함에코만이 나타나게 되고 저면에코는 소실된다.

정답 11 ④ 12 ② 13 ③ 14 ③ 15 ②

16 다음 주파수 중에서 침투력이 가장 좋은 것은?

① 1MHz ② 2.25MHz
③ 5MHz ④ 10MHz

해설
주파수가 낮아질수록 침투력은 깊어지지만 분해능이 떨어지는 단점이 있다.

17 초음파탐상시험 시 흔히 쓰이는 접촉탐상용 경사각 탐촉자의 굴절각(35~70°)은 어느 부분에 사용하는가?

① 표면과 수직의 각도에서 1차 임계각 사이
② 1차 임계각과 2차 임계각 사이
③ 2차 임계각과 3차 임계각 사이
④ 3차 임계각과 표면 사이

해설
굴절각은 1차 임계각과 2차 임계각 사이를 의미한다.

18 초음파탐상시험에서 근거리 분해능을 얻기 위해서는 어떤 탐촉자를 사용해야 하는가?

① 초점거리가 짧은 탐촉자
② 초점거리가 긴 탐촉자
③ Collimator 탐촉자
④ Curved Shoe 탐촉자

해설
근거리 분해능이란 진동자에서 가까운 영역거리에 존재하는 결함에서 불연속부 펄스(에코)를 식별할 수 있는 능력을 말하며, 초점거리가 짧은 탐촉자를 사용해야 근거리 음장영역대 검출이 가능하다.

19 경사각 탐촉자가 피검체 내에서 횡파를 발생시키는 현상을 무엇이라 하는가?

① 반사(Reflection)
② 산란(Scattering)
③ 감쇠(Attenuation)
④ 파형 전환(Mode Conversion)

해설
음파는 매질 내에서 진행하며 파형이 달라지고, 연속적이지 않은 지점에서 파형 변환이 일어난다. 경사각 입사 시 종파를 입사하게 되지만 매질 내에서는 종파 및 횡파가 존재할 수 있게 된다.

20 불연속에서 초음파빔이 반사될 면의 각도와 탐상 표면과의 관계를 무엇이라고 하는가?

① 입사각
② 임계각
③ 불연속의 방향
④ 불연속의 종류

해설
③ 불연속의 방향 : 초음파가 반사될 면의 각도와 탐상 표면과의 관계
① 입사각 : 초음파를 입사하는 각도
② 임계각 : 1차 임계각 및 2차 임계각
④ 불연속의 종류 : 음파의 형태를 보고 판단

16 ① 17 ② 18 ① 19 ④ 20 ③ 정답

21 경사각탐상에서 '탐촉자로부터 나온 초음파빔의 중심축이 저면에서 반사하는 점 또는 탐상 표면에 도달하는 점'이란 무엇을 의미하는가?

① 스킵점 ② 교축점
③ 입사점 ④ 큐리점

해설
① 스킵점 : 탐촉자로부터 나온 초음파빔의 중심축이 저면에서 반사하는 점 또는 탐상 표면에 도달하는 점
② 교축점 : 2진동자 탐촉자를 사용하거나 탠덤탐상으로 탐상할 경우 초음파빔의 중심축이 만나는 점
③ 입사점 : 경사각 탐촉자에서의 초음파빔이 탐상면에 입사하는 점

22 초음파탐상시험에서 직접접촉법과 비교하여 수침탐상의 장점이라 할 수 있는 것은?

① 초음파의 산란현상이 커진다.
② 휴대하기가 편하다.
③ 저주파수가 사용된다.
④ 초음파의 음향 전달효율이 우수하다.

해설
수침법의 경우 일반 접촉 매질보다 음향 전달효율이 우수하다.

23 다음 중 두께 15mm인 강판의 탐상면에 평행하게 7.6mm 깊이로 위치해 있는 결함을 검사하는 가장 좋은 방법은?

① 종파 수직탐상
② 횡파 경사각 탐상
③ 표면파 탐상
④ 판파탐상

해설
종파 수직탐상은 평행한 결함을 검사하기에 가장 편리한 방법이다.

24 초음파탐상검사 시 탐촉자 내의 진동판에서 초음파를 발생시키는 원리와 관계가 깊은 것은?

① 압전효과
② 간섭현상
③ 자기유도현상
④ 광전효과

해설
압전효과 : 기계적인 에너지를 가하면 전압이 발생하고, 전압을 가하면 기계적인 변형이 발생하는 현상으로, 어떤 소재에 힘을 가하였을 경우 표면에 전압이 발생하고, 반대로 전압을 걸어 주면 소자가 이동하거나 힘이 발생한다.

25 경사각 탐촉자에 플라스틱 쐐기를 붙이는 가장 근본적인 이유는?

① 시험 시 손에 잡기 쉽게 하기 위해서
② 내마모성을 좋게 하기 위해서
③ 초음파를 시험체에 경사지게 전달하기 위해서
④ 탐촉자를 견고하게 만들기 위해서

해설
경사각 탐촉자는 초음파를 경사지게 입사하려는 목적으로 플라스틱 쐐기를 사용한다.

정답 21 ① 22 ④ 23 ① 24 ① 25 ③

26 국제용접학회(IIW)의 권고에 따라 만든 교정시험편으로 수행할 수 없는 것은?

① 수직탐촉자의 분해능 측정
② 수직탐촉자의 굴절각 측정
③ 측정범위의 조정
④ 경사각 탐촉자의 분해능 측정

해설
굴절각 측정은 횡파를 이용한 경사각 탐촉자에 해당되는 사항이다.

27 어떤 재질에서 초음파의 속도가 4.0×10^5cm/sec이고 탐촉자의 주파수가 10MHz일 때 파장은 얼마인가?

① 0.08cm ② 0.8cm
③ 0.04cm ④ 0.4cm

해설
파장$(\lambda) = \dfrac{\text{음속}(C)}{\text{주파수}(f)}$이므로,

$\dfrac{4.0 \times 10^5 \text{cm/sec}}{10 \times 10^6 \text{Hz}} = 0.04\text{cm}$가 된다.

28 강 용접부의 초음파탐상시험방법(KS B 0896)에서 경사각 탐촉자의 공칭굴절각 값이 아닌 것은?

① 35° ② 60°
③ 65° ④ 75°

해설
경사각 탐상에서 공칭굴절각으로 사용되는 탐촉자는 35°, 45°, 60°, 65°, 70°이다.

29 KS B 0831에서 탐상거리 500mm의 강단조품을 탐상하려면 반드시 준비해야 할 표준시험편은?

① STB-A1 ② STB-A2
③ STB-N1 ④ STB-G

해설
KS B 0831에서 N1형 STB는 수침탐촉자를 이용하여 두꺼운 판에 주로 탐상하며 탐상 감도의 조정을 위해 사용된다. 진동자의 재료로는 수정 또는 세라믹스를 사용하여 5MHz의 주파수를 사용하며, 진동자 치수는 20mm이다. 접촉 매질로는 물을 가장 많이 사용한다.

30 강 용접부의 초음파탐상시험방법(KS B 0896)에 따라 2방향에서 탐상한 결과, 독립된 동일한 흠에 대한 판정 분류가 각각 1류, 3류인 경우 이 흠에 대한 분류 판정은?

① 1류 ② 2류
③ 3류 ④ 4류

해설
흠 분류 시 2방향 이상에서 탐상한 경우 동일한 흠의 분류가 1류, 3류로 나타났다면 가장 하위 분류인 3류를 적용한다.

26 ② 27 ③ 28 ④ 29 ③ 30 ③ 정답

31 강 용접부의 초음파탐상시험방법(KS B 0896)에서 규정하고 있는 탠덤탐상의 적용 판 두께 범위로 옳은 것은?

① 10mm 이상 ② 12mm 이상
③ 15mm 이상 ④ 20mm 이상

해설
탠덤탐상은 탐상면에 수직인 결함의 깊이를 측정하는 데 유리하다. 한쪽 면에 송수신용 2개의 탐촉자를 배치하여 주사하는 방법으로, 판 두께 20~40mm까지 70° 탐촉자를 사용하며 그 이상의 경우 45°로 한다.

32 KS D 0233에 따라 압력용기용 강판을 초음파탐상시험할 때 탐상 적용 가능한 최소 두께는?

① 2mm ② 6mm
③ 10mm ④ 13mm

해설
KS D 0233 압력용기용 강판의 초음파탐상 시 적용범위는 보일러, 압력용기 등 두께 6mm 이상의 킬드강, 두꺼운 강판에 적용한다.

33 초음파탐상장치의 성능측정방법(KS B 0534)에 의거 시간축 직선성의 성능측정방법에 관한 설명으로 옳은 것은?

① 접촉 매질은 물을 사용한다.
② 초음파탐상기의 리젝션은 0 또는 OFF로 한다.
③ 탐촉자는 직접 접촉용 경사각 탐촉자를 사용한다.
④ 신호원으로는 측정범위의 1/3 두께를 갖는 시험편을 사용한다.

해설
리젝션은 원칙적으로 사용하지 않도록 한다.

34 KS B 0831에 의한 G형 표준시험편(STB-G) 중의 V15 시리즈는 표준 구멍의 반경이 몇 배씩 변하는가?

① 0.7배 ② 1.4배
③ 2배 ④ 4배

해설
G형 표준시험편의 모양

표준시험편의 종류 기호	l	d	L	T	r
STB-G V2	20	2±0.1	40	60±12	<12
STB-G V3	30	2±0.1	50	60±1.2	<12
STB-G V5	50	2±0.1	70	60±1.2	<12
STB-G V8	80	2±0.1	100	60±1.2	<12
STB-G V15-1	150	1±0.05	180	50±1.0	<12
STB-G V15-1.4	150	1.4±0.07	180	50±1.0	<12
STB-G V15-2	150	2±0.1	180	50±1.0	<12
STB-G V15-2.8	150	2.8±0.14	180	50±1.0	<12
STB-G V15-4	150	4±0.2	180	50±1.0	<12
STB-G V15-5.6	150	5.6±0.28	180	50±1.0	<12

35 인공 대비 반사원으로서 주로 노치를 사용하는 경우는?

① 횡파의 거리 진폭 교정을 하기 위하여
② 면적-증폭 교정을 하기 위하여
③ 판재의 두께를 교정하기 위하여
④ 표면 근처의 분해능을 결정하기 위하여

해설
인공 대비 반사원으로서 노치는 횡파의 거리 진폭 교정을 위하여 사용한다.

정답 31 ④ 32 ② 33 ② 34 ② 35 ①

36 강 용접부의 초음파탐상시험방법(KS B 0896)에 따른 STB 굴절각 측정에 대한 설명으로 옳은 것은?

① A2형 표준시험편을 사용하며, 굴절각은 0.5° 단위로 읽는다.

② A2형 표준시험편을 사용하며, 굴절각은 1.0° 단위로 읽는다.

③ A1형 또는 A3형계 표준시험편을 사용하며, 굴절각은 0.5° 단위로 읽는다.

④ A1형 또는 A3형계 표준시험편을 사용하며, 굴절각은 1.0° 단위로 읽는다.

해설

표준시험편은 STB-A1, STB-A3를 사용하며, 굴절각의 최소 측정 단위는 0.5° 단위로 읽는다.

37 강 용접부의 초음파탐상시험방법(KS B 0896)에 따라 두 방향(A방향, B방향)에서 탐상한 결과 동일한 흠이 A방향에서는 2류, B방향에서는 3류로 분류되었다면, 이때 흠의 분류로 옳은 것은?

① 1류　② 2류

③ 3류　④ 4류

해설

흠 분류 시 2방향 이상에서 탐상한 경우 동일한 흠의 분류가 2류, 3류로 나타났다면 가장 하위 분류인 3류를 적용한다.

38 초음파탐상장치의 성능측정방법(KS B 0534)에 따라 수직탐상할 경우 사용되는 근거리 분해능 측정용 시험편은?

① RB-RA형　② RB-RB형

③ RB-RC형　④ STB-A형

해설

수직탐상에서의 근거리 분해능은 RB-RC형 대비시험편을 이용하고, 접촉 매질 및 탐촉자의 경우 실제 탐상에서 쓰이는 것을 사용한다.

39 강 용접부의 초음파탐상시험방법(KS B 0896)에서 1탐촉자 경사각탐상법을 적용하는 경우, 판 두께 90mm인 평판 및 대기 이음 용접부의 탐상에 적합한 탐상면과 탐상의 방향 및 탐상법은 원칙적으로 어떤 것이 좋은가?

① 한면 한쪽 방향, 직사법

② 양면 양쪽 방향, 직사법

③ 한면 양쪽 방향, 직사법 및 1회 반사법

④ 양면 한쪽 방향, 직사법 및 1회 반사법

해설

1탐촉자 경사각탐상법 적용 시 탐상면과 방향

이음 모양	판두께 (mm)	탐상면과 방향 (mm)	탐상방법
맞대기 이음	100 이하	한면 양쪽	직사법, 1회 반사법
	100 초과	양면 양쪽	직사법

40 건축용 강판 및 평강의 초음파탐상시험에 따른 등급 분류와 판정기준(KS D 0400) 및 압력용기용 강판의 초음파탐상검사방법(KS D 0233)에 따라 자동경보장치가 없는 탐상장치를 사용하여 초음파탐상을 할 경우, 주사 속도는?

① 200m/sec 이하

② 200m/sec 초과

③ 300mm/sec 이하

④ 300mm/sec 초과

해설

주사 속도는 탐상에 지장을 주지 않는 속도로 한다. 다만, 자동경보장치가 없는 탐상장치를 사용하여 탐상할 경우에는 200mm/sec 이하로 한다.

36 ③　37 ③　38 ③　39 ③　40 ①　정답

41 알루미늄의 맞대기 용접부의 초음파경사각탐상시험방법(KS B 0897)에 따라 흠의 지시 길이를 측정하고자 할 때 올바른 주사방법은?

① 최대 에코를 나타내는 위치에 탐촉자를 놓고 좌우 주사를 한다.
② 최대 에코를 나타내는 위치에 탐촉자를 놓고 목진동 주사를 한다.
③ 최대 에코를 나타내는 위치에 탐촉자를 놓고 전후 주사만을 한다.
④ 최대 에코를 나타내는 위치에 탐촉자를 놓고 원둘레 주사를 한다.

해설
최대 에코 높이에서 좌우 주사를 하며 목진동 주사는 하지 않도록 한다.

42 다음 중 두랄루민과 관련이 없는 것은?

① 용체화 처리를 한다.
② 상온시효처리를 한다.
③ 알루미늄 합금이다.
④ 단조경화합금이다.

해설
두랄루민은 Al-Cu-Mn-Mg의 합금이며, 용체화 처리 후 시효처리를 하는 합금이다.

43 Al-Si계 합금을 개량처리하기 위해 사용되는 접종처리제가 아닌 것은?

① 금속나트륨 ② 불화알칼리
③ 가성소다 ④ 염화나트륨

해설
실루민은 Al-Si-Na의 합금이며, 개량화 처리 원소는 주로 금속나트륨이 많이 사용되며, 기계적 성질이 우수해진다. 그 외에도 불화알칼리, 가성소다가 쓰이기도 한다.

44 재료에 어떤 일정한 하중을 가하고 어떤 온도에서 긴 시간 동안 유지하였을 때 시간이 경과함에 따라 증가하는 스트레인을 측정하여 각종의 재료역학적 양을 결정하는 시험은?

① 인장시험 ② 충격시험
③ 피로시험 ④ 크리프 시험

해설
크리프 : 재료를 고온에서 내력보다 작은 응력으로 가해 주면 시간이 지나면서 변형이 진행되는 현상

45 탄소강에 함유된 원소 중에서 철강에 미치는 영향이 옳은 것은?

① S : 상온 메짐의 원인이 된다.
② Si : 연신율 및 충격값을 감소시킨다.
③ Cu : 부식에 대한 저항을 감소시킨다.
④ P : 고온 메짐의 원인이 된다.

해설
② Si : 경도, 강도, 탄성한계를 높이고 연신율, 충격값을 감소시킨다.
① S : 고온 메짐의 원인이 되며 MnS를 형성한다.
③ Cu : 부식에 대한 저항성을 높인다.
④ P : 상온 메짐의 원인이 되며, Fe_3P를 형성해 결정입자를 조대화한다.

정답 41 ① 42 ④ 43 ④ 44 ④ 45 ②

46 인성이 있는 금속으로 비중이 약 8.9이고, 용융점이 약 1,455℃인 원소는?

① 철(Fe) ② 금(Au)
③ 니켈(Ni) ④ 마그네슘(Mg)

해설
- 비중 : Mg(1.74), Al(2.7), Fe(7.86), Cu(8.9), Mo(10.2), Ni(8.9), W(19.3), Mn(7.4), Ag(10.5)
- 융점 : Mg(650℃), Al(660℃), Fe(1,538℃), Cu(1,083℃), Ni(1,455℃), Mn(1,245℃)

47 공구용 재료로서 구비해야 할 조건이 아닌 것은?

① 강인성이 커야 한다.
② 내마모성이 작아야 한다.
③ 열처리와 공작이 용이해야 한다.
④ 상온과 고온에서의 경도가 높아야 한다.

해설
공구용 재료는 강인성과 내마모성이 커야 하며 경도, 강도가 높아야 한다.

48 금속의 격자 결함이 아닌 것은?

① 가로 결함 ② 적층 결함
③ 전 위 ④ 공 공

해설
- 전위 : 정상 위치에 있던 원자들이 이동하여, 비정상적인 위치에서 새로운 배열을 하는 결함(칼날 전위, 나선 전위, 혼합 전위)
- 점 결함 : 공공(Vacancy)이 대표적인 점 결함이며 자기침입형 점 결함이 있다.
- 계면 결함 : 결정립계, 쌍정립계, 적층 결함, 상계면 등
- 체적 결함 : 기포, 균열, 외부 함유물, 다른 상 등

49 저온에서 어느 정도의 변형을 받은 마텐자이트를 모상이 안정화되는 특정 온도로 가열하면 오스테나이트로 역변태하여 원래의 고온 형상으로 회복되는 현상은?

① 석출경화효과
② 형상기억효과
③ 시효현상효과
④ 자기변태효과

해설
형상기억합금은 힘에 의해 변형되더라도 특정 온도까지 올라가면 본래의 모양으로 돌아오는 합금으로, Ti-Ni이 원자비 1 : 1로 가장 대표적이다.

50 Ni에 Cu를 약 50~60% 정도 함유한 합금으로 열전대용 재료로 사용되는 것은?

① 인코넬 ② 퍼멀로이
③ 하스텔로이 ④ 콘스탄탄

해설
- 인코넬 : Ni(70% 이상) + Cr(14~17%) + Fe(6~10%) + Cu(0.5%) + C(0.15%)
- 퍼멀로이 : 70~90% Ni + 10~30% Fe 함유한 합금, 투자율 높음
- 콘스탄탄 : 50~60% Cu를 함유한 Ni 합금, 열전쌍용
- 플래티나이트 : 44~47.5% Ni + Fe 함유한 합금, 열팽창계수가 유리나 Pt 등에 가까우며 전등의 봉입선에 사용
- 퍼민바 : 20~75% Ni + 5~40% Co + Fe를 함유한 합금, 오디오 헤드

46 ③ 47 ② 48 ① 49 ② 50 ④ 정답

51 높은 온도에서 증발에 의해 황동의 표면으로부터 Zn이 탈출되는 현상은?

① 응력부식 탈아연현상
② 전해 탈아연 부식현상
③ 고온 탈아연현상
④ 탈락 탈아연 메짐현상

해설
고온 탈아연 : 고온에서 증발에 의해 황동의 표면으로부터 아연이 탈출하는 현상

52 Fe–C 평형상태도에서 레데부라이트의 조직은?

① 페라이트
② 페라이트 + 시멘타이트
③ 페라이트 + 오스테나이트
④ 오스테나이트 + 시멘타이트

해설
- 펄라이트 : 페라이트 + 시멘타이트
- 레데부라이트 : 오스테나이트 + 시멘타이트

53 선철 원료, 내화재료 및 연료 등을 통하여 강 중에 함유되며 상온에서 충격값을 저하시켜 상온 메짐의 원인이 되는 것은?

① Si ② Mn
③ P ④ S

해설
- 상온 메짐(저온 메짐) : P가 다량 함유된 강에서 발생함. Fe_3P로 결정입자가 조대화되며 경도, 강도는 높아지나 연신율이 감소하는 메짐으로, 특히 상온에서 충격값이 감소됨. 저온 메짐의 경우 겨울철 기온과 비슷한 온도에서 메짐 파괴가 일어남
- 청열 메짐 : 냉간가공영역 안, 210~360℃ 부근에서 기계적 성질인 인장강도는 높아지나 연신이 갑자기 감소하는 현상
- 적열 메짐 : 황이 많이 함유되어 있는 강이 고온(950℃ 부근)에서 메짐(강도는 증가, 연신율은 감소)이 나타나는 현상
- 백열 메짐 : 1,100℃ 부근에서 일어나는 메짐으로 황이 주원인, 결정입계의 황화철이 융해하기 시작하는 데 따라서 발생

54 다음 중 일반적으로 Mn 규산염 또는 Fe–Mn 규산계의 비금속 개재물이 생성되는 것은?

① A계 개재물 ② B계 개재물
③ C계 개재물 ④ DS계 개재물

해설
규산염 개재물(그룹 C) : SiO_2 위주로 형성되어 있으며 일반적으로 $MnO(FeO)–SiO_2$의 상태로 존재한다. 쉽게 잘 늘어나는 개개의 암회색 또는 암흑색의 입자들로 그 끝이 날카로운 특징을 가진다.

55 표면은 단단하고 내부는 회주철로 강인한 성질을 가지며 압연용 롤, 철도, 차량, 분쇄기 롤 등에 사용되는 주철은?

① 칠드주철 ② 흑심가단주철
③ 백심가단주철 ④ 구상흑연주철

해설
칠드주철(Chilled Iron) : 주물의 일부 혹은 표면을 높은 경도를 가지게 하기 위하여 응고 급랭시켜 제조하는 주철 주물로 표면은 단단하고 내부는 강인한 성질을 가진다.

정답 51 ③ 52 ④ 53 ③ 54 ③ 55 ①

56 50~60% Cu를 함유한 Ni 합금으로 열전쌍용 선의 재료로 쓰이는 것은?

① 모넬 메탈 ② 콘스탄탄
③ 퍼민바 ④ 인코넬

해설
콘스탄탄 : 50~60% Cu를 함유한 Ni합금, 열전쌍용
퍼민바 : 20~75% Ni + 5~40% Co + Fe를 함유한 합금, 오디오 헤드

57 어떤 재료의 단면적이 40mm²이었던 것이, 인장시험 후 38mm²로 나타났다. 이 재료의 단면 수축률은?

① 5% ② 10%
③ 25% ④ 50%

해설
단면수축률 $= \frac{A_0 - A_1}{A_0} \times 100 = \frac{40-38}{40} \times 100 = 5\%$가 된다.

58 AW 300 교류아크용접기를 사용하여 1시간 작업 중 평균 30분을 가동하였을 경우 용접기 사용률은?

① 7.5% ② 30%
③ 50% ④ 90%

해설
용접기 사용률
$\frac{\text{아크 발생시간}}{(\text{아크 발생시간} + \text{정지시간})} \times 100 = \frac{30}{30+30} \times 100 = 50\%$

59 플럭스 코어드 용접봉에서 플럭스의 역할로 틀린 것은?

① 탈산제 역할과 용접금속을 깨끗이 한다.
② 아크를 안정시키고, 스패터를 감소시킨다.
③ 용접 중 플럭스가 연소하여 보호가스를 형성한다.
④ 합금 원소의 첨가로 강도를 감소시키나 연성과 저온 충격 강도는 증가시킨다.

해설
플럭스의 역할
- 탈산제 역할과 용접금속을 깨끗이 한다.
- 아크를 안정시키고, 스패터를 감소시킨다.
- 용접 중 플럭스가 연소하여 보호가스를 형성한다.
- 합금 원소의 첨가로 강도를 증가시키나 연성과 저온 충격 강도는 감소시킨다.
- 용접금속이 응고할 동안 용접금속 위에 슬래그를 형성하여 보호한다.

60 내용적 40L의 산소용기에 130기압의 산소가 들어 있다. 1시간에 400L를 사용하는 토치를 써서 혼합비 1 : 1의 중성불꽃으로 작업을 한다면 몇 시간이나 사용할 수 있겠는가?

① 13 ② 18
③ 26 ④ 42

해설
$40\text{L} \times 130 = 5,200$이고, 1시간에 400L의 사용량을 보이므로 $\frac{5,200}{400} = 13$이 된다.

56 ② 57 ① 58 ③ 59 ④ 60 ① 정답

2018년 제2회 과년도 기출복원문제

01 펄스반사식 탐상장비에서 일정 높이 이하의 에코 또는 전기 잡음신호 등을 줄이기 위해 필요한 스위치는?

① 리젝션(Rejection)
② 감쇠기(Attenuator)
③ 펄스(Pulse) 위치 조정
④ 소인지연(Sweep Delay)

해설
리젝션(Rejection) 조절기 : 전기적 잡음신호를 제거하는 데 사용되는 조절기

02 탐촉자의 주파수가 높을 때 나타나는 현상으로 옳은 것은?

① 감도는 줄고, 투과력은 커진다.
② 빔 분산과 침투력이 모두 커진다.
③ 빔의 감쇠가 줄어 투과력이 커진다.
④ 빔 분산이 줄고, 감도와 분해능은 커진다.

해설
파장이 일정할 때 주파수가 증가하면 속도는 증가하나 투과력은 작아지고, 주파수가 감소하면 속도는 느려지고 투과력은 깊어진다. 따라서 주파수가 높을 때는 빔 분산이 줄고, 감도와 분해능이 커진다.

03 자분탐상시험법에 대한 설명으로 옳은 것은?

① 잔류법은 시험체에 외부로부터 자계를 준 상태에서 결함에 자분을 흡착시키는 방법이다.
② 연속법은 시험체에 외부로부터 주어진 자계를 소거한 후에 결함에 자분을 흡착시키는 방법이다.
③ 잔류법은 시험체에 잔류하는 자속밀도가 결함누설자속에 영향을 미친다.
④ 연속법은 결함누설자속을 최소로 하기 위해 포화자속밀도가 얻어지는 자계의 세기를 필요로 한다.

해설
- 연속법은 시험체에 외부로부터 자계를 준 상태에서 자분을 적용하는 방법으로, 잔류법보다 강한 자계에서 탐상하여 미세 균열의 검출 감도가 높다.
- 잔류법은 시험체에 외부로부터 자계를 소거한 후 자분을 적용하는 방법으로, 잔류자속밀도가 결함누설자속에 영향을 미친다.

04 초음파탐상시험 시 감쇠기(Attenuator)는 언제 사용하는가?

① 검사범위를 결정할 때 사용한다.
② 탐상 감도를 증가시키기 위하여 사용한다.
③ 펄스 반복비를 결정하기 위하여 사용한다.
④ 에코의 높이를 대비 높이와 비교할 때 사용한다.

해설
감쇠기는 에코의 높이를 대비 높이와 비교할 때 사용한다.

정답 1 ① 2 ④ 3 ③ 4 ④

05 초음파탐상시험에서 시험할 물체의 음속을 알 필요가 있는 경우와 거리가 먼 것은?

① 물질에서 굴절각을 계산하기 위하여
② 물질에서 결함의 종류를 알기 위하여
③ 물질의 음향 임피던스를 측정하기 위하여
④ 물질에서 지시의 깊이를 측정하기 위하여

해설
초음파는 재질의 음속에 의해 거리를 측정하게 되며, 음파의 굴절과 반사(스넬의 법칙), 음향 임피던스(재질의 밀도 × 음속), 결함 혹은 저면파의 깊이를 측정할 수 있게 된다.

06 탐상면에 수직한 방향으로 존재하는 결함의 깊이를 측정하는 데 유리한 주사방법은?

① 탠덤 주사
② 종방향 주사
③ 지그재그 주사
④ 횡방향 주사

해설
탠덤 주사 : 탐상면에 수직인 결함의 깊이를 측정하는 데 유리하며, 한쪽 면에 송수신용 2개의 탐촉자를 배치하여 주사하는 방법

07 다음 중 초음파탐상시험에서 표면파와 같은 의미를 갖는 용어는?

① 전단파 ② 압축파
③ Lamb파 ④ Rayleigh파

해설
표면파와 같은 의미를 갖는 용어는 레일파(Rayleigh Wave)이다.

08 초음파탐상시험에서 파장과 주파수의 관계를 속도의 함수로 옳게 나타낸 것은?

① 속도 = $(파장)^2$ × 주파수
② 속도 = 주파수 ÷ 파장
③ 속도 = 파장 × 주파수
④ 속도 = $(주파수)^2$ ÷ 파장

해설
$파장(\lambda) = \frac{음속(C)}{주파수(f)}$, $음속(C) = 파장(\lambda) \times 주파수(f)$가 된다.

09 자분탐상시험에서 프로드법에 의한 자화방법의 설명으로 틀린 것은?

① 아주 작은 시험체의 검사에 적용이 용이하다.
② 형상이 복잡한 시험체에도 정밀하게 검사할 수 있다.
③ 대상 시험체에 2개의 전극을 대고 전류를 흐르게 한다.
④ 시험체에 큰 전류를 사용하므로 프로드 자국이 생길 수 있다.

해설
원형자화를 시키는 프로드법은 시험체에 직접 접촉하여 전류를 흐르게 하는 시험방법으로, 시험체가 대형인 경우에 사용한다.

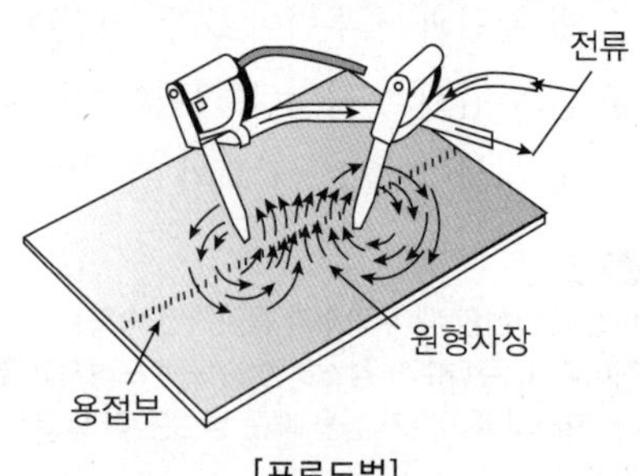

[프로드법]

5 ② 6 ① 7 ④ 8 ③ 9 ① 정답

10 다음 중 자분탐상시험과 관련한 용어의 설명으로 옳은 것은?

① '자화'란 비자성체의 시험체에 자속을 흐르게 하는 작업을 말한다.
② '자분'이란 여러 가지 색을 지니고 있는 비자성체의 미립자이다.
③ '자분의 적용'이라 함은 자분을 시험체 내에 침투시키는 작업을 말한다.
④ '관찰'이라 함은 결함부에 형성된 결함 자분 모양을 찾아내는 작업을 말한다.

해설
관찰은 결함부에 형성된 결함 자분 모양을 찾는 작업을 의미한다.

11 검사비용이 저렴하며, 지시의 관찰이 쉽고 빠르며, 가장 간편하게 누설검사를 할 수 있는 것은?

① 기포 누설시험
② 할로겐 누설시험
③ 압력 변화 누설시험
④ 헬륨 질량 분석 누설시험

해설
기포 누설시험
- 침지법 : 액체 용액에 가압된 시험품을 침적해서 기포 발생 여부를 확인하여 검출
- 가압 발포액법 : 시험체를 가압 후 표면에 발포액을 적용하여 기포 발생 여부를 확인하여 검출
- 진공 상자 발포액법 : 진공 상자를 시험체에 위치시킨 후 외부 대기압과 내부 진공의 압력차를 이용하여 검출

12 대부분의 와전류탐상시험에서 최소 허용신호 대 잡음비로 옳은 것은?

① 1 : 1　② 2 : 1
③ 3 : 1　④ 4 : 1

해설
신호 대 잡음비(SN)란 결함에코의 높이와 잡음 크기의 비를 말하며, 일반적으로 3 : 1을 사용한다. 이 SN비가 클수록 결함 검출능력은 높아진다.

13 두꺼운 금속용기 내부에 존재하는 경수소화합물을 검출할 수 있고, 특히 핵연료봉과 같이 높은 방사성 물질의 결함검사에 적용할 수 있는 비파괴검사법은?

① 감마선투과검사
② 음향방출검사
③ 중성자투과검사
④ 초음파탐상검사

해설
중성자투과검사란 중성자가 물질을 투과할 때 생기는 감쇠현상을 이용한 검사법으로 수소화합물 검출에 주로 사용된다.

14 와전류탐상검사를 수행할 때 시험 부위의 두께 변화로 인한 전도도의 영향을 감소시키기 위한 방법으로 가장 적합한 것은?

① 전압을 감소시킨다.
② 시험 주파수를 감소시킨다.
③ 시험 속도를 증가시킨다.
④ Fill Factor(필 팩터)를 감소시킨다.

해설
전도도가 높을수록 와전류는 잘 흐르는 성질을 가지며, 주파수가 높을 때 와전류 발생이 활발해지므로 시험 주파수를 감소시키는 것이 적합하다.

정답 10 ④ 11 ① 12 ③ 13 ③ 14 ②

15 초음파탐상시험 시 서로 분리된 탐촉자(하나는 송신기, 다른 하나는 수신기)를 사용할 때 다음 중 가장 좋은 재질의 조합은?

① 석영 송신기와 타이타늄산바륨 수신기
② 타이타늄산바륨 송신기와 황산리튬 수신기
③ 황산리튬 송신기와 타이타늄산바륨 수신기
④ 타이타늄산바륨 송신기와 석영 수신기

해설
타이타늄산바륨은 송신효율, 황산리튬은 수신효율이 뛰어나다.

16 초음파탐상기에서 파형을 평활하게 하여 에코를 원활하게 만드는 것은?

① Gain ② Gate
③ Filter ④ Contrast

해설
- Gain : 음압의 비를 증폭시키는 조절기
- Gate : 게이트 위치 및 범위 설정 조절기
- Filter : 에코 파형을 평활하게 하는 조절기

17 다음 검사방법 중 누설검사법에 속하지 않는 것은?

① 가압법 ② 감압법
③ 수침법 ④ 진공법

해설
수침법은 초음파탐상에서 사용한다.

18 다음 자분탐상검사법 중에서 선형(직선) 자계가 형성될 수 있는 것은?

① 극간법 ② 프로드법
③ 직각통전법 ④ 전류관통법

해설
선형 자계는 극간법에서 형성된다.

19 초음파탐상검사 시 많은 수의 작은 지시들, 즉 임상에코를 나타내는 결함은?

① 균열(Crack)
② 다공성 기포(Porosity)
③ 수축관(Shrinkage Cavity)
④ 큰 비금속 개재물(Inclusion)

해설
많은 수의 임상에코가 발생하였다는 것은 초음파빔이 여러 개의 결함을 검출하였다는 것으로 다공성 기포를 추측할 수 있다.

15 ② 16 ③ 17 ③ 18 ① 19 ② 정답

20 수침법으로 강철판재를 초음파탐상할 때 입사각이 16°라면 강철판재에 존재하는 파는?

① 램 파　② 표면파
③ 종 파　④ 횡 파

해설
입사각이 14.5° 이내일 경우 종파, 횡파가 같이 존재하며, 그 이상이면 횡파만 존재할 수 있다.

21 펄스 반복비(Pulse Repetition Rate)는 초음파탐상기의 기본회로 구성품 중 어느 것과 제일 긴밀한 관계인가?

① 타이머 또는 시계
② 펄스발생기
③ 증폭기
④ 필 터

해설
펄스 반복비는 초당 펄스의 수를 나타내며 타이머 또는 시계와 관계가 깊다.

22 강(Steel)을 통과하는 종파의 속도가 5.85×10^5 cm/sec, 강의 두께가 1cm일 때, 이 초음파의 기본 공진 주파수는 약 얼마인가?

① 2.93×10^5Hz
② 5.85×10^5Hz
③ 11.7×10^5Hz
④ 1.46×10^6Hz

해설
초음파의 공진 주파수란 공진이 일어나게 하는 주파수로 공진을 이용한 두께 측정은 $T = \frac{\lambda}{2} = \frac{V}{2f}$, $f = \frac{V}{2T}$가 되므로

$f = \frac{5.85 \times 10^5}{2 \times 1} = 2.93 \times 10^5$이 된다.

※ $\lambda = \frac{V}{f}$

23 황산리튬으로 만든 탐촉자를 사용하는 장점은?

① 불용성이며 수명이 길다.
② 초음파 에너지의 가장 효율적인 수신 장치이다.
③ 초음파 에너지의 가장 효율적인 발생 장치이다.
④ 온도가 700℃ 만큼 높아져도 잘 견딜 수 있다.

해설
황산리튬 진동자는 수신 특성 및 분해능이 우수하며, 수용성으로 수침법에는 사용이 곤란하다.

24 초음파탐상시험에 대한 설명 중 틀린 것은?

① 주강품 검사에는 고주파수를 사용하는 것이 좋다.
② 두꺼운 검사에는 고주파수를 사용하는 것이 좋다.
③ 용접부 탐상에는 경사각 탐촉자를 사용하는 것이 좋다.
④ 접촉 매질은 시험체의 특성에 따라 적당한 것을 사용한다.

해설
주강품의 경우 두께가 두꺼운 제품이 많기 때문에 저주파수인 1~2.5MHz 정도의 저주파를 사용한다.

정답 20 ④ 21 ① 22 ① 23 ② 24 ①

25 기록성이 좋고 결함의 평면도를 볼 수 있는 주사방법은?

① A스캔(Scan) ② B스캔(Scan)
③ C스캔(Scan) ④ F스캔(Scan)

해설
- A-scope : 횡축은 초음파의 진행시간, 종축은 수신신호의 크기를 나타내어 펄스 높이, 위치, 파형을 표시
- B-scope : 시험체의 단면을 표시해 주며, 탐촉자의 위치, 이동거리, 전파시간, 반사원의 깊이 위치를 표시
- C-scope : 탐상면 전체에 주사시켜 결함 위치를 평면도처럼 표시

26 용접부 초음파탐상시험의 경우 탐촉자의 주사에 대한 설명으로 옳은 것은?

① 탐촉자의 주사방법은 결함의 크기 측정에만 적용된다.
② 주사방법이 적절하면 결함치수 및 결함의 종류, 모양을 정확히 평가할 수 있다.
③ 결함을 찾기 위해 탐촉자의 위치를 움직여 가며 초음파의 입사 위치를 변화시키는 것을 주사라 한다.
④ 경사각 탐상에서는 탐촉자를 이동시켜 주사하여 최대의 결함에코가 얻어졌을 때 탐촉자의 바로 아래에 결함이 있는 것이다.

해설
주사란 결함을 찾기 위해 탐촉자의 위치를 움직여 가며 입사 위치를 변화시키는 것이다.

사각탐촉자의 주사방법
- 1탐촉자의 기본 주사 : 전후 주사, 좌우 주사, 목돌림 주사, 진자 주사
- 1탐촉자의 응용 주사 : 지그재그 주사, 종방향 주사, 횡방향 주사, 경사평행 주사, 용접선상 주사
- 2탐촉자의 주사 : 탠덤 주사, 두 갈래 주사, K-주사, V-주사, 투과 주사 등

27 수신된 초음파가 물질을 통과하면서 처음 송신된 초음파의 강도에 비해 현저히 낮아지게 되는 이유는?

① 반 사 ② 굴 절
③ 재생성 ④ 감 쇠

해설
초음파의 감쇠는 산란, 흡수, 회절 및 시험편의 표면거칠기 혹은 형태에 따른 영향을 많이 받는다.

28 초음파탐상시험용 표준시험편(KS B 0831)에서 탐상용 STB-G형 시험편의 합격 여부 판정에서 시험편 반사원의 에코 높이 측정값이 검정용 표준시험에서 기준으로 정한 기준값 범위로 틀린 것은?

① 2MHz에서 ±1dB 범위 내
② 2.5MHz에서 ±1.5dB 범위 내
③ 5MHz에서 ±1dB 범위 내
④ 10MHz에서 ±2dB 범위 내

해설
STB-G형 시험편의 합부 여부 판정에서 2(2.5)MHz, 5MHz의 경우 ±1dB, 10MHz의 경우 ±2dB로 정한다.

29 강 용접부의 초음파탐상시험방법(KS B 0896)에 규정된 탐상장치의 조정 및 점검에서 경사각 탐상 시 A2형계 표준시험편을 사용하여 에코 높이 구분선을 작성하는 경우 시험편의 어떤 표준 구멍치수를 사용하는가?

① $\phi 1 \times 1$mm ② $\phi 2 \times 2$mm
③ $\phi 3 \times 3$mm ④ $\phi 4 \times 4$mm

해설
에코 높이 구분선을 작성하는 경우 $\phi 4 \times 4$mm의 표준 구멍치수를 사용한다.

25 ③ 26 ③ 27 ④ 28 ② 29 ④ 정답

30 **금속재료의 펄스반사법에 따른 초음파탐상시험방법 통칙(KS B 0817)에서 흠집 위치 기록 중 틀린 것은?**

① 최대 에코 높이를 나타내는 위치
② 흠집 지시 길이의 중앙 또는 끝의 위치
③ 그 밖의 시험의 목적에 적합한 위치
④ 미리 설정한 '에코 높이를 구분하는 영역'의 부호

해설
흠집의 위치 기록은 다음과 같으며, 다음 중 한 가지로 기록하여야 한다.
• 최대 에코 높이를 나타내는 위치
• 흠집 지시 길이의 중앙 또는 끝의 위치
• 그 밖의 시험의 목적에 적합한 위치

31 **강 용접부의 초음파탐상시험방법(KS B 0896)에 의한 흠 분류에 해당되지 않는 것은?**

① 2류 ② 3류
③ 4류 ④ 5류

해설
흠의 분류는 1류, 2류, 3류, 4류가 있으며, 맞대기 용접에서 맞대는 모재의 판 두께가 다른 경우에는 얇은 쪽의 판 두께로 결정한다.

32 **강 용접부의 초음파탐상시험방법(KS B 0896)에 의해 에코 높이 구분선을 작성할 때 H선, M선, L선을 작성하는데, 이때 H선을 감도조정기준선으로 한다. 결함 에코의 평가에 사용되는 빔 노정의 범위를 나타내는 H선은 원칙적으로 브라운관의 몇 % 이하가 되지 않아야 하는가?**

① 20% ② 30%
③ 40% ④ 80%

해설
H선은 원칙적으로 40% 이하가 되지 않아야 하며, H선보다 6dB 낮은 선을 M선, 12dB 낮은 선을 L선으로 한다.

33 **강 용접부의 초음파탐상시험방법(KS B 0896)에 규정한 탐상기에 필요한 기능 중 주파수의 크기로 다음 중 가장 적당한 것은?**

① 1MHz ② 2MHz
③ 7MHz ④ 10MHz

해설
주파수의 크기는 2MHz가 가장 적당하다.

34 **초음파탐촉자의 성능측정방법(KS B 0535)에서 중심 감도 프로덕트 및 대역폭의 측정에 사용되는 탐촉자의 공칭 주파수(MHz) 범위로 옳은 것은?**

① 0.1~2.5 ② 0.5~7.5
③ 1~10 ④ 10~15

해설
중심 감도 프로덕트 및 대역폭의 측정에 사용되는 탐촉자는 1~10MHz의 범위로 한다.

정답 30 ④ 31 ④ 32 ③ 33 ② 34 ③

35 초음파탐상시험용 표준시험편(KS B 0831)에서 G형 표준시험편의 검정조건 및 검정방법에 관한 설명으로 옳은 것은?

① 반사원은 R100면으로 한다.
② 주파수는 2(또는 2.25), 5 및 10MHz이다.
③ 측정방법은 검정용 기준편에만 1회 실시한다.
④ 리젝션의 감도는 '0' 또는 '온(ON)'으로 한다.

해설
G형 표준시험편의 주파수 및 진동자

구 분	STB-G형		
주파수(MHz)	2(2.25)	5	10
진동자 치수(mm)	ϕ28	ϕ20	ϕ20 또는 ϕ14

36 용접부의 초음파탐상시험방법(KS B 0896)의 부속서에 따른 길이 이음 용접부의 탐상방법은 곡률반지름이 50mm 이상 1,500mm 미만으로 살 두께 대 바깥지름의 비가 몇 % 이하인 용접부에 적용되는가?

① 13　　② 15
③ 18　　④ 21

해설
길이 이음 용접부 탐상 시 곡률반지름 50mm 이상, 1,500mm 미만 인 살 두께 대 바깥지름 비가 13% 이하인 시험편에 대하여 적용하고 있다.

37 초음파탐상시험용 표준시험편(KS B 0831)에서 STB-N1 시험편 반사원의 에코 높이의 측정값은 검정용 표준시험편에서 정한 기준값에 대하여 몇 dB 이내여야 합격인가?

① ±1　　② ±2
③ ±3　　④ ±5

해설
STB-N1 시험편 반사원의 에코 높이의 측정값은 검정용 표준시험편에서 정한 기준값에 대하여 ±1dB 이내이어야 한다. G형의 경우 2, 2.5, 5MHz의 경우 ±1dB, 10MHz의 경우 ±2dB, A1형일 경우 ±0.5dB로 합부 판정이 이루어진다.

38 근거리 음장에서 음의 분산(Beam Spread)이 음의 손실에 커다란 영향을 주지 않는 것은 무엇 때문인가?

① 굴절현상에 의한 음의 직진과 굴절
② 간섭현상에 의한 음의 증폭과 소실
③ 진행현상에 의한 음의 세로 진행과 가로 진행
④ 진동현상에 의한 음의 대칭과 비대칭

해설
근거리 음장은 진동자에서 가까운 영역거리의 음장으로 정확한 검사가 불가능하다. 이때 음의 손실은 간섭현상에 의한 음의 증폭과 소실이 있기 때문이다.

39 와전류탐상장비에 일반적으로 사용되는 판독장치가 아닌 것은?

① 신호발생기
② 미터(meter)
③ 음극선관(CRT)
④ 레코더(Strip Chart Recorder)

해설
신호발생기는 주로 초음파탐상기에서 사용한다.

35 ② 36 ① 37 ① 38 ② 39 ① 정답

40 알루미늄관 용접부의 초음파경사각탐상시험방법(KS B 0521)에서 측정범위를 조정할 때 측정범위가 100mm라면 STB–A1의 R100mm는 알루미늄에서는 몇 mm 거리에 상당하는 것으로 하는가?

① 49mm ② 50mm
③ 98mm ④ 100mm

해설
STB–A1의 R100mm일 경우 알루미늄에서는 98mm이며, R50mm일 경우 49mm의 측정범위로 조정하여 탐상한다.

41 강 용접부의 초음파탐상시험방법(KS B 0896)에서 공칭굴절각 35°의 탐촉자를 사용할 때, 허용되는 공칭굴절각과 STB 굴절각과의 차이는?

① 0°에서 +4° 범위 내로 한다.
② 0°에서 −4° 범위 내로 한다.
③ −2°에서 +2° 범위 내로 한다.
④ −4°에서 +4° 범위 내로 한다.

해설
공칭굴절각과 STB 굴절각의 차이는 상온(10~30℃)을 기준으로 ±2°로 하며, 공칭굴절각이 35°일 경우 0~4°의 범위 내로 한다.

42 알루미늄의 맞대기 용접부의 초음파경사각탐상시험방법(KS B 0897)에서 규정하고 있는 흠의 지시길이의 측정 시 올바른 주사방법은?

① 최대 에코를 나타내는 위치에 탐촉자를 놓고 좌우 주사를 한다.
② 최대 에코를 나타내는 위치에 탐촉자를 놓고 목진동 주사를 한다.
③ 최소 에코를 나타내는 위치에 탐촉자를 놓고 전후 주사만을 한다.
④ 최소 에코를 나타내는 위치에 탐촉자를 놓고 원둘레 주사를 한다.

해설
최대 에코에서 좌우 주사하며, 약간의 전후 주사를 실시하여 최대 에코를 찾는다.

43 용융금속을 주형에 주입할 때 응고하는 과정을 설명한 것으로 틀린 것은?

① 나뭇가지 모양으로 응고하는 것을 수지상정이라 한다.
② 핵 생성 속도가 핵 성장 속도보다 빠르면 입자가 미세해진다.
③ 주형에 접한 부분이 빠른 속도로 응고하고 차차 내부로 가면서 천천히 응고한다.
④ 주상 결정입자 조직이 생성된 주물에서는 주상 결정 입내 부분에 불순물이 집중하므로 메짐이 생긴다.

해설
과랭은 응고점보다 낮은 온도가 되어 응고가 시작하는 것을 의미하며, 결정입자의 미세도는 결정핵 생성 속도와 연관이 있다. 과랭의 정도는 냉각 속도가 빠를수록 커지며, 결정립은 미세해진다. 또한, 주상 결정은 결정입자 속도가 용융점이 내부로 전달하는 속도보다 클 경우 발생하며, 입상 결정입자는 결정입자 성장 속도가 용융점이 내부로 전달하는 속도보다 작을 경우에 발생한다. 주상 결정은 주로 입계 편석이 발생하게 된다.

정답 40 ③ 41 ① 42 ① 43 ④

44 Y합금의 일종으로 Ti과 Cu를 각각 0.2% 정도씩 첨가한 합금으로 피스톤에 사용되는 합금의 명칭은?

① 라우탈
② 엘린바
③ 두랄루민
④ 코비탈륨

해설
코비탈륨은 Y합금(Al–Cu–Ni–Mg)에 Ti, Cu를 0.2% 정도 첨가한 합금이다.

45 강괴의 종류에 해당되지 않는 것은?

① 쾌삭강 ② 캡드강
③ 킬드강 ④ 림드강

해설
강괴에는 킬드강, 세미킬드강, 캡드강, 림드강이 있다. 킬드강은 완전 탈산, 세미킬드강은 중간 탈산, 림드강은 탈산하지 않은 것, 캡드강은 림드강을 변형시킨 것으로 용강 주입 후 뚜껑을 씌워 림드를 어느 정도 억제시킨 강이다.

46 독성이 없어 의약품, 식품 등의 포장형 튜브 제조에 많이 사용되는 금속으로 탈색효과가 우수하며, 비중이 약 7.3인 금속은?

① 주석(Sn) ② 아연(Zn)
③ 망간(Mn) ④ 백금(Pt)

해설
주석(Sn)은 비중이 약 7.3으로 독성이 없다.

47 연강은 200~300℃에서 상온에서 보다 연신율이 낮아지고 경도와 강도가 높아지는 현상을 무엇이라 하는가?

① 시효경화
② 결정립 성장
③ 고온 취성
④ 청열 취성

해설
- 청열 메짐 : 냉간가공영역 안, 210~360℃ 부근에서 기계적 성질인 인장강도는 높아지나 연신이 갑자기 감소하는 현상
- 적열 메짐 : 황이 많이 함유되어 있는 강이 고온(950℃ 부근)에서 메짐(강도는 증가, 연신율은 감소)이 나타나는 현상

48 방사선투과검사 시 후방산란선을 제거하기 위한 목적과 관계가 적은 것은?

① 마스크
② 납 판
③ 전방 스크린
④ 쇠구슬

해설
전방 스크린은 주로 투과 사진 상질과 관계되며, 필름의 사진작용을 증대시키는 데 사용한다.

44 ④ 45 ① 46 ① 47 ④ 48 ③ 정답

49 다음 중 슬립(Slip)에 대한 설명으로 틀린 것은?

① 원자밀도가 가장 큰 격자면에서 잘 일어난다.

② 원자밀도가 최대인 방향으로 잘 일어난다.

③ 슬립이 계속 진행하면 결정은 점점 단단해져서 변형이 쉬워진다.

④ 다결정에서는 외력이 가해질 때 슬립 방향이 서로 달라 간섭을 일으킨다.

해설

슬립면이란 원자밀도가 가장 큰 면이고, 슬립 방향은 원자밀도가 최대인 방향이다. 슬립이 계속 진행하면 점점 단단해져 변형이 어려워진다.

50 제진재료에 대한 설명으로 틀린 것은?

① 제진합금으로는 Mg-Zr, Mn-Cu 등이 있다.

② 제진합금에서 제진기구는 마텐자이트 변태와 같다.

③ 제진재료는 전동을 제어하기 위하여 사용되는 재료이다.

④ 제진합금이란 큰 의미에서 두드려도 소리가 나지 않는 합금이다.

해설

제진재료

- 진동과 소음을 줄여 주는 재료로, 제진계수가 높을수록 감쇠능이 좋음
- 제진합금 : Mg-Zr, Mn-Cu, Ti-Ni, Cu-Al-Ni, Al-Zn, Fe-Cr-Al 등
- 내부 마찰이 매우 크며 진동에너지를 열에너지로 변환시키는 능력이 큼
- 제진기구는 훅의 법칙을 따르며 외부에서 주어진 에너지가 재료에 흡수되어 진동이 감쇠하게 되며 열에너지로 변환된다.

51 구리 및 구리합금에 대한 설명으로 옳은 것은?

① 구리는 자성체이다.

② 금속 중에 Fe 다음으로 열전도율이 높다.

③ 황동은 주로 구리와 주석으로 된 합금이다.

④ 구리는 이산화탄소가 포함되어 있는 공기 중에서 녹청색 녹이 발생한다.

해설

구리는 면심입방격자를 이루고 있으며, 융점 1,083℃, 비중 8.9인 금속이다. 열전도율은 Ag(은) 다음으로 높으며, 내식성이 우수한 금속이나 이산화탄소에 약하다. 청동의 경우 ㋠이 들어간 것으로 Sn(주석), ㋜을 연관시키고, 황동의 경우 ㋭이 들어가 있으므로 Zn(아연), ◎을 연관시켜 암기한다.

52 다음 중 비중이 가장 가벼운 금속은?

① Mg ② Al

③ Cu ④ Ag

해설

비중 : Mg(1.74), Al(2.7), Fe(7.86), Cu(8.9), Mo(10.2), Ni(8.9), W(19.3), Mn(7.4), Ag(10.5)

정답 49 ③ 50 ② 51 ④ 52 ①

53 저용융접 합금의 용융온도는 약 몇 ℃ 이하인가?

① 250℃ 이하
② 450℃ 이하
③ 550℃ 이하
④ 650℃ 이하

해설
저용융점 합금의 용융 온도는 250℃ 이하이다.

54 판재의 굽힘가공에서 외력을 제거하면 굽힘각도가 벌어지는 현상은?

① 벤딩(Bending)
② 스프링 백(Spring Back)
③ 네킹(Necking)
④ 바우싱거 효과(Bauschinger Effect)

해설
스프링 백(Spring Back) : 굽힘시험을 했을 때 탄성한계점을 넘어서 응력을 제거하면 원래 형상으로 되돌아오는 재료의 정도, 즉 굽힘량이 감소되는 현상으로 복원된 각은 처음 각도보다 더 벌어지게 된다.

55 금속의 결정구조를 생각할 때 결정면과 방향을 규정하는 것과 관련이 가장 깊은 것은?

① 밀러지수
② 탄성계수
③ 가공지수
④ 전이계수

해설
밀러지수란 세 개의 정수 혹은 지수를 이용하여 방향과 면을 표시하는 표기법이다.

56 Ni-Fe계 합금인 엘린바(Elinvar)는 고급 시계, 지진계, 압력계, 스프링 저울, 다이얼 게이지 등에 사용되는데 이는 재료의 어떤 특성 때문에 사용하는가?

① 자 성
② 비 중
③ 비 열
④ 탄성률

해설
불변강은 탄성계수가 매우 낮은 금속으로 인바, 엘린바 등이 있다. 엘린바의 경우 36% Ni + 12% Cr 나머지 철로 된 합금이며, 인바의 경우 36% Ni + 0.3% Co + 0.4% Mn 나머지 철로 된 합금이다.

정답 53 ① 54 ② 55 ① 56 ④

57 다음 중 베어링용 합금이 아닌 것은?

① 배빗메탈
② 화이트 메탈
③ 켈 밋
④ 니크롬

해설

베어링 합금
- 화이트 메탈, Cu–Pb 합금, Sn 청동, Al 합금, 주철, Cd 합금, 소결합금
- 경도와 인성, 항압력이 필요함
- 하중에 잘 견디고 마찰계수가 작아야 함
- 비열 및 열전도율이 크고 주조성과 내식성 우수함
- 소착(Seizure)에 대한 저항력이 커야 함

58 단조용 재료를 가열할 때 주의사항이 아닌 것은?

① 균일하게 가열할 것
② 너무 급하게 고온도로 가열하지 말 것
③ 너무 오래 가열하지 말 것
④ 재료 내부는 가열하지 말 것

해설

열처리 시에는 균일하게 하며, 급하게 고온도로 가열하면 안 된다. 따라서 재료 내부 역시 서서히 외부온도와 비슷한 속도로 가열되어야 한다.

59 점용접 조건의 3요소가 아닌 것은?

① 전류의 세기
② 통전시간
③ 너깃(Nugget)
④ 가압력

해설

점용접의 조건은 전류의 세기, 통전시간, 가압력이다.

60 용접의 용착법에서 스킵법(Skip Method)의 설명으로 다음 중 가장 적합한 것은?

① 공작물을 가접 또는 지그로 고정하여 변형의 발생을 방지하는 방법
② 용접하기 전에 변형할 각도만큼 반대 방향으로 각을 주는 방법
③ 비드를 좌우 대칭으로 하여 변형을 방지하는 방법
④ 용접 진행 방향으로 띔용접을 하여 변형을 방지하는 방법

해설

스킵법이란 용접 진행 방향으로 띔용접을 하여 변형을 방지하는 방법이다.

정답 57 ④ 58 ④ 59 ③ 60 ④

2019년 제1회 과년도 기출복원문제

01 결함부와 건전부의 온도 정보 분포패턴을 열화상으로 표시하여 결함을 탐지하는 비파괴검사법은?

① 중성자투과검사(NRT)
② 적외선검사(TT)
③ 음향방출검사(AET)
④ 와전류탐상검사(ECT)

해설
적외선 검사(서모그래피법)는 적외선 카메라를 이용하여 비접촉식으로 온도 이미지를 측정하여 구조물의 이상 여부를 탐상하는 시험이다.

02 침투탐상검사에서 시험체를 가열한 후 결함 속에 있는 공기나 침투제의 가열에 의한 팽창을 이용해서 지시모양을 만드는 현상법은?

① 건식현상법
② 속건식현상법
③ 특수현상법
④ 무현상법

해설
무현상법은 현상제를 사용하지 않고 시험체에 열을 가해 팽창되는 침투제를 이용하는 현상법이다.

03 자분탐상검사 시 원형자화법을 적용할 때 검사체 직경 1인치당 소요전류로 알맞은 것은?

① 100~125Amp
② 800~1,000Amp
③ 1,200~1,500Amp
④ 2,000~3,000Amp

해설
자분탐상검사 시 원형자화법 적용 시 직경 1인치당 800~1,000Amp의 전류를 사용한다.

04 두꺼운 금속제의 용기나 구조물의 내부에 존재하는 가벼운 수소화합물의 검출에 가장 적합한 검사 방법은?

① X-선투과검사
② 감마선투과검사
③ 중성자투과검사
④ 초음파탐상검사

해설
중성자투과검사란 중성자가 물질을 투과할 때 생기는 감쇠현상을 이용한 검사법으로 주로 수소화합물 검출에 사용된다.

1 ② 2 ④ 3 ② 4 ③ 정답

05 **ASME Sec.XI에 따라 원자로용기의 사용 전 쉘, 헤드, 노즐 용접부의 100% 체적검사 방법은?**

① 초음파탐상검사(UT)
② 방사선투과검사(RT)
③ 자분탐상검사(MT)
④ 육안검사(VT)

해설
원자로 용기는 사고의 위험이 있으면 안 되므로 초음파탐상검사로 100% 체적검사를 실시한다.

06 **후유화성 침투액(기름 베이스 유화제)을 사용한 침투탐상시험이 갖는 세척방법의 주된 장점은?**

① 물 세척 ② 솔벤트 세척
③ 알칼리 세척 ④ 초음파 세척

해설
후유화성 침투액은 침투액이 물에 곧장 씻겨 내리지 않고 유화처리를 통해야만 세척이 가능하므로, 과세척을 막을 수 있어 얕은 결함의 검사에 유리하다. 단, 유화시간 적용이 중요하다.

07 **비파괴검사의 안전관리에 대한 설명 중 옳은 것은?**

① 방사선의 사용은 근로기준법에 규정되어 있고 이에 따르면 누구나 취급해도 좋다.
② 방사선투과시험에 사용되는 방사선이 강하지 않은 경우 안전 측면에 특별히 유의할 필요는 없다.
③ 초음파탐상시험에 사용되는 초음파가 강력한 경우 유자격자에 의한 안전관리 지도가 의무화되어 있다.
④ 침투탐상시험의 세정처리 등에 사용된 폐액은 환경, 보건에 유의하여야 한다.

해설
침투탐상검사는 침투액, 현상액, 세척액 등 액체류를 사용하므로 폐수처리 설비가 있어야 한다.

08 **시험체에 관통된 결함의 확인을 위한 각종 비파괴검사방법의 설명으로 틀린 것은?**

① 타진법을 응용해서 결함 부분을 두드린다.
② 진공 상자를 이용하여 흡입된 압력차를 알아본다.
③ 시험체 전면에 침투제를 적용하고, 반대면에는 현상제를 적용한다.
④ 시험체 내부를 밀봉하고, 가압하여 시험체 외부에 비눗물을 적용한다.

해설
비파괴검사의 종류에는 육안, 침투, 자기, 초음파, 방사선, 와전류, 누설, 음향 방출, 스트레인 측정 등이 있다.

09 **방사성 동위원소의 선원 크기가 2mm, 시험체의 두께가 25mm, 기하학적 불선명도가 0.2mm일 때 선원 시험체 간 최소 거리는 얼마인가?**

① 150mm ② 200mm
③ 250mm ④ 300mm

해설
방사선탐상에서 기하학적 불선명도는 $U_E = \frac{F \times t}{d_0}$ 로 계산하며, U_E는 기하학적 불선명도, F는 방사선 선원의 크기, t는 시험체의 두께, d_0는 선원과 시험체 간의 거리를 나타낸다.
즉, $d_0 = \frac{2\text{mm} \times 25\text{mm}}{0.2\text{mm}} = 250\text{mm}$가 된다.

정답 5 ① 6 ① 7 ④ 8 ① 9 ③

10 다음 누설검사방법 중 누설 위치를 검출하기 위해 적용하기 어려운 것은?

① 암모니아 누설검사
② 기포누설시험 – 가압법
③ 기포누설시험 – 진공상자법
④ 헬륨질량분석법 – 진공후드법

해설
헬륨질량분석법은 내·외부의 압력차에 의한 누설량을 측정하는 시험으로 누설 위치를 찾는 데에는 적당하지 않다.

11 방사선투과검사 필름현상 및 건조 후 확인 결과 기준보다 높은 필름 농도의 원인과 가장 거리가 먼 것은?

① 기준의 2배 노출시간
② 30℃ 현상액 온도
③ 기준의 2배 현상시간
④ 기준의 2배 정착시간

해설
현상과정은 방사선 노출로 투과사진에 형성된 잠상이 현상, 정지, 정착, 세척, 건조과정을 통해 눈에 보이는 영구적인 상으로 나타나게 하는 과정이다. 정착처리는 필름의 현상된 은 입자를 영구적인 상으로 나타나게 하고, 열에 잘 견디게 해 주는 역할을 하므로 필름 농도의 원인과는 거리가 멀다.

12 다음 중 전자파가 아닌 것은?

① 가시선 ② 자외선
③ 감마선 ④ 전자선

해설
전자파는 전파, 적외선, 가시광선, 자외선, X선, 감마선 등이 있고 전자선은 진공 중에 방사된 자유전자선속을 말한다.

13 와전류탐상검사에서 시험체에 침투되는 와전류의 표준 침투깊이에 영향을 미치지 않는 것은?

① 주파수 ② 전도율
③ 투자율 ④ 기전율

해설
와전류의 표준 침투깊이(Standard Depth of Penetration)는 와전류가 도체 표면의 약 37% 감소하는 깊이를 의미한다.
침투깊이는 $\delta = \frac{1}{\sqrt{\pi \rho f \mu}}$ 로 나타내며, ρ : 전도율, μ : 투자율, f : 주파수로 기전율은 영향을 미치지 않는다.

14 초음파탐상시험에서 CRT 브라운관상에 나타난 지시를 이동하여 원점과 일치시키기 위해 좌우로 이동하는 것을 무엇이라 하는가?

① 범위(Range)
② 소인지연(Sweep Delay)
③ 마커(Marker)
④ DAC

해설
소인회로는 탐상기에 나타나는 펄스의 수평 등속도로 만들어 탐상거리를 조정하는 회로로, 소인지연 손잡이는 필요로 하는 에코만을 표시하고 영점을 수정할 수 있는 기능을 한다.

15 수정탐촉자의 지름이 클수록 지향성은 어떻게 변화하는가?

① 예리하다. ② 둔화된다.
③ 넓어진다. ④ 길어진다.

해설
수정 탐촉자의 지름이 크고 주파수가 높을수록 지향각은 작아진다.

10 ④ 11 ④ 12 ④ 13 ④ 14 ② 15 ① 정답

16 초음파탐상기의 성능점검을 할 때 반드시 시행해야 하는 3가지는?

① 분해능, 감도 여유값, 불감대
② 불감대, 증폭의 직선성, 시간축의 직선성
③ 증폭의 직선성, 시간축의 직선성, 감도 여유값
④ 분해능, 증폭의 직선성, 시간축의 직선성

해설

초음파탐상기의 성능점검으로 탐상기의 시간축 직선성, 증폭 직선성, 분해능이 가장 중요하다.

17 20mm 두께의 맞대기 용접부를 굴절각 70° 탐촉자로 탐상하여 스크린상에 75mm 거리에서 결함지시가 나타났다. 이 결함의 깊이는?

① 10.5mm ② 12.2mm
③ 14.3mm ④ 16.8mm

해설

결함의 깊이 $d = 2t - W \cdot \cos\theta$로,
$2 \times 20 - 75 \times \cos 70° = 14.3\text{mm}$가 된다.

18 초음파탐상기의 성능 중 반사원에 대하여 화면상에 반사 에코가 나타나는 위치가 반사원의 실제 위치와 동일한지 확인할 수 있는 것은?

① 분해능 ② 증폭직선성
③ 거리진폭특성 ④ 시간축직선성

해설

초음파탐상기의 성능

- 시간축직선성(Horizontal Linearity) : 탐상기에서 표시되는 시간축의 정확성을 의미하며, 다중 반사 에코의 등 간격이 얼마인지 표시할 수 있는 성능
- 증폭직선성(Amplitude Linearity) : 입력에 대한 출력의 관계가 어느 정도 차이가 있는가를 나타내는 성능
- 분해능(Resolution) : 가까이 위치한 2개의 불연속부에서 탐상기가 2개의 펄스를 식별할 수 있는지에 대한 능력
- 감도여유치 : 탐상기에서 조정 가능한 증폭기의 조정 범위(최소, 최대 증폭치 간의 차)

19 초음파공진 두께 측정을 목적으로 사용되는 장치의 음극선 진공관 영상막은 다음 중 어느 것으로 나타나는가?

① 시간과 금속거리의 함수로서 불연속으로부터 반사를 나타내는 지시
② 고정된 주파수로 검사할 때 공진조건을 나타내는 지시
③ 연속적으로 주파수의 함수로서 일어나는 공진조건을 나타내는 지시
④ 불연속적으로 일어나는 공진조건을 나타내는 지시

해설

음극선 진공관 영상막은 연속적으로 주파수의 함수로서 일어나는 공진조건을 나타내는 지시이다.

20 초음파탐상시험 시 에코 높이의 조정에 관계되는 조정부는?

① 시간축발생기
② 음극선관(CRT)
③ 리젝션(Rejection)
④ 지연조절기(Delay Control)

해설

- 리젝션 : 에코 높이 조정
- 음극선관 : 에코 표시 화면

정답 16 ④ 17 ③ 18 ④ 19 ③ 20 ③

21 **초음파탐상시험에서 펄스반사법에 의한 경사각탐상 시 탐상기의 탐상면과 저면이 평행으로 되어 있지 않은 경우에 대한 설명으로 가장 적절한 것은?**

① 탐상 시 투과력을 감소시킨다.
② 스크린상에 저면 반사파가 나타나지 않을 수 있다.
③ 재질 내에 존재하는 다공의 상태를 잘 지시해 준다.
④ 입사면과 평행으로 놓인 결함의 위치를 탐상하기 어렵게 된다.

해설
펄스반사법은 초음파 빔을 송신 후 수신으로 이루어지므로, 저면이 평행하지 않을 경우 산란, 굴절 등의 영향으로 인해 수신이 이루어지지 않을 수 있다.

22 **어떤 재질에서의 초음파 속도가 4.0×10^3m/s이고, 탐촉자의 주파수가 5MHz이면 파장은 몇 mm인가?**

① 0.08 ② 0.04
③ 0.4 ④ 0.8

해설
파장은 $\lambda = \frac{V}{f}$로, $\frac{4.0 \times 10^3 \text{m/s}}{5 \times 10^6 \text{Hz}} = 0.0008\text{m} = 0.8\text{mm}$

23 **음향 임피던스에 관한 설명으로 옳은 것은?**

① 초음파가 물질 내에 진행하는 것을 방해하는 저항을 말한다.
② 초음파가 매질을 통과하는 속도와 물질의 밀도와의 차를 말한다.
③ 공진값을 정하는 데 이용되는 파장과 주파수의 곱에 관한 함수이다.
④ 일반적으로 초음파가 물질 내를 진행할 때 빨리 진행하게 하는 것을 말한다.

해설
음향 임피던스란 재질 내에서 음파의 진행을 방해하는 것으로, 재질의 밀도(ρ)에 음속(ν)을 곱한 값이다. 두 매질 사이의 경계에서 투과와 반사를 결정짓는 특성이다.

24 **강 용접부의 초음파탐상시험방법(KS B 0896)에서 규정하고 있는 수직탐촉자의 공칭 주파수와 진동자의 공칭 지름이 바르게 연결된 것은?**

① 1MHz – 20mm
② 2MHz – 30mm
③ 5MHz – 20mm
④ 7Mhz – 30mm

해설
- 수직탐촉자의 공칭 주파수 2MHz에서 공칭 치수는 20mm, 28mm이며, 5MHz에서는 10mm와 20mm이다.
- 경사각 탐촉자의 경우 2MHz에서 10 × 10mm, 14 × 14mm, 20 × 20mm이며, 5MHz에서는 10 × 10mm, 14 × 14mm이다.

25 **초음파탐상검사에서 표준시험편의 사용목적으로 가장 거리가 먼 것은?**

① 감도의 조정을 한다.
② 탐상기의 성능을 측정한다.
③ 시간축의 측정범위를 조정한다.
④ 동축케이블의 성능을 측정한다.

해설
표준시험편은 STB-A1, STB-A2, STB-A3 등이 있으며 탐상기의 성능, 측정 범위의 조정, 탐상 감도 조정, 입사각과 굴절각 등을 조정한다.

21 ② 22 ④ 23 ① 24 ③ 25 ④ 정답

26 강 용접부의 초음파탐상시험방법(KS B0896)에서 규정하고 있는 장치의 조정 중 시간축의 조정 및 원점의 수정은 A1형 표준시험편 또는 A3형 표준시험편을 사용하여 어느 정도의 정밀도를 요구하고 있는가?

① ±0.5% ② ±1%
③ ±1.5% ④ ±2%

해설
탐상기에 필요한 성능 중 시간축 조정은 ±1%의 범위에서 한다.

27 KS B 0817에 따라 탐상도형을 표시할 때의 부대기호 표시방법 설명으로 잘못된 것은?

① 식별부호는 기본 기호의 오른쪽 아래에 a, b, c의 영어 소문자를 붙여 F_a, F_b로 구별한다.
② 다중반사의 기호는 기본 기호의 오른 쪽 위에 1, 2,..n의 기호를 붙여 B^1, B^2로 구별한다.
③ 바닥면 에코의 기호는 건전부의 제1회 바닥면 에코(B_1)를 B_G, 흠집을 포함한 제1회 바닥면 에코(B_1)를 B_F로 구별한다.
④ 경사각 탐촉자의 쐐기 안 에코의 기호는 T로 표시하며 또한 시간축 위에서의 초음파 빔축의 입사점을 0으로 표시한다.

해설
부대기호 표시방법으로 식별부호는 F_a로 시작하여 a, b, c …로 구분되며, 다중반사의 기호에는 기본 기호의 오른쪽 아래에 B_1으로 시작해 1, 2,…로 구분된다.

28 KS B 0817에서 초음파탐상기의 조정 시 탐상기와 탐촉자를 조합하여 전원 스위치를 켠 후 몇 분이 경과한 후에 조정하도록 규정하고 있는가?

① 1분 ② 5분
③ 30분 ④ 1시간

해설
초음파 탐상기의 조정은 실제 탐상기와 탐촉자를 세팅한 후 5분 이상 경과한 후 시험한다.

29 알루미늄의 맞대기 용접부의 초음파 경사각 탐상 시험방법(KS B 0897)에 의한 시험에서 평가 대상으로 하는 흠 중 에코 높이가 가장 높은 것은?

① A종 ② B종
③ C종 ④ D종

해설
에코 높이에 따라 흠을 평가하며 A, B, C의 3종류 평가 레벨 중 H_{RL}을 기준으로 A평가는 −12dB, B평가는 −18dB, C평가는 −24dB로 측정하므로 A종이 가장 높다.

30 초음파탐상시험용 표준시험편(KS B 0831)에서 G형 감도 표준시험편 (STB-G) 중 기호가 STB-G V15-5.6인 시험편의 길이로 옳은 것은?

① 150mm ② 180mm
③ 200mm ④ 250mm

해설
STB-G V15-5.6 표준시험편은 수직탐촉자의 성능 측정 시 사용하며 길이 150mm, 두께 50mm, 곡률반경 12mm, 홀의 지름 1mm이다.

정답 26 ② 27 ② 28 ② 29 ① 30 ②

31 강 용접부의 초음파탐상시험방법(KS B 0896)에 따라 5Z10×10A70을 이용하여 측정범위 125mm로 에코 높이 구분선을 작성하였다. 0.5 스킵거리에서 표준 구멍의 최대 에코를 100%가 되도록 게인을 조정하였을 때 이 구분선은 흠 에코의 평가에 사용되는 빔 노정의 범위에서 그 높이가 40% 이하가 되지 않았고 그때의 기준 감도는 46dB이었다. 동 위치에서의 L선은 얼마(dB)인가?

① 34 ② 40
③ 52 ④ 58

해설
흠 에코의 평가에 사용되는 빔 노정의 범위에서 높이가 40% 이하가 되지 않았으므로, H선의 기준 감도는 46dB인 것을 알 수 있으며, L선은 H선보다 12dB 낮으므로 34dB이 된다.

32 탐촉자의 표시에서 5Q20NDML Q와 바꾸어 놓을 수 없는 기호는?

① M ② C
③ Z ④ T

해설
진동자 재료의 표시 기호
- 수정 : Q
- 지르콘·타이타늄산납계자기 : Z
- 압전자기일반 : C
- 압전소자일반 : M

33 강 용접부의 초음파탐상시험방법(KS B 0896)에 따른 경사각탐상으로 흠(결함)의 지시 길이를 측정하는 설명이 옳은 것은?

① 최대 에코 높이에서 좌우 주사하여 에코 높이가 H선을 넘는 탐촉자의 이동거리
② 판 두께 75mm 이상의 경우 좌우주사하여 에코 높이가 M선을 넘는 탐촉자의 이동거리
③ 흠의 지시 길이는 0.5mm 단위로 측정
④ 약간 전후주사는 하지만 목회전주사는 하지 않음

해설
흠의 지시 길이는 최대 에코에서 좌우주사로 측정하게 되며 DAC상 L선을 넘는 탐촉자의 이동거리로 한다. 여기서 약간의 전후주사는 하지만 목회전주사는 하지 않는다.

34 압력용기용 강판의 초음파탐상검사방법(KS D 0233)에 따라 2진동자 수직탐촉자에 의한 탐상을 할 때, 결함지시 길이를 측정하는 방법에 대한 설명으로 틀린 것은?

① 폭 방향의 지시 길이를 측정하는 경우 X주사로 측정
② 길이방향의 지시 길이를 측정하는 경우 Y주사로 측정
③ 탐촉자를 이동하여 흠 에코 높이가 대비선까지 저하될 때, 이동한 탐촉자의 중심 간 거리를 측정
④ 길이 방향 지시 길이를 측정할 때, X주사가 곤란한 경우 Y주사로 측정

해설
2진동자 수직탐촉자의 경우 결함 길이 방향은 Y주사, Y주사가 어려울 시 X주사로 측정하며, 규정된 대비선까지 저하되었을 때까지의 거리를 측정한다.

31 ① 32 ④ 33 ④ 34 ④ 정답

35 용접부의 초음파탐상시험방법(KS B 0896)에 의한 평판이음 용접부의 탐상에서 판 두께 40mm 이하의 경우 사용되는 탐촉자의 공칭 굴절각은?(단, 음향이방성을 가진 시험체는 제외한다)

① 45°　② 60°
③ 65°　④ 70°

해설
평판이음 용접부의 탐상에서 판 두께 40mm 이하의 경우 70°를 사용하며 40mm 초과 60mm 이하의 경우 60° 또는 70°를 사용하며, 60mm 이상의 것은 70°와 45°를 병용 또는 60°와 45°를 병용하여 사용한다. 음향이방성의 경우 40mm 이하이거나 40mm 초과 60mm 이하의 경우 65° 또는 60°, 60mm 이상의 것은 65°와 45°를 병용 또는 60°와 45°를 병용하여 사용한다.

36 KS B 0896(강 용접부의 초음파탐상시험방법)에 의한 탐상장치의 점검은 작업 개시 후 몇 시간마다 점검하여야 하는가?

① 작업시간 4시간 이내마다
② 작업시간 5시간 이내마다
③ 작업시간 6시간 이내마다
④ 작업시간 7시간 이내마다

해설
탐상장치의 점검은 작업 개시 후 4시간 이내마다 점검하도록 한다.

37 초음파탐상장치의 성능 측정방법(KS B 0534)에 따라 수직탐상할 경우 사용되는 근거리 분해능 측정용 시험편은?

① RB-RA형　② RB-RB형
③ RB-RC형　④ STB-A형

해설
수직탐상에서의 근거리 분해능은 RB-RC형 대비시험편을 이용하고 접촉매질 및 탐촉자의 경우 실제 탐상에서 쓰이는 것을 사용한다.

38 강 용접부의 초음파탐상시험방법(KS B 0896)에 따라 RB-4를 이용하여 에코 높이 구분선을 작성하고자 할 때 탐촉자의 위치는?

① $\frac{1}{8}, \frac{2}{8}, \frac{4}{8}, \frac{6}{8}, \frac{8}{8}$

② $\frac{1}{8}, \frac{3}{8}, \frac{5}{8}, \frac{7}{8}, \frac{9}{8}$

③ $\frac{1}{9}, \frac{3}{9}, \frac{5}{9}, \frac{7}{9}, \frac{9}{9}$

④ $\frac{1}{9}, \frac{2}{9}, \frac{4}{9}, \frac{6}{9}, \frac{8}{9}$

해설
에코 높이 구분선의 작성

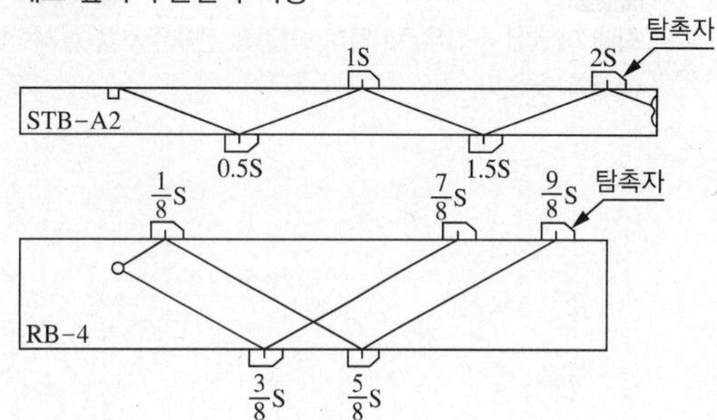

39 강 용접부의 초음파탐상시험방법(KS B 0896)에 따른 수직탐촉자의 성능 측정 시 사용되는 표준 시험편은?

① STB-A1
② STB-A2
③ STB-G V15-5.6
④ STB-N1

해설
수직탐촉자의 성능 측정 시 STB-G V15-5.6의 표준 시험편을 사용하여 탐상한다.

정답 35 ④ 36 ① 37 ③ 38 ② 39 ③

40 알루미늄의 맞대기용접부의 초음파 경사각 탐상시험방법(KS B 0897)에서 규정하고 있는 흠의 지시길이의 측정 시 올바른 조사방법은?

① 최대 에코를 나타내는 위치에 탐촉자를 놓고 좌우주사를 한다.
② 최대 에코를 나타내는 위치에 탐촉자를 놓고 목진동주사를 한다.
③ 최소 에코를 나타내는 위치에 탐촉자를 놓고 전후주사만을 한다.
④ 최소 에코를 나타내는 위치에 탐촉자를 놓고 원둘레주사를 한다.

해설
최대 에코에서 좌우주사하며, 약간의 전후주사를 실시하여 최대 에코를 찾는다.

41 압력용기용 강판의 초음파탐상검사방법(KS D 0233)에 따른 비교시험편을 제작할 때 각 홈에 대한 설명으로 틀린 것은?

① 너비는 1.5mm 이하로 한다.
② 각도는 60°로 한다.
③ 길이는 진동자 공칭 치수의 2배 이상으로 한다.
④ 깊이의 허용차는 ±15% 또는 ±0.05mm 중 큰 것으로 한다.

해설
각 홈에서 각도는 90°로 한다.

42 강 용접부의 초음파탐상시험방법(KS B 0896)에 따라 두 방향(A방향, B방향)에서 탐상한 결과 동일한 흠이 A방향에서는 2류, B방향에서는 3류로 분류되었다면 이때 흠의 분류로 옳은 것은?

① 1류 ② 2류
③ 3류 ④ 4류

해설
흠 분류 시 2방향 이상에서 탐상한 경우 동일한 흠의 분류가 2류, 3류로 나타났다면 가장 하위 분류를 적용해 3류를 적용한다.

43 4% Cu, 2% Ni, 1.5% Mg이 첨가된 알루미늄 합금으로 내연기관용 피스톤이나 실린더 헤드 등에 사용되는 재료는?

① Y합금
② 라우탈(Lautal)
③ 알클래드(Alclad)
④ 하이드로날륨(Hydronalium)

해설
합금의 종류 암기법
- Al–Cu–Si : 라우탈(알구시라)
- Al–Ni–Mg–Si–Cu : 로엑스(알니마시구로)
- Al–Cu–Mn–Mg : 두랄루민(알구망마두)
- Al–Cu–Ni–Mg : Y–합금(알구니마와이)
- Al–Si–Na : 실루민(알시나실)
- Al–Mg : 하이드로날륨(알마하 내식 우수)

40 ① 41 ② 42 ③ 43 ① 정답

44 기포누설검사에서 발포액의 구비조건으로 틀린 것은?

① 온도에 의한 열화가 없을 것
② 발포액 자체에 거품이 없을 것
③ 표면장력이 크고, 점도가 높을 것
④ 진공하에서 증발하기 어려울 것

해설
기포누설시험은 시험체를 가압 후 표면에 발포액을 적용하여 기포 발생 여부를 확인하여 검출하는 방법으로, 점도가 낮아 적심성이 좋고 표면장력이 작아 발포액이 쉽게 기포를 형성하여야 한다.

45 활자금속용 재료로 사용되는 합금의 주요 성분은?

① Sn-Se-Mn
② Ag-Se-Mg
③ Pb-Sb-Sn
④ Zn-Co-Cu

해설
활자 합금의 주요 성분은 Pb-Sb-Sn이며, 융점이 낮고, 적당한 강도, 내마멸성, 내식성을 가져야 한다. 여기에 경도가 필요할 경우 Cu가 첨가된다.

46 다음 중 저용점 합금으로 사용되는 원소가 아닌 것은?

① Pb ② Bi
③ Sn ④ Mo

해설
저용점 합금은 250℃ 이하의 융점을 가지는 것으로 Pb, Sn, Cd, In, Bi 등이 있다.

47 로크웰 경도시험에서 C스케일의 압입자는?

① 120°의 다이아몬드콘
② 지름이 1/16인치 강철볼
③ 지름이 1/16인치 초경합금구
④ 꼭지각이 136°인 피라미드형 다이아몬드

해설
경도 측정법에는 브리넬, 비커스, 마이크로비커스 등이 있으며, 브리넬 경도계는 꼭지각이 120°인 다이아몬드 콘을, 비커즈 경도계는 꼭지각이 136°인 다이아몬드 콘을 사용한다.

48 조미니 시험법에 대한 설명으로 옳은 것은?

① 강의 표면경도를 시험하는 시험법
② 강의 담금질성을 시험하는 시험법
③ 강의 임계지름을 측정하는 시험법
④ 강의 임계 냉각속도를 측정하는 시험법

해설
조미니 시험법은 강의 담금질성을 측정하는 시험법이다.

정답 44 ③ 45 ③ 46 ④ 47 ① 48 ②

49 철강의 냉간 가공 시에 청열 메짐이 생기는 온도 구간이 있으므로 이 구간에서의 가공을 피해야 한다. 이 구간의 온도는?

① 약 100~210℃

② 약 210~360℃

③ 약 420~550℃

④ 약 610~730℃

해설

- 청열 메짐 : 냉간 가공 영역 안 210~360℃ 부근에서 기계적 성질인 인장강도는 높아지나 연신이 갑자기 감소하는 현상
- 적열 메짐 : 황이 많이 함유되어 있는 강이 고온(950℃ 부근)에서 메짐(강도는 증가, 연신율은 감소)이 나타나는 현상
- 백열 메짐 : 1,100℃ 부근에서 일어나는 메짐으로 황이 주원인, 결정입계의 황화철이 융해하기 시작하는 데 따라서 발생

50 철-탄소계 합금 중 상온에서 가장 불안정한 조직은?

① 펄라이트

② 페라이트

③ 오스테나이트

④ 시멘타이트

해설

오스테나이트 조직은 A_1(723℃) 변태점 이상에서 안정상을 이룬다.

51 금형에 접촉된 부분만이 급랭에 의하여 경화되는 현상은?

① 연 화

② 칠 드

③ 코어링

④ 조 질

해설

접촉된 부분만 급랭에 의해 경화되는 현상을 칠드라고 한다.

52 Ni-Fe계 합금인 엘린바(Elinvar)는 고급 시계, 지진계, 압력계, 스프링 저울, 다이얼 게이지 등에 사용되는데, 이는 재료의 어떤 특성 때문에 사용하는가?

① 자 성

② 비 중

③ 비 열

④ 탄성률

해설

불변강은 탄성계수가 매우 낮은 금속으로 인바, 엘린바 등이 있으며, 엘린바의 경우 36% Ni + 12% Cr 나머지 철로 된 합금이며, 인바의 경우 36% Ni + 0.3% Co + 0.4% Mn 나머지 철로 된 합금이다.

49 ② 50 ③ 51 ② 52 ④ 정답

53 다음 중 Mg에 대한 설명으로 옳은 것은?

① 알칼리에는 침식된다.

② 산이나 염수에는 잘 견딘다.

③ 구리보다 강도는 낮으나 절삭성은 좋다.

④ 열전도율과 전기전도율이 구리보다 높다.

해설

마그네슘(Mg)은 비중이 1.74로 가볍고, 내산성, 내알칼리성이 우수하지만, 해수에 대한 내식성은 약하다. 산소와 친화력이 강해 공기 중에서 가열 시 발화한다. 전기전도율이 구리(Cu)보다 낮다.

54 온도 변화에 따라 휘거나 그 변형을 구속하는 힘을 발생하여 온도감응소자 등에 이용되는 바이메탈은 재료의 어떤 특성을 이용하여 만든 것인가?

① 열팽창계수

② 전기저항

③ 자성특성

④ 경도지수

해설

바이메탈이란 열팽창계수가 다른 종류의 금속판을 붙여 온도가 높아지면 열팽창계수가 큰 금속이 팽창하며 반대쪽으로 휘는 성질을 이용하여 스위치로 많이 사용한다. 팽창이 잘되지 않는 니켈, 철 합금과 팽창이 잘되는 니켈에 망간, 구리 등의 합금을 서로 붙여 만든다.

55 다음 중 Mg 합금에 해당하는 것은?

① 실루민

② 문쯔메탈

③ 일렉트론

④ 배빗메탈

해설

실루민(Al–Si), 문쯔메탈(6 : 4 황동), 일렉트론(Mg–Al–Zn), 배빗메탈(Sn–Sb–Cu)

56 Ni–Cr–Mo계 합금으로 유기물 및 염류용액의 부식에 잘 견디는 내식성 합금으로 응력 부식 균열성이 우수하며 원자력 공장의 폐액 농축 장치용 재료나 유전용 관에 사용되는 합금은?

① 니칼로이

② 인코넬계

③ 퍼멀로이

④ 고망간강

해설

Ni합금으로 인코넬은 Ni–Cr–Fe–Mo의 합금이며, 내열, 내식성 합금으로 고온용 열전쌍, 전열기부품 등 내식성이 필요한 재료에 사용된다.

정답 53 ③ 54 ① 55 ③ 56 ②

57 재료가 어떤 응력하에서 파단에 이를 때까지 수백 % 이상의 매우 큰 연신율을 나타내는 현상은?

① 초전도 ② 비정질
③ 초소성 ④ 형상기억

해설

③ 초소성 : 어떤 특정한 온도, 변형조건에서 인장 변형 시 수백 %의 변형이 발생하는 것
① 초전도 : 전기저항이 어느 온도 이하에서 0이 되는 현상
② 비정질 : 금속이 용해 후 고속 급랭시켜 원자가 규칙적으로 배열되지 못하고 액체 상태로 응고되어 금속이 되는 것
④ 형상기억 : 힘에 의해 변형되더라도 특정 온도에 도달하면 본래의 모양으로 되돌아가는 현상

58 피용접물이 상호 충돌되는 상태에서 용접이 되는 용접법은?

① 저항 점용접
② 레이저 용접
③ 초음파 용접
④ 퍼커션 용접

해설

- 퍼커션 용접 : 짧은 지름의 용접물을 용접하는 데 사용하고, 양전극 사이에 피용접물을 끼운 후 전류를 통해 상호 충돌로 인해 용접하는 방법
- 프로젝션 용접 : 점용접과 비슷하나 제품의 한쪽 혹은 양쪽에 돌기(Projection)을 만들어 용접전류를 집중시켜 압접하는 방법
- 업셋 용접 : 봉 모양의 재료를 맞대기 용접 시 사용하며, 접합면을 맞댄 후 가압하여 통전하여 용접하는 방법
- 플래시 용접 : 업셋 용접과 비슷하며, 용접 모재를 고정대, 이동대의 전극에 고정 후 모재에 가까이 하여 고전류를 통하여 접촉과 불꽃 비산을 반복하며 적당한 온도에 도달하였을 경우 강한 압력을 주어 압접하는 방법

59 아세틸렌가스 발생기를 카바이드와 물을 작용시키는 방법에 따라 분류할 때 해당되지 않는 것은?

① 주수식 발생기
② 중압식 발생기
③ 침수식 발생기
④ 투입식 발생기

해설

아세틸렌 발생기는 주로 주수식, 침수식(접촉식), 투입식 3가지로 분류된다.

60 AW 300 교류아크 용접기를 사용하여 1시간 작업 중 평균 30분을 가동하였을 경우 용접기 사용률은?

① 7.5% ② 30%
③ 50% ④ 90%

해설

용접기 사용률

$$\frac{\text{아크 발생 시간}}{\text{아크 발생 시간} + \text{정지시간}} \times 100 = \frac{30}{30+30} \times 100 = 50\%$$

57 ③ 58 ④ 59 ② 60 ③ 정답

2020년 제1회 과년도 기출복원문제

01 헬륨질량분석누설검사의 방법이 아닌 것은?

① 추적프로브법
② 검출프로브법
③ 변색법
④ 후드법

해설

ASME에서 규정한 누설시험기법 4가지
- 거품시험 : 가압법, 진공상자법
- 할로겐 다이오드 검출기 프로브법
- 헬륨질량분석기시험법 : 검출기프로브법, 추적자프로브법, 후드기법
- 압력변화시험

02 비파괴검사의 신뢰성을 높이기 위한 설명으로 옳은 것은?

① 결함의 종류, 성질 등을 예측하여 가장 적합한 시험방법을 선택한다.
② 데이터를 자동으로 기록하는 대신 가능한 한 검사자가 기록한다.
③ 가능한 한 새롭고 친숙하지 않은 최신 장비를 사용하여 검사한다.
④ 보다 세밀하게 시험하여 혼돈이 없도록 한 가지 검사법으로 결정적인 결론을 내린다.

해설

비파괴검사의 신뢰성을 높이기 위해서는 적합한 시험방법을 선정하여 결함을 정확히 파악해야 한다.

03 산화성 산, 염류, 알칼리, 함황가스 등에 우수한 내식성을 가진 Ni-Cr 합금은?

① 인코넬
② 엘린바
③ 콘스탄탄
④ 모넬메탈

해설

Ni-Cr합금
- 니크롬(Ni-Cr-Fe) : 전열 저항성(1,100℃)
- 인코넬(Ni-Cr-Fe-Mo) : 고온용 열전쌍 전열기 부품
- 알루멜(Ni-Al)-크로멜(Ni-Cr) : 1,200℃ 온도 측정용

04 와전류탐상검사에 대한 설명으로 옳은 것은?

① 금속, 비금속 등 거의 모든 재료에 적용 가능하고 현장 적용을 쉽게 할 수 있다.
② 비전도체의 결함검출이 가능하다.
③ 미세한 균열의 성장 유무를 감시하는 데 적합하다.
④ 전기전도도를 측정할 수 있다.

해설

와전류탐상의 장단점
- 장 점
  - 고속으로 자동화된 전수검사가 가능하다.
  - 가는 선, 구멍 내부, 고온 등 여러 환경에서 적용 가능하다.
  - 결함, 재질 변화, 품질관리 등 적용범위가 광범위하다.
  - 탐상 및 재질검사 등 탐상결과를 보전 가능하다.
- 단 점
  - 표피효과로 인해 표면 근처의 시험에만 적용 가능하다.
  - 잡음인자의 영향을 많이 받는다.
  - 결함 종류, 형상, 치수에 대한 정확한 측정은 불가하다.
  - 형상이 간단한 시험체에만 적용 가능하다.
  - 도체에만 적용 가능하다.

정답 1 ③ 2 ① 3 ① 4 ④

05 절대압력을 나타낸 것은?

① 절대압력 = 게이지압력 + 대기압력
② 절대압력 = 게이지압력 ÷ 대기압력
③ 절대압력 = 게이지압력 × 대기압력
④ 절대압력 = 게이지압력 − 대기압력

해설
- 절대압력 = 게이지압력 + 대기압
- 절대압력 = 대기압 − 진공압력
- 게이지압력 = 절대압력 − 대기압

06 전도성이 있는 재질의 피막 두께 측정, 균열 검출 및 재질검사 등에 이용되는 비파괴검사법은?

① 초음파탐상검사
② 방사선투과검사
③ 와전류탐상검사
④ 누설검사

해설
와전류탐상검사는 맴돌이전류(와전류 분포의 변화)로 거리·형상의 변화, 합금성분, 재질의 선별, 균열, 불균질 부분, 도금층 두께 측정, 치수 변화, 열처리 상태 등의 확인이 가능하다.

07 비파괴검사방법에 따라 검출할 수 있는 결함의 종류로 옳은 것은?

① 자분탐상검사 : 균열이나 표면검사에 유리
② 초음파탐상검사 : 미세한 기공 검출에 유리
③ 와전류탐상검사 : 융합 불량, 개재물에 유리
④ 침투탐상검사 : 균열이나 체적검사에 유리

해설
자분탐상검사는 균열 및 표면 직하의 결함검출에 용이하다.

08 침투탐상시험 중 자외선조사장치가 필요한 경우는?

① 수세성 염색침투액을 적용할 때
② 용제제거성 염색침투액을 적용할 때
③ 수세성 형광침투액을 적용할 때
④ 후유화성 염색침투액을 적용할 때

해설
자외선조사장치는 형광침투액을 사용할 때 필요하다.

09 보일-샤를의 법칙을 고려해야 하는 비파괴검사법은?

① 초음파탐상검사
② 자기탐상검사
③ 와전류탐상검사
④ 누설검사

해설
누설검사는 유체의 흐름을 감지해 누설 부위를 탐지하는 것이다. 보일-샤를의 법칙은 온도와 압력이 동시에 변하는 것으로 기체의 부피는 절대압력에 반비례하고 절대온도에 비례하는 성질을 이용한다.

5 ① 6 ③ 7 ① 8 ③ 9 ④ 정답

10 1eV(Electron Volt)의 의미를 옳게 나타낸 것은?

① 물질파 파장의 단위
② Lorentz 힘 크기의 단위
③ 1V 전위차가 있는 전자가 받는 에너지의 단위
④ 원자질량 단위로, 정지하고 있는 전자 1개의 질량

해설
1eV는 에너지의 단위로, 1전자의 전하입자가 전위차 1V를 가지는 진공 속을 통과할 때 얻는 에너지를 의미한다.

11 폭이 넓고 깊이가 얕은 결함의 검사에 후유화성 침투탐상검사가 적용되는 이유는?

① 침투액의 형광휘도가 높기 때문이다.
② 수세성 침투액에 비해 시험비용이 저렴하기 때문이다.
③ 수세성 침투액에 비해 침투액이 결함에 침투하기 쉽기 때문이다.
④ 수세성 침투액에 비해 과세척될 염려가 작기 때문이다.

해설
후유화성 침투액은 침투액이 물에 곧장 씻겨 내리지 않고 유화처리를 통해야만 세척이 가능하므로, 과세척을 막을 수 있어 얕은 결함의 검사에 유리하다. 단, 유화시간 적용이 중요하다.

12 특정 비파괴검사 시스템의 결함검출 확률에 대한 설명으로 옳은 것은?

① 큰 결함보다 작은 결함검출에 용이하다.
② 결함의 크기가 1.5mm 이하일 때 결함의 검출 확률은 80%이다.
③ 결함의 크기가 작아짐에 따라 결함검출 확률은 감소한다.
④ 결함의 크기가 2mm 미만일 때 결함의 검출 확률은 1이다.

해설
결함의 크기가 작을수록 검출 확률은 감소하며, 큰 결함검출이 더욱 용이하다.

13 강 용접부의 초음파탐상시험방법(KS B 0896)에 의거 경사각 탐상을 위한 에코 높이 구분선의 작성에 사용되는 표준시험편은?

① STB-A1 또는 STB-N1
② STB-A1 또는 RB-4
③ STB-A2 또는 RB-4
④ STB-A2 또는 STB-N1

해설
에코 높이 구분선 작성 : STB-A2를 사용 시 $\phi 4 \times 4$mm의 표준 구멍을 사용하고, RB-4의 경우 RB-4의 표준 구멍을 사용하여 최대 에코의 위치를 플롯하고 각 점을 이어 구분선으로 한다.

정답 10 ③ 11 ④ 12 ③ 13 ③

14 **초음파탐상검사에서 직접접촉법과 비교하여 수침법에 의한 탐상의 장점은?**

① 표면 상태의 영향을 덜 받아 안정된 탐상이 가능하다.

② 초음파의 산란현상이 커서 탐상에 좋다.

③ 저주파수가 사용되어 탐상에 유리하다.

④ 휴대하기가 편하다.

해설

수침법의 장점

- 탐촉자의 각도를 임의로 변화시킬 수 있다.
- 표면에 의한 영향을 최소화할 수 있다(거친 표면의 시험체 탐상 가능).
- 접촉압력에 의한 영향이 없다(반사파의 강도가 변하지 않음).
- 불감대가 거의 없어지므로 두께가 얇아 주로 불감대의 영향이 큰 판재에 쓰인다.
- 탐촉자가 손상되지 않고 빠른 속도로 자동검사가 가능하다.

15 **초음파탐상검사에서 탐촉자의 기본 구성이 아닌 것은?**

① 증폭기 ② 케이스

③ 충진재 ④ 진동자

해설

탐촉자는 초음파를 발생시키는 진동자와 펄스폭 조정 및 불필요 초음파를 흡수하는 흡음재, 진동자 보호막으로 구성되어 있으며, 크게 수직용, 경사각용으로 나누어진다. 증폭기는 초음파탐상기에 있다.

16 **초음파탐상검사 시 탐촉자의 주파수 선정은 검사하고자 하는 피검체의 조건에 따라 달라지는데, 이는 초음파의 어떤 현상 때문인가?**

① 주기(T)가 일정해지기 때문

② 음향 임피던스가 변하기 때문

③ 속도가 일정해지기 때문

④ 초음파의 시험체의 조건에 따라 흡수량, 산란량, 분해능이 변하기 때문

해설

초음파의 진행은 시험체의 결정입자 및 조직, 점성 감쇠, 강자성 재료의 자벽운동에 의한 감쇠 흡수량 등에 따라 달라지므로 주파수를 다르게 해야 한다.

17 **수신된 초음파의 강도가 처음 송신된 초음파의 강도에 비해 현저히 낮아지는 원인이 아닌 것은?**

① 초음파의 산란

② 초음파의 흡수

③ 초음파의 공진

④ 초음파가 불규칙한 면에서의 전달

해설

초음파의 감쇠는 산란, 흡수, 회절 및 시험편의 표면거칠기 또는 형태에 따라 영향을 많이 받는다.

18 **압력용기용 강판의 초음파 탐상검사방법(KS D 0233) 규격에서 A스코프 표시식 탐상기의 불감대 측정에 사용되는 표준시험편은?**

① STB-G ② STB-A2

③ RB-4 ④ STB-N1

해설

압력용기용 강판의 초음파탐상 시 불감대의 측정은 STB-N1으로 하며, 시간축 측정범위는 50mm로 한다.

14 ① 15 ① 16 ④ 17 ③ 18 ④ 정답

19 강 용접부의 초음파탐상시험방법(KS B 0896)에 따른 강 용접부의 경사각 탐상을 개시할 때 장치 조정항목이 아닌 것은?

① 근거리 분해능
② 측정범위
③ STB 굴절각
④ 입사각

해설

표준시험편(STB-A1)의 사용목적으로 경사각 탐촉자의 특성 측정, 입사점 측정, 굴절각 측정, 측정범위의 조정, 탐상 감도의 조정이 있다.

20 스넬(Snell)의 법칙을 설명한 관계식으로 옳은 것은?(단, θ_1은 입사각, θ_2는 굴절각, V_1은 접촉매질의 파 전달속도, V_2는 검사체의 파 전달속이다)

① $\dfrac{\sin\theta_1}{\sin\theta_2} = \dfrac{V_1}{V_2}$

② $\dfrac{\sin\theta_1}{\sin\theta_2} = \dfrac{V_2}{V_1}$

③ $\dfrac{\sin\theta_1}{\sin\theta_2} = \left(\dfrac{V_1}{V_2}\right)^2$

④ $\dfrac{\sin\theta_1}{\sin\theta_2} = \left(\dfrac{V_2}{V_1}\right)^2$

해설

스넬의 법칙이란 음파가 두 매질 사이의 경계면에 입사하면 입사각에 따라 굴절과 반사가 일어나는 것이다.

$\dfrac{\text{Sin}\alpha}{\text{Sin}\beta} = \dfrac{V_1}{V_2}$

(여기서, α : 입사각, β : 굴절각 또는 반사각, V_1 : 매질 1에서의 속도, V_2 : 매질 2에서의 속도)

21 강 용접부 초음파탐상검사에서 경사각 탐촉자의 주사방법이 아닌 것은?

① 진자주사 ② 수직주사
③ 지그재그주사 ④ 좌우주사

해설

주사란 결함을 찾기 위해 탐촉자의 위치를 움직여 가며 입사 위치를 변화시키는 것이다.

사각탐촉자의 주사방법
- 1탐촉자의 기본주사 : 전후주사, 좌우주사, 목돌림주사, 진자주사
- 1탐촉자의 응용주사 : 지그재그주사, 종방향주사, 횡방향주사, 경사평행주사, 용접선상주사
- 2탐촉자의 주사 : 탠덤주사, 두갈래주사, K-주사, V-주사, 투과주사 등

22 물질의 음향 임피던스(Z)를 구하는 식으로 옳은 것은?

① Z = 밀도 × 음속
② Z = 비중 × 부피
③ Z = 질량 ÷ 밀도
④ Z = 무게 ÷ 음속

해설

음향 임피던스란 재질 내에서 음파의 진행을 방해하는 것으로 재질의 밀도(ρ)에 음속(ν)을 곱한 값이다. 두 매질 사이의 경계에서 투과와 반사를 결정짓는 특성이 있다.

23 초음파탐상시험용 표준시험편(KS B 0831)에 의거 G형 STB의 합격 여부 판정 시 시험편 내의 인공 흠 이외의 에코는 인공 흠 에코 근처보다 몇 dB 이상 낮아야 하는가?

① 5dB ② 10dB
③ 15dB ④ 20dB

정답 19 ① 20 ① 21 ② 22 ① 23 ②

24 강 용접부의 초음파탐상시험방법(KS B 0896)에 따른 음향 이방성의 측정에 사용되는 시험편은?

① STB-A1 시험편
② STB-A2 시험편
③ RB-A8 시험편
④ 시험체와 동일 강판의 평판 모양 시험편

25 초음파탐상검사에서 용접부의 경사각 탐상에 대한 설명으로 옳은 것은?

① 초음파는 결함에 부딪히면 그대로 투과한다.
② 평면형의 반사원인 균열면에 수직으로 초음파가 입사하면 결함 에코 높이는 높아진다.
③ 결함 크기가 초음파 파장의 1/2보다 작아질수록 초음파는 잘 반사되지만 결함의 형상이나 방향에 따라서 반사의 패턴이 달라진다.
④ 평면형의 반사원이라도 초음파의 입사 방향에 대해 수직이면 반사된 초음파는 거의 탐촉자에 되돌아오지 않는다.

해설
평면형의 반사원인 균열면에 수직으로 입사 시 수신되는 신호가 커지므로 결함 에코 높이는 높아진다.

26 초음파탐상 공진법으로 두께를 측정하는 장치에서 CRT상의 표시방법은?

① 시간과 거리의 함수에 대한 불연속반사와 같은 지시로 표시된다.
② 고정 주파수에서 공진 상태를 나타내는 지시로 표시된다.
③ 연속적으로 변화는 주파수의 공진 상태를 나타내는 지시로 표시된다.
④ 간헐적으로 변화는 주파수의 변조 상태를 나타내는 지시로 표시된다.

해설
공진법 : 시험체의 고유 진동수와 초음파의 진동수를 일치할 때 생기는 공진현상을 이용하여 시험체의 두께 측정에 주로 적용하는 방법으로, 연속적으로 변하는 주파수의 공진 상태를 나타내는 지시로 표시된다.

27 건축용 강판 및 평강의 초음파탐상시험에 따른 등급 분류와 판정기준 (KS D 0040)에 대한 설명으로 잘못된 것은?

① 두께 13mm 이하, 너비 180mm 이하의 평강에 대하여 규정하고 있다.
② 탐상방식은 수직법에 따르는 펄스반사법으로 한다.
③ 접촉매질은 원칙적으로 물을 사용한다.
④ 수동 탐상기의 원거리 분해성능은 대비시험편 RB-RA를 사용하여 측정한다.

해설
KS D 0040에 적용되는 재료는 건축물로 높은 응력을 받는 재료에 사용되며, 두께 13mm 이상인 강판, 평강의 경우 두께 13mm, 너비 180mm 이상에 적용한다.

24 ④ 25 ② 26 ③ 27 ① **정답**

28 압력용기용 강판의 초음파탐상검사방법(KS D 0233)에서 표준시험편의 주요 시험 대상물은?

① 강 용접부
② 아크용접부
③ 타이타늄강관
④ 두께 6mm 이상의 킬드강

해설
압력용기용 강판의 탐상은 두께 6mm 이상의 킬드강 또는 두꺼운 강판에 사용한다.

29 강 용접부의 초음파탐상시험방법(KS B 0896)에 의한 평판 이음용접부의 탐상에서 판 두께가 30 mm이고, 음향 이방성을 가진 시험체일 경우 기본으로 사용되는 탐촉자의 공칭 굴절각은?

① 45° ② 60°
③ 65° ④ 70°

해설
평판 이음용접부에서 판 두께가 40mm 이하이고, 음향 이방성을 가질 경우 굴절각 65°를 사용하며, 적용이 어려울 경우 60°를 사용한다.

30 강 용접부의 초음파탐상시험방법(KS B 0896)에 의한 경사각 탐상에서 흠의 지시 길이란?

① 에코 높이가 M선을 넘는 탐촉자의 이동거리
② 에코 높이가 L선을 넘는 탐촉자의 이동거리
③ 최대 에코 높이의 +6dB을 넘는 탐촉자의 이동거리
④ 최대 에코 높이의 1/2을 넘는 탐촉자 이동거리의 2배

해설
흠의 지시 길이는 최대 에코에서 좌우주사로 측정하며 DAC상 L선이 넘는 탐촉자의 이동거리로 한다.

31 강 용접부의 초음파탐상시험방법(KS B 0896)에 의한 A2형계 표준 시험편에 의한 탐상 감도 조정방법으로 옳은 것은?

① 공칭 굴절각 45°를 사용하는 경우 $\phi 4 \times 4$mm의 표준 구멍의 에코 높이가 H선에 일치하도록 게인을 조정한 후 감도를 6dB 높이고 필요에 따라 감도 보정량을 더한다.
② 공칭 굴절각 60° 또는 70°를 사용하는 경우 $\phi 4 \times 4$mm의 표준 구멍의 에코 높이가 M선에 일치하도록 게인을 조정한다.
③ 공칭 굴절각 60° 또는 70°를 사용하는 경우 $\phi 4 \times 4$mm의 표준 구멍의 에코 높이가 H선에 일치하도록 게인을 조정한 후 6dB를 높여 탐상 감도를 한다.
④ 공칭 굴절각 45°를 사용하는 경우 $\phi 4 \times 4$mm의 표준 구멍의 에코 높이가 M선에 일치하도록 게인을 조정한다.

해설
A2형계 표준시험편에서 탐상 감도 조정 시 60°, 70°의 경우 $\phi 4 \times 4$ mm에서 에코 높이 H선으로 조정하며, 필요에 따라 감도 보정량을 더하며, 45°의 경우 위 방법과 같으나 감도를 6dB 높인다.

정답 28 ④ 29 ③ 30 ② 31 ①

32 탄소강 및 저합금강 단강품의 초음파탐상시험방법(KS D 0248)에서 탐상기의 사용 주파수 범위로 가장 거리가 먼 것은?

① 1MHz ② 2.25MHz
③ 5MHz ④ 10MHz

해설
KS D 0248에서 탐상기의 표시기는 펄스반사방식으로 하고, 1MHz에서 5MHz 범위의 주파수를 사용할 수 있는 것으로 한다.

33 주파수가 20MHz인 탐촉자로 어떤 재질의 내부를 탐상하였을 때, 음속이 2.3×10^5cm/s라면 파장은 약 얼마인가?

① 0.32mm ② 0.12mm
③ 0.06mm ④ 0.26mm

해설
주파수와 음속의 관계는 $C = \frac{\lambda}{T} = f \times \lambda$이므로,
$(2.3 \times 10^5) = (20 \times 10^6) \times \lambda$가 된다.
$\therefore \lambda = \frac{2.3 \times 10^5}{20 \times 10^6} = 0.0115\text{cm} = 0.115\text{mm} \fallingdotseq 0.12\text{mm}$

34 초음파탐상장치의 성능 측정방법(KS B 0534)에 의거 시간축 직선성의 성능 측정방법에 관한 설명으로 옳은 것은?

① 접촉매질은 물을 사용한다.
② 초음파탐상기의 리젝션은 0 또는 OFF로 한다.
③ 탐촉자는 직접접촉용 경사각 탐촉자를 사용한다.
④ 신호원으로는 측정범위의 1/3 두께를 갖는 시험편을 사용한다.

해설
리젝션은 원칙적으로 사용하지 않는다.

35 금속재료의 펄스반사법에 따른 초음파탐상시험방법 통칙(KS B 0817)에 의거하여 초음파탐상장치를 성능에 관계되는 부분을 수리하였거나 특수한 환경에서 사용하여 이상이 있다고 생각되는 경우에 수행하는 점검은?

① 일상점검 ② 정기점검
③ 특별점검 ④ 보수점검

해설
- 일상점검 : 탐촉자 및 부속 기기들이 정상적으로 작동하는지를 확인하는 점검
- 정기점검 : 1년에 1회 이상 정기적으로 받는 점검
- 특별점검 : 성능에 관계된 수리 및 특수환경 사용 시 특별히 점검할 필요가 있을 때 받는 점검

36 초음파탐상시험용 표준시험편(KS B 0831)에 따라 재질이 SUJ2인 STB-G형 표준시험편을 만들려고 한다. 이때 사용해야 하는 열처리방법은?

① 마퀜칭 ② 노멀라이징
③ 오스템퍼링 ④ 구상화 어닐링

해설
STB-G형의 SUJ2는 고탄소 크로뮴 베어링 강재이다. 1% C, Cr이 포함되어 경도와 피로강도에 우수한 장점이 있는 재질로, 구상화 어닐링 열처리를 해 주며 SNCM439의 경우 퀜칭템퍼링을 해 준다. STB-N1형, STB-A1, STB-A2, STB-A3형은 노멀라이징 또는 퀜칭템퍼링을 한다.

32 ④ 33 ② 34 ② 35 ③ 36 ④ 정답

37 경사각 탐상에서 '탐촉자로부터 나온 초음파빔의 중심축이 저면에서 반사하는 점 또는 탐상 표면에 도달하는 점'이란?

① 스킵점 ② 교축점
③ 입사점 ④ 퀴리점

해설
② 교축점 : 2진동자 탐촉자를 사용하거나 탠덤탐상으로 탐상할 경우 초음파 비의 중심축이 만나는 점
③ 입사점 : 경사각 탐촉자에서의 초음파 빔이 탐상면에 입사하는 점
④ 퀴리점 : 자기변태가 일어나는 온도

38 초음파탐상검사 시 경사각에서 CRT상에 결함 에코의 시간축 위치가 나타내는 것은?

① 입사점에서 결함까지 시험체 표면상 거리
② 입사점에서 결함까지 빔 진행거리
③ 결함의 음압 세기
④ 표면에서 결함까지 수직거리

39 강 용접부의 초음파탐상시험방법(KS B 0896)에서 진동자의 유효지름이 10mm인 수직 탐촉자를 사용할 경우 거리진폭특성곡선에 의한 에코 높이 구분선을 작성하지 않아도 되는 빔 노정은?

① 50mm 초과 ② 50mm 이하
③ 20mm 초과 ④ 20mm 이하

해설
에코 높이 구분선을 작성하지 않는 경우
• 사용하는 빔 노정이 50mm 이상
• 진동자의 공칭지름이 10mm
• 사용하는 빔 노정이 20mm 이하

40 건축용 강판 및 평강의 초음파탐상시험에 따른 등급 분류와 판정 기준(KS D 0040)에서 2진동자 수직 탐촉자에 의한 결함의 분류 표시기호가 △ 이었다. 흠 에코 높이에 대한 설명 중 옳은 것은?

① 압연 방향에 평행하게 주사할 경우 DM선을 초과한 것
② 압연 방향에 직각으로 주사할 경우 DH선을 초과한 것
③ 압연 방향에 평행하게 주사할 경우 DL선 초과 DM선 이하인 것
④ 압연 방향에 직각으로 주사할 경우 DL선 초과 DM선 이하인 것

해설
압연 방향에 평행주사 시 DL선 초과 DM선 이하는 △ 분류로 한다.

41 초음파가 제1매질과 제2매질의 경계면에서 진행할 때 파형 변환과 굴절이 발생하는데, 이때 제2임계각을 가장 적절히 설명한 것은?

① 굴절된 종파가 정확히 90°되었을 때
② 굴절된 횡파가 정확히 90°되었을 때
③ 제2매질 내에 횡파가 같이 존재하게 된 때
④ 제2매질 내에 종파와 횡파가 존재하지 않을 때

해설
• 1차 임계각 : 입사하는 매질보다 매질 2에서의 음속이 큰 경우 입사각보다 굴절각이 커지며, 이때 입사각을 크게 하였을 경우 굴절각이 90°되는 것
• 2차 임계각 : 입사각이 1차 임계각보다 커지면 횡파의 굴절각도 커져 횡파의 굴절각이 90°되는 것

정답 37 ① 38 ② 39 ④ 40 ③ 41 ②

42 아공석강의 탄소 함유량(% C)으로 옳은 것은?

① 약 4.3~6.67% C
② 약 0.8~2.0% C
③ 약 2.0~4.3% C
④ 약 0.025~0.8% C

해설
- 0.025~0.8% C : 아공석강
- 0.8% C : 공석강
- 0.8~2.0% C : 과공석강
- 2.0~4.3% C : 아공정주철
- 4.3% C : 공정주철
- 4.3~6.67% C : 과공정주철

43 금속의 자기변태에 대한 설명으로 옳은 것은?

① 원자 배열의 변화가 일어난다.
② 부피의 변화가 일어난다.
③ 순철에서는 약 910℃ 및 1,400℃에서 발생한다.
④ 일정한 온도 범위에서 점진적이고 연속적으로 변화한다.

해설
자기변태란 원자 배열의 변화 없이 전자 스핀에 의해 자성의 변화가 오는 것이다.

44 Ni-Fe계 합금이 아닌 것은?

① 문쯔메탈 ② 인 바
③ 엘린바 ④ 플래티나이트

해설
구리와 그 합금의 종류
- 톰백(5~20% Zn의 황동), 모조금, 판 및 선 사용
- 7-3황동(카트리지황동) : 가공용 황동의 대표적
- 6-4황동(문쯔메탈) : 판, 로드, 기계 부품
- 납황동 : 납을 첨가하여 절삭성 향상
- 주석황동(Tin Brasss)
  - 애드미럴티황동 : 7-3황동에 Sn 1% 첨가, 전연성 좋음
  - 네이벌 황동 : 6-4황동에 Sn 1% 첨가
  - 알루미늄황동 : 7-3황동에 2% Al 첨가

45 물의 평형상태도에서 물과 얼음이 평형 상태일 때의 자유도는?

① 2 ② 3
③ 1 ④ 0

해설
자유도 $F=2+C-P$로 C는 구성물질의 성분수(물=1개), P는 어떤 상태에서 존재하는 상의 수(고체, 액체)로 2가 된다.
즉, $F=2+1-2=1$로 자유도는 1이다.

46 고강도 Al 합금으로 조성이 Al-Cu-Mn-Mg인 합금은?

① 라우탈 ② Y-합금
③ 두랄루민 ④ 하이드로날륨

해설
- Al-Cu-Si : 라우탈(알구시라)
- Al-Ni-Mg-Si-Cu : 로엑스(알니마시구로)
- Al-Cu-Mn-Mg : 두랄루민(알구망마두)
- Al-Cu-Ni-Mg : Y-합금(알구니마와이)
- Al-Si-Na : 실루민(알시나실)
- Al-Mg : 하이드로날륨(알마하, 내식 우수)

42 ④ 43 ④ 44 ① 45 ③ 46 ③ 정답

47 Al-Cu-Si계 합금으로 Si를 넣어 주조성을 개선하고, Cu를 넣어 절삭성을 좋게 한 합금은?

① 라우탈 ② 로엑스
③ 두랄루민 ④ 코비탈륨

해설

합금의 종류(암기법)
- Al-Cu-Si : 라우탈(알구시라)
- Al-Ni-Mg-Si-Cu : 로엑스(알니마시구로)
- Al-Cu-Mn-Mg : 두랄루민(알구망마두)
- Al-Cu-Ni-Mg : Y-합금(알구니마와이)
- Al-Si-Na : 실루민(알시나실)

48 주조 상태의 구상흑연주철에서 나타나는 조직의 형태가 아닌 것은?

① 시멘타이트형 ② 헤마타이트형
③ 페라이트형 ④ 펄라이트형

해설

구상흑연주철 : 흑연을 구상화하여 균열을 억제시키고 강도 및 연성을 좋게 한 주철로 시멘타이트형, 펄라이트형, 페라이트형이 있다. 구상화제로는 Mg, Ca, Ce, Ca-Si, Ni-Mg 등이 있다.

49 주철의 조직으로 오스테나이트와 시멘타이트의 공정인 조직의 명칭은?

① 베이나이트 ② 소르바이트
③ 트루스타이트 ④ 레데부라이트

해설

- 칠드주철 : 금형의 표면 부위는 급랭하고 내부는 서랭시켜 표면은 단단하고 내부는 강인성을 갖는 주철로, 내마멸성을 요하는 롤이나 바퀴에 많이 쓰인다.
- 구상흑연주철의 구상화는 마카세(Mg, Ca, Ce)로 암기한다.
- 회주철은 편상흑연이 있어 진동을 잘 흡수하는 성질을 가지며, 방직기 부품, 기어, 기어 박스 및 기계 몸체 등의 재료로 많이 사용된다.
- 레데부라이트 : γ-철 + 시멘타이트, 탄소 함유량이 2.0% C와 6.67% C의 공정주철의 조직으로 나타난다.

50 금속 중에 0.01~0.1μm 정도의 산화물 등 미세한 입자를 균일하게 분포시킨 금속 복합재료는 고온에서 재료의 어떤 성질을 향상시킨 것인가?

① 내식성 ② 크리프
③ 피로강도 ④ 전기전도도

해설

입자 분산 강화 금속 복합재료는 0.01~0.1μm 정도의 산화물 등 미세한 입자를 균일하게 분포시킨 것으로 고온에서 크리프 성질이 우수하다.

51 Mg 합금에 해당하는 것은?

① 실루민 ② 문쯔메탈
③ 일렉트론 ④ 배빗메탈

해설

③ 일렉트론 : Mg-Al-Zn
① 실루민 : Al-Si
② 문쯔메탈 : 6 : 4황동
④ 배빗메탈 : Sn-Sb-Cu

정답 47 ① 48 ② 49 ④ 50 ② 51 ③

52 스프링강의 기본적인 조직으로 적합한 것은?

① 펄라이트(Perlite)
② 시멘타이트(Cementite)
③ 소르바이트(Sorbite)
④ 페라이트(Ferrite)

해설
스프링강의 기본 조직은 소르바이트 조직이다.

53 활자금속에 대한 설명으로 틀린 것은?

① 주요 합금 조성은 Pb-Sb-Sn이다.
② 비교적 용융점이 낮고, 유동성이 좋아야 한다.
③ 내마멸성 및 상당한 인성이 요구된다.
④ 응고할 때 부피 변화가 커야 한다.

해설
활자 합금의 주요 성분은 Pb-Sb-Sn이며, 융점이 낮고, 적당한 강도, 내마멸성, 내식성을 가져야 한다. 여기에 경도가 필요할 경우 Cu가 첨가된다.

54 오스테나이트 조직을 가지며 내마멸성과 내충격성이 우수하고, 특히 인성이 우수하기 때문에 각종 광산기계의 파쇄장치, 임펠러 플레이트 등이나 굴착기 등의 재료로 사용되는 강은?

① Ni-Cr강 ② Cr-Mo강
③ 고Mn강 ④ 고Si강

해설
고망간강(하드필드강) : Mn이 10~14% 정도 함유되어 오스테나이트 조직을 형성하고 있는 강으로 인성이 높고 내마모성이 우수하다. 수인법으로 담금질하며 철도레일, 칠드롤 등에 사용된다.

55 다음 중 저용융점 금속이 아닌 것은?

① Fe ② Sn
③ Pb ④ In

해설
용해점
- Fe : 1,538℃
- Sn : 232℃
- Pb : 327℃
- In : 156℃

56 연속 용접작업 중 아크 발생시간 6분, 용접봉 교체와 슬래그 제거시간 2분, 스패터 제거시간이 2분으로 측정되었다. 이때 용접기의 사용률은?

① 50% ② 60%
③ 70% ④ 80%

해설
용접기 사용률

$$\frac{\text{아크 발생시간}}{(\text{아크 발생시간} + \text{정지시간})} \times 100 = \frac{6}{6+4} \times 100 = 60\%$$

52 ③ 53 ④ 54 ③ 55 ① 56 ② 정답

57 금속의 응고에 대한 설명으로 틀린 것은?

① 과랭의 정도는 냉각속도가 느릴수록 커지며 결정립은 미세해진다.
② 액체 금속은 응고가 시작되면 응고잠열을 방출한다.
③ 금속의 응고 시 응고점보다 낮은 온도가 되어서 응고가 시작되는 현상을 과랭이라고 한다.
④ 용융금속이 응고할 때 먼저 작은 결정을 만드는 핵이 생기고, 이 핵을 중심으로 수지상정이 발달한다.

해설
과랭의 정도는 냉각속도가 빠를수록 커지고 결정립은 미세해진다.
금속의 응고 : 액체 금속이 온도가 내려가 응고점에 도달해 응고가 시작하여 원자가 결정을 구성하는 위치에 배열되는 것을 의미하며 응고 시 응고잠열을 방출한다. 과랭은 응고점보다 낮은 온도가 되어 응고가 시작하는 것을 의미하며, 결정입자의 미세도는 결정핵 생성속도와 연관 있다.

58 아세틸렌가스 발생기를 카바이드와 물을 작용시키는 방법에 따라 분류할 때 해당되지 않는 것은?

① 주수식 발생기
② 중압식 발생기
③ 침수식 발생기
④ 투입식 발생기

해설
아세틸렌 발생기는 주수식, 침수식(접촉식), 투입식 3가지로 분류된다.

59 피복 금속 아크용접봉의 취급 시 주의할 사항으로 틀린 것은?

① 용접봉은 건조하고 진동이 없는 장소에 보관한다.
② 용접봉은 피복제가 떨어지는 일이 없도록 통에 담아서 사용한다.
③ 저수소계 용접봉은 300~350℃에서 1~2시간 정도 건조 후 사용한다.
④ 용접봉은 사용하기 전에 편심 상태를 확인한 후 사용해야 하며, 이때의 편심률은 20% 이내이어야 한다.

해설
용접봉의 편심률은 일반적으로 3% 이내이어야 한다.

60 다음 중 전기저항용접이 아닌 것은?

① 스폿용접
② 심용접
③ 잠호용접
④ 프로젝션용접

해설
잠호용접은 서브머지드용접이라고도 하며, 두 모재의 접합부에 입상의 용제(Flux)를 놓고 그 용제 속에서 용접봉과 모재 사이에 아크를 발생시켜 그 열로 용접하는 방법이다.

정답 57 ① 58 ② 59 ④ 60 ③

2020년 제2회 과년도 기출복원문제

01 적외선 열화상법의 장점이 아닌 것은?

① 원격검사가 가능하다.
② 단시간에 광범위한 검사가 가능하다.
③ 결함의 형상을 시각적으로 추정 가능하다.
④ 측정 시야의 변경이 자유롭다.

해설
결함의 형상을 시각적으로 추정하기는 불가능하다.

02 자분탐상으로 검사할 수 없는 재료는?

① 코발트강 ② 니켈강
③ 구리합금 ④ 탄소강

해설
자분탐상시험은 강자성체의 결함에서 생기는 누설자장을 이용하는 것으로, Fe, Co, Ni 등이 가능하다.

03 자분탐상검사에 사용되는 극간법에 대한 설명으로 옳은 것은?

① 원형 자계를 형성한다.
② 두 자극과 직각인 결함검출 감도가 좋다.
③ 자속의 침투 깊이는 직류보다 교류가 깊다.
④ 잔류법을 적용할 때 원칙적으로 교류자화를 한다.

해설
- 극간법 : 전자석 또는 영구자석을 사용하여 선형 자화를 형성하며, 기호로는 M을 사용한다.
- 잔류법을 적용할 때에는 직류자화를 사용한다.
- 자속의 침투 깊이는 교류가 직류보다 더 깊다.

04 반영구적인 기록과 거의 모든 재료에 적용이 가능하지만 인체에 대한 안전관리가 요구되는 비파괴검사법은?

① 초음파탐상검사
② 와전류탐상검사
③ 방사선투과검사
④ 침투탐상검사

해설
방사선투과시험이란 X선, γ선 등 투과성을 가진 전자파를 대상물에 투과시켜 결함의 존재 유무를 시험체 뒷면의 필름 등의 이미지(필름의 명암도의 차)로 판단하는 비파괴검사방법으로 안전관리에 엄격한 편이다.

05 와전류탐상검사에서 코일의 임피던스에 영향을 미치는 인자가 아닌 것은?

① 전도율
② 표피효과
③ 투자율
④ 도체의 치수 변화

해설
코일 임피던스에 영향을 미치는 인자 : 시험 주파수, 시험체의 전도도, 시험체의 투자율, 시험체의 형상과 치수, 상코일과 시험체의 위치, 탐상속도 등

1 ③ 2 ③ 3 ② 4 ③ 5 ② 정답

06 시험체를 수조 내에 넣고 시험체의 회전과 탐촉자의 축 방향에의 주사를 조합하여 접합부 전면을 탐상하는 방법은?

① 전몰 수침법
② C스캔 탐상법
③ 국부 수침법
④ 갭 수침법

해설
수침법 : 시험체와 탐촉자를 물속에 넣어 초음파를 발생시켜 검사하는 방법
- 전몰 수침법 : 시험체 전체를 물속에 넣고 검사하는 방법
- 국부 수침법 : 시험체의 국부만 물에 수침되게 하여 검사하는 방법

07 용제제거성 염색침투탐상검사에 대한 설명이 맞는 것은?

① 시험 조작이 다른 침투탐상검사방법에 비해 복잡하다.
② 침투탐상검사방법들 중에서 결함검출 감도가 가장 높다.
③ 침투액 제거 중에 과세척을 일으키기 쉽다.
④ 지시의 관찰을 위해서 자외선조사장치가 필요하다.

해설
용제제거성 침투제
- 오직 용제로만 세척되는 침투제로, 물이 필요하지 않고 검사장비가 단순하다. 야외검사와 국부적 검사에 많이 적용된다. 다만, 표면이 거친 시험체에는 적용하기 어렵다.
- 대형 부품, 구조물의 부분 탐상에 적합하지만, 용제 세척을 하기 때문에 세척액의 사용법에 따라서는 과세척이 되기 쉬우므로 주의해야 한다.

08 초음파탐상시험 시 재료 내부의 결정입자가 큰 경우, 시험에 미치는 영향이 아닌 것은?

① 초음파 침투력이 감소한다.
② 초음파의 산란이 작아 탐상이 유리하다.
③ 지면 반사파의 크기가 감소한다.
④ 잡음신호가 많이 발생한다.

해설
결정입자의 크기가 크면 초음파의 산란이 커 잡음신호가 많아지며, 침투력이 감소한다.

09 강자성체에 적용하여 표면 및 표층부의 미세균열을 검출하는 비파괴검사법은?

① 방사선투과시험
② 자분탐상시험
③ 누설검사
④ 와전류탐상시험

해설
강자성체를 적용하는 것은 자분탐상검사이다.

10 전자파가 아닌 것은?

① 가시선 ② 자외선
③ 감마선 ④ 전자선

해설
전자파에는 전파, 적외선, 가시광선, 자외선, X선, 감마선 등이 있고, 전자선은 진공 중에 방사된 자유전자선속이다.

정답 6 ① 7 ③ 8 ② 9 ② 10 ④

11 **침투탐상검사법의 기본 원리는?**

① 열역학 제1법칙
② 베르누이 원리
③ 모세관 현상
④ 벤투리 효과

해설
침투탐상검사법은 침투탐상시험체의 표면에 열린 개구부(결함)에 침투액을 적용시켜 모세관 현상을 이용한 검사법으로, 현상액에 의해 확대된 지시 모양을 관찰할 수 있다.

12 **초음파탐상검사에서 음향 임피던스에 관한 설명으로 옳은 것은?**

① 초음파가 물질 내에 진행하는 것을 방해하는 저항이다.
② 공진값을 정하는 데 이용되는 파장과 주파수의 곱에 관한 함수이다.
③ 초음파가 매질을 통과하는 속도와 물질의 밀도와의 차이다.
④ 일반적으로 초음파가 물질 내를 진행할 때 빨리 진행하게 하는 것이다.

해설
음향 임피던스란 재질 내에서 음파의 진행을 방해하는 것으로, 재질의 밀도(ρ)에 음속(ν)을 곱한 값이다. 두 매질 사이의 경계에서 투과와 반사를 결정짓는 특성이 있다.

13 **초음파탐상시험용 표준시험편(KS B 0831)에서 탐상시험에 사용되는 N1형 STB 표준시험편의 검정에 사용되는 탐촉자에 관한 설명으로 틀린 것은?**

① 탐촉자의 진동자 재료는 수정 또는 세라믹스를 사용한다.
② 탐촉자의 주파수는 2MHz를 사용한다.
③ 탐촉자의 종류는 수침 탐촉자이다.
④ 탐촉자의 진동자 치수는 지름이 20mm이다.

해설
KS B 0831에서 N1형 STB는 수침 탐촉자를 이용하여 두꺼운 판에 주로 탐상하며 탐상 감도의 조정을 위해 사용된다. 진동자의 재료로는 수정 또는 세라믹스를 사용하여 5MHz의 주파수를 사용하며, 진동자 치수는 20mm이다. 접촉 매질로는 물을 가장 많이 사용한다.

14 **초음파탐상시험용 표준시험편(KS B 0831)에 의거 G형 STB의 합격 여부 판정 시 시험편 내 반사원에 의한 에코 이외의 에코(잡음에코)는 반사원 에코 높이보다 몇 dB 이상 낮아야 하는가?**

① 20dB
② 15dB
③ 10dB
④ 5dB

해설
합격 여부 판정 시 인공 흠 이외의 에코는 인공 흠 에코 근처보다 10dB 이상 낮아야 한다.

정답 11 ③ 12 ① 13 ② 14 ③

15 강 용접부의 초음파탐상시험방법(KS B 0896)에서 정한 탐상기에 필요한 기능에 관한 설명으로 옳지 않은 것은?

① 탐상기는 적어도 2MHz 및 5MHz의 주파수로 동작하는 것으로 한다.
② 표시기는 표시기 위에 표시된 탐상 도형이 옥외의 탐상작업에서도 지장이 없도록 선명해야 한다.
③ 게인 조정기는 1스텝 5dB 이하에서 합계 조정량이 10dB 이상 가진 것으로 한다.
④ 탐상기는 1탐촉자법, 2탐촉자법 중 어느 것이나 사용할 수 있는 것으로 한다.

해설
게인 조정기는 1스텝 2dB 이하에서 합계 조정량이 50dB 이상 가진 것으로 하는 것이 바람직하다.

16 초음파탐상장치의 성능 측정방법(KS B 0534)에 따른 시험편을 사용한 증폭 직진성의 측정방법에 관한 내용으로 옳지 않은 것은?

① 게인 조정기로 2dB씩 게인을 저하시켜 26dB까지 계속한다.
② 홈 에코의 높이를 5% 단위로 읽고, 풀 스케일의 80%가 되도록 탐상기의 게인 조정기를 조정한다.
③ 이론값과 측정값의 차를 편차로 하고 '양'의 최대 편차와 '음'의 최대 편차를 증폭 직선성으로 한다.
④ 탐상기의 리젝션을 '0' 또는 'OFF'로 한다.

해설
시험편을 이용하여 증폭 직진성을 측정할 경우 홈 에코의 높이는 1% 단위로 읽으며, 눈금의 100%가 되도록 조정한다.

17 일반적으로 두 물질의 경계면에 수직으로 음파가 입사할 때 음파는 경계면에서 반사하는 성분과 통과하는 성분으로 나누어진다. 이렇게 나누어지는 비율은 경계면에서 접하는 무엇에 따라 정해지는가?

① 불감대
② 근거리 음장
③ 증폭 직진성
④ 음향 임피던스

18 두꺼운 강 용접부의 경사각 탐상에서 2개의 경사각 탐촉자를 용접부의 한쪽에서 전후로 배열하여 하나는 송신용, 다른 하나는 수신용으로 하는 탐상방법은?

① 목돌림주사법
② 진자주사법
③ 탠덤주사법
④ 경사평행주사법

해설
탠덤주사법 : 탐상면에 수직인 결함의 깊이를 측정하는 데 유리하며, 한쪽 면에 송수신용 2개의 탐촉자를 배치하여 주사하는 방법

19 압력용기용 강판의 초음파탐상검사방법(KS D 0233) 규격에서 A스코프 표시식 탐상기의 불감대 측정에 사용되는 표준시험편은?

① STB-G
② STB-A2
③ RB-4
④ STB-N1

해설
압력용기용 강판의 초음파탐상 시 불감대의 측정은 STB-N1으로 하며, 시간축 측정범위는 50mm로 한다. 공칭 주파수 5MHz일 경우 10mm 이하, 2MHz일 경우 15mm로 한다.

정답 15 ③ 16 ② 17 ④ 18 ③ 19 ④

20 강 용접부의 초음파탐상시험방법(KS B 0896)에 의한 경사각 탐상에서 탐촉자의 공칭 굴절각과 STB 굴절각과의 차이는 상온(10~30℃)에서 몇 ° 범위 이내가 되도록 규정하고 있는가?

① ±4° ② ±3°
③ ±2° ④ ±1°

해설
경사각 탐촉자의 공칭 굴절각과 STB 굴절각과의 차이는 ±2°의 범위로 하며, 상온(10~30℃)에서 측정한다.

21 초음파탐상 시험용 표준시험편(KS B 0831)에 따른 G형 STB 중 V15-1.4의 의미를 바르게 설명한 것은?

① 탐상면에서 150mm의 위치에서 지름이 14mm되는 구멍이 저면까지 뚫려 있다는 것이다.
② 탐상면에서 150mm의 위치에서 지름이 1.4mm 되는 구멍이 저면까지 뚫려 있다는 것이다.
③ 탐상면에서 150cm의 위치에서 지름이 14mm되는 구멍이 저면까지 뚫려 있다는 것이다.
④ 탐상면에서 150cm의 위치에서 지름이 1.4mm되는 구멍이 저면까지 뚫려 있다는 것이다.

해설
STB-G V15-1.4는 수직 탐촉자의 성능 측정 시 사용하며, 길이 150mm, 두께 50mm, 곡률 반경 12mm, 홀의 지름 1.4mm이다.

22 초음파탐상시험용 표준시험편(KS B 0831)에 따른 초음파탐상시험용 표준시험편 중 두꺼운 판에 수직 탐상 시 적용하는 표준시험편의 종류 기호는?

① STB-A21 ② STB-N1
③ STB-A7963 ④ STB-A1

해설
STB-N1형 표준시험편은 두꺼운 판에 적용하며, 탐상 감도 조정용으로 사용한다.

23 강 용접부의 초음파탐상시험방법(KS B 0896)에 의거 판 두께 40mm 이하인 평판 맞대기 이음용접부를 공칭 굴절각 70°인 탐촉자를 사용할 때 탐상면과 주사 방향은?

① 양면 한쪽 ② 양면 양쪽
③ 한면 한쪽 ④ 한면 양쪽

해설
평판 맞대기 이음용접부의 경사각 탐상 방향 및 방법

이음 모양	판두께 (mm)	탐상면과 방향 (mm)	탐상방법
맞대기 이음	100 이하	한면 양쪽	직사법, 1회 반사법
	100 초과	양면 양쪽	직사법
T이음, 각이음	60 이하	한면 한쪽	직사법, 1회 반사법
	60 초과	양면 한쪽	직사법

24 강 용접부의 초음파탐상 시험방법(KS B 0896)에 의한 시험결과의 분류 시 판 두께가 16mm, M 검출 레벨로 영역 Ⅲ인 경우 흠 지시 길이가 8mm이었다면 어떻게 분류되는가?

① 4류 ② 3류
③ 2류 ④ 1류

해설
M 검출 레벨 영역 Ⅲ인 경우 18mm 이하의 결함은 1류 6mm 이하, 2류 9mm 이하, 3류 18mm 이하, 4류 3류 이상으로 분류한다.

20 ③ 21 ② 22 ② 23 ④ 24 ③ 정답

25 수침법에서 수직 탐촉자와 검사체면이 수직인가를 확인하는 가장 좋은 방법은?

① 입사 표면의 최대 반사파로 알 수 있다.
② 물결의 기포를 없애 주므로 알 수 있다.
③ 초기 펄스의 최대 증폭으로 알 수 있다.
④ 낮은 주파수를 사용하여 알 수 있다.

해설
수침법에서 수직인지는 초음파의 송신 및 수신효율이 가장 높은 부분(최대 반사파)을 확인하여 검사할 수 있다.

26 압력용기용 강관의 초음파탐상검사방법(KS D 0233)에서 자동경보장치가 없는 탐상장치를 사용하여 탐상하는 경우의 주사속도는 몇 mm/s 이하로 규정하고 있는가?

① 200 ② 250
③ 300 ④ 500

해설
탐상에 지장을 주지 않는 속도로 해야 하지만, 자동경보장치가 없을 경우 200mm/s 이하로 주사해야 한다.

27 건축용 강판 및 평강의 초음파탐상시험에 따른 등급 분류와 판정기준(KS D 0040)에서 2진동자 수직 탐촉자를 사용한 자동탐상기 중 거리 진폭 보상 기능을 가진 장치는 사용하는 최대 두께로서의 보상 후의 밑면 에코 높이가 RB-E를 사용하여 작성한 거리 진폭 특성곡선에서의 최대 에코 높이보다 몇 dB 이내이어야 하는가?

① −6 ② −2
③ 6 ④ 10

28 한국산업규격에 따른 강 용접부의 경사각 탐상을 하기 위한 장치 조정 절차로서 적절한 것은?

① 굴절각 측정 → 입사점 측정 → 시간축 조정 → 에코 높이 구분선 작성
② 입사점 측정 → 굴절각 측정 → 시간축 조정 → 에코 높이 구분선 작성
③ 시간축 조정 → 굴절각 측정 → 입사점 측정 → 에코 높이 구분선 작성
④ 에코 높이 구분선 작성 → 굴절각 측정 → 입사점 측정 → 시간축 조정

29 금속재료의 펄스반사법에 따른 초음파탐상시험방법통칙(KS B 0817)에서 시험결과의 평가 및 보고서 작성에 사용되는 탐상 도형의 기본기호의 내용으로 옳지 않은 것은?

① T : 송신 펄스
② F : 흠집 에코
③ S : 표면 에코
④ W : 수신 펄스

해설
탐상 도형 표시 내용
- T : 송신 펄스
- F : 흠집 에코
- B : 바닥면 에코(단면 에코)
- S : 표면 에코(수침법)
- W : 측면 에코

정답 25 ① 26 ① 27 ① 28 ② 29 ④

30 압력용기용 강판의 초음파탐상 검사방법(KS D 0233)에서 표준시험편의 주요 시험 대상물은?

① 강 용접부
② 아크용접부
③ 타이타늄강관
④ 두께 6mm 이상의 킬드강

해설
압력용기용 강판의 탐상은 두께 6mm 이상의 킬드강 또는 두꺼운 강판에 사용한다.

31 강 용접부의 초음파탐상 시험방법(KS B 0896)에 의한 평판 이음용접부의 탐상에서 판 두께가 30mm 이고, 음향 이방성을 가진 시험체일 경우 기본으로 사용되는 탐촉자의 공칭 굴절각은?

① 45°　　② 60°
③ 65°　　④ 70°

해설
평판 이음용접부에서 판 두께가 40mm 이하이고, 음향 이방성을 가질 경우 굴절각 65°를 사용하며 적용이 어려울 경우 60°를 사용한다.

32 초음파경사각탐상시험용 표준시험편(KS B 0831)에서 G형 표준시험편의 종류가 STB–G V15–1이라면 시험편의 입사면–밑면까지의 전체 길이와 표준 흠의 치수는?

① 150mm, ϕ1mm　　② 150mm, ϕ10mm
③ 180mm, ϕ10mm　　④ 180mm, ϕ1mm

해설
STB–G V15–5.6 표준시험편은 수직 탐촉자의 성능 측정 시 사용하며, 길이 150mm, 두께 50mm, 곡률반경 12mm, 홀의 지름 1mm 이다.

33 초음파탐상검사를 수행할 때 음향 렌즈를 사용하는 목적은?

① 초음파빔을 집속시키기 위해
② 원거리 분해능을 좋게 하기 위해
③ 근거리 분해능을 좋게 하기 위해
④ 저면 에코의 분해능을 얻기 위해

해설
음향 렌즈는 탐촉자 앞면에 특수곡면을 부착하여 음파를 집속하며, 정밀 탐상 시에 사용된다.

34 다음 물질 중 횡파와 종파가 공존할 수 있는 것은?

① 공 기　　② 글리세린
③ 아크릴 수지　　④ 물(20℃)

해설
횡파와 종파가 공존하는 물질로는 알루미늄, 주강(철), 아크릴수지 등이 있다.

물 질	알루미늄	주강(철)	아크릴수지	글리세린	물	기 름	공 기
종파속도(m/s)	6,300	5,900	2,700	1,900	500	1,400	340
횡파속도(m/s)	3,150	3,200	1,200				

30 ④　31 ③　32 ④　33 ①　34 ③ 정답

35 금속재료의 펄스반사법에 따른 초음파탐상시험방법 통칙(KS B 0817)에 의한 흠집의 치수 측정항목에 포함되지 않는 것은?

① 흠집의 모양
② 흠집의 지시 길이
③ 흠집의 지름
④ 흠집의 지시 높이

해설
흠집의 치수 측정항목에는 흠집의 지시 길이, 지시 높이, 등가결함 지름 등이 있다.

36 경사각 탐상 시 종파가 90°의 굴절각으로 변하며 횡파가 발생될 때의 입사각은?

① 제1임계각
② 제2임계각
③ 반사각
④ 굴절각

해설
1차 임계각 : 입사하는 매질보다 매질 2에서의 음속이 큰 경우 입사각보다 굴절각이 커지며, 이때 입사각을 크게 하였을 경우 굴절각이 90°되는 것

37 탄소강 및 저합금강 단강품의 초음파탐상시험방법(KS D 0248)의 시험조건 중에 탐촉자의 주사속도는 얼마인가?

① 초당 150mm 이하
② 초당 180mm 이하
③ 초당 200mm 이하
④ 초당 250mm 이하

38 강관의 초음파탐상검사방법(KS D 0250)에서 비교시험편의 인공 홈의 종류에 해당되지 않는 것은?

① 각 홈
② U홈
③ V홈
④ 드릴 구멍

해설
인공 홈은 각 홈, V홈, 드릴 구멍이 있다.

39 압력용기용 강판의 초음파탐상검사방법(KS D 0233)에 따른 비교시험편을 제작할 때 각 홈 대한 설명으로 틀린 것은?

① 너비는 1.5mm 이하로 한다.
② 각도는 60°로 한다.
③ 길이는 진동차 공칭 치수의 2배 이상으로 한다.
④ 깊이의 허용차는 ±15% 또는 ±0.05mm 중 큰 것으로 한다.

해설
각 홈에서 각도는 90°로 한다.

정답 35 ① 36 ① 37 ① 38 ② 39 ②

40 강 용접부의 초음파탐상시험방법(KS B 0896)에서 A2 표준시험편으로 탐상장치의 감도 보정을 할 때 판 표면에서 초음파가 진행하여 반대 면에서 나오는 배면반사가 전 스케일의 몇 %가 되도록 투과 펄스의 높이를 조절해야 하는가?

① 10% ② 25%
③ 50% ④ 80%

41 순철에 대한 설명으로 틀린 것은?

① 비중은 약 7.8 정도이다.
② 동소변태점에서는 원자의 배열이 변화한다.
③ 상온에서 페라이트 조직이다.
④ 상온에서 비자성체이다.

해설
순철은 상온에서 강자성체를 가진다.

42 다음 금속 중에서 전기전도도가 가장 우수하고, 황화수소계에서 검게 변하고 염산, 황산 등에 부식되는 금속은?

① Sn ② Fe
③ Ag ④ Al

해설
비 중
- Al : 2.7
- Sn : 7.3
- Fe : 7.8
- Ag : 10.5

위의 금속 중 전기전도도는 은(Ag)이 가장 높다.

43 금속간 화합물에 대한 설명으로 옳은 것은?

① 원래 원소와 비슷한 성질을 갖는 물질이다.
② 자유도가 5인 상태의 물질이다.
③ 두 가지 이상의 금속원소가 간단한 원자비로 결합되어 있다.
④ 금속이 공기 중의 산소와 화합하여 부식이 일어난 물질이다.

해설
금속간 화합물 : 두 가지 금속의 원자비는 간단한 정수비로 이루고 있다. 한쪽 성분 금속의 원자가 공간격자 내에서 정해진 위치를 차지하여, 원자 간 결합력이 크고 경도가 높고 메진 성질을 갖는다. Fe_3C(시멘타이트)가 대표적이다.

44 아공석강에 대한 설명으로 틀린 것은?

① 탄소 함량의 증가에 따라 항복강도가 증가한다.
② 공석강보다 탄소를 많이 함유한 강이다.
③ 탄소 함량의 증가에 따라 경도가 증가한다.
④ 탄소 함량의 증가에 따라 인장강도가 증가한다.

해설
- 아공석강 : 탄소 함유량 0.02~0.8% C의 이하인 강을 균일한 오스테나이트화되게 가열한 후 서랭시키면 생성되는 조직이다.
- 공석강 : 공석변태에 의해 오스테나이트가 페라이트와 시멘타이트의 층상조직인 펄라이트로 생성된 조직으로, 탄소 함유량은 0.8% C이다.

40 ③ 41 ④ 42 ③ 43 ③ 44 ② 정답

45 Au의 순도를 나타내는 단위는?

① P(Pound)

② %(Percent)

③ μm (Micron)

④ K(Karat)

해설

귀금속의 순도 단위는 캐럿(K, Karat)으로 나타낸다. 24진법을 사용하여 24K는 순금속이고, 18K는 $\frac{18}{24} \times 100 = 75\%$으로 금이 75% 포함된 것이다.

46 고Cr계 스테인리스강에 Ni을 약 10% 정도 첨가한 것으로 18-8강이라고도 하는 것은?

① 마텐자이트계 스테인리스강

② 석출경화계 스테인리스강

③ 페라이트계 스테인리스강

④ 오스테나이트계 스테인리스강

해설

18-8 스테인리스강은 오스테나이트계로 비자성체이므로, 자성의 부착 여부로 판별한다.

47 5~20% Zn의 황동으로 강도는 낮으나, 전연성이 좋고 금색에 가까워서 모조 금이나 판 및 선 등에 사용하는 것은?

① 톰 백

② 양 은

③ 델타메탈

④ 문쯔메탈

해설

청동의 경우 ㉩이 들어간 것으로 Sn(주석), ㉦을 연관시키고, 황동의 경우 ㉭이 들어가 있으므로 Zn(아연), ㉧을 연관시켜 암기한다. 톰백은 모조금과 비슷한 색을 내는 것으로, 구리에 5~20%의 아연이 함유되어 있어 연성은 높은 재료이다.

48 Fe-C 평형상태도에서 용융액으로부터 고용체와 시멘타이트를 동시에 정출하는 공정물은?

① 펄라이트(Pearlite)

② 마텐자이트(Martensite)

③ 오스테나이트(Austenite)

④ 레데부라이트(Ledeburite)

해설

Fe-C 상태도에서의 공정점은 1,130℃이며, Liquid ↔ γ-Fe + Fe_3C, 즉 액체에서 두 개의 고체가 동시에 나오는 반응으로, γ-Fe + Fe_3C를 레데부라이트라고 한다.

정답 45 ④ 46 ④ 47 ① 48 ④

49 **담금질한 강을 실온까지 냉각한 다음 다시 계속하여 실온 이하의 마텐자이트 변태 종료 온도까지 냉각하여 잔류 오스테나이트를 마텐자이트로 변화시키는 열처리 방법은?**

① 침탄법
② 심랭처리법
③ 질화법
④ 고주파 경화법

해설
심랭처리법이란 잔류 오스테나이트를 마텐자이트로 변화시키는 열처리방법으로, 담금질한 조직의 안정화, 게이지강의 자연시효, 공구강의 경도 증가, 끼워맞춤을 하기 위해 한다.

50 **온도 변화에 따라 휘거나 그 변형을 구속하는 힘을 발생하여 온도감응소자 등에 이용되는 바이메탈은 재료의 어떤 특성을 이용하여 만든 것인가?**

① 열팽창계수
② 전기저항
③ 자성특성
④ 경도지수

해설
열팽창계수가 다른 종류의 금속판을 붙여 온도가 높아지면 열팽창계수가 큰 금속이 팽창하며 반대쪽으로 휘는 바이메탈의 성질을 이용하여 스위치로 많이 사용한다. 팽창이 잘되지 않는 니켈, 철 합금과 팽창이 잘되는 니켈에 망간, 구리 등의 합금을 서로 붙여 만든다.

51 **조직량 측정시험에 관한 설명 중 틀린 것은?**

① 면적측정법을 점산법이라고 한다.
② 관찰되는 전체 상 중에서 한 종류의 상량을 측정하는 것이다.
③ 직선의 측정법은 사진 위에 임의의 선을 그린 후 한 개의 상에 의해 절단된 총 길이를 측정한다.
④ 점의 측정법은 측정하고자 하는 상이 점유하는 면적 내에 있는 망 교차점을 측정한다.

해설
조직량 측정법 : 관찰되는 전체 상 중 한 종류의 상량을 측정하는 것이다.
- 면적분율법(중량법) : 연마된 면 중 특정상의 면적을 개별적으로 측정하는 방법, 플래니미터와 천칭을 사용하여 질량을 정량하는 방법
- 직선법 : 조직 사진 위에 직선을 긋고, 측정하고자 하는 상과 교차하는 길이를 측정한 값의 직선의 전체 길이로 나눈 값으로 표시
- 점산법 : 투명한 망 종이를 조직 사진 위에 겹쳐 놓고 측정하고자 하는 상이 가지는 면적의 교차점을 측정한 총수를 망의 전체 교차점의 수로 나눈 값으로 표시

52 **비정질 합금에 대한 설명으로 틀린 것은?**

① 균질한 재료이고 결정이방성이 없다.
② 강도는 높고 연성도 크나 가공경화는 일으키지 않는다.
③ 제조법에는 단롤법, 쌍롤법, 원심 급랭법 등이 있다.
④ 액체 급랭법에서 비정질재료를 용이하게 얻기 위해서는 합금에 함유된 이종원소의 원자 반경이 같아야 한다.

해설
비정질 합금이란 금속이 용해 후 고속 급랭시켜 원자가 규칙적으로 배열되지 못하고 액체 상태로 응고되어 금속이 되는 것이다. 제조법으로는 기체 급랭(진공 증착, 스퍼터링, 화학 증착, 이온 도금), 액체 급랭(단롤법, 쌍롤법, 원심법, 스프레이법, 분무법), 금속 이온(전해코팅법, 무전해코팅법)이 있으며, 합금에 함유된 이종원소의 원자 반경과는 상관이 없다.

49 ② 50 ① 51 ① 52 ④ 정답

53 **내마멸용으로 사용되는 애시큘러 주철의 기지(바탕)조직은?**

① 베이나이트
② 소르바이트
③ 마텐자이트
④ 오스테나이트

해설
애시큘러 주철의 기지조직은 베이나이트로 Ni, Cr, Mo 등이 첨가되어 내마멸성이 뛰어나다.

54 **금속결함 중 체적결함에 해당되는 것은?**

① 전 위
② 수축공
③ 결정립계 경계
④ 침입형 불순물 원자

해설
금속결함에는 점결함, 선결함과 면결함, 체적결함이 있다. 점결함에는 공공, 침입형 원자, 프렌켈결함 등이 있으며, 선결함에는 칼날전위, 나선전위, 혼합전위 등이 있고, 면결함에는 적층결함, 쌍정, 상계면 등이 있다. 또한 체적결함은 1개소에 여러 개의 입자가 있는 것으로 수축공, 균열, 개재물 등이 해당된다.

55 **Ni-Fe계 합금인 엘린바(Elinvar)는 고급 시계, 지진계, 압력계, 스프링 저울, 다이얼 게이지 등에 사용되는데 이는 재료의 어떤 특성 때문인가?**

① 자 성
② 비 중
③ 비 열
④ 탄성률

해설
불변강은 탄성계수가 매우 낮은 금속으로 인바, 엘린바 등이 있으며, 엘린바의 경우 36% Ni + 12% Cr 나머지 철로 된 합금이며, 인바의 경우 36% Ni + 0.3% Co + 0.4% Mn 나머지 철로 된 합금이다.

56 **15℃, 15기압에서 아세톤 30L가 들어 있는 아세틸렌 용기에 용해된 최대 아세틸렌의 양은 몇 L인가?**

① 3,000
② 4,500
③ 6,750
④ 11,250

해설
아세틸렌의 아세톤에 대한 용해력은 25배이다. 따라서 25배 × 15기압은 375배이며, 30L 용량이므로 375배 × 30L를 하면 11,250L가 된다. 용해 아세틸렌은 물에 같은 양, 석유에 2배, 벤젠 4배, 알코올 6배, 소금물에는 용해되지 않는다.

정답 53 ① 54 ② 55 ④ 56 ①

57 아크 길이에 따라 전압이 변동하여도 아크전류는 거의 변하지 않는 특성은?

① 정전류 특성
② 수하 특성
③ 정전압 특성
④ 상승 특성

해설
① 정전류 특성 : 아크 길이에 따라 전압이 변해도 전류는 변하지 않는 성질
② 수하 특성 : 부하전류가 증가할 시 전압이 낮아지는 특성
③ 정전압 특성 : 부하전류가 변해도 전압이 변하지 않는 특성
④ 상승 특성 : 부하전류가 증가하면 전압도 상승하는 특성

58 충전 전 아세틸렌 용기의 무게는 50kg이었다. 아세틸렌 충전 후 용기의 무게가 55kg이었다면 충전된 아세틸렌가스의 양은 몇 L인가?(단, 15℃, 1기압하에서 아세틸렌가스 1kg의 용적은 905L이다)

① 4,525L
② 4,624L
③ 5,524L
④ 6,000L

해설
아세틸렌가스의 양은 충전 후 5kg이 늘었으므로, 5 × 905 = 4,525L가 된다.

59 불활성가스 텅스텐 아크용접의 보호가스에 사용하는 헬륨(He)과 아르곤(Ar)의 비교 설명 중 틀린 것은?

① 아르곤(Ar)은 아크 발생이 용이하다.
② 아르곤(Ar)은 아크 접압이 헬륨(He)보다 낮기 때문에 용접입열이 적다.
③ 헬륨(He)은 아르곤(Ar)보다 열영향부(HAZ)가 넓어서 변형이 많다.
④ 헬륨(He)은 아르곤(Ar)보다 가스 공급량이 1.53배 정도 많이 소요된다.

해설
HAZ(Heat Affected Zone) : 용접부의 열영향부를 의미하며, 헬륨 사용 시 열영향부가 작아 변형이 작은 장점이 있다.

60 압접의 종류에 속하지 않는 것은?

① 저항용접
② 초음파용접
③ 마찰용접
④ 스터드용접

해설
스터드용접이란 막대(스터드)를 모재에 접속시켜 전류를 흘려 약간 떼어 주면 아크가 발생하며 용융하여 접하는 용접에 속한다.

57 ① 58 ① 59 ③ 60 ④ 정답

2021년 제1회 과년도 기출복원문제

01 강에 포함되어 적열취성의 원인이 되는 성분은?

① Cu ② S
③ P ④ H

해설
- 청열메짐 : 냉간가공 영역 안 210~360℃ 부근에서 기계적 성질인 인장강도는 높아지나 연신이 갑자기 감소하는 현상이다.
- 적열메짐 : 황이 많이 함유되어 있는 강이 고온(950℃ 부근)에서 메짐(강도는 증가, 연신율은 감소)이 나타나는 현상이다.
- 백열메짐 : 1,100℃ 부근에서 일어나는 메짐으로 황이 주원인이며, 결정입계의 황화철이 융해하기 시작하는 데 따라서 발생한다.

02 다른 비파괴검사방법에 비해 초음파탐상검사방법의 장점을 설명한 것은?

① 초음파탐상검사는 방사선투과검사에 비해 균열 등 미세한 결함에 대해 감도가 높다.
② 다른 비파괴검사에 비해 빔에 평행한 방향의 결함은 쉽게 검출되지만 금속의 결정립 크기에 영향을 받기 쉽다.
③ 다른 비파괴검사에 비해 검사자의 많은 지식과 경험이 요구된다.
④ 다른 비파괴검사에 비해 주로 탐촉자와 시험체 간의 직접 접촉에 의하여 감도가 크게 변한다.

해설
초음파탐상검사는 미세한 결함에 대한 감도가 높다.

03 원거리 음장에서 빔의 분산각은 무엇에 의해 결정되는가?

① 초음파탐상장치의 크기에 좌우된다.
② 진동자 직경에 반비례하고, 초음파 파장에 비례한다.
③ 진동자 직경에 비례하고, 초음파 파장에 반비례한다.
④ 진동자 직경과 초음파 파장에 비례한다.

해설
초음파의 분산각은 탐촉자의 직경과 파장에 의해 결정된다. 동일한 탐촉자 직경일 때 파장이 감소(주파수 증가)하면 분산각은 감소하며, 동일한 파장(주파수)일 때 진동자 직경이 클수록 빔의 분산각은 감소한다.

04 초음파탐상시험에서 사용되는 표준시험편이 아닌 것은?

① RB-4
② STB-A1
③ STB-G
④ STB-N

해설
STB는 Standard Test Block의 약어로 표준시험편을 의미하고, RB는 Reference Block의 약어로 대비시험편을 의미한다.

정답 1 ② 2 ① 3 ② 4 ①

05 다음 그림의 STB-A1 시험편에서 반사체 'A'의 직경은 얼마인가?

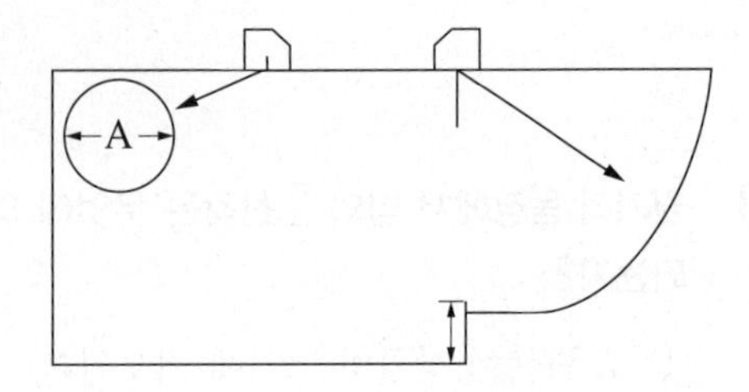

① 30mm ② 40mm
③ 50mm ④ 60mm

06 방사선이 물질과의 상호작용에 영향을 미치는 것과 거리가 먼 것은?

① 반사작용 ② 전리작용
③ 형광작용 ④ 사진작용

해설

방사선의 상호작용

- 전리작용 : 전리 방사선이 물질을 통과할 때 궤도에 있는 전자를 이탈시켜 양이온과 음이온으로 분리되는 것
- 형광작용 : 물체에 방사선을 조사하였을 때 고유한 파장의 빛을 내는 것
- 사진작용 : 방사선을 사진필름에 투과시킨 후 현상하면 명암도의 차이가 나는 것

07 다음 중 원리가 다른 시험방법으로 조합된 것은?

① RT, CT : 방사선의 원리
② MT, ET : 전자기의 원리
③ AE, LT : 음향의 원리
④ VT, PT : 광학 및 색채학의 원리

해설

LT(Leak Test) : 누설검사로 유체의 흐름을 감지해 누설 부위를 탐지하는 것이다. 음향의 원리와는 거리가 멀다.

08 X선과 물질의 상호작용이 아닌 것은?

① 광전효과
② 카이저 효과
③ 톰슨산란
④ 콤프톤 산란

해설

카이저 효과란 재료에 하중을 걸어 음향 방출을 발생시킨 후 하중을 제거했다가 다시 걸어도 초기 하중의 응력지점에 도달하기까지 음향 방출이 발생되지 않는 비가역적 성질이다.

09 초음파의 성질에 관한 설명으로 틀린 것은?

① 일반적으로 20,000Hz 이상의 주파수를 초음파라고 정의한다.
② 강(Steel)에서의 횡파 음속은 대략 5,900m/s 이다.
③ 초음파의 속도는 주로 재질의 밀도 및 탄성률에 의해 기인한다.
④ 음속은 초음파탐상 시 탐상거리와 깊은 관계가 있다.

해설

일반적인 음파의 속도

물 질	종파속도(m/s)	횡파속도(m/s)
알루미늄	6,300	3,150
주강(철)	5,900	3,200
아크릴수지	2,700	1,200
글리세린	1,920	–
물	1,490	–
기 름	1,400	–
공 기	340	–

5 ③ 6 ① 7 ③ 8 ② 9 ② 정답

10 초음파탐상검사 시 A주사법에서 스크린상에 나타난 수직지시의 크기가 나타내는 것은?

① 탐촉자로 되돌아온 초음파 반사에너지의 양
② 탐촉자가 움직인 거리
③ 시험체의 두께
④ 초음파 펄스가 발생된 이후 경과시간

해설
A주사법에서 스크린상 수직지시의 크기가 나타내는 것은 탐촉자로 되돌아온 초음파 반사에너지의 양이다.

11 압력용기용 강판의 초음파탐상검사방법(KS D 0233)에 의해 탐상할 때 일반적으로 2진동자 수직탐촉자로 탐상할 수 없는 두께는?

① 25mm ② 45mm
③ 55mm ④ 65mm

해설
KS D 0233에서 강판의 두께 60mm를 초과하는 경우 수직탐촉자를 사용하여 탐상한다.
사용탐촉자

강판의 두께(mm)	탐촉자의 유형
6 이상 13 미만	2진동자/쌍진동자 수직탐촉자
13 이상 60 이하	단일 또는 2진동자/쌍진동자 수직탐촉자
60 초과	단일 진동자 수직탐촉자(2진동자/쌍진동자 수직탐촉자는 제외함)

12 20mm 두께의 맞대기 용접부를 굴절각 70° 탐촉자로 탐상하여 스크린상에 75mm 거리에서 결함지시가 나타났다. 이 결함의 깊이는?

① 10.5mm ② 12.2mm
③ 14.3mm ④ 16.8mm

해설
결함의 깊이는 $d = 2t - W \cdot \cos\theta$로,
$2 \times 20 - 75 \times \cos 70° = 14.3\text{mm}$가 된다.

13 알루미늄의 맞대기용접부의 초음파경사각탐상시험방법(KS B 0897)에서 입사점을 측정하는 시험편이 아닌 것은?

① STB-A1 ② STB-A22
③ STB-A3 ④ STB-A31

해설
표준시험편 및 대비시험편의 종류와 용도

종 류	용 도
STB-A1	경사각탐촉자의 입사점의 측정, 측정범위의 조정
STB-A3 또는 STB-A31	경사각탐촉자의 입사점의 측정, 측정범위 250mm 이하인 경우의 조정
RB-A4 AL	경사각탐촉자의 굴절각의 측정, 거리진폭특성곡선의 작성 및 탐상감도의 조정

14 탐촉자 구성요소 중 초음파를 시험체에 경사지게 입사시키는 역할을 하는 것은?

① 접 전 ② 쐐 기
③ 흡음재 ④ 댐핑재

해설
쐐기 : 시험체에 경사지게 입사시키는 것
탐촉자는 초음파를 발생시키는 진동자와 펄스폭 조정 및 불필요 초음파를 흡수하는 흡음재, 진동자 보호막으로 구성되어 있으며, 크게 수직용, 경사각용으로 나누어진다.

정답 10 ① 11 ④ 12 ③ 13 ② 14 ②

15 **분할형 탐촉자에 관한 설명으로 옳은 것은?**

① 진동자는 송신용과 수신용의 2개로 분할되어 있으므로 불감대는 짧다.

② 탐상면으로부터 먼 결함의 검출에 적합하다.

③ 2개의 진동자의 빔각도가 경사되어 있으므로 특정 탐상영역 이외에서는 조합탐상감도가 높아진다.

④ 탐상면에서 수직인 결함의 검출용에 가장 적합하다.

해설

분할형 수직탐촉자는 송신부와 수신부가 한 탐촉자에 있는 것으로 초음파 진행 방향과 평행할 시 결함 검출에 뛰어난 성능을 보인다.

16 **구상흑연주철의 흑연구상화제가 아닌 것은?**

① Mo계 합금

② Mg계 합금

③ Ca계 합금

④ 희토류 원소계 합금

해설

구상흑연주철의 구상화는 마카세(Mg, Ca, Ce)로 암기한다.

17 **다음과 같이 수침법으로 시험체를 검사하여 오른쪽 그림과 같은 탐상도형이 CRT에 나타났다. 시험체 내부결함의 반사지시는 CRT상에서 어느 것인가?**

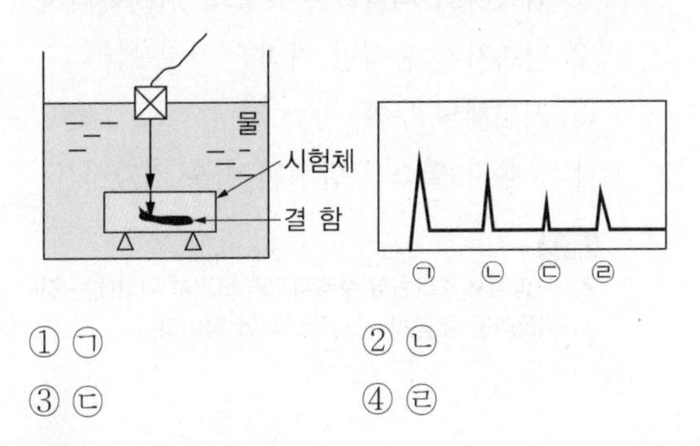

① ㉠

② ㉡

③ ㉢

④ ㉣

해설

결함에 부딪혀 온 에코는 ㉢이다.

18 **초음파탐상시험에서 탐촉자의 댐핑(Damping)을 증가시킬 때 나타나는 현상은?**

① 분해능이 높아진다.

② 펄스 높이가 증가한다.

③ 펄스 길이가 증가한다.

④ 전체 탐상감도가 높아진다.

해설

댐핑이 증가하면 펄스폭이 작아지며 분해능이 좋아진다.

15 ① 16 ① 17 ③ 18 ① 정답

19 초음파탐상시험 시 시험체의 거리를 신속히 측정하기 위해 탐상기의 스크린상에 눈금으로 나눈 것은?

① 송신펄스
② 시간축조절기
③ 마커(Marker)
④ 리젝션(Rejection)조절기

해설
① 송신펄스 : 탐촉자 내의 진동자에 고전압을 보내 주어 초음파를 발생시킨 펄스
② 시간축조절기 : 펄스와 펄스 사이의 간격을 변화시키는 조절기
④ 리젝션조절기 : 전기적 잡음신호를 제거하는 데 사용되는 조절기

20 강 용접부의 초음파탐상시험방법(KS B 0896)에 따라 경사각탐상 시 거리진폭특성곡선에 의한 에코 높이 구분선을 작성하고자 한다. 이때의 구분선은 몇 개인가?

① 3개 이상이어야 한다.
② 2개 이상이어야 한다.
③ 1개 이상이어야 한다.
④ 어느 한선(구분선)의 감도만 알면 구태여 다른 구분선을 작성할 필요가 없다.

해설
강 용접부의 초음파탐상시험방법(KS B 0896)에 따라 경사각탐상 시 거리진폭특성곡선에 의한 에코 높이 구분선은 H, M, L선으로 3개 이상이어야 한다.

21 강 용접부의 초음파탐상시험방법(KS B 0896)에서 규정하고 있는 수직탐촉자의 공칭주파수와 진동자의 공칭지름이 바르게 연결된 것은?

① 1MHz-20mm
② 2MHz-30mm
③ 5MHz-20mm
④ 7MHz-30mm

해설
• 수직탐촉자의 공칭주파수 2MHz에서 공칭치수는 20mm, 28mm이며, 5MHz에서는 10mm와 20mm이다.
• 경사각 탐촉자의 경우 2MHz에서 10×10mm, 14×14mm, 20×20mm이며, 5MHz에서는 10×10mm, 14×14mm이다.

22 탐촉자 압전소자 중 분해능이 가장 좋은 진동자는?

① 수 정
② 황산리튬
③ 타이타늄산 바륨
④ 나이오븀산 납

정답 19 ③ 20 ① 21 ③ 22 ④

23 강 용접부의 초음파탐상시험방법(KS B 0896)에서 RB-A6시험편 제작 시 곡률의 반지름은 시험체 곡률 반지름의 몇 배인가?

① 0.9배

② 1.5배

③ 0.9배 이상 1.5배 이하

④ 2/3배 이상 1.5배 이하

해설

KS B 0896에서 Rb-A6시험편 제작

- RB-A8은 그림 (a), RB-A6은 그림 (b)에 나타내는 모양과 치수로, 시험체 또는 시험체와 초음파 특성이 비슷한 강재로 제작한다.

단위 : mm

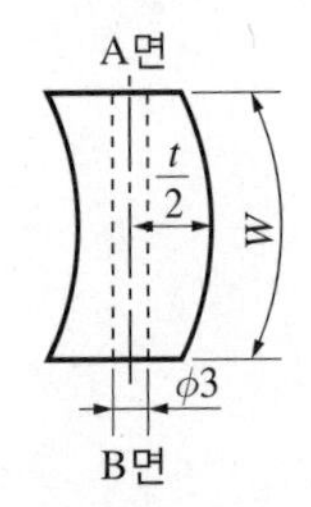

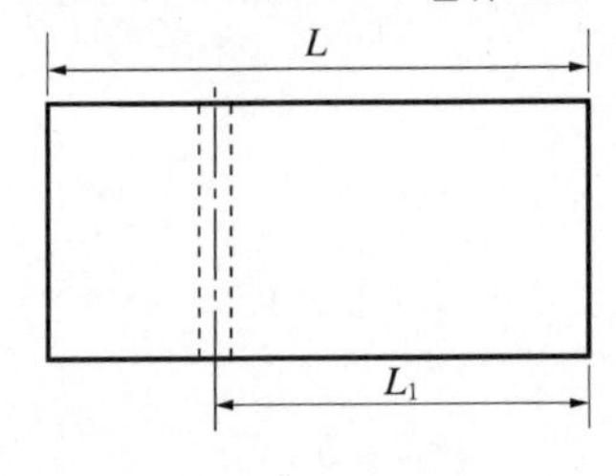

식별부호

L : 대비 시험편의 길이

L_1 : 5/4 스킵 이상의 길이, 40mm 이상으로 한다.

W : 대비시험편의 폭

t : 대비시험편의 두께

(a)

단위 : mm

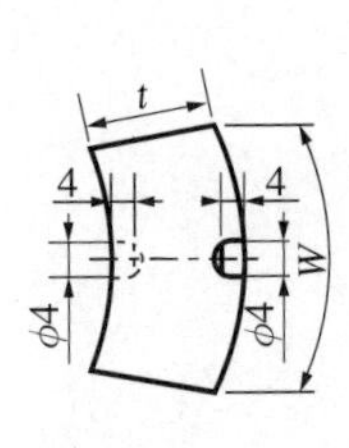

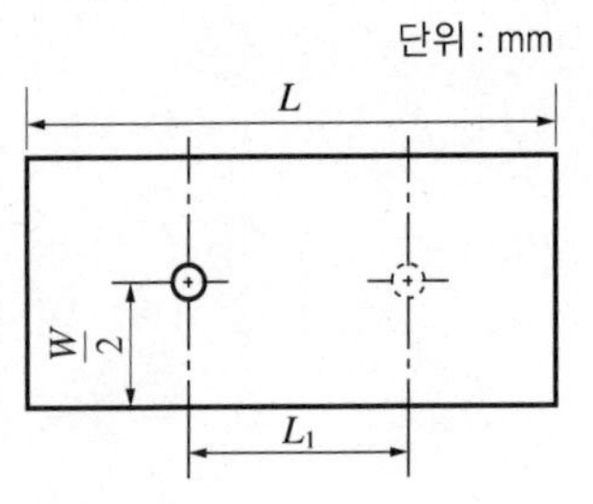

식별부호

L : 대비 시험편의 길이

L_1 : 1.5 스킵 이상의 길이

W : 대비시험편의 폭, 60mm 이상으로 한다.

t : 대비시험편의 두께

(b)

- 음향 이방성을 가진 시험체를 탐상하는 경우의 대비시험편은 시험체와 동일 강재로 제작한다.
- RB-A8 및 RB-A6의 표면 상태는 시험체의 탐상면과 동등한 것으로 한다.
- 대비시험편의 곡률 반지름은 시험체의 곡률 반지름의 0.9배 이상 1.5배 이하로 하고, 그 살 두께는 시험체의 살 두께의 $\frac{2}{3}$배 이상 1.5배 이하로 한다. 다만, 대비시험편의 살 두께가 19mm 이하가 되는 경우는 19mm로 한다.

24 초음파탐상시험을 할 때 재질의 구성이 완전하게 균일하지 않을 때 생기는 현상은?

① 산 란　　② 회 전

③ 병 진　　④ 집 중

해설

산란은 재질이 균일하지 않을 때 생기는 현상이며, 흡수는 재질 내에서 열로 변환되며 흡수되는 것으로 입자의 진동이 커질수록 에너지의 흡수가 커지게 된다. 주강의 경우 주조 후 응고를 시킨 것이므로 재질 내의 입자에서의 흡수, 산란이 탐상에 가장 큰 어려움이 된다.

25 어떤 제품을 초음파탐상한 결과 CRT상에 높이가 낮은 지시가 아주 많이 나타나게 되었다. 이와 같은 지시의 주된 원인이 되는 것은?

① 균열의 발생

② 결정입자의 조대화

③ 균일한 접촉매질의 사용

④ 미세한 입자로 된 재질 때문

해설

결정입자의 조대화는 산란이 크기 때문에 높이가 낮은 지시가 나타날 수 있다.

23 ③　24 ①　25 ②　정답

26 초음파 압전소자의 종류 중에서 수신효율이 가장 우수하나 물에 잘 녹아서 물에서 사용할 때에는 방수처리가 필요한 것은?

① 수 정
② 타이타늄산 바륨
③ 황산리튬
④ 나이오븀산 납

해설
초음파탐촉자는 일반적으로 압전효과를 이용한 탐촉자이며, 수정, 유화리튬, 타이타늄산 바륨, 황산리튬, 나이오븀산 납, 나이오븀산 리튬 등이 있다. 황산리튬 진동자는 수신 특성 및 분해능이 우수하며, 수용성으로 수침법에는 사용이 곤란하다.

27 탐촉자로 쓰이는 크리스탈의 두께를 결정하는 공식으로 옳은 것은?(단, λ는 파장, f는 탐촉자의 공진주파수이다)

① $\frac{\lambda}{3}$　② $\frac{\lambda}{2}$
③ $\frac{f}{3}$　④ $\frac{f}{2}$

해설
크리스탈 두께 : $\frac{\lambda}{2}$

28 초음파탐상장치의 성능 측정방법(KS B 0534)에서 분해능 시험편으로 사용하지 않는 것은?

① RB-RA　② RB-RB
③ RB-RC　④ RB-RE

해설
KS B 0534에서 분해능 시험편
수직탐상의 원거리 분해능은 다음에 따른다.
- 사용 기재
  - 접촉매질 : 실제의 탐상시험에 사용하는 것
  - 분해능 측정용 시험편 : RB-RA형 대비시험편. 다만, 광대역 탐촉자를 사용하는 경우는 RB-RB형 대비시험편
  - 탐촉자 : 실제 탐상작업에 사용하는 수직탐촉자

수직탐상의 근거리 분해능 측정은 다음에 따른다.
- 사용 기재
  - 접촉매질 : 실제 탐상시험에 사용하는 것
  - 분해능 측정용 시험편 : RB-RC형 대비시험편
  - 탐촉자 : 실제 탐상작업에 사용하는 수직탐촉자

29 건축용 강판 및 평강의 초음파탐상시험에 따른 등급 분류와 판정기준(KS D 0040)에 대한 설명으로 잘못된 것은?

① 두께 13mm 이하, 폭 180mm 이하의 평강에 대하여 규정하고 있다.
② 탐상방식은 수직법에 따르는 펄스반사법으로 한다.
③ 접촉매질은 일반적으로 물을 사용한다.
④ 수동탐상기의 원거리 분해 성능은 대비시험편 RB-RA를 사용하여 측정한다.

해설
KS D 0040에 적용되는 재료는 건축물로 높은 응력을 받는 재료에 사용되며, 두께 13mm 이상인 강판, 평강의 경우 두께 13mm, 폭 180mm 이상에 적용한다.

정답 26 ③ 27 ② 28 ④ 29 ①

30 금속재료의 펄스반사법에 따른 초음파탐상시험방법 통칙(KS B 0817)에서 초음파탐상시험 시 원칙적으로 사용하지 않는 것은?

① 리젝션　② 게이트
③ 접촉매질　④ 시험편

해설
검사할 때 원칙적으로 리젝션은 사용하지 않는다.

31 알루미늄의 맞대기용접부의 초음파경사각탐상시험방법(KS B 0897)에 따라 탐촉자의 공칭굴절각이 45°이고, STB-A1 블록으로 측정한 결과 45°의 정확한 각도를 유지하고 있었다. 측정범위가 100mm 및 200mm인 경우 측정범위의 조정은 어떻게 하는가?

① 거리보정은 STB-A1 블록으로 교정 시 실제거리에서 98/100으로 한다.
② 거리보정은 STB-A1 블록으로 교정 시 실제거리에서 100/100으로 한다.
③ 거리 및 각도는 STB-A1으로 교정한 것대로 한다.
④ 어느 것도 적용할 수 없다.

해설
공칭 굴절각과 실제 굴절각이 정확할 경우 측정범위가 100mm 및 200mm에서 R50mm는 98mm 및 49mm로 조정한다.

32 곡률반지름 150mm 이하인 원둘레 이음용접부를 강 용접부의 초음파탐상시험방법(KS B 0896)에 따라 초음파탐상할 때 가공해야 하는 탐촉자 접촉면의 곡면 반지름은?

① 시험체 곡률 반지름의 1.1배 이상 2.0배 이하
② 시험체 곡률 반지름의 1.1배 이상 2.5배 이하
③ 시험체 곡률 반지름의 1.5배 이상 2.0배 이하
④ 시험체 곡률 반지름의 1.5배 이상 2.5배 이하

해설
곡률 반지름 150mm 이하인 원둘레 이음부는 탐촉자 접촉면의 곡면 반지름은 시험체 곡률 반지름의 1.1배 이상 2.0배 이하로 하며, 150mm가 넘을 경우 곡면가공을 하지 않는다.

33 초음파경사각탐상시험용 표준시험편(KS B 0831)에서 G형 표준시험편의 종류가 STB-G V15-1이라면 시험편의 입사면-밑면까지의 전체 길이와 표준 흠의 치수는?

① 150mm, ϕ1mm
② 150mm, ϕ10mm
③ 180mm, ϕ10mm
④ 180mm, ϕ1mm

해설
STB-G V15-5.6 표준시험편은 수직탐촉자의 성능 측정 시 사용하며 길이 150mm, 두께 50mm, 곡률 반경 12mm, 홀의 지름 1mm이다.

30 ① 31 ① 32 ① 33 ④ 정답

34 금속재료의 펄스반사법에 따른 초음파탐상시험방법통칙(KS B 0817)에서 탐상장치의 점검을 구분할 때 특별점검에 해당되는 경우가 아닌 것은?

① 성능에 관계된 수리를 한 경우
② 특별히 점검할 필요가 있다고 판단된 경우
③ 탐상시험이 정상적으로 이루어지는가를 검사하는 경우
④ 특수한 환경에서 사용하여 이상이 있다고 생각된 경우

해설

- 일상 점검 : 탐촉자 및 부속기기들이 정상적으로 작동 여부를 확인하는 점검
- 정기 점검 : 1년에 1회 이상 정기적으로 받는 점검
- 특별 점검 : 성능에 관계된 수리 및 특수 환경 사용 시 특별히 점검할 필요가 있을 때 받는 점검

35 강 용접부의 초음파탐상시험방법(KS B 0896)을 적용할 수 있는 페라이트계 강의 완전 용입 용접부의 최소 두께(mm)는?

① 6mm ② 8mm
③ 9mm ④ 10mm

36 강 용접부의 초음파탐상시험방법(KS B 0896)에 따라 모재의 판 두께가 25mm이고, 음향 이방성을 가지는 용접부의 경사각탐상에 사용할 수 있는 탐촉자의 공칭주파수는?

① 1MHz ② 2MHz
③ 2.5MHz ④ 5MHz

해설

판 두께가 60mm 이하인 경우 공칭주파수 5MHz, 이상인 경우 2MHz를 사용한다.

37 강 용접부의 초음파탐상시험방법(KS B 0896)에 의한 경사각탐상에서 탐촉자의 공칭 굴절각과 STB 굴절각의 차이는 상온(10~30℃)에서 몇 도의 범위 이내가 되도록 규정하고 있는가?

① ±1° ② ±2°
③ ±3° ④ ±4°

해설

공칭 굴절각과 STB 굴절각의 차이는 상온(10~30℃)을 기준으로 ±2°로 하며, 공칭 굴절각이 35°일 경우 0~4°의 범위 내로 한다.

38 거리진폭특성곡선을 사용할 때 주의해야 할 사항이 아닌 것은?

① 에코 높이 구분선의 변경과 탐상감도의 관계를 알아둔다.
② 굴절각도의 구분 없이 동일한 거리진폭특성곡선을 이용해야 한다.
③ 측정범위가 다른 거리진폭특성곡선을 사용하지 않는다.
④ 거리진폭특성곡선 작성에 사용된 탐촉자를 사용한다.

해설

굴절각도에 따라 다른 거리진폭특선곡선을 이용한다.

정답 34 ③ 35 ① 36 ④ 37 ② 38 ②

39 **경사각탐촉자를 사용할 때 가장 자주 점검해야 하는 내용은?**

① 입사점 및 굴절각
② 감 도
③ 원거리분해능
④ 불감대

해설
경사각탐촉자를 사용할 때는 입사점 및 굴절각을 가장 자주 점검해야 한다.

40 **다음 그림과 같은 결함이 있는 환봉을 수직탐상했을 때 1~8의 각 위치에서 나타나는 형상을 설명한 것 중 옳지 않은 것은?**

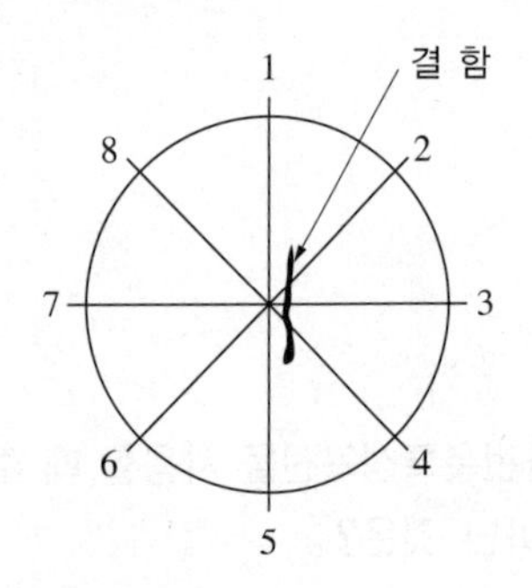

① 1과 2의 위치에서는 저면에코 감쇠와 결함에코가 거의 얻어지지 않는다.
② 2와 6의 위치에서는 결함에코가 다소 작게 관찰되며, 저면에코 감쇠도 확인된다.
③ 3과 7의 위치에서는 큰 결함에코가 나타나며, 현저한 저면에코 감쇠가 확인된다.
④ 4와 8의 위치에서는 결함에코가 다소 작게 관찰되며, 저면에코 감쇠도 확인된다.

해설
1과 2의 위치에서도 결함에코는 작게라도 관찰된다.

41 **KS B 0817에 따라 공칭주파수 선정 시 고려해야 할 내용과 거리가 먼 것은?**

① 흠집의 크기
② 흠집의 모양
③ 탐상면의 거칠기
④ 바닥면 에코의 크기

해설
공칭주파수를 선정할 때에는 검출하여야 할 흠집의 크기, 필요로 하는 근거리 분해능 또는 원거리 분해능, 흠집의 모양, 탐상면의 거칠기, 감쇠 등을 고려하여야 한다.

42 **강 용접부의 초음파탐상시험방법(KS B 0896)에서 경사각탐상장치의 조정 및 점검 시 영역 구분을 결정할 때 에코 높이의 범위가 M선 초과 H선 이하이면 에코 높이는 어떤 영역에 속하는가?**

① Ⅰ영역 ② Ⅱ영역
③ Ⅲ영역 ④ Ⅳ영역

해설
영역 구분에 있어 에코 높이의 영역은 L선 이하의 경우 Ⅰ, L선 초과 M선 이하의 경우 Ⅱ, M선 초과 H선 이하의 경우 Ⅲ, H선을 초과하는 경우는 Ⅳ로 한다.

정답 39 ① 40 ① 41 ④ 42 ③

43 강에서 설퍼프린트시험을 하는 가장 큰 목적은?

① 강재 중의 황화물의 분포상황을 조사하는 것이다.
② 강재 중의 환원물의 분포상황을 조사하는 것이다.
③ 강재 중의 비금속 개재물 조사하는 것이다.
④ 강재 중의 표면결함을 조사하는 것이다.

해설

설퍼프린트법 : 브로마이드 인화지를 1~5%의 황산수용액(H_2SO_4)에 5~10분 담근 후 시험편에 1~3분간 밀착시킨 다음 브로마이드 인화지에 붙어 있는 취화은(AgBr)과 반응하여 황화은(AgS)을 생성시켜 건조시키면 황이 있는 부분에 갈색 반점의 명암도를 조사하여 강 중의 황의 편석 및 분포도를 검사하는 방법이다.

44 금속을 가열하거나 용융금속을 냉각하면 원자 배열이 변화하면서 상변화가 생긴다. 이와 같이 구성원자의 존재 형태가 변하는 것은?

① 변 태　② 자 화
③ 평 형　④ 인 장

해설

금속의 변태
- 상변태 : 한 결정구조에서 다른 결정구조로 바뀌는 것
- 동소변태 : 같은 물질이 다른 상으로 결정구조의 변화를 가져오는 것
- 자기변태 : 원자 배열의 변화 없이 자성만 변화하는 변태

45 용융금속 응고할 때 먼저 작은 핵이 생기고 그 핵을 중심으로 금속이 나뭇가지 모양으로 발달하는 조직은?

① 망상조직　② 수지상 조직
③ 편상조직　④ 점상조직

해설

수지상 결정 : 생성된 핵을 중심으로 나뭇가지 모양으로 발달하여 계속 성장하며 결정립계를 형성하는 조직

46 철강 내에 포함된 다음 원소 중 철강의 성질에 미치는 영향이 가장 큰 것은?

① Si　② Mn
③ C　④ P

해설

- 탄소강에 함유된 5대 원소 : C, P, S, Si, Mn
- 탄소(C) : 탄소량의 증가에 따라 인성, 충격치, 비중, 열전도율, 열팽창계수는 감소하며 전기저항, 비열, 항자력, 경도, 강도는 증가한다. 또한 화합탄소를 형성하여 경도를 유지하게 한다.

47 기체 흐름의 형태 중 기체의 평균 자유행로가 누설의 단면 치수와 거의 같을 때 발생하는 흐름은?

① 교란 흐름　② 분자 흐름
③ 전이 흐름　④ 음향 흐름

해설

기체의 흐름에는 점성 흐름, 분자 흐름, 전이 흐름, 음향 흐름이 있으며 다음과 같은 특징이 있다.
- 점성 흐름
  - 층상 흐름 : 기체가 여유롭게 흐르는 것을 의미하며, 흐름은 누설압력차의 제곱에 비례한다.
  - 교란 흐름 : 높은 흐름속도에 발생하며 레이놀즈 수 값에 좌우한다.
- 분자 흐름 : 기체 분자가 누설되는 벽에 부딪히며 일어나는 흐름이다.
- 전이 흐름 : 기체의 평균 자유행로가 누설 단면 치수와 비슷할 때 발생한다.
- 음향 흐름 : 누설의 기하학적 형상과 압력하에서 발생한다.

정답 43 ① 44 ① 45 ② 46 ③ 47 ③

48 고강도 Al 합금인 초초두랄루민의 합금에 대한 설명으로 틀린 것은?

① Al 합금 중에서 최저의 강도를 갖는다.
② 초초두랄루민을 ESD합금이라고 한다.
③ 자연균열을 일으키는 경향이 있어 Cr 또는 Mn을 첨가하여 억제시킨다.
④ 성분 조성은 Al-1.5~2.5%, Cu-7~9%, Zn-1.2~1.8, Mg-0.3~0.5%, Mn-0.1~0.4%, Cr이다.

해설
초초두랄루민(ESD ; Extra Super Duralumin)은 인장강도가 530MPa (54kgf/mm^2) 이상으로 Al-Zn-Mg계 합금을 사용한다. 두랄루민은 가장 높은 강도를 갖는 재료에 속한다.

49 55~60% Cu를 함유한 Ni합금으로 열전쌍용 선의 재료로 쓰이는 것은?

① 모넬메탈 ② 콘스탄탄
③ 퍼민바 ④ 인코넬

해설
Ni-Cu합금
- 양백(Ni-Zn-Cu) : 장식품, 계측기, 식기류
- 콘스탄탄(40% Ni-55~60% Cu) : 열전쌍, 전기저항선
- 모넬메탈(60% Ni) : 내열용, 내마멸성 재료

50 Ni-Fe계 합금인 엘린바(Elinvar)는 고급시계, 지진계, 압력계, 스프링 저울, 다이얼 게이지 등에 사용되는데 이는 재료의 어떤 특성 때문에 사용하는가?

① 자 성 ② 비 중
③ 비 열 ④ 탄성률

해설
불변강 : 인바(36% Ni 함유), 엘린바(36% Ni-12% Cr 함유), 플라티나이트(42~46% Ni 함유), 코엘린바(Cr-Co-Ni 함유)로 탄성계수가 작고, 공기나 물속에서 부식되지 않는 특징이 있어 정밀 계기 재료, 차, 스프링 등에 사용된다.

51 황동의 탈아연 부식을 억제하는 효과가 있는 원소끼리 짝지어진 것은?

① Sb, As ② Pb, Fe
③ Mn, Sn ④ Al, Ni

해설
탈아연 부식(Dezincification) : 황동의 표면 또는 내부까지 불순한 물질이 녹아 있는 수용액의 작용으로 탈아연되는 현상으로, 6-4황동에 많이 사용된다. 방지법으로는 Zn이 30% 이하인 α황동을 쓰거나 As, Sb, Sn 등을 첨가한 황동을 사용한다.

52 다음 중 슬립(Slip)에 대한 설명으로 틀린 것은?

① 원자밀도가 가장 큰 격자면에서 잘 일어난다.
② 원자밀도 최대인 방향으로 잘 일어난다.
③ 슬립이 계속 진행하면 결정은 점점 단단해져서 변형이 쉬워진다.
④ 다결정에서는 외력이 가해질 때 슬립 방향이 서로 달라 간섭을 일으킨다.

해설
- 슬립 : 재료에 외력이 가해졌을 때 결정 내에서 인접한 격자면에서 미끄러짐이 나타나는 현상
- 결정립 미세화에 의한 강화 : 소성변형이 일어나는 과정 시 슬립(전위의 이동)이 일어나며, 미세한 결정을 갖는 재료는 굵은 결정립보다 전위가 이동하는 데 방해하는 결정립계가 더 많으므로 더 단단하고 강하여 변형이 어려워진다.

48 ① 49 ② 50 ④ 51 ① 52 ③ 정답

53 변태점의 측정방법이 아닌 것은?

① 열분석법
② 열팽창법
③ 전기저항법
④ 응력잔류시험법

해설

변태점 측정법 : 시차열분석법, 열분석법, 비열법, 전기저항법, 열팽창법, 자기분석법, X선 분석법 등

54 마그네슘(Mg) 성질에 대한 설명으로 틀린 것은?

① 용융점은 약 650℃ 정도이다.
② Cu, Al보다 열전도율은 낮으나 절삭성은 좋다.
③ 알칼리에는 부식되나 산이나 염류에는 침식되지 않는다.
④ 실용 금속 중 가장 가벼운 금속으로 비중이 약 1.74 정도이다.

해설

마그네슘의 성질

- 비중 1.74, 용융점, 650℃, 조밀육방격자형
- 전기 전도율은 Cu, Al보다 낮음
- 알칼리에는 내식성이 우수하나 산이나 염수에 침식이 진행
- O_2에 대한 친화력이 커 공기 중 가열, 용해 시 폭발이 발생

55 다음 중 면심입방격자의 원자수로 옳은 것은?

① 2 ② 4
③ 6 ④ 12

해설

면심입방격자(FCC)에서의 원자 수는 $\left(\frac{1}{8}\times 8\right)+\left(\frac{1}{2}\times 6\right)=1+3=4$가 된다.

56 금속을 냉간가공하면 결정입자가 미세화되어 재료가 단단해지는 현상은?

① 가공경화
② 전해경화
③ 고용경화
④ 탈탄경화

해설

변형강화 : 가공경화라고도 하며, 변형이 증가(가공이 증가)할수록 금속의 전위 밀도가 높아지며 강화된다.

정답 53 ④ 54 ③ 55 ② 56 ①

57 연강용 피복아크용접봉 중 수소 함유량이 다른 용접봉에 비해 적고 기계적 성질 및 내균열성이 우수한 용접봉은?

① 저수소계
② 고산화타이타늄계
③ 라임티타니아계
④ 고셀롤로스계

해설
수소 함유량이 다른 용접봉에 비해 적은 용접봉은 저수소계이다.

58 피복아크용접에서 피복제의 역할이 아닌 것은?

① 아크를 안정시킨다.
② 전기 절연작용을 한다.
③ 스패터의 발생을 많게 한다.
④ 용착금속의 냉각속도를 느리게 한다.

해설
피복제는 아크를 안정시키고, 산화・질화를 방지하여 용착금속을 보호하는 역할을 한다. 또한 용접봉에 부족한 원소를 첨가시키며, 슬래그를 형성시켜 급랭되어 메짐이 없도록 도와주며 전기 절연작용을 한다.

59 용접 후 일어나는 용접변형을 교정하는 방법이 아닌 것은?

① 노 내 풀림법
② 박판에 대한 점 수축법
③ 가열 후 해머링하는 방법
④ 절단에 의하여 성형하고 재용접하는 방법

해설
용접 후 일어나는 용접변형은 교정을 실시해야 한다.
- 냉간가압법 : 실온에서 기계적인 힘을 가하여 변형을 교정하는 방법으로 타격법, 롤러법, 피닝법이 있다.
- 국부가열냉각법 : 변형이 생긴 용접구조 부재를 국부적으로 가열하여 즉시 냉각시켜 수축에 따르는 인장응력을 발생시켜 굽힘변형을 교정하는 방법이다.
- 가열가압법 : 변형이 생긴 부분을 가열하여 열간가공 온도로 하여 압력을 가하면서 변형을 교정하는 방법(연강 : 500~600℃)이다.
- 박판의 좌굴변형 방지법 : 모재판만에 인장구속응력을 주어 인장상태 그대로 프레임과 용접함으로써 용접변형을 방지하는 응력법과 모재판만을 가열하여 열팽창을 일으킨 상태에서 프레임과 용접함으로써 용접변형을 방지하는 가열법이 있다.

60 TIG 용접에 사용되는 전극의 조건으로 틀린 것은?

① 고용융점의 금속
② 열전도성이 좋은 금속
③ 전기저항률이 많은 금속
④ 전자 방출이 잘되는 금속

해설
TIG 용접에 사용되는 전극은 전기저항률이 낮은 금속이어야 한다.

정답 57 ① 58 ③ 59 ① 60 ③

2022년 제1회 과년도 기출복원문제

01 와전류탐상시험으로 시험체를 탐상한 경우 검사 결과를 얻기 어려운 경우는?

① 치수 검사
② 피막 두께 측정
③ 표면 직하의 결함 위치
④ 내부결함의 깊이와 형태

해설
와전류탐상은 표피효과로 인해 표면 근처의 시험에만 적용 가능하다.

02 헬륨질량분석 압력변화시험 등과 같은 종류의 비파괴검사법이 속하는 것은?

① 육안검사 ② 누설검사
③ 음향방출검사 ④ 침투탐상검사

해설
음향방출시험 : 재료의 결함에 응력이 가해졌을 때 음향을 발생시키고 불연속 펄스를 방출하게 되는데 이러한 미소 음향방출신호들을 검출분석하는 시험으로, 내부 동적 거동을 평가한다.

03 강자성 물질에서 자화력을 증가시켜도 자계가 더 이상 증가되지 않는 점에 도달했을 때, 이 검사체는 어떻게 되었다고 하는가?

① 보자력 ② 자기포화
③ 항자력 ④ 자기자력

해설
자기포화 : 강자성체를 자화할 때 자화력을 점점 증가시키면 자속밀도도 증가하는데, 어느 점에 이르면 자화력을 증가시켜도 자속밀도가 증가하지 않는 현상이다.

04 방사선이 물질과의 상호작용에 영향을 미치는 것과 거리가 먼 것은?

① 반사작용 ② 전리작용
③ 형광작용 ④ 사진작용

해설
방사선의 상호작용
- 전리작용 : 전리 방사선이 물질을 통과할 때 궤도에 있는 전자를 이탈시켜 양이온과 음이온으로 분리되는 것
- 형광작용 : 물체에 방사선을 조사하였을 때 고유한 파장의 빛을 내는 것
- 사진작용 : 방사선을 사진필름에 투과시킨 후 현상하면 명암도의 차이가 나는 것

05 다음 중 비파괴검사를 통하여 평가할 수 있는 항목과 가장 거리가 먼 것은?

① 시험체 내의 결함 검출
② 시험체의 내부구조 평가
③ 시험체의 물리적 특성평가
④ 시험체 내부의 결함 발생 시기

해설
비파괴검사를 통해 시험체 내부의 결함 발생 시기는 알 수 없다.

정답 1 ④ 2 ③ 3 ② 4 ① 5 ④

06 **알루미늄합금의 재질을 판별하거나 열처리 상태를 판별하기에 가장 적합한 비파괴검사법은?**

① 적외선검사　　② 스트레인 측정
③ 와전류탐상검사　　④ 중성자투과검사

해설
와전류탐상검사는 맴돌이 전류(와전류 분포의 변화)로 거리·형상의 변화, 합금성분, 재질의 선별, 균열, 불균질 부분, 도금층 두께 측정, 치수 변화, 열처리 상태 등의 확인이 가능하다.

07 **관전압 200kV로 강과 동을 촬영한 투과등가계수가 각각 1.0, 1.4라면 동판 10mm를 촬영하는 것은 몇 mm 두께의 강을 촬영하는 것과 같은가?**

① 5　　② 7
③ 14　　④ 20

해설
등가계수의 숫자는 검사하고자 하는 재질의 두께에 이 계수를 곱해 주면 기준 재질의 등가한 두께로 환산되는 것이다.
즉, 투과등가계수가 1.0, 1.4였고, 동판 10mm 촬영하는 것은 강에서 1.4×10mm = 14mm가 된다.

08 **다음 중 침투탐상시험과 관련이 없는 용어는?**

① 유화처리
② 전리작용
③ 모세관현상
④ 잉여침투액의 제거

해설
전리작용 : 전리 방사선이 물질을 통과할 때 궤도에 있는 전자를 이탈시켜 양이온과 음이온으로 분리되는 것

09 **수세성 형광 침투탐상검사에 대한 설명으로 옳은 것은?**

① 유화처리과정이 탐상 감도에 크게 영향을 미친다.
② 얕은 결함에 대하여는 결함 검출 감도가 낮다.
③ 거친 시험면에는 적용하기 어렵다.
④ 잉여침투액의 제거가 어렵다.

해설
침투제에 유화제가 혼합되어 있는 것은 직접 물세척이 가능하기 때문에 과세척에 대한 우려가 높아 얕은 결함의 결함 검출 감도가 낮다.

10 **다음 중 니켈 제품 표면의 피로균열검사에 가장 적합한 비파괴검사법은?**

① 방사선투과검사
② 초음파탐상검사
③ 자분탐상검사
④ 누설검사

해설
니켈은 강자성체로 자분탐상검사가 적합하다.

6 ③ 7 ③ 8 ② 9 ② 10 ③ 정답

11 CRT에 나타난 에코의 높이가 스크린 높이의 80%일 때 이득 손잡이를 조정하여 6dB를 낮추면, 에코 높이는 CRT 스크린 높이의 약 몇 %로 낮아지는가?

① 16.7% ② 20%
③ 40% ④ 50%

해설
6dB을 줄이면 에코의 높이는 50% 감소한다.

12 이상 기체의 압력이 P, 체적이 V, 온도가 T일 때 보일-샤를의 법칙에 대한 공식으로 옳은 것은?

① $\frac{P_1 \times T_1}{V_1} = \frac{P_2 \times T_2}{V_2}$

② $\frac{P_1 \times V_1}{T_1} = \frac{P_2 \times V_2}{T_2}$

③ $\frac{P_1 \times V_1}{T_2} = \frac{P_2 \times V_2}{T_1}$

④ $\frac{P_2 \times T_1}{V_2} = \frac{P_1 \times T_2}{V_1}$

해설
보일-샤를의 법칙
온도와 압력이 동시에 변하는 것으로 기체의 부피는 절대 압력에 반비례하고 절대 온도에 비례한다.
$\frac{PV}{T}$ = 일정, $\frac{P_1 V_1}{T_1} = \frac{P_2 V_2}{T_2}$

13 전몰수침법을 이용하여 초음파탐상을 할 경우의 장점으로 틀린 것은?

① 주사속도가 빠르다.
② 결함의 표면 분해능이 좋다.
③ 탐촉자 각도의 변형이 용이하다.
④ 부품의 크기에 관계없이 검사가 가능하다.

해설
전몰수침법은 부품을 물에 담가 탐상해야 하므로, 부품이 큰 경우에는 탐상이 불가할 수 있다.

14 다음 중 단강품에 대한 비파괴검사에 주로 이용되지 않는 것은?

① 방사선투과검사
② 초음파탐상검사
③ 침투탐상검사
④ 자분탐상검사

해설
단강품은 주로 초음파탐상검사, 침투탐상검사, 자분탐상검사를 이용한다.

15 다음 중 초음파탐상기에서 수신부로서의 역할만 하는 것은?

① 탐촉자 ② 증폭기
③ 고주파 케이블 ④ 펄스 발진기

해설
증폭기(Gain Control) : 음압의 비를 증폭시키는 조절기로, dB로 조정한다(펄스 길이 조정).

정답 11 ④ 12 ② 13 ④ 14 ① 15 ②

16 **결함 크기가 초음파 빔의 직경보다 클 경우 일반적으로 어떤 현상의 발생이 예상되는가?**

① 임상 에코의 발생
② 저면 에코의 소실
③ 결함 에코의 증가
④ 표면의 손상

해설
초음파 빔이 저면까지 수신되지 못하여 CRT상에 결함 에코만 나타나게 되며, 저면 에코는 소실된다.

17 **두 매질 사이의 경계에서 반사되는 초음파의 반사각에 대한 설명으로 옳은 것은?**

① 초음파의 입사각과 반비례한다.
② 초음파의 입사각과 반사각은 같다.
③ 초음파 입사각의 제곱이 반사각이다.
④ 초음파의 반사각은 입사각과 전혀 다른 함수 관계이다.

해설
스넬의 법칙은 음파가 두 매질 사이의 경계면에 입사하면 입사각에 따라 굴절과 반사가 일어나는 것으로, $\frac{\sin\alpha}{\sin\beta} = \frac{V_1}{V_2}$ 와 같다.
여기서 α = 입사각, β = 굴절각 또는 반사각, V_1 = 매질 1에서의 속도, V_2 = 매질 2에서의 속도를 나타낸다.

18 **초음파탐상시험에서 일반적으로 결함 검출에 가장 많이 사용하는 탐상법은?**

① 공진법 ② 투과법
③ 펄스반사법 ④ 주파수 해석법

해설
초음파탐상시험에서는 일반적으로 펄스반사법(A-scope) 형식을 가장 많이 사용한다.

19 **음향임피던스가 Z_1인 탄소강의 한쪽에 음향임피던스가 Z_2인 스테인리스강을 결합시키고 있다. 탄소강 측으로부터 2MHz로 수직탐상을 하였을 때, 경계면에서의 음압반사율은?**

① $\frac{Z_2 - Z_1}{Z_1 + Z_2}$ ② $\frac{Z_1 + Z_2}{Z_2 - Z_1}$

③ $\left(\frac{Z_2 - Z_1}{Z_1 + Z_2}\right)^2$ ④ $\left(\frac{Z_1 + Z_2}{Z_2 - Z_1}\right)^2$

해설
음압반사율의 측정은 $r_{1\to2} = \frac{P_R}{P_i} = \frac{Z_2 - Z_1}{Z_1 + Z_2}$ 와 같이 계산된다.

20 **초음파탐상시험에서 파장의 영향에 관한 설명으로 옳은 것은?**

① 파장이 길수록 작은 결함을 찾기 쉽다.
② 파장의 길이와 검출 가능한 결함의 한계 크기는 관계가 없다.
③ 파장이 길수록 감쇠가 증대하므로 유효한 탐상거리가 짧아진다.
④ 같은 결함에서 발생된 에코가 표시기에 나타나는 위치는 파장의 길고 짧음과는 관계되지 않는다.

해설
파장(λ) = $\frac{음속(C)}{주파수(f)}$, 음속(C) = 파장(λ) × 주파수(f)가 되며, 파장의 길고 짧음은 투과력과 관계된다.

16 ② 17 ② 18 ③ 19 ① 20 ④ 정답

21 용접부의 초음파탐상시험에서 탐촉자면이 마모되지 않도록 폴리우레탄 등의 막을 사용할 때 발생되는 일반적인 현상이 아닌 것은?

① 감도가 높아진다.
② 굴절각이 변한다.
③ 입사점이 변한다.
④ 시험체 표면과 밀착성이 좋아진다.

해설
용접부 초음파탐상시험 시 폴리우레탄을 사용하면 밀착성 및 마모성은 증가하지만, 감도는 감소한다.

22 초음파탐상시험 시 탐촉자에 음향렌즈를 부착시킬 때 나타나는 결과는?

① 감도와 분해능은 높아지지만 침투력은 작아진다.
② 감도와 침투력은 커지지만 분해능이 나빠진다.
③ 침투력은 커지지만 감도와 분해능이 저하한다.
④ 침투력과 분해능은 커지지만 감도는 나빠진다.

해설
음향렌즈는 탐촉자 앞면에 특수 곡면을 부착하여 음파를 집속하며, 정밀탐상 시에 사용된다. 따라서 감도와 분해능은 높아지지만 침투력은 작아진다.

23 다음 그림과 같은 경사각탐상시험에서 빔거리가 W일 때 표면거리 y를 구하는 식으로 옳은 것은?

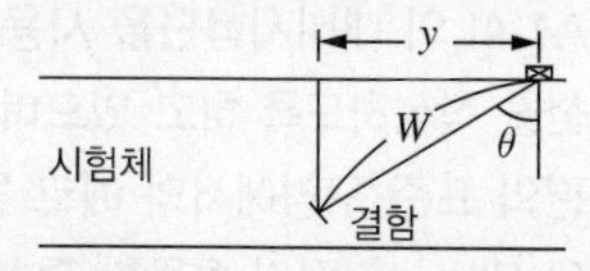

① $y = W \times \sin\theta$
② $y = W \times \cos\theta$
③ $y = W \times \tan\theta$
④ $y = W \times \cot\theta$

해설
삼각함수 법칙을 이용하여 $W \times \sin\theta$로 계산한다.

24 두께 12인치인 굵은 강재에 초음파탐상시험을 할 때 투과력이 가장 좋은 주파수는?

① 2.25MHz ② 1MHz
③ 5MHz ④ 10MHz

해설
주파수가 낮을수록 강도와 분해능은 낮아지나 투과력과 분산은 증가한다.

25 초음파탐상검사에 의한 건축용 구조 강판 및 평강의 등급 분류와 허용 기준(KS D 0040)에서 2진동자 수직탐촉자를 사용한 자동탐상기는 최대 몇 년 이내에 1회 성능 검정을 하는가?

① 반 년 ② 1년
③ 2년 ④ 3년

해설
2진동자 수직탐촉자의 경우 3년에 1회 점검하여야 하며, 수동형은 1년에 1회 점검한다.

정답 21 ① 22 ① 23 ① 24 ② 25 ④

26 알루미늄 판의 맞대기용접 이음부에 대한 횡파 경사각 빔을 사용한 초음파탐상검사(KS B 0897)는 RB-A4 AL의 대비시험편을 사용하여 거리진폭특성곡선을 작성하도록 하고 있으며, 기준 레벨은 이 시험편의 표준 구멍에서의 에코 높이의 레벨에 시험체와 대비시험편의 초음파 특성 차이에 의한 감도 보정량을 더하여 구하도록 하고 있다. 이 경우 에코 높이에 따라 흠을 평가하기 위한 평가 레벨은 기준 레벨에 따라 설정하는데 이에 대한 레벨이 잘못된 것은?

① A평가 레벨 : 기준 레벨 −12dB
② B평가 레벨 : 기준 레벨 −18dB
③ C평가 레벨 : 기준 레벨 −24dB
④ D평가 레벨 : 기준 레벨 −30dB

해설
에코 높이에 따라 흠을 평가하며 A, B, C 3종류의 평가 레벨 중 H_{RL}을 기준으로 A평가는 −12dB, B평가는 −18dB, C평가는 −24dB로 측정하며, D평가 레벨은 없다.

27 펄스에코법에 의한 금속재료의 초음파탐상검사에 대한 일반 규칙(KS B 0817)에 따라 공칭주파수를 선정할 때 고려하여야 할 내용과 거리가 먼 것은?

① 흠집의 크기
② 흠집의 모양
③ 탐상면의 거칠기
④ 바닥면 에코의 크기

해설
공칭주파수를 선정할 때에는 검출하여야 할 흠집의 크기, 필요로 하는 근거리 분해능 또는 원거리 분해능, 흠집의 모양, 탐상면의 거칠기, 감쇠 등을 고려하여야 한다.

28 페라이트계 강용접 이음부에 대한 초음파탐상검사(KS B 0896)에 따라 모재 두께 15mm인 맞대기 용접부를 탐상한 결과, 흠의 최대 에코 높이가 제 Ⅳ영역에 해당하고, 흠의 길이는 10mm인 것으로 측정되었다. 이 흠의 분류는?

① 1류 ② 2류
③ 3류 ④ 4류

해설
모재 두께가 15mm일 경우 1류는 4mm 이하, 2류는 6mm 이하, 3류는 9mm 이하이다. 흠의 길이가 10mm이면 3류를 넘는 것이므로 4류가 된다.

불연속부 에코 높이의 영역과 불연속부의 지시 길이에 따른 불연속부의 분류

분 류	영 역					
	M 검출 레벨의 경우는 Ⅲ L 검풀 레벨의 경우는 Ⅱ와 Ⅲ			Ⅳ		
	벽 두께(mm)					
	18 이하	18 초과 60 이하	60 초과	18 이하	18 초과 60 이하	60 초과
1류 (범주 1)	6 이하	$t/3$ 이하	20 이하	4 이하	$t/4$ 이하	15 이하
2류 (범주 2)	9 이하	$t/2$ 이하	30 이하	6 이하	$t/3$ 이하	20 이하
3류 (범주 3)	18 이하	t 이하	60 이하	9 이하	$t/2$ 이하	30 이하
4류 (범주 4)	3류를 넘는 것					

비고 : t는 개선을 만든 쪽 모재의 두께(mm). 다만, 맞대기용접에서 맞대는 모재의 벽 두께가 다른 경우는 얇은 쪽의 벽 두께로 한다.

26 ④ 27 ④ 28 ④ 정답

29 알루미늄 판의 맞대기용접 이음부에 대한 횡파 경사각 빔을 사용한 초음파탐상검사(KS B 0897) RB-A4 AL에 사용되는 대비시험편의 AL의 의미로 옳은 것은?

① 경사각탐상시험에 사용할 수 있다.
② 시험편의 재질이 알루미늄이다.
③ 감도 조정용 시험편이다.
④ 제작회사의 기호이다.

해설
STB는 Standard Test Block으로 표준시험편을 의미하고, RB는 Reference Block으로 대비시험편을 의미한다. AL은 시험편 재질이 알루미늄인 것을 의미한다.

30 알루미늄 판의 맞대기용접 이음부에 대한 횡파 경사각 빔을 사용한 초음파탐상검사(KS B 0897)에 따라 모재 두께가 24mm인 용접부를 시험한 결과, 흠의 구분이 A종일 때 흠의 지시 길이는 4mm가 검출되었다. 흠의 분류는?

① 1류 ② 2류
③ 3류 ④ 4류

해설
KS B 0897 중 시험결과의 분류방법에서 모재 두께가 24mm이고 구분이 A종일 때 2류의 경우 $\frac{t}{6}$이므로, $\frac{24}{6}=4$가 되므로, 2류에 속한다.

불연속의 길이에 따른 불연속부의 분류 (단위 : mm)

분 류		모재의 두께(t^{*})								
		5 이상 20 이하			20 초과 80 이하			80 초과		
		A종	B종	C종	A종	B종	C종	A종	B종	C종
불연속부의 분류	1류 (범주 1)	–	5 이하	6 이하	$t/8$ 이하	$t/4$ 이하	$t/3$ 이하	10 이하	20 이하	26 이하
	2류 (범주 2)	–	6 이하	10 이하	$t/6$ 이하	$t/3$ 이하	$t/2$ 이하	13 이하	26 이하	40 이하
	3류 (범주 3)	5 이하	10 이하	20 이하	$t/4$ 이하	$t/2$ 이하	t 이하	20 이하	40 이하	80 이하
	4류 (범주 4)	3류(범주 3)를 넘는 것								

* t : 맞대는 모재의 두께가 다른 경우에는 얇은 쪽의 두께로 한다.

31 페라이트계 강용접 이음부에 대한 초음파탐상검사(KS B 0896)에서 탠덤탐상법으로 시험 후 반드시 기록할 사항이 아닌 것은?

① 탐상 지그의 시방
② 탐상 불능 영역
③ 탠덤 기준선의 위치
④ DAC의 경사값

해설
탠덤탐상법을 적용한 경우는 다음 사항을 기록한다.
- 탐상 불능 영역
- 탐상 지그의 시방
- 탠덤 기준선의 위치
- 흠의 판 두께 방향의 위치(깊이)

32 페라이트계 강용접 이음부에 대한 초음파탐상검사(KS B 0896)에 의한 흠 분류 시 2방향 이상에서 탐상한 경우에 동일한 흠의 분류가 2류, 3류, 1류로 나타났다면 최종 등급은?

① 1류 ② 2류
③ 3류 ④ 4류

해설
KS B 0896에서 흠 분류 시 2방향 이상에서 탐상한 경우 동일한 흠의 분류가 2류, 3류, 1류로 나타났다면 가장 하위 분류를 적용해 3류를 적용한다.

정답 29 ② 30 ② 31 ④ 32 ③

33 페라이트계 강용접 이음부에 대한 초음파탐상검사(KS B 0896)에서 모재의 판 두께가 30mm일 때 M 검출레벨의 경우, 즉 Ⅲ영역의 결함을 측정하여 2류로 판정할 수 있는 결함의 최대 길이는?

① 10mm ② 15mm
③ 20mm ④ 30mm

해설
흠 에코 높이의 영역과 흠의 지시길이에 따른 흠의 분류에 따라 M 검출 레벨에서 판 두께가 30mm일 경우 $\frac{t}{2}=\frac{30}{2}=15\text{mm}$가 된다.

34 음향이 탐촉자로부터 간섭을 일으키는 경계를 갖지 않는 반-무한영역으로 전파될 때의 음장을 무엇이라고 하는가?

① 자유 음장 ② 근거리 음장
③ 원거리 음장 ④ 음압 분포

해설
음향이 탐촉자로부터 간섭을 일으키는 경계를 갖지 않는 반-무한영역으로 전파될 때의 음장을 자유 음장이라고 하며, 원형 초음파 탐촉자의 자유 음장은 근거리 음장과 원거리 음장과 빔 퍼짐에 의해 특정 지어진다.

35 페라이트계 강용접 이음부에 대한 초음파탐상검사(KS B 0896)에 따르면 용접부에 용접 후 열처리의 지정이 있는 경우 원칙적인 초음파탐상 시기로 옳은 것은?

① 열처리 전
② 열처리 중
③ 열처리 후
④ 열처리 전이나 후, 상관없음

해설
용접부 용접 후 열처리 지정이 있는 경우 열처리 후 탐상한다.

36 페라이트계 강 용접 이음부에 대한 초음파탐상검사(KS B 0896)에서 규정하고 있는 접촉매질의 종류로 적합한 것은?(단, 탐상면의 거칠기는 50μm 이상이다)

① 물
② 엔진오일
③ 농도 50% 이상의 글리세린 수용액
④ 농도 75% 이상의 글리세린 수용액

해설
접촉매질은 탐상면의 거칠기와 탐상에 사용하는 공칭주파수에 따른다.

공칭주파수 (MHz)	탐상면의 거칠기($R_{\max}$)		
	30μm 이하	30μm 초과 80μm 미만	80μm 이상*
4~5	A	B	B
2~2.5	A	A	B

비고 1 접촉매질은 임의로 한다.
비고 2 농도 75% 이상의 글리세린 수용액, 글리세린 페이스트 또는 음향 결합은 이것과 동등 이상이라는 것이 확인된 것으로 한다.

* 탐상면은 80μm 미만으로 다듬질하거나 감도를 보정한다.

33 ② 34 ① 35 ③ 36 ④ 정답

37 **알루미늄 판의 맞대기용접 이음부에 대한 횡파 경사각 빔을 사용한 초음파탐상검사(KS B 0897)에 따른 탐상장치의 사용조건으로 옳은 것은?**

① 탐상기의 증폭 직선성은 ±5%로 한다.
② 탐상기의 시간축의 직선성은 ±2%로 한다.
③ 탐상기의 감도 여유값은 20dB 이하로 한다.
④ 경사각 탐촉자의 공칭주파수는 5MHz로 한다.

해설

초음파탐상기의 사용조건

- 증폭직선성은 KS B 0534의 5.2(증폭직선성)에서 측정하여 ±3%의 범위 내로 한다.
- 시간축의 직선성은 KS B 0534의 5.3(시간축 직선성)에서 측정하여 ±1%의 범위 내로 한다.
- 감도 여유값은 KS B 0534의 5.4(수직탐상의 감도 여유값)에서 측정하여 40dB 이상으로 한다.
- 위의 3가지 사항에 대하여 KS B 0534의 정기점검에 따라 장치를 구입하였을 때와 적어도 12개월 이내마다 점검하여 소정의 성능이 유지되고 있다는 것을 확인한다.

경사각 탐촉자의 사용조건

주파수 : 공칭주파수는 5MHz, 검사주파수는 4.5~5.5MHz으로 한다.

38 **페라이트계 강용접 이음부에 대한 초음파탐상검사(KS B 0896)에서 경사각 탐상에 의한 에코 높이 구분선 작성을 위하여 STB-A2를 사용하는 경우 표준 구멍의 크기는?**

① ∅1×1mm ② ∅2×2mm
③ ∅4×4mm ④ ∅8×8mm

해설

에코 높이 구분선의 작성

- 에코 높이 구분선은 원칙적으로 실제로 사용하는 탐촉자를 사용하여 작성한다. 작성된 에코 높이 구분선은 눈금판에 그려 넣는다.
- A2형계 표준시험편을 사용하여 에코 높이 구분선을 작성하는 경우는 ∅4×4mm의 표준 구멍을 사용한다. RB-4를 사용하여 에코 높이 구분선을 작성하는 경우는 RB-4의 표준 구멍을 사용한다.

39 **초음파탐상시험용 표준시험편(KS B 0831)의 검정조건 및 검정방법에서 표준시험편의 종류와 반사원의 조합이 틀린 것은?**

① STB G형 - 인공흠
② STB N1형 - R100면
③ STB A2형 - 인공흠
④ STB A3형 - R50면

해설

검정조건 및 검정방법

검정조건 및 검정항목	표준시험편의 종류 또는 종류 기호					
	G형 STB	N1형 STB	A1형 STB	A2형계 STB		A3형계 STB
				STB-A2	STB-A21 STB-A22	
반사원	인공흠		R100면	인공흠		R50면 또는 R100면 인공흠
주파수 (MHz)	2(또는 2.25), 5 및 10	5	5	2(또는 2.25) 및 5	5	5

40 **초음파탐상시험용 표준시험편(KS B 0831)에 의한 G형 표준시험편의 종류 중 STB-G V2에서 숫자 2의 의미로 옳은 것은?**

① 구멍의 지름이 2mm
② 구멍의 깊이가 2mm
③ 시험편의 총 길이가 2cm
④ A면에서 구멍의 납작 바닥면까지 거리가 2cm

해설

V2의 2는 A면에서 구멍의 납작 바닥면까지 거리를 의미한다.

정답 37 ④ 38 ③ 39 ② 40 ④

41 페라이트계 강용접 이음부에 대한 초음파탐상검사(KS B 0896)에서 수직탐상의 경우 측정범위의 조정은 A1형 표준시험편 등을 사용하여 몇 % 정밀도로 실시하도록 규정하는가?

① ±1% ② ±3%
③ ±5% ④ ±10%

해설
수직탐상의 경우 STB-A1 또는 STB-A3를 이용하며 ±1%의 정밀도로 실시하도록 한다.

42 페라이트계 강용접 이음부에 대한 초음파탐상검사(KS B 0896)에서 탠덤탐상의 경우 에코 높이 구분선을 만들 때 눈금판의 몇 % 높이의 선을 M선으로 하는가?

① 30% ② 40%
③ 50% ④ 60%

해설
탠덤탐상의 경우 M선의 경우 눈금판의 40% 높이를 기준으로, 6dB 높은 선을 H선, 낮은 선을 L선이라 한다.

43 압력용기용 강판의 초음파탐상검사(KS D 0233)에서 자동경보장치가 없는 탐상장치를 사용하여 탐상하는 경우의 주사속도는 몇 mm/s 이하로 하도록 규정하고 있는가?

① 200 ② 250
③ 300 ④ 500

해설
탐상에 지장을 주지 않는 속도가 일반적이지만, 자동경보장치가 없을 경우 200mm/s 이하로 주사하여야 한다.

44 비파괴검사 – 초음파탐상검사 – 탐촉자와 음장특성 평가(KS B ISO 10375)에서 근거리 음장거리를 나타내는 기호는?

① B_w ② P_N
③ N_0 ④ S_r

해설
③ N_0 : 근거리 음장거리(mm)
① B_w : 대역폭
② P_N : 피크 수
④ S_r : 상대 감도(dB)

45 초음파 펄스에코탐상시스템의 성능평가방법(KS B 0534)에 따른 시험편을 사용한 증폭 직진성의 측정방법에 관한 내용으로 옳지 않은 것은?

① 탐상기의 리젝션을 '0' 또는 'OFF'로 한다.
② 흠 에코의 높이를 5% 단위로 읽고, 풀스케일의 80%가 되도록 탐상기의 게인 조정기를 조정한다.
③ 게인 조정기로 2dB씩 게인을 저하시켜 26dB까지 계속한다.
④ 이론값과 측정값의 차를 편차로 하고 '양'의 최대 편차와 '음'의 최대 편차를 증폭 직선성으로 한다.

해설
시험편을 이용하여 증폭 직진성을 측정할 경우 흠 에코의 높이는 1% 단위로 읽으며, 눈금의 100%가 되도록 조정한다.

41 ① 42 ② 43 ① 44 ③ 45 ② 정답

46 Fe-C 평형상태도에서 용융액으로부터 고용체와 시멘타이트를 동시에 정출하는 공정물은?

① 펄라이트(Pearlite)
② 마텐자이트(Martensite)
③ 오스테나이트(Austenite)
④ 레데부라이트(Ledeburite)

해설
Fe-C 상태도에서의 공정점은 1,130℃이며, Liquid ↔ γ-Fe + Fe_3C, 즉 액체에서 두 개의 고체가 동시에 나오는 반응으로, γ-Fe + Fe_3C를 레데부라이트라고 한다.

47 원자가 어느 결정면의 특정한 방향으로 정해진 거리만큼 이동하여 이루어지는 것으로, 상이 거울을 중심으로 하여 대칭으로 나타나는 것과 같은 현상은?

① 슬 립　② 재결정
③ 쌍 정　④ 편 석

해설
쌍정(Twin) : 소성변형 시 상이 거울을 중심으로 대칭으로 나타나는 것과 같은 현상으로, 주로 슬립이 일어나지 않는 금속이나 단결정에서 일어난다.

48 금속 표면에 스텔라이트 초경합금 등의 금속을 용착시켜 표면을 경화하는 방법은?

① 하드 페이싱
② 쇼트피닝
③ 금속용사법
④ 금속침투법

해설
하드 페이싱 : 기계 부품에 내마모, 내식, 내열성을 줄 목적으로 표면에 금속을 용착시키는 방법

49 재료의 연성을 알기 위한 시험법은?

① 커핑시험
② 경도시험
③ 항절시험
④ 스프링시험

해설
커핑시험(에릭션시험) : 재료의 전연성을 측정하는 시험으로 Cu판, Al판 및 연성 판재를 가압성형하여 변형능력을 시험하는 방법

50 백금(Pt)의 결정격자는?

① 정방격자
② 면심입방격자
③ 조밀육방격자
④ 체심입방격자

해설
면심입방격자(Face Centered Cubic) : Ag, Al, Au, Ca, Ir, Ni, Pb, Ce, Pt
- 배위수 : 12, 원자 충진율 : 74%, 단위격자 속 원자수 : 4
- 전기 전도도가 크며, 전연성이 크다.

정답 46 ④ 47 ③ 48 ① 49 ① 50 ②

51 **다음 중 면심입방격자(FCC) 금속에 해당되지 않는 것은?**

① 은(Ag)
② 알루미늄(Al)
③ 금(Au)
④ 크롬(Cr)

52 **Ni-Fe계 합금인 엘린바(Elinvar)는 고급 시계, 지진계, 압력계, 스프링 저울, 다이얼 게이지 등에 사용되는데, 이는 재료의 어떤 특성 때문에 사용하는가?**

① 자 성 ② 비 중
③ 비 열 ④ 탄성률

해설
불변강 : 인바(36% Ni 함유), 엘린바(36% Ni-12% Cr 함유), 플래티나이트(42~46% Ni 함유), 코엘린바(Cr-Co-Ni 함유)로 탄성계수가 작고, 공기나 물속에서 부식되지 않는 특징이 있어 정밀 계기 재료, 차, 스프링 등에 사용된다.

53 **다음 중 Sn을 함유하지 않은 청동은?**

① 납 청동
② 인 청동
③ 니켈 청동
④ 알루미늄 청동

해설
알루미늄 청동은 Cu에 Al을 12% 이하 첨가한 합금이다.

54 **동소변태에 대한 설명으로 옳은 것은?**

① A_3와 A_4변태를 동소변태라 한다.
② A_0와 A_2 변태를 동소변태라 한다.
③ 자기적 성질이 변하는 것을 동소변태라 한다.
④ 전자의 스핀작용에 의해 강자성체에서 자성체로 변화하는 것을 동소변태라고 한다.

해설
- A_0변태 : 210℃ 시멘타이트 자기변태점
- A_1상태 : 723℃ 철의 공석온도
- A_2변태 : 768℃ 순철의 자기변태점
- A_3변태 : 910℃ 철의 동소변태
- A_4변태 : 1,400℃ 철의 동소변태
- 동소변태 : 같은 물질이 다른 상으로 결정구조의 변화를 가져오는 것

55 **두 종류 이상의 금속 특성을 복합적으로 얻을 수 있는 재료로서, 얇은 특수한 금속을 두껍고 가격이 저렴한 모재에 야금학적으로 접합시킨 재료는?**

① 클래드 재료
② 입자강화금속 복합재료
③ 분산강화금속 복합재료
④ 섬유강화금속 복합재료

해설
클래드 재료 : 두 종류 이상의 금속 특성을 복합적으로 얻는 재료

51 ④ 52 ④ 53 ④ 54 ① 55 ① 정답

56 7–3 황동에 Sn을 1% 첨가한 것으로 전연성이 좋아 관 또는 판을 만들어 증발기, 열교환기 등에 사용되는 것은?

① 코슨 합금
② 네이벌 황동
③ 애드미럴티 합금
④ 플래티나이트 합금

해설
주석 황동(Tin Brasss)
• 애드미럴티 황동 : 7–3 황동에 Sn 1% 첨가, 전연성이 좋음
• 네이벌 황동 : 6–4 황동에 Sn 1% 첨가
• 알루미늄 황동 : 7–3 황동에 2% Al 첨가
• 코슨합금(C합금) : 구리 + 니켈 3~4%, 규소 1% 첨가

57 알루미늄–규소계 합금을 주조할 때, 금속 나트륨을 첨가하여 조직을 미세화시키기 위한 처리는?

① 심랭 처리
② 개량 처리
③ 용체화 처리
④ 구상화 처리

해설
Al–Si은 실루민이며 개량화 처리 원소는 Na으로 기계적 성질이 우수해진다.

58 용접기에 필요한 특성과 관련이 없는 것은?

① 수하 특성
② 자기 특성
③ 정전류 특성
④ 정전압 특성

해설
• 수하 특성 : 부하전류가 증가할 시 전압이 낮아지는 특성
• 정전류 특성 : 아크 길이에 따라 전압이 변해도 전류는 변하지 않는 성질
• 정전압 특성 : 부하 전류가 변해도 전압이 변하지 않는 특성
• 상승 특성 : 부하 전류가 증가하면 전압도 상승하는 특성

59 다음 중 두께가 3.2mm인 연강판을 산소–아세틸렌 가스 용접할 때 사용하는 용접봉의 지름은 얼마인가?

① 1.0mm ② 1.6mm
③ 2.0mm ④ 2.6mm

해설
용접봉의 표준 치수는 1.0, 1.6, 2.0, 2.6, 3.2, 4.0, 5.0, 6.0mm 등 8종류로 구분되며, 사용 용접봉의 지름은 판 두께의 반에 1을 더한 값을 사용한다. 즉, 3.2mm의 절반인 1.6mm + 1mm = 2.6mm가 된다.

60 경납땜을 할 때 사용하는 용제는?

① 붕 사
② 염화아연
③ 염화암모늄
④ 인 산

해설
경납땜의 용제로는 붕사, 붕산, 붕산염, 알칼리, 불화물 등이 있다.

정답 56 ③ 57 ② 58 ② 59 ④ 60 ①

2023년 제1회 과년도 기출복원문제

01 결함부와 건전부의 온도 정보의 분포 패턴을 열화상으로 표시하여 결함을 탐지하는 비파괴검사법은?

① 적외선검사(TT)
② 음향방출검사(AET)
③ 중성자투과검사(NRT)
④ 와전류탐상검사(ECT)

해설
적외선검사(서모그래피)은 적외선 카메라를 이용하여 비접촉식으로 온도 이미지를 측정하여 구조물의 이상 여부를 탐상하는 시험이다.

02 다음 중 초음파의 종파속도가 가장 빠르게 진행하는 대상물은?

① 철 강
② 알루미늄
③ 글리세린
④ 아크릴수지

해설
일반적인 음파의 속도

물 질	종파속도(m/s)	횡파속도(m/s)
알루미늄	6,300	3,150
주강(철)	5,900	3,200
아크릴수지	2,700	1,200
글리세린	1,900	–
물	500	–
기 름	1,400	–
공 기	340	–

03 자분탐상시험에서 선형자계를 발생시키는 자화방법은?

① 축통전법
② 프로드법
③ 코일법
④ 전류관통법

해설
자화방법 : 시험체에 자속을 발생시키는 방법이다.
- 선형 자화 : 시험체의 축 방향을 따라 선형으로 발생하는 자속으로 코일법, 극간법 등이 있다.
- 원형 자화 : 환봉, 철선 등 전도체에 전류를 흘려 주위에 발생하는 자력선이 원형으로 형성되는 자속으로 축통전법, 프로드법, 중앙전도체법, 직각통전법, 전류통전법, 전류관통법 등이 있다.

04 자분탐상시험원리와 자기적 성질에 대한 설명으로 옳은 것은?

① 투자율은 재질에 따라 다르다.
② 투자율은 자계의 세기에 관계없이 일정하다.
③ 강자성체의 투자율은 비자성체에 비해 매우 작다.
④ 자속밀도를 계측하여 음향신호로 변환시켜 결함을 평가한다.

1 ① 2 ② 3 ③ 4 ① 정답

05 와전류탐상시험에서 표준침투깊이를 구할 수 있는 인자와의 비례관계를 옳게 설명한 것은?

① 표준침투깊이는 투자율이 작을수록 작아진다.
② 표준침투깊이는 전도율이 작을수록 작아진다.
③ 표준침투깊이는 파장이 클수록 작아진다.
④ 표준침투깊이는 주파수가 클수록 작아진다.

해설

와전류의 표준침투깊이(Standard Depth of Penetration)는 와전류가 도체 표면의 약 37% 감소하는 깊이를 의미하며, 침투깊이는 $\delta = \frac{1}{\sqrt{\pi \rho f \mu}}$(여기서, ρ : 전도율, μ : 투자율, f : 주파수)로 나타낸다. 주파수가 클수록 반비례하는 관계를 가진다.

06 비파괴검사법 중 니켈 제품 표면의 피로균열검사에 가장 적합한 것은?

① 방사선투과검사
② 초음파탐상검사
③ 자분탐상검사
④ 누설검사

07 누설검사에 이용되는 헬륨질량분석기의 구성요소가 아닌 것은?

① 이온포집장치
② 필라멘트
③ 전자포획장치
④ 자장영역

해설

헬륨질량분석법은 내·외부의 압력차에 의한 누설량을 측정하는 시험으로, 전자포획장치는 필요하지 않다.

08 시험체를 가압 또는 감압하여 일정한 시간이 지난 후 압력 변화를 계측하여 누설검사하는 방법은?

① 방치법에 의한 누설검사
② 전위차에 의한 누설검사
③ 기포 누설검사
④ 암모니아 누설검사

해설

- 기포 누설검사 : 침지법, 가압 발포액법, 진공상자 발포액법
- 추적가스 이용법 : 암모니아, CO_2, 연막탄(Smoke Bomb)법
- 방치법에 의한 누설검사 : 가압법, 감압법
- 할로겐 누설시험 : 할라이드 토치법, 가열 양극 할로겐 검출법, 전자포획법 등

09 기포 누설시험에 사용되는 발포액의 구비조건으로 옳은 것은?

① 표면장력이 클 것
② 발포액 자체에 거품이 많을 것
③ 유황성분이 많을 것
④ 점도가 낮을 것

해설

기포 누설시험은 시험체를 가압한 후 표면에 발포액을 적용시켜 기포 발생 여부를 확인하여 검출하는 방법이다. 점도가 낮아 적심성이 좋고, 표면장력이 작아 발포액이 쉽게 기포를 형성해야 한다.

정답 5 ④ 6 ③ 7 ③ 8 ① 9 ④

10 시험체를 절단하거나 외력을 가하여 기계설계의 이상을 증명하는 검사방법은?

① 가압시험
② 파괴시험
③ 임피던스검사
④ 위상분석시험

해설

파괴검사 : 시험편이 파괴될 때까지 하중, 열, 전류, 전압 등을 가하거나 화학적 분석을 통해 소재 혹은 제품의 특성을 구하는 검사

11 후유화성 침투액(기름 베이스 유화제)을 사용한 침투탐상시험 세척방법의 주된 장점은?

① 솔벤트 세척
② 초음파 세척
③ 알칼리 세척
④ 물 세척

해설

후유화성 침투액은 침투액이 물에 곧장 씻겨 내리지 않고 유화처리를 통해야만 세척이 가능하므로, 과세척을 막을 수 있어 얕은 결함의 검사에 유리하다. 단, 유화시간 적용이 중요하다.

12 후유화성 침투탐상시험 시 유화제의 적용시기는?

① 침투시간 경과 후
② 침투액 적용 직전
③ 현상시간 경과 직전
④ 현상시간 경과 직후

해설

후유화성 침투액은 침투액이 물에 바로 씻겨 내리지 않고 유화처리를 통해야만 세척이 가능하므로 침투시간 경과 직후에 적용한다.

13 용제제거성 형광침투탐상검사에 대한 설명으로 옳은 것은?

① 현상법은 건식현상법만 적용할 수 있다.
② 대형 부품, 구조물의 부분 탐상에 적용할 수 있다.
③ 시험면이 거친 것이라도 형광 휘도가 높기 때문에 적용이 가능하다.
④ 침투시간은 다른 방법보다 길어야 한다.

해설

용제제거성 침투제

- 오직 용제로만 세척되는 침투제로, 물이 필요하지 않고 검사장비가 단순하다. 야외검사와 국부적 검사에 많이 적용된다. 다만, 표면이 거친 시험체에는 적용하기 어렵다.
- 대형 부품, 구조물의 부분 탐상에 적합하지만, 용제 세척을 하기 때문에 세척액의 사용법에 따라서는 과세척이 되기 쉬우므로 주의해야 한다.

14 비파괴검사에서 봉(Bar) 안에 들어 있는 비금속 개재물은?

① 겹침(Lap)
② 용락(Burn Through)
③ 언더컷(Under Cut)
④ 스트링거(Stringer)

해설

스트링거(Stringer) : 압연 소재에 들어 있는 비금속 개재물이 압연에 의해 압연 방향으로 미소 성분 또는 비금속 개재물이 납작해지고 길게 늘어진 것이다.

10 ② 11 ④ 12 ① 13 ② 14 ④ 정답

15 **X-선 발생장치에 대한 설명으로 옳지 않은 것은?**

① 관전압은 투과력과 관계가 있다.
② 전자의 가속력은 관전류와 관계가 있다.
③ 표적 물질은 고원자번호가 효과적이다.
④ 방사선 발생효율은 표적 물질과 관계가 있다.

해설

X-선 발생장치는 X-선관과 관(Tube)으로 구성되어 있으며, 필라멘트에서 열전자를 발생시킨다. 관전압이 높을수록 투과력이 높아지며, 발생효율은 가속 전압과 표적 물질에서의 원자번호에 따라 달라진다. 표적물질로는 텅스텐, 금, 플래티늄 등이 사용되며, 원자번호가 높고 용융온도가 높을수록 좋다. 또한 전자의 가속력은 관전압과 관계가 있다.

16 **와전류탐상검사(ECT)법으로 검사할 수 없는 것은?**

① 불연속부 검사
② 재질검사
③ 도막 두께검사
④ 내구성 검사

해설

와전류탐상검사 : 와전류탐상검사는 맴돌이 전류(와전류 분포의 변화)로 거리·형상의 변화, 합금성분, 재질의 선별, 균열, 불균질 부분, 도금층 두께 측정, 치수 변화, 열처리 상태 등의 확인이 가능하다.

- 와전류탐상의 장점
  - 고속으로 자동화된 전수검사가 가능하다.
  - 가는 선, 구멍 내부, 고온 등 여러 환경에서 적용아 가능하다.
  - 결함, 재질 변화, 품질관리 등 적용범위가 광범위하다.
  - 탐상 및 재질검사 등 탐상결과의 보전이 가능하다.
- 와전류탐상의 단점
  - 표피효과로 인해 표면 근처의 시험에만 적용 가능하다.
  - 잡음 인자의 영향을 많이 받는다.
  - 결함 종류, 형상, 치수에 대한 정확한 측정은 불가하다.
  - 형상이 간단한 시험체에만 적용 가능하다.
  - 도체에만 적용 가능하다.

17 **초음파탐상검사방법 중 수침법의 분류 기준은?**

① 원리에 의한 분류
② 표시방법에 의한 분류
③ 진동방법에 의한 분류
④ 접촉방법에 의한 분류

해설

수침법은 시험체와 탐촉자를 물속에 넣어 초음파를 발생시켜 검사하는 방법으로, 표면 상태의 영향을 적게 받는 장점이 있다.

- 전몰 수침법 : 시험체 전체를 물속에 넣고 검사하는 방법
- 국부 수침법 : 시험체의 국부만 물에 수침시켜 검사하는 방법

18 **결함 크기가 초음파 빔의 직경보다 클 경우 일반적으로 어떤 현상의 발생이 예상되는가?**

① 저면에코의 소실
② 결함에코의 증가
③ 임상에코의 발생
④ 표면 손상

해설

초음파 빔이 저면까지 수신되지 못하면 CRT상에 결함에코만 나타나게 되고, 저면에코는 소실된다.

정답 15 ② 16 ④ 17 ④ 18 ①

19 **수신되는 초음파를 화면상에 나타내는 방법에 따라 분류할 때 B-scan법에 대한 설명으로 옳지 않은 것은?**

① 시험체의 단면을 나타낸다.
② 평면 표시법이다.
③ 2개의 결함이라도 화면상에 1개로 나타날 수 있다.
④ 반사에코 진행시간에 따라 결함의 깊이를 나타낸다.

해설
B-scan법은 시험체 단면을 표시하는 방법으로 시험체의 두께, 불연속 깊이, 길이를 나타낸다.

20 **결함을 평면으로 나타내어 결함의 깊이나 방향은 알 수 없는 주사표시법은?**

① A-scan
② B-scan
③ C-scan
④ D-scan

해설
C-scan법은 시험체 내부를 평면으로 표시해 주는 스캔방법이다.

21 **다음 중 결함의 형태를 추정하는 데 가장 효과적인 주사법은?**

① 전후주사
② 좌우주사
③ 회전주사
④ 탠덤주사

22 **초음파탐상시험 시 대역폭(Band Width)을 감소시키면 어떻게 되는가?**

① 탐상장치의 감도가 감소된다.
② 탐상장치의 감도가 증가된다.
③ 중심주파수가 낮아진다.
④ 중심주파수가 높아진다.

해설
대역폭이란 초음파 펄스에 포함된 주파수 범위로, 대역폭이 감소하면 감도는 증가한다.

23 **압전형 탐촉자에서 발생된 초음파의 세기는?**

① 적용된 전압에 비례한다.
② 적용된 전압에 반비례한다.
③ 크리스탈 두께에 비례한다.
④ 크리스탈 두께에 반비례한다.

해설
압전효과란 기계적인 에너지를 가하면 전압이 발생하고, 전압을 가하면 기계적인 변형이 발생하는 현상이다. 어떤 소재에 힘을 가하였을 경우 표면에 전압이 발생하고, 반대로 전압을 걸어 주면 소자가 이동하거나 힘이 발생한다. 따라서 적용된 전압에 비례하여 세기가 증가한다.

19 ② 20 ③ 21 ③ 22 ② 23 ① 정답

24 **지연에코가 나타나는 이유는?**

① 펄스가 동조되기 때문에
② 횡파의 속도가 종파의 속도보다 늦기 때문에
③ 초기 펄스의 크기가 줄어들기 때문에
④ 종파의 속도가 횡파의 속도보다 늦기 때문에

해설
초음파 지연에코란 전파경로가 다른 파형 또는 모드 변환 때문에 지연되어 탐촉자에 도착하는 에코로, 횡파와 종파의 속도차로 인해 지연에코가 발생한다.

25 **펄스에코법에 의한 금속재료의 초음파탐상검사에 대한 일반 규칙(KS B 0817)에서 흠집의 치수 측정 항목에 포함되지 않는 것은?**

① 흠집의 길이　② 흠집의 높이
③ 등가결함의 위치　④ 등가결함의 지름

해설
KS B 0817에서 흠집의 치수 측정방법에는 흠집의 지시 길이, 흠집의 지시 높이, 등가결함의 지름이 있다.

26 **수침법으로 초음파탐상 시 CRT 스크린상에 나타나는 물거리 지시파 부분을 제거하려고 할 때 조정하는 것은?**

① 소인 지연 조정　② 리젝트 조정
③ 펄스 길이 조정　④ 스위프 넓이 조정

해설
- 소인(Sweep) 회로 : 탐상기 화면에 나타나는 펄스에 대해 수평등속도로 만들어 탐상거리를 조정한다.
- 시간축 간격 조절기(Sweep Length Control) : 펄스와 펄스 사이의 간격을 변화시키는 조절기이다.
- 리젝션(Rejection) 조절기 : 전기적 잡음 신호를 제거하는 데 사용되는 조절기이다.
- 증폭기(Gain Control) : 음압의 비를 증폭시키는 조절기로, dB로 조정(펄스 길이 조정)한다.

27 **직접 접촉에 의한 경사각 입사 시 나타나는 현상 중 초음파탐상에 필요한 것은?**

① 산 란　② 분 산
③ 파의 전환　④ 회 절

해설
음파는 매질 내에서 진행되고 파형이 달라지며, 연속적이지 않은 지점에서 파형 변환이 일어난다. 경사각 입사 시 종파를 입사하지만 매질 내에서는 종파 및 횡파가 존재할 수 있다.

28 **수침법으로 강철판재를 초음파탐상할 때 입사각이 16°라면 강철판재에 존재하는 파는?**

① 횡 파　② 램 파
③ 표면파　④ 종 파

해설
입사각이 14.5° 이내일 경우 종파와 횡파가 같이 존재하며, 14.5° 이상이면 횡파만 존재한다.

29 **초음파탐상검사 시 탐촉자의 주파수 선정은 검사하고자 하는 피검체의 조건에 따라 달라지는데, 초음파의 어떤 현상 때문인가?**

① 속도가 일정해지기 때문에
② 음향 임피던스가 변하기 때문에
③ 주기(T)가 일정해지기 때문에
④ 초음파의 시험체의 조건에 따라 흡수량, 산란량, 분해능이 변하기 때문에

해설
초음파의 진행은 시험체의 결정입자 및 조직, 점성 감쇠, 강자성 재료의 자벽운동에 의한 감쇠 흡수량 등에 따라 달라지므로, 주파수를 다르게 해야 한다.

정답 24 ② 25 ③ 26 ① 27 ③ 28 ① 29 ④

30 **탐촉자 및 주파수 선정 시 옳은 설명은?**

① 소재가 초음파 감쇠가 클 경우 고주파를 사용한다.
② 작은 결함에는 저주파수를 사용한다.
③ 저주파수 탐촉자의 빔 퍼짐이 작다.
④ 고주파 탐촉자는 분해능이 좋다.

해설
분해능이란 근접한 2개의 불연속부에서 2개의 펄스를 식별할 수 있는 능력으로 고주파 탐촉자는 분해능이 좋다.

31 **다음 중 근거리 음장에 영향을 미치는 요소가 아닌 것은?**

① 파 장 ② 감쇠계수
③ 주파수 ④ 탐촉자의 크기

해설
근거리 음장도 원거리 음장과 마찬가지로 탐촉자의 직경, 주파수, 음속과 관계가 있다. 일반적으로 감쇠계수는 주파수를 증가시켰을 때 감쇠가 심하게 일어나며, 분산각이 감소하는 현상을 보인다.

32 **펄스에코법에 의한 금속재료의 초음파탐상검사에 대한 일반 규칙(KS B 0817)에서 탐상장치의 점검을 구분할 때 특별점검에 해당되는 경우가 아닌 것은?**

① 성능에 관계된 수리를 한 경우
② 특별히 점검할 필요가 있다고 판단된 경우
③ 특수한 환경에서 사용하여 이상이 있다고 생각된 경우
④ 탐상시험이 정상적으로 이루어지는가를 검사하는 경우

해설
- 일상점검 : 탐촉자 및 부속 기기들이 정상적으로 작동하는지를 확인하는 점검
- 정기점검 : 1년에 1회 이상 정기적으로 받는 점검
- 특별점검 : 성능에 관계된 수리 및 특수환경 사용 시 특별히 점검할 필요가 있을 때 받는 점검

33 **페라이트계 강용접 이음부에 대한 초음파탐상검사(KS B 0896)에서 경사각 탐촉자의 공칭주파수가 2MHz일 때 규정된 진동자의 공칭치수가 아닌 것은?**

① 5×5mm
② 10×10mm
③ 14×14mm
④ 20×20mm

해설
경사각탐촉자의 공칭주파수가 2MHz일 때 진동자의 치수는 10×10, 14×14, 20×20mm이며, 5MHz일 경우 10×10, 14×14mm를 사용한다.

34 **페라이트계 강용접 이음부에 대한 초음파탐상검사(KS B 0896)에 의한 경사각 탐상에서 흠의 지시 길이가 의미하는 것은?**

① 에코 높이가 L선을 넘는 탐촉자의 이동거리
② 에코 높이가 M선을 넘는 탐촉자의 이동거리
③ 최대 에코 높이의 +6dB을 넘는 탐촉자의 이동거리
④ 최대 에코 높이의 1/2을 넘는 탐촉자 이동거리의 2배

해설
흠의 지시 길이는 최대 에코에서 좌우주사로 측정하며, DAC상 L선이 넘는 탐촉자의 이동거리로 한다.

30 ④ 31 ② 32 ④ 33 ① 34 ① 정답

35 **페라이트계 강용접 이음부에 대한 초음파탐상검사(KS B 0896)에서 시험결과의 분류에 대한 설명으로 옳지 않은 것은?**

① 판 두께가 다르면 같은 크기의 흠이라도 영역에 따라 흠의 분류가 달라진다.

② 2방향에서 탐상한 경우에 동일한 흠의 분류가 다를 때는 상위 분류를 채용한다.

③ 판 두께 18mm 이하, 탐상영역이 M검출 레벨의 경우 Ⅲ영역에서의 결과 분류 시 흠 크기 6mm 이하는 1류로 한다.

④ 흠의 분류 시 3류를 넘는 것은 4류로 한다.

해설

검사결과의 분류는 흠 에코 높이의 영역과 흠의 지시 길이에 따라, 표 F. 1에 따라 실시한다. 2방향에서 탐상한 경우에 동일한 흠의 분류가 다를 때는 하위 분류를 채용한다.

불연속부 에코 높이의 영역과 불연속부의 지시 길이에 따른 불연속부의 분류

분 류	영 역					
	M 검출 레벨의 경우는 Ⅲ L 검풀 레벨의 경우는 Ⅱ와 Ⅲ			Ⅳ		
	벽 두께(mm)					
	18 이하	18 초과 60 이하	60 초과	18 이하	18 초과 60 이하	60 초과
1류 (범주 1)	6 이하	t/3 이하	20 이하	4 이하	t/4 이하	15 이하
2류 (범주 2)	9 이하	t/2 이하	30 이하	6 이하	t/3 이하	20 이하
3류 (범주 3)	18 이하	t 이하	60 이하	9 이하	t/2 이하	30 이하
4류 (범주 4)	3류를 넘는 것					

비고 : t는 개선을 만든 쪽 모재의 두께(mm). 다만, 맞대기용접에서 맞대는 모재의 벽 두께가 다른 경우는 얇은 쪽의 벽 두께로 한다.

36 **탄소강 및 저합금강 단강품의 초음파탐상검사(KS D 0248)에 따라 수직 탐상에 의한 초음파탐상시험을 할 때 흠의 기록 및 평가방법에 관한 설명으로 옳지 않은 것은?**

① 흠 에코의 분류방법은 밑면 에코방식, 시험편 방식, 감쇠보정방식이 있다.

② 흠에 의한 밑면 에코 저하량 분류는 밑면 에코 저하량을 결함의 길이로 환산하여 분류한다.

③ 흠 에코의 분류는 흠 에코를 등가결함 지름으로 환산하여 분류한다.

④ 흠 에코 높이로 평가하는 분류와 흠에 의한 밑면 에코 저하량 분류로 나누어진다.

해설

흠에 의한 밑면 에코 저하량 분류 시 밑면 에코 저하량이 아닌 밑면 에코 높이와 흠 에코 높이와의 비로 평가한다.

37 **초음파탐상시험용 표준시험편(KS B 0831)에서 STB-G 표준시험편의 합격 판정기준으로 주파수에 따른설명으로 옳지 않은 것은?**

① 2MHz에서 ±0.5dB 이내

② 2.25MHz에서 ±1dB 이내

③ 5MHz에서 ±1dB 이내

④ 10MHz에서 ±2dB 이내

해설

G형 STB 표준시험편 합부 판정기준

시험편 반사원의 에코 높이의 측정값이 검정용 표준시험에서 기준으로 정한 기준값에 대하여

- 주파수 2(또는 2.25)MHz의 경우 : ±1dB
- 주파수 5MHz의 경우 : ±1dB
- 주파수 10MHz의 경우 : ±2dB

정답 35 ② 36 ② 37 ①

38 **초음파탐상시험용 표준시험편(KS B 0831)에 의거 초음파 검정 시 감도는?**

① 반사면에서의 에코 높이를 화면의 50%에 맞춘다.
② 반사면에서의 에코 높이를 화면의 60%에 맞춘다.
③ 반사면에서의 에코 높이를 화면의 70%에 맞춘다.
④ 반사면에서의 에코 높이를 화면의 80%에 맞춘다.

해설
초음파 검정 시 검정용 표준시험편의 인공흠 또는 반사면에서의 에코 높이를 눈금판의 80%에 맞춘다.

39 **펄스에코법에 의한 금속재료의 초음파탐상검사에 대한 일반 규칙(KS B 0817)에 따라 탐상 도형을 표시할 때 부대기호 중 다중 반사의 기호 표시방법으로 옳은 것은?(단, 동일한 반사원으로부터의 에코를 구별할 필요가 있는 경우이다)**

① 기본기호의 오른쪽 아래에 1, 2, … n의 기호를 붙인다.
② 기본기호의 오른쪽 아래에 a, b, c, …의 기호를 붙인다.
③ 기본기호의 왼쪽 위에 1, 2, … n의 기호를 붙인다.
④ 기본기호의 왼쪽 위에 a, b, c, …의 기호를 붙인다.

해설
부대기호 표시방법으로 식별부호는 F_a로 시작하여 a, b, c …로 구분되며, 다중 반사의 기호는 B_1으로 시작해 1, 2, … n으로 구분된다.

40 **초음파탐상시험용 표준시험편(KS B 0831)에서 표준시험편의 재료 중 구상화 어닐링한 열처리 방법을 사용한 시험편은?**

① STB-G
② STB-N1
③ STB-A1
④ STB-A3

해설
STB-G형의 SUJ2는 고탄소 크로뮴 베어링 강재로 1% C, Cr이 포함되어 경도와 피로강도에 우수한 장점이 있는 재질이다. 구상화 어닐링 열처리를 해 주며, SNCM439의 경우 퀜칭템퍼링을 해준다. STB-N1형, STB-A1, STB-A2, STB-A3형은 노멀라이징 또는 퀜칭템퍼링을 한다.

41 **페라이트계 강용접 이음부에 대한 초음파탐상검사(KS B 0896)에서 정한 탐상기에 필요한 기능에 관한 설명으로 옳지 않은 것은?**

① 탐상기는 적어도 2MHz 및 5MHz의 주파수로 동작하는 것으로 한다.
② 게인조정기는 1스텝 5dB 이하에서 합계 조정량이 10dB 이상 가진 것으로 한다.
③ 탐상기는 1탐촉자법, 2탐촉자법 중 어느 것이나 사용할 수 있는 것으로 한다.
④ 표시기는 표시기 위에 표시된 탐상 도형이 옥외의 탐상작업에 지장이 없도록 선명하여야 한다.

해설
게인조정기는 1스텝 2dB 이하에서 합계 조정량 50dB 이상의 것으로 탐상하는 것이 바람직하다.

정답 38 ④ 39 ① 40 ① 41 ②

42 **압력용기용 강판에 대한 초음파탐상검사(KS D 0233)에 의한 일반 압력용기의 탐상 시 탐상 위치와 검사 구분은?**

① 원칙적으로 가로, 세로 200mm 피치선상 : A형
② 가로 또는 세로 200mm 피치선상 : B형
③ 원 주변 50mm 이내 : C형
④ 그루브 예정선을 중심으로 하여 양측 25mm 이내 : D형

해설
KS D 0233 스캔 영역

검사 구분	스캔 영역	적용 보기
A형	강판 몸체는 원칙적으로 가로 - 세로 200mm의 정사각형의 격자선 또는 가로 또는 세로 100mm 피치의 수직 또는 수평선을 따라 스캔하고, 가장자리 영역은 50mm 이내 또는 그루브 예정선을 중심으로 하여 양측 25mm 이내를 스캔한다.	보일로관 판 및 동등한 가공을 한 압력용기
B형	강판 몸체는 가로 또는 세로 200mm 피치의 수평 또는 수직선을 따라 스캔하고, 가장자리 영역은 50mm 이내 또는 그루브 예정선을 중심으로 하여 양측 25mm 이내를 스캔한다.	일반 압력용기
C형	가장자리 영역은 50mm 이내 또는 그루브 예정선을 중심으로 하여 양측 25mm 이내를 스캔한다.	저장탱크 등

43 **페라이트계 강용접 이음부에 대한 초음파탐상검사(KS B 0896)에 의한 탠덤 탐상에 사용하는 탐촉자의 불감대는?**

① 12mm
② 15mm
③ 25mm
④ 특별한 규정이 없다.

44 **Fe-C계 평형상태도에서 A_{cm} 선이란?**

① 펄라이트(Pearlite)의 석출선이다.
② α 고용체의 용해도선이다.
③ δ 고용체의 정출완료선이다.
④ γ 고용체로부터 Fe_3C의 석출 개시선이다.

45 **다음 중 절삭성을 향상시킨 특수 황동은?**

① 철 황동 ② 납 황동
③ 규소 황동 ④ 주석 황동

해설
특수 황동의 종류
- 쾌삭 황동 : 황동에 1.5~3.0% 납을 첨가하여 절삭성이 좋은 황동이다.
- 델타 메탈 : 6 : 4 황동에 Fe 1~2% 첨가한 강으로, 강도와 내산성이 우수하고 선박, 화학기계용에 사용한다.
- 주석 황동 : 황동에 Sn 1% 첨가한 강으로, 탈아연부식 방지에 사용한다.
- 애드미럴티 황동 : 7 : 3 황동에 Sn 1% 첨가한 강이다. 전연성이 우수하며 판, 관, 증발기 등에 사용한다.
- 네이벌 황동 : 6 : 4 황동에 Sn 1% 첨가한 강으로 판, 봉, 파이프 등에 사용한다.
- 니켈 황동 : Ni-Zn-Cu 첨가한 강으로, 양백이라고도 한다. 주로 전기저항체에 사용한다.

46 **기지 금속 중에 0.01~0.1μm 정도의 산화물 등 미세한 입자를 균일하게 분포시킨 재료로, 고온에서 크리프 특성이 우수한 고온 내열재료는?**

① 서멧 재료 ② FRM 재료
③ 클래드 재료 ④ TD Ni 재료

해설
TD Ni(Thoria Dispersion strengthened Nickel) : Ni 기지 중에 ThO_2 입자를 분산시킨 고온 내열재료로, 고온 안정성이 우수하다. 제조법으로는 혼합법, 열분해법, 내부 산화법 등이 있다.

정답 42 ② 43 ④ 44 ④ 45 ② 46 ④

47 다음 중 자철광을 나타낸 화학식으로 옳은 것은?

① Fe_2O_3
② Fe_3O_4
③ Fe_2CO_3
④ $Fe_2O_3 \cdot 3H_2O$

해설
① Fe_2O_3 : 적철광
③ Fe_2CO_3 : 능철광
④ $Fe_2O_3 \cdot 3H_2O$: 갈철광

48 Al-Mg-Si계 합금을 인공시효처리하는 목적으로 가장 옳은 것은?

① 경도 증가
② 인성 증가
③ 조직의 연화
④ 내부 응력 제거

해설
시효처리의 가장 큰 목적은 경도를 증가시키는 것이다.

49 내열 및 내산화성을 향상시키기 위해 철강 표면에 알루미늄을 확산 침투시키는 처리는?

① 세라다이징
② 칼로라이징
③ 크로마이징
④ 실리코나이징

해설
금속침투법의 종류

종 류	세라다이징	칼로라이징	크로마이징	실리코나이징	보로나이징
침투원소	Zn	Al	Cr	Si	B

50 결정구조의 변화 없이 전자의 스핀작용에 의해 강자성체인 α-Fe로 변태되는 자기변태는?

① A_1 변태
② A_2 변태
③ A_3 변태
④ A_4 변태

해설
- A_2 변태 : 768℃, 강자성 α-Fe ⇔ 상자성 α-Fe
- 자기변태는 원자의 스핀 방향에 따라 자성이 바뀐다.

51 7-3 황동에 Sn을 1% 첨가한 합금으로, 전연성이 좋아 관 또는 판을 제작하여 증발기, 열교환기 등에 사용되는 합금은?

① 애드미럴티 황동(Admiralty Brass)
② 네이벌 황동(Naval Brass)
③ 톰백(Tombac)
④ 망간 황동

해설
7 : 3 황동에 Sn 1% 첨가한 강은 애드미럴티 황동이며, 전연성이 우수하고 판, 관, 증발기 등에 사용된다.

47 ② 48 ① 49 ② 50 ② 51 ① 정답

52 내식성이 우수하고, 오스테나이트 조직을 얻을 수 있는 강은?

① 3% Cr 스테인리스강
② 18% Cr - 8% Ni 스테인리스강
③ 35% Cr 스테인리스강
④ 석출경화형 스테인리스강

해설
스테인리스강의 대표적인 종류인 18-8 스테인리스강은 오스테나이트 조직을 가지고 있다.

53 10~20%Ni, 15~30%Zn에 구리 약 70%의 합금으로, 탄성재료나 화학기계용 재료로 사용되는 것은?

① 양 백
② 청 동
③ 엘린바
④ 모넬메탈

해설
양백 : 니켈을 첨가한 청동 합금으로, 단단하고 부식에도 견디며 Ni(10~20%) + Zn(15~30%)인 것이 많이 사용된다. 선재, 판재로서 스프링에 사용되며, 내식성이 커서 장식품, 식기류, 가구재료, 계측기, 의료기기 등에 사용된다. 또한 전기저항이 높고, 내열성과 내식성이 좋아 일반 전기저항체로 이용된다.

54 특수강에서 다음 금속이 미치는 영향으로 옳지 않은 것은?

① Si : 전자기적 성질을 개선한다.
② Cr : 내마멸성을 증가시킨다.
③ Ni : 탄화물을 만든다.
④ Mo : 뜨임메짐을 방지한다.

해설
특수강 첨가원소의 영향
- Ni : 내식, 내산성이 증가한다.
- Mn : S에 의한 메짐을 방지한다.
- Cr : 적은 양에도 경도, 강도가 증가하며 내식, 내열성이 커진다.
- W : 고온강도, 경도가 높아지며 탄화물이 생성된다.
- Mo : 뜨임메짐을 방지하며 크리프 저항이 좋아진다.
- Si : 전자기적 성질을 개선시킨다.

55 철강의 분위기 열처리용 가스 중 침탄성 가스에 해당되는 것은?

① 헬 륨
② 아르곤
③ 암모니아
④ 일산화탄소

해설
분위기 가스의 종류

성 질	종 류
불활성 가스	아르곤, 헬륨
중성 가스	질소, 건조 수소, 아르곤, 헬륨
산화성 가스	산소, 수증기 이산화탄소, 공기
환원성 가스	수소, 일산화탄소, 메탄가스, 프로판가스
탈탄성 가스	산화성 가스, DX가스
침탄성 가스	일산화탄소, 메탄(CH_4), 프로판(C_3H_8) 부탄(C_4H_{10})
질화성 가스	암모니아가스

56 다음 중 고투자율의 자성합금은?

① 화이트 메탈(White Matal)
② 바이탈륨(Vitallium)
③ 하스텔로이(Hastelloy)
④ 퍼멀로이(Pemalloy)

해설
자성재료
- 경질 자성재료 : 알니코, 페라이트, 희토류계, 네오디뮴, Fe-Cr-Co계 반경질 자석, Nd 자석
- 연질 자성재료 : Si강판, 퍼멀로이, 센더스트, 알펌, 퍼멘듐, 슈퍼멘듐

57 다음 중 만능시험기(Universal Testing Machine)로 시험할 수 없는 것은?

① 인장시험
② 경도시험
③ 굽힘시험
④ 압축시험

해설
만능시험기로 인장시험, 압축시험, 굽힘시험 등을 할 수 있다.

58 가스용접에 사용되는 산소용기 취급 시 주의사항으로 옳지 않은 것은?

① 사용 전 비눗물 등으로 가스 누설 여부를 검사한다.
② 용기는 눕혀 두거나 굴리는 등 충격을 주지 않는다.
③ 산소밸브 이동 시에는 반드시 밸브 보호 캡을 씌운다.
④ 용기밸브에는 방청 윤활유를 칠한다.

해설
산소용기 취급 시 충격을 주지 않고, 용기를 뉘어 놓지 않는다. 또한 항상 40℃ 이하로 유지하며, 밸브에는 그리스, 오일 등을 묻히면 안 되고, 화기로부터 멀리 두어야 한다.

59 일반적으로 용접 시 발생하는 잔류응력을 제거하는 방법이 아닌 것은?

① 저온응력완화법
② 국부풀림법
③ 고온응력제거법
④ 노 내 풀림법

해설
일반적으로 사용하는 잔응력 제거방법 : 저온응력완화법, 국부풀림법, 노 내 풀림법

60 아크전류가 150A, 아크전압은 25V, 용접속도가 15cm/min인 경우 용접의 단위 길이 1cm당 발생하는 용접입열은 약 몇 Jeule/cm인가?

① 15,000 ② 20,000
③ 25,000 ④ 30,000

해설
용접입열 $H=\frac{60EI}{V}(\text{J/cm})$로 구할 수 있으며, E=아크전압(V), I= 아크전류(A), V는 용접속도(cm/min)이다.

즉, $H=\frac{60\times25\text{V}\times150\text{A}}{15\text{cm/min}}=15{,}000\text{J/cm}$가 된다.

56 ④ 57 ② 58 ④ 59 ③ 60 ① 정답

2024년 제 1 회 최근 기출복원문제

01 다음 중 초음파 비파괴 검사에서 사용되는 파형이 아닌 것은?

① 종 파　② 횡 파
③ 방사파　④ 표면파

해설
초음파 비파괴 검사에는 종파, 횡파, 표면파의 파형을 사용한다.

02 다음 중 가장 작은 결함도를 감지할 수 있는 민감도를 가진 비파괴 검사 기법은?

① 침투비파괴검사
② 초음파탐상검사
③ 자기비파괴검사
④ 방사선비파괴검사

해설
초음파탐상검사는 매우 높은 민감도를 가져 작은 결함도 감지할 수 있다.

03 매질 내에서 초음파의 전달 속도에 가장 큰 영향을 미치는 것은?

① 밀도와 탄성계수
② 지속밀도와 소성
③ 선팽창계수와 투과율
④ 침투력과 표면장력

해설
매질 내에서 초음파의 전달 속도는 음속을 의미한다.

$$C=\sqrt{\frac{E(\text{탄성계수})}{\rho(\text{밀도})}}$$

04 초음파 검사에서 송신기가 초음파를 발생시키는 원리는?

① 압전효과
② 마이크로파 효과
③ 도플러 효과
④ 자기유도효과

해설
압전 효과 : 기계적인 에너지를 가하면 전압이 발생하고, 전압을 가하면 기계적인 변형이 발생하는 현상이다. 어떤 소재에 힘을 가하였을 경우 표면에 전압이 발생하고, 반대로 전압을 걸어주면 소자가 이동하거나 힘이 발생한다.

정답 1 ③ 2 ② 3 ① 4 ①

05 다음 재료 중 초음파 검사에서 투과율이 가장 높은 것은?

① 고 무　　② 물
③ 공 기　　④ 알루미늄

해설
초음파는 금속재료인 알루미늄에서 투과율이 매우 높다.

06 초음파탐상검사에서 초음파가 매질을 진행할 때 진폭이 작아지는 정도를 나타내는 감쇠계수(Attenuation Coeffcient)의 단위는?

① dB/s　　② dB/℃
③ dB/cm　　④ dB/m^2

해설
감쇠계수란 단위 길이당 음의 감쇠를 의미한다. 단위는 dB/cm이며, 주파수에 비례하여 증가한다.

07 초음파 검사에서 재료의 두께나 결함의 위치를 정확하게 측정하기 위해 가장 중요한 초음파의 특성은?

① 주파수　　② 파 장
③ 진 폭　　④ 속 도

해설
초음파의 속도는 재료에 따라 다르며, 속도를 알아야만 두께나 결함의 정확한 위치를 측정할 수 있다.

08 초음파가 제1매질과 제2매질의 경계면에서 진행할 때 파형변환과 굴절이 발생하는데 이때 제2 임계각에 대한 설명으로 옳은 것은?

① 굴절된 종파가 정확히 90°가 되었을 때
② 굴절된 횡파가 정확히 90°가 되었을 때
③ 제2 매질 내에 종파와 횡파가 존재하지 않을 때
④ 제2 매질 내에 종파와 횡파가 같이 존재하게 된 때

해설
제2 임계각은 횡파의 굴절각이 90°가 되었을 때를 의미하며 이 이상을 넘으면 전반사한다.

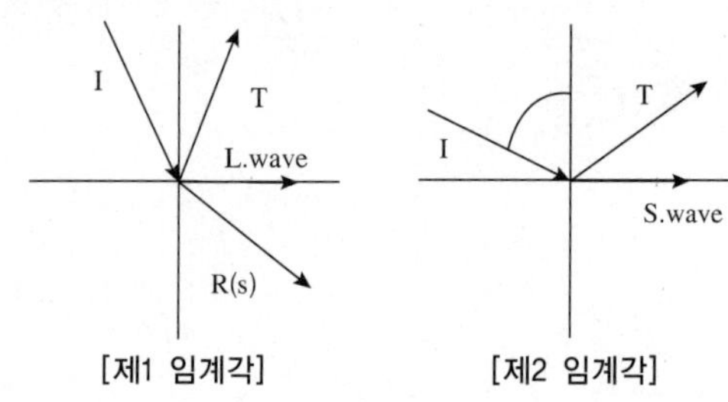

[제1 임계각]　　[제2 임계각]

09 초음파 탐상결과에 대한 표시방법 중 초음파의 진행시간과 반사량을 화면의 가로축과 세로축에 표시하는 방법은?

① A-scan　　② B-scan
③ C-scan　　④ D-scan

해설
A-Scan : A-Scope법이라고도 하며, 가로축은 전파시간을 거리로 나타내고, 세로축은 에코의 높이(크기)를 나타내는 방법이다. A-Scan을 통해 에코 높이, 위치, 파형 등 3가지 정보를 알 수 있다.

5 ④ 6 ③ 7 ④ 8 ② 9 ① 정답

10 **초음파 경사각 탐상시험에서 접근한계길이란?**

① 탐촉자가 검사체에 가까이 갈 수 있는 한계거리
② 탐촉자의 입사점으로부터 밑면의 선단까지의 거리
③ 탐촉자와 STB-A1 시험편이 접근할 수 있는 한계거리
④ 탐촉자와 SBT-A2 시험편이 접근할 수 있는 한계거리

해설
접근한계길이: 탐촉자의 입사점에서 탐촉자 밑면의 선단까지 거리를 의미하며 용접부 탐상 시 탐상면 위에서 접근할 수 있는 한계 거리이다.

11 **초음파비파괴검사에서 탐촉자의 주요 기능은?**

① 결함의 위치를 정밀하게 측정한다.
② 초음파 에너지를 검사체에 전달 및 수신한다.
③ 검사 데이터를 저장 및 분석한다.
④ 검사 대상의 온도를 측정한다.

해설
초음파비파괴검사에서 탐촉자는 초음파를 발생시킨 음파를 전달 후 반사되어 돌아오는 초음파를 수신하는 역할을 한다.

12 **응력을 반복 적용할 때 2차 응력의 크기가 1차 응력보다 작으면 음향 방출이 되지 않은 현상은?**

① 광전도 효과(Photo Conduct Effect)
② 로드 셀 효과(Load Cell Effect)
③ 필리시티 효과(Felicity Effect)
④ 카이저 효과(Kaiser Dffect)

해설
카이저 효과: 재료에 하중을 걸어 음향 방출을 발생시킨 후, 하중을 제거했다가 다시 걸어도 초기 하중의 응력 지점에 도달하기까지 음향 방출이 발생하지 않는 비가역적 성질이다.

13 **경사각탐상법에서 주로 사용되는 초음파의 형태는?**

① 횡 파
② 판 파
③ 종 파
④ 표면파

해설
경사각탐상법에서 주로 사용되는 초음파는 횡파이다. 수직 탐상에서는 주로 종파를 사용한다.

14 **대비시험편을 사용하는 이유는?**

① 초음파 검사 속도 향상
② 시험편의 크기 측정
③ 검사 대상과 유사한 결함을 포함한 시험편 비교
④ 검사 장비의 성능 검증

해설
대비시험편은 검사하려는 대상과 비슷한 결함을 검사할 수 있도록 하여 검사 결과의 해석에 도움을 준다.

정답 10 ② 11 ② 12 ④ 13 ① 14 ③

15 **초음파비파괴검사에서 사용되는 탐촉자의 종류 중 전단파를 생성하기 위해 주로 사용되는 탐촉자는?**

① 전자기 초음파 변환기
② 앵글 빔 탐촉자
③ 집속형 탐촉자
④ 수침 탐촉자

해설
앵글 빔 탐촉자 : 특정 각도로 초음파를 보내 전단파를 생성할 수 있는 탐촉자이다.

16 **음향 임피던스에 관한 설명으로 옳은 것은?**

① 초음파가 물질 내에 진행하는 것을 방해하는 저항이다.
② 초음파가 매질을 통과하는 속도와 물질의 밀도와의 차이다.
③ 공진값을 정하는데 이용되는 파장과 주파수의 곱에 관한 함수이다.
④ 일반적으로 초음파가 물질 내를 진행할 때 빨리 진행하게 한다.

해설
음향 임피던스 : 재질 내에서 음파의 진행을 방해하는 것으로 재질의 밀도(ρ)에 음속(ν)을 곱한 값이다. 두 매질 사이의 경계에서 투과와 반사를 결정짓는 특성이 있다.

17 **탐상 감도 조정 시 고려해야 할 요소로 옳지 않은 것은?**

① 검사 대상의 물질 특성
② 사용하는 초음파 탐촉자의 주파수
③ 검사 환경의 온도와 습도
④ 검사 대상의 크기와 형태

해설
검사 환경의 온도나 습도는 다른 고려사항에 비해 직접적인 요소는 되지 않는다.

18 **초음파탐상시험 시 흔히 쓰이는 접촉탐상용 경사각 탐촉자의 굴절각(35~70°)은 어느 부분에 사용하는가?**

① 표면과 수직의 각도에서 1차 임계각 사이
② 1차 임계각과 2차 임계각 사이
③ 2차 임계각과 3차 임계각 사이
④ 3차 임계각과 표면사이

해설
굴절각은 1차 임계각과 2차 임계각 사이를 의미한다.

19 **저주파수의 음파를 얇은 물질의 초음파탐상시험에 사용하지 않는 가장 큰 이유는?**

① 불완전한 음파이기 때문에
② 저주파수의 음파는 감쇠가 빨라서
③ 표면하의 분해능이 나쁘기 때문에
④ 침투력의 감쇠가 빨라 효율성이 떨어지므로

해설
주파수가 낮아질수록 침투력은 깊어지지만 분해능이 떨어지는 단점이 있어 얇은 시험편에는 사용하지 않는다.

15 ② 16 ① 17 ③ 18 ② 19 ③ **정답**

20 DGS 선도를 사용하는 목적은?

① 초음파의 탐촉각을 결정하기 위해
② 결함의 위치를 확인하기 위해
③ 결함의 크기를 정량적으로 평가하기 위해
④ 초음파 장비 성능을 테스트하기 위해

21 초음파탐상시험에서 근거리 음장의 길이와 관계가 없는 인자는?

① 탐촉자의 직경
② 탐촉자의 주파수
③ 시험체에서의 속도
④ 접촉 매질의 접착력

해설
근거리 음장도 원거리 음장과 마찬가지로 탐촉자의 직경, 주파수, 음속과의 관계가 있다.

22 탐촉자의 성능 측정에서 감도를 평가하는 방법으로 옳지 않은 것은?

① 투과 신호의 속도 측정
② 반사 신호의 크기 측정
③ 비교 검사법
④ 반복 측정법

해설
투과 신호의 속도 측정은 재료의 균질성, 두께를 평가할 때 사용한다.

23 STB-A1 표준시험편의 목적으로 옳지 않은 것은?

① 측정 범위의 조정
② 탐상 감도의 조정
③ 경사각 탐촉자의 굴절각 측정
④ 경사각 탐촉자의 분해능 측정

해설
표준 시험편(STB-A1)의 사용 목적으로 경사각 탐촉자의 특성 측정, 입사점 측정, 굴절각 측정, 측정 범위의 조정, 탐상 감도의 조정이 있다. 경사각 탐촉자의 분해능 측정에는 RB-RD 대비시험편이 사용된다.

24 초음파비파괴검사에서 사용하는 표준시험편 및 대비시험편을 구분하는 기준은?

① 사용되는 재료의 종류
② 제작된 결함의 크기
③ 시험편의 크기와 형태
④ 사용 목적과 기능

해설
표준시험편은 검사 장비의 정확성을 파악하며, 대비시험편은 실제 결함의 크기 및 형태를 추정하는데 사용되므로, 사용 목적과 기능으로 구분한다.

정답 20 ③ 21 ④ 22 ① 23 ④ 24 ④

25 초음파탐상기를 사용하여 결함 위치를 정확히 파악하기 위해 필요한 조정은?

① DAC(Distance Amplitude Correction) 조정
② PRF(Pulse Repetition Frequency) 조정
③ AGC(Automatic Gain Control) 조정
④ RF(Radio Frequency) 조정

해설
DAC는 초음파탐상기에서 결함 위치를 파악하기 위한 조정 작업이다.

26 금속재료 펄스반사법에 따른 초음파탐상 시험방법 통칙(KS B 0817)에서 흠집의 치수 측정 항목에 포함되지 않는 것은?

① 등가결함 위치
② 등가결함 지름
③ 흠집의 지시 길이
④ 흠집의 지시 높이

해설
흠집의 치수 측정항목에는 흠집의 지시 길이, 지시 높이, 등가결함 지름이 있다.

27 강 용접부의 초음파탐상 시험방법(KS B 0896)에 의한 흠 분류 시 2방향 이상에서 탐상한 경우에 동일한 흠의 분류가 2류, 2류, 3류, 1류로 나타났다면 최종 등급은?

① 1류 ② 2류
③ 3류 ④ 4류

해설
흠 분류 시 2방향 이상에서 탐상한 경우 동일한 흠의 분류가 2류, 2류, 3류, 1류도 나타났다면 KS B 0986에 따라 가장 하위 분류를 적용해 3류를 적용한다.

28 강 용접부의 초음파탐상시험방법(KS B 0896)에 의한 시험결과의 분류 시 판 두께가 16mm, M검출 레벨로 영역 Ⅲ인 경우 흠 지시 길이가 8mm이었다면 어떻게 분류되는가?

① 1류 ② 2류
③ 3류 ④ 4류

해설
M검출 레벨 영역 Ⅲ인 경우 18mm 이하의 결함은 1류 6mm 이하, 2류 9mm 이하, 3류 18mm 이하, 4류 3류 이상으로 분류한다.

29 건축용 강판 및 평강의 초음파탐상시험에 따른 등급 분류와 판정기준(KS D 0040)에서 탐상시험을 할 수 있는 강판의 최소 두께는?

① 5mm ② 8mm
③ 10mm ④ 13mm

해설
KS D 0040에 적용되는 재료는 건축물로 높은 응력을 받는 재료에 사용되며, 두께 13mm 이상인 강판, 평강의 경우 두께 13mm, 너비 180mm 이상에 적용한다.

30 압력용기용 강판의 초음파 탐상검사방법(KS B 0233)에 관한 설명으로 옳지 않은 것은?

① 접촉 매질은 원칙적으로 물로 한다.
② 표준시험편은 STB-N1 등을 사용한다.
③ 형식은 수침법 또는 직접접촉법으로 한다.
④ 대비시험편은 2진동자 수직 탐촉자용 STB-G를 사용한다.

해설
압력용기용 강판의 초음파 검사 시 대비시험편은 2진동자 수직 탐촉자용 RB-E를 사용한다.

25 ① 26 ① 27 ③ 28 ② 29 ④ 30 ④ 정답

31 초음파 탐상장치의 성능 측정방법(KS B 0534)에 의거 시간축 직선성의 성능 측정방법에 관한 설명으로 옳은 것은?

① 접촉 매질은 물을 사용한다.
② 초음파 탐상기의 리젝션은 0 또는 OFF로 한다.
③ 탐촉자는 직접접촉용 경사각 탐촉자를 사용한다.
④ 신호원으로는 측정범위의 1/3두께를 갖는 시험편을 사용한다.

해설

리젝션은 원칙적으로 사용하지 않는다.

32 초음파비파괴검사에서 에코 위치의 측정이 중요한 이유는?

① 재료 내부의 결함 위치 파악
② 재료의 경도 측정
③ 재료의 밀도 결정
④ 용접부의 품질 관리

해설

에코 위치 측정은 내부 결함의 정확한 위치(X, Y, Z 좌표)를 파악하기 위해 필요하다.

33 압력용기용 강판의 초음파 탐상검사방법(KS D 0233)에서 추천하는 탐촉자는?

① 경사각 탐촉자 및 수직 탐촉자
② 2진동자 수직 탐촉자 및 수직 탐촉자
③ 분할형 경사각 탐촉자 및 수직 탐촉자
④ 경사각 탐촉자 및 분할형 수직 탐촉자

해설

압력용기용 강판의 초음파 탐상용 탐촉자는 2진동자 수직 탐촉자 및 수직 탐촉자를 사용한다.

34 스넬(Snell)의 법칙을 설명한 관계식으로 옳은 것은?(단, θ_1 : 입사각, θ_2 : 굴절각, V_1 : 접촉 매질의 파전달 속도, V_2 : 검사체의 파전달 속도)

① $\dfrac{\sin\theta_1}{\sin\theta_2} = \dfrac{V_1}{V_2}$

② $\dfrac{\sin\theta_1}{\sin\theta_2} = \dfrac{V_2}{V_1}$

③ $\dfrac{\sin\theta_1}{\sin\theta_2} = \left(\dfrac{V_1}{V_2}\right)^2$

④ $\dfrac{\sin\theta_1}{\sin\theta_2} = \left(\dfrac{V_2}{V_1}\right)^2$

해설

스넬의 법칙이란 음파가 두 매질 사이의 경계면에 입사하면 입사각에 따라 굴절과 반사가 일어나는 것으로 $\dfrac{\sin\alpha}{\sin\beta} = \dfrac{V_1}{V_2}$로 계산한다.

35 ASME Sec.XI에 따라 원자로 용기의 사용 전 쉘, 헤드, 노즐 용접부의 100% 체적검사방법은?

① 초음파탐상검사(UT)
② 방사선투과검사(RT)
③ 자분탐상검사(MT)
④ 육안검사(VT)

해설

원자로 용기는 사고의 위험이 있으면 안 되므로 초음파탐상검사로 100% 체적검사를 실시한다.

정답 31 ② 32 ① 33 ② 34 ① 35 ①

36 초음파탐상시험용 표준시험편(KS B 0831)에서 G형 표준시험편의 검정조건 및 검정방법에 관한 설명으로 옳은 것은?

① 반사원은 R100면으로 한다.
② 주파수는 2(또는 2.25), 5 및 10MHz이다.
③ 측정방법은 검정용 기준편에만 1회 실시한다.
④ 리젝션의 감도는 '0' 또는 '온(ON)'으로 한다.

해설

G형 표준 시험편의 주파수 및 진동자

구 분	STB-G형		
주파수(MHz)	2(2.25)	5	10
진동자 치수(mm)	∅28	∅20	∅20 또는 ∅14

37 강 용접부의 초음파탐상시험방법(KS B 0896)에서 사용되는 경사각 탐촉자의 공칭 굴절각과 STB 굴절각과의 차이는 상온에서 몇 도 이내인가?

① ±0.5°　② ±1°
③ ±2°　④ ±5°

해설

경사각 탐촉자의 공칭 굴절각과 STB 굴절각과의 차이는 ±2°의 범위로 하며, 상온(10~30℃)에서 측정한다.

38 초음파탐상검사에 의한 건축용 구조 강판 및 평강의 등급 분류와 허용 기준(KS D 0040)에서 2진동자 수직 탐촉자를 사용한 자동탐상기는 최대 몇 년 이내에 1회 성능 검정을 하는가?

① 반 년　② 1년
③ 2년　④ 3년

해설

2진동자 수직 탐촉자의 경우 3년에 1회 점검하여야 하며, 수동형은 1년에 1회 점검한다.

39 압력용기용 강판의 초음파탐상 검사방법(KS D 0233)에서 2진동자 수직 탐촉자에 의한 결함 분류 시 결함의 정도가 가벼움을 나타내는 표시 기호는?

① ×　② ○
③ △　④ □

해설

결함의 정도에 따른 표시 기호

- 가벼움 : ○
- 중간 : △
- 큼 : ×

40 금속 재료의 펄스반사법에 따른 초음파탐상시험 방법 통칙(KS B 0817)에 따른 시험 결과에 흠집의 정보를 기록할 때 포함되지 않는 것은?

① 필요로 하는 탐상 도형
② 에코 높이 구분선 설정서
③ 흠집이 있는 부분의 위치 등의 추정 스케치
④ 흠집의 에코 높이 및 바닥면 다중 에코의 상태

해설

흠집의 정보 기록

- 흠집의 위치, 치수 등을 스케치한다.
- 흠집의 최대 에코 높이 혹은 에코 높이에 대한 정보나 바닥면에서의 다중 에코 상태를 기록한다.
- 흠집의 위치 및 범위에 대한 정보를 기록한다.
- 최대 에코의 높이를 기록한다.
- 흠집의 지시 길이를 기록한다.
- 흠집의 평가 결과를 기록한다.
- 탐상 도형 등(필요한 경우)

정답 36 ② 37 ③ 38 ④ 39 ② 40 ②

41 **소성가공에 대한 설명 중 옳은 것은?**

① 재결정 온도 이하로 가공하는 것을 냉간가공 이라고 한다.
② 열간가공은 기계적 성질이 개선되고 표면산화가 안 된다.
③ 재결정이란 결정을 단결정으로 만드는 것이다.
④ 금속의 재결정 온도는 모두 동일하다.

해설
재결정 온도 이하로 가공하는 것을 냉간가공, 이상에서 가공하는 것을 열간가공이라 한다.

42 **주위의 온도 변화에 따라 선팽창 계수나 탄성률 등의 특정한 성질이 변하지 않는 불변강이 아닌 것은?**

① 엘린바 ② 인 바
③ 스텔라이트 ④ 초엘린바

해설
불변강은 탄성계수가 매우 낮은 금속으로 인바, 엘린바, 초엘린바 등이 있다. 스텔라이트는 경질 주조 합금 공구로 Co-Cr-W-C가 주성분이다.

43 **금속 격자 결함 중 면 결함에 해당되는 것은?**

① 공 공 ② 전 위
③ 적층결함 ④ 프렌켈 결함

해설
금속 결함의 종류
- 점결함 : 공공, 침입형 원자, 프렌켈 결함
- 선결함 : 칼날전위, 나선전위, 혼합전위
- 면결함 : 적층결함, 쌍정, 상계면
- 체적결함 : 수축공, 균열, 개재물

44 **고강도 알루미늄 합금 중 조성이 Al-Cu-Mn-Mg인 합금은?**

① 라우탈 ② 다우메탈
③ 두랄루민 ④ 모넬메탈

해설
합금의 종류(암기법)
- Al-Cu-Si : 라우탈(알구시라)
- Al-Ni-Mg-Si-Cu : 로엑스(알니마시구로)
- Al-Cu-Mn-Mg : 두랄루민(알구망마두)
- Al-Cu-Ni-Mg : Y-합금(알구니마와이)
- Al-Si-Na : 실루민(알시나실)
- Al-Mg : 하이드로날륨(알마하 내식 우수)

45 **0.6% 탄소강의 723℃ 선상에서 초석 α의 양은 약 얼마인가?(단, α의 C 고용한도는 0.025%이며, 공석점은 0.8%이다)**

① 15.8% ② 25.8%
③ 55.8% ④ 74.8%

해설
Fe-C 상태도의 조직 양을 구할 때에는 지렛대의 원리를 사용하며 다음과 같이 계산한다.
우선 공석점인 0.8을 기준으로 가로를 그어 0.6%일 때의 초석 페라이트 양을 구하는 것이므로
$(0.8-0.025):100=(0.8-0.6):x$와 같이 식을 정의할 수 있다.

$$x=\frac{100(0.8-0.6)}{(0.8-0.025)} \fallingdotseq 25.8\%$$

정답 41 ① 42 ③ 43 ③ 44 ③ 45 ②

46 **탄소강에서 청열메짐을 일으키는 온도(℃)의 범위는?**

① 0~50℃ ② 100~150℃
③ 200~300℃ ④ 400~500℃

해설
- 청열메짐 : 냉간가공 영역 안 210~360℃ 부근에서 기계적 성질인 인장강도는 높아지지만, 연신이 갑자기 감소하는 현상이다.
- 적열메짐 : 황이 많이 함유되어 있는 강이 고온(950℃ 부근)에서 메짐(강도는 증가, 연신율은 감소)이 나타나는 현상이다.
- 백열메짐 : 1,100℃ 부근에서 일어나는 메짐으로 황이 주원인이며 결정립계의 황화철이 융해하기 시작하는 데 따라서 발생하는 현상이다.

47 **비료 공장의 합성탑, 각종 밸브와 그 배관 등에 이용되는 재료로 비강도가 높고, 열전도율이 낮으며 용융점이 약 1,670℃인 금속은?**

① Ti ② Sn
③ Pb ④ Co

해설
금속의 용융점에는 Ti : 1,670℃, Sn : 232℃, Pb : 327℃, Cr : 1,615℃, Co : 1,480℃, In : 155℃, Al : 660℃, Ca : 810℃, Mg : 651℃, Mn : 1,260℃ 등이 있다.

48 **고강도 알루미늄 합금에서 열처리 후 흔히 나타나는 변화는?**

① 열전도도 증가 ② 경도 증가
③ 인성 증가 ④ 내마멸성 증가

해설
고강도 알루미늄 합금의 열처리는 인성 증가를 위해 실시한다.

49 **다음의 금속 결함 중 체적 결함에 해당되는 것은?**

① 전 위
② 수축공
③ 결정립계 경계
④ 침입형 불순물 원자

해설
금속 결함 중 체적 결함은 1개소에 여러 개의 입자가 있는 것을 생각하면 되며 수축공, 균열, 개재물 등이 이에 해당된다.

50 **내마멸용으로 사용되는 애시큘러 주철의 기지(바탕) 조직은?**

① 베이나이트 ② 소르바이트
③ 마텐자이트 ④ 오스테나이트

해설
애시큘러 주철은 기지 조직이 베이나이트로 Ni, Cr, Mo 등이 첨가되어 내마멸성이 뛰어난 주철이다.

51 **마그네슘 합금의 초음파비파괴검사에서 가장 적합한 초음파 주파수 범위는?**

① 1~5MHz ② 5~10MHz
③ 10~20MHz ④ 15~30MHz

해설
마그네슘 합금은 5~10MHz의 초음파 주파수를 사용한다.

46 ③ 47 ① 48 ③ 49 ② 50 ① 51 ② 정답

52 초음파 탐상기의 감도 조정 시 사용하는 일반적인 표준 블록은?

① V2 블록 ② IIW V-1 블록
③ DSC 블록 ④ AWS 블록

해설
초음파 탐상기 감도 조정 시 IIW V-1 블록을 사용한다.

53 다음 중 베어링용 합금이 갖추어야 할 조건 중 옳지 않은 것은?

① 마찰계수가 크고 저항력이 작을 것
② 충분한 점성과 인성이 있을 것
③ 내식성 및 내소착성이 좋을 것
④ 하중에 견딜 수 있는 경도와 내압력을 가질 것

해설
베어링 합금
- 화이트 메탈, Cu-Pb 합금, Sn 청동, Al 합금, 주철, Cd 합금, 소결 합금
- 경도와 인성, 항압력이 필요하다.
- 하중에 잘 견디고 마찰계수가 작아야 한다.
- 비열 및 열전도율이 크고 주조성과 내식성이 우수해야 한다.
- 소착(Seizing)에 대한 저항력이 커야 한다.

54 다음 중 슬립(Slip)에 대한 설명으로 옳지 않은 것은?

① 원자 밀도가 가장 큰 격자면에서 잘 일어난다.
② 원자 밀도가 최대인 방향으로 잘 일어난다.
③ 슬립이 계속 진행하면 결정은 점점 단단해져서 변형이 쉽다.
④ 다결정에서는 외력이 가해질 때 슬립방향이 서로 달라 간섭을 일으킨다.

해설
슬립면이란 원자 밀도가 가장 큰 면이고 슬립 방향은 원자 밀도가 최대인 방향이다. 슬립이 계속 진행하면 점점 단단해져 변형이 어려워진다.

55 다음 중 재료의 소성가공성 및 용접부의 변형 등을 평가하기 위한 시험은?

① 굽힘시험 ② 충격시험
③ 경도시험 ④ 인장시험

해설
- 굽힘시험 : 굽힘하중을 받는 재료의 굽힘저항(굽힘강도), 탄성계수 및 탄성 변형 에너지 값을 측정하는 시험이다.
- 굽힘균열시험 : 재료의 소성가공성 및 용접부의 변형 등을 평가하는 시험이다.
- 굽힘저항시험(항절시험) : 주철, 초경 합금 등 메진 재료의 파단강도, 굽힘강도, 탄성계수 및 탄성 에너지를 측정하며, 재료의 굽힘에 대한 저항력을 조사하는 시험이다.

정답 52 ② 53 ① 54 ③ 55 ①

56 초음파 주사방법 중 동일 평면에서 초음파빔을 부채꼴형으로 이동시키는 주사방법은?

① 선상주사
② 목돌림주사
③ 진자주사
④ 섹터주사

해설

탐촉자가 용접선과 수직으로 이동하는 주사방법은 전후 주사이며, 용접선과 평행인 주사방법은 좌우 주사, 용접선과 경사를 이루는 주사 방법은 목돌림, 진자 주사이며, 부채꼴형으로 이동시키는 주사방법을 섹터주사법이라 한다.

57 금속재료에는 잘 이용되지 않으나 광물, 암석계통에 정성적으로 서로 긁어서 대략의 경도 측정에 사용되는 경도시험은?

① 브리넬 경도
② 마이어 경도
③ 비커스 경도
④ 모스 경도

해설

긁힘 경도계

- 마이어 경도시험 : 꼭지각이 90°인 다이아몬드 원추로 시편을 긁어 평균 압력을 이용하는 측정법이다.
- 모스 경도시험 : 시편과 표준 광물을 서로 긁어 표준 광물의 경도수에서 추정하는 측정법이다.
- 마텐스 경도시험 : 꼭지각이 90°인 다이아몬드 원추로 시편을 긁어 0.1mm의 홈을 내는 데 필요한 하중의 무게를 그램(g)으로 표시하는 측정법이다.
- 줄 경도시험 : 줄로 시편과 표준 시편을 긁어 표준시편의 경도값 사이값을 비교하는 측정법이다.

58 가스용접에서 아세틸렌 가스의 역할은?

① 용접온도를 높여 효율을 높인다.
② 용접 부위 산소 침입을 막는다.
③ 용접재료의 전기 전도성을 증가시킨다.
④ 용접재료를 탄화시킨다.

해설

아세틸렌가스는 연료가스로 높은 온도로 용접효율을 높이는 역할을 한다.

59 부하전류가 증가하면 단자 전압이 저하하는 특성으로서 피복아크용접 등 수동용접에서 사용하는 전원특성은?

① 정전압특성
② 수하특성
③ 부하특성
④ 상승특성

해설

수하특성 : 아크를 안정시키기 위한 특성으로 부하전류 증가 시 단자 전압은 강하하는 특성이다.

60 다음 중 가연성 가스가 아닌 것은?

① 아세틸렌
② 산 소
③ 메 탄
④ 수 소

해설

- 가연성 가스 : 공기와 혼합하여 연소하는 가스로 아세틸렌, 수소, 메탄, 프로판 등이 있다.
- 지연성 가스 : 타 물질의 연소를 돕는 가스로 산소, 오존, 공기, 이산화질소 등이 있다.
- 불연성 가스 : 자기 자신은 물론 다른 물질도 연소시키지 않는 것으로 질소, 헬륨, 네온, 크립톤 등이 있다.

56 ④ 57 ④ 58 ① 59 ② 60 ② 정답

교육은 우리 자신의 무지를 점차 발견해 가는 과정이다.

– 윌 듀란트 –

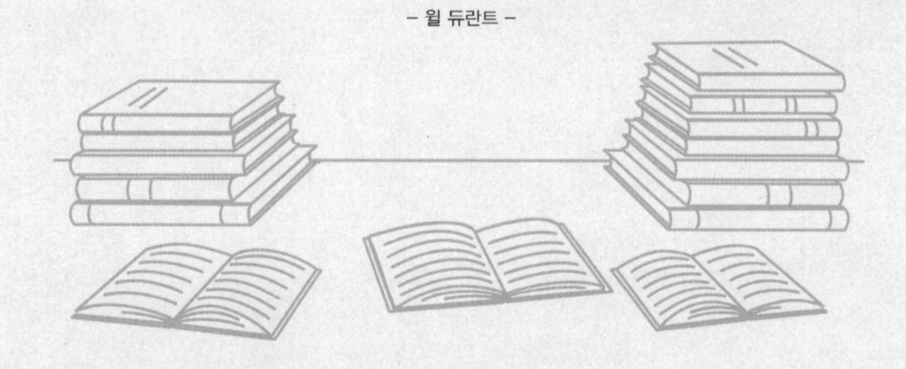

Win-

PART 03

실기(작업형)

CHAPTER 01

초음파비파괴검사기능사 실기(작업형)

KEYWORD 본 편에서는 기능사 수준의 결함 탐상방법에 한하여 설명하며, 결함 및 흠의 분류에 대한 정보는 포함하지 않는다. 초음파 탐상기는 아날로그, 디지털로 나눠지며, 본 교재에서는 디지털을 주로 조작하며 아날로그 탐상기에 대한 방법을 덧붙여 설명한다.

1 초음파탐상작업 과제

(1) 수직탐상 – 스텝웨지 측정

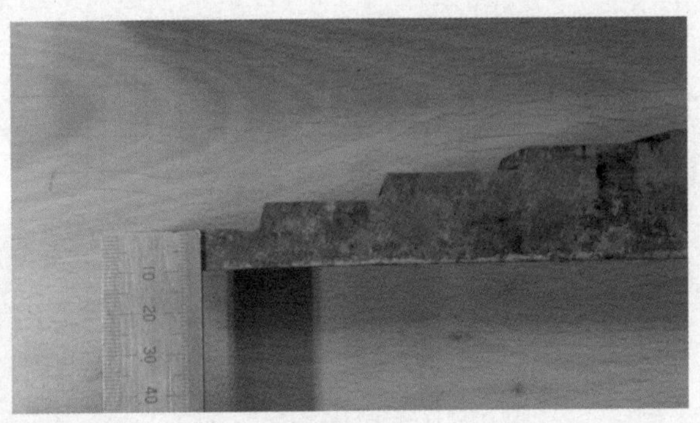

[수직탐상]

수직탐상에서는 주로 스텝웨지를 이용한 높이 측정을 하며, 탐상 순서는 기기 세팅 → STB-A1을 이용한 탐상기 및 탐촉자 보정 → 두께 측정의 순으로 비교적 간단하다.

(2) 사각탐상 – 평판 맞대기, T이음, 곡률 용접부 탐상

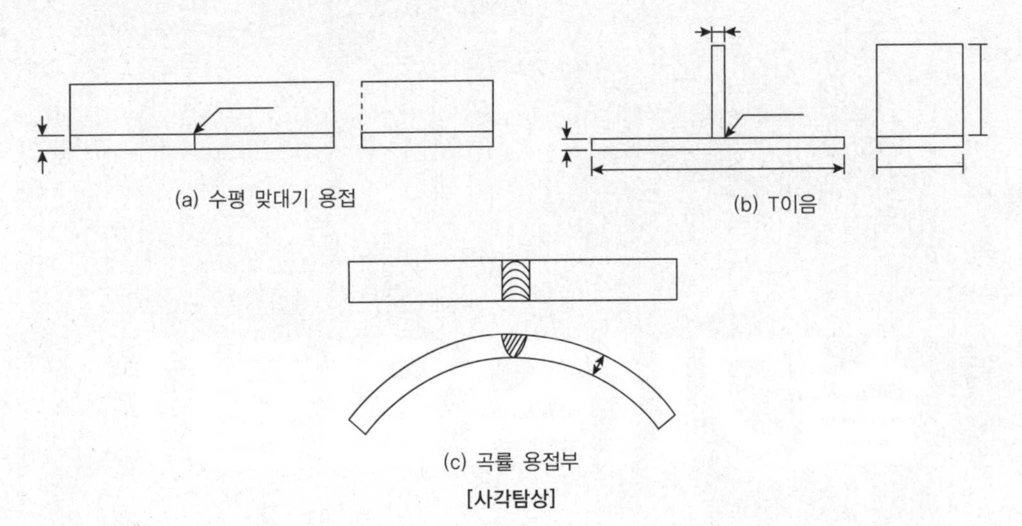

(a) 수평 맞대기 용접

(b) T이음

(c) 곡률 용접부

[사각탐상]

사각탐상에서는 총 3~4가지 과제가 제시되며, 용접부탐상은 시험편의 가운데 용접부 결함을 탐상한다. 탐상 순서로는 기기 세팅 → STB-A1을 이용한 입사점 측정 → 측정 범위 조정 → 굴절각 측정 → 기준 감도 측정(DAC 선도 작성) → 탐상의 순으로 이루어진다.

2 탐상 준비하기

(1) 탐상기 알아두기

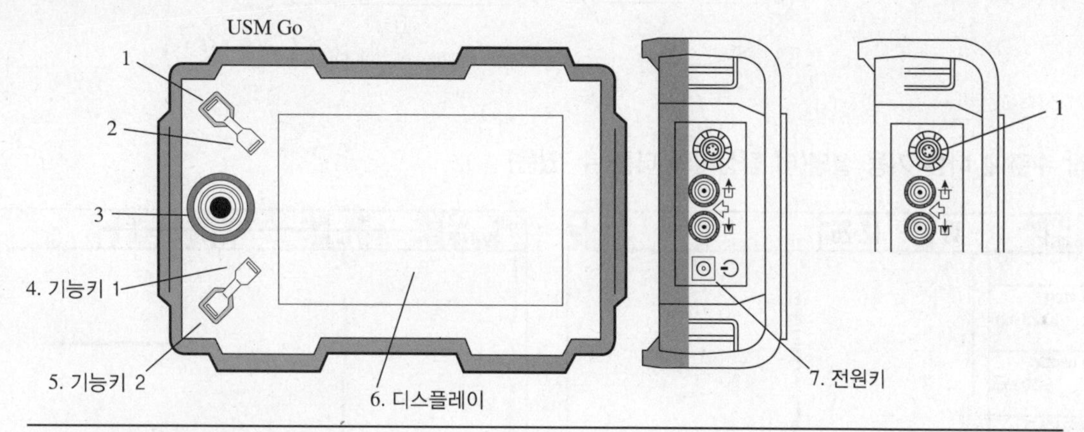

1. 이득(Gain)을 높인다(dB를 높인다).
2. 이득(Gain)을 낮춘다(dB를 낮춘다).
3. 기능을 선택하거나 조작 수준(Operating Level)을 바꾼다(개별적인 버튼이 있는 장비가 있음).
4. 기능 키 1(Function 1), 개별적으로 필요한 기능을 할당할 수 있다(기능키는 없는 경우도 있음).
5. 기능키 2(Function 2), 개별적으로 필요한 기능을 할당할 수 있다(기능키는 없는 경우도 있음).
6. 디스플레이(A스캔, 각종 기능 표시)
7. 전원키

측면 1. 어댑터 연결

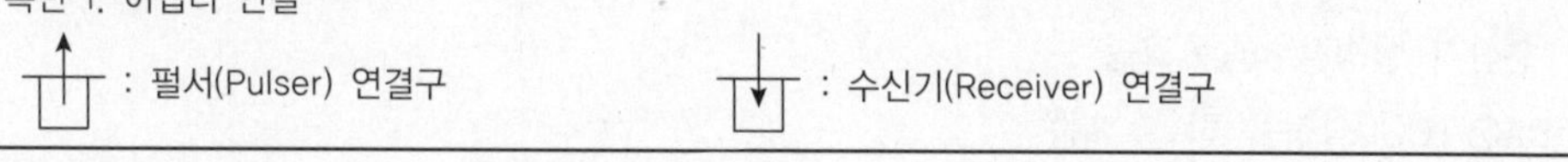

주 디스플레이 화면은 게인 표시, 펄스 신호를 측정하는 게이트(Gate)와 에코(Echo)에 게이트가 걸쳐 있을 때 신호 정보를 읽을 수 있는 SA, RA, DA 등의 값들로 이루어져 있으며, 설정으로 변경 가능하다.

(2) 초음파 기기의 표시(Display)

A-Scan : 시간에 따라 변화하는 초음파의 진폭을 표시한 방법

X-축 초음파의 진행시간, Y-축 초음파 신호의 진폭크기(에코 높이)를 나타내는 초음파 신호의 표시로 이루어진다.

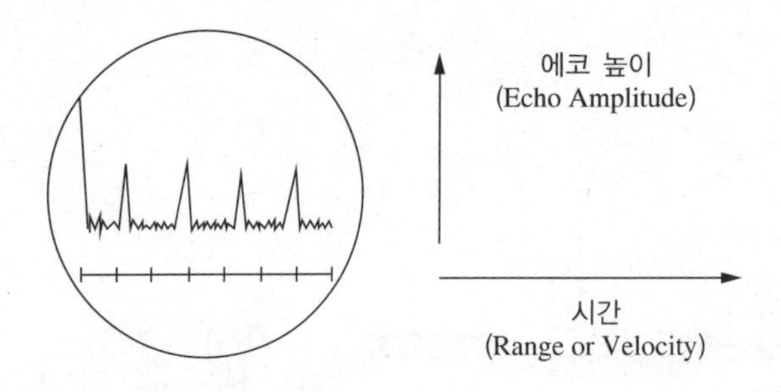

(3) 조작 수준에 따른 기능 설명(이 탐상기와 다를 수 있음)

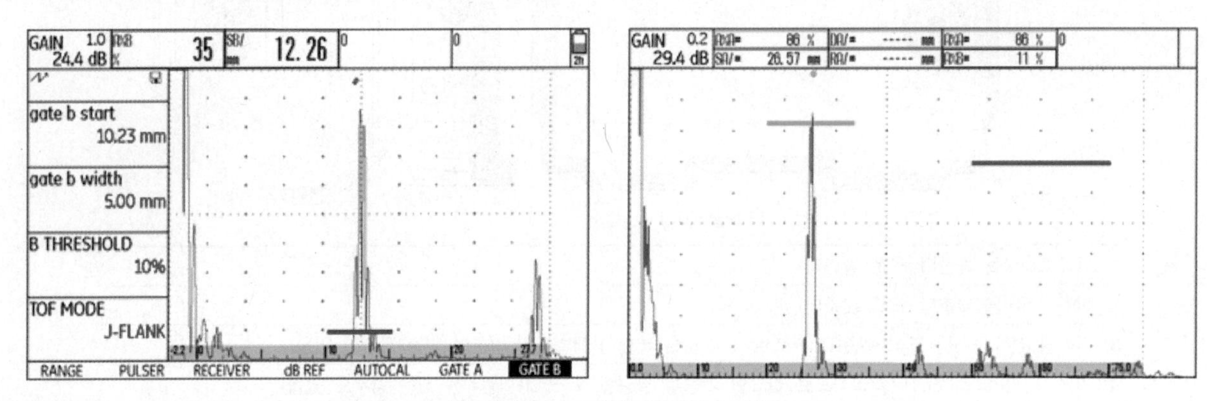

[첫 번째 조작 수준에서의 기능 그룹]

① RANGE : 화면상에서 신호 표시의 시간축을 의미

② PULSER : 펄스를 발생하는 장치를 조정하는 단계

③ RECEIVER : 수신기 설정을 하는 그룹

④ DAC/TCG : DAC/TCG 설정을 하는 그룹

⑤ AUTOCAL : 탐상기 및 탐촉자의 보정을 자동으로 맞춰주는 그룹

⑥ GATE A, B : GATE A, B의 위치, 두께, 높이 등을 설정하는 기능

(4) RANGE 하위 수준에서의 기능 그룹

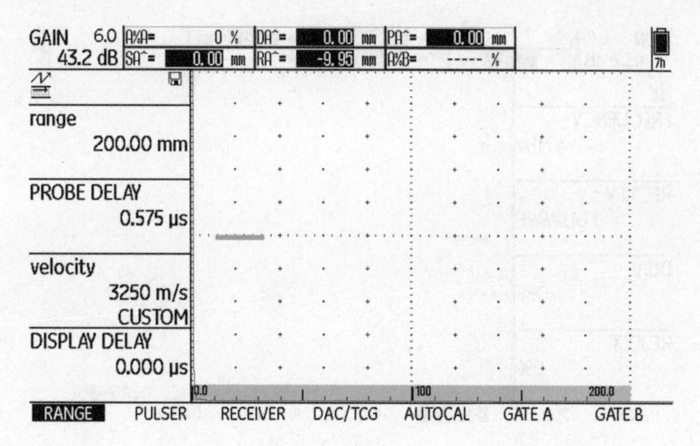

① RANGE : 시간축을 의미하며, 아날로그 장비의 게이트 폭 스위치라 생각하면 된다.

② velocity : 음속을 의미하며 수직에서는 종파속도(5,920m/s), 사각에서는 횡파속도(3,250m/s)로 설정하여 보정을 시작한다.

(5) PULSER 하위 수준에서의 기능 그룹

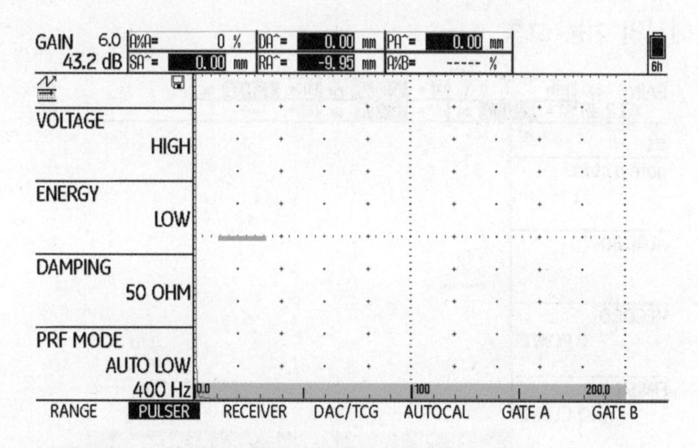

전압 및 PRF MODE, DAMPING 등의 설정을 변경할 수 있다.

(6) RECEIVER 하위 수준에서의 기능 그룹

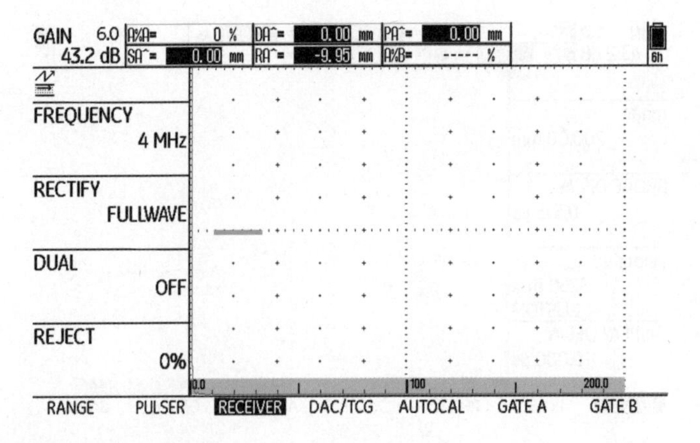

① FREQUENCY : 탐촉자의 주파수를 설정

② RECTIFY : 파형 정류 설정

③ DUAL : 분할형 탐촉자 사용 여부

④ REJECT : 에코 높이 조정이나 대부분 0 또는 OFF하여 사용한다.

(7) DAC/TCG 하위 수준에서의 기능 그룹

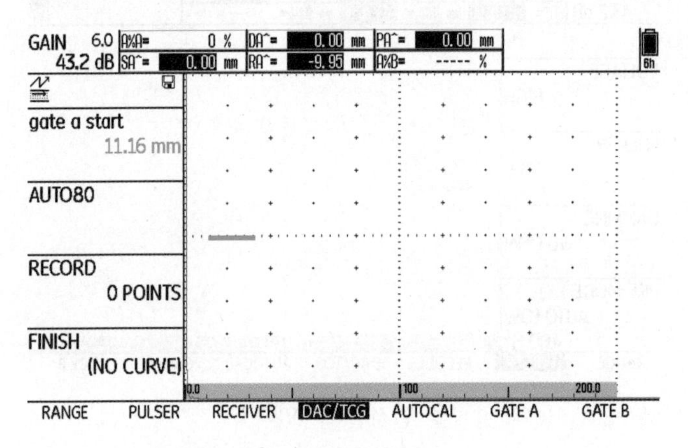

① gate a start : 게이트의 좌우 위치를 조절해 주는 스위치

② AUTO80 : A gate에 걸린 펄스를 화면상에 80%로 자동 조절해 주는 스위치

③ RECORD : DAC를 그리기 위한 저장점 설정 기능

④ FINISH : DAC/TCG 곡선의 삭제, 저장 가능

(8) AUTOCAL 하위 수준에서의 기능 그룹

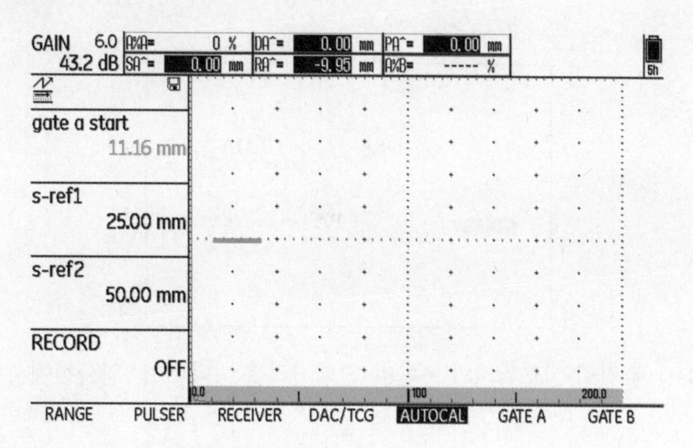

① gate a start : 게이트의 좌우 위치를 조절해주는 스위치

② s-ref1 : 첫 번째 에코의 기준 단위를 설정

③ s-ref2 : 두 번째 에코의 기준 단위를 설정

④ RECORD : 저장 기능

(9) GATE A 하위 수준에서의 기능 그룹

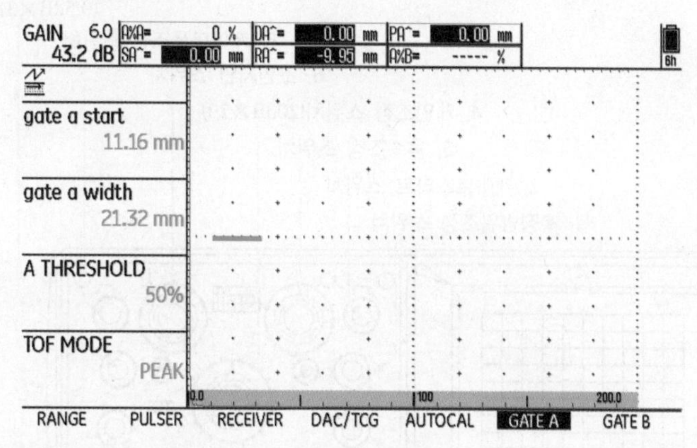

① gate a start : 게이트의 좌우 위치를 조절해 주는 스위치

② gate a width : 게이트의 측정 범위(넓이)를 조절해 주는 스위치

③ A THRESHOLD : 게이트의 높낮이를 조절해 주는 스위치

④ TOF MODE : PEAK, FRANK 등을 설정할 수 있는 모드

(10) 각종 값의 의미

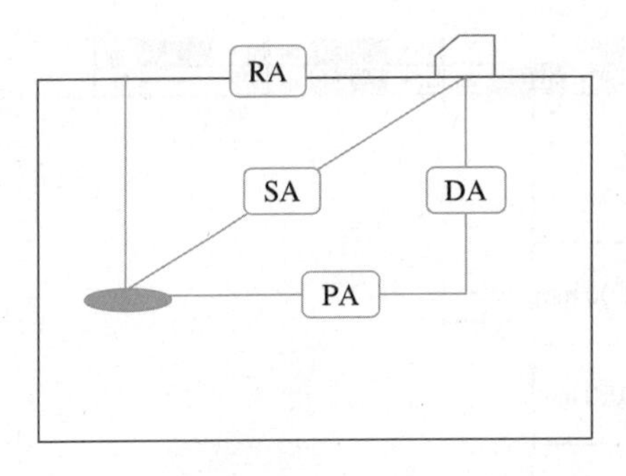

① SA : 영점에서 A Gate에 걸린 신호까지의 초음파 진행거리를 나타내며, 입사점에서 결함까지의 대각선 길이로 생각한다.
② DA : 사각 탐상 시 SA값에 의해 계산된 표면으로부터의 깊이를 나타낸다.
③ PA : 사각 탐상 시 SA값에 의해 계산된 탐촉자 입사점으로부터 결함이 있는 곳까지의 표면거리
④ RA : PA값에서 입사거리(X-Value)를 뺀 거리를 나타낸다.

(11) 아날로그탐상기

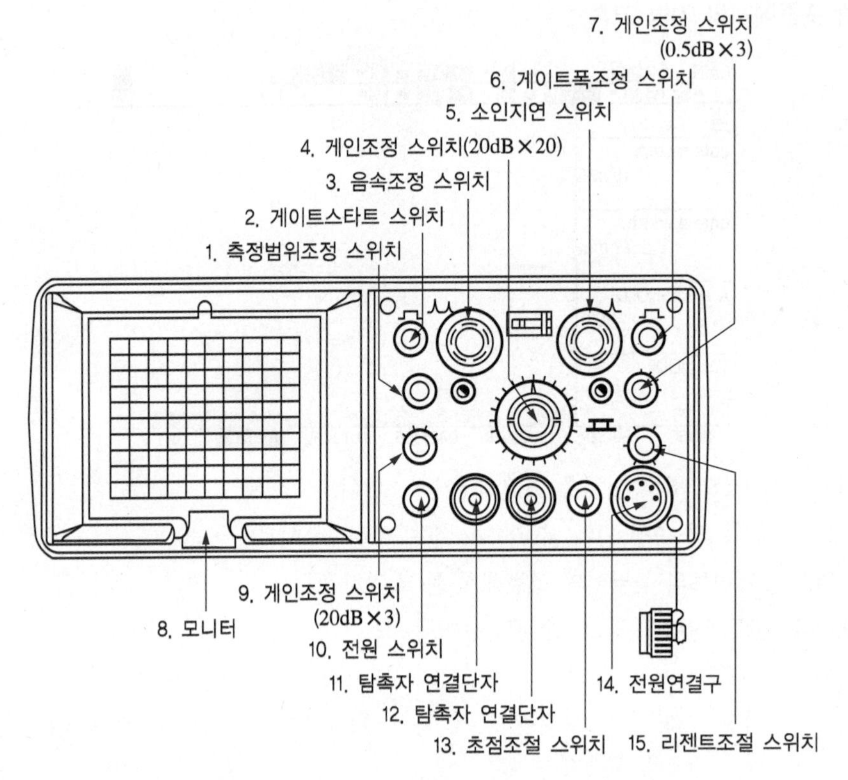

아날로그탐상기는 디지털과 비교하였을 때, 거의 비슷하며 단자 결함의 위치 정보에 대한 값들이 자동으로 계산되지 않는 단점이 있다.

> TIP. 초음파탐상기의 디지털 장비의 종류는 매우 많으므로, 시험할 때 필요한 기능에 대해서 시험자가 사용하는 탐상기와 비교하여 같은 기능이 어떤 방식으로 사용되는지에 대해서 잘 판단할 수 있도록 한다. 필수적으로 필요한 기능은 게인(Gain) 조정, 게이트 조정, RANGE 조정, PROBE DEALY 및 DISPLAY DELAY 조절, AUTOCAL 혹은 CAL을 위한 기능 조절 등이 있다. 조작법을 보면서 사용하는 탐상기의 메뉴와 비교하면서 작동해 볼 수 있도록 한다.

(12) 탐촉자 선정하기

① 수직탐상에서의 탐촉자 선정

수직탐상 시 공칭 주파수는 2MHz, 5MHz를 사용할 수 있으며, 주로 5MHz를 사용한다.

② 사각탐상에서의 탐촉자 선정

사각탐상에서는 시험편의 판 두께가 75mm 이하일 경우 5MHz, 2MHz를 사용하도록 하나 4MHz도 충분히 탐상 가능하다. 시험편의 판 두께가 75mm 이상일 경우, 2MHz를 사용한다.

굴절각의 경우 판두께가 40mm 이하일 경우 70°, 40mm 초과 60mm 이하일 경우 70° 또는 60°, 60°를 넘는 것은 70°와 45°의 병용 또는 60°와 45°의 병용으로 사용한다.

(13) 표준시험편(STB-A1, STB-A2) 알아두기

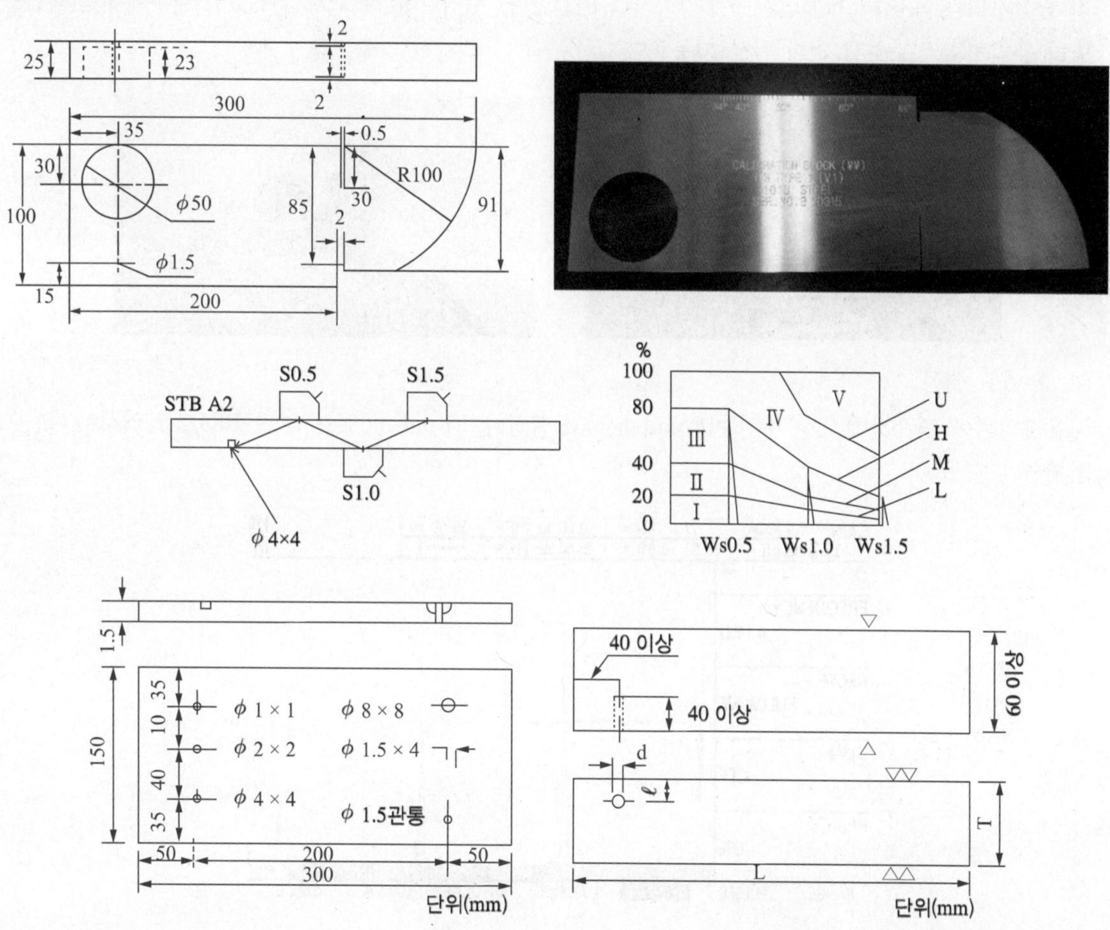

3 수직 탐상하기

수직탐상의 전체적인 흐름도

탐상기 설정	전원 연결	탐촉자 연결	
탐상기 기본 설정	음속 설정	Range 범위 설정	탐촉자 각도 설정
탐상기 보정	STB-A1 준비	S-Ref 25mm, 50mm	보정 저장
스텝웨지 측정	처음과 끝단 두께 측정	단계별 두께 측정	

(1) 탐상기 설정하기

Probe 연결 → Probe와 맞는 RECEIVER 설정 → Velocity(음속) 설정 → Display DELAY 0 설정 → PRF(AUTO LOW설정) → TCG mode OFF → REJECT 0설정 → A-Scan Range 설정

① 탐촉자(Probe) 연결

각 탐상기의 탐촉자(Probe) 연결구에 탐촉자를 연결한다. 수직탐상 시 보호캡이 있어 내부에 글리세린을 일부 발라 준다. 혹은 보호캡 없이 탐상 가능하다.

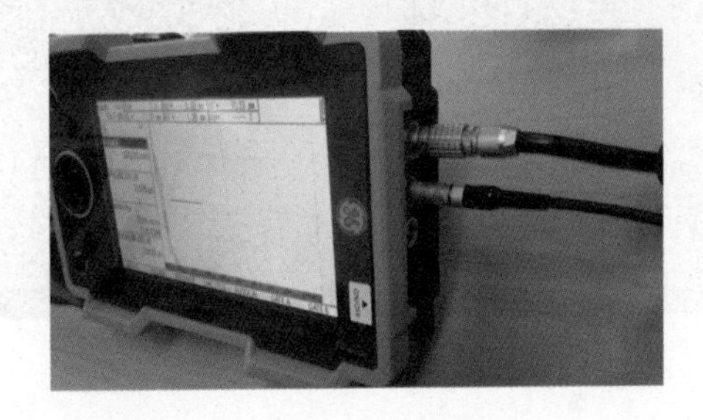

② RECEIVER 설정

사용자의 수직 탐촉자에 맞는 주파수(Frequency)를 설정하고 Dual mode는 OFF, REJECT 역시 0 혹은 OFF로 설정한다.

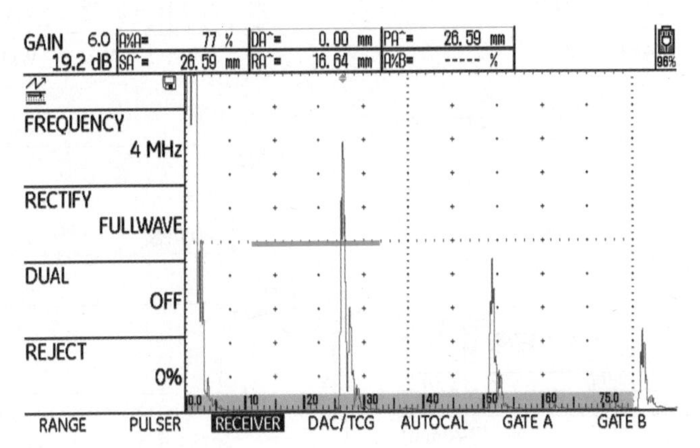

③ 수직탐상 기초설정

RANGE 하위 메뉴에 들어가 PROBE DELAY 및 DISPLAY DELAY는 0으로 설정 후 음속(Velocity)는 수직(종파) 5,920m/s로 설정한다. 그리고 PULSER 메뉴에 들어가 PRF를 AUTO LOW로 설정한다. range의 경우 수직탐상을 위해 보정하는 STB-A1의 두께를 알고 있으므로 50mm 이상 100mm 이하의 수준에서 사용자가 보기 편하게 조절하여 준다. 이 시험에서는 예시를 들기 위하여 75mm를 기준으로 한다. 아날로그 장비를 사용 시 측정조정 스위치를 활용하여 10, 50, 250 중 자신이 탐상하기 편한 범위를 설정하여 사용한다.

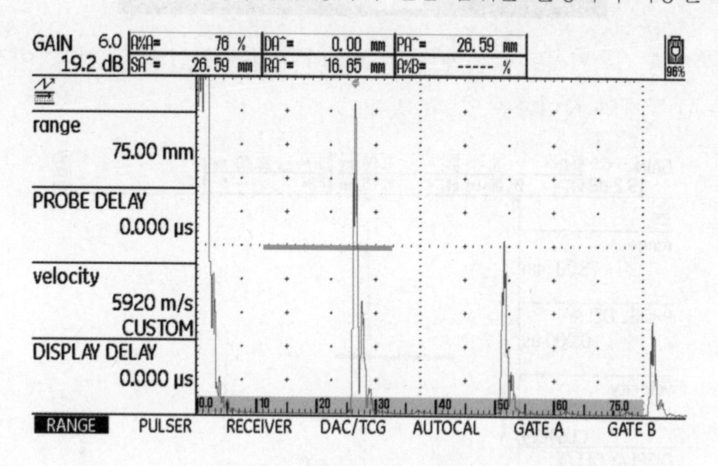

④ 탐촉자 각도 조정

탐상기의 AUTOCAL-TRIG 설정에서 탐촉자 각도(PROBE ANGLE)를 90°로 설정한다. 수직탐상이기 때문에 X-VALUE값은 의미가 없다.

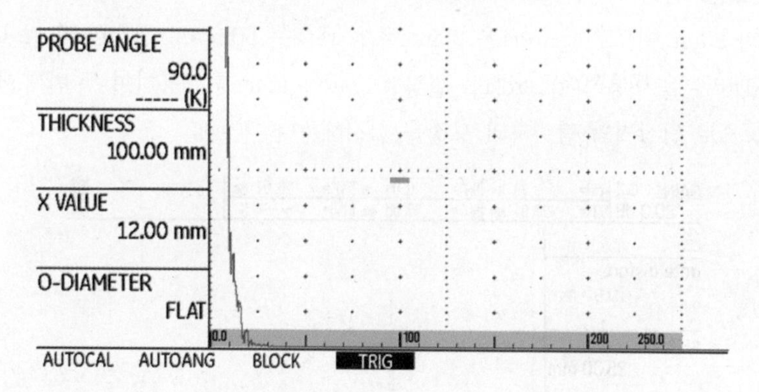

(2) 탐상기 및 탐촉자 보정하기

탐상기 및 탐촉자의 설정이 마무리 되었다면, STB-A1을 이용하여 보정 작업을 시작한다. 탐촉자 및 표준 시험편에 글리세린을 바른 후 접촉시켜 에코가 나타나는지 확인한다. 이때 탐촉자의 누르는 힘은 일정해야 하며, 이 힘이 바뀔 경우 에코의 증폭에 영향이 있을 수 있으므로 주의한다.

① STB-A1 시험편 준비하기

다음 그림과 같이 STB-A1 시험편을 두고, 접촉매질을 바른 후 탐촉자를 접촉시킨다.

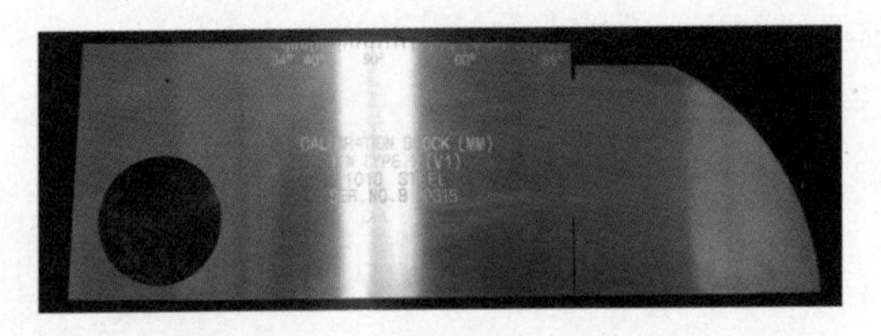

② 탐촉자 연결 : 탐촉자를 접촉시키면 다음과 같은 설정의 에코를 확인할 수 있다. 아직 보정 전이므로 두께가 26.59mm로 STB-A1 두께와 상이함을 알 수 있다.

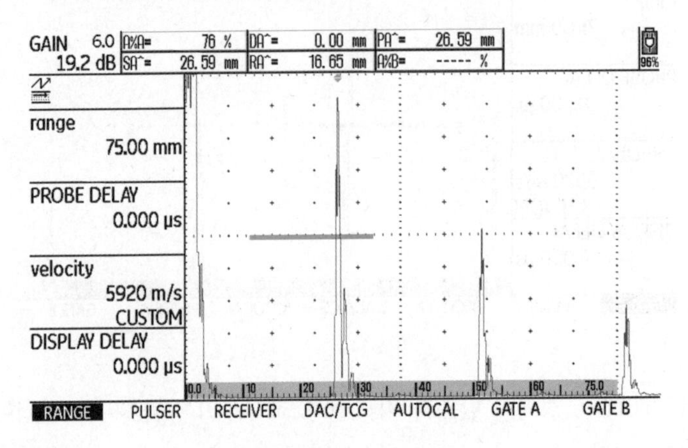

③ AUTOCAL(자동 보정) 하기

STB-A1의 두께가 25mm이므로, s-ref1은 25mm로 s-ref2는 50mm로 설정한 후 A-Gate를 첫 번째 에코에 걸어주고 RECORD 버튼을 이용하여 s-ref1을 설정 A-gate a start를 이용하여 두 번째 에코에 걸어준 뒤 s-ref2를 설정하면 자동으로 탐상기와 탐촉자의 보정을 실시해준다.

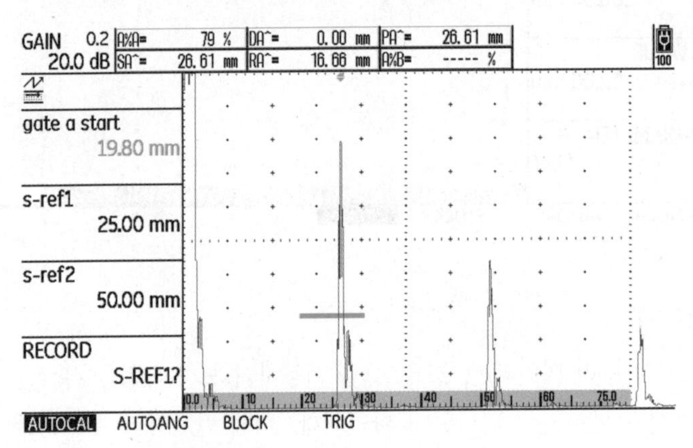

[첫 번째 에코에 Gate A를 걸어준 모습]

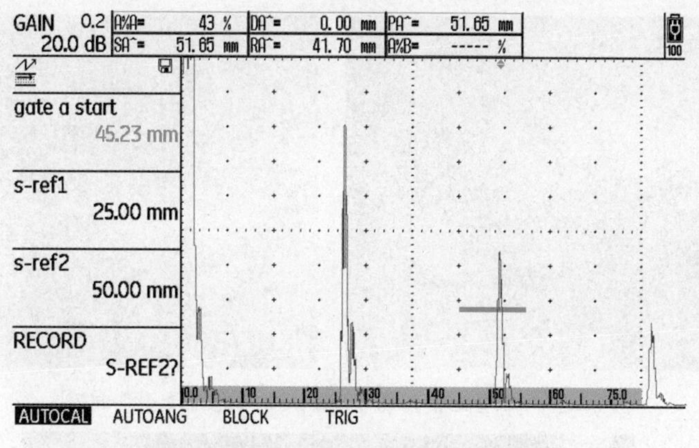

[두 번째 에코에 Gate A를 걸어준 모습]

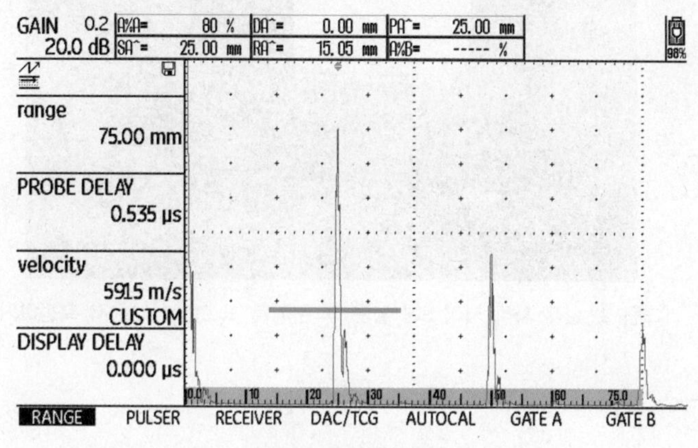

[보정 완료 후 모습]

보정이 완료되고 RANGE 메뉴에 들어가면 PROBE DELAY값 및 velocity값이 변경된 것을 알 수 있으며, 이는 탐상을 마칠 때까지 수정하지 않는다. 다음으로 첫 번째 에코에 A-gate를 걸어주면, SA값이 25mm로 STB-A1 두께와 동일하게 보정되었음을 확인할 수 있다. 또한 range 범위를 75mm로 하였기 때문에 에코는 총 25mm, 50mm, 75mm에서 뜨는 것을 확인할 수 있다.

※ 아날로그 장비의 경우

아날로그 장비의 경우 첫 번째 에코를 게인 조정 스위치를 이용하여 80%에 맞춘 후 소인지연 손잡이를 이용하여 눈금판에 첫 번째 에코를 25mm로 맞추고 두 번째 에코를 50mm에 맞추어 보정을 완료한다.

(3) 스텝웨지 측정하기

다음 그림 1과 같이 스텝웨지의 실제 길이를 측정해 보고, 그림 2와 같이 실제 두께를 측정해 본다. 문제에서는 첫단과 끝단의 값은 지시되어 있으며, 사이의 값을 찾아 그 두께를 기입한다.

[그림 1. 스텝웨지 실제 두께를 자를 이용해 측정해 보기]

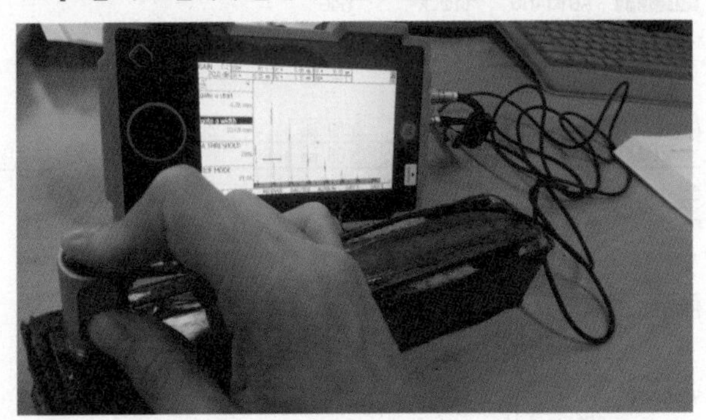

[그림 2. 실제 사각 케이스에 넣은 후 두께를 모르는 상태에서 측정하기]

4 사각 탐상하기

탐상기 설정	전원 연결	탐촉자 연결	
탐상기 기본 설정	음속 설정	Range 범위 설정	탐촉자 각도 설정
탐상기 보정	STB-A1 준비	입사점 측정	굴절각 측정
DAC 작성	STB-A2 준비	ϕ 4×4 skip 설정	DAC 그리기
강 용접부 탐상	T형	평판	굴곡

(1) 탐상기 설정하기

탐상기 설정은 수직 탐상과 일부 동일하므로, 변경할 설정에 대해서만 설명하도록 한다. 우선 다른 설정값은 그대로 사용하되 range 범위를 50mm~100mm가 아닌 입사점 측정을 위해 STB-A1 입사점 측정 구역의 곡률 반경 100R(왕복 200R)보다 넓은 250mm를 기준으로 한다.

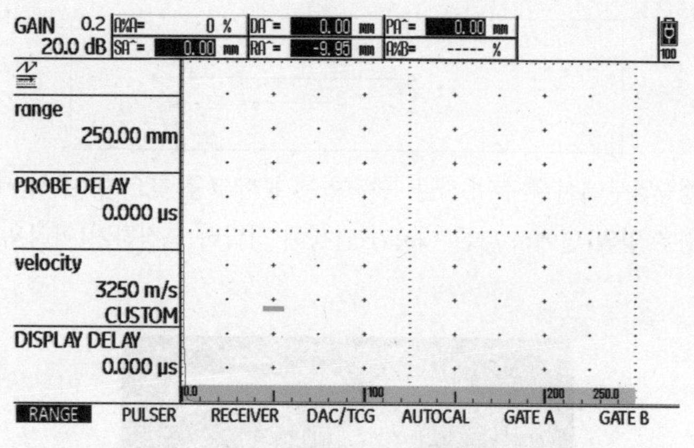

[range 및 velocity 설정]

다음으로, AUTOCAL 모드에 들어가서 TRIG 항목의 PROBE ANGLE을 70°로 변경하고, X VALUE값을 10mm(기준), O-DIAMETER를 FLAT으로 설정한다.

※ 아날로그탐상기의 경우 측정 범위 조정 스위치로 250mm를 조정하여 둔다.

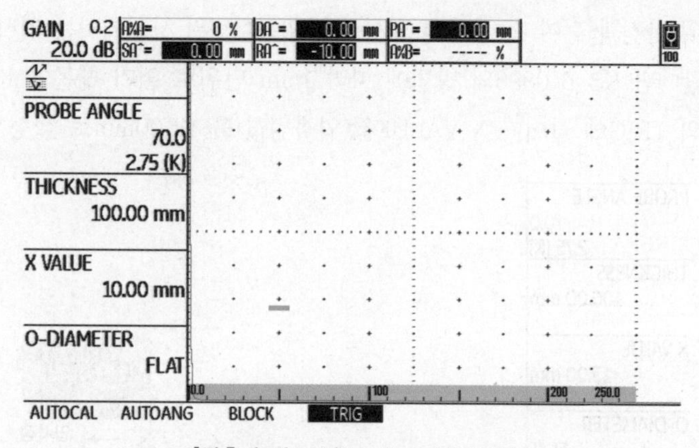

[탐촉자 각도 및 X VALUE값 설정]

(2) 입사점 측정하기

우선 입사점 측정을 위하여 사각 탐촉자를 STB-A1 시험편의 입사점 측정 위치에 글리세린을 바른 후 10mm와 일치하게 둔다.

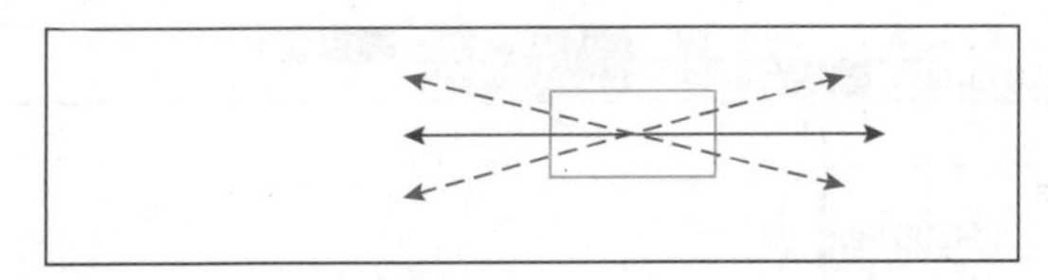

주사 방법은 시험편의 정중앙부에서 좌우 주사를 통하여 최대 에코를 찾으며, 주의 사항으로는 빨간 점선과 같이 목돌림 주사를 하였을 경우 임의 면에서 다른 에코가 발생해 정확히 측정하기 어려우므로 파란 실선과 같이 좌우 주사를 실시한다.

[입사점 읽기]

최대 에코를 찾았다면 위 사진과 같이 흠 부분의 입사점을 읽는다. 위 사진에서는 입사점이 13mm가 나타났으며, 만약 13.2mm 정도 나왔다면 KS B 0896의 방법에 따라 1mm 단위로 읽기 때문에 13mm로 설정한다.
그 후 AUTOCAL 항목의 TRIG에 들어가 X VALUE값(입사점값)을 13.00mm로 설정하여 준다.

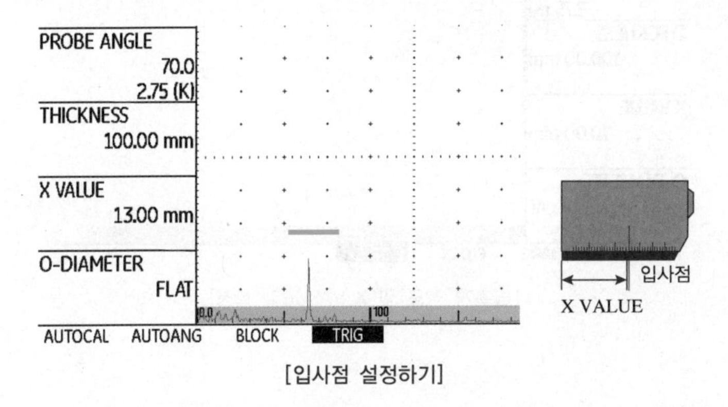

[입사점 설정하기]

※ 아날로그 탐상기의 경우 입사점을 찾은 후 첫 번째 에코를 80%로 맞추어 주고 소인지연 스위치를 이용해 100mm에, 두 번째 에코를 200mm에 위치시키도록 한다.

(3) 굴절각 측정하기

강 용접부의 탐상에서 KS B 0896에 따라 40mm 이하일 경우 70°, 40mm 초과 60mm 이하일 경우 70° 또는 60°를 사용하므로 본 탐상에서는 70° 탐촉자를 사용하도록 한다.

STB-A1 시험편을 뒤편으로 돌린 후 50ϕ이 보이도록 한 후 글리세린을 적용 후 탐촉자를 세팅한다. 만약 74~80°의 탐촉자를 쓴다면 지름 1.5mm 관통 구멍을 이용하여 탐상한다.

[STB-A1 굴절각 측정하기]

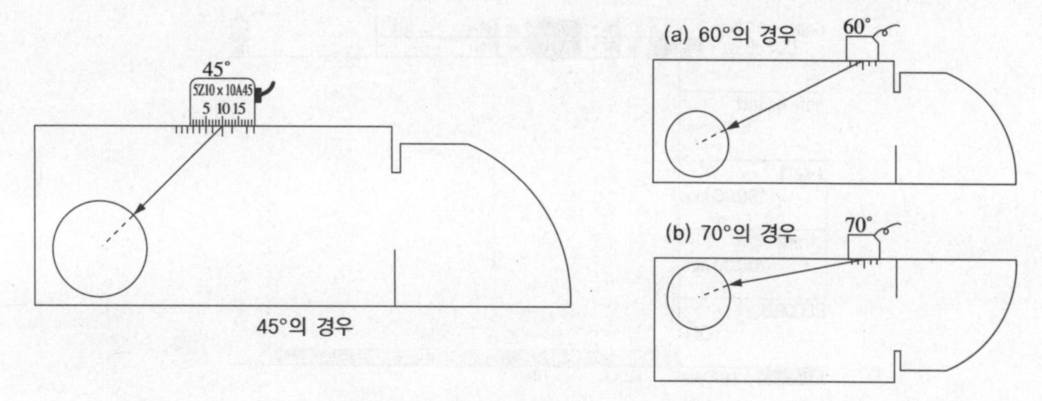

[탐촉자 각도에 따른 STB-A1 굴절각 측정]

다음으로 입사점 측정과 마찬가지로 기준 70° 위치에서 좌우 주사를 하며 최대 에코를 찾도록 한다. 굴절각은 KS B 0896에 따라 0.5°단위로 측정을 하며, 측정값이 ±2°를 넘는다면 탐촉자를 교환하여야 한다. 본 시험에서는 최대 에코를 잡은 후 입사점의 위치에서 각도를 읽어 70°로 측정하였다.

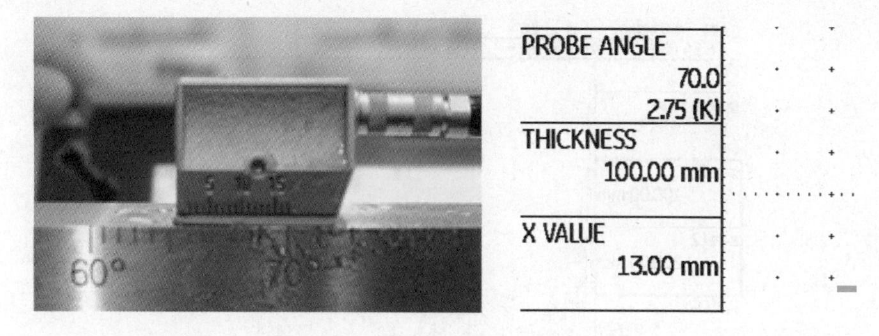

여기에서 SA의 값이 63.5mm가 측정되었다면 $(W_f + 25) \times \cos\theta = 30 \pm 0.5$를 이용하여 계산하였을 때, $(63.5 + 25) \times \cos 70° = 30.26$로 오차범위에 사용할 수 있음을 확인할 수 있다.

(4) AUTOCAL(자동 보정) 하기

STB-A1 시험편을 다시 원위치한 다음 입사점 측정 홈에 맞춘 후(최대 에코 지점) AUTOCAL 항목으로 조정한다.

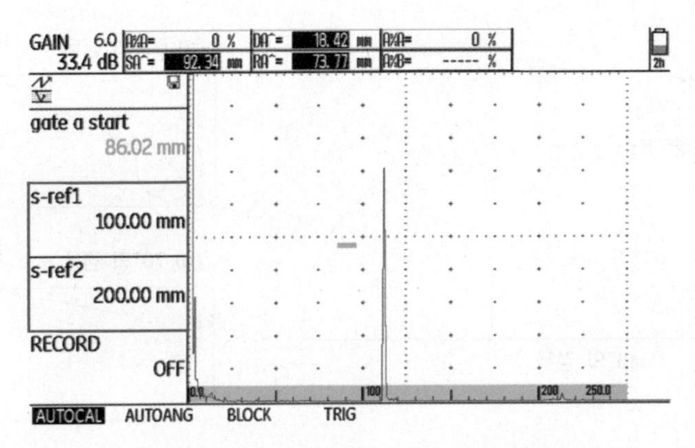

s-ref1을 100R(100mm), s-ref2를 200R(200mm)로 조정한 뒤 첫 번째 에코에 gate A를 걸어준다. 그 후 RECORD를 한번 해 준 후, 두 번째 에코에 gate A를 다시 걸어주며, 에코가 낮을 경우 게인(GAIN)을 높여 보이게 한 후 RECORD를 다시 하여 AUTOCAL을 완료한다. 보정값을 확인하고, 100R에 탐촉자를 입사 후 첫 번째 에코가 100mm, 두 번째 에코가 200mm가 나오는지 확인한다.

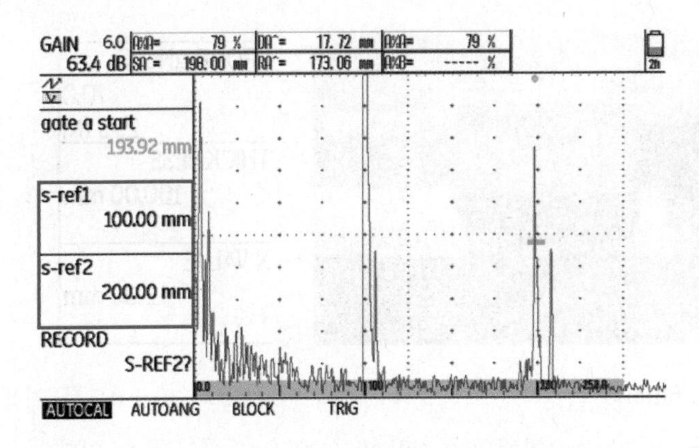

(5) 기준감도 측정 및 DAC선도 작성

거리진폭곡선이란 하나의 결함을 두고 거리가 멀어질수록 에코의 높이가 달라지는 점을 이은 곡선을 의미한다. 여기에서 0.5S, 1S, 1.5S에 대해 잠시 설명하고 넘어가자면 그림 STB-A2의 $\phi 4 \times 4$를 기준으로 탐상하며 0.5S는 직사법을 의미하며, 1S는 한번 부딪힌 후 측정되는 값, 1.5S는 2번 반사되어 측정되는 값을 의미한다. 다음 그림은 구분선이 작성된 후 모습이다.

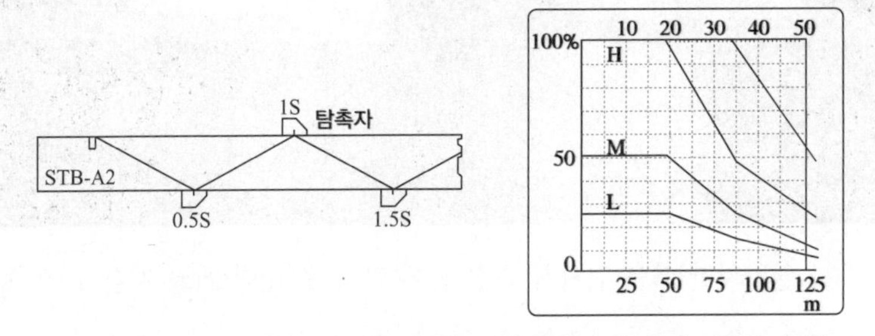

[STB-A2를 이용한 에코높이 구분선 작성을 위한 탐촉자 위치 및 구분선 작성]

① STB-A2 준비하기

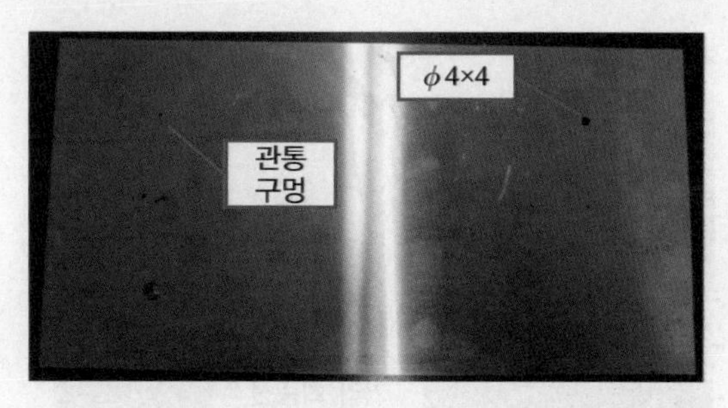

[STB-A2에서의 관통구멍과 φ4×4 홈]

STB-A2에서 $\phi 4 \times 4$를 잘 확인한 후 Skip에 따른 거리를 측정해 두면, 0.5S, 1S, 1.5S의 범위를 넘지 않고 잘 측정할 수 있다.

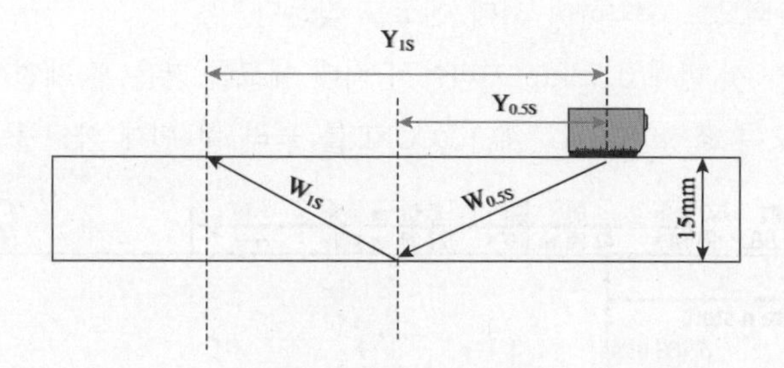

[사각 탐상에서의 빔 거리 및 탐상면 거리 측정]

㉠ Skip 빔 거리 측정

- $W_{0.5s} = \dfrac{t}{\cos\theta}$, 입사점에서 0.5Skip점까지의 거리(디지털탐상기의 SA값에 해당)
- $W_{1s} = 2 \times W_{0.5S} = \dfrac{2t}{\cos\theta}$, 입사점에서 1Skip점까지의 거리(디지털탐상기의 SA값에 해당)

㉡ Skip 탐상면 거리 측정

- $Y_{0.5S} = t \times \tan\theta = W_{0.5S} \times \sin\theta$, 입사점에서 0.5Skip점까지의 탐상면 거리(디지털탐상기의 PA값에 해당)
- $Y_{1S} = 2t \times \tan\theta = W_{1S} \times \sin\theta$, 입사점에서 1Skip점까지의 탐상면 거리(디지털탐상기의 PA값에 해당)

㉢ 결함 깊이

- 직사법 검출 시 : $d = W_f \times \cos\theta$
- 1회 반사법 검출 시 : $d = 2t - W_f \times \cos\theta$

※ 디지털탐상기를 사용하는 경우 SA, RA, DA, PA값 등이 모두 계산되어 나타나지만, 아날로그식 탐상기로는 계산하여 측정하여야 하므로, 어떤 탐상기를 작동시키더라도 위 원리에 의해 결함 위치 분석이 되는 것을 이해할 수 있도록 한다.

② DAC 작성

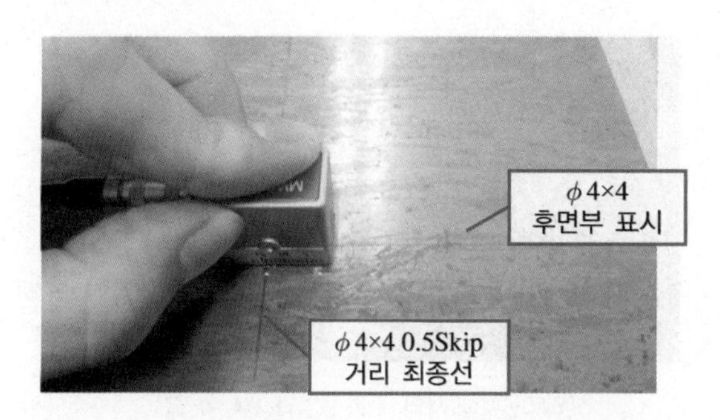

우선 STB-A2의 $\phi 4\times 4$ 흠의 위치를 후면부에 표시해 둔 다음 0.5Skip하기 편하도록 위 계산식에 의거 $Y_{0.5S} = t\times\tan\theta = 15\times\tan 70° = 41.21\text{mm}$가, 되며 이 위치에 0.5Skip 거리 최종선을 그어놓도록 한다. 이 선을 넘어가면 1Skip이 되므로 주의하여 최대 에코를 찾는다.

DAC/TCG 항목에 들어가 첫 번째 0.5Skip 거리에서 최대 에코를 찾은 후 게인 조정 혹은 AUTO80을 눌러 첫 번째 에코가 80%에 오도록 조정한다. 그 후 RECORD를 눌러 첫 번째 에코를 저장한다.

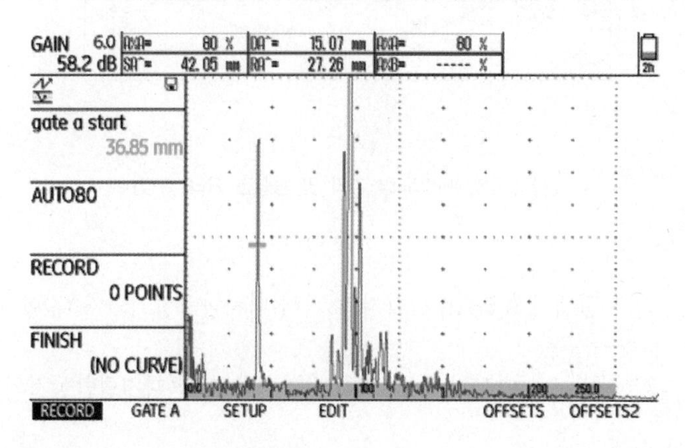

※ 아날로그 장비의 경우

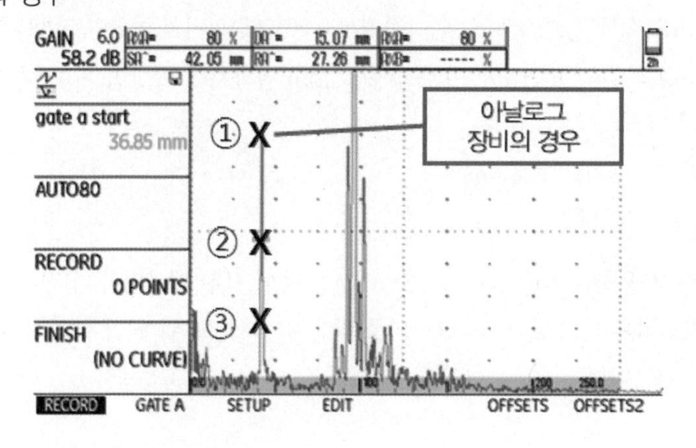

아날로그 장비의 경우 첫 번째 에코를 게인조정 스위치를 이용하여 80%가 오도록 조정한 후 ①과 같이 표시하고 ②지점 −6dB에 ×표시 ③지점 −12dB에 ×표시를 한다. 이때 첫 번째 에코를 80% 조정한 게인 값은 기준 감도이므로, 잊지 않도록 한다.

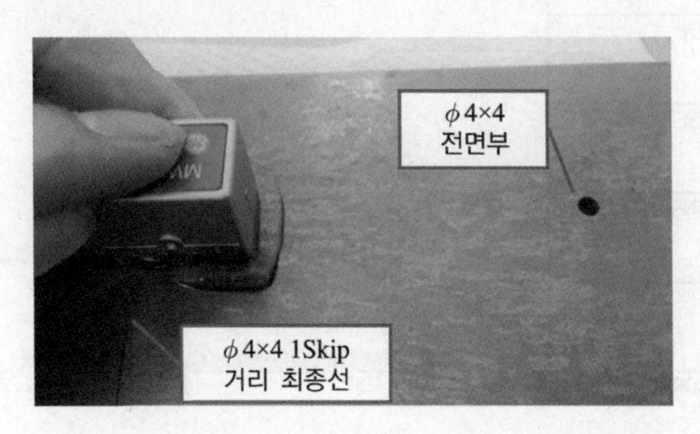

다음으로 1Skip 설정을 위하여 $\phi 4\times 4$ 흠을 전면부로 바꾼 다음 공식에 따라 82.42mm에 선을 그은 다음 최대 에코를 찾아 RECORD를 눌러 두 번째 에코를 저장한다. 이때 두 번째 에코부터는 게인을 80%로 조정하지 않으므로 유의하도록 한다.

$Y_{1S} = 2t \times \tan\theta = 30 \times \tan 70° = 82.42\text{mm}$

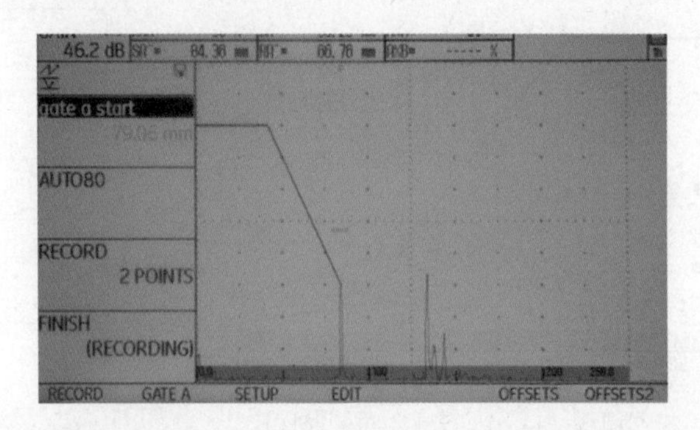

마지막으로 1.5Skip 설정을 위하여 $\phi 4\times 4$ 흠을 후면부로 바꾼 다음 $Y_{1.5S} = 3Y_{0.5S}$이므로, 123.63mm에 선을 긋고 최대 에코를 찾은 후 RECORD를 한다.

그 다음 그림과 같이 OFFSETS에 들어가 6dB을 설정해 주면, DAC 선도가 마무리된다.

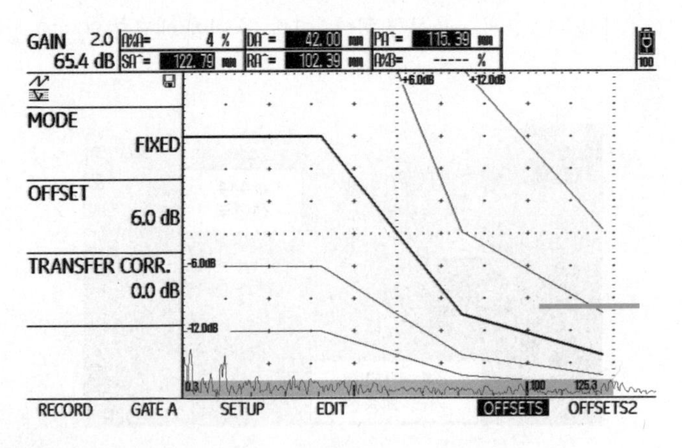

※ 아날로그 탐상의 경우

위의 탐상과 같지만 0.5Skip에서 작성한 것과 같이 1Skip, 1.5Skip에서도 최대 피크를 찾은 후 X를 표시해 주고 −6dB, −12dB씩 낮추어 표시한 후 다음과 같이 화면에 표시한다면 DAC 선도가 작성된다.

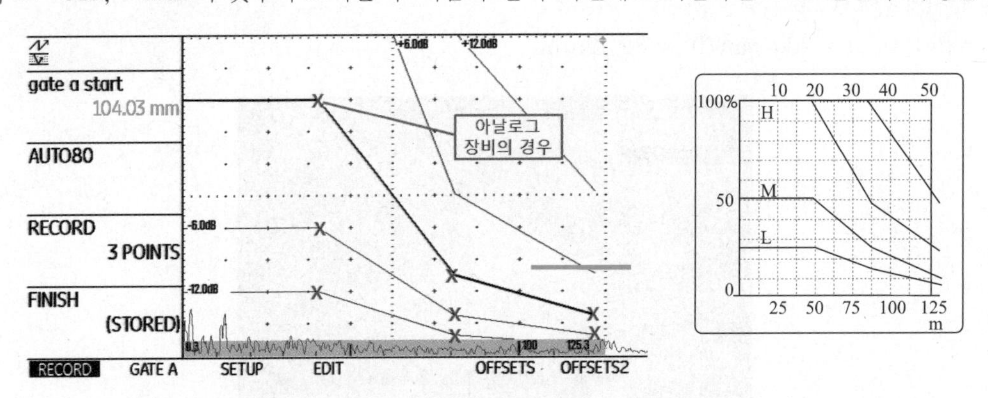

마지막으로 구분선을 작성하여 H, M, L선을 파악한다.

(6) 결함 탐상하기

① 6dB Drop법

6dB Drop법이란 다음 그림과 같이 결함부 가장 중앙부에서는 최대 피크가 측정되며, 결함의 마지막 지점에서는 에코가 1/2(−6dB)으로 줄어드는 것으로, 결함의 길이, 깊이, 폭을 평가할 수 있는 방법이다. 즉, 탐촉자의 이동거리에 따라 결함 치수가 결정되므로, 용접부에 결함부 반사 피크가 뜬다면, 여기에서 최대 피크를 잡은 후 통상적으로 게인 조정스위치(혹은 AUTO 80)를 이용하여 80%를 맞추어 준 다음, 40%로 떨어지는 지점을 확인하여 결함을 탐상하는 방법이다.

그림을 이용하여 설명해 본다면 3번 탐촉자에서 최대 피크가 뜨는 것을 알 수 있고 1번 지점이 결함의 좌측부 1/2 떨어진 지점, 2번 지점이 결함의 우측부 1/2 떨어진 지점으로 이 거리를 알면 결함의 길이를 알 수 있다.

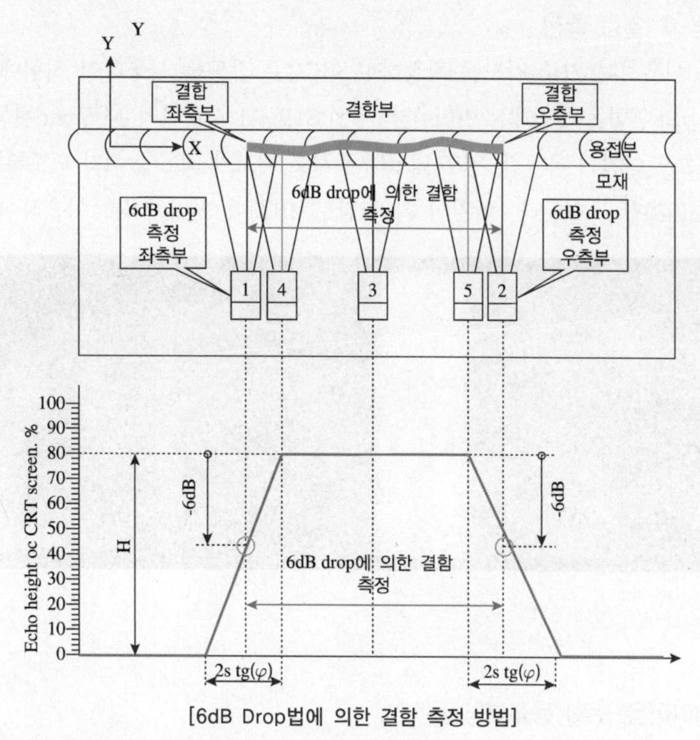

[6dB Drop법에 의한 결함 측정 방법]

② DAC 선도에 의한 L선, M선 Cut

DAC는 기준감도 설정에서 그린 곡선으로 거리진폭곡선을 의미하며, L선 Cut, M선 Cut 등 결함 판정 기준을 정하여 탐상하는 방법이다. L선 Cut의 경우 결함부 최대 피크가 DAC 선도상 L선을 넘는 피크만을 결함으로 인정한다는 것이며, M선 Cut의 경우 결함부 최대 피크가 M선을 넘는 피크만을 결함으로 인정한다는 의미이다. 이때 결함의 길이 측정은 L선에서부터 시작하여 최대 피크를 닿은 후 L선에서 끝나는 지점으로 한다. 현재는 6dB Drop법이 시험에서 없어졌으며, 결과의 신뢰성을 위하여 모든 시험은 DAC 선도에 의한 결함 판정법으로 검출하는 것으로 변경되었다.

그림에서 보면 1번 피크가 L선에서 시작하면 탐상면에 그 위치를 연필로 표시하고, 2번 피크에서 최대 피크가 뜬 다음, 3번 피크에서처럼 L선까지 내려올 때의 탐촉자 지점을 표시하여 결함지시길이를 측정한다.

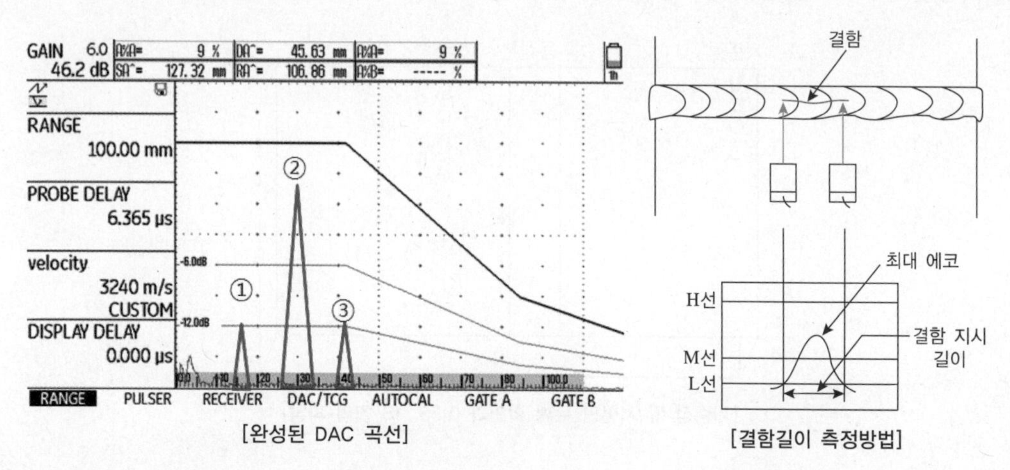

[완성된 DAC 곡선]

[결함길이 측정방법]

③ STB-A1 감도 측정 후 결함 측정

STB-A1 시험편을 이용하여 기준 감도를 작성하고 이 기준 감도를 사용하여 시험에서 제시하는 감도 ○○% 이상(예시 20% 이상)의 결함을 찾아내는 방법이다. 우선 STB-A1 시험편의 ϕ1.5mm 관통 홀을 직사법으로 에코가 나타나게 만든다. 그 후 약간의 목돌림, 전후 및 좌우주사로 에코가 최고 높이가 되도록 한 후 최대 에코를 80%가 되도록 한 후 Gain(dB)값을 읽는다. 이것이 기준 감도 dB값이 되며, 이를 이용하여 결함을 측정한다.

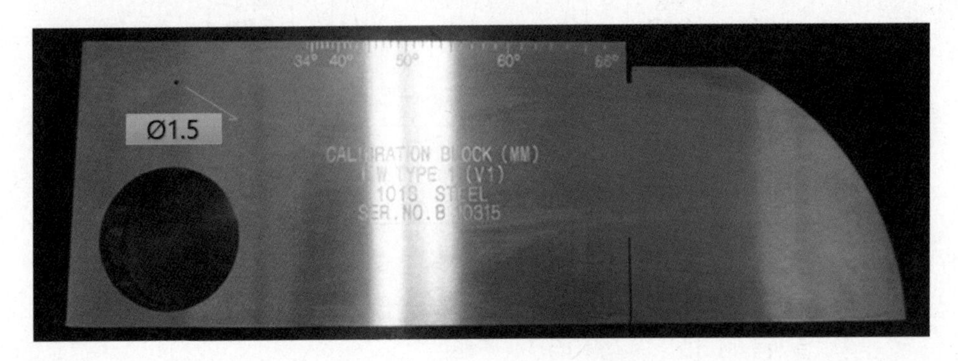

(7) 결함 측정의 실제

① 평판 맞대기 및 길이이음(곡률) 용접부탐상

KS B 0896에 의거 평판 맞대기 용접부를 6dB Drop법에 의해 결함을 검출하되 검출 감도는 기준 감도에서 +6dB를 한 다음 측정하시오.

㉠ 시험지 작성 및 사각탐상 보정하기

시험지에 필요한 정보를 작성하고, 탐상기 기본설정 및 사각탐상 보정을 STB-A1을 이용하여 실시한다. 측정 범위 250mm, 입사점 13mm, 굴절각 70.5°, 시험편 두께 10mm

㉡ 시험편의 두께 측정

기준점을 확인하고 평판 시험편의 두께를 측정하여 0.5Skip, 1Skip 구간을 $Y_{0.5S} = t \times \tan\theta$, $Y_{1S} = 2Y_{0.5S}$를 이용하여 계산하고, 연필로 보조선을 그어두거나 파악해 둔다. 이 시험에서는 10mm짜리 시험편이므로 $Y_{0.5S} = 28.23\text{mm}$, $Y_{1S} = 56.48\text{mm}$가 나왔다.

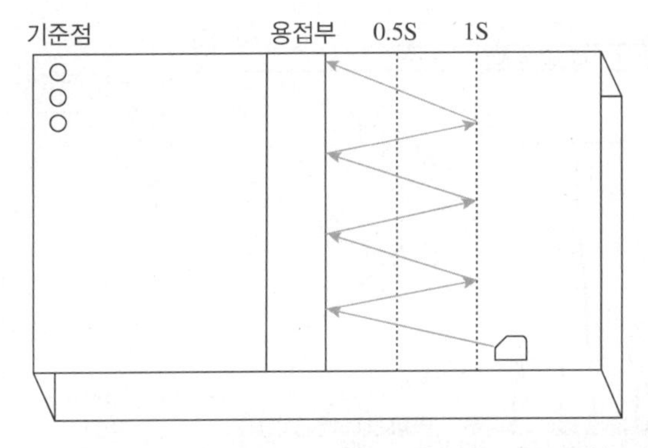

[기준점 및 시험편 두께 확인과 0.5S, 1S 거리 파악]

㉢ 결함 유무 판단하기

우선 정밀탐상을 하기 전, 결함의 유무만을 판단하여 정밀탐상이 하기 쉽도록 지그재그주사법을 이용하여 탐상하여 본다. 주사하는 도중 결함 에코가 뜬다면 대충의 위치를 기억해 둔다. 곡률 용접부 탐상 시에는 탐촉자의 양면을 모두 밀착시키기 어려우므로 앞면을 밀착시켜 탐상할 수 있도록 한다.

㉣ 정밀 탐상하기

정밀탐상 시 기준감도로 낮춘 후 결함 위치에서 좌우 주사를 통해 최대 에코를 찾는다. 그리고 좌우 주사의 최대 피크에서 전후 주사를 통하여 최대 피크를 찾은 후 그 부분에 연필로 표시를 해 둔다.

그 후 좌로 -6dB이 떨어지는 지점 및 우로 -6dB 떨어지는 지점을 찾아 선을 긋는다.

마지막으로 결함의 길이를 측정한다.

평판 맞대기 용접부 6dB Drop법 탐상사진

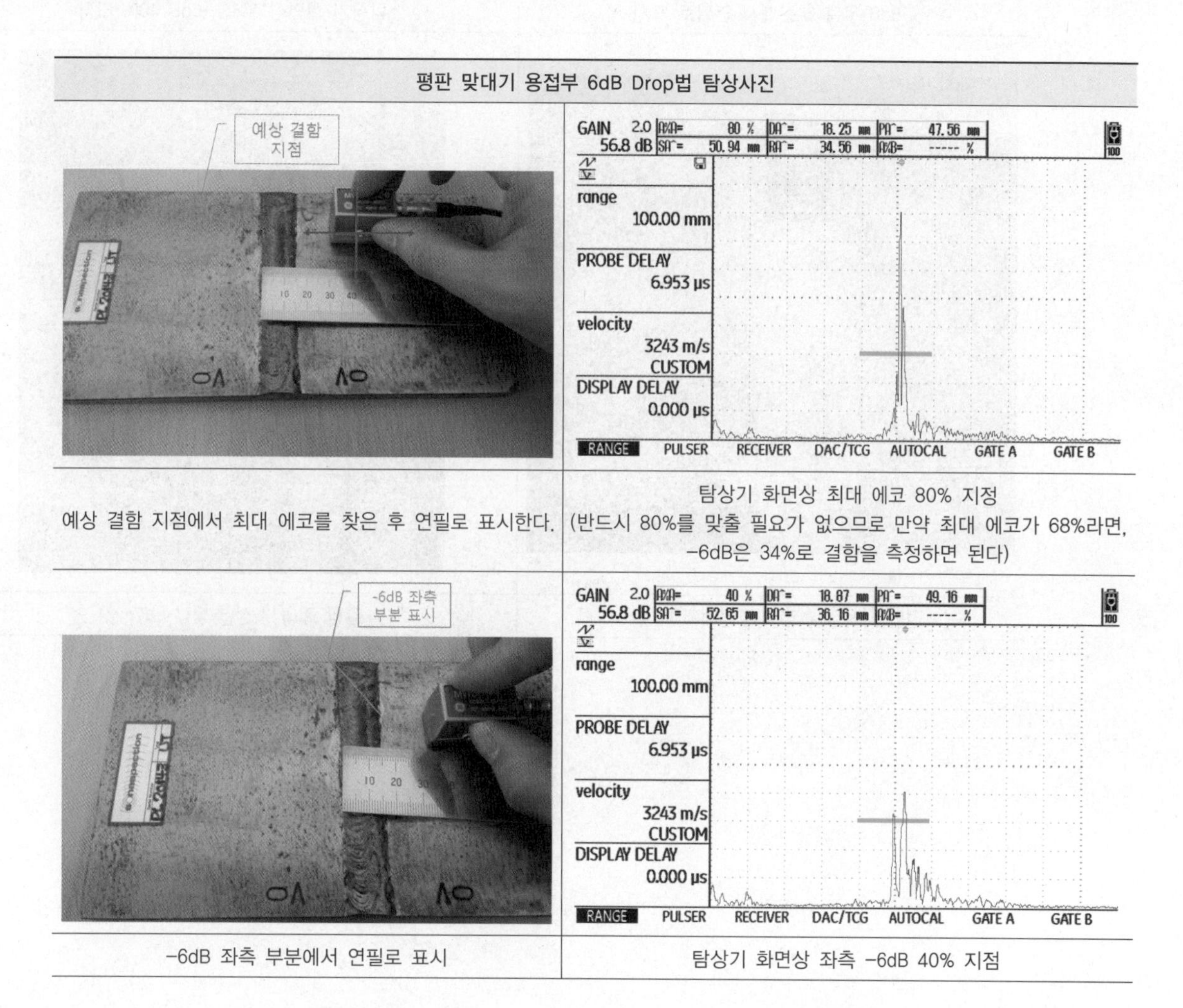

예상 결함 지점에서 최대 에코를 찾은 후 연필로 표시한다.

탐상기 화면상 최대 에코 80% 지정 (반드시 80%를 맞출 필요가 없으므로 만약 최대 에코가 68%라면, -6dB은 34%로 결함을 측정하면 된다)

-6dB 좌측 부분에서 연필로 표시

탐상기 화면상 좌측 -6dB 40% 지점

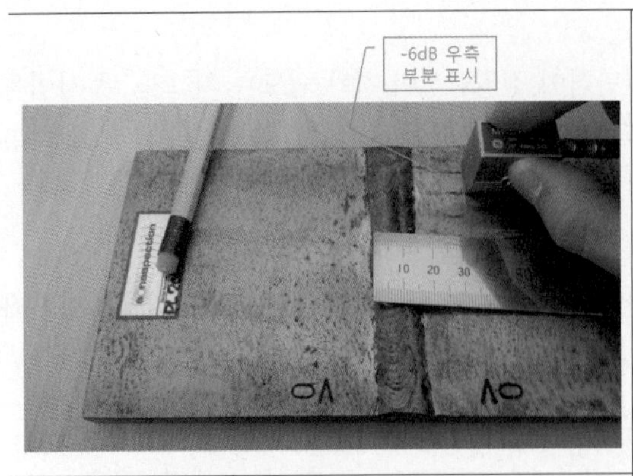

-6dB 우측 부분에서 연필로 표시

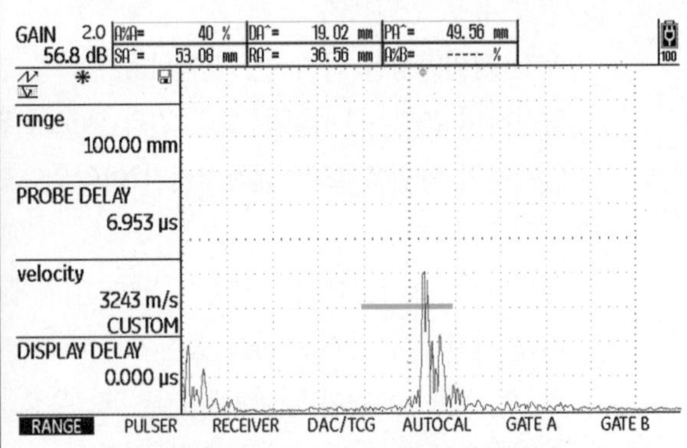

탐상기 화면상 우측 -6dB 40% 지점

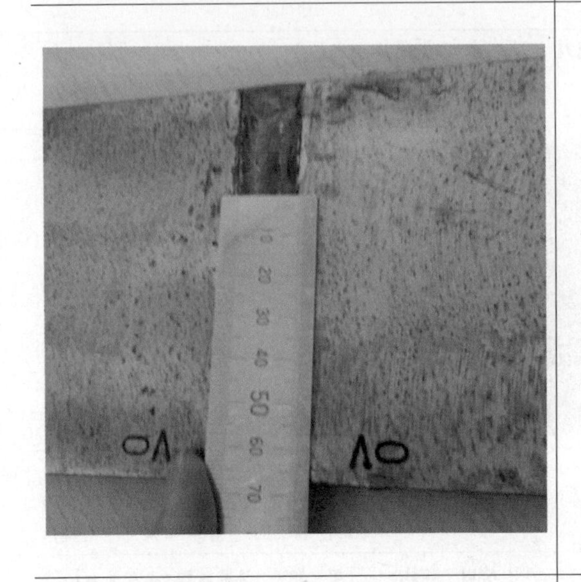

결함 시작점 측정(기준점에서 68mm)

결함 길이 측정(측정값 : 17mm)

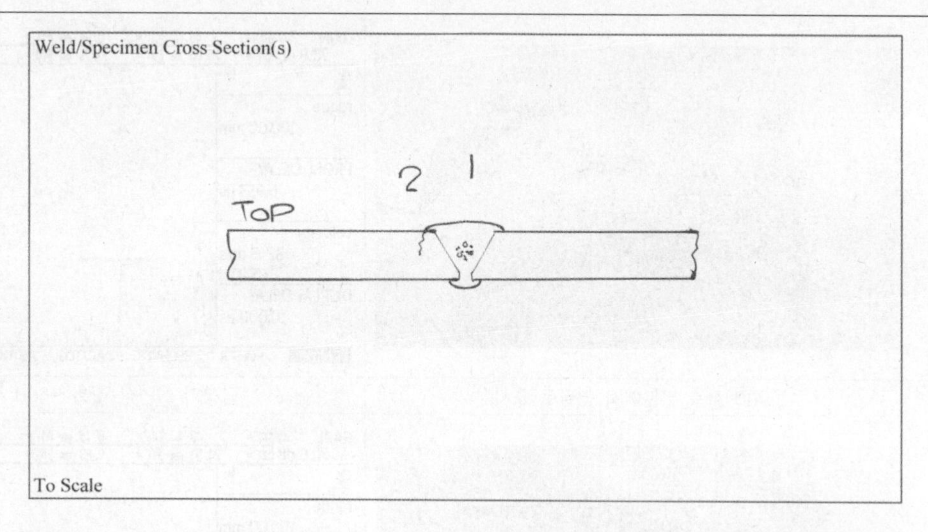

Flaw No	Flaw Type	Flaw Length mm	Distance from 0 mm	Max UT Indication dB	Max UT Indication Angle
1	Porosity	23	20	- 12	60
2	Toe Crack	17	68	+ 6	45

시험 결과지를 본다면 2번째 결함을 측정하였고 기준점에서 68mm 떨어진 지점에서 결함 길이 17mm를 측정하였으므로 정확한 탐상을 하였다.

<table>
<tr><th colspan="2">길이이음(곡률) 용접부 6dB Drop법 탐상사진
Probe Angle : 69°, X-Value : 13mm, Gain : 70.8</th></tr>
<tr><td>지그재그 탐상을 하는 모습</td><td>탐상기 화면상 결함 에코 확인</td></tr>
<tr><td></td><td>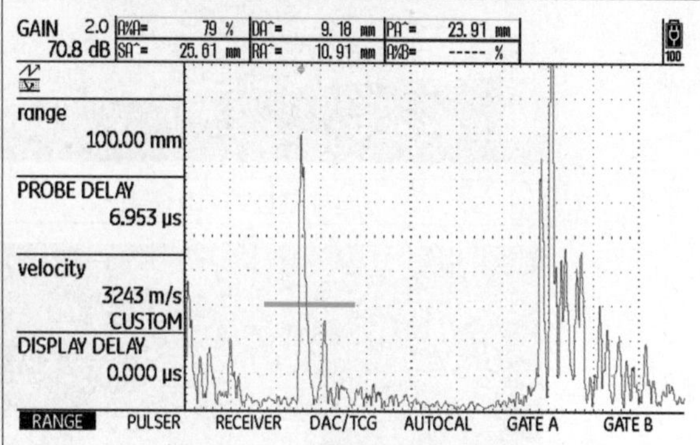
</td></tr>
<tr><td>예상 결함 지점에서 최대 에코를 찾은 후 연필로 표시한다.</td><td>탐상기 화면상 최대 에코 80% 지정
(반드시 80%를 맞출 필요가 없으므로 만약 최대 에코가 68%라면, -6dB은 34%로 결함을 측정하면 된다)</td></tr>
</table>

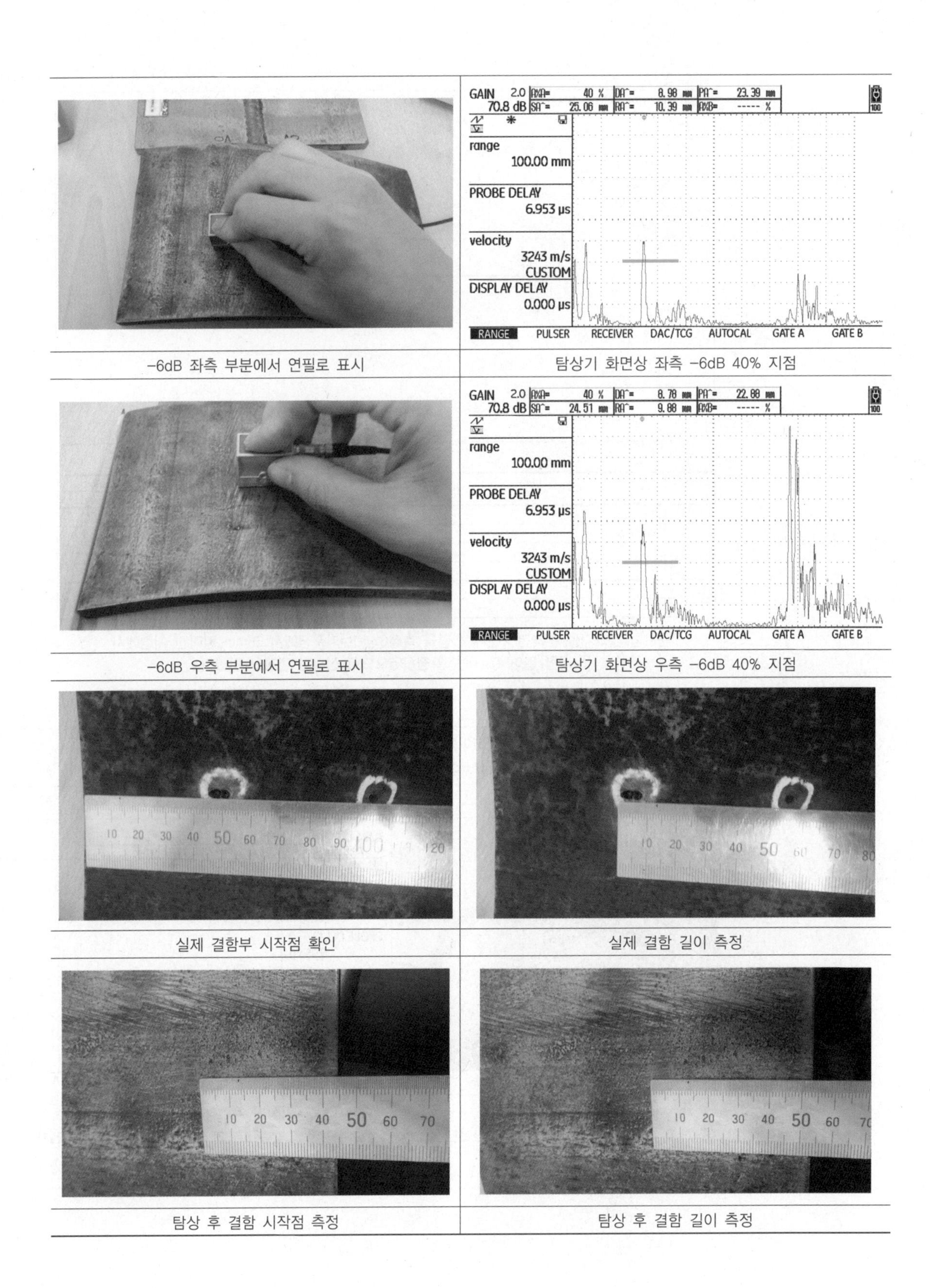

-6dB 좌측 부분에서 연필로 표시	탐상기 화면상 좌측 -6dB 40% 지점
-6dB 우측 부분에서 연필로 표시	탐상기 화면상 우측 -6dB 40% 지점
실제 결함부 시작점 확인	실제 결함 길이 측정
탐상 후 결함 시작점 측정	탐상 후 결함 길이 측정

② 필렛 용접부 탐상

KS B 0896에 의거 평판 맞대기 용접부를 DAC 선도를 그리고 L선 CUT법으로 결함을 탐상하시오.

㉠ 시험지 작성 및 사각탐상 보정하기

시험지에 필요한 정보를 작성하고, 탐상기 기본설정 및 사각탐상 보정을 STB-A1을 이용하여 실시한다.

㉡ 시험편의 두께 측정

기준점을 확인하고 필렛 용접부 시험편의 두께를 측정하여 0.5Skip, 1Skip 구간을 $Y_{0.5S} = t \times \tan\theta$, $Y_{1S} = 2Y_{0.5S}$를 이용하여 계산하고, 연필로 보조선을 그어두거나 파악해 둔다. 이 시험에서는 두께 10mm짜리 시험편이므로 $Y_{0.5S} = 28.23\text{mm}$, $Y_{1S} = 56.48\text{mm}$가 나왔다. 시험편을 STB-A1에 기대어 놓고 작업하면 탐상하기 수월하다.

㉢ 결함 유무 판단하기

필렛 탐상의 경우 많은 방해 에코들이 발생하기 때문에 결함의 에코를 찾기가 쉽지 않다. 이 부분은 연습이 많이 필요하다. 우선 결함의 유무를 판단하기 위해 지그재그 주사를 탐상하여 결함부위를 찾도록 한다. 여기서 중요한 점은 L선 Cut법이므로 L선을 넘는 에코만을 결함으로 판정하도록 한다.

㉣ 정밀 탐상하기

DAC가 작성된 화면에서 L선을 넘는 결함 에코를 확인했다면, 그 부분을 정밀탐상한다. 결함 에코의 시작점은 L선을 지나기 시작할 때부터이며, 마지막 점은 L선을 내리기 직전까지이다.
그리고 이 길이가 결함 길이가 된다.

〈T이음 용접부 DAC법 탐상사진〉
Probe Angle : 69°, X-Value : 13mm, Gain : 68.6dB

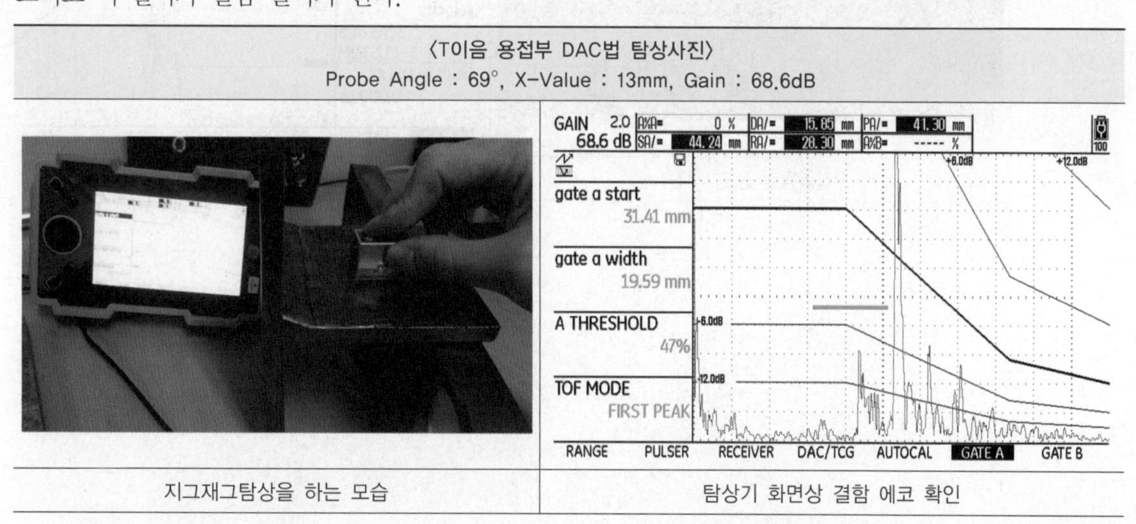

지그재그탐상을 하는 모습 | 탐상기 화면상 결함 에코 확인

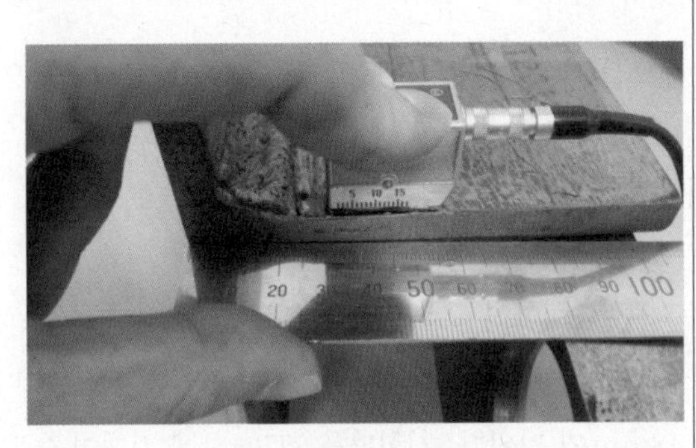

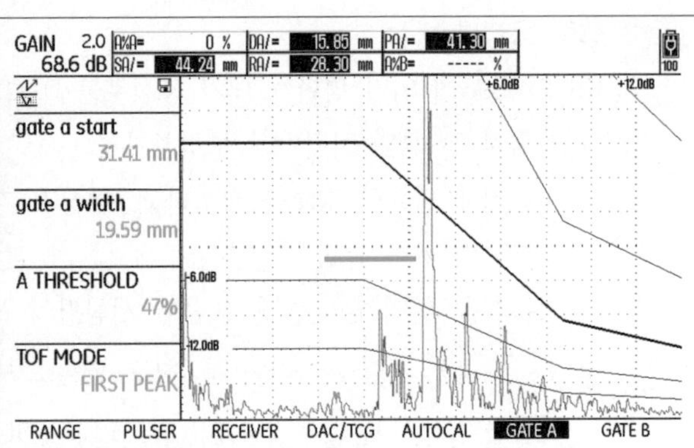

결함인지 저면파에 의한 것인지 알기 위해 에코의 정보를 확인한다.

반사파가 많아 결함을 파악하는데 연습이 필요하다.

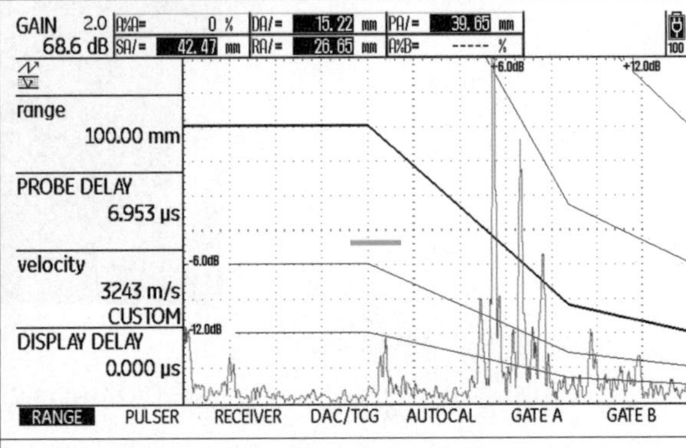

좌측 L선을 넘는 부분을 연필로 표시

좌측 L선을 넘는 부분에서의 탐상기 지점

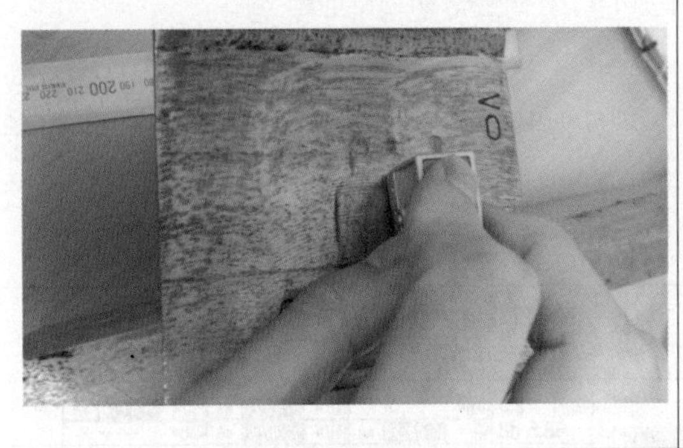

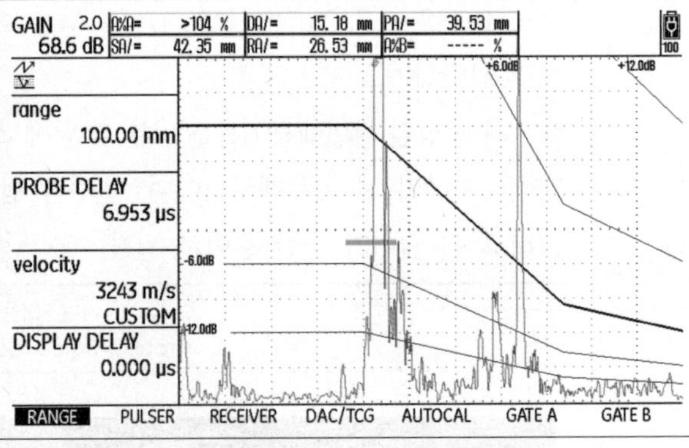

결함탐상 중인 사진

L선을 넘어 최대 피크 측정 지점

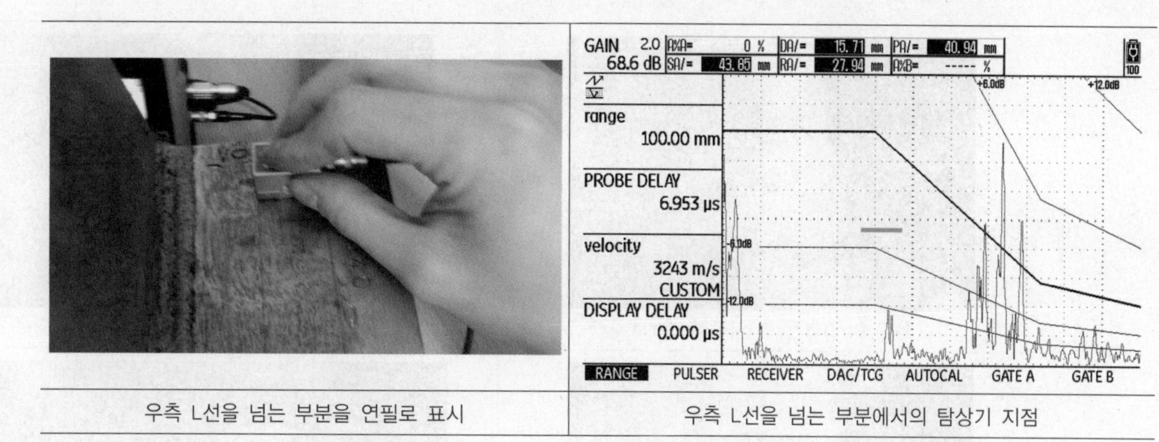

우측 L선을 넘는 부분을 연필로 표시	우측 L선을 넘는 부분에서의 탐상기 지점

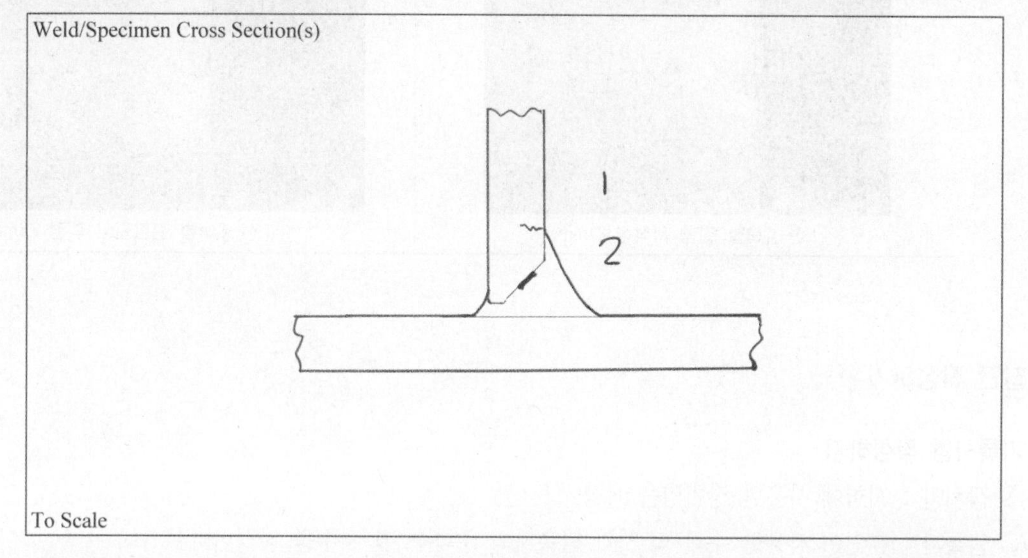

Flaw No	Flaw Type	Flaw Length mm	Distance from 0 mm	Max UT Indication dB	Max UT Indication Angle
1	Toe Crack	21	25	+ 13	0
2	Lack of Side Wall Fusion	22	64	+ 12	60

기준점에서 25mm 떨어진 곳에서 Toe Crack이 있으며, 결함 길이 21mm, Toe Crack으로 확인되며, 6dB Drop법으로 측정 시와 L선-Cut법 두 가지를 비교하였을 때, 6dB Drop법은 결함 길이 21mm로 확인되나, L선-Cut법으로 측정하였을 때 28mm로 측정되는 것을 알 수 있다. 이는 결함의 판정방법에 따른 차이라고 생각하면 된다.

 6dB Drop법 결함 시작점 25mm	 6dB Drop법 결함길이 측정 21mm
 L선-Cut법 결함 시작점 21mm	 L선-Cut법 결함길이 측정 28mm

5 답안 작성하기

(1) 기록사항 작성하기

① **장치명** : 시험에 사용한 장치명을 작성

② **탐촉자** : 본인이 사용한 수직 및 사각 탐촉자의 주파수 및 치수를 작성한다.

③ **시간축 측정 범위** : 본인이 측정한 시간축 범위를 작성하여, 주로 수직탐상 시 50~75mm, 사각탐상 시 150~200mm로 검사에 임한다.

※ 작성 예시 : 시간축 측정 범위(수직) : 75mm, 시간축 측정 범위(사각) : 150mm

④ **장치 교정 방법**

예 1 수직탐상 시 : 음속 설정(5,920m/s) → 탐촉자 각도 조정(90°) → 시간축 거리설정(75mm) → STB-A1 두께 25mm를 이용 → 첫 번째 에코 25mm, 두 번째 에코 50mm가 되도록 설정 → Probe Delay 및 Velocity 설정

예 2 사각탐상 시 : 음속 설정(3,250m/s) → 탐촉자 각도 조정(70°) → STB-A1의 R100 곡률의 최대 에코를 이용하여 입사점 측정(X-VALUE값 조정) → STB-A1의 ϕ50의 최대 에코를 이용하여 굴절각 측정 및 조정 → STB-A1의 R100면으로 입사길이가 100mm, 200mm가 되도록 Probe Delay 및 Velocity 조정 → STB-A2 시험편을 준비하여 $\phi 4 \times 4$ 홈을 기준으로 DAC 작성

⑤ **탐촉자의 입사점** : STB-A1 R100 곡률의 최대 에코 지점으로 탐촉자의 입사점을 작성 (입사점은 1mm 단위로 읽는다)

⑥ 탐촉자의 굴절각 : STB-A1 ϕ50 흠의 최대 에코 지점으로 탐촉자의 굴절각을 작성
(굴절각은 0.5° 단위로 읽는다)

⑦ DAC곡선 그리기

시험장에서 배부받은 필름에 유성펜을 이용하여 작성한 DAC 곡선을 기기에 대고 다음과 같이 따라 그리고 시험지에 붙인다.

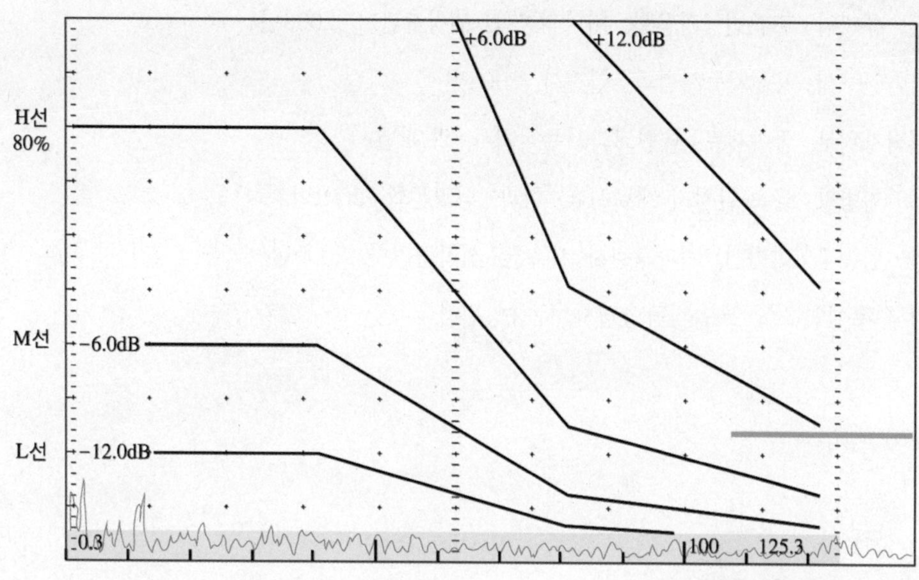

(2) 스텝웨지 작성하기

계 단	1	2	3	4	5	6	7
측정값	10						30

(3) 사각탐상 결함부 작성하기

결함번호	측정된 결함의 위치		
	시작점	끝 점	결함 길이
1			
2			

참 / 고 / 문 / 헌

- 박익근, 비파괴검사개론, 노드미디어, 2012년
- 김승대 · 강보안, 비파괴검사 실기 완전정복, 세진사, 2010년
- 고진현 · 유택인 · 고준빈 · 황용화, 비파괴공학, 원창출판사, 2006년
- 용접기술연구회, 용접기능사학과, 일진사, 2003년
- 교육인적자원부, 금속재료, 대한교과서주식회사, 2002년
- 박일부 · 최병강, 금속(열처리 재료시험) 학과, 남양문화, 2001년
- 권호영 · 임종국 · 박종건, 비파괴검사 기초론, 선학출판사, 2000년
- 중앙검사 부설연구소, 초음파탐상검사, ㈜중앙검사

K / S / 규 / 격

- KS B ISO 5577
- KS B 0521
- KS B 0522
- KS B 0534
- KS B 0535
- KS B 0536
- KS B 0537
- KS B 0544
- KS B 0817
- KS B 0831
- KS B 0896
- KS B 0897
- KS D 0040
- KS D 0075
- KS D 0233
- KS D 0248
- KS D 0250
- KS D 0252
- KS D 0273

교육이란 사람이 학교에서 배운 것을 잊어버린 후에 남은 것을 말한다.

– 알버트 아인슈타인 –

우리 인생의 가장 큰 영광은 결코 넘어지지 않는 데 있는 것이 아니라

넘어질 때마다 일어서는 데 있다.

– 넬슨 만델라 –

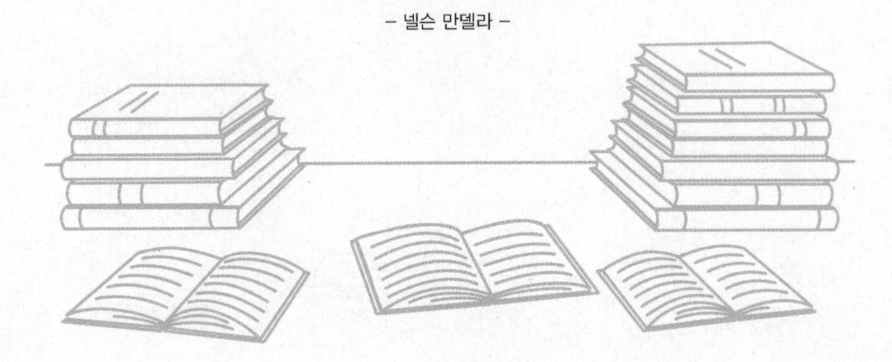

Win-Q 초음파비파괴검사기능사 필기+실기

개정9판1쇄 발행	2025년 03월 05일 (인쇄 2025년 01월 13일)
초 판 발 행	2016년 06월 10일 (인쇄 2016년 04월 25일)
발 행 인	박영일
책 임 편 집	이해욱
편 저	권유현
편 집 진 행	윤진영, 최 영, 천명근
표지디자인	권은경, 길전홍선
편집디자인	정경일, 조준영
발 행 처	(주)시대고시기획
출 판 등 록	제10-1521호
주 소	서울시 마포구 큰우물로 75 [도화동 538 성지 B/D] 9F
전 화	1600-3600
팩 스	02-701-8823
홈 페 이 지	www.sdedu.co.kr

I S B N	979-11-383-8740-8(13550)
정 가	27,000원